电力消防
安全性评价手册

国网河北省电力有限公司安全监察部　组编

中国电力出版社
CHINA ELECTRIC POWER PRESS

内 容 提 要

依照“预防为主、防消结合”的方针和“谁使用、谁负责”的原则，本书内容分为 1000、500、220、110kV 及 35kV 变电站、10kV 开闭所（配电站）、电缆隧道、办公场所、营业厅及供电所，设备机房及调度大厅、基建业主及监理项目部、送变电施工现场、消防管理及隐患排查等 13 章，共计 690 项检查要点。每章包括评价标准和依据两部分。评价标准列明检查内容、得分扣分规则、检查依据条款号。依据部分与评价标准对应，并梳理汇总了国家、电力行业现行有效的法律法规、相关条例、规程、规定、技术标准，国家电网有限公司消防安全及电气设备火灾最新文件，以求查评规范合法、合规、适用、有效。

本书可作为消防安全培训教材，也可供电力企业安全监察相关人员阅读。

图书在版编目（CIP）数据

电力消防安全性评价手册 / 国网河北省电力有限公司安全监察部组编. —北京：中国电力出版社，2020.5

ISBN 978-7-5198-4519-3

Ⅰ. ①电…　Ⅱ. ①国…　Ⅲ. ①电力工业–消防–安全评价–手册　Ⅳ. ①TM08–62

中国版本图书馆 CIP 数据核字（2020）第 055064 号

出版发行：中国电力出版社
地　　址：北京市东城区北京站西街 19 号（邮政编码 100005）
网　　址：http://www.cepp.sgcc.com.cn
责任编辑：马淑范（010-63412397）
责任校对：黄　蓓　李　楠　郝军燕
装帧设计：郝晓燕
责任印制：杨晓东

印　　刷：三河市航远印刷有限公司
版　　次：2020 年 5 月第一版
印　　次：2020 年 5 月北京第一次印刷
开　　本：787 毫米×1092 毫米　16 开本
印　　张：32.5
字　　数：800 千字
定　　价：128.00 元

《电力消防安全性评价手册》

编　委　会

编　写　组

主　　编　孔凡伟　陈汉军

副 主 编　崔　宇　田　冰

编写人员　周胜强　李　丹　王慧明　邸蕴鹏　安　旭　吕　岳

韩忠旭　王振宇　卢　宁　宋　瑜　杨立勋　肖　亮

靳志勇　田贵陆　吴治胜　李维波　程　刚　葛　鹏

邢永超　孟祥龙　张鹏飞　卢峰超　于朝晖　苏玉斌

陈　强　孙东晗　冀　明　郝　森　冯华君　沈　洋

付　磊　张　健　柳锦龙　梁　飞

前 言

为进一步提高公司系统消防安全管理水平，国网河北省电力有限公司结合电网企业消防工作实际情况，对生产、办公、经营、后勤等区域的消防安全管理、设施设备配置、维护保养、应急处置等内容进行量化评价，并按照评价场所分类逐一制定消防安全性评价内容和评分标准。

依照“预防为主、防消结合”的方针和“谁使用、谁负责”的原则，本书内容划分为1000、500、220、110kV及35kV变电站、10kV开闭所（配电站）、电缆隧道、办公场所、营业厅及供电所，设备机房及调度大厅、基建业主及监理项目部、送变电施工现场、消防管理及隐患排查等13章，共计690项检查要点。每章包括安全性评价标准和查评依据两部分，评价标准中列有检查内容、得分扣分标准。依据部分汇总所涉及国家、电力行业现行有效的有关消防安全的法律法规、条例、规程、规定、技术标准，结合国家电网有限公司消防安全及电气设备火灾最新文件要求，以求查评规范合法、合规、适用、有效。

每项检查内容按评分标准进行评分，扣分不超过该项标准分，评价完成后按评分表汇总，最后形成查评实得分。用总得分情况来衡量被评价企业的消防安全总体管理水平，用分项得分情况来衡量被评价企业消防安全专业管理水平。

本书编写立足电网工作实际，突出实用和针对性，可作为消防安全培训教材。

限于编者能力水平，书中疏漏在所难免，请广大读者批评指正。

编 者

2020年3月

目　录

第1章 消防技术管理安全性评价内容

本评价内容主要适用于国家电网有限公司（简称国家电网公司）电力企业消防管理及隐患排查工作。本部分评价内容分为评价标准、查评依据两部分。评价标准中包括消防合法性、消防管理、火灾隐患排查整治、微型消防站建设共4类18项查评要点，共计300分；评价依据中引用了评价标准所依据的国家、行业、国家电网公司相关规章制度和文件。对查评标准中所列项目按照规定不涉及的，该项目得满分。

第1节 消防技术管理安全性评价标准

序号	评价项目	标准分	评价标准	查评依据
1	**消防合法性**	20		
1.1	是否取得建设工程消防设计审核意见书；是否取得建设工程消防验收审核意见书；是否经过公安消防机构备案（包括办公大楼、经营场所、变电站等）	20	取得消防设计审核意见书，但未取得消防验收审核意见书或备案的，扣50%；未取得任一意见书且未备案的，不得分；取得消防验收审核意见书或备案的，得满分	《中华人民共和国消防法》（2019年修订）第九条～第十四条； 《电力设备典型消防规》（DL 5027—2015）第6.3.4条
2	**消防管理**	180		
2.1	组织机构和职责	20		
2.1.1	是否成立安全生产委员会，履行消防安全职责；是否明确消防安全责任人、消防安全管理人及其职责；是否逐级落实消防安全责任；同建筑物由两个以上单位管理或者使用的，是否明确各方的消防安全责任，并确定责任人对共用设备设施进行统一管理	10	未确立安全生产委员会组织机构的，扣50%；未明确消防安全责任人、消防安全管理人及其职责的，扣25%；未逐级落实消防安全责任的，扣25%	《中华人民共和国消防法》（2019年修订）第十六、十八条； 《机关、团体、企业、事业单位消防安全管理规定》（公安部第61号令）第四、五条； 《电力设备典型消防规程》（DL 5027—2015）第1.0.4、1.0.5条
2.1.2	是否明确消防工作的归口管理职能部门；是否明确专（兼）职的消防管理人员及其职责	10	未明确消防工作归口管理职能部门的，扣60%；未明确专（兼）职消防管理人员及其职责的，扣40%	《中华人民共和国消防法》（2019年修订）第十七条； 《机关、团体、企业、事业单位消防安全管理规定》（公安部第61号令）第六、七、十五条

续表

序号	评价项目	标准分	评价标准	查评依据
2.2	消防安全制度建设	40		
2.2.1	消防安全管理制度是否健全。消防安全管理制度包括： 消防安全责任制； 消防安全教育、培训制度； 防火检查、巡查制度； 消防安全疏散设施管理制度； 消防设施器材维护管理制度； 消防（控制室）值班制度； 火灾隐患整改制度； 用火、用电安全管理制度； 灭火和应急疏散预案演练制度； 易燃易爆危险物品和场所防火防爆管理制度； 专职（志愿）消防队的组织管理制度； 燃气和电气设备的检查和管理（包括防雷、防静电）制度； 消防安全工作考评和奖惩制度； 消防设备设施操作规程； 根据有关规定制定的其他必要的消防安全内容。 制度是否具有签字审批流程，是否及时进行修订	40	缺少基本的管理制度和操作规程，每少一项扣10%；管理制度缺少超过5项及以上，不得分；管理制度缺少签字审批流程，扣20%；未及时进行制度修订，扣20%	《中华人民共和国消防法》（2019年修订）第十六条； 《机关、团体、企业、事业单位消防安全管理规定》（公安部第61号令）第十八、四十五条； 《电力设备典型消防规程》（DL 5027—2015）第3.1、3.2、3.4、3.6节，第4.1.1条
2.3	消防安全管理实施	120		
2.3.1	是否开展了每日防火巡查；是否留存完整的纸质资料	10	单位办公场所或生产现场未开展每日防火巡查，不得分；每日防火巡查记录内容不全、记录日期有间断的，每处扣20%。无人值班变电站，此项不做考核	《中华人民共和国消防法》（2019年修订）第十七条（三）； 《机关、团体、企业、事业单位消防安全管理规定》（公安部第61号令）第二十五条
2.3.2	是否开展了每月防火检查（包括办公大楼、变电站等）；是否留存完整的纸质资料；重大活动是否组织专项消防安全检查，并留有检查记录	10	单位未组织开展定期防火检查，不得分；未按月开展防火检查，酌情扣20%～50%；防火检查内容不全，酌情扣20%～50%；防火检查记录未签字视为无效，每月未签字记录扣20%	《中华人民共和国消防法》（2019年修订）第十六条（五）； 《机关、团体、企业、事业单位消防安全管理规定》（公安部第61号令）第二十六条； 《电力设备典型消防规程》（DL 5027—2015）第4.5.2条
2.3.3	是否制订了灭火和应急疏散预案，调控中心、变电站、危化品室、仓库等重要部位是否有针对性灭火和应急疏散预案；是否按规定次数完成了灭火和应急疏散演练；现场留存的纸质资料、电子资料是否齐全	20	未制订灭火和应急疏散预案，不得分；未定期组织演练，不得分；组织的演练次数少于规定的次数，扣40%；进行演练后留存的纸质资料、电子资料不全，每处扣20%	《中华人民共和国消防法》（2019年修订）第十六条（六）； 《机关、团体、企业、事业单位消防安全管理规定》（公安部第61号令）第三十九、四十条； 《电力设备典型消防规程》（DL 5027—2015）第4.4.1～4.4.3条
2.3.4	在岗员工、新上岗员工、转岗员工是否进行了消防安全培训并经考试合格；是否开展了定期消防安全宣传教育，并留存纸质资料和相关影像资料	10	未对在岗的员工每年进行至少一次的消防安全培训，扣40%；未对新上岗和进入新岗位的员工进行岗前消防安全培训和考试，扣40%；培训的人员比例达不到要求，扣20%；未开展消防安全宣传教育，扣20%	《中华人民共和国消防法》（2019年修订）第十七条（四）； 《机关、团体、企业、事业单位消防安全管理规定》（公安部第61号令）第三十六条； 《电力设备典型消防规程》（DL 5027—2015）第4.3.1、4.3.3、4.3.4条

续表

序号	评价项目	标准分	评价标准	查评依据
2.3.5	单位的消防安全责任人、消防安全管理人、专（兼）职消防管理人员和其他必要人员是否按规定接受消防安全专门培训	10	单位的消防安全责任人、消防安全管理人、专（兼）职消防管理人员和其他必要人员未接受消防安全专门培训，扣20%；若以上人员均未参加过培训，不得分	《中华人民共和国消防法》（2019 年修订）第二十一条； 《电力设备典型消防规程》（DL 5027—2015）第 4.3.2 条； 《消防控制室通用技术要求》（GB 25506—2010）第 4.2.1 条
2.3.6	消防安全重点部位是否设置了明显的防火标志；是否完善了消防安全重点部位档案管理	10	未在消防安全重点部位设置防火标志、警示标志牌，每处扣 20%；3 处以上未设置标志，不得分；消防安全重点部位档案不健全，酌情扣 20%	《中华人民共和国消防法》（2019 年修订）第十七条（二）； 《机关、团体、企业、事业单位消防安全管理规定》（公安部第 61 号令）第十九条； 《电力设备典型消防规程》（DL 5027—2015）第 4.2.2、4.2.3、6.1.10 条
2.3.7	是否严格执行公司“两票”管理实施细则	10	未按公司“两票”管理实施细则执行动火票审批，不得分	《机关、团体、企业、事业单位消防安全管理规定》（公安部第 61 号令）第二十条； 《电力设备典型消防规程》（DL 5027—2015）第 5.3.1、5.3.2、5.3.4～5.3.15 条
2.3.8	是否定期开展了消防安全评估；是否定期开展了消防安全检测；是否聘请专业维保单位对消防设施定期开展维保工作	20	未定期开展消防安全评估，扣 30%；未定期开展消防安全检测，扣 30%；未按要求定期开展维保工作，扣 40%	《机关、团体、企业、事业单位消防安全管理规定》（公安部第 61 号令）第二十八条； 《中华人民共和国消防法》（2019 年修订）第十六条（二）（三）； 《电力设备典型消防规程》（DL 5027—2015）第 6.3.6 条
2.3.9	单位每年是否有必要的消防工作经费列支	10	未列支必要的消防工作经费，不得分	《电力设备典型消防规程》（DL 5027—2015）第 6.3.3 条
2.3.10	消防安全档案包括消防安全基本情况和消防安全管理情况两部分内容。消防安全基本情况资料是否翔实、齐全；消防安全管理情况资料是否翔实、齐全；档案内容是否根据实际变化及时更新。 消防安全基本情况应当包括以下内容： （一）单位基本概况和消防安全重点部位情况； （二）建筑物或者场所施工、使用或者开业前的消防设计审核、消防验收以及消防安全检查的文件、资料； （三）消防管理组织机构和各级消防安全责任人； （四）消防安全制度； （五）消防设施、灭火器材情况； （六）专职消防队、义务消防队人员及其消防装备配备情况； （七）与消防安全有关的重点工种人员情况； （八）新增消防产品、防火材料的合格证明材料； （九）灭火和应急疏散预案。	10	消防安全档案内容不齐全，每缺少项内容，扣 10%	《机关、团体、企业、事业单位消防安全管理规定》（公安部第 61 号令）第四十一～四十三条

续表

序号	评价项目	标准分	评价标准	查评依据
2.3.10	消防安全管理情况应当包括以下内容： （一）公安消防机构填发的各种法律文书； （二）消防设施定期检查记录、自动消防设施全面检查测试的报告以及维修保养的记录； （三）火灾隐患及其整改情况记录； （四）防火检查、巡查记录； （五）有关燃气、电气设备检测（包括防雷、防静电）等记录资料； （六）消防安全培训记录； （七）灭火和应急疏散预案的演练记录； （八）火灾情况记录； （九）消防奖惩情况记录	10	消防安全档案内容不齐全，每缺少项内容，扣 10%	《机关、团体、企业、事业单位消防安全管理规定》（公安部第 61 号令）第四十一～四十三条
3	**火灾隐患排查整治**	60		
3.1	是否建立火灾隐患排查，整改制度；是否建立火灾隐患档案，火灾隐患档案是否完整，整改记录是否齐全	20	未建立火灾隐患排查、整改制度，扣 80%；未建立火灾隐患档案，扣 30%；火灾隐患档案内容不完整，整改记录不全，扣 10%	《机关、团体、企业、事业单位消防安全管理规定》（公安部第 61 号令）第十八条、第四十三条（三）
3.2	是否开展了火灾隐患整改工作；对当场不能整改的火灾隐患，是否下达了“整改通知书”；是否进行复查，实施闭环管理	20	未开展火灾隐患整改工作，不得分；检查火灾隐患整改记录，“整改通知书”、复查记录等，内容不完整、无整改通知单，无复查记录等，扣 40%	《机关、团体、企业、事业单位消防安全管理规定》（公安部第 61 号令）第三十～第三十三条
3.3	对公安消防机构下达的隐患整改通知书是否及时落实整改	20	检查公安消防机构下达的隐患整改通知书内容，未进行整改，不得分；整改内容不全面，扣 40%	《机关、团体、企业、事业单位消防安全管理规定》（公安部第 61 号令）第三十五条
4	**微型消防站建设**	40		
4.1	是否建立了微型消防站，并按要求配备了相应的消防装备、器材；是否成立了义务消防队；是否建立了规章制度、组织机构，明确了人员职责；是否组织消防队员进行了业务学习和灭火技能培训	40	未建立微型消防站，无站房器材等，扣 40%；未成立义务消防队，人员配备不符合要求，扣 20%；未建立相应的规章制度、组织机构，未明确人员职责，扣 20%；未组织消防业务学习和灭火技能培训，扣 20%	《机关、团体、企业、事业单位消防安全管理规定》（公安部第 61 号令）第二十三条；《消防安全重点单位微型消防站建设标准（试行）》（公消〔2015〕301 号）

第 2 节　消防技术管理查评依据

1　消防合法性

1.1　本条评价项目的查评依据如下

依据 1　《中华人民共和国消防法》（2019 年修订）

第九条　建设工程的消防设计、施工必须符合国家工程建设消防技术标准。建设、设计、施工、工程监理等单位依法对建设工程的消防设计、施工质量负责。

第十条　对按照国家工程建设消防技术标准需要进行消防设计的建设工程，实行建设工程消防设计审查验收制度。

第十一条　国务院住房和城乡建设主管部门规定的特殊建设工程，建设单位应当将消防设计文件报送住房和城乡建设主管部门审查，住房和城乡建设主管部门依法对审查的结果负责。

“前款规定以外的其他建设工程，建设单位申请领取施工许可证或者申请批准开工报告时应当提供满足施工需要的消防设计图纸及技术资料。

第十二条　特殊建设工程未经消防设计审查或者审查不合格的，建设单位、施工单位不得施工；其他建设工程，建设单位未提供满足施工需要的消防设计图纸及技术资料的，有关部门不得发放施工许可证或者批准开工报告。

第十三条　国务院住房和城乡建设主管部门规定应当申请消防验收的建设工程竣工，建设单位应当向住房和城乡建设主管部门申请消防验收。

前款规定以外的其他建设工程，建设单位在验收后应当报住房和城乡建设主管部门备案，住房和城乡建设主管部门应当进行抽查。

依法应当进行消防验收的建设工程，未经消防验收或者消防验收不合格的，禁止投入使用；其他建设工程经依法抽查不合格的，应当停止使用。

第十四条　建设工程消防设计审查、消防验收、备案和抽查的具体办法，由国务院住房和城乡建设主管部门规定。

依据 2 《电力设备典型消防规程》（DL 5027—2015）

6.3.4　新建、扩建和改建工程或项目，需要设置消防设施的，消防设施与主体设备或项目应同时设计、同时施工、同时投入生产或使用，并通过消防验收。

2　消防管理

2.1　组织机构和职责

2.1.1　本条评价项目的查评依据如下

依据 1 《中华人民共和国消防法》（2019 年修订）

第十六条　机关、团体、企业、事业等单位应当履行下列消防安全职责：

（一）落实消防安全责任制，制定本单位的消防安全制度、消防安全操作规程，制定灭火和应急疏散预案；

（二）按照国家标准、行业标准配置消防设施、器材，设置消防安全标志，并定期组织检验、维修，确保完好有效；

（三）对建筑消防设施每年至少进行一次全面检测，确保完好有效，检测记录应当完整准确，存档备查；

（四）保障疏散通道、安全出口、消防车通道畅通，保证防火防烟分区、防火间距符合消防技术标准；

（五）组织防火检查，及时消除火灾隐患；

（六）组织进行有针对性的消防演练；

（七）法律、法规规定的其他消防安全职责。

单位的主要负责人是本单位的消防安全责任人。

第十八条　同一建筑物由两个以上单位管理或者使用的，应当明确各方的消防安全责任，并确定责任人对共用的疏散通道、安全出口、建筑消防设施和消防车通道进行统一管理。

住宅区的物业服务企业应当对管理区域内的共用消防设施进行维护管理，提供消防安全防范服务。

依据 2 《机关、团体、企业、事业单位消防安全管理规定》（公安部第 61 号令）

第四条　法人单位的法定代表人或者非法人单位的主要负责人是单位的消防安全责任人，对本单位的消防安全工作全面负责。

第五条　单位应当落实逐级消防安全责任制和岗位消防安全责任制，明确逐级和岗位消防安全职责，确定各级，各岗位的消防安全责任人。

依据 3 《电力设备典型消防规程》（DL 5027—2015）

1.0.4　消防安全管理人对单位的消防安全责任人负责。

1.0.5　单位成立安全生产委员会，履行消防安全职责。

2.1.2　本条评价项目的查评依据如下

依据 1 《中华人民共和国消防法》（2019 年修订）

第十七条　县级以上地方人民政府消防救援机构应当将发生火灾可能性较大以及发生火灾可能造成重大的人身伤亡或者财产损失的单位，确定为本行政区域内的消防安全重点单位，并由应急管理部门报本级人民政府备案。

消防安全重点单位除应当履行本法第十六条规定的职责外，还应当履行下列消防安全职责：

（一）确定消防安全管理人，组织实施本单位的消防安全管理工作；

（二）建立消防档案，确定消防安全重点部位，设置防火标志，实行严格管理；

（三）实行每日防火巡查，并建立巡查记录；

（四）对职工进行岗前消防安全培训，定期组织消防安全培训和消防演练。

依据 2 《机关、团体、企业、事业单位消防安全管理规定》（公安部第 61 号令）

第六条　单位的消防安全责任人应当履行下列消防安全职责：

（一）贯彻执行消防法规，保障单位消防安全符合规定，掌握本单位的消防安全情况；

（二）将消防工作与本单位的生产、科研、经营、管理等活动统筹安排，批准实施年度消防工作计划；

（三）为本单位的消防安全提供必要的经费和组织保障；

（四）确定逐级消防安全责任，批准实施消防安全制度和保障消防安全的操作规程；

（五）组织防火检查，督促落实火灾隐患整改，及时处理涉及消防安全的重大问题；

（六）根据消防法规的规定建立专职消防队、义务消防队；

（七）组织制定符合本单位实际的灭火和应急疏散预案，并实施演练。

第七条　单位可以根据需要确定本单位的消防安全管理人。消防安全管理人对单位的消防安全责任人负责，实施和组织落实下列消防安全管理工作：

（一）拟定年度消防工作计划，组织实施日常消防安全管理工作；

（二）组织制定消防安全管理制度和保障消防安全的操作规程并检查督促其落实；

（三）拟定消防安全工作的资金投入和组织保障方案；

（四）组织实施防火检查和火灾隐患整改工作；

（五）组织实施对本单位消防设施、灭火器材和消防安全标志的维护保养，确保其完好有效，确保疏散通道和安全出口畅通；

（六）组织管理专职消防队和义务消防队；

（七）在员工中组织开展消防知识、技能的宣传教育和培训，组织灭火和应急预案的实施和演练；

（八）单位消防安全责任人委托的其他消防安全管理工作。

消防安全管理人应当定期向消防安全责任人报告消防安全情况，及时报告涉及消防安全的重点问题，未确定消防安全管理人的单位，前款规定的消防安全管理工作由单位消防安全责任人负责实施。

第十五条　消防安全重点单位应当设置或者确定消防工作的归口管理职能部门，并确定专职或者兼职的消防管理人员；其他单位应当确定专职或者兼职消防管理人员，可以确定消防工作的归口管理职能部门。归口管理职能部门和专兼职消防管理人员在消防安全责任人或者消防安全管理人的领导下开展消防安全管理工作。

2.2　消防安全制度建设

2.2.1　本条评价项目的查评依据如下

依据 1　参照 2.1.1 依据 1《中华人民共和国消防法》（2019 年修订）第十六条相关规定。

依据 2 《机关、团体、企业、事业单位消防安全管理规定》（公安部第 61 号令）

第十八条　单位应当按照国家有关规定，结合本单位的特点，建立健全各项消防安全制度和保障消防安全的操作规程，并公布执行。单位消防安全制度主要包括以下内容：消防安全教育、培训；防火巡查、检查；安全疏散设施管理；消防（控制室）值班；消防设施、器材维护管理，火灾隐患整改；用火、用电安全管理；易燃易爆危险物品和场所防火防爆；专职和义务消防队的组织管理；灭火和应急疏散预演练；燃气和电气设备的检查和管理（包括防雷、防静电消防安全工作考评和奖惩）；其他必要的消防安全内容。

第四十五条　单位应当将消防安全工作纳入内部检查、考核、评比内容。对在消防安全工作中成绩突出的部门（班组）和个人，单位应当给予表彰奖励。对未依法履行消防安全职责或者违反单位消防安全制度的行为，应当依照有关规定对责任人员给予行政纪律处分或者其他处理。

依据3 《电力设备典型消防规程》（DL 5027—2015）

3.1 安全生产委员会消防安全主要职责

3.1.1 组织贯物落实国家有关消防法律、法规、标准和规定（以下简称消防法规），建立健全消防安全责任制和规章制度，对落实情况进行监督、考核。

3.1.2 建立消防安全保证和监督体系，督促两个体系各司其职，明确消防工作归口管理职能部门（简称消防管理部门）和消防安全监督部门（简称安监部门），确保消防管理和安监部门的人员配置与其承担的职责相适应。

3.1.3 制定本单位的消防安全目标并组织落实，定期研究、部署本单位的消防安全工作。

3.1.4 深入现场，了解单位的消防安全情况，推广消防先进管理经验和先进技术，对存在的重大或共性问题进行分析，制定针对性的整改措施，并督促措施的落实。

3.1.5 组织或参与火灾事故调查。

3.1.6 对消防安全做出贡献者给予表扬或奖励；对负有事故责任者，给予批评或处罚。

3.2 消防安全责任人主要职责

3.2.1 贯彻执行消防法规，保障单位消防安全符合规定，掌握本单位的消防安全情况。

3.2.2 将消防工作与本单位的生产、科研、经营、管理等活动统筹安排，批准实施年度消防工作计划。

3.2.3 为本单位的消防安全提供必要的经费和织保障。

3.2.4 确定逐级消防安全责任，批准实施消防安全管理制度和保障消防安全的操作规程。

3.2.5 组织防火检查，督促落实火灾隐患整改，及时处理涉及消防安全的重点问题。

3.2.6 根据消防法规的规定建立专职消防队、志愿消防队。

3.2.7 组织制定符合本单位实际的灭火和应急疏散预案，并实施演练。

3.2.8 确定本单位消防安全管理人。

3.2.9 发生火灾事故做到事故原因不清不放过，责任者和应受教有者没有受到教育不放过，没有采取防范措施不放过，责任人员未受到处理不放过。

3.4 消防管理部门主要职责

3.4.1 贯彻执行消防法规、本单位消防安全管理制度。

3.4.2 拟定逐级消防安全责任制，及其消防安全管理制度。

3.4.3 指导、督促各相关部门制定和执行各岗位消防安全职责、消防安全操作规程、消防设施运行和检修规程等制度，以及制定发电厂厂房、车间、变电站、换流站、调度楼、控制楼、油罐区等重要场所及重点部位的灭火和应急疏散预案。

3.4.4 定期向消防安全管理人报告消防安全情况，及时报告涉及消防安全的重大问题。

3.4.5　拟订年度消防管理工作计划。

3.4.6　拟订消防知识、技能的宣传教育和培训计划，经批准后组织实施。

3.4.7　负责消防安全标志设置，负责或指导、督促有关部门做好消防设施、器材配置、检验、维修、保养等管理工作，确保完好有效。

3.4.8　管理专职消防队和志愿消防队。根据消防法规、公安消防部门的规定和实际情况配备专职消防员和消防装备器材，组织实施专业技能训练，维护保养装备器材。志愿消防员的人数不应少于职工总数的 10%，重点部位人数不应少于 50%，且人员分布要均匀；年龄男性一般不超 55 岁、女性一般不超 45 岁，能行使职责工作。根据志愿消防人员变动、身体和年龄等情况，及时进行调整或补充，并公布。

3.4.9　确定消防安全重点部位，建立消防档案。

3.4.10　将消防费用纳入年度预算管理，确保消防安全资金的落实，包括消防安全设施、教育培训资金，以及兑现奖惩等。

3.4.11　督促有关部门落实凡新建、改建，扩建工程的消防设施必须与主体设备（项目）同时设计、同时施工、同时投入生产或使用。

3.4.12　指导、督促有关部门确保疏散通道、安全出口、消防车通道畅通，保证防火防烟分区、防火间距符合消防标准。

3.4.13　指导、督促有关部门按照要求组织发电厂厂房、车间、变电站、换流站、调度楼、控制楼、油罐区等重要场所及重点部位的灭火和应急疏散演练。

3.4.14　指导、督促有关部门实行每月防火检查、每日防火巡查，建立检查和巡查记录，及时消除消防安全隐患。

3.4.15　发生火灾时，立即组织实施灭火和应急疏散。

3.6　志愿消防员主要职责

3.6.1　掌握各类消防设施、消防器材和正压式消防空气呼吸器等的适用范围和使用方法。

3.6.2　熟知相关的灭火和应急疏散预案，发生火灾时能熟练扑救初起火灾、组织引导人员安全疏散和进行应急救援。

3.6.3　根据工作安排负责一、二级动火作业的现场消防监护工作。

4.1.1　消防安全管理制度应包括下列内容：

1　各级各岗位消防安全职责、消防安全责任制考核、动火管理、消防安全操作规定、消防设施运行规程、消防设施检修规程。

2　电缆、电缆间、电缆通道防火管理、消防设施与主体设备或项目同时设计、同时施工、同时投产管理、消防安全重点部位管理。

3　消防安全教育培训，防火巡查、检查，消防控制室值班管理，消防设施、器材管理，火灾隐患整改，用火、用电安全管理。

4　易燃易爆危险物品和场所防火防爆；专职和志愿消防队的组织管理；疏散、安全出口、消防车通道管理、燃气和电气设备的检查和管理（包括防雷、防静电）。

5　消防安全工作考评和奖惩，灭火和应急疏散预案演练。

6　根据有关规定和单位实际需要制定其他消防安全管理制度。

2.3　消防安全管理实施

2.3.1　本条评价项目的查评依据如下

依据1　参照2.1.2　依据1《中华人民共和国消防法》(2019年修订)第十七条(三)的相关规定。

依据2　《机关、团体、企业、事业单位消防安全管理规定》(公安部第61号令)

第二十五条　消防安全重点单位应当进行每日防火巡查，并确定巡查的人员、内容部位和频次。其他单位可以根据需要组织防火巡查。巡查的内容应当包括：

(一)用火、用电有无违章情况；

(二)安全出口、疏散通道是否畅通，安全疏散指示标志、应急照明是否完好；

(三)消防设施、器材和消防安全标志是否在位、完整；

(四)常闭式防火门是否处于关闭状态，防火卷帘下是否堆放物品影响使用；

(五)消防安全重点部位的人员在岗情况；

(六)其他消防安全情况。

公众聚集场所在营业期间的防火巡查应当至少每二小时一次；营业结束时应当对营业现场进行检查，消除遗留火种。医院、养老院、寄宿制的学校、托儿所、幼儿园应当加强夜间防火巡查，其他消防安全重点单位可以结合实际组织夜间防火巡查。

防火巡查人员应当及时纠正违章行为，妥善处置火灾危险，无法当场处置的，应当立即报告。发现初起火灾应当立即报警并及时扑救。

防火巡查应当填写巡查记录，巡查人员及其主管人员应当在巡查记录(见下表)上签名。

每日防火巡查表

年　月　日

序号	检查内容	检查结果(√)	备注
1	用火、用电有无违章情况		
2	安全出口、疏散通道是否畅通		
3	安全疏散指示标志、应急照明是否完好		
4	消防设施、器材和消防安全标志是否在位、完整		
5	常闭式防火门是否处于关闭状态，防火卷帘下是否堆放物品影响使用		
6	消防安全重点部位的人员在岗情况		
7	其他消防安全情况		
检查人员			
主管人员			

注：检查项正常时在“检查结果”栏打均(√)，有问题时在“备注”栏写清具体情况；“每日防火巡查表”填写完毕后，应由检查人员和主管人员签字。

2.3.2　本条评价项目的查评依据如下

依据 1　参照 2.1.1　依据 1《中华人民共和国消防法》(2019 年修订)第十六条(五)的相关规定。

依据 2 《机关、团体、企业、事业单位消防安全管理规定》(公安部第 61 号令)

第二十六条　机关、团体、事业单位应当至少每季度进行一次防火检查，其他单位应当至少每月进行一次防火检查。检查的内容应当包括：

（一）火灾隐患的整改情况以及防范措施的落实情况；

（二）安全疏散通道、疏散指示标志、应急照明和安全出口情况；

（三）消防车通道、消防水源情况；

（四）灭火器材配置及存放情况；

（五）用火、用电有无违章情况；

（六）重点工种人员以及其他员工消防知识的掌握情况；

（七）消防安全重点部位的管理情况；

（八）易燃易爆危险物品和场所防火防爆措施的落实情况以及其他重要物资的防火安全情况；

（九）消防（控制室）值班情况和设施运行、记录情况；

（十）防火巡查情况；

（十一）消防安全标志的设置情况和完好、有效情况；

（十二）其他需要检查的内容。

防火检查应当填写检查记录。检查人员和被检查部门负责人应当在检查记录（见下表）上签名。

每月防火检查表

年　月　日

序号	检查内容	检查结果
1	火灾隐患的整改情况以及防范措施的落实情况	
2	安全疏散通道、散指示标志，应急照明和安全出口情况	
3	消防车通道，消防水源情况	
4	灭火器材配置及有效情况	
5	用火、用电有无违章情况	
6	重点工种人员以及其他员工消防知识的掌握情况	
7	消防安全重点部位的管理情况	
8	易燃易爆危险物品和场所防火防爆措施的落实情况以及其他重要物资的防火安全情况	
9	消防（控制室）值班情况和设施运行、记录情况	
10	防火巡查情况	
11	消防安全标志的设置情况和完好、有效情况	

续表

序号	检查内容	检查结果
12	其他需要检查的内容（可根据实际情况进行补充）	
检查人员		
被检查部门负责人		

注：“每月防火检查表”填完后，应由检查人员和被检查部门负责人签字确认。

依据 3 《电力设备典型消防规程》（DL 5027—2015）

4.5.2 单位应当至少每月进行一次防火检查。防火检查应包括下列内容：

1. 火灾隐患的整改以及防范措施的落实；安全疏散通道、疏散指示标志、应急照明和安全出口；消防车通道、消防水源；用火、用电有无违章情况。

2. 重点工种人员以及其他员工消防知识的掌握；消防安全重要部位的管理情况；易燃易爆危险物品和场所防火防爆措施的落实以及其他重要物资的防火安全情况。

3. 消防控制室值班和消防设施运行、记录情况；防火巡查；消防安全标志的设置情况和完好、有效情况；电缆封堵、阻火隔断、防火涂层、槽盒是否符合要求。

4. 消防设施日常管理情况，是否放在正常状态，建筑消防设施每年检测；灭火器材配置和管理；动火工作执行动火制度；开展消防安全学习教育和培训情况。

5. 灭火和应急疏散演练情况等需要检查的内容。

6. 发现问题应及时处置。防火检查应当填写检查记录。检查人员和被检查部门负责人应当在检查记录上签名。

2.3.3 本条评价项目的查评依据如下

依据 1 参照 2.1.1 依据 1《中华人民共和国消防法》（2019 年修订）第十六条（六）的相关规定。

依据 2 《机关、团体、企业、事业单位消防安全管理规定》（公安部第 61 号令）

第三十九条 消防安全重点单位制定的灭火和应急疏散预案应当包括下列内容：

（一）组织机构，包括：灭火行动组、通讯联络组、疏散引导组、安全防护救护组；

（二）报警和接警处置程序；

（三）应急疏散的组织程序和措施；

（四）扑救初起火灾的程序和措施；

（五）通讯联络、安全防护救护的程序和措施。

第四十条 消防安全重点单位应当按照灭火和应急疏散预案、至少每半年进行一次演练，并结合实际，不断完善预案。其他单位应当结合本单位实际，参照制定相应的应急方案，至少每年组织一次演练。

消防演练时，应当设置明显标识并事先告知演练范围内的人员。

依据3 《电力设备典型消防规程》（DL 5027—2015）

4.4.1 单位应制定灭火和应急散预案，灭火和应急疏散预案应包括发电厂厂房、车间、变电站、换流站、调度楼、控制楼、油罐区等重点部位和场所。

4.4.2 灭火和应急疏散预案应切合本单位实际及符合有关规范要求。

4.4.3 应当按照灭火和应急疏散预案，至少每半年进行一次演练，及时总结经验，不断完善预案。消防演练时，应设置明显标识并事先告知演练范围内的人员。

2.3.4 本条评价项目的查评依据如下

依据1 参照2.1.2 依据1《中华人民共和国消防法》（2019年修订）第十七条（四）的相关规定。

依据2 《机关、团体、企业、事业单位消防安全管理规定》（公安部第61号令）

第三十六条 单位应当通过多种形式开展经常性的消防安全宣传教育。消防安全重点单位对每名员工应当至少每年进行一次消防安全培训。宣传教育和培训内容应当包括：

（一）有关消防法规、消防安全制度和保障消防安全的操作规程；

（二）本单位、本岗位的火灾危险性和防火措施；

（三）有关消防设施的性能、灭火器材的使用方法；

（四）报火警、扑救初起火灾以及自救逃生的知识和技能。

公众聚集场所对员工的消防安全培训应当至少每半年进行一次，培训的内容还应当包括组织、引导在场群众疏散的知识和技能。

单位应当组织新上岗和进入新岗位的员工进行上岗前的消防安全培训。

依据3 《电力设备典型消防规程》（DL 5027—2015）

4.3.1 应根据本单位特点，建立健全消防安全教育培训制度，明确机构和人员，保障教育培训工作经费。按照下列规定对员工进行消防安全教育培训：

1 定期开展形式多样的消防安全宣传教育。

2 对新上岗和进入新岗位的员工进行上岗前消防安全培训，经考试合格方能上岗。

3 对在岗的员工每年至少进行一次消防安全培训。

4.3.3 消防安全教育培训的内容应符合全国统一的消防安全教育培训大纲的要求，主要包括国家消防工作方针、政策，消防法律法规，火灾预防知识，火灾扑救、人员疏散逃生和自救互救知识，其他应当教育培训的内容。

4.3.4 应根据不同对象开展有侧重的培训。通过培训应使员工懂基本消防常识，懂本岗位产生火灾的危险源，懂本岗位预防火灾的措施，懂疏散逃生方法；会报火警，会使用灭火器材灭火，会查改火灾隐患，会扑救初起火灾。

2.3.5 本条评价项目的查评依据如下

依据1 《中华人民共和国消防法》（2019年修订）

第二十一条 禁止在具有火灾、爆炸危险的场所吸烟、使用明火。因施工等特殊情况需要使用明火作业的，应当按照规定事先办理审批手续，采取相应的消防安全措施；

作业人员应当遵守消防安全规定。

进行电焊、气焊等具有火灾危险作业的人员和自动消防系统的操作人员，必须持证上岗，并遵守消防安全操作规程。

依据 2 《电力设备典型消防规程》（DL 5027—2015）

4.3.2 下列人员应当接受消防安全专门培训：

1 单位的消防安全责任人、消防安全管理人。

2 专、兼职消防管理人员。

3 消防控制室的值班人员、消防设施操作人员，应通过消防行业特有工种职业技能鉴定，持有初级技能以上等级的职业资格证书。

4 其他依照规定应当接受消防安全专门培训的人员。

依据 3 《消防控制室通用技术要求》（GB 25560—2010）

4.2.1 消防控制室管理应符合下列要求：

a）实行每日 24h 专人值班制度，每班不应少于 2 人，值班人员应持有消防控制室操作职业资格证书；

b）消防设施日常维护管理应符合《建筑消防设施的维护管理》GB 25201 的要求；

c）应确保火灾自动报警系统、灭火系统和其他联动控制设备处于正常工作状态，不得将应处于自动状态的设在手动状态；

d）确保高位消防水箱、消防水池、气压水罐等消防储水设施水量充足，确保消防泵出水管网门、自动喷水灭火系统管道上的网门常开；确保消防水泵、防排烟风机、防火卷帘等消防用电设备的配电柜启动开关处于自动位置（通电状态）。

2.3.6 本条评价项目的查评依据如下

依据 1 参照 2.1.2 依据 1《中华人民共和国消防法》（2019 年修订）第十七条（二）的相关规定。

依据 2 《机关、团体、企业、事业单位消防安全管理规定》（公安部第 61 号令）

第十九条 单位应当将容易发生火灾、一旦发生火灾可能严重危及人身和财产安全以及对消防安全有重大影响的部位确定为消防安全重点部位，设置明显的防火标志，实行严格管理。

依据 3 《电力设备典型消防规程》（DL 5027—2015）

4.2.2 消防安全重点部位应包括下列部位：

1 油罐区（包括燃油库、绝缘油库、透平油库）、制氢站、供氢站、发电机、变压器等注油设备，电缆间以及电缆通道、调度室、控制室、集控室、计算机房、通信机房、风力发电机组机舱及塔筒；

2 换流站、电子设备间、铅酸蓄电池室、天然气调压站、储氢站、液化气站、乙炔站、档案室、油处理室、秸秆仓库或堆场、易燃易爆物品存放场所；

3 发生火灾可能严重危及人身、电力设备和电网安全以及对消防安全有重大影响的部位。

4.2.3 消防安全重点部位应建立岗位防火职责，设置明显的防火标志，在出入口位置悬挂防火警示标示牌。标示牌内容应包括消防安全重点部位名称、消防管理措施、灭火和应急疏散方案和防火责任人。

6.1.10 防火重点部位禁止吸烟，并应有明显标志。

2.3.7 本条评价项目的查评依据如下

依据 1 《机关、团体、企业、事业单位消防安全管理规定》（公安部第 61 号令）

第二十条 单位应当对动用明火实行严格的消防安全管理。禁止在具有火灾、爆炸危险的场所使用明火；因特殊情况需要进行电、气焊等明火作业的，动火部门和人员应当按照单位的用火管理制度办理审批手续，落实现场监护人，在确认无火灾、爆炸危险后方可动火施工。动火施工人员应当遵守消防安全规定，并落实相应的消防安全措施。

依据 2 《电力设备典型消防规程》（DL 5027—2015）

5.3.1 动火作业应落实动火安全组织措施，动火安全组织措施应包括动火工作票作许可、监护、间断和终结等措施。

5.3.2 在一级动火区进行动火作业必须使用一级动火工作票，在二级动火区进行动火作业必须使用二级动火工作票。

5.3.4 动火工作票应由动火工作负责人填写。动火工作票签发人不准兼任该项工作的工作负责人。动火工作票的审批人、消防监护人不准签发动火工作票。一级动火工作票一般应提前 8h 办理。

5.3.5 动火工作票至少一式三份。一级动火工作票一份由工作负责人收执，一份由动火执行人收执，另一份由发电单位保存在单位安监部门、电网经营单位保存在动火部门（车间）。二级动火工作票一份由工作负责人收执，一份由动火执行人收执，一份保存在动火部门（车间）。若动火工作与运行有关时，还应增加一份交运行人员收执。

5.3.6 动火工作票的审批应符合下列要求。

1 一级动火工作票：

2）电网经营单位：由申请动火班组班长或班组技术负责人签发，动火部门（车间）消防管理负责人和安监负责人审核，动火部门（车间）负责人或技术负责人批准，包括填写批准动火时间和签名。

3）必要时应向当地公安消防部门提出申请，在动火作业前到现场进行消防安全检查和指导工作。

2 二级动火工作票由申请动火班组班长或班组技术负责人签发，动火部门（车间）安监人员审核，动火部门（车间）负责人或技术负责人批准，包括填写批准动火时间和签名。

5.3.7 动火工作票经批准后，允许实施动火条件。

1 与运行设备有关的动火工作必须办理运行许可手续。在满足运行部门可动火条件，运行许可人在动火工作票填写许可动火时间和签名，完成运行许可手续。

2 一级动火：

2）电网经营单位：在检查应配备的消防设施和采取的消防措施、安全措施已符合要求，可燃性、易爆气体含量合格，动火执行人、消防监护人、动火工作负责人、动火部门（车间）安监负责人、动火部门（车间）负责人或技术负责人分别在动火工作票签名确认，并由动火部门（车间）负责人或技术负责人填写允许动火时间。

3 二级动火：在检查应配备的消防设施和采取的消防措施、安全措施已符合要求，可燃性、易爆气体含量或粉尘浓度合格后，动火执行人、消防监护人、动火工作负责人、动火部门（车间）安监人员分别签名确认，并由动火部门（车间）安监人员填写允许动火时间。

5.3.8 动火作业的监护，应符合下列要求：

1 一级动火时，消防监护人、工作负责人、动火部门（车间）安监人员必须始终在现场监护。

2 二级动火时，消防监护人、工作负责人必须始终在现场监护。

3 一级动火在首次动火前，各级审批人和动火工作票签发人均应到现场检查防火、灭火措施正确、完备，需要检测可燃性、易爆气体含量或粉尘浓度的检测值应合格，并在监护下做明火试验，满足可动火条件后方可动火。

4 消防监护人应由本单位专职消防员或志愿消防员担任。

5.3.9 动火作业间断，应符合下列要求：

1 动火作业间断，动火执行人、监护人离开前，应清理现场，消除残留火种。

2 动火执行人、监护人同时离开作业现场，间断时间超过30min，继续动火前，动火执行人、监护人应重新确认安全条件。

3 一级动火作业，间断时间超过2.0h，继续动火前，应重新测定可燃性、易爆气体含量或粉尘浓度，合格后方可重新动火。

4 一级、二级动火作业，在次日动火前必须重新测定可燃性、易爆气体含量或粉尘浓度，合格后方可重新动火。

5.3.10 动火作业终结，应符合下列要求：

1 动火作业完毕，动火执行人、消防监护人、动火工作负责人应检查现场无残留火种等，确认安全后，在动火工作票上填明动火工作结束时间，经各方签名，盖“已终结”印章，动火工作告终结。若动火工作经运行许可的，则运行许可人也要参与现场检查和结束签字。

2 动火作业终结后工作负责人、动火执行人的动火工作票应交给动火工作票签发人。……电网经营单位一份留存班组，一份交动火部门（车间）。动火工作票保存三个月。

5.3.11 动火工作票所列人员的主要安全责任：

1 各级审批人员及工作票签发人主要安全责任应包括下列内容：

1）审查工作的必要性和安全性。

2）审查申请工作时间的合理性。

3）审查工作票上所列安全措施正确、完备。

4）审查工作负责人、动火执行人符合要求。

5）指定专人测定动火部位或现场可燃性、易爆气体含量或粉尘浓度符合安全要求。

2　工作负责人主要安全责任应包括下列内容：

1）正确安全地组织动火工作。

2）确认动火安全措施正确、完备，符合现场实际条件，必要时进行补充。

3）核实动火执行人持允许进行焊接与热切割作业的有效证件，督促其在动火工作票上签名。

4）向有关人员布置动火工作，交代危险因素、防火和灭火措施。

5）始终监督现场动火工作。

6）办理动火工作票开工和终结手续。

7）动火工作间断、终结时检查现场无残留火种。

3　运行许可人主要安全责任应包括下列内容：

1）核实动火工作时间、部位。

2）工作票所列有关安全措施正确、完备，符合现场条件。

3）动火设备与运行设备确已隔绝，完成相应安全措施。

4）向工作负责人交代运行所做的安全措施。

4　消防监护人主要安全责任应包括下列内容：

1）动火现场配备必要、足够、有效的消防设施、器材。

2）检查现场防火和灭火措施正确、完备。

3）动火部位或现场可燃性、易爆气体含量或粉尘浓度符合安全要求。

4）始终监督现场动火作业，发现违章立即制止，发现起火及时扑救。

5）动火工作间断、终结时检查现场无残留火种。

5　动火执行人主要安全责任应包括下列内容：

1）在动火前必须收到经审核批准且允许动火的动火工作票。

2）核实动火时间、动火部位。

3）做好动火现场及本工种要求做好的防火措施。

4）全面了解动火工作任务和要求，在规定的时间、范围内进行动火作业。

5）发现不能保证动火安全时应停止动火，并报告部门（车间）领导。

6）动火工作间断、终结时清理并检查现场无残留火种。

5.3.12　一、二级动火工作票签发人、工作负责人应进行本规程等制度的培训，并经考试合格。动火工作票签发人由单位分管领导或总工程师批准，动火工作负责人由部门（车间）领导批准。动火执行人必须持政府有关部门颁发的允许电焊与热切割作业的有效证件。

5.3.13 动火工作票应用钢笔或圆珠笔填写，内容应正确清晰，不应任意涂改，如有个别错、漏字需要修改，应字迹清楚，并经签发人审核签字确认。

5.3.14 非本单位人员到生产区域内动火工作时，动火工作票由本单位签发和审批。承发包工程中，动火工作票可实行双方签发形式，但应符合第 5.3.12 条要求和由本单位审批。

5.3.15 一级动火工作票的有效期为 24h（1 天），二级动火工作票的有效期为 120h（5 天）。必须在批准的有效期内进行动火工作，需延期时应重新办理动火工作票。

2.3.8 本条评价项目的查评依据如下

依据 1 《机关、团体、企业、事业单位消防安全管理规定》（公安部第 61 号令）

第二十八条 设有自动消防设施的单位，应当按照有关规定定期对其自动消防设施进行全面检查测试，并出具检测报告，存档备查。

依据 2 参照 2.1.1 依据 1《中华人民共和国消防法》（2019 年修订）第十六条（二）（三）的相关规定。

依据 3 《电力设备典型消防规程》（DL 5027—2015）

6.3.6 建筑消防设施的值班、巡查、检测、维修、保养、建档等工作，应符合现行国家标准《建筑消防设施的维护管理》GB 25201 的有关规定。定期检测、保养和维修，应委托有消防设备专业检测及维护资质的单位进行，其应出具有关记录和报告。

2.3.9 本条评价项目的查评依据如下

依据 《电力设备典型消防规程》（DL 5027—2015）

6.3.3 消防设施在管理上应等同于主设备，包括维护、保养、检修、更新，落实相关所需资金等。

2.3.10 本条评价项目的查评依据如下

依据 《机关、团体、企业、事业单位消防安全管理规定》（公安部第 61 号令）

第四十一条 消防安全重点单位应当建立健全消防档案。消防档案应当包括消防安全基本情况和消防安全管理情况。消防档案应当翔实，全面反映单位消防工作的基本情况，并附有必要的图表，根据情况变化及时更新。

单位应当对消防档案统一保管、备查。

第四十二条 消防安全基本情况应当包括以下内容：

（一）单位基本概况和消防安全重点部位情况；

（二）建筑物或者场所施工、使用或者开业前的消防设计审核，消防验收以及消防安全检查的文件、资料；

（三）消防管理组织机构和各级消防安全责任人；

（四）消防安全制度；

（五）消防设施、灭火器材情况；

（六）专职消防队、义务消防队人员及其消防装备配备情况；

（七）与消防安全有关的重点工种人员情况；

（八）新增消防产品、防火材料的合格证明材料；

（九）灭火和应急疏散预案。

第四十三条　消防安全管理情况应当包括以下内容：

（一）公安消防机构填发的各种法律文书；

（二）消防设施定期检查记录、自动消防设施全面检查测试的报告以及维修保养的记录；

（三）火灾隐患及其整改情况记录；

（四）防火检查、巡查记录；

（五）有关燃气、电气设备检测（包括防雷、防静电）等记录资料；

（六）消防安全培训记录；

（七）灭火和应急疏散预案的演练记录；

（八）火灾情况记录；

（九）消防奖惩情况记录。

前款规定中的第（二）、（三）、（四）、（五）项记录，应当记明检查的人员、时间、部位、内容、发现的火灾隐患以及处理措施等；第（六）项记录，应当记明培训的时间、参加人员、内容等；第（七）项记录，应当记明演练的时间、地点、内容、参加部门及人员等。

3　火灾隐患排查整治

3.1　本条评价项目的查评依据如下

依据　参照 2.2.1 依据 2 第十八条（六）以及 2.3.10 依据 1 第四十三条中关于火灾隐患档案的相关规定。

3.2　本条评价项目的查评依据如下

依据　《机关、团体、企业、事业单位消防安全管理规定》（公安部第 61 号令）

第三十条　单位对存在的火灾隐患，应当及时予以消除。

第三十一条　对下列违反消防安全规定的行为，单位应当责成有关人员当场改正并督促落实：

（一）违章进入生产、储存易燃易爆危险物品场所的；

（二）违章使用明火作业或者在具有火灾、爆炸危险的场所吸烟、使用明火等违反禁令的；

（三）将安全出口上锁、遮挡，或者占用、堆放物品影响疏散通道畅通的；

（四）消火栓、灭火器材被遮挡影响使用或者被挪作他用的；

（五）常闭式防火门处于开启状态，防火卷帘下堆放物品影响使用的；

（六）消防设施管理、值班人员和防火巡查人员脱岗的；

（七）违章关闭消防设施、切断消防电源的；

（八）其他可以当场改正的行为。

违反前款规定的情况以及改正情况应当有记录并存档备查。

第三十二条　对不能当场改正的火灾隐患，消防工作归口管理职能部门或者专兼职消防管理人员应当根据本单位的管理分工，及时将存在的火灾隐患向单位的消防安全管理人或者消防安全责任人报告，提出整改方案。消防安全管理人或者消防安全责任人应当确定整改的措施、期限以及负责整改的部门、人员，并落实整改资金。

在火灾隐患未消除之前，单位应当落实防范措施，保障消防安全。不能确保消防安全，随时可能引发火灾或者一旦发生火灾将严重危及人身安全的，应当将危险部位停产、停业整改。

第三十三条　火灾隐患整改完毕，负责整改的部门或者人员应当将整改情况记录报送消防安全责任人或者消防安全管理人签字确认后存档备查。

3.3　本条评价项目的查评依据如下

依据　《机关、团体、企业、事业单位消防安全管理规定》（公安部第 61 号令）

第三十五条　对公安消防机构责令限期改正的火灾隐患，单位应当在规定的期限内改正并写出火灾隐患整改复函，报送公安消防机构。

4　微型消防站建设

4.1　本条评价项目的查评依据如下

依据 1　《机关、团体、企业、事业单位消防安全管理规定》（公安部第 61 号令）

第二十三条　单位应当根据消防法规的有关规定，建立专职消防队、义务消防队，配备相应的消防装备、器材，并组织开展消防业务学习和灭火技能训练，提高预防和扑救火灾的能力。

依据 2　《消防安全重点单位微型消防站建设标准（试行）》（公消〔2015〕801 号）

二、人员配备

（一）微型消防站人员配备不少于 6 人；

（二）微型消防站应设站长、副站长、消防员、控制室值班员等岗位，配有消防车辆的微型消防站应设驾驶员岗位；

（三）站长应由单位消防安全管理人兼任，消防员负责防火巡查和初起火灾扑救工作；

（四）微型消防站人员应当接受岗前培训；培训内容包括扑救初起火灾业务技能、防火巡查基本知识等。

三、站房器材

（一）微型消防站应设置人员值守、器材存放等用房，可与消防控制室合用；有条件的，可单独设置。

（二）微型消防站应根据扑救初起火灾需要，配备一定数量的灭火器、水枪、水带等灭火器材；配置外线电话、手持对讲机等通信器材；有条件的站点可选配消防头盔、灭火防护服、防护靴、破拆工具等器材。

（三）微型消防站应在建筑物内部和避难层设置消防器材存放点，可根据需要在建筑之间分区域设置消防器材存放点。

（四）有条件的微型消防站可根据实际选配消防车辆。

四、岗位职责

（一）站长负责微型消防站日常管理，组织制定各项管理制度和灭火应急预案，开展防火巡查、消防宣传教育和灭火训练；指挥初起火灾扑救和人员疏散。

（二）消防员负责扑救初起火灾；熟悉建筑消防设施情况和灭火应急预案，熟练掌握器材性能和操作使用方法，并落实器材维护保养；参加日常防火巡查和消防宣传教育。

（三）控制室值班员应熟悉灭火应急处置程序，熟练掌握自动消防设施操作方法，接到火情信息后启动预案。

五、值守联动

（一）微型消防站应建立值守制度，确保值守人员 24 小时在岗在位，做好应急准备。

（二）接到火警信息后，控制室值班员应迅速核实火情，启动灭火处置程序。消防员应按照“3 分钟到场”要求赶赴现场处置。

（三）微型消防站应纳入当地灭火救援联勤联动体系，参与周边区域灭火处置工作。

六、管理训练

（一）重点单位是微型消防站的建设管理主体，重点单位微型消防站建成后，应向辖区公安消防部门备案；

（二）微型消防站应制定并落实岗位培训、队伍管理、防火巡查、值守联动、考核评价等管理制度；

（三）微型消防站应组织开展日常业务训练，不断提高扑救初起火灾的能力。训练内容包括体能训练、灭火器材和个人防护器材的使用等。

第 2 章
1000kV 变电站消防安全性评价内容

本评价内容主要适用于国家电网公司 1000kV 变电站站内区域消防管理。本部分评价内容分为评价标准、查评依据两部分，评价标准中包括主变压器区域灭火设施，室外设备区及非设备区，室内变压器室、配电装置室、GIS 设备室、电容器室、电抗器室、站用变压器室、接地变压器室，主控室、通信室、档案室，蓄电池室，电缆沟道，消防标识及应急设施，消防控制室，日常运行维护及管理共 9 类 107 项查评要点，共计 800 分；评价依据中引用了评价标准所依据的国家、行业、国家电网公司相关规章制度和文件。对查评标准中所列项目按照规定不涉及的，该项目得满分。

第 1 节　1000kV 变电站消防安全性评价标准

序号	评价项目	标准分	评分标准	查评依据
1	**主变压器固定自动灭火系统**	150[1]	公共部分所有主变压器（简称主变）均查评，固定式灭火系统按照现场配置种类进行查评，本项得分为公共部分得分与固定灭火系统得分之和	
1.1	公共部分	80		
1.1.1	灭火系统配置要求是否满足： （1）变压器（电抗器）是否按规定设置固定自动灭火系统。 （2）地下变电站变压器固定灭火系统的配置是否符合 DL/T 5216《35kV—220kV 城市地下变电站设计规程》的要求	10	以下变压器（电抗器）应设置固定自动灭火系统：变电站（换流站）单台容量为 125MVA 及以上的油浸式变压器（电抗器）；单台容量 200Mvar 及以上的油浸式平波电抗器；地下变电站的所有油浸式变压器和油浸式平波电抗器处；其他容量和绝缘型式的变压器（电抗器）以及高层建筑内的变压器可根据有关标准和要求设置固定自动灭火系统，如未设置不得分。变压器的排油注氮灭火装置和泡沫喷雾灭火装置的火灾报警系统宜单独设置	《电力设备典型消防规程》（DL 5027—2015）10.3.1、13.7.4； 《变压器固定自动灭火系统完善化改造原则（试行）》（设备变电〔2018〕15 号）第 4.1.1、4.1.3 条

[1] 150 为公共部分 80 分与某一专项（70 分）的加和，全书同。

续表

序号	评价项目	标准分	评分标准	查评依据
1.1.2	固定灭火系统的自检系统、自身工况及故障的监测功能是否符合《固定灭火系统驱动　控制装置通用技术条件》GA 61 的要求	5	固定灭火系统无自检系统、自身工况及故障的监测功能，不得分；功能不齐全，每处扣 20%	《变压器固定自动灭火系统完善化改造原则（试行）》（设备变电〔2018〕15 号）第 4.1.2 条
1.1.3	（1）固定灭火系统的喷头、管道、消防柜等设备设施与电气设备带电（裸露）部分的安全净距是否符合现行 DL/T 5352《高压配电装置设计规范》的规定。 （2）消防管道、支架、喷头部分； （3）消防系统管道是否存在横跨变压器的顶部情况； （4）消防管道的支、吊架是否进行防腐蚀处理，并采取防止与管道发生电化学腐蚀的措施； （5）采用水喷雾灭火系统、细水雾灭火系统、泡沫灭火系统的变压器，在变压器套管升高座孔口是否设喷头保护； （6）处于高粉尘环境及易发沙尘天气的地区，喷头应有防止灰尘或异物堵塞喷孔的防护装置，防护装置在灭火剂喷放时应能被自动吹掉或打开	5	固定灭火系统消防设施与电气设备带电部分安全净距不满足要求不得分；变压器套管升高座孔口未设喷头保护，不得分	《变压器固定自动灭火系统完善化改造原则（试行）》（设备变电〔2018〕15 号）第 4.1.4 条； 《变压器固定自动灭火系统完善化改造原则（试行）》（设备变电〔2018〕15 号）第 4.1.9、4.1.10、4.1.13 条； 《水喷雾灭火系统技术规范》（GB 50219—2014）第 3.2.5、4.0.2 条； 《细水雾灭火系统技术规范》（GB 50898—2013）第 3.2.4、3.3.8 条； 《泡沫灭火系统设计规范》（GB 50151—2010）第 7.4.2 条
1.1.4	灭火系统是否满足独立操作要求： （1）同一变电站不同变压器的固定灭火系统是否能够分别投自动。 （2）一台变压器检修时，相应固定灭火系统退出自动启动状态或采取措施将自动启动回路隔离，防止变压器检修时固定灭火系统误喷，且不得影响本站其他在运变压器投自动状态	10	同一变电站不同变压器固定灭火系统不能分别操作，不得分	《变压器固定自动灭火系统完善化改造原则（试行）》（设备变电〔2018〕15 号）第 4.1.14 条
1.1.5	固定灭火系统控制及供电系统是否满足要求： （1）固定灭火系统用电是否采用不低于二级负荷供电的电源。 （2）消防设备配电箱是否有明显标志，不同消防设备的配电箱是否有明显区分标识；配电箱上的仪表、指示灯的显示是否正常，指示灯、仪表、开关标识是否准确，开关及控制按钮是否灵活可靠；消防系统供配电是否采用双回路供电，并能自动切换，切换备用电源的控制方式及操作程序符合设计要求。 （3）系统中弱电信号、控制回路的控制电缆，当位于存在干扰影响的环境又不具备有效抗干扰措施时，是否具有金属屏蔽。 （4）固定灭火装置操作柜明显处是否有手动操作步骤说明，各功能按钮、操作把手是否标识明晰，在经常有人通过或误碰易造成装置误动的场所，是否增加防护措施并设置警示标识	10	固定灭火系统供电电源和配电箱，每处不满足扣 10%。弱电信号、控制电缆未采用金属屏蔽电缆，扣 30%。固定灭火装置操作柜无操作步骤说明，扣 20%	《火力发电厂与变电站设计防火标准》（GB 50229—2019）第 11.7.1 条； 《电力工程电缆设计标准》（GB 50217—2018）第 3.6.6 条； 《变压器固定自动灭火系统完善化改造原则（试行）》（设备变电〔2018〕15 号）第 4.1.5、4.1.7、4.1.8 条

续表

序号	评价项目	标准分	评分标准	查评依据
1.1.6	油浸变压器火灾报警设备是否满足要求： （1）油浸式变压器（单台容量 125MVA 及以上）缆式线型感温＋缆式线型感温或缆式线型感温＋火焰探测器组合（联动排油注氮宜与瓦斯报警、压力释放阀或跳闸动作组合），建议采用水喷雾、泡沫喷雾（缺水或严寒地区）或其他介质。 （2）油浸式变压器（无人变电站单台容量 125MVA 以下）缆式线型感温或火焰探测器。 （3）火灾探测器（尤其是缆式线型感温电缆）是否有良好的固定措施。感温电缆是否采用具有抗机械损伤能力的带防护结构层的产品	10	火灾探测器未固定或感温电缆不具有抗机械损坏能力，扣 20%	《变压器固定自动灭火系统完善化改造原则（试行）》（设备变电〔2018〕15 号）第 4.1.15 条； 《变电站（换流站）消防设备设施完善化改造原则（试行）》（设备变电〔2018〕15 号）第 4.3.1.4 条； 《电力设备典型消防规程》（DL 5027—2015）第 13.7.4 条
1.1.7	油浸式变压器消防物防设施配置是否满足要求： （1）室外油浸式变压器处不少于 4 具 50kg 灭火器。 （2）油浸式变压器、油浸式电抗器等处应设置消防砂箱或砂桶，内装干燥细黄砂，消防砂箱容积为 1.0m³，并配置 3～5 把消防铲，消防砂桶应装满干燥黄砂	10	灭火器配置数量不足，扣 50%，未给每台变压器设置消防砂桶，每处扣 50%，未装满消防砂或未配置消防铲、消防砂桶酌情扣 30%	《变电站（换流站）消防设备设施完善化改造原则（试行）》（设备变电〔2018〕15 号）第 4.3.3.8 条
1.1.8	户外油浸式变压器、户外配电装置之间及各建筑物的防火间距，户内外含油设备事故排油要求应符合 GB 50229《火力发电厂与变电站设计防火标准》的规定。户外油浸式变压器之间设置防火墙，是否符合以下要求： （1）防火墙高度应高于变压器储油柜；防火墙长度不应小于变压器贮油池两侧各 1.0m。 （2）防火墙与变压器散热器外廓距离不应小于 1.0m。 （3）防火墙应达到一级耐火等级	5	未设置防火墙或防火墙设置不合格，不得分	《电力设备典型消防规程》（DL 5027—2015）第 10.3.5、10.3.6 条
1.1.9	变压器事故排油是否符合以下要求： （1）设置有带油水分离措施的总事故油池时，位于地面之上的变压器对应的总事故油池容量应按最大一台变压器油量的 60%确定；位于地面以下的变压器对应的总事故油池容量应按最大一台变压器油量的 100%确定。 （2）事故有坑设有卵石层时，应定期检查和清理，以不被淤泥、灰渣及积土所覆盖	10	变压器事故油池不满足要求的，不得分	《电力设备典型消防规程》（DL 5027—2015）第 10.3.7 条
1.1.10	变压器防爆排烟设施是否满足要求： （1）变压器防爆筒的出口端应向下，并防止产生阻力，防爆膜宜采用脆性材料。 （2）室内油浸式变压器宜设置事故排烟设施，火灾时通风系统应停用。 （3）室内变压器顶部不宜敷设电缆。室外变电站和有隔离油源措施的室内油浸设备失火时可用水灭火，无放油管路时不应用水灭火	5	不满足要求的，不得分	《电力设备典型消防规程》（DL 5027—2015）第 10.3.10～10.3.12 条

续表

序号	评价项目	标准分	评分标准	查评依据
1.2	水喷雾灭火系统	70		
1.2.1	水喷雾灭火系统启动控制是否满足要求： （1）水喷雾灭火系统是否投入在“自动状态”。 （2）水喷雾系统启动的动作功率是否大于 8W。 （3）水喷雾灭火系统是否具有自动控制、手动控制和应急机械启动三种控制方式	20	未投入自动状态不得分。启动动作功率小于 8W 不得分。灭火系统控制方式不满足要求不得分	《变压器固定自动灭火系统完善化改造原则（试行）》（设备变电〔2018〕15 号）第 4.3.2、4.3.3、4.3.7 条
1.2.2	水喷雾灭火系统以下信号是否接入变电站主设备监控系统：喷淋泵电源工作状态，喷淋泵的启、停状态和故障状态，水流指示器、信号阀、报警阀、压力开关的正常工作状态和动作状态	10	信号不齐全，每少一处扣 10%，信号全部未接入不得分	《变压器固定自动灭火系统完善化改造原则（试行）》（设备变电〔2018〕15 号）第 4.3.8 条
1.2.3	水喷雾灭火系统运行工况是否良好： （1）水喷雾灭火设施是否完好、有效。 （2）配水管道、接口法兰材料和结构满足 GB 50219《水喷雾灭火系统技术规范》要求。 （3）雨淋阀、喷雾头、管件、管网及阀门有无损伤、腐蚀、渗漏，喷头上有无异物。 （4）各阀门标识是否清晰、位置是否正确，工作状态是否正确。 （5）各管路是否畅通，接口、排水管口是否有水流。 （6）水喷雾灭火系统水泵工作是否正常，泵房内电源正常，各压力表是否完好，指示正常。 （7）冬季储水设施的任何部位是否有结冰情况	20	设备设施标识不齐全、位置不正确，酌情扣 40%；现场检查项目存在缺陷，一处扣 10%	《国网设备部关于印发〈变电站消防设施运维管理规范（试行）〉的通知》（设备变电〔2019〕29 号）第 4.3.1.3、4.3.2.5 条； 《水喷雾灭火系统技术规范》（GB 50219—2014）第 4.0.6 条
1.2.4	水喷雾灭火系统的启动是否要求同时满足以下条件： （1）有 2 个及以上独立的火灾探测器同时发信号，或者一只火灾探测器与一只手动火灾报警按钮的报警信号； （2）主变压器断路器跳闸	10	启动要求如不满足上述要求，不得分	《变压器固定自动灭火系统完善化改造原则（试行）》（设备变电〔2018〕15 号）第 4.8.2 条
1.2.5	水喷雾灭火系统管网是否有低点放空措施，存有水喷雾灭火系统的消防水池是否有定期放空及换水措施	10	不满足要求不得分	《电力设备典型消防规程》（DL 5027—2015）第 10.3.2 条
1.3	细水雾灭火系统	70		
1.3.1	细水雾灭火系统启动控制是否满足要求： （1）细水雾灭火系统是否投入在“自动状态”。 （2）瓶组系统是否具有自动、手动和机械应急操作控制方式，其机械应急操作是否能在瓶组间内直接手动启动系统。 （3）泵组系统是否具有自动、手动控制方式	20	未投入自动状态不得分。灭火系统控制方式不满足要求不得分	《变压器固定自动灭火系统完善化改造原则（试行）》（设备变电〔2018〕15 号）第 4.4.2、4.4.3 条； 《细水雾灭火系统技术规范》（GB 50898—2013）第 3.6.1 条

续表

序号	评价项目	标准分	评分标准	查评依据
1.3.2	细水雾灭火系统以下信号是否接入变电站主设备监控系统： （1）对泵供水方式：喷淋泵电源工作状态，喷淋泵的启、停状态和故障状态，水流指示器、信号阀、报警阀、压力开关的正常工作状态和动作状态。 （2）对压力容器供水方式：系统的手动、自动工作状态及故障状态，阀驱动装置的正常工作状态和动作状态，防护区域中的防火门（窗）、防火阀、通风空调等设备的正常工作状态和动作状态，系统的启、停信息，紧急停止信号和管网压力信号	10	信号不齐全，每少一处扣10%，信号全部未接入不得分	《变压器固定自动灭火系统完善化改造原则（试行）》（设备变电〔2018〕15号）第4.4.6条； 《火灾自动报警系统设计规范》（GB 0116—2013）附录A
1.3.3	细水雾灭火系统运行工况是否良好： （1）细水雾灭火设施是否完好、有效； （2）配水管道、连接件材料和结构满足GB 50898《细水雾灭火系统技术规范》要求。 （3）喷头、管件、管网及阀门有无损伤、腐蚀、渗漏，喷头上有无异物； （4）各阀门标识是否清晰、位置是否正确，工作状态是否正确； （5）各管路是否畅通，接口、排水管口是否有水流。 （6）细水雾灭火系统水泵工作是否正常，泵房内电源正常，各压力表是否完好，指示正常（对采用压力容器的，检查压力表是否正常）	20	设备设施标识不齐全、位置不正确，扣20%；现场检查项目存在缺陷，一处扣10%	《变压器固定自动灭火系统完善化改造原则（试行）》（设备变电〔2018〕15号）第4.4.5条； 《细水雾灭火系统技术规范》（GB 50898—2013）第3.3.10、3.3.11条
1.3.4	细水雾灭火系统的启动是否要求同时满足以下条件： （1）有2个及以上独立的火灾探测器同时发信号，或者一只火灾探测器与一只手动火灾报警按钮的报警信号； （2）主变压器断路器跳闸	20	启动要求如不满足上述要求，不得分	《变压器固定自动灭火系统完善化改造原则（试行）》（设备变电〔2018〕15号）第4.8.2条
1.4	泡沫灭火系统	70		
1.4.1	泡沫灭火系统启动控制是否满足要求： （1）泡沫灭火系统是否投入在“自动状态”。 （2）泡沫喷雾系统是否同时具备自动、手动和应急机械手动启动方式	20	未投入自动状态不得分。灭火系统控制方式不满足要求不得分	《变压器固定自动灭火系统完善化改造原则（试行）》（设备变电〔2018〕15号）第4.5.2、4.5.3条； 《泡沫灭火系统设计规范》（GB 50151—2010）第7.4.6条
1.4.2	泡沫灭火系统以下信号是否接入变电站主设备监控系统：系统的手动、自动工作状态及故障状态、驱动装置的正常工作状态和动作状态，系统的启、停信息	10	信号不齐全，每少一处扣10%，信号全部未接入不得分	《变压器固定自动灭火系统完善化改造原则（试行）》（设备变电〔2018〕15号）第4.5.8条； 《火灾自动报警系统设计规范》（GB 50116—2013）附录A

续表

序号	评价项目	标准分	评分标准	查评依据
1.4.3	泡沫灭火系统系统管道、罐体等是否满足要求： （1）泡沫灭火系统系统管道、与泡沫液或泡沫混合液直接接触的零部件材料是否符合要求。 （2）系统储液罐、启动装置、氮气驱动装置是否安装在温度高于 0℃的专用设备间内	10	泡沫灭火系统系统湿式供液管道未选用不锈钢管，扣50%；与泡沫液或泡沫混合液直接接触的零部件都未采用铜合金或耐腐蚀性能相类似的等同材料制造，扣 50%；相关设备未安装于专用设备间的扣 50%，设备间无温度控制措施的，扣 20%	《变压器固定自动灭火系统完善化改造原则（试行）》（设备变电〔2018〕15 号）第 4.5.6～4.5.8 条
1.4.4	泡沫灭火系统运行工况是否良好： （1）泡沫灭火设施是否完好、有效； （2）泡沫喷头、管件、管网、阀门、压力表及泡沫液储罐是否损伤、腐蚀、渗漏，泡沫罐液位显示是否正常，各压力表指示是否正确。 （3）喷头上有无异物，各阀门标识是否清晰、位置是否正确，工作状态是否正确； （4）电源开关位置是否正常，动力源是否正常，泡沫液在有效使用期内且经检验合格	20	泡沫灭火设施未处于有效状态，不得分；操作流程和标识记录不齐全，酌情扣20%～40%；未定期对泡沫灭火设施进行检查和维护保养，扣 50%	《国网设备部关于印发〈变电站消防设施运维管理规范（试行）〉的通知》（设备变电〔2019〕29 号）第 4.3.1.4、4.3.2.6 条
1.4.5	泡沫灭火系统的启动是否要求同时满足以下条件： （1）有 2 个及以上独立的火灾探测器同时发信号，或者一只火灾探测器与一只手动火灾报警按钮的报警信号； （2）主变压器断路器跳闸	10	启动要求如不满足上述要求，不得分	《变压器固定自动灭火系统完善化改造原则（试行）》（设备变电〔2018〕15 号）第 4.8.2 条
1.5	排油注氮系统	70		
1.5.1	排油注氮灭火系统启动控制是否满足要求： （1）排油注氮灭火系统经改造并验证启动条件无误后，方可逐步投入“自动状态”。 （2）消防控制柜是否有自动、手动启动和远程启动灭火装置功能。自动状态、手动状态是否有明显标志并可相互转换。消防控制柜处于自动或手动状态，手动操作启动必须始终有效。 （3）排油注氮灭火系统是否有防误动措施	10	排油注氮系统未经改造和验证的，不得分；改造并验证后未投入自动状态的，不得分；灭火系统控制方式不满足要求不得分	《变压器固定自动灭火系统完善化改造原则（试行）》（设备变电〔2018〕15 号）第 4.6.2、4.6.3 条； 《油浸变压器排油注氮灭火装置》（GA 835—2009）第 5.5.3.1 条； 《电力设备典型消防规程》（DL 5027—2015）第 10.3.3 条
1.5.2	排油注氮灭火系统以下信号是否接入变电站主设备监控系统：系统电源的工作状态，系统的启、停信息，阀门（排油阀、氮气释放阀、断流阀等）位置状态，气瓶压力报警	10	信号不齐全，每少一处扣10%，信号全部未接入不得分	《变压器固定自动灭火系统完善化改造原则（试行）》（设备变电〔2018〕15 号）第 4.6.18 条； 《油浸变压器排油注氮灭火装置》（GA 835—2009）第 5.5.1 节
1.5.3	排油注氮灭火系统火灾探测是否满足要求： （1）排油注氮灭火系统是否采用玻璃球形火灾探测装置和易熔合金型火灾探测器。 （2）火灾探测装置是否布置成两个及以上的独立回路。 （3）火灾探测器布线是否独立引线至消防端子箱	5	火灾探测器未布置成两个及以上的独立回路不得分；火灾探测器选型不合适，扣 20%	《变压器固定自动灭火系统完善化改造原则（试行）》（设备变电〔2018〕15 号）第 4.6.4 条； 《电力设备典型消防规程》（DL 5027—2015）第 10.3.3 条

续表

序号	评价项目	标准分	评分标准	查评依据
1.5.4	消防控制柜安装是否满足要求： （1）消防控制柜是否远离易起火部位，设置在室外的消防柜是否有可靠的防水、防冻及防晒措施，工作环境相对湿度大于85%时消防柜中是否设置除湿装置。 （2）采用一台消防控制柜控制多台消防柜时，每台消防柜是否对应独立的控制单元，且各控制单元应相互独立，互不干扰	5	消防控制柜安装位置、防护措施不到位，扣50%，多台消防柜非独立，不得分	《变压器固定自动灭火系统完善化改造原则（试行）》（设备变电〔2018〕15号）第4.6.6、4.6.7条
1.5.5	消防控制柜面板是否具有指示灯自检、消音、阀门（包括排油阀、氮气释放阀等）位置（或状态）指示、自动启动信号指示、气瓶压力报警信号指示等	5	不满足要求不得分	《电力设备典型消防规程》（DL 5027—2015）第10.3.3条
1.5.6	排油注氮灭火系统运行工况是否良好： （1）排油注氮装置的氮气瓶压力、氮气输出压力正常是否正常； （2）消防控制柜功能是否完备、有效；控制柜电源、信号灯正常； （3）手动启动方式按钮防误碰措施完好； （4）火灾探测器、法兰、管道、支架和紧固件无变形、损伤、防腐层完好； （5）断流阀、充氮阀、排油阀、排气塞等位置标识清晰、位置正确，无渗漏； （6）消防柜红色标记醒目，设备编号、标识齐全、清晰、无损坏； （7）消防柜无锈迹、污物、损伤，柜内阀门及接口处无油渍，渗油观察窗内无油迹； （8）火灾探测器安装牢固，防雨罩安装可靠，能够做到有效防雨	10	配置的氮气瓶不符合规定，扣20%；消防控制柜不能正常工作，扣30%，其他缺陷，每处扣10%	《油浸变压器排油注氮装置技术规程》（CECS 187—2005）第3.1.2、3.2.4～3.2.7、3.3.6条； 《国网设备部关于印发〈变电站消防设施运维管理规范（试行）〉的通知》（设备变电〔2019〕29号）第4.3.1.5、4.3.2.7条
1.5.7	排油阀或排油管路是否满足要求： （1）排油阀或排油管路上是否设置排油信号反馈装置，在油气隔离装置前端的注氮管路上是否设置注氮信号反馈装置。 （2）排油阀下部的排油管路上是否设置漏油观测或漏油报警装置，注氮阀与排油阀间是否设有机械联锁阀门。 （3）断流阀是否带有能直接观察阀门启闭状况的位置指示，具有手动复位装置。断流阀达到额定流量时是否能可靠关闭。 （4）排油管路上的检修阀处于关闭状态时，检修阀应向消防控制柜提供检修状态信号；消防控制柜接收到的消防启动信号后，应能禁止灭火装置启动实施排油注氮动作	5	断流阀或排油管路不满足规定要求，一项不满足，扣20%	《变压器固定自动灭火系统完善化改造原则（试行）》（设备变电〔2018〕15号）第4.6.8、4.6.12、4.6.15条； 《油浸变压器排油注氮灭火装置》（GA 835—2009）第5.4节； 《电力设备典型消防规程》（DL 5027—2015）第10.3.3条
1.5.8	排油注氮系统启动设施和阀组是否满足要求： （1）排油注氮系统氮气驱动装置是否选用抗干扰能力强的电磁式驱动阀或防爆自密封瓶头阀。 （2）采用排油注氮灭火系统的变压器是否采用具有联动功能的双浮球结构的气体继电器。 （3）排油注氮启动（触发）功率是否大于220V×5A（DC）；注氮阀动作线圈功率是否大于220V×6A（DC）。 （4）注氮管路是否设置能够排出泄漏氮气的排气组件，防止氮气泄漏进入变压器本体导致轻瓦斯频繁动作	10	一项不满足则不得分	《变压器固定自动灭火系统完善化改造原则（试行）》（设备变电〔2018〕15号）第4.6.9、4.6.10、4.6.16条； 《防止电力生产事故的二十五项重点要求》（国能安全〔2014〕161号）第12.7.2、12.7.3条； 《油浸变压器排油注氮消防系统设计、施工及验收规范》（DB43/T 420—2008）第4.2.1.10

续表

序号	评价项目	标准分	评分标准	查评依据
1.5.9	排油注氮灭火系统是否具有防爆自动启动、灭火自动启动两种方式。 （1）防爆自动启动是否要求同时满足以下 3 个条件：压力释放阀或速动油压继电器动作；本体气体继电器发重瓦斯信号；主变压器断路器跳闸。 （2）灭火自动启动是否要求同时满足以下 3 个条件：有 2 个及以上独立的火灾探测器同时发信号；本体气体继电器发重瓦斯信号；主变压器断路器跳闸。 （3）消防控制柜同时接收到火灾探测装置和气体继电器传输的信号后，发出声光报警信号并执行排油注氮动作	10	两种自启动方式的启动要求如不满足上述要求，不得分	《变压器固定自动灭火系统完善化改造原则（试行）》（设备变电〔2018〕15 号）第 4.8.1 条； 《电力设备典型消防规程》（DL 5027—2015）第 10.3.3 条
1.6	气体灭火系统	70		
1.6.1	气体灭火系统启动控制是否满足要求： （1）气体灭火系统是否投入在“自动状态”。 （2）管网灭火系统是否设自动控制、手动控制和机械应急操作三种启动方式。预制灭火系统是否设自动控制和手动控制两种启动方式。 （3）人员进入防护区时是否能将灭火系统转换为手动控制方式，当人员离开时恢复为自动控制方式。 （4）防护区内外是否设置手动、自动控制状态的显示装置	20	未投入自动状态不得分。灭火系统控制方式不满足要求不得分	《变压器固定自动灭火系统完善化改造原则（试行）》（设备变电〔2018〕15 号）第 4.7.2、4.7.3 条； 《气体灭火系统设计规范》（GB 50370—2005）第 5.0.2、5.0.4 条
1.6.2	气体灭火系统以下信号是否接入变电站主设备监控系统：系统的手动、自动工作状态及故障状态，阀驱动装置的正常工作状态和动作状态，防护区域中的防火门（窗）、防火阀、通风空调等设备的正常工作状态和动作状态，系统的启、停信息，紧急停止信号和管网压力信号	10	信号不齐全，每少一处扣 10%，信号全部未接入不得分	《变压器固定自动灭火系统完善化改造原则（试行）》（设备变电〔2018〕15 号）第 4.7.6 条； 《火灾自动报警系统设计规范》（GB 50116—2013）附录 A
1.6.3	气体灭火系统阀组、压力表等设置是否满足： （1）在储存容器或容器阀上，是否设置安全泄压装置和压力表。 （2）组合分配系统的集流管，是否设有安全泄压装置，安全泄压装置的动作压力是否符合相应气体灭火系统的设计规定	5	未设置安全泄压装置和压力表，不得分；安全泄压装置压力与本系统要求不匹配，扣 50%	《变压器固定自动灭火系统完善化改造原则（试行）》（设备变电〔2018〕15 号）第 4.7.4 条； 《气体灭火系统设计规范》（GB 50370—2005）第 4.1.4 条
1.6.4	气体灭火系统采用自动控制启动方式时，根据人员安全撤离防护区的需要，是否设有不大于 30s 的可控延迟喷射	5	自动控制启动方式未设 30s 可控延迟喷射，不得分	《变压器固定自动灭火系统完善化改造原则（试行）》（设备变电〔2018〕15 号）第 4.7.5 条； 《气体灭火系统设计规范》（GB 50370—2005）第 5.0.3 条

续表

序号	评价项目	标准分	评分标准	查评依据
1.6.5	气体灭火系统运行工况是否良好： （1）防护区外专用的空气呼吸器或氧气呼吸器是否完好； （2）铭牌和标识牌清晰，手动操作装置的防护罩、铅封和安全标志完整； （3）气体灭火系统储存装置的压力和重量是否正常； （4）灭火剂储存容器及阀门、管件、安全泄压装置、喷嘴、信号反馈装置、检漏装置、减压装置等全部系统组件无碰撞变形及其他机械性损伤，表面无锈蚀，保护涂层完好	20	气体灭火系统未处于正常运行状态，不得分；无专用呼吸器或呼吸器过期、损坏的，扣 20%；铭牌标识和安全标识不齐全的，扣 20%；气体灭火设施各元器件存在缺陷或损伤的，每处扣 10%	《国网设备部关于印发〈变电站消防设施运维管理规范（试行）〉的通知》（设备变电〔2019〕29 号）第 4.3.1.7、4.3.2.9 条
1.6.6	气体自动灭火系统自动启动是否要求满足以下 2 个条件之一： （1）有 2 个及以上独立的火灾探测器同时发信号； （2）一只火灾探测器与一只手动火灾报警按钮的报警信号	10	启动要求如不满足上述要求，不得分	《变压器固定自动灭火系统完善化改造原则（试行）》（设备变电〔2018〕15 号）第 4.8.2 条
2	**室外设备区、非设备区**	40		
2.1	室外消火栓规定是否满足： （1）设置室外消火栓的变电站是否集中配置足够数量的消防水带、水枪和消火栓扳手，放置在重点防火区域周围的露天专用消防箱或消防小室内，相关箱、室不得上锁； （2）根据被保护设备的性质合理配置 19mm 直流或喷雾或多功能水枪，水带宜配置有衬里消防水带； （3）室外消火栓间距不应大于 120m	10	室外消火栓、消防水带、水枪、消火栓扳手配置不足扣 20%，消防水枪水带不符合要求扣 20%	《变电站（换流站）消防设备设施完善化改造原则（试行）》（设备变电〔2018〕15 号）第 4.3.3.6 条； 《消防给水及消火栓系统技术规范》（GB 50974—2014）第 7.3.7、7.4.3 条
2.2	建筑面积大于 300m² 的厂房、建筑体积大于 5000m³的站内建筑应安装室内消火栓，设置室内消火栓的建筑，包括设备层在内各层均应设置消火栓。 室内消火栓规定是否满足： （1）室内消火栓箱是否有明显标志，箱门上是否张贴使用方法或操作步骤，外观良好、无损坏，无锈蚀，无泄漏。 （2）消火栓箱组件应齐全，箱门应开关灵活，开度应符合要求；消火栓的阀门应启闭灵活，栓口位置应便于连接水带。 （3）消火栓启泵按钮外观是否完好，有透明罩保护，是否配有击碎工具；同时指示灯指示是否正确；手动复位后指示灯是否随之复位。 （4）管网及支吊架与阀门外观是否良好，无损坏，无锈蚀，无泄漏；阀门处于工作状态。 （5）室内消火栓应采用单栓消火栓。确有困难时可采用双栓消火栓，但必须为双阀双出口型	10	消火栓标识及其附属设施存在缺陷的，每处扣 20%	《建筑设计防火规范》（GB 50016—2014）第 8.2.1 条； 《国网设备部关于印发〈变电站消防设施运维管理规范（试行）〉的通知》（设备变电〔2019〕29 号）第 3.32 条； 《电力设备典型消防规程》（DL 5027—2015）第 6.1.24、13.7.3 条； 《消防给水及消火栓系统技术规范》（GB 50974—2014）第 7.4.3 条

续表

序号	评价项目	标准分	评分标准	查评依据
2.3	站内室外及公共区域消防器材是否满足： （1）变电站内消防砂箱、砂桶、消防铲及正压式消防空气呼吸器等消防器材是否齐全完备。 （2）220kV 变电站应配置 15 个装满黄砂的消防砂桶，消防黄砂桶应采用铅桶，每两桶配备一把消防铲，每四桶配备一把消防斧。 （3）变电站室外各处，是否每隔规定间隔设置一组磷酸铵盐干粉灭火器。室外油浸式变压器处不少于 4 具 50kg 灭火器	10	变电站内公共区域配置消防设施不足额，酌情扣 50%	《变电站（换流站）消防设备设施完善化改造原则（试行）》（设备变电〔2018〕15 号）第 4.3.3.3、4.3.3.8 条、附录
2.4	室外电抗器、电容器区域消防设施是否满足要求： （1）油浸电抗器、电容器装置应就近设置能灭油火的消防设施，并应设有消防通道。 （2）户外布置的电力电容器与高压电气设备需保持 50m 及以上的距离，防止事故扩大。 （3）干式变压器、电流互感器等电气设备宜配置移动式干粉灭火器	10	室外电抗器、电容器消防设施不足额，酌情扣 50%	《电力设备典型消防规程》（DL 5027—2015）第 10.4.1、10.7.3、10.7.7 条
3	**室内变压器室、配电装置室、GIS 设备室、电容器室、电抗器室、站用变压器室、接地变压器室**	80		
3.1	变电站变压器室、电容器室、蓄电池室、配电装置室是否安装点式感烟或吸气式感烟（如有含油设备，采用感温）火灾探测器	10	未按规定安装火灾探测器不得分	《变电站（换流站）消防设备设施完善化改造原则（试行）》（设备变电〔2018〕15 号）第 4.3.1.4 条
3.2	各高压室防火门窗要求： （1）变电站变压器室、电容器室、蓄电池室、配电装置室的门是否向疏散方向开启； （2）当门外为公共走道或其他房间时，该门是否采用乙级防火门； （3）配电室的中间隔墙上的门是否采用由不燃材料制作的双向弹簧门	10	各室使用的门开启方向不正确，一处扣 20%，室内的门未采用乙级防火门的，一处扣 20%	《火力发电厂与变电站设计防火标准》（GB 50229—2019）第 5.3.3 条； 《变电站（换流站）消防设备设施完善化改造原则（试行）》（设备变电〔2018〕15 号）第 4.2.2.2 条
3.3	变电站建筑面积超过 250m^2 的主控通信室、配电装置室、电容器室、电缆夹层，是否有不少于 2 个疏散出口；地下变电站是否设置不少于 2 个安全出口	10	各室疏散出口不满足要求的，不得分	《火力发电厂与变电站设计防火标准》（GB 50229—2019）第 11.2.5、11.2.8 条
3.4	地下变电站每个防火分区是否不大于 1000m^2，设置自动灭火系统的防火分区面积可增大一倍；楼梯间是否设置乙级防火门，并向疏散方向开启	10	未设置防火分区不得分，楼梯间未设置乙级防火门，不得分，开启方向不正确，扣 20%	《火力发电厂与变电站设计防火标准》（GB 50229—2019）第 11.2.6、11.2.8 条

续表

序号	评价项目	标准分	评分标准	查评依据
3.5	（1）控制室、通信机房各2具5kg磷酸铵盐干粉灭火器； （2）1000kV继电器室、站用电室各2具3kg磷酸铵盐干粉灭火器；主变继电器室8具3kg磷酸铵盐干粉灭火器；检修备品备件库6具3kg磷酸铵盐干粉灭火器。 （3）蓄电池室、消防水泵房各2具4kg磷酸铵盐干粉灭火器。 （4）主变压器处放置8具50kg磷酸铵盐干粉灭火器、12箱黄砂（$1m^3$）。 （5）室外配电装置处放置40桶黄砂（25L）。 （6）办公休息区放置5具、二层其他区域4具、一层其他区域7具、警卫传达室2具2kg磷酸铵盐干粉灭火器	20	灭火器未配置不得分，灭火器配置数量不足或超出检验周期，每处扣20%，本项目扣完为止	《变电站（换流站）消防设备设施完善化改造原则（试行）》（设备变电〔2018〕15号）附录
3.6	（1）各室内消火栓箱内配置是否齐全，应包含65mm消火栓及隔离阀各1只、25m长DN65有衬里水龙带1根带快装接头、19mm直流或喷雾或多功能水枪1只、自救式消防水喉1套、消防按钮1只；带电设施附近的消火栓应配备喷雾功能水枪。 （2）当室内消火栓栓口处的出水压力超过0.5MPa时，应加设减压孔板或采用减压稳压型消火栓	10	室内消火栓配置设施不齐全，缺少一处扣10%，扣完为止	《变电站（换流站）消防设备设施完善化改造原则（试行）》（设备变电〔2018〕15号）第4.3.3.7条； 《电力设备典型消防规程》（DL 5027—2015）第14.3.7条
3.7	（1）室内的油浸式消弧线圈等设备，当油量大于600kg时，应布置在专用的房间内，外墙开门处上方应设置防火挑檐，挑檐的宽度不应小于1.0m，而长度为门的宽度两侧各加0.5m。 （2）户内布置的单台电力电容器油量超过100kg时，应有贮油设施或挡油栏。 （3）集合式电容器室内布置时，基坑地面宜采用水泥砂浆抹面并压光，在其上面铺以100mm厚的细砂。如室外布置，则基坑宜采用水泥砂浆抹面，在挡油设施内铺以卵石（或碎石）	10	室内的油浸式消弧线圈、电容器防火措施不满足要求的，每项不满足扣50%，本项目扣完为止	《电力设备典型消防规程》（DL 5027—2015）第10.4.2、10.7.3、10.7.4条
4	**主控室、通信室、档案室**	70		
4.1	主控制室、通信机房、继电保护室是否设置点式感烟或吸气式感烟火灾探测器	10	未设置点式感烟或吸气式感烟火灾探测器不得分	《变电站（换流站）消防设备设施完善化改造原则（试行）》（设备变电〔2018〕15号）第4.3.1.4条
4.2	变电站主控室及通信室是否每隔规定间隔设置一组磷酸铵盐干粉灭火器。其中控制室不少于2具5kg磷酸铵盐干粉灭火器，通信机房和保护室不少于3具4kg磷酸铵盐干粉灭火器。根据规定，控制室、通信室、保护室及高低压配电装置室可采用卤代烷气体灭火器	20	灭火器未配置不得分，灭火器配置数量不足或超出检验周期，每处扣20%，本项目扣完为止	《变电站（换流站）消防设备设施完善化改造原则（试行）》（设备变电〔2018〕15号）附录

续表

序号	评价项目	标准分	评分标准	查评依据
4.3	（1）控制室、调度室应有不少于两个疏散出口； （2）各室严禁吸烟； （3）各室的隔墙、顶棚内装饰，应采用难燃或不燃材料。建筑内部装修材料应符合 GB 50222《建筑内部装修设计防火规范》的有关规定，地下变电站宜采用防霉耐潮材料	10	主控室、继电保护室、通信室不满足要求的，发现一处扣 20%	《电力设备典型消防规程》（DL 5027—2015）第 11.0.2～11.0.4 条
4.4	空调系统的防火是否符合下列规定： （1）设备和管道的保冷、保温宜采用不燃材料，当确有困难时，可采用燃烧产物毒性较小且烟密度等级不大于 50 的难燃材料。防火阀前后各 2.0m、电加热器前后各 0.8m 范围内的管道及其绝热材料均应采用不燃材料。 （2）通风管道装设防火阀应符合 GB 50016《建筑设计防火规范》的相关规定。防火阀既要有手动装置，同时要在关键部位装易熔片或风管式感温、感烟装置。 （3）非生产用空调机在运转时，值班人员不得离开，工作结束时该空调机必须停用。 （4）空调系统应采用闭路联锁装置	10	独立布置空调不需要按此要求，中央空调系统需满足要求，一般只在 500kV 及以上站配置，一项不满足扣 25%	《电力设备典型消防规程》（DL 5027—2015）第 11.0.7 条
4.5	（1）各室配电线路应采用阻燃措施或防延燃措施，严禁任意拉接临时电线。 （2）各室一旦发生火灾，则应切断交流电源，开启直流事故照明，关闭通风管防火阀，采用气体等灭火器进行灭火	10	室内配电线路存在火灾隐患、临时拉线或未采用阻燃措施或防延燃措施的，每处扣 20%	《电力设备典型消防规程》（DL 5027—2015）第 11.0.10、11.0.11 条
4.6	（1）档案室收发档案材料的门洞及窗口应安装防火门窗，其耐火极限不得低于 0.75h。 （2）档案室与其他建筑物直接相通的门均应做防火门，其耐火极限应不小于 2.0h；内部分隔墙上开设的门也要采取防火措施，耐火极限要求为 1.2h	10	变电站档案室、资料室不满足防火门要求的，不得分	《电力设备典型消防规程》（DL 5027—2015）第 11.0.8、11.0.9 条
5	**蓄电池室**	50		
5.1	蓄电池室门上应有“蓄电池室”“严禁烟火”或“火灾危险，严禁火种入内”等标志牌。蓄电池室是否贴有必需的警示标识和禁令标识；室内设备是否符合防爆要求	10	缺少标识的不得分，室内设备不满足防爆要求扣 50%	《变电站（换流站）消防设备设施完善化改造原则（试行）》（设备变电〔2018〕15 号）第 4.2.3.1 条； 《电力设备典型消防规程》（DL 5027—2015）第 10.6.1、10.6.2 条
5.2	蓄电池室每组是否布置在单独的室内，如在同一室内，是否在每组蓄电池之间设耐火时间为大于 2.0h 的防火隔断，蓄电池室门是否向外打开	10	变电站两组蓄电池在同一室内且未设置合格防火隔断的，不得分	《变电站（换流站）消防设备设施完善化改造原则（试行）》（设备变电〔2018〕15 号）第 4.2.3.1 条； 《电力设备典型消防规程》（DL 5027—2015）第 10.6.1 条

续表

序号	评价项目	标准分	评分标准	查评依据
5.3	蓄电池室通风照明是否合格： （1）蓄电池室是否装有通风装置，通风道是否单独设置，工作正常； （2）蓄电池室是否使用防爆型照明和防爆型排风机，操作开关是否安装在蓄电池室的外面； （3）蓄电池室的照明线是否采用暗线敷设的耐酸导线，进出蓄电池室的电缆、电线，在穿墙处是否用耐酸瓷管或聚氯乙烯硬管穿线，并在其进出口端用耐酸材料将管口封堵	10	蓄电池室风机、照明、电源线路，有一处不满足的扣20%	《变电站（换流站）消防设备设施完善化改造原则（试行）》（设备变电〔2018〕15号）第4.2.3.1条； 《电力设备典型消防规程》（DL 5027—2015）第10.6.1条
5.4	蓄电池室是否配置防爆感烟和可燃气体火灾探测装置，是否配置不少于2具4kg磷酸铵盐磷酸铵盐干粉灭火器，灭火器在合格期内	10	未安装火灾探测装置，扣50%，未配置合格且数量足够的灭火器，扣50%	《变电站（换流站）消防设备设施完善化改造原则（试行）》（设备变电〔2018〕15号）附录
5.5	其他蓄电池室（阀控式密封铅酸蓄电池室、无氢蓄电池室、锂电池室、钠硫电池、UPS室等）是否符合下列要求： （1）电池室应装有通向室外的有效通风装置，阀控式密封铅酸蓄电池室内的照明、通风设备可不考虑防爆。 （2）锂电池、钠硫电池应设置在专用房间内，建筑面积小于200m^2时，应设置干粉灭火器和消防砂箱；建筑面积不小于200m^2时，宜设置气体灭火系统和自动报警系统	10	若有配置此类蓄电池的开展评价。现场配置不满足查评要求的，不得分	《电力设备典型消防规程》（DL 5027—2015）第10.6.2条
6	**电缆沟道**	130		
6.1	电缆沟道防火封堵是否满足要求： （1）在电缆穿过竖井、变电站夹层、墙壁、楼板或进入电气盘、柜的孔洞处，是否做好防火封堵； （2）封堵是否严实可靠，不应有明显的裂缝和可见的缝隙，孔洞较大者应加耐火衬板后再进行封堵； （3）在隧道、电缆沟、变电站夹层和进出线等电缆密集区域是否采用阻燃电缆或采取其他有效防火措施； （4）如果在重要电缆沟和隧道中有非阻燃电缆时，是否分段或用软质耐火材料设置阻火隔离，电缆孔洞是否封堵； （5）未采用阻燃电缆时，电缆接头两侧及相邻电缆2～3m长的区段是否采取涂刷防火涂料、缠绕防火包带等措施； （6）靠近充油设备的电缆沟，是否设有卡槽式电缆沟盖板或覆盖防火玻璃丝纤维布等防火延燃措施，盖板是否封堵	20	未有效进行防火封堵、设置阻火隔离或涂刷防火涂料的。每发现一处，扣20%.发现三处及以上，不得分	《电力电缆及通道运维规程》（Q/GDW 1512—2014）第5.5.4条； 《电力设备典型消防规程》（DL 5027—2015）第10.5.3条； 《变电站（换流站）消防设备设施完善化改造原则（试行）》（设备变电〔2018〕15号）第4.2.4.7条
6.2	电缆通道、电缆室、夹层、竖井、电缆沟内是否整洁、畅通，是否消除各类火灾隐患，通道沿线及其内部不得积存易燃、易爆物。排水沟、电缆沟、管沟等沟坑内是否有积油	10	电缆通道、夹层、竖井、电缆沟内堆放杂物，积存易燃易爆物，每发现一处，扣20%；发现两处及以上，不得分	《电力电缆及通道运维规程》（Q/GDW 1512—2014）第8.3.4条； 《电力设备典型消防规程》（DL 5027—2015）第10.5.6条

续表

序号	评价项目	标准分	评分标准	查评依据
6.3	变电站电缆夹层、竖井是否安装线型感温、感烟或吸气式感烟探测器，缆式线型感温火灾探测器在电缆表面以“S 形”缠绕方式敷设。 重要的电缆隧道是否安装温度在线监测装置，并定期传动、检测，确保动作可靠、信号准确。是否设置悬挂式超细干粉、气溶胶或火探管式灭火装置	10	变电站电缆夹层、竖井未安装消防报警设施和灭火设备，不得分；设施存在缺陷或超出检验周期，每处扣20%	《电力电缆及通道运维规程》（Q/GDW 1512—2014）第 8.3.9 条； 《变电站（换流站）消防设备设施完善化改造原则（试行）》（设备变电〔2018〕15 号）第 4.2.4.9、4.3.1.4 条
6.4	是否在变电站电缆室、电缆夹层、电缆通（廊）道、电缆竖井等电缆密集区域按设计布置固定式灭火设施，电缆沟内电缆密集处、转弯处等重点部位可设置固定式自动灭火设施；固定式自动灭火设施宜采用悬挂式干粉自动灭火器（悬挂式超细干粉、气溶胶或火探管灭火装置），自动灭火设备在检验合格期内。 明敷充油电缆的供油系统是否装设自动报警和闭锁装置，多回路充油电缆的终端设置处应装设专用消防设施，有定期检验记录	20	按规定应安装自动灭火装置场所未安装，不得分；自动灭火设备维护不到位，超出使用周期的，扣 50%	《电力电缆及通道运维规程》（Q/GDW 1512—2014）第 8.3.1、8.3.2 条； 《变电站（换流站）消防设备设施完善化改造原则（试行）》（设备变电〔2018〕15 号）第 4.2.4.10、4.3.1.4、4.3.3.2 条
6.5	电缆和沟道防火隔断是否满足要求： （1）电缆廊道、电缆沟内是否每隔 60m 划分防火隔段（防火墙），在电缆从室外进入室内的入口处、敷设两个及以上间隔电缆的主电缆沟道和到单个间隔或设备分支电缆沟道的交界处是否设置防火墙； （2）电缆竖井上下两端、进出电缆孔洞处及每一楼层处采用耐火极限不低于 1.00h 的非燃烧材料进行封堵，划分防火隔段。 （3）电缆夹层的门是否向疏散方向开启，当门外为公共走道或其他房间时，该门是否采用乙级防火门	10	防火隔断设置不满足要求的，每处扣 20%	《变电站（换流站）消防设备设施完善化改造原则（试行）》（设备变电〔2018〕15 号）第 4.2.4.8 条
6.6	共用沟道防火分隔是否满足要求： （1）动力电缆与控制电缆是否分沟敷设，不满足的是否在动力电缆和控制电缆、通信电缆在之间设置层间耐火隔板、加装电缆防火槽盒、涂防火涂料、包覆防火护套等。 （2）110kV 及以上电缆竖井，在同一井道内敷设 2 回及以上电缆时，不同回路之间是否用防火隔板进行分隔。 （3）在多个电缆头并排安装的场合中，应在电缆头之间加隔板或填充阻燃材料	10	不同种类电缆同沟布置，且没有可靠防火分隔的，不得分	《水电工程设计防火规范》（GB 50872—2014）第 9.0.7 条； 《国网设备部关于加快推进变电站消防隐患治理工作的通知》（设备变电〔2018〕16 号）第（七）条； 《变电站（换流站）消防设备设施完善化改造原则（试行）》（设备变电〔2018〕15 号）第 4.2.4.4 条； 《电力设备典型消防规程》（DL 5027—2015）第 10.5.9、10.5.12 条
6.7	是否在电缆室、电缆通（廊）道、电缆竖井的出入口处，设置手提式磷酸铵盐干粉灭火器，并至少配备 2 套防毒面具。按照规定，电缆夹层应设置不少于 16 具、电缆竖井不少于 2 具 4kg 磷酸铵盐干粉灭火器	10	未配置灭火器和防毒面具的，不得分	《水电工程设计防火规范》（GB 50872—2014）第 9.0.9 条； 《变电站（换流站）消防设备设施完善化改造原则（试行）》（设备变电〔2018〕15 号）附录

续表

序号	评价项目	标准分	评分标准	查评依据
6.8	电缆接头是否加装防火槽盒或采取其他防火隔离措施。电力电缆中间接头盒的两侧及其附近区域，是否增加防火包带等阻燃措施。严禁在变电站电缆夹层、桥架和竖井等缆线密集区域布置电力电缆接头	5	电缆接头未采取防爆盒或其他措施的，不得分；电缆夹层等处内有电缆接头的，不得分	《电力电缆及通道运维规程》（Q/GDW 1512—2014）第8.3.1、8.3.2条；《电力设备典型消防规程》（DL 5027—2015）第10.5.11条；《变电站（换流站）消防设备设施完善化改造原则（试行）》（设备变电〔2018〕15号）第4.2.4.5、4.2.4.6条
6.9	电缆隧道的下列部位是否设置防火分隔，采用防火墙上设置防火门的形式： （1）电缆进出隧道的出入口及隧道分支处； （2）电缆隧道位于变电站内时，间隔不大于100m处； （3）电缆交叉、集部位，间隔不大于60m； （4）防火墙耐火极限不宜低于3.0h，防火门应采用甲级防火门（耐火极限不宜低于1.2h）且防火门的设置应符合GB 50016《建筑设计防火规范》的有关规定； （5）电缆竖井中，宜每隔7.0m设置阻火隔层	10	站内电缆隧道的防火分隔设置是否满足要求，一处不满足扣20%	《电力设备典型消防规程》（DL 5027—2015）第10.5.14、10.5.15条
6.10	电缆隧道内应设置指向最近安全出口处的导向箭头，主隧道、各分支拐弯处醒目位置装设整个电缆隧道平面示意图，并在示意图上标注所处位置及各出入口位置	5	无示意图不得分，示意图标识不齐全或与实际不符扣20%～50%	《变电站（换流站）消防设备设施完善化改造原则（试行）》（设备变电〔2018〕15号）第4.3.5.2条
6.11	在电缆通道、夹层内动火作业是否办理动火工作票，并采取可靠的防火措施。在电缆通道、夹层内使用的临时电源是否满足绝缘、防火、防潮要求，工作人员撤离时应立即断开电源。是否严格按照运行规程规定对电缆夹层、通道进行巡检，并检测电缆和接头运行温度	10	电缆通道、夹层、竖井等处动火作业不满足要求的，不得分，安全措施不到位的扣50%；巡视记录是否齐全，缺少一处扣20%	《电力电缆及通道运维规程》（Q/GDW 1512—2014）第8.3.7、8.3.8、8.3.10条
6.12	隧道内照明灯具及控制开关应为防潮防爆型；照明灯线应穿入阻燃管或放入防火槽盒	10	隧道内照明灯具及控制开关不是防潮防爆型扣50%，照明灯线未穿入阻燃管或放入防火槽盒扣50%	《城市电力电缆线路设计技术规定》DL/T 5221—2016第4.5.15条
7	**消防标识及应急设施**	30		
7.1	变电站内是否具有以下消防安全标志： （1）火灾报警装置标志； （2）紧急疏散逃生标志； （3）灭火设备标志； （4）禁止和警告标志； （5）方向辅助标志； （6）文字辅助标志	10	灭火器和消火栓指示标识、使用方法、火灾报警标识以及消防设施旋转方向标识、防火门标识等各类标志应符合GB 13495.1—2015《消防安全标志　第1部分：标志》的规定，缺少一处扣10%	《变电站（换流站）消防设备设施完善化改造原则（试行）》（设备变电〔2018〕15号）第4.3.5.1条
7.2	变电站内疏散通道和安全出口是否设置疏散指示标识，是否采用符合国家规定3C标准的灯光疏散指示标志、安全出口标志，标明疏散方向	10	无安全疏散标识不得分，未使用灯光疏散指示标识扣50%；安全疏散标识损坏，每处扣10%	《变电站（换流站）消防设备设施完善化改造原则（试行）》（设备变电〔2018〕15号）第4.3.4.5、4.3.5.3条

续表

序号	评价项目	标准分	评分标准	查评依据
7.3	疏散指示标识应根据国家法律法规、消防技术标准设置，并应采用符合法律规定的灯光疏散指示标志、安全出口标志，标明疏散方向。 （1）是否设置了符合规定的消防安全疏散指示标志和应急照明设施，消防应急照明灯、疏散指示标志其型号规格是否符合设计要求； （2）消防应急照明灯、疏散指示标志外观是否有缺陷，在其明显部位是否设有耐久性消防 3C 铭牌标识，内容清晰，设置位置符合设计要求，安装牢固。 （3）消防应急照明可采用蓄电池作为备用电源，应急灯应牢固、无遮挡，状态指示灯正常。 （4）变电站主控通信室、配电装置室、消防水泵房、变压器室、继电保护室、建筑疏散通道和楼梯间是否设置应急照明。变电站内应急照明的照度不应低于 1lx，交流断电后可继续提供照明，继续工作应急照明不应低于正常照明照度值的 100%	10	无安全疏散标识和应急照明设施，每处扣 10%；已配置的安全疏散标识和应急照明设施损坏，每处扣 5%；在特殊部位设置障碍物，每处扣 20%；发现 5 处以上，不得分。已配置的应急照明设施损坏，每处扣 5%；应急照明亮度不足酌情扣 20%	《变电站（换流站）消防设备设施完善化改造原则（试行）》（设备变电〔2018〕15 号）第 4.3.4.5、4.3.5.3 条； 《中华人民共和国消防法》（2019 年修订）第十六条（四）； 《机关、团体、企业、事业单位消防安全管理规定》（公安部第 61 号令）第二十一条； 《火力发电厂与变电站设计防火标准》（GB 50229—2019）第 11.7.2 条
8	**消防控制室**	100		
8.1	消防控制室通用要求	30		
8.1.1	消防控制室是否满足具备远方控制功能，且设有用于火灾报警的外线电话的要求	10	设置于集中控制的消防控制室没有远方控制功能不得分，未设置报火警外线电话扣 50%	《消防控制室完善化改造原则（试行）》（设备变电〔2018〕15 号）第 4.1.4、4.1.5 条； 《火灾自动报警设计规范》（GB 50116—2013）第 3.4.3、6.1.4 条
8.1.2	消防控制室是否实行每日 24h 值班制度，每班不少于 2 人的要求，值班人员持有消防控制室操作职业资格证书	5	值班人员不满足 2 人不得分，值班人员未持有消防执业证书扣 50%	《消防控制室完善化改造原则（试行）》（设备变电〔2018〕15 号）第 4.1.9 条； 《消防控制室通用技术要求》（GB 25506—2010）第 4.2.1 条
8.1.3	消防控制室的火灾自动报警系统、灭火系统和其他联动控制设备是否处于正常工作状态，并不得将应处于自动状态的设在手动状态	10	发现一处缺陷扣 20%，应处于自动的系统置于手动状态扣 50%	《消防控制室完善化改造原则（试行）》（设备变电〔2018〕15 号）第 4.1.10 条； 《消防控制室通用技术要求》（GB 25506—2010）第 4.2.1 条
8.1.4	消防控制室设备选型是否满足以下要求： （1）属于国家消防产品强制性认证目录中的产品，应具有 CCCF 认证证书并标注认证标志； （2）目录以外的产品，应具有国家级消防产品质量检验中心出具的检验报告	5	使用设备非 3C 认证且无国家级消防产品质量检验中心出具的检验报告的，每一设备扣 20%	《消防控制室完善化改造原则（试行）》（设备变电〔2018〕15 号）第 4.1.12 条
8.2	消防控制室资料要求	30		

续表

序号	评价项目	标准分	评分标准	查评依据
8.2.1	消防控制室文件资料是否包含：竣工图纸、各分系统控制逻辑关系说明、设备使用说明书、系统操作规程、应急预案、值班制度、维护保养制度及值班记录等文件资料	5	缺少基本的管理制度和操作规程，每少一项扣10%；管理制度缺少超过5项及以上，不得分	《消防控制室完善化改造原则（试行）》（设备变电〔2018〕15号）第4.1.8条；《火灾自动报警设计规范》（GB 50116—2013）第3.4.4条
8.2.2	消防控制室是否每日检查火灾报警控制器的功能，并按《消防控制室完善化改造原则（试行）》（设备变电〔2018〕15号）附录F的要求填写相应的记录	5	消防设施没有每日检查不得分，检查记录不规范每处扣20%，扣完为止	《消防控制室完善化改造原则（试行）》（设备变电〔2018〕15号）第4.1.11条；《火灾自动报警系统施工及验收标准》（GB 50166—2019）第6.0.1～6.0.7条
8.2.3	消防控制室是否满足以下要求： 每季度检查和试验火灾自动报警系统的下列功能，并按《消防控制室完善化改造原则（试行）》（设备变电〔2018〕15号）附录F的要求填写记录： （1）采用专用检测仪器分期分批试验探测器的动作及确认灯显示； （2）试验火灾警报装置的声光显示； （3）试验水流指示器、压力等报警功能、信号显示开关； （4）对主电源和备用电源进行1～3次自动切换试验； （5）用自动或手动检查消防控制设备的控制显示功能：1）室内消火栓、自动喷水、泡沫、气体、干粉等灭火系统的控制设备；2）抽验电动防火门、防火卷帘门，数量不小于总数的25%；3）选层试验消防应急广播设备，并试验公共广播强制转入火灾应急广播的功能，抽检数量不小于总数的25%；4）火灾应急照明与疏散指示标志的控制装置；5）送风机、排烟机和自动挡烟垂壁的控制设备。 （6）检查消防电梯迫降功能。 （7）应抽取不小于总数25%的消防电话和电话插孔在消防控制室进行对讲通话试验	10	消防控制室季度设施检查内容有无缺少，试验记录不全每处扣20%，扣完为止	《消防控制室完善化改造原则（试行）》（设备变电〔2018〕15号）第4.1.11条；《火灾自动报警系统施工及验收标准》（GB 50166—2019）第6.0.1～6.0.7条
8.2.4	消防控制室是否满足以下要求： 每年检查和试验火灾自动报警系统下列功能，并按《消防控制室完善化改造原则（试行）》（设备变电〔2018〕15号）附录F的要求填写记录： （1）应用专用检测仪器对所安装的全部探测器和手动报警装置试验至少1次； （2）自动和手动打开排烟阀，关闭电动防火阀和空调系统； （3）对全部电动防火门、防火卷帘的试验至少1次； （4）强制切断非消防电源功能试验； （5）对其他有关的消防控制装置进行功能试验	10	消防控制室年度设施检查内容有无缺少，试验记录不全每处扣20%，扣完为止	《消防控制室完善化改造原则（试行）》（设备变电〔2018〕15号）第4.1.11条；《火灾自动报警系统施工及验收标准》（GB 50166—2019）第6.0.1～6.0.7条
8.3	有人值班变电站消防控制室	40	有人值班变电站查评此条款	

续表

序号	评价项目	标准分	评分标准	查评依据
8.3.1	有人值班变电站（换流站）消防控制室是否设置在本站主控制室，并按照《消防控制室完善化改造原则（试行）》第 4.2.1 条进行设置	10	现场检查有人值班站消防设施配置是否满足要求，缺少一处扣 20%，本项目扣完为止	《消防控制室完善化改造原则（试行）》（设备变电〔2018〕15 号）第 4.1.1、4.2.1 条； 《火力发电厂与变电站设计防火标准》（GB 50229—2019）第 7.12.4 条
8.3.2	有人值班变电站（换流站）消防控制室是否按要求配置以下设备： （1）火灾报警控制器（联动型），包括火灾报警控制器、联动控制器、消防电话总机、消防广播控制装置等； （2）消防图形显示装置； （3）消防应急照明和疏散指示系统控制装置（需要时）； （4）消防电源监控器（需要时）； （5）辅助设备监控主机	10	现场检查有人值班站消防设施配置是否满足要求，缺少一处扣 20%，本项目扣完为止	《消防控制室完善化改造原则（试行）》（设备变电〔2018〕15 号）第 4.2.2 条； 《火灾自动报警设计规范》（GB 50116—2013）中第 3.4.2、4.1.1、4.10.1、4.10.2、4.10.3 条
8.3.3	火灾报警控制器（联动型）是否满足以下要求： （1）应联动变电站辅助设备监控系统，以满足迅速确认火灾和应急处置的要求； （2）集中火灾报警控制器（联动型），联动控制按钮应按不同变电站及站内不同灭火分区布置，标识清楚、确保操作安全准确；发生火灾报警时，对应变电站的按钮区域应有光信号提示，防止误操作； （3）不同类型的探测器、手报、模块等现场部件应有不少于总数 1%的备品	5	火灾报警控制器功能及配置，每处不满足扣 20%	《消防控制室完善化改造原则（试行）》（设备变电〔2018〕15 号）第 4.3.1 条； 《火灾自动报警设计规范》（GB 50116—2013）第 4.10.2、6.1.4 条； 《火灾自动报警系统施工及验收标准》（GB 50166—2019）第 6.0.1～6.0.7 条
8.3.4	消防图形显示装置是否满足以下要求： （1）消防图形显示装置信息记录的各类信息能够进行记录备份；应满足备份后方可被覆盖的功能；应能对历史记录打印归档或刻录存盘归档。 （2）消防图形显示装置应具备网络通信功能，能够与火灾报警控制器（联动型）进行通信，获取相关消防设备状态信息，并应具有远程传输功能。 （3）消防图形显示装置应具备权限管理的功能，对系统程序的进入和退出时间、操作人员姓名或代码等内容的均有记录，记录备份后方可被覆盖。 （4）消防图形显示装置应具备权限管理的功能，对系统程序的进入和退出时间、操作人员姓名或代码等内容的均有记录，记录备份后方可被覆盖。 （5）消防图形显示装置软件应符合 GA/T 847《消防控制室图形显示装置软件通用技术要求》的规定，还应能分画面、分区域、多层次对所辖无人变电站各类消防设施进行集中管理的功能	5	消防图形显示装置功能及配置，每处不满足扣 20%	《消防控制室完善化改造原则（试行）》（设备变电〔2018〕15 号）第 4.3.2、4.3.5 条； 《消防控制室通用技术要求》GB 25506—2010 第 6.1～6.4 条； 《火灾自动报警设计规范》（GB 50116—2013）第 3.4.2 条

续表

序号	评价项目	标准分	评分标准	查评依据
8.3.5	辅助设备监控主机，应实现视频、安防、消防、门禁、环境监测、照明等子系统数据的统一接入，实现火灾报警自动联动消防、视频监控、空调、风机、门禁等系统，并在站内实现数据综合分析、存储、统计和画面展示	10	辅助设备监控工作站功能及配置，每处不满足扣20%	《消防控制室完善化改造原则（试行）》（设备变电〔2018〕15号）第4.3.5条
9	**日常运行维护及管理**	150		
9.1	公共消防设施	85		
9.1.1	变电站消防设施必须与主体工程同时设计、同时施工、同时验收，防火设施未验收合格的电缆线路不得投入运行	10	电缆线路防火设施未验收合格即投运，每项工程扣标准分20%，扣完为止	《国家电网有限公司关于印发十八项电网重大反事故措施（修订版）的通知》（国家电网设备〔2018〕979号）第13.2.1.1条
9.1.2	国家强制产品认证（3C）目录内的消防设备必须具有消防强制性产品认证证书（CCCF），非国家强制产品认证（3C）目录内的消防产品应具有国家级消防质量检验中心出具的检验报告	5	变电站内消防设施、设备存在非3C认证且提供不出国家级消防质量检验中心出具的检验报告，不得分	《变电站（换流站）消防设备设施完善化改造原则（试行）》（设备变电〔2018〕15号）第4.1.5条
9.1.3	消防供电是否满足要求： （1）变电站消防用电是否采用单独的供电回路，是否使用不低于二级负荷供电的电源，消防配电箱是否独立设置并有明显标识，是否能在任何情况下保证消防用电； （2）备用消防电源的供电时间和容量，是否满足火灾延续时间内各消防用电设备的要求； （3）变电站消防控制室、消防水泵房、防烟和排烟风机房的消防用电设备及消防电梯等的供电，应在其配电线路的最末一级配电箱处设置自动切换装置	10	消防用电和消防配电箱非独立设置扣50%；未配置备用消防电源扣50%，标志不齐全或备用电源容量不足酌情扣50%	《变电站（换流站）消防设备设施完善化改造原则（试行）》（设备变电〔2018〕15号）第4.3.4.1、4.3.4.3、4.3.4.4条； 《建筑设计防火规范》（GB 50016—2014）第10.1.6条
9.1.4	变电站是否配置了符合国家标准的灭火器： （1）灭火器配置数量是否充足。 （2）灭火器是否完好、有效。 （3）灭火器外观完好、清洁，罐体无损伤、变形，配件无破损、松动、变形，压力指示正常。 （4）灭火器上应有发光标志，以便在黑暗中指示灭火器所处的位置。 （5）灭火器生产日期、试验日期是否符合规范要求，合格证是否齐全，灭火器压力是否正常，外壳是否存在磕碰、破损，放置位置是否明显且易于取用。 （6）是否按照平均每25m配置一组灭火器，每组不少于2只4kg灭火器，推车式灭火器最大保护距离不超过50m；特殊防火场所（如使用液化气的厨房等）是否增设灭火器数量。 （7）变电站里的灭火器是否摆放在位置明显和便于取用的地点，是否稳固，铭牌朝外，灭火器箱打开角度不小于100°，手提式灭火器顶部离地面不应大于1.50m，底部离地面高度不宜小于0.08m，对有视线障碍的灭火器设置点，应设置指示其位置的发光标志	10	未配置灭火器，不得分；灭火器与使用场所不相应，每处扣20%；未按规定规格配置足量灭火器，每处扣20%；灭火器不符合要求，出现欠压的，每处扣20%	《建筑灭火器配置设计规范》（GB 50140—2005）第5.1、5.2、6.1节； 《电力设备典型消防规程》（DL 5027—2015）附录G.1； 《国网设备部关于印发〈变电站消防设施运维管理规范（试行）〉的通知》（设备变电〔2019〕29号）第3.25条； 《变电站（换流站）消防设备设施完善化改造原则（试行）》（设备变电〔2018〕15号）第4.1.3、4.3.3.5条

续表

序号	评价项目	标准分	评分标准	查评依据
9.1.5	消防箱、消防桶、消防铲、消防斧、消防钩完好有红色标识、清洁，无锈蚀、破损。消防砂箱或砂桶；消防砂池、消防砂桶完好，无开裂、漏砂，消防用砂保持充足和干燥	5	消防设施缺失或损坏，每处扣 10%	《国网设备部关于印发〈变电站消防设施运维管理规范（试行）〉的通知》（设备变电〔2019〕29 号）第 3.25 条；《变电站（换流站）消防设备设施完善化改造原则（试行）》（设备变电〔2018〕15 号）第 4.3.3.3 条；《电力设备典型消防规程》（DL 5027—2015）第 14.3.5～14.3.8、14.4.1～14.4.3 条
9.1.6	设置固定式气体灭火系统的变电站、长距离电缆隧道、地下变电站等场所应配置正压式消防空气呼吸器，数量宜按每座有气体灭火系统的建筑物各设 2 套正压式消防空气呼吸器和 4 只防毒面具，正压式消防空气呼吸器应放置在专用设备柜内，柜体应为色红色并固定设置标志牌	5	未配置正压式呼吸器，不得分；正压式呼吸器不合格每处扣 20%	《电力设备典型消防规程》（DL 5027—2015）第 14.4 节
9.1.7	寒冷地区容易冻结和可能出现沉降的地区，消防水系统等设施应有防冻和防沉降措施	5	现场检查消防水池若无防冻防沉降措施的，不得分	《变压器固定自动灭火系统完善化改造原则（试行）》（设备变电〔2018〕15 号）第 4.1.11 条
9.1.8	火灾报警系统日常维护： （1）火灾自动报警系统的维护保养应确保系统保持连续正常运行，各路电源均能正常供电； （2）每季度对火灾自动报警系统主机除尘，对电源等附件维护一次； （3）每季度应对主电源和备用电源进行 1～3 次自动切换试验，强制切断非消防电源功能试验； （4）火灾报警控制器经检查应功能完好，并填写相应维保记录； （5）火灾自动报警系统相关部件的安装部位在满足消防设计要求同时，是否可以在主设备不停运条件下进行维修	10	火灾自动报警系统不能正常运行，不得分；一路电源故障，设备能正常运行，酌情扣 50%；未进行火灾自动报警系统主机除尘，未对电源等附件进行维护不得分，每季度未对主电源和备用电源进行 1～3 次自动切换试验，强制切断非消防电源功能试验，酌情 40%；火灾报警控制功能不全，扣 30%，无相应维保记录，扣 20%	《火灾自动报警系统施工及验收标准》（GB 50166—2019）第 6.0.1～6.0.7 条；《国网设备部关于印发〈变电站消防设施运维管理规范（试行）〉的通知》（设备变电〔2019〕29 号）第 5.2.1、5.2.2、5.2.3、5.2.5 条；《变电站（换流站）消防设备设施完善化改造原则（试行）》（设备变电〔2018〕15 号）第 4.1.8 条
9.1.9	消防器材日常维护： （1）每月对消防器材进行一次检查维护； （2）地下变电站的灭火器应每半月检查一次； （3）补充的砂子应干燥；发现灭火器压力不在正常范围时，及时更换合格的灭火器或重新充装； （4）二氧化碳灭火器质量比额定质量减少十分之一时，应进行灌装； （5）灭火器的表面保持清洁、设施完好；干粉灭火器压力正常	10	每项未执行扣 10%	《建筑消防设施的维护管理》（GB 25201—2010）附录 E；《国网设备部关于印发〈变电站消防设施运维管理规范〉（试行）的通知》（设备变电〔2019〕29 号）第 5.4.3 条

续表

序号	评价项目	标准分	评分标准	查评依据
9.1.10	变电站消防设施及通道是否正常和畅通： （1）变电站消防设施是否处于正常运行状态； （2）疏散通道和安全出口是否保持畅通，不得占用、堵塞和封闭，消防车道是否保持畅通； （3）是否损坏、挪用或者擅自拆除、停用消防设施、器材； （4）是否埋压、圈占、遮挡消火栓或者占用防火间距； （5）在疏散特殊部位（像窗口、阳台等）是否设置了妨碍应急逃生和救援的障碍物	10	消防设施、器材被损坏、挪用或者擅自拆除、停用，每处扣20%；消火栓被埋压、圈占、遮挡，每处扣20%；防火间距被占用，每处扣20%；发现3处以上，不得分；严重堵占主要消防车道的，不得分；消防车道不畅通，每处扣20%；发现3处以上，不得分；疏散通道和安全出口不畅通，每处扣20%	《中华人民共和国消防法》（2019年修订）第二十八条； 《电力设备典型消防规程》（DL 5027—2015）第6.1.6、6.1.19、6.3.2条； 《国网设备部关于印发〈变电站消防设施运维管理规范（试行）〉的通知》（设备变电〔2019〕29号）第3.11条； 《变电站（换流站）消防设备设施完善化改造原则（试行）》（设备变电〔2018〕15号）第4.1.7条
9.1.11	防火门、防火分隔设置是否合格： （1）是否按规范要求设置防火门、防火卷帘； （2）防火门是否贴有永久性标识； （3）防火门是否按要求安装闭门器、顺序器； （4）防火门框内是否按要求灌注水泥砂浆； （5）防火卷帘是否起降正常； （6）防火卷帘耐火完整性和耐火隔热性是否符合要求	5	未按要求配置防火门、防火卷帘，每处扣20%；防火门、防火卷帘不符合规范要求，每处扣10%；发现3处以上，不得分	《防火门》（GB 12955—2008）第5.3.3～5.3.7、5.9.2、5.10、8.1.1条； 《建筑设计防火规范》（GB 50016—2014）第6.1.6、6.2.7、6.2.9、6.4.3、6.4.5、6.4.11、6.5.1、6.5.3条； 《火力发电厂与变电站设计防火标准》（GB 50229—2019）第11.2.4条
9.2	消防管理及资料	65		
9.2.1	变电运维人员应熟知： （1）消防设施和器材的使用、维护和保管方法； （2）火警电话及报警方法； （3）消防器材摆放地点及本单位消防负责人联系方式； （4）掌握自救逃生知识和消防技能	10	每项不符合要求扣酌情扣20%，本项目扣完为止	《国家电网公司变电运维管理规定（试行）》[国网（运检/3）828—2017]第十九章 专项工作 第一百零二条消防管理（四）； 《国网设备部关于印发〈变电站消防设施运维管理规范（试行）〉的通知》（设备变电〔2019〕29号）第3.12条
9.2.2	变电站应建立消防器材和设施台账，台账应有具体数量并符合最低配置要求，设专人负责	5	未建立消防器材和设施台账，扣30%；未设专人负责，扣10%	《国网设备部关于印发〈变电站消防设施运维管理规范（试行）〉的通知》（设备变电〔2019〕29号）第3.9条； 《国家电网公司变电运维管理规定（试行）》[国网（运检/3）828—2017]第十九章 专项工作 第一百零二条消防管理（五）
9.2.3	变电站应有结合本站实际的消防预案，消防预案内应包括灭火和应急疏散部分，并定期开展演练，灭火和应急疏散预案的演练记录等资料存档	10	变电站没有消防预案不得分，消防预案没有应急疏散部分未定期开展演练，演练资料未存档，酌情扣50%	《国家电网公司变电运维管理规定（试行）》[国网（运检/3）828—2017]第十九章 专项工作 第一百零二条消防管理（二）； 《国网设备部关于印发〈变电站消防设施运维管理规范（试行）〉的通知》（设备变电〔2019〕29号）第3.4、3.16条

续表

序号	评价项目	标准分	评分标准	查评依据
9.2.4	消防安全管理制度是否健全，所有制度是否具有签字审批流程，是否及时进行修订。应包含以下制度： （1）消防安全管理制度包括消防安全责任制； （2）消防安全教育、培训制度； （3）防火检查、巡查制度； （4）消防安全疏散设施管理制度； （5）消防设施器材维护管理制度； （6）灭火和应急疏散预案演练制度； （7）专职（志愿）消防队的组织管理制度； （8）消防设备设施操作规程； （9）系统操作员名册及相应的工作职责	10	缺少基本的管理制度和操作规程，每少一项扣 10%； 管理制度缺少超过 5 项及以上，不得分；管理制度缺少签字审批流程，扣 20%；未及时进行制度修订，扣 20%	《中华人民共和国消防法》（2019 年修订）第十六条； 《机关、团体、企业、事业单位消防安全管理规定》（公安部第 61 号令）第十八、四十五条； 《电力设备典型消防规程》（DL 5027—2015）第 3.1、3.2、3.4、3.6、4.1.1 条； 《国家电网公司变电运维管理规定（试行）》[国网（运检/3）828—2017] 第十九章 专项工作 第一百零二条消防管理（一）； 《国网设备部关于印发〈变电站消防设施运维管理规范（试行）〉的通知》（设备变电〔2019〕29 号）第 3.10、3.17 条
9.2.5	变电站应保存下列图纸资料，并应有电子备案档案： （1）竣工后的总平面布局图； （2）消防设施平面布置图； （3）消防设施系统图及安全出口布置图； （4）消防机构出具的有关法律文书等； （5）消防安全管理规章制度； （6）应急灭火预案； （7）应急疏散预案； （8）消防系统控制逻辑关系说明； （9）设备使用说明书； （10）系统操作规程； （11）系统和设备维护保养制度等。 变电站应制定消防器材布置图，图中标明存放地点、数量和消防器材类型，消防器材按消防布置图布置	10	每项未执行扣 10%	《国网设备部关于印发〈变电站消防设施运维管理规范（试行）〉的通知》（设备变电〔2019〕29 号）第 3.4、3.10、3.13、3.17 条； 《国家电网公司变电运维管理规定（试行）》[国网（运检/3）828—2017] 第十九章 专项工作 第一百零二条消防管理（一）（六）
9.2.6	公用消防设施、器材是否处于正常状态。消防设施出现故障是否及时组织修复，临时停用消防设施或移动消防器材是否采取临时措施和事先报告单位消防管理部门，并得到本单位消防安全责任人的批准，工作完毕后应及时恢复	10	消防设施被停用、缺陷超过消缺周期，且无正常手续的，不得分	《变电站（换流站）消防设备设施完善化改造原则（试行）》（设备变电〔2018〕15 号）第 4.1.2 条
9.2.7	变电站应保存下列消防记录： （1）消防安全组织结构图，包括消防安全责任人、管理人、专职、义务消防人员等内容； （2）消防安全培训记录； （3）值班情况、消防安全检查情况及巡查情况的记录； （4）接报警记录； （5）火灾处理情况； （6）设备检修检测报告等资料； （7）消防设施一览表，包括消防设施的类型、数量、状态等内容。这些资料应能定期保存和归档	10	每项未执行扣 10%	《国网设备部关于印发〈变电站消防设施运维管理规范（试行）〉的通知》（设备变电〔2019〕29 号）第 3.4 条

第2节 1000kV变电站消防查评依据

1 主变压器固定自动灭火系统

1.1 公共部分

1.1.1 本条评价项目的查评依据如下

依据1 《电力设备典型消防规程》（DL 5027—2015）10.3.1、13.7.4

10.3.1 固定自动灭火系统，应符合下列要求：

1. 变电站（换流站）单台容量为125MVA及以上的油浸式变压器应设置固定自动灭火系统及火灾自动报警系统；变压器排油注氮灭火装置和泡沫灭火装置的火灾报警系统宜单独设置。

4. 干式变压器可不设置固定自动灭火系统。

13.7.4 电压等级35kV或单台变压器5MVA及以上变电站、换流站和开关站的特殊消防设施配置应符合现行国家标准《火力发电厂与变电站设计防火规范》GB 50229 的有关规定，换流站的消防设施还应符合现行行业标准《高压直流换流站设计技术规定》DL/T 5223的要求，地下变电站的消防设施还应符合现行行业标准《35kV～220kV城市地下变电站设计规定》DL/T 5216的要求。

1. 地上变电站和换流站火灾自动报警系统和固定灭火系统应符合表13.7.4规定。

表13.7.4 变电站和换流站火灾自动报警系统和固定灭火系统

建筑物和设备	火灾探测器类型	固定灭火介质及系统型式
主控制室	点式感烟或吸气式感烟	—
通信机房	点式感烟或吸气式感烟	—
户内直流开关场地	点式感烟或吸气式感烟	—
电缆层、电缆竖井和电缆隧道	220kV及以上变电站、所有地下变电站和无人变电站设缆式线型感温、分布式光纤、点式感烟或吸气式感烟	无人值班站可设置悬挂式超细干粉、气溶胶或火探管式灭火装置
继电器室	点式感烟或吸气式感烟	—
电抗器室	点式感烟或吸气式感烟（如有含油设备，采用感温）	—
电容器室	点式感烟或吸气式感烟（如有含油设备，采用感温）	—
配电装置室	点式感烟或吸气式感烟	—
蓄电池室	防爆感烟和可燃气体	—
换流站阀厅	点式感烟或吸气式感烟+其他早期火灾探测报警装置（如紫外弧光探测器）组合	—

续表

建筑物和设备	火灾探测器类型	固定灭火介质及系统型式
油浸式平波电抗器（单台容量 200Mvar 及以上）	缆式线型感温 + 缆式线型感温或缆式线型感温 + 火焰探测器组合	水喷雾、泡沫喷雾（缺水或严寒地区）或其他介质
油浸式变压器（单台容量 125MVA 及以上）	缆式线型感温 + 缆式线型感温或缆式线型感温 + 火焰探测器组合（联动排油注氮宜与瓦斯报警、压力释放阀或跳闸动作组合）	水喷雾、泡沫喷雾（缺水或严寒地区）或其他介质
油浸式变压器（无人变电站单台容量 125MVA 以下）	缆式线型感温或火焰探测器	—

2. 地下变电站除满足表 13.7.4 规定外，还应在所有电缆层、电缆竖井和电缆隧道处设置线型感温、感烟或吸气式感烟探测器，在所有油浸式变压器和油浸式平波电抗器处设置火灾自动报警系统和细水雾、排油注氮、泡沫喷雾或固定式气体自动灭火装置。

依据 2 《变压器固定自动灭火系统完善化改造原则（试行）》（设备变电〔2018〕15 号）

4.1.1　以下变压器（电抗器）应设置固定自动灭火系统：

a　变电站（换流站）单台容量为 125MVA 及以上的油浸式变压器（电抗器）；

b　单台容量 200Mvar 及以上的油浸式平波电抗器；

c　地下变电站的所有油浸式变压器和油浸式平波电抗器处；

d　其他容量和绝缘型式的变压器（电抗器）以及高层建筑内的变压器可根据有关标准和要求设置固定自动灭火系统。

4.1.3　换流站变压器固定灭火系统的配置应符合《高压直流换流站设计技术规定》DL/T 5223 的要求，地下变电站变压器固定灭火系统的配置应符合《35kV～220kV 城市地下变电站设计规程》DL/T 5216 的要求。

1.1.2　本条评价项目的查评依据如下

依据 《变压器固定自动灭火系统完善化改造原则（试行）》（设备变电〔2018〕15 号）

4.1.2　固定灭火系统的自检系统、自身工况及故障的监测功能应符合《固定灭火系统驱动、控制装置通用技术条件》GA 61 的要求。

1.1.3　本条评价项目的查评依据如下

依据 1 《变压器固定自动灭火系统完善化改造原则（试行）》（设备变电〔2018〕15 号）

4.1.4　固定灭火系统的喷头、管道、消防柜等设备设施与电气设备带电（裸露）部分的安全净距宜符合现行行业标准《高压配电装置设计技术规程》DL/T 5352 的规定。

依据 2 《变压器固定自动灭火系统完善化改造原则（试行）》（设备变电〔2018〕15 号）

4.1.9　对于处于高粉尘环境及易发沙尘天气的地区，喷头应有防止灰尘或异物堵塞喷孔的防护装置，防护装置在灭火剂喷放时应能被自动吹掉或打开。

4.1.10　采用水喷雾灭火系统、细水雾灭火系统、泡沫灭火系统的变压器，在变压器套管升高座孔口应设喷头保护。

4.1.13　管道的支、吊架应进行防腐蚀处理，并应采取防止与管道发生电化学腐蚀的措施。

依据 3 《水喷雾灭火系统技术规范》（GB 50219—2014）

3.2.5 当保护对象为油浸式电力变压器时，水雾喷头的布置应符合下列要求：

1. 变压器绝缘子升高座孔口、油枕、散热器、集油坑应设水雾喷头保护。

4.0.2 水雾喷头的选型应符合下列要求：

2. 室内粉尘场所设置的水雾喷头应带防尘帽，室外设置的水雾喷头宜带防尘帽。

依据 4 《细水雾灭火系统技术规范》（GB 50898—2013）

3.2.4 ……用于保护室内油浸变压器时，喷头的布置尚应符合下列规定：

3 喷头不应直接对准高压进线套管；

4 当变压器下方设置集油坑时，喷头布置应能使细水雾完全覆盖集油坑。

3.3.8 对于油浸变压器，系统管道不宜横跨变压器的顶部，且不应影响设备的正常操作。

依据 5 《泡沫灭火系统设计规范》（GB 50151—2010）

7.4.2 当保护油浸电力变压器时，系统设计应符合下列规定：

2 喷头的设置应使泡沫覆盖变压器油箱顶面，且每个变压器进出线绝缘套管升高座孔口应设置单独的喷头保护。

1.1.4 本条评价项目的查评依据如下

依据 《变压器固定自动灭火系统完善化改造原则（试行）》（设备变电〔2018〕15 号）

4.1.14 同一变电站不同变压器的固定灭火系统应能分别投自动。 一台变压器检修时， 相应固定灭火系统退出自动启动状态或采取措施将自动启动回路隔离， 防止变压器检修时固定灭火系统误喷， 且不得影响本站其他在运变压器投自动状态。

1.1.5 本条评价项目的查评依据如下

依据 1 《火力发电厂与变电站设计防火标准》（GB 50229—2019）

11.7.1 变电站的消防供电应符合下列规定：

1 消防水泵、自动灭火系统、与消防有关的电动阀门及交流控制负荷，户内变电站、地下变电站应按Ⅰ类负荷供电；户外变电站应按Ⅱ类负荷供电。

依据 2 《电力工程电缆设计标准》（GB 50217—2018）

3.6.6 固定灭火系统中弱电信号、控制回路的控制电缆，当位于存在干扰影响的环境又不具备有效抗干扰措施时，应具有金属屏蔽。

依据 3 《变压器固定自动灭火系统完善化改造原则（试行）》（设备变电〔2018〕15 号）

4.1.5 固定灭火系统用电应采用不低于二级负荷供电的电源。各级负荷的供电要求应符合《供配电系统设计规范》GB 50052 的要求。

4.1.7 固定灭火系统中弱电信号、控制回路的控制电缆，当位于存在干扰影响的环境又不具备有效抗干扰措施时，应具有金属屏蔽。

4.1.8 现场装置明显处应有手动操作步骤说明，各功能按钮、操作把手应标识明晰，在经常有人通过或误碰易造成装置误动的场所，须另加防护措施并设置警示标识。

1.1.6 本条评价项目的查评依据如下

依据 1 《变压器固定自动灭火系统完善化改造原则（试行）》（设备变电〔2018〕15 号）

4.1.15 火灾探测器（尤其是缆式线型感温电缆）应有良好的固定措施。感温电缆宜采用具有抗机械损伤能力的带防护结构层的产品。

依据 2 《变电站（换流站）消防设备设施完善化改造原则（试行）》（设备变电〔2018〕15 号）

4.3.1.4 火灾自动报警系统的探测器应符合《电力设备典型消防规程》（DL 5027—2015）要求。地下变电站电缆层、电缆竖井和电缆隧道处应设置线型感温、感烟或吸气式感烟探测器。

依据 3 《电力设备典型消防规程》（DL 5027—2015）

13.7.4 ……

2 地下变电站除满足表 13.7.4 规定外，还应在所有电缆层、电缆竖井和电缆隧道处设置线型感温、感烟或吸气式感烟探测器，在所有油浸式变压器和油浸式平波电抗器处设置火灾自动报警系统和细水雾、排油注氮、泡沫喷雾或固定式气体自动灭火装置。

1.1.7 本条评价项目的查评依据如下

依据 《变电站（换流站）消防设备设施完善化改造原则（试行）》（设备变电〔2018〕15 号）

4.3.3.8 油浸式变压器、油浸式电抗器等处应设置消防砂箱或砂桶，内装干燥细黄砂，消防砂箱容积为 1.0m³，并配置消防铲，每处 3～5 把，消防砂桶应装满干燥黄砂。

1.1.8 本条评价项目的查评依据如下

依据 《电力设备典型消防规程》（DL 5027—2015）

10.3.5 户外油浸式变压器、户外配电装置之间及与各建（构）筑物的防火间距，户内外含油设备事故排油要求应符合现行国家标准《火力发电厂与变电站设计防火规范》GB 50229 的有关规定。

10.3.6 户外油浸式变压器之间设置防火墙时应符合下列要求：

1 防火墙的高度应高于变压器储油柜；防火墙的长度不应小于变压器的贮油池两侧各 1.0m。

2 防火墙与变压器散热器外廓距离不应小于 1.0m。

3 防火墙应达到一级耐火等级。

1.1.9 本条评价项目的查评依据如下

依据 《电力设备典型消防规程》（DL 5027—2015）

10.3.7 变压器事故排油应符合下列要求：

1 设置有带油水分离措施的总事故油池时，位于地面之上的变压器对应的总事故油池容量应按最大一台变压器油量的 60%确定；位于地面之下的变压器对应的总事故油池容量应按最大一台主变压器油量的 100%确定。

2 事故油坑设有卵石层时，应定期检查和清理，以不被淤泥、灰渣及积土所堵塞。

1.1.10 本条评价项目的查评依据如下

依据 《电力设备典型消防规程》(DL 5027—2015)

10.3.10 变压器防爆筒的出口端应向下，并防止产生阻力，防爆膜宜采用脆性材料。

10.3.11 室内的油浸式变压器，宜设置事故排烟设施。火灾时，通风系统应停用。

10.3.12 室内或洞内变压器的顶部，不宜敷设电缆。室外变电站和有隔离油源设施的室内油浸设备失火时，可用水灭火，无放油管路时，不应用水灭火。发电机变压器组中间无断路器，若失火，在发电机未停止惰走前，严禁人员靠近变压器灭火。

1.2 水喷雾灭火系统

1.2.1 本条评价项目的查评依据如下

依据 《变压器固定自动灭火系统完善化改造原则(试行)》(设备变电〔2018〕15 号)

4.3.2 正常情况下，水喷雾灭火系统应投入在“自动状态”。

4.3.3 系统应具有自动控制、手动控制和应急机械启动三种控制方式。自动控制指水喷雾灭火系统的火灾探测、报警部分与供水设备、雨淋报警阀等部件自动联锁操作的控制方式；手动控制指人为远距离操纵供水设备、雨淋报警阀等系统组件的控制方式；应急机械启动指人为现场操纵供水设备、雨淋报警阀等系统组件的控制方式。

4.3.7 水喷雾系统启动的动作功率应大于 8W。

1.2.2 本条评价项目的查评依据如下

依据 《变压器固定自动灭火系统完善化改造原则(试行)》(设备变电〔2018〕15 号)

4.3.8 下列信号应接入变电站主设备监控系统：喷淋泵电源工作状态，喷淋泵的启、停状态和故障状态，水流指示器、信号阀、报警阀、压力开关的正常工作状态和动作状态。

1.2.3 本条评价项目的查评依据如下

依据 1 《国网设备部关于印发〈变电站消防设施运维管理规范(试行)〉的通知》(设备变电〔2019〕29 号)

4.3.1.3 水喷雾灭火系统

a）寒冷季节，应检查消防储水设施是否有结冰现象，储水设施的任何部位均不得结冰。

b）雨淋阀、喷雾头、管件、管网及阀门无损伤、腐蚀、渗漏，当喷头上有异物时应及时清除；各阀门标识清晰、位置正确，工作状态正确；各管路畅通，接口、排水管口无水流。

4.3.2.5 水喷雾灭火系统

a）检查消防水池（罐）、消防水箱及消防气压给水设备，应确保消防储备水位及消防气压给水设备的气体压力符合设计要求。

b）检查泵房无积水，无其他杂物。

c）消防水泵接合器的接口及附件，应保证接口完好、无渗漏、闷盖齐全。

d）钢板消防水箱和消防气压给水设备的玻璃水位计两端的角阀在不进行水位观察时应关闭。

e）水喷雾灭火系统水泵工作正常，泵房内电源正常，各压力表完好，指示正常。

依据 2 《水喷雾灭火系统技术规范》（GB 50219—2014）

4.0.6　给水管道应符合下列规定：

1 过滤器与雨淋管报警阀之间及雨淋报警阀后的管道，应采用内外热浸镀锌钢管、不锈钢管或铜管，需要进行弯管加工的管道应采用无缝钢管。

4 系统管道应采用沟槽式管接件（卡箍）、法兰或丝扣连接，普通钢管可采用焊接。

1.2.4　本条评价项目的查评依据如下

依据 《变压器固定自动灭火系统完善化改造原则（试行）》（设备变电〔2018〕15 号）

4.8.2　水喷雾、细水雾、泡沫喷雾自动灭火系统自动启动应同时满足以下 2 个条件：

a　有 2 个及以上独立的火灾探测器同时发信号，或者一只火灾探测器与一只手动火灾报警按钮的报警信号。

b　主变压器断路器跳闸。

1.2.5　本条评价项目的查评依据如下

依据 《电力设备典型消防规程》（DL 5027—2015）

10.3.2　采用水喷雾灭火系统时，水喷雾灭火系统管网应有低点放空措施，存有水喷雾灭火水量的消防水池应有定期放空及换水措施。

1.3　细水雾灭火系统

1.3.1　本条评价项目的查评依据如下

依据 1 《变压器固定自动灭火系统完善化改造原则（试行）》（设备变电〔2018〕15 号）

4.4.2　正常情况下，细水雾灭火系统应投入在“自动状态”。

4.4.3　瓶组系统应具有自动、手动和机械应急操作控制方式，其机械应急操作应能在瓶组间内直接手动启动系统。泵组系统应具有自动、手动控制方式。

依据 2 《细水雾灭火系统技术规范》（GB 50898—2013）

3.6.1　瓶组系统应具有自动、手动和机械应急操作控制方式，其机械应急操作应能在瓶组间内直接手动启动系统。

泵组系统应具有自动、手动控制方式。

1.3.2　本条评价项目的查评依据如下

依据 1 《变压器固定自动灭火系统完善化改造原则（试行）》（设备变电〔2018〕15 号）

4.4.6　下列信号应接入变电站主设备监控系统。

a　泵供水方式：喷淋泵电源工作状态，喷淋泵的启、停状态和故障状态，水流指示器、信号阀、报警阀、压力开关的正常工作状态和动作状态。

b　压力容器供水方式：系统的手动、自动工作状态及故障状态，阀驱动装置的正常工作状态和动作状态，防护区域中的防火门（窗）、防火阀、通风空调等设备的正常工作状态和动作状态，系统的启、停信息，紧急停止信号和管网压力信号。

依据 2 《火灾自动报警系统设计规范》（GB 50116—2013）

附录 A 下列信号应接入变电站主设备监控系统：系统的手动、自动工作状态及故障状态，阀驱动装置的正常工作状态和动作状态，防护区域中的防火门（窗）、防火阀、通风空调等设备的正常工作状态和动作状态，系统的启、停信息，紧急停止信号和管网压力信号。

1.3.3 本条评价项目的查评依据如下

依据 1 《变压器固定自动灭火系统完善化改造原则（试行）》（设备变电〔2018〕15 号）

4.4.5 细水雾灭火系统的管道应采用冷拔法制造的奥氏体不锈钢钢管，或其他耐腐蚀和耐压性能相当的金属管道。系统管道连接件的材质应与管道相同。系统管道宜采用专用接头或法兰连接。

依据 2 《细水雾灭火系统技术规范》（GB 50898—2013）

3.3.10 系统管道应采用冷拔法制造的奥氏体不锈钢钢管，或其他耐腐蚀和耐压性能相当的金属管道。管道的材质和性能应符合现行国家标准《流体输送用不锈钢无缝钢管》GB/T 14976 和《流体输送用不锈钢焊接钢管》GB/T 12771 的有关规定。

系统最大工作压力不小于 3.50MPa 时，应采用符合现行国家标准《不锈钢和耐热钢牌号及化学成分》GB/T 20878 中规定牌号为 022Cr17Ni12Mo2 的奥氏体不锈钢无缝钢管，或其他耐腐蚀和耐压性能不低于牌号为 022Cr17Ni12Mo2 的金属管道。

3.3.11 系统管道连接件的材质应与管道相同。系统管道宜采用专用接头或法兰连接，也可采用氩弧焊焊接。

1.3.4 本条评价项目的查评依据如下

依据 《变压器固定自动灭火系统完善化改造原则（试行）》（设备变电〔2018〕15 号）

4.8.2 水喷雾、细水雾、泡沫喷雾自动灭火系统自动启动应同时满足以下 2 个条件：

a 有 2 个及以上独立的火灾探测器同时发信号，或者一只火灾探测器与一只手动火灾报警按钮的报警信号。

b 主变压器断路器跳闸。

1.4 泡沫灭火系统

1.4.1 本条评价项目的查评依据如下

依据 1 《变压器固定自动灭火系统完善化改造原则（试行）》（设备变电〔2018〕15 号）

4.5.2 正常情况下，泡沫喷雾灭火系统应投入在“自动状态”。

4.5.3 泡沫喷雾系统应同时具备自动、手动和应急机械手动启动方式。

依据 2 《泡沫灭火系统设计规范》（GB 50151—2010）

7.4.6 泡沫喷雾系统应同时具备自动、手动和应急机械手动启动方式。

1.4.2　本条评价项目的查评依据如下

依据 1　《变压器固定自动灭火系统完善化改造原则（试行）》（设备变电〔2018〕15 号）

4.5.8　下列信号应接入变电站主设备监控系统：系统的手动、自动工作状态及故障状态、驱动装置的正常工作状态和动作状态，系统的启、停信息。

依据 2　《火灾自动报警系统设计规范》（GB 50116—2013）

附录 A　火灾报警、建筑消防设施运行状态信息表

表 A　　火灾报警、建筑消防设施运行状态信息

设施名称		内容
火灾探测报警系统		火灾报警信息、可燃气体探测报警信息、电气火灾监控报警信息、屏蔽信息、故障信息
消防联动控制系统	消防联动控制器	动作状态、屏蔽信息、故障信息
	消火栓系统	消防水泵电源的工作状态，消防水泵的启、停状态和故障状态，消防水箱（池）水位、管网压力报警信息及消火栓按钮的报警信息
	自动喷水灭火系统、水喷雾（细水雾）灭火系统（泵供水方式）	喷淋泵电源工作状态，喷淋泵的启、停状态和故障状态，水流指示器、信号阀、报警阀、压力开关的正常工作状态和动作状态
	气体灭火系统、细水雾灭火系统（压力容器供水方式）	系统的手动、自动工作状态及故障状态，阀驱动装置的正常工作状态和动作状态，防护区域中的防火门（窗）、防火阀、通风空调等设备的正常工作状态和动作状态，系统的启、停信息，紧急停止信号和管网压力信号
	泡沫灭火系统	消防水泵泡沫液泵电源的工作状态，系统的手动、自动工作状态及故障状态，消防水泵、泡沫液泵的正常工作状态和动作状态
	干粉灭火系统	系统的手动、自动工作状态及故障状态，阀驱动装置的正常工作状态和动作状态，系统的启、停信息，紧急停止信号和管网压力信号
	防烟排烟系统	系统的手动、自动工作状态，防烟排烟风机电源的工作状态，风机、电动防火阀、电动排烟防火阀、常闭送风口、排烟阀（口）、电动排烟窗、电动挡烟垂壁的正常工作状态和动作状态
	防火门及卷帘系统	防火卷帘控制器、防火门监控器的工作状态和故障状态；卷帘门的工作状态，具有反馈信号的各类防火门、疏散门的工作状态和故障状态等动态信息
	消防电梯	消防电梯的停用和故障状态
	消防应急广播	消防应急广播的启动、停止和故障状态
	消防应急照明和疏散指示系统	消防应急照明和疏散指示系统的故障状态和应急工作状态信息
	消防电源	系统内各消防用电设备的供电电源和备用电源工作状态和欠压报警信息

1.4.3　本条评价项目的查评依据如下

依据　《变压器固定自动灭火系统完善化改造原则（试行）》（设备变电〔2018〕15 号）

4.5.6　所有与泡沫液或泡沫混合液直接接触的零部件都应采用铜合金或耐腐蚀性能相类似的等同材料制造。

4.5.7　系统储液罐、启动装置、氮气驱动装置应安装在温度高于 0℃的专用设备间内。

4.5.8　下列信号应接入变电站主设备监控系统：系统的手动、自动工作状态及故障

状态、驱动装置的正常工作状态和动作状态，系统的启、停信息。

1.4.4　本条评价项目的查评依据如下

依据　《国网设备部关于印发〈变电站消防设施运维管理规范（试行）〉的通知》（设备变电〔2019〕29号）

4.3.1.4　泡沫喷雾灭火系统

a）泡沫喷头、管件、管网、阀门、压力表及泡沫液储罐无损伤、腐蚀、渗漏，泡沫罐液位显示正常，各压力表指示正确。当喷头上有异物时应及时清除，各阀门标识清晰、位置正确，工作状态正确。

b）应检查电源开关位置等是否正常。

c）寒冷和严寒地区，运维人员应检查泡沫液储罐专用房的温度，应采取防冻措施，房间温度不应低于0℃。

4.3.2.6　泡沫喷雾灭火系统

a）应检查气瓶压力是否正常。

b）泡沫喷雾灭火系统电源正常、动力源正常，各压力表完好，指示正常。

c）泡沫液在有效使用期内且经检验合格。

1.4.5　本条评价项目的查评依据如下

依据　《变压器固定自动灭火系统完善化改造原则（试行）》（设备变电〔2018〕15号）

4.8.2　水喷雾、细水雾、泡沫喷雾自动灭火系统自动启动应同时满足以下2个条件：

a 有2个及以上独立的火灾探测器同时发信号，或者一只火灾探测器与一只手动火灾报警按钮的报警信号。

b 主变压器断路器跳闸。

1.5　排油注氮系统

1.5.1　本条评价项目的查评依据如下

依据1 《变压器固定自动灭火系统完善化改造原则（试行）》（设备变电〔2018〕15号）

4.6.2　排油注氮灭火系统经改造并验证启动条件无误后，方可逐步投入“自动状态”。

4.6.3　消防控制柜应有自动、手动启动和远程启动灭火装置功能。自动状态、手动状态应有明显标志并可相互转换。无论消防控制柜处于自动或手动状态，手动操作启动必须始终有效。

依据2 《油浸变压器排油注氮灭火装置》（GA 835—2009）

5.5.3.1　消防控制柜应有自动、手动启动和远程启动灭火装置功能。自动状态、手动状态应有明显标志并可相互转换。无论消防控制柜处于自动或手动状态，手动操作启动必须始终有效。

依据3 《电力设备典型消防规程》（DL 5027—2015）

10.3.3　采用排油注氮灭火装置应符合下列要求：

1　排油注氮灭火系统应有防误动的措施。

2　排油管路上的检修阀处于关闭状态时，检修阀应能向消防控制柜提供检修状态的信号。消防控制柜接收到的消防启动信号后，应能禁止灭火装置启动实施排油注氮动作。

3　消防控制柜面板应具有如下显示功能的指示灯或按钮：指示灯自检，消音，阀门（包括排油阀、氮气释放阀等）位置（或状态）指示，自动启动信号指示，气瓶压力报警信号指示等。

4　消防控制柜同时接收到火灾探测装置和气体继电器传输的信号后，发出声光报警信号并执行排油注氮动作。

5　火灾探测器布线应独立引线至消防端子箱。

1.5.2　本条评价项目的查评依据如下

依据 1　《变压器固定自动灭火系统完善化改造原则（试行）》（设备变电〔2018〕15 号）

4.6.18　下列信号应接入变电站主设备监控系统：系统电源的工作状态，系统的启、停信息，阀门（排油阀、氮气释放阀、断流阀等）位置状态，气瓶压力报警。

依据 2　《油浸变压器排油注氮灭火装置》（GA 835—2009）

5.5.1　面板设置

消防控制柜面板应具有如下显示功能的指示灯或按钮：指示灯自检；消音；阀门（排油阀、氮气释放阀等）位置（或状态）指示；气瓶压力报警信号指示等。

1.5.3　本条评价项目的查评依据如下

依据 1　《变压器固定自动灭火系统完善化改造原则（试行）》（设备变电〔2018〕15 号）

4.6.4　火灾探测器不宜采用成本高、使用寿命短、温度变送器缺陷多发的铂式温度计感温探测器，可采用玻璃球形火灾探测装置和易熔合金型火灾探测器。火灾探测装置应布置成两个及以上的独立回路。

依据 2　《电力设备典型消防规程》（DL 5027—2015）

10.3.3　采用排油注氮灭火装置应符合下列要求：

1　排油注氮灭火系统应有防误动的措施。

2　排油管路上的检修阀处于关闭状态时，检修阀应能向消防控制柜提供检修状态的信号。消防控制柜接收到的消防启动信号后，应能禁止灭火装置启动实施排油注氮动作。

3　消防控制柜面板应具有如下显示功能的指示灯或按钮：指示灯自检，消音，阀门（包括排油阀、氮气释放阀等）位置（或状态）指示，自动启动信号指示，气瓶压力报警信号指示等。

4　消防控制柜同时接收到火灾探测装置和气体继电器传输的信号后，发出声光报警信号并执行排油注氮动作。

5　火灾探测器布线应独立引线至消防端子箱。

1.5.4 本条评价项目的查评依据如下

依据 《变压器固定自动灭火系统完善化改造原则（试行）》（设备变电〔2018〕15号）

4.6.6 设置在室外的消防柜应有可靠的防水、防冻及防晒措施。当工作环境相对湿度大于85%时消防柜中应设置除湿装置。

4.6.7 采用一台消防控制柜控制多台消防柜时，每台消防柜应对应独立的控制单元，且各控制单元应相互独立，互不干扰。

1.5.5 本条评价项目的查评依据如下

依据 《电力设备典型消防规程》（DL 5027—2015）

10.3.3 采用排油注氮灭火装置应符合下列要求：

1 排油注氮灭火系统应有防误动的措施。

2 排油管路上的检修阀处于关闭状态时，检修阀应能向消防控制柜提供检修状态的信号。消防控制柜接收到的消防启动信号后，应能禁止灭火装置启动实施排油注氮动作。

3 消防控制柜面板应具有如下显示功能的指示灯或按钮：指示灯自检，消音，阀门（包括排油阀、氮气释放阀等）位置（或状态）指示，自动启动信号指示，气瓶压力报警信号指示等。

4 消防控制柜同时接收到火灾探测装置和气体继电器传输的信号后，发出声光报警信号并执行排油注氮动作。

5 火灾探测器布线应独立引线至消防端子箱。

1.5.6 本条评价项目的查评依据如下

依据1 《油浸变压器排油注氮装置技术规程》（CECS 187—2005）

3.1.2 排油注氮装置的氮气瓶应符合现行国家标准《钢质无缝气瓶》GB 5099的有关规定，其配置应符合表3.1.2的规定。

表3.1.2　　氮 气 瓶 配 置

油浸变压器容量（MV·A）	≤50	＞50，≤360	＞360
单位氮气瓶容积（L）	40	40	63
氮气瓶数量（个）	1	2	2
氮气瓶工作压力（MPa，20℃）	15±0.5	15±0.5	15±0.5
注氮工作压力（MPa）	0.5～0.8	0.5～0.8	0.5～0.8

3.2.4 消防柜宜靠近变压器布置。

3.2.5 控制柜宜安装在相关控制室内。在无人巡视的场所，应能将信息远传至有人监控的场所。

3.2.6 控制室应能指示排油注氮装置的工作状态和启动排油注氮装置的动作。

3.2.7 消防柜排油管应接至事故油池或排油罐等变压器事故泄油设施。

3.3.6 消防柜的工作环境温度为–5～+55℃。当不符合规定时，应采取防护措施。

依据 2 《变电站消防设施运维管理规范（试行）》（设备变电〔2019〕29 号）

4.3.1.5 排油注氮灭火系统

a）控制柜电源、信号灯应正常。

b）手动启动方式按钮防误碰措施完好。

c）火灾探测器、法兰、管道、支架和紧固件无变形、损伤、防腐层完好。

d）断流阀、充氮阀、排油阀、排气塞等位置标识清晰、位置正确，无渗漏。

e）消防柜红色标记醒目，设备编号、标识齐全、清晰、无损坏。

f）消防柜无锈迹、污物、损伤，柜内阀门及接口处无油渍，渗油观察窗内无油迹。

g）火灾探测器安装牢固，防雨罩安装可靠，能够做到有效防雨。

4.3.2.7 排油注氮灭火系统

a）对消防柜中的所有零部件进行外观检查，表面无锈蚀，无机械性损伤。

b）排油管、注氮管、法兰及排气旋塞无渗漏现象；紧固件、密封件应无老化或损坏现象。

c）排油注氮灭火系统氮气瓶压力、氮气输出压力合格。

1.5.7 本条评价项目的查评依据如下

依据 1 《变压器固定自动灭火系统完善化改造原则（试行）》（设备变电〔2018〕15 号）

4.6.8 断流阀应带有能直接观察阀门启闭状况的位置指示，具有手动复位装置。断流阀达到额定流量时应能可靠关闭。

4.6.12 排油阀或排油管路上应设置排油信号反馈装置，在油气隔离装置前端的注氮管路上应设置注氮信号反馈装置。

4.6.15 注氮阀与排油阀间应设有机械联锁阀门。

依据 2 《油浸变压器排油注氮灭火装置》（GA 835—2009）

5.4.3 ……断流阀的动作流量不应大于生产单位公布值，并在此流量下能可靠输出闭合信号。

5.4.8 断流阀应具有手动复位操作机构，机构手动复位操作力矩应不大于 5N·m。

依据 3 《电力设备典型消防规程》（DL 5027—2015）

10.3.3 采用排油注氮灭火装置应符合下列要求：

1 排油注氮灭火系统应有防误动的措施。

2 排油管路上的检修阀处于关闭状态时，检修阀应能向消防控制柜提供检修状态的信号。消防控制柜接收到的消防启动信号后，应能禁止灭火装置启动实施排油注氮动作。

3 消防控制柜面板应具有如下显示功能的指示灯或按钮：指示灯自检，消音，阀门（包括排油阀、氮气释放阀等）位置（或状态）指示，自动启动信号指示，气瓶压力报警信号指示等。

4 消防控制柜同时接收到火灾探测装置和气体继电器传输的信号后，发出声光报警信号并执行排油注氮动作。

5 火灾探测器布线应独立引线至消防端子箱。

1.5.8 本条评价项目的查评依据如下

依据1 《变压器固定自动灭火系统完善化改造原则（试行）》（设备变电〔2018〕15号）

4.6.9 排油注氮系统氮气驱动装置不应采用电爆型驱动装置，宜选用抗干扰能力强的电磁式驱动阀或防爆自密封瓶头阀。

4.6.10 采用排油注氮灭火系统的变压器应采用具有联动功能的双浮球结构的气体继电器。

4.6.16 排油注氮启动（触发）功率应大于 220V×5A（DC）；注氮阀动作线圈功率应大于 220V×6A（DC）。

依据2 《防止电力生产事故的二十五项重点要求》（国能安全〔2014〕161号）

12.7.2 采用排油注氮保护装置的变压器应采用具有联动功能的双浮球结构的气体继电器。

12.7.3 排油注氮保护装置应满足：

（1）排油注氮启动（触发）功率应大于 220V×5A（DC）。

（2）注油阀动作线圈功率应大于 220V×5A（DC）。

（3）注氮阀与排油阀之间应设有机械联锁阀门。

（4）动过逻辑关系应满足本体重瓦斯保护、主变压器断路器跳闸、油箱超压开关（火灾探测器）同时动作时才能启动排油注氮保护。

依据3《油浸变压器排油注氮消防系统设计、施工及验收规范》（DB43/T 420—2008）

4.2.1.10 注氮管路应设置能够排出泄漏氮气的排气组件。采用阻尼孔作为排气组件时，装置进行排油注氮的过程中，阻尼孔泄漏的氮气量不应大于氮气总量的3%；采用机械式排气组件时，排气组件的关闭压力应不大于0.5倍油气隔离装置动作压力。

1.5.9 本条评价项目的查评依据如下

依据1 《变压器固定自动灭火系统完善化改造原则（试行）》（设备变电〔2018〕15号）

4.8.1 排油注氮灭火系统应具有防爆自动启动、灭火自动启动方式。

a 防爆自动启动应同时满足以下3个条件：

（1）压力释放阀或速动油压继电器动作。

（2）本体气体继电器发重瓦斯信号。

（3）主变压器断路器跳闸。

b 灭火自动启动应同时满足以下3个条件：

（1）有2个及以上独立的火灾探测器同时发信号。

（2）本体气体继电器发重瓦斯信号。

（3）主变压器断路器跳闸。

依据 2 《电力设备典型消防规程》(DL 5027—2015)

10.3.3　采用排油注氮灭火装置应符合下列要求：

1　排油注氮灭火系统应有防误动的措施。

2　排油管路上的检修阀处于关闭状态时，检修阀应能向消防控制柜提供检修状态的信号。消防控制柜接收到的消防启动信号后，应能禁止灭火装置启动实施排油注氮动作。

3　消防控制柜面板应具有如下显示功能的指示灯或按钮：指示灯自检，消音，阀门（包括排油阀、氮气释放阀等）位置（或状态）指示，自动启动信号指示，气瓶压力报警信号指示等。

4　消防控制柜同时接收到火灾探测装置和气体继电器传输的信号后，发出声光报警信号并执行排油注氮动作。

5　火灾探测器布线应独立引线至消防端子箱。

1.6　气体灭火系统

1.6.1　本条评价项目的查评依据如下

依据 1 《变压器固定自动灭火系统完善化改造原则(试行)》(设备变电〔2018〕15 号)

4.7.2　正常情况下，气体灭火系统应投入在“自动状态”。

4.7.3　管网灭火系统应设自动控制、手动控制和机械应急操作三种启动方式。预制灭火系统应设自动控制和手动控制两种启动方式。当人员进入防护区时，应能将灭火系统转换为手动控制方式，当人员离开时，应能恢复为自动控制方式。防护区内外应设手动、自动控制状态的显示装置。

依据 2 《气体灭火系统设计规范》(GB 50370—2005)

5.0.2　管网灭火系统应设自动控制、手动控制和机械应急操作三种启动方式。

5.0.4　灭火设计浓度或实际使用浓度大于无毒性反应浓度（NOAEL 浓度）的防护区和采用热气溶胶预制灭火系统的防护区，应设自动控制和手动控制两种启动方式。当人员进入防护区时，应能将灭火系统转换为手动控制方式，当人员离开时，应能恢复为自动控制方式。防护区内外应设手动、自动控制状态的显示装置。

1.6.2　本条评价项目的查评依据如下

依据 1 《变压器固定自动灭火系统完善化改造原则(试行)》(设备变电〔2018〕15 号)

4.7.6　下列信号应接入变电站主设备监控系统：系统的手动、自动工作状态及故障状态，阀驱动装置的正常工作状态和动作状态，防护区域中的防火门（窗）、防火阀、通风空调等设备的正常工作状态和动作状态，系统的启、停信息，紧急停止信号和管网压力信号。

依据 2 《火灾自动报警系统设计规范》(GB 50116—2013)

附录 A　火灾报警、建筑消防设施运行状态信息表

表 A　　火灾报警、建筑消防设施运行状态信息

设施名称		内容
火灾探测报警系统		火灾报警信息、可燃气体探测报警信息、电气火灾监控报警信息、屏蔽信息、故障信息
消防联动控制系统	消防联动控制器	动作状态、屏蔽信息、故障信息
	消火栓系统	消防水泵电源的工作状态，消防水泵的启、停状态和故障状态，消防水箱（池）水位、管网压力报警信息及消火栓按钮的报警信息
	自动喷水灭火系统、水喷雾（细水雾）灭火系统（泵供水方式）	喷淋泵电源工作状态，喷淋泵的启、停状态和故障状态，水流指示器、信号阀、报警阀、压力开关的正常工作状态和动作状态
	气体灭火系统、细水雾灭火系统（压力容器供水方式）	系统的手动、自动工作状态及故障状态，阀驱动装置的正常工作状态和动作状态，防护区域中的防火门（窗）、防火阀、通风空调等设备的正常工作状态和动作状态，系统的启、停信息，紧急停止信号和管网压力信号
	泡沫灭火系统	消防水泵泡沫液泵电源的工作状态，系统的手动、自动工作状态及故障状态，消防水泵、泡沫液泵的正常工作状态和动作状态
	干粉灭火系统	系统的手动、自动工作状态及故障状态，阀驱动装置的正常工作状态和动作状态，系统的启、停信息，紧急停止信号和管网压力信号
	防烟排烟系统	系统的手动、自动工作状态，防烟排烟风机电源的工作状态，风机、电动防火阀、电动排烟防火阀、常闭送风口、排烟阀（口）、电动排烟窗、电动挡烟垂壁的正常工作状态和动作状态
	防火门及卷帘系统	防火卷帘控制器、防火门监控器的工作状态和故障状态；卷帘门的工作状态，具有反馈信号的各类防火门、疏散门的工作状态和故障状态等动态信息
	消防电梯	消防电梯的停用和故障状态
	消防应急广播	消防应急广播的 启动、停止和故障状态
	消防应急照明和疏散指示系统	消防应急照明和疏散指示系统的故障状态和应急工作状态信息
	消防电源	系统内各消防用电设备的供电电源和备用电源工作状态和欠压报警信息

1.6.3　本条评价项目的查评依据如下

依据 1 《变压器固定自动灭火系统完善化改造原则（试行）》（设备变电〔2018〕15 号）

4.7.4　在储存容器或容器阀上，应设安全泄压装置和压力表。组合分配系统的集流管，应设安全泄压装置。安全泄压装置的动作压力，应符合相应气体灭火系统的设计规定。

依据 2 《气体灭火系统设计规范》（GB 50370—2005）

4.1.4　在储存容器或容器阀上，应设安全泄压装置和压力表。组合分配系统的集流管，应设安全泄压装置。安全泄压装置的动作压力，应符合相应气体灭火系统的设计规定。

1.6.4　本条评价项目的查评依据如下

依据 1 《变压器固定自动灭火系统完善化改造原则（试行）》（设备变电〔2018〕15 号）

4.7.5　采用自动控制启动方式时，根据人员安全撤离防护区的需要，应有不大于 30s 的可控延迟喷射。

依据 2 《气体灭火系统设计规范》（GB 50370—2005）

5.0.3　采用自动控制启动方式时，根据人员安全撤离防护区的需要，应有不大于 30s 的可控延迟喷射。

1.6.5　本条评价项目的查评依据如下

依据 《国网设备部关于印发〈变电站消防设施运维管理规范（试行）〉的通知》（设备变电〔2019〕29 号）

4.3.1.7　气体灭火系统

a）检查防护区外专用的空气呼吸器或氧气呼吸器是否完好。

b）对气体储存装置的运行情况、储存装置间的设备状态进行检查并记录。

4.3.2.9　气体灭火系统

a）气体灭火系统储存装置的压力和重量检查，灭火剂损失 10 %时应及时补充。

b）高压二氧化碳灭火系统、七氟丙烷灭火系统及 IG541 灭火系统等系统应检查灭火剂储存容器及容器阀、单向阀、连接管、集流管、安全泄放装置、选择阀、阀驱动装置、喷嘴、信号反馈装置、检漏装置、减压装置等全部系统组件应无碰撞变形及其他机械性损伤，表面应无锈蚀，保护涂层应完好，铭牌和标识牌应清晰，手动操作装置的防护罩、铅封和安全标志应完整。

c）七氟丙烷灭火系统及 IG541 灭火系统等系统应检查灭火剂和驱动气体储存容器内的压力，不得小于设计储存压力的 90%，当储存容器中充装的二氧化碳损失量达到其初始充装量的 10%时，应及时补充。预制灭火系统的设备状态和运行状况应正常。

1.6.6　本条评价项目的查评依据如下

依据 《变压器固定自动灭火系统完善化改造原则（试行）》（设备变电〔2018〕15 号）

4.8.2　水喷雾、细水雾、泡沫喷雾自动灭火系统自动启动应同时满足以下 2 个条件：

a　有 2 个及以上独立的火灾探测器同时发信号，或者一只火灾探测器与一只手动火灾报警按钮的报警信号。

b　主变压器断路器跳闸。

2　室外设备区、非设备区

2.1　本条评价项目的查评依据如下

依据 1 《变电站（换流站）消防设备设施完善化改造原则（试行）》（设备变电〔2018〕15 号）

4.3.3.6　设置室外消火栓的变电站应集中配置足够数量的消防水带、水枪和消火栓扳手，放置在重点防火区域周围的露天专用消防箱或消防小室内，相关箱、室不得上锁；根据被保护设备的性质合理配置 19mm 直流或喷雾或多功能水枪，水带宜配置有衬里消防水带。

依据2 《消防给水及消火栓系统技术规范》（GB 50974—2014）

7.3.7 工艺装置区等采用高压或临时高压消防给水系统的场所，其周围应设置室外消火栓，数量应根据设计流量经计算确定，且间距不应大于 60.0m。当工艺装置区宽度大于 120.0m 时，宜在该装置区内的路边设置室外消火栓。

7.4.3 设置室内消火栓的建筑，包括设备层在内的各层均应设置消火栓。

2.2 本条评价项目的查评依据如下

依据1 《建筑设计防火规范》（GB 50016—2014）

8.2.1 下列建筑或场所应设置室内消火栓系统：

1 建筑占地面积大于 300m^2 的厂房和仓库。

依据2 《国网设备部关于印发〈变电站消防设施运维管理规范（试行）〉的通知》（设备变电〔2019〕29号）

3.32 消火栓系统运行要求：

a）室内消火栓箱应有明显标志，箱门上应有使用方法或操作步骤，外观良好、无损坏，无锈蚀，无泄漏。消火栓箱组件应齐全，箱门应开关灵活，开度应符合要求； 消火栓的阀门应启闭灵活，栓口位置应便于连接水带。

b）消火栓启泵按钮外观完好，有透明罩保护，并配有击碎工具；同时指示灯指示正确；手动复位后指示灯随之复位。

c）管网及支吊架与阀门应外观良好，无损坏，无锈蚀，无泄漏。阀门启闭状态处于工作状态。

依据3 《电力设备典型消防规程》（DL 5027—2015）

6.1.24 变电站还应符合下列要求：

1 无人值班变电站火灾自动报警系统信号的接入应符合本规程第 6.3.8 条的规定。

2 无人值班变电站宜设置视频监控系统，火灾自动报警系统宜和视频监控系统联动，视频信号的接入场所按本规程第 6.3.8 条的规定采用。

3 无人值班变电站应在入口处和主要通道处设置移动式灭火器。

4 地下变电站内采暖区域严禁采用明火取暖。

5 电气设备间设置的排烟设施，应符合国家标准的规定。

6 火灾发生时，送排风系统和空调系统应能自动停止运行。当采用气体灭火系统时，穿过防护区的通风或空调风道上的防火阀应能自动关闭。

7 室内消火栓应采用单栓消火栓。确有困难时可采用双栓消火栓，但必须为双阀双出口型。

13.7.3 变电站、换流站和开关站的下列建筑物应设置室内消火栓：地上变电站和换流站的主控通信楼、配电装置楼、继电器室、变压器室、电容器室、电抗器室、综合楼、材料库，地下变电站。下列建筑物可不设置室内消火栓：耐火等级为一、二级且可燃物较少的丁、戊类建筑物；耐火等级为三、四级且建筑体积不超过 3000m^3 的丁类厂房和建筑体积不超过 5000m³ 的戊类厂房：室内没有生产、生活给水管道，室外消防用水取自储水池且建筑体积不超过 5000m³ 的建筑物。

依据 4 《消防给水及消火栓系统技术规范》（GB 50974—2014）

7.4.3 设置室内消火栓的建筑，包括设备层在内的各层均应设置消火栓。

2.3 本条评价项目的查评依据如下

依据 1 《变电站（换流站）消防设备设施完善化改造原则（试行）》（设备变电〔2018〕15 号）

4.3.3.3 移动式灭火器材的配置应符合以下要求：

a 变电站和换流站的灭火器配置规格和数量应按国家标准《建筑灭火器配置设计规范》GB 50140—2005 计算确定。灭火器设置场所的建（构）筑物、设备的火灾类别及危险等级，按照《火力发电厂与变电站设计防火规范》GB 50229 第 11.5 节的要求执行。

b 消防砂箱、砂桶、消防铲及正压式消防空气呼吸器等消防器材应按照《建筑设计防火规范》GB 50016—2014 和《电力设备典型消防规程》DL 5027—2015 的要求配置。

4.3.3.8 油浸式变压器、油浸式电抗器等处应设置消防砂箱或砂桶，内装干燥细黄砂，消防砂箱容积为 1.0m³，并配置消防铲，每处 3～5 把，消防砂桶应装满干燥黄砂。

附录 变电站（换流站）典型消防器材配置（见下表）。

典型 1000kV 变电站现场灭火器和黄砂配置表

配置部位	灭火器材	水成膜泡沫		磷酸铵盐干粉					黄砂		灭火级别	保护面积（m²）	危险等级	备注
		9L	45L	2kg	3kg	4kg	5kg	50kg	桶（25L）	箱（1m³）				
一、主控通信楼														共三层
1	办公休息区	—	—	5	—	—	—	—	—	—	A	430	轻	三层
2	控制室	—	—	—	—	—	2	—	—	—	E（A）	80	严重	二层
3	通信计算机房	—	—	—	—	—	2	—	—	—	E（A）	160	严重	二层
4	二层其他区域	—	—	4	—	—	—	—	—	—	A	360	轻	办公室、会议室、资料室
5	蓄电池室	—	—	—	—	2	—	—	—	—	C（A）	50	中	一层
6	一层其他区域	—	—	7	—	—	—	—	—	—	A	650	轻	工具间、办公室、食堂、走廊
二、1000kV 继电器室		—	—	—	2	—	—	—	—	—	E（A）	200	中	2 座
三、主变压器继电器室		—	—	—	4×2	—	—	—	—	—	E（A）	4×150	中	—
四、站用电室		—	—	—	2	—	—	—	—	—	E（A）	230	中	—
五、检修备品备件库		—	—	—	6	—	—	—	—	—	混合（A）	750	中	—

续表

配置部位	灭火器材	水成膜泡沫		磷酸铵盐干粉					黄砂		灭火级别	保护面积（m^2）	危险等级	备注
		9L	45L	2kg	3kg	4kg	5kg	50kg	桶（25L）	箱（$1m^3$）				
六、消防水泵房		—	—	—	—	2	—	—	—	—	B	108	中	—
七、警卫传达室		—	—	2	—	—	—	—	—	—	A	50	轻	—
八、主变压器		—	—	—	—	—	—	4×2	—	4×3	—	12×270	中	12 台变压器共用
九、室外配电装置		—	—	—	—	—	—	—	40	—	—	—	—	—

2.4 本条评价项目的查评依据如下

依据 《电力设备典型消防规程》（DL 5027—2015）

10.4.1 油浸电抗器、电容器装置应就近设置能灭油火的消防设施，并应设有消防通道。

10.7.3 户内布置的单台电力电容器油量超过 100kg 时，应有贮油设施或挡油栏。户外布置的电力电容器与高压电气设备需保持 5.0m 及以上的距离，防止事故扩大。

10.7.7 干式变压器、电流互感器等电气设备宜配置移动式干粉灭火器。

3 室内变压器室、配电装置室、GIS 设备室、电容器室、电抗器室、站用变压器室、接地变压器室

3.1 本条评价项目的查评依据如下

依据 《变电站（换流站）消防设备设施完善化改造原则（试行）》（设备变电〔2018〕15 号）

4.3.1.4 火灾自动报警系统的探测器应符合《电力设备典型消防规程》（DL 5027—2015）要求。地下变电站电缆层、电缆竖井和电缆隧道处应设置线型感温、感烟或吸气式感烟探测器。

3.2 本条评价项目的查评依据如下

依据 1 《火力发电厂与变电站设计防火标准》（GB 50229—2019）

5.3.3 变压器室、配电装置室等室内疏散门应为甲级防火门，电子设备间、发电机出线小室、电缆夹层、电缆竖井等室内疏散门应为乙级防火门；上述房间中间隔墙上的门应采用乙级防火门。

依据 2 《变电站（换流站）消防设备设施完善化改造原则（试行）》（设备变电〔2018〕15 号）

4.2.2.2 配电装置室的门应向疏散方向开启。

3.3 本条评价项目的查评依据如下

依据 《火力发电厂与变电站设计防火标准》（GB 50229—2019）

11.2.5 建筑面积超过 $250m^2$ 的控制室、通信机房、配电装置室、电容器室、阀厅、

户内直流场、电缆夹层，其疏散门不宜少于 2 个。

11.2.8　地下变电站、地上变电站的地下室、半地下室安全出口数量不应少于 2 个。地下室与地上层不应共用楼梯间，当必须共用楼梯间时，应在地上首层采用耐火极限不低于 2h 的不燃烧体隔墙和乙级防火门将地下或半地下部分与地上部分的连通部分完全隔开，并应有明显标志。

3.4　本条评价项目的查评依据如下

依据《火力发电厂与变电站设计防火标准》（GB 50229—2019）

11.2.6　地下变电站、地上变电站的地下室每个防火分区的建筑面积不应大于 1000m^2。设置自动灭火系统的防火分区，其防火分区面积可增大 1.0 倍；当局部设置自动灭火系统时，增加面积可按该局部面积的 1.0 倍计算。

11.2.8　地下变电站、地上变电站的地下室、半地下室安全出口数量不应少于 2 个。地下室与地上层不应共用楼梯间，当必须共用楼梯间时，应在地上首层采用耐火极限不低于 2h 的不燃烧体隔墙和乙级防火门将地下或半地下部分与地上部分的连通部分完全隔开，并应有明显标志。

3.5　本条评价项目的查评依据如下

依据《变电站（换流站）消防设备设施完善化改造原则（试行）》（设备变电〔2018〕15 号）

附录　变电站（换流站）典型消防器材配置（见下表）。

典型 1000kV 变电站现场灭火器和黄砂配置表

配置部位	灭火器材	水成膜泡沫		磷酸铵盐干粉					黄砂		灭火级别	保护面积（m^2）	危险等级	备注
		9L	45L	2kg	3kg	4kg	5kg	50kg	桶（25L）	箱（$1m^3$）				
一、主控通信楼														共三层
1	办公休息区	—	—	5	—	—	—	—	—	—	A	430	轻	三层
2	控制室	—	—	—	—	—	2	—	—	—	E（A）	80	严重	二层
3	通信计算机房	—	—	—	—	—	2	—	—	—	E（A）	160	严重	二层
4	二层其他区域	—	—	4	—	—	—	—	—	—	A	360	轻	办公室、会议室、资料室
5	蓄电池室	—	—	—	—	2	—	—	—	—	C（A）	50	中	一层
6	一层其他区域	—	—	7	—	—	—	—	—	—	A	650	轻	工具间、办公室、食堂、走廊
二、1000kV 继电器室		—	—	—	2	—	—	—	—	—	E（A）	200	中	2 座
三、主变压器继电器室		—	—	—	4×2	—	—	—	—	—	E（A）	4×150	中	—

续表

配置部位	灭火器材	水成膜泡沫		磷酸铵盐干粉					黄砂		灭火级别	保护面积（m²）	危险等级	备注
		9L	45L	2kg	3kg	4kg	5kg	50kg	桶（25L）	箱（1m³）				
四、站用电室		—	—	—	2	—	—	—	—	—	E（A）	230	中	—
五、检修备品备件库		—	—	—	6	—	—	—	—	—	混合（A）	750	中	—
六、消防水泵房		—	—	—	—	2	—	—	—	—	B	108	中	—
七、警卫传达室		—	—	2	—	—	—	—	—	—	A	50	轻	—
八、主变压器		—	—	—	—	—	—	4×2	—	4×3	—	12×270	中	12 台变压器共用
九、室外配电装置		—	—	—	—	—	—	—	40	—	—	—	—	—

3.6 本条评价项目的查评依据如下

依据 1《变电站（换流站）消防设备设施完善化改造原则（试行）》（设备变电〔2018〕15 号）

4.3.3.7 每只室内消火栓箱内应配置 65mm 消火栓及隔离阀各 1 只、25m 长 DN65 有衬里水龙带 1 根带快装接头、19mm 直流或喷雾或多功能水枪 1 只、自救式消防水喉 1 套、消防按钮 1 只；带电设施附近的消火栓应配备喷雾功能水枪。当室内消火栓栓口处的出水压力超过 0.5MPa 时，应加设减压孔板或采用减压稳压型消火栓。

依据 2 《电力设备典型消防规程》（DL 5027—2015）

14.3.7 每只室内消火栓箱内应配置 65mm 消火栓及隔离阀各 1 只、25m 长 DN65 有衬里水龙带 1 根带快装接头、19mm 直流或喷雾或多功能水枪 1 只、自救式消防水喉 1 套、消防按钮 1 只。带电设施附近的消火栓应配备带喷雾功能水枪。当室内消火栓栓口处的出水压力超过 0.5MPa 时，应加设减压孔板或采用减压稳压型消火栓。

3.7 本条评价项目的查评依据如下

依据 《电力设备典型消防规程》（DL 5027—2015）

10.4.2 高层建筑内的油浸式消弧线圈等设备，当油量大于 600kg 时，应布置在专用的房间内，外墙开门处上方应设置防火挑檐，挑檐的宽度不应小于 1.0m，而长度为门的宽度两侧各加 0.5m。

10.7.3 户内布置的单台电力电容器油量超过 100kg 时，应有贮油设施或挡油栏。户外布置的电力电容器与高压电气设备需保持 5.0m 及以上的距离，防止事故扩大。

10.7.4 集合式电容器室内布置时，基坑地面宜采用水泥砂浆抹面并压光，在其上面铺以 100mm 厚的细砂。如室外布置，则基坑宜采用水泥砂浆抹面，在挡油设施内铺以卵石（或碎石）。

4　主控室、通信室、档案室

4.1　本条评价项目的查评依据如下

依据　《变电站（换流站）消防设备设施完善化改造原则（试行）》（设备变电〔2018〕15 号）

4.3.1.4　火灾自动报警系统的探测器应符合《电力设备典型消防规程》（DL 5027—2015）要求。地下变电站电缆层、电缆竖井和电缆隧道处应设置线型感温、感烟或吸气式感烟探测器。

4.2　本条评价项目的查评依据如下

依据　与 3.5 查评依据相同。

4.3　本条评价项目的查评依据如下

依据　《电力设备典型消防规程》（DL 5027—2015）

11.0.2　各室的隔墙、顶棚内装饰，应采用难燃或不燃材料。建筑内部装修材料应符合现行国家标准《建筑内部装修设计防火规范》GB 50222 的有关规定，地下变电站宜采用防霉耐潮材料。

11.0.3　控制室、调度室应有不少于两个疏散出口。

11.0.4　各室严禁吸烟，禁止明火取暖。计算机室维修必用的各种溶剂，包括汽油、酒精、丙酮、甲苯等易燃溶剂应采用限量办法，每次带入室内不超过 100mL。

4.4　本条评价项目的查评依据如下

依据　《电力设备典型消防规程》（DL 5027—2015）

11.0.7　空调系统的防火应符合下列规定：

1　设备和管道的保冷、保温宜采用不燃材料，当确有困难时，可采用燃烧产物毒性较小且烟密度等级不大于 50 的难燃材料。防火阀前后各 2.0m、电加热器前后各 0.8m 范围内的管道及其绝热材料均应采用不燃材料。

2　通风管道装设防火阀应符合现行国家标准《建筑设计防火规范》GB 50016—2014 的相关规定。防火阀既要有手动装置，同时要在关键部位装易熔片或风管式感温、感烟装置。

3　非生产用空调机在运转时，值班人员不得离开，工作结束时该空调机必须停用。

4　空调系统应采用闭路联锁装置。

4.5　本条评价项目的查评依据如下

依据　《电力设备典型消防规程》（DL 5027—2015）

11.0.10　各室配电线路应采用阻燃措施或防延燃措施，严禁任意拉接临时电线。

11.0.11　发生火灾报警，应迅速查明原因，及时消除警情。若已发生火灾，则应切断交流电源，开启直流事故照明，关闭通风管防火阀，采用气体等灭火器进行灭火。

4.6 本条评价项目的查评依据如下

依据 《电力设备典型消防规程》（DL 5027—2015）

11.0.8 档案室收发档案材料的门洞及窗口应安装防火门窗，其耐火极限不得低于 0.75h。

11.0.9 档案室与其他建筑物直接相通的门均应做防火门，其耐火极限应不小于 2.0h；内部分隔墙上开设的门也要采取防火措施，耐火极限要求为 1.2h。

5 蓄电池室

5.1 本条评价项目的查评依据如下

依据 1《变电站（换流站）消防设备设施完善化改造原则（试行）》（设备变电〔2018〕15 号）

4.2.3.1 酸性蓄电池室：

a 蓄电池室每组宜布置在单独的室内，如确有困难，应在每组蓄电池之间设耐火时间为大于 2.0h 的防火隔断，蓄电池室门应向外开。

b 蓄电池室应装有通风装置，通风道应单独设置，不应通向烟道或厂房内的总通风系统。

c 蓄电池室应使用防爆型照明和防爆型排风机，开关、熔断器、插座等应装在蓄电池室的外面。蓄电池室的照明线应采用耐酸导线，并用暗线敷设，检修用行灯应采用 12V 防爆灯，其电缆应用绝缘良好的胶质软线。

d 凡是进出蓄电池室的电缆、电线，在穿墙处应用耐酸瓷管或聚氯乙烯硬管穿线，并在其进出口端用耐酸材料将管口封堵。

依据 2 《电力设备典型消防规程》（DL 5027—2015）

10.6.1 酸性蓄电池室应符合下列要求：

1 严禁在蓄电池室内吸烟和将任何火种带入蓄电池室内。蓄电池室门上应有“蓄电池室”“严禁烟火”或“火灾危险，严禁火种入内”等标志牌。

2 蓄电池室采暖宜采用电采暖器，严禁采用明火取暖。若确有困难需采用水采暖时，散热器应选用钢质，管道应采用整体焊接。采暖管道不宜穿越蓄电池室楼板。

3 蓄电池室每组宜布置在单独的室内，如确有困难，应在每组蓄电池之间设耐火时间为大于 2.0h 的防火隔断，蓄电池室门应向外开。

4 蓄电池室内装修应有防酸措施。

5 容易产生爆炸性气体的蓄电池室内应安装防爆型探测器。

6 蓄电池室应装有通风装置，通风道应单独设置，不应通向烟道或厂房内的总通风系统。离通风管出口处 10m 内有引爆物质场所时，则通风管的出风口至少应高出该建筑物屋顶 2.0m。

7 蓄电池室应使用防爆型照明和防爆型排风机，开关、熔断器、插座等应装在蓄电池室外面。蓄电池室的照明线应采用耐酸导线，并用暗线敷设。检修用行灯应采用 12V

防爆灯，其电缆应用绝缘良好的胶质软线。

8　凡是进出蓄电池室的电缆、电线，在穿墙处应用耐酸瓷管或聚氯乙烯硬管穿线，并在其进出口端用耐酸材料将管口封堵。

9　当蓄电池室受到外界火势威胁时，应立即停止充电，如充电刚完毕，则应继续开启排风机，抽出室内氢气。

10　当蓄电池室火灾时，应立即停止充电并灭火。

11　蓄电池室通风装置的电气设备或蓄电池室的空气入口处附近火灾时，应立即切断该设备的电源。

10.6.2　其他蓄电池室（阀控式密封铅酸蓄电池室、无氢蓄电池室、锂电池室、钠硫电池、UPS 室等）：

1　蓄电池室应装有通向室外的有效通风装置，阀控式密封铅酸蓄电池室内的照明、通风设备可不考虑防爆；

2　锂电池、钠硫电池设置在专用的房间内，建筑面积小于 $200m^2$ 时，应设置干粉灭火器或消防砂箱；建筑面积不小于 $200m^2$ 时，宜设置气体灭火系统和自动报警系统。

5.2　本条评价项目的查评依据如下

依据 1　查评依据同 5.1 的依据 1。

依据 2　查评依据同 5.1 的依据 2。

5.3　本条评价项目的查评依据如下

依据 1　依据同 5.1 的依据 1。

依据 2　依据同 5.1 的依据 2。

5.4　本条评价项目的查评依据如下

依据　与 3.5 的查评依据相同。

5.5　本条评价项目的查评依据如下

依据　《电力设备典型消防规程》（DL 5027—2015）

10.6.2　其他蓄电池室（阀控式密封铅酸蓄电池室、无氢蓄电池室、锂电池室、钠硫电池、UPS 室等）：

1　蓄电池室应装有通向室外的有效通风装置，阀控式密封铅酸蓄电池室内的照明、通风设备可不考虑防爆。

2　锂电池、钠硫电池设置在专用的房间内，建筑面积小于 $200m^2$ 时，应设置干粉灭火器或消防砂箱；建筑面积不小于 $200m^2$ 时，宜设置气体灭火系统和自动报警系统。

6　电缆沟道

6.1　本条评价项目的查评依据如下

依据 1　《电力电缆及通道运维规程》（Q/GDW 1512—2014）

5.5.4　防火设施技术要求：

a）在电缆穿过竖井、变电站夹层、墙壁、楼板或进入电气盘、柜的孔洞处，应做防火封堵；

b）在隧道、电缆沟、变电站夹层和进出线等电缆密集区域应采用阻燃电缆或采取防火措施；

c）在重要电缆沟和隧道中有非阻燃电缆时，宜分段或用软质耐火材料设置阻火隔离，孔洞应封堵；

d）未采用阻燃电缆时，电缆接头两侧及相邻电缆 2～3m 长的区段应采取涂刷防火涂料、缠绕防火包带等措施；

e）在封堵电缆孔洞时，封堵应严实可靠，不应有明显的裂缝和可见的缝隙，孔洞较大者应加耐火衬板后再进行封堵。

依据 2 《电力设备典型消防规程》（DL 5027—2015）

10.5.3 凡穿越墙壁、楼板和电缆沟道而进入控制室、电缆夹层、控制柜及仪表盘、保护盘等处的电缆孔、洞、竖井和进入油区的电缆入口处必须用防火堵料严密封堵。发电厂的电缆沿一定长度可涂以耐火涂料或其他阻燃物质。靠近充油设备的电缆沟，应设有防火延燃措施，盖板应封堵。防火封堵应符合现行行业标准《建筑防火封堵应用技术规程》CECS 154 的有关规定。

依据 3 《变电站（换流站）消防设备设施完善化改造原则（试行）》（设备变电〔2018〕15 号）

4.2.4.7 靠近充油设备的电缆沟，应设有防火延燃措施，盖板应封堵。可采用防止变压器油流入电缆沟内的卡槽式电缆沟盖板或在普通电缆沟盖板上覆盖防火玻璃丝纤维布等措施。

6.2 本条评价项目的查评依据如下

依据 1 《电力电缆及通道运维规程》（Q/GDW 1512—2014）

8.3.4 运维部门应保持电缆通道、夹层整洁、畅通，消除各类火灾隐患，通道沿线及其内部不得积存易燃、易爆物。

依据 2 《电力设备典型消防规程》（DL 5027—2015）

10.5.6 电缆沟、管沟、水沟等沟坑内应保持整洁、不堆放杂物，不应有积油；严禁将油色谱在线监测系统的采油管路敷设在电缆沟内。

6.3 本条评价项目的查评依据如下

依据 1 《电力电缆及通道运维规程》（Q/GDW 1512—2014）

8.3.9 变电站夹层宜安装温度、烟气监视报警器，重要的电缆隧道应安装温度在线监测装置，并应定期传动、检测，确保动作可靠、信号准确。

依据 2 《变电站（换流站）消防设备设施完善化改造原则（试行）》（设备变电〔2018〕15 号）

4.2.4.9 220kV 及以上变电站的电缆夹层及电缆竖井内应安装线型感温、感烟或吸气式感烟探测器，缆式线型感温火灾探测器在电缆表面以“S 型”缠绕方式敷设。

4.3.1.4　火灾自动报警系统的探测器应符合《电力设备典型消防规程》（DL 5027—2015）要求。地下变电站电缆层、电缆竖井和电缆隧道处应设置线型感温、感烟或吸气式感烟探测器。

6.4　本条评价项目的查评依据如下

依据 1 《电力电缆及通道运维规程》（Q/GDW 1512—2014）

8.3.1　电缆的防火阻燃应采取下列措施：

a）按设计采用耐火或阻燃型电缆；

b）按设计设置报警和灭火装置；

c）防火重点部位的出入口，应按设计要求设置防火门或防火卷帘；

d）改、扩建工程施工中，对于贯穿已运行的电缆孔洞、阻火墙，应及时恢复封堵。

8.3.2　明敷充油电缆的供油系统应装设自动报警和闭锁装置，多回路充油电缆的终端设置处应装设专用消防设施，有定期检验记录。

依据 2 《变电站（换流站）消防设备设施完善化改造原则（试行）》（设备变电〔2018〕15 号）

4.2.4.10　变电站电缆夹层、电缆竖井内应设置固定式灭火设施；电缆沟内电缆密集处、转弯处等重点部位可设置固定式自动灭火设施；固定式自动灭火设施宜采用悬挂式干粉自动灭火器。

4.3.1.4　火灾自动报警系统的探测器应符合《电力设备典型消防规程》（DL 5027—2015）要求。地下变电站电缆层、电缆竖井和电缆隧道处应设置线型感温、感烟或吸气式感烟探测器。

4.3.3.2　固定灭火系统的配置应符合以下要求：

a　油浸式变压器、电缆层、电缆竖井和电缆隧道应按照《建筑设计防火规范》GB 50016—2014 和《电力设备典型消防规程》DL 5027—2015 的要求配置固定式灭火系统；

b　换流站内油浸式变压器、油浸式平波电抗器应按照电力行业标准《高压直流换流站设计技术规范》 DL/T 5223—2005 的要求配置固定式灭火系统；

c　变压器固定自动灭火系统的配置应符合《变压器固定自动灭火系统完善化改造原则》的要求。

6.5　本条评价项目的查评依据如下

依据 《变电站（换流站）消防设备设施完善化改造原则（试行）》（设备变电〔2018〕15 号）

4.2.4.8　在电缆从室外进入室内的入口处、敷设两个及以上间隔电缆的主电缆沟道和到单个间隔或设备分支电缆沟道的交界处应设置防火墙，在主电缆沟道内每间隔 60m 应设置一道防火墙。

6.6 本条评价项目的查评依据如下

依据 1 《水电工程设计防火规范》(GB 50872—2014)

9.0.7 电缆竖井发生火灾时，因具有“烟囱效应”，火势猛烈，延燃迅速，国内水力发电厂、火电站均曾发生过电缆竖井火灾，大面积烧毁电缆的事故。因此，电缆竖井是电缆防火的重要部位之一。为了避免电缆竖井的“烟囱效应”，防止火灾蔓延扩大，应对电缆竖井上下两端、进出电缆的孔口处及每一楼层处采用耐火极限不低于 1.00h 的非燃烧材料进行封堵。

依据 2 《国网设备部关于加快推进变电站消防隐患治理工作的通知》(设备变电〔2018〕16 号)

（七）变电站动力电缆与其他电缆混沟

问题现状：部分变电站（包括新建、在建变电站）存在动力电缆与控制电缆、通信电缆等混沟敷设情况，且部分变电站未采取可靠的防火隔离措施。

治理措施：对电缆沟进行改造，使其满足动力电缆与控制电缆分沟敷设的要求；不具备独立敷设条件的，采取加装电缆防火槽盒、涂防火涂料等临时措施。

依据 3 《变电站(换流站)消防设备设施完善化改造原则(试行)》(设备变电〔2018〕15 号)

4.2.4.4 动力电缆与控制电缆或通信电缆之间应进行可靠的防火隔离，可采取将动力电缆或通信电缆装入防火槽盒、包覆防火护套或插入防火隔板等隔离措施。

依据 4 《电力设备典型消防规程》(DL 5027—2015)

10.5.9 在多个电缆头并排安装的场合中，应在电缆头之间加隔板或填充阻燃材料。

10.5.12 施工中动力电缆与控制电缆不应混放、分布不均及堆积乱放。在动力电缆与控制电缆之间，应设置层间耐火隔板。

6.7 本条评价项目的查评依据如下

依据 1 《水电工程设计防火规范》(GB 50872—2014)

9.0.9 根据实际电缆火灾的经验教训，为了迅速扑灭火灾，穿越各机组之间架空敷设的电缆应在每个机组段集中设置手提式干粉灭火器。在电缆室、电缆通（廊）道、电缆竖井的出入口处，设置手提式干粉灭火器。

电缆燃烧时释放的黑烟里含有大量有毒的氯化氢气体，所以应配备防毒面具，供消防人员使用。

依据 2 本条评价项目的查评依据同 3.5。

6.8 本条评价项目的查评依据如下

依据 1 《电力电缆及通道运维规程》(Q/GDW 1512—2014)

8.3.1 电缆的防火阻燃应采取下列措施：

a）按设计采用耐火或阻燃型电缆；

b）按设计设置报警和灭火装置；

c）防火重点部位的出入口，应按设计要求设置防火门或防火卷帘；

d）改、扩建工程施工中，对于贯穿已运行的电缆孔洞、阻火墙，应及时恢复封堵。

8.3.2 明敷充油电缆的供油系统应装设自动报警和闭锁装置，多回路充油电缆的终端设置处应装设专用消防设施，有定期检验记录。

依据 2 《电力设备典型消防规程》（DL 5027—2015）

10.5.11 电力电缆中间接头盒的两侧及其附近区域，应增加防火包带等阻燃措施。

依据 3 《变电站（换流站）消防设备设施完善化改造原则（试行）》（设备变电〔2018〕15 号）

4.2.4.5 合理安排电缆段长，尽量减少电缆接头的数量，严禁在变电站电缆夹层、桥架和竖井等缆线密集区域布置电力电缆接头。

4.2.4.6 电力电缆中间接头盒的两侧及其附近区域，应增加防火包带等阻燃措施。

6.9 本条评价项目的查评依据如下

依据 《电力设备典型消防规程》（DL 5027—2015）

10.5.14 电缆隧道的下列部位宜设置防火分隔，采用防火墙上设置防火门的形式：

1 电缆进出隧道的出入口及隧道分支处。

2 电缆隧道位于电厂、变电站内时，间隔不大于 100m 处。

3 电缆隧道位于电厂、变电站外时，间隔不大于 200m 处。

4 长距离电缆隧道通风区段处，且间隔不大于 500m。

5 电缆交叉、密集部位，间隔不大于 60m。

防火墙耐火极限不宜低于 3.0h，防火门应采用甲级防火门（耐火极限不宜低于 1.2h）且防火门的设置应符合现行国家标准《建筑设计防火规范》 GB 50016 的有关规定。

10.5.15 发电厂电缆竖井中，宜每隔 7.0m 设置阻火隔层。

6.10 本条评价项目的查评依据如下

依据 《变电站（换流站）消防设备设施完善化改造原则（试行）》（设备变电〔2018〕15 号）

4.3.5.2 电缆隧道内应设置指向最近安全出口处的导向箭头，主隧道、各分支拐弯处醒目位置装设整个电缆隧道平面示意图，并在示意图上标注所处位置及各出入口位置。

6.11 本条评价项目的查评依据如下

依据 《电力电缆及通道运维规程》（Q/GDW 1512—2014）

8.3.7 在电缆通道、夹层内使用的临时电源应满足绝缘、防火、防潮要求。工作人员撤离时应立即断开电源。

8.3.8 在电缆通道、夹层内动火作业应办理动火工作票，并采取可靠的防火措施。

8.3.10 严格按照运行规程规定对电缆夹层、通道进行巡检，并检测电缆和接头运行温度。

6.12 本条评价项目的查评依据如下

依据 《城市电力电缆线路设计技术规定》（DL/T 5221—2016）

4.5.15 电缆隧道内附属设施应根据各地环境条件及运行需求来确定，应符合下列规定（此处略）。

7 消防标识

7.1 本条评价项目的查评依据如下

依据 《变电站（换流站）消防设备设施完善化改造原则（试行）》（设备变电〔2018〕15号）

4.3.5.1 变电站和换流站内的消防安全标志可根据其功能分为以下6类：a）火灾报警装置标志；b）紧急疏散逃生标志；c）灭火设备标志；d）禁止和警告标志；e）方向辅助标志；f）文字辅助标志。各类标志应符合国家标准《消防安全标志第1部分：标志》GB 13495.1—2015，如不满足要求，应进行完善化改造。

7.2 本条评价项目的查评依据如下

依据 《变电站（换流站）消防设备设施完善化改造原则（试行）》（设备变电〔2018〕15号）

4.3.4.5 户内变电站、户外变电站主控通信室、配电装置室、消防水泵房和建筑疏散通道应设置应急照明。地下变电站的主控室、配电装置室、变压器室、继电器室、消防水泵房、建筑疏散通道和楼梯间应设置应急照明。地下变电站的疏散通道和安全出口应设发光疏散指示标志。人员疏散用的应急照明的照度不应低于1lx，继续工作应急照明不应低于正常照明照度值的100%。应急照明灯宜设置在墙面或顶棚上。

4.3.5.3 疏散指示标识应根据国家法律法规、消防技术标准设置，并应采用符合法律规定的灯光疏散指示标志、安全出口标志，标明疏散方向。

7.3 本条评价项目的查评依据如下

依据1 《变电站（换流站）消防设备设施完善化改造原则（试行）》（设备变电〔2018〕15号）

4.3.4.5 户内变电站、户外变电站主控通信室、配电装置室、消防水泵房和建筑疏散通道应设置应急照明。地下变电站的主控室、配电装置室、变压器室、继电器室、消防水泵房、建筑疏散通道和楼梯间应设置应急照明。地下变电站的疏散通道和安全出口应设发光疏散指示标志。人员疏散用的应急照明的照度不应低于1lx，继续工作应急照明不应低于正常照明照度值的100%。应急照明灯宜设置在墙面或顶棚上。

4.3.5.3 疏散指示标识应根据国家法律法规、消防技术标准设置，并应采用符合法律规定的灯光疏散指示标志、安全出口标志，标明疏散方向。

依据2 《中华人民共和国消防法》（2019年修订）

第十六条 机关、团体、企业、事业等单位应当履行下列消防安全职责：

（一）落实消防安全责任制，制定本单位的消防安全制度、消防安全操作规程，制定灭火和应急疏散预案；

（二）按照国家标准、行业标准配置消防设施、器材，设置消防安全标志，并定期组织检验、维修，确保完好有效；

（三）对建筑消防设施每年至少进行一次全面检测，确保完好有效，检测记录应当完整准确，存档备查；

（四）保障疏散通道、安全出口、消防车通道畅通，保证防火防烟分区、防火间距符合消防技术标准；

（五）组织防火检查，及时消除火灾隐患；

（六）组织进行有针对性的消防演练；

（七）法律、法规规定的其他消防安全职责。单位的主要负责人是本单位的消防安全责任人。

依据 3 《机关、团体、企业、事业单位消防安全管理规定》（中华人民共和国公安部第 61 号令）

第二十一条　单位应当保障疏散通道、安全出口畅通，并设置符合国家规定的消防安全疏散指示标志和应急照明设施，保持防火门、防火卷帘、消防安全疏散指示标志、应急照明、机械排烟送风、火灾事故广播等设施处于正常状态。

严禁下列行为：

（一）占用疏散通道；

（二）在安全出口或者疏散通道上安装栅栏等影响疏散的障碍物；

（三）在营业、生产、教学、工作等期间将安全出口上锁、遮挡或者将消防安全疏散指示标志遮挡、覆盖；

（四）其他影响安全疏散的行为。

依据 4 《火力发电厂与变电站设计防火标准》（GB 50229—2019）

11.7.2　火灾应急照明和疏散标志应符合下列规定：

4　人员疏散用的应急照明的照度不应低于 1.0lx，楼梯间的地面最低水平照度不应低于 5.0lx，继续工作应急照明应保持正常照明的照度。

8　消防控制室

8.1　消防控制室通用要求

8.1.1　本条评价项目的查评依据如下

依据 1 《消防控制室完善化改造原则（试行）》（设备变电〔2018〕15 号）

4.1.4　消防控制室应具备远方控制功能。

4.1.5　消防控制室应设有用于火灾报警的外线电话。

依据 2 《火灾自动报警设计规范》（GB 50116—2013）

3.4.3　消防控制室应设有用于火灾报警的外线电话。

6.1.4 集中报警系统和控制中心报警系统中的区域火灾报警控制器在满足下列条件时，可设置在无人值班的场所：

1 本区域内无需要手动控制的消防联动设备。

2 本火灾报警控制器的所有信息在集中火灾报警控制器上均有显示，且能接收起集中控制功能的火灾报警控制器的联动控制信号，并自动启动相应的消防设备。

3 设置的场所只有值班人员可以进入。

8.1.2 本条评价项目的查评依据如下

依据 1 《消防控制室完善化改造原则（试行）》（设备变电〔2018〕15 号）

4.1.9 消防控制室应实行每日 24h 值班制度，每班不应少于 2 人，值班人员应持有消防控制室操作职业资格证书。

依据 2 《消防控制室通用技术要求》（GB 25506—2010）

4.2.1 消防控制室管理应符合下列要求：

a）应实行每日 24 h 专人值班制度，每班不应少于 2 人，值班人员应持有消防控制室操作职业资格证书；

b）消防设施日常维护管理应符合 GB 25201 的要求；

c）应确保火灾自动报警系统、灭火系统和其他联动控制设备处于正常工作状态，不得将应处于自动状态的设在手动状态；

d）应确保高位消防水箱、消防水池、气压水罐等消防储水设施水量充足，确保消防泵出水管阀门、自动喷水灭火系统管道上的阀门常开；确保消防水泵、防排烟风机、防火卷帘等消防用电设备的配电柜启动开关处于自动位置（通电状态）。

8.1.3 本条评价项目的查评依据如下

依据 1 《消防控制室完善化改造原则（试行）》（设备变电〔2018〕15 号）

4.1.10 应确保消防控制室的火灾自动报警系统、灭火系统和其他联动控制设备处于正常工作状态，不得将应处于自动状态的设在手动状态。

依据 2 《消防控制室通用技术要求》（GB 25506—2010）

4.2.1 消防控制室管理应符合下列要求：

a）应实行每日 24 h 专人值班制度，每班不应少于 2 人，值班人员应持有消防控制室操作职业资格证书；

b）消防设施日常维护管理应符合 GB 25201 的要求；

c）应确保火灾自动报警系统、灭火系统和其他联动控制设备处于正常工作状态，不得将应处于自动状态的设在手动状态；

d）应确保高位消防水箱、消防水池、气压水罐等消防储水设施水量充足，确保消防泵出水管阀门、自动喷水灭火系统管道上的阀门常开；确保消防水泵、防排烟风机、防火卷帘等消防用电设备的配电柜启动开关处于自动位置（通电状态）。

8.1.4　本条评价项目的查评依据如下

依据　**《消防控制室完善化改造原则（试行）》（设备变电〔2018〕15 号）**

4.1.12　消防控制室设备选型应满足以下要求：

a. 属于国家消防产品强制性认证目录中的产品，应具有 CCCF 认证证书并标注认证标志；

b. 目录以外的产品，应具有国家级消防产品质量检验中心出具的检验报告。

8.2　消防控制室资料要求

8.2.1　本条评价项目的查评依据如下

依据 1　**《消防控制室完善化改造原则（试行）》（设备变电〔2018〕15 号）**

4.1.8　消防控制室应有相应的竣工图纸、各分系统控制逻辑关系说明、设备使用说明书、系统操作规程、应急预案、值班制度、维护保养制度及值班记录等文件资料。

依据 2　**《火灾自动报警设计规范》（GB 50116—2013）**

3.4.4　消防控制室应有相应的竣工图纸、各分系统控制逻辑关系说明、设备使用说明书、系统操作规程、应急预案、值班制度、维护保养制度及值班记录等文件资料。

8.2.2　本条评价项目的查评依据如下

依据 1　**《消防控制室完善化改造原则（试行）》（设备变电〔2018〕15 号）**

4.1.11　消防控制室的设备应按照 GB 50166《火灾自动报警系统施工及验收规范》的要求进行维护和保养，并做好相关记录。

依据 2　**《火灾自动报警系统施工及验收标准》（GB 50166—2019）**

6　系统运行维护

6.0.1　系统投入使用前，消防控制室应具有下列文件资料：

1　检测、验收合格资料；

2　建（构）筑物竣工后的总平面图、建筑消防系统平面布置图、建筑消防设施系统图及安全出口布量图、重点部位位置图、危化品位置图；

3　消防安全管理规章制度、灭火预案、应急疏散预案；

4　消防安全组织机构图，包括消防安全责任人、管理人，专职、义务消防人员；

5　消防安全培训记录、灭火和应急疏散预案的演练记录；

6　值班情况、消防安全检查情况及巡查情况的记录；

7　火灾自动系统设备现场设置情况记录；

8　消防系统联动控制逻辑关系说明、联动编程记录、消防联动控制器手动控制单元编码设置记录；

9　系统设备使用说明书、系统操作规程、系统和设备维护保养制度。

6.0.2　系统的使用单位应建立本标准第 6.0.1 条规定的文件档案，并应有电子备份档案。

6.0.3　系统应保持连续正常运行，不得随意中断。

6.0.4　系统应按本标准附录 F 规定的巡查项目和内容进行日常巡查，巡查的部位、频次应符合现行国家标准《建筑消防设施的维护管理》GB 25201 的规定，并按本标准附录 F 的规定填写记录。

巡查过程中发现设备外观破损、设备运行异常时应立即报修。

6.0.5 每年应按表 6.0.5 规定的检查项目、数量对系统设备的功能、各分系统的联动控制功能进行检查，并应符合下列规定：

1 系统的年度检查可根据检查计划，按月度、季度逐步进行；

2 月度、季度的检查数量应符合表 6.0.5 的规定；

3 系统设备的功能、各分系统的控制功能应符合本标准第 4 章的规定。

表 6.0.5 系统月检、季检对象、项目及数量

序号	检查对象	检查项目	检查数量
1	Ⅰ 火灾报警控制器	火灾报警功能	实际安装数量
	Ⅱ 火灾探测器、手动火灾报警按钮		应保证每年对每一只探测器、报警按钮至少进行一次火灾报警功能检查
	Ⅲ 火灾显示盘	火灾报警显示功能	月、季检查数量应保证每年对每一台区域显示器至少进行一次火灾报警显示功能检查
2	Ⅰ 消防联动控制器	输出模块启动功能	应保证每年对每一只模块至少进行一次启动功能检查
	Ⅱ 输出模块		
3	Ⅰ 消防电话总机	呼叫功能	实际安装数量
	Ⅱ 电话分机、电话插孔		应保证每年对每一个分机、插孔至少进行一次呼叫功能检查
4	Ⅰ 可燃气体报警控制器	可燃气体报警功能	实际安装数量
	Ⅱ 可燃气体探测器		应保证每年对每一只探测器至少进行一次可燃气体报警功能检查
5	Ⅰ 电气火灾监控设备	监控报警功能	实际安装数量
	Ⅱ 电气火灾监控探测器、线型感温火灾探测器		应保证每年对每一只探测器至少进行一次监控报警功能检查
6	Ⅰ 消防设备电源监控器	消防设备电源故障报警功能	实际安装数量
	Ⅱ 传感器		应保证每年对每一只传感器至少进行一次消防设备电源故障报警功能检查
7	消防设备应急电源	转换功能	实际安装数量
8	Ⅰ 消防控制室图形显示装置	接收和显示火灾报警、联动控制、反馈信号功能	实际安装数量
	Ⅱ 传输设备		
9	Ⅰ 火灾警报器	火灾报警功能	应保证每年对每一只火灾警报器至少进行一次火灾警报功能检查
	Ⅱ 消防应急广播控制设备	应急广播功能	实际安装数量
	Ⅲ 扬声器		应保证每年对每一只扬声器至少进行一次应急广播功能检查
	Ⅳ 火灾警报和消防应急广播系统	联动控制功能	应保证每年对每一个报警区域至少进行一次联动控制功能检查

续表

序号	检查对象	检查项目	检查数量
10	Ⅰ 防火卷帘控制器	控制功能	应保证每年对每一个手动控制装置至少进行一次控制功能检查
	Ⅱ 手动控制装置		
	Ⅲ 疏散通道上设置的防火卷帘	联动控制功能	应保证每年对每一樘防火卷帘至少进行一次联动控制功能检查
	Ⅳ 非疏散通道上设置的防火卷帘		应保证每年对每一个报警区域至少进行一次联动控制功能检查
11	Ⅰ 防火门监控器	启动、反馈功能，常闭防火门故障报警功能	应保证每年对每一台防火门监控器及其配接的现场部件至少进行一次启动，反馈功能、常闭防火门故障报警功能检查
	Ⅱ 监控模块、防火门定位装置和释放装置等现场部件		
	Ⅲ 防火门监控系统	联动控制功能	应保证每年对每一个报警区域至少进行一次联动控制功能检查
12	Ⅰ 气体、干粉灭火器	现场紧急启动、停止功能	应保证每年对每一个现场启动和停止按钮至少进行一次启动、停止功能检查
	Ⅱ 现场启动和停止按钮		
	Ⅲ 气体、干粉灭火系统	联动控制功能	应保证每年对每一个防护区域至少进行一次联动控制功能检查
13	Ⅰ 消防泵控制箱、柜	手动控制功能	应保证每月、季对消防水泵进行一次手动控制功能检查
	Ⅱ 水流指示器、压力开关、信号阀、液位探测器	动作信号反馈功能	应保证每年对每一个部件至少进行一次动作信号反馈功能检查
	Ⅲ 湿式、干式喷水灭火系统	联动控制功能	应保证每年对每一个防护区域至少进行一次联动控制功能检查
		消防水泵直接手动控制功能	应保证每月、季对消防水泵进行一次直接手动控制功能检查
	Ⅳ 预作用式喷水灭火系统	联动控制功能	应保证每年对每一个防护区域至少进行一次联动控制功能检查
		消防泵、预作用阀组、排气阀前电动阀直接手动控制功能	应保证每月、季对消防水泵、预作用阀组、排气阀前电动阀进行一次直接手动控制功能检查
	Ⅴ 雨淋系统	联动控制功能	应保证每年对每一个防护区域至少进行一次联动控制功能检查
		消防泵、雨淋阀组直接手动控制功能	应保证每月、季对消防水泵、雨淋阀组进行一次直接手动控制功能检查
	Ⅵ 自动控制的水幕系统	用于保护防火卷帘的水幕系统的联动控制功能	应保证每年对每一樘防火卷帘至少进行一次联动控制功能检查
		用于防火隔离的水幕系统的联动控制功能	应保证每年对每一个报警区域至少进行一次联动控制功能检查
		消防泵、水幕阀组直接手动控制功能	应保证每月、季对消防水泵、水幕阀组进行一次直接手动控制功能检查

续表

序号	检查对象	检查项目	检查数量
14	Ⅰ 消防泵控制箱、柜	手动控制功能	应保证每月、季对消防水泵进行一次手动控制功能检查
	Ⅱ 小火栓系统	报警功能	应保证每年对每一个消防栓按钮至少进行一次报警功能检查
	Ⅲ 水流指示器、压力开关、信号阀、液位探测器	动作信号反馈功能	应保证每年对每一个部件至少进行一次动作信号反馈功能检查
	Ⅳ 消火栓系统	联动控制功能	应保证每年对每一个消火栓至少进行一次联动控制功能检查
		消防泵直接手动控制功能	应保证每月、季对消防水泵进行一次直接手动控制功能检查
15	Ⅰ 风机控制箱、柜	手动控制功能	应保证每月、季对风机进行一次手动控制功能检查
	Ⅱ 电动送风口、电动挡烟垂壁、排烟口、排烟阀、排烟窗、电动防火阀、排烟风机入口处的总管上设置的 280℃排烟防火阀	启动、反馈功能、动作信号反馈功能	应保证每年对每一个部件至少进行一次启动、反馈功能、动作信号反馈功能检查
	Ⅲ 加压送风系统	联动控制功能	应保证每年对每一个报警区域至少进行一次控制功能检查
		风机直接手动控制功能	应保证每月、季对风机进行一次直接手动控制功能检查
	Ⅳ 电动挡烟垂壁、排烟系统	联动控制功能	应保证每年对每一个防烟区域至少进行一次联动控制功能检查
		风机直接手动控制功能	应保证每月、季对风机进行一次直接手动控制功能检查
16	消防应急照明和疏散指示系统	控制功能	应保证每年对每一个报警区域至少进行一次控制功能检查
17	电梯、非消防电源等相关系统	联动控制功能	应保证每年对每一个报警区域至少进行一次联动控制功能检查
18	自动消防系统	整体联动功能	应保证每年对每一个报警区域至少进行一次联动控制功能检查

6.0.6 不同类型的探测器、手报、模块等现场部件应有不少于设备总数 1%的备品。

6.0.7 系统设备的维修、保养及系统产品的寿命应符合现行国家标准《火灾探测报警产品的维修保养与报废》GB 29837 的规定，达到寿命极限的产品应及时更换。

8.2.3 本条评价项目的查评依据如下

依据 1、依据 2 与 8.2.2 查评依据相同。

8.2.4 本条评价项目的查评依据如下

依据 1、依据 2 与 8.2.2 查评依据相同。

8.3 有人值班变电站消防控制室

8.3.1 本条评价项目的查评依据如下

依据 1 《消防控制室完善化改造原则（试行）》（设备变电〔2018〕15 号）

4.1.1 有人值班变电站（换流站）消防控制室宜设置在本站主控制室。

4.2.1　有人值班变电站（换流站）消防控制室架构如下图所示。

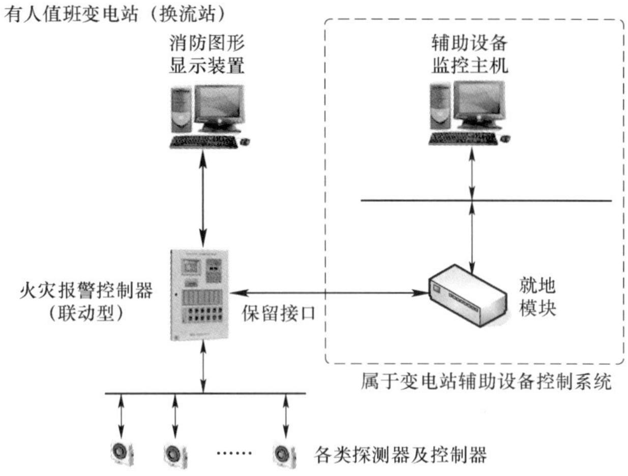

有人值班变电站（换流站）消防控制室架构图

依据 2 《火力发电厂与变电站设计防火标准》（GB 50229—2019）

7.12.4　消防控制室应与单元控制室或主控制室合并设置。

8.3.2　本条评价项目的查评依据如下

依据 1 《消防控制室完善化改造原则（试行）》（设备变电〔2018〕15 号）

4.2.2　有人值班变电站（换流站）消防控制室应配置以下设备：

a. 火灾报警控制器（联动型），包括火灾报警控制器、联动控制器、消防电话总机、消防广播控制装置等；

b. 消防图形显示装置；

c. 消防应急照明和疏散指示系统控制装置（需要时）；

d. 消防电源监控器（需要时）；

e. 辅助设备监控主机。

依据 2 《火灾自动报警设计规范》（GB 50116—2013）

3.4.2　消防控制室内设置的消防设备应包括火灾报警控制器、消防联动控制器、消防控制室图形显示装置、消防专用电话总机、消防应急广播控制装置、消防应急照明和疏散指示系统控制装置、消防电源监控器等设备或具有相应功能的组合设备。消防控制室内设置的消防控制室图形显示装置应能显示本规范附录 A 规定的建筑物内设置的全部消防系统及相关设备的动态信息和本规范附录 B 规定的消防安全管理信息，并应为远程监控系统预留接口，同时应具有向远程监控系统传输本规范附录 A 和附录 B 规定的有关信息的功能。

4.1.1　消防联动控制器应能按设定的控制逻辑向各相关的受控设备发出联动控制信号，并接受相关设备的联动反馈信号。

4.10.1　消防联动控制器应具有切断火灾区域及相关区域的非消防电源的功能，当需要切断正常照明时，宜在自动喷淋系统、消火栓系统动作前切断。

4.10.2 消防联动控制器应具有自动打开涉及疏散的电动栅杆等的功能，宜开启相关区域安全技术防范系统的摄像机监视火灾现场。

4.10.3 消防联动控制器应具有打开疏散通道上由门禁系统控制的门和庭院电动大门的功能，并应具有打开停车场出入口挡杆的功能。

8.3.3 本条评价项目的查评依据如下

依据1 《消防控制室完善化改造原则（试行）》（设备变电〔2018〕15号）

4.3.1 火灾报警控制器（联动型）

a. 火灾报警控制器（联动型）的火灾报警功能应符合GB 4717《火灾报警控制器》的要求。

b. 集中火灾报警控制器（联动型）应能集中监控所辖无人值班变电站的区域火灾报警控制器（联动型），显示火灾探测器、手动火灾报警按钮等设备的正常、报警、屏蔽及故障状态等信息，并能按照规定逻辑程序启动相应的联动系统。

c. 火灾报警控制器（联动型）的联动控制功能应符合GB 16806《消防联动控制器》的要求，消防设备的联动设计应符合GB 50116《火灾自动报警系统设计规范》的要求。

d. 集中火灾报警控制器（联动型）联动控制按钮应按不同变电站及站内不同灭火分区布置，标识清楚、确保操作安全准确；发生火灾报警时，对应变电站的按钮区域应有光信号提示，防止误操作。

e. 火灾报警控制器（联动型）的消防电话总机功能应符合GB 16806《消防联动控制器》的要求。

f. 火灾报警控制器（联动型）的消防广播控制功能应符合GB 16806《消防联动控制器》相关要求。

依据2 《火灾自动报警设计规范》（GB 50116—2013）

4.10.2 消防联动控制器应具有自动打开涉及疏散的电动栅杆等的功能，宜开启相关区域安全技术防范系统的摄像机监视火灾现场。

6.1.4 集中报警系统和控制中心报警系统中的区域火灾报警控制器在满足下列条件时，可设置在无人值班的场所：

1 本区域内无需要手动控制的消防联动设备。

2 本火灾报警控制器的所有信息在集中火灾报警控制器上均有显示，且能接收起集中控制功能的火灾报警控制器的联动控制信号，并自动启动相应的消防设备。

3 设置的场所只有值班人员可以进入。

依据3 同8.2.2的依据2。

8.3.4 本条评价项目的查评依据如下

依据1 《消防控制室完善化改造原则（试行）》（设备变电〔2018〕15号）

4.3.2 消防图形显示装置

a. 消防图形显示装置应符合 GB 16806《消防联动控制器》的要求；

b. 消防图形显示装置的显示功能应符合《消防控制室通用技术要求》中 5.1 和附录 A、B 的要求；

c. 消防图形显示系统应具备火灾报警控制器（联动型）运维辅助管理功能；

d. 消防图形显示装置信息记录的各类信息能够进行记录备份；应满足备份后方可被覆盖的功能；应能对历史记录打印归档或刻录存盘归档；

e. 消防图形显示装置应具备网络通信功能，能够与火灾报警控制器（联动型）进行通信，获取相关消防设备状态信息，并应具有远传功能；

f. 消防图形显示装置应具备权限管理的功能，对系统程序的进入和退出时间、操作人员姓名或代码等内容的均有记录，记录备份后方可被覆盖。

4.3.5 辅助设备监控主机

辅助设备监控主机应实现视频、安防、消防、门禁、环境监测、照明等子系统数据的统一接入，实现火灾报警自动联动消防、视频监控、空调、风机、门禁等系统，并在站内实现数据综合分析、存储、统计和画面展示，无人值班变电站辅助设备监控主机还应能通过 KVM（键盘、显示器、鼠标延伸）等手段将信息远传到有人值班区域。

依据 2 《消防控制室通用技术要求》（GB 25506—2010）

6.1 应记录附录 A 中规定的建筑消防设施运行状态信息，记录容量不应少于 10000 条，记录备份后方可被覆盖。

6.2 应具有产品维护保养的内容和时间、系统程序的进入和退出时间、操作人员姓名或代码等内容的记录，存储记录容量不应少于 10000 条，记录备份后方可被覆盖。

6.3 应记录附录 B 中规定的消防安全管理信息及系统内各个消防设备（设施）的制造商、产品有效期，记录容量不应少于 10000 条，记录备份后方可被覆盖。

6.4 应能对历史记录打印归档或刻录存盘归档。

依据 3 《火灾自动报警设计规范》（GB 50116—2013）

3.4.2 消防控制室内设置的消防设备应包括火灾报警控制器、消防联动控制器、消防控制室图形显示装置、消防专用电话总机、消防应急广播控制装置、消防应急照明和疏散指示系统控制装置、消防电源监控器等设备或具有相应功能的组合设备。消防控制室内设置的消防控制室图形显示装置应能显示本规范附录 A 规定的建筑物内设置的全部消防系统及相关设备的动态信息和本规范附录 B 规定的消防安全管理信息，并应为远程监控系统预留接口，同时应具有向远程监控系统传输本规范附录 A 和附录 B 规定的有关信息的功能。

8.3.5 本条评价项目的查评依据如下

依据 《消防控制室完善化改造原则（试行）》（设备变电〔2018〕15 号）

4.3.5 辅助设备监控主机

辅助设备监控主机应实现视频、安防、消防、门禁、环境监测、照明等子系统数据的统一接入，实现火灾报警自动联动消防、视频监控、空调、风机、门禁等系统，并在站内实现数据综合分析、存储、统计和画面展示，无人值班变电站辅助设备监控主机还应能通过 KVM（键盘、显示器、鼠标延伸）等手段将信息远传到有人值班区域。

9 消防管理及资料

9.1 公共消防设施

9.1.1 本条评价项目的查评依据如下

依据 《国家电网有限公司关于印发〈十八项电网重大反事故措施（修订版）〉的通知》（国家电网设备〔2018〕979 号）

13.2.1.1 电缆线路的防火设施必须与主体工程同时设计、同时施工、同时验收，防火设施未验收合格的电缆线路不得投入运行。

9.1.2 本条评价项目的查评依据如下

依据 《变电站（换流站）消防设备设施完善化改造原则（试行）》（设备变电〔2018〕15 号）

4.1.5 国家强制产品认证（3C）目录内的消防设备必须具有消防强制性产品认证证书（CCCF），非国家强制产品认证（3C）目录内的消防产品应具有国家级消防质量检验中心出具的检验报告。

9.1.3 本条评价项目的查评依据如下

依据 1 《变电站（换流站）消防设备设施完善化改造原则（试行）》（设备变电〔2018〕15 号）

4.3.4.1 变电站消防用电应采用不低于二级负荷供电的电源。各级负荷的供电要求应符合《供配电系统设计规范》GB 50052 的要求。

4.3.4.3 站内消防设备的配电箱应独立设置。消防配电设备应设置明显标志。

4.3.4.4 消防控制室、消防水泵房、防烟和排烟风机房的消防用电设备及消防电梯等的供电，应在其配电线路的最末一级配电箱处设置自动切换装置。

依据 2 《建筑设计防火规范》（GB 50016—2014）

10.1.6 消防用电设备应采用单独的供电回路，当建筑内的生产、生活用电被切断时，应仍能保证消防用电。

备用消防电源的供电时间和容量，应满足该建筑火灾延续时间内各消防用电设备的要求。

9.1.4 本条评价项目的查评依据如下

依据 1 《建筑灭火器配置设计规范》（GB 50140—2005）

5.1 一般规定

5.1.1 灭火器应设置在位置明显和便于取用的地点，且不得影响安全疏散。

5.1.2 对有视线障碍的灭火器设置点，应设置指示其位置的发光标志。

5.1.3　灭火器的摆放应稳固，其铭牌应朝外。手提式灭火器宜设置在灭火器箱内或挂钩、托架上，其顶部离地面高度不应大于 1.50m；底部离地面高度不宜小于 0.08m。灭火器箱不得上锁。

5.1.4　灭火器不宜设置在潮湿或强腐蚀性的地点。当必须设置时，应有相应的保护措施。

灭火器设置在室外时，应有相应的保护措施。

5.1.5　灭火器不得设置在超出其使用温度范围的地点。

5.2　灭火器的最大保护距离

5.2.1　设置在 A 类火灾场所的灭火器，其最大保护距离应符合表 5.2.1 的规定。

表 5.2.1　　A 类火灾场所的灭火器最大保护距离（m）

危险等级＼灭火器型式	手提式灭火器	推车式灭火器
严重危险级	15	30
中危险级	20	40
轻危险级	20	50

5.2.2　设置在 B、C 类火灾场所的灭火器，其最大保护距离应符合表 5.2.2 的规定。

表 5.2.2　　B、C 类火灾场所的灭火器最大保护距离（m）

危险等级＼灭火器型式	手提式灭火器	推车式灭火器
严重危险级	9	18
中危险级	12	24
轻危险级	20	30

5.2.3　D 类火灾场所的灭火器，其最大保护距离应根据具体情况研究确定。

5.2.4　E 类火灾场所的灭火器，其最大保护距离不应低于该场所内 A 类或 B 类火灾的规定。

6　灭火器的配置

6.1　一般规定

6.1.1　一个计算单元内配置的灭火器数量不得少于 2 具。

6.1.2　每个设置点的灭火器数量不宜多于 5 具。

6.1.3　当住宅楼每层的公共部位建筑面积超过 $100m^2$ 时，应配置 1 具 1A 的手提式灭火器；每增加 $100m^2$ 时，增配 1 具 1A 的手提式灭火器。

依据 2　《电力设备典型消防规程》（DL 5027—2015）

附录 G　典型工程现场灭火器和黄砂配置

G.1　灭火器配置原则

G.1.1 发电厂同一场所存在不同种类火灾的情况较多，危险性较大，宜采用通用、高效、无毒的磷酸铵盐干粉灭火器，所需配置的灭火器数量少、重量相对较轻，便于人员操作。由于干粉灭火器使用后存在残留污染，对电气、热控设备可配合使用洁净气体灭火器或二氧化碳灭火器，但需注意所选用灭火器的灭火级别应满足《火力发电厂与变电站设计防火规范》等标准规定的有关场所火灾类别和危险等级所对应的最小配置级别。

G.1.2 由于现行《建筑灭火器配置设计规范》GB 50140 中仅列出了卤代烷 1211 这一种洁净气体灭火器，而实际上国内已基本不再生产卤代烷灭火器，相关国家标准也未提出新的洁净气体灭火器种类，因此本附录不再列出洁净气体灭火器示例。

G.1.3 油箱、油罐容器附近宜配置磷酸铵盐干粉灭火器和水成膜泡沫灭火器，避免容器壁的高温造成灭火后再复燃的现象。

G.1.4 油浸式变压器油箱、油罐等有场地条件的场所，以及严重危险级场所宜设置推车式灭火器。

G.1.5 同一场所尽量采用相同类型和操作方法的灭火器。

依据 3《国网设备部关于印发〈变电站消防设施运维管理规范（试行）〉的通知》（设备变电〔2019〕29 号）

3.25 灭火器箱、消防砂箱、消防桶和消防铲、斧把上应有红色标识，且标示清晰，无破损。

依据 4《变电站（换流站）消防设备设施完善化改造原则（试行）》（设备变电〔2018〕15 号）

4.1.3 消防设施在管理上应等同于主设备，包括维护、保养、检修、更新，落实相关所需资金等。

4.3.3.5 变电站（换流站）里的灭火器摆放应该符合以下要求：

a 灭火器应设置在位置明显和便于取用的地点，且不得影响安全疏散；

b 灭火器的摆放应稳固，其铭牌应朝外；灭火器箱不得上锁；

c 手提式灭火器宜设置在灭火器箱内或挂钩、托架（建议采用托架）上，其顶部离地面不应大于 1.50m，底部离地面高度不宜小于 0.08m；

d 灭火器不得设置在超出其适用温度范围的地点，不宜设置在潮湿或强腐蚀性的地点，当必须设置时，应有相应的保护措施；灭火器设置在室外时，应有相应的保护措施。露天设置的灭火器应有遮阳挡水和保温隔热措施，北方寒冷地区应设置在消防小室内；

e 对有视线障碍的灭火器设置点，应设置指示其位置的发光标志。

9.1.5 本条评价项目的查评依据如下

依据 1《国网设备部关于印发〈变电站消防设施运维管理规范（试行）〉的通知》（设备变电〔2019〕29 号）

3.25 灭火器箱、消防砂箱、消防桶和消防铲、斧把上应有红色标识，且标示清晰，无破损。

依据 2《变电站（换流站）消防设备设施完善化改造原则（试行）》（设备变电〔2018〕15 号）

4.3.3.3　移动式灭火器材的配置应符合以下要求：

a　变电站和换流站的灭火器配置规格和数量应按国家标准《建筑灭火器配置设计规范》GB 50140—2005 计算确定。灭火器设置场所的建（构）筑物、设备的火灾类别及危险等级，按照《火力发电厂与变电站设计防火规范》GB 50229—2006 第 11.5 节的要求执行。

b　消防砂箱、砂桶、消防铲及正压式消防空气呼吸器等消防器材应按照《建筑设计防火规范》GB 50016—2014 和《电力设备典型消防规程》DL 5027—2015 的要求配置。

依据 3 《电力设备典型消防规程》（DL 5027—2015）

14.3.5　油浸式变压器、油浸式电抗器、油罐区、油泵房、油处理室、特种材料库、柴油发电机、磨煤机、给煤机、送风机、引风机和电除尘等处应设置消防砂箱或砂桶，内装干燥细黄砂。消防砂箱容积为 1.0m^3，并配置消防铲，每处 3 把～5 把，消防砂桶应装满干燥黄砂。消防砂箱、砂桶和消防铲均应为大红色，砂箱的上部应有白色的“消防砂箱”字样，箱门正中应有白色的“火警 119”字样，箱体侧面应标注使用说明。消防砂箱的放置位置应与带电设备保持足够的安全距离。

14.3.6　设置室外消火栓的发电厂和变电站应集中配置足够数量的消防水带、水枪和消火栓扳手，宜放置在厂内消防车库内。当厂内不设消防车库时，也可放置在重点防火区域周围的露天专用消防箱或消防小室内。根据被保护设备的性质合理配置 19mm 直流或喷雾或多功能水枪，水带宜配置有衬里消防水带。

14.3.7　每只室内消火栓箱内应配置 65mm 消火栓及隔离阀各 1 只、25m 长 DN65 有衬里水龙带 1 根带快装接头、19mm 直流或喷雾或多功能水枪 1 只、自救式消防水喉 1 套、消防按钮 1 只。带电设施附近的消火栓应配备带喷雾功能水枪。当室内消火栓栓口处的出水压力超过 0.5MPa 时，应加设减压孔板或采用减压稳压型消火栓。

14.3.8　典型工程现场灭火器和黄砂配置可按本规程附录 G 的规定采用。

14.4　正压式消防空气呼吸器

14.4.1　设置固定式气体灭火系统的发电厂和变电站等场所应配置正压式消防空气呼吸器，数量宜按每座有气体灭火系统的建筑物各设 2 套，可放置在气体保护区出入口外部、灭火剂储瓶间或同一建筑的有人值班控制室内。

14.4.2　长距离电缆隧道、长距离地下燃料皮带通廊、地下变电站的主要出入口应至少配置 2 套正压式消防空气呼吸器和 4 只防毒面具。水电厂地下厂房、封闭厂房等场所，也应根据实际情况配置正压式消防空气呼吸器。

14.4.3　正压式消防空气呼吸器应放置在专用设备柜内，柜体应为红色并固定设置标志牌。

9.1.6　本条评价项目的查评依据如下

依据 《电力设备典型消防规程》（DL 5027—2015）

14.4　正压式消防空气呼吸器

14.4.1 设置固定式气体灭火系统的发电厂和变电站等场所应配置正压式消防空气呼吸器，数量宜按每座有气体灭火系统的建筑物各设 2 套，可放置在气体保护区出入口外部、灭火剂储瓶间或同一建筑的有人值班控制室内。

14.4.2 长距离电缆隧道、长距离地下燃料皮带通廊、地下变电站的主要出入口应至少配置 2 套正压式消防空气呼吸器和 4 只防毒面具。水电厂地下厂房、封闭厂房等场所，也应根据实际情况配置正压式消防空气呼吸器。

14.4.3 正压式消防空气呼吸器应放置在专用设备柜内，柜体应为红色并固定设置标志牌。

9.1.7 本条评价项目的查评依据如下

依据 《变压器固定自动灭火系统完善化改造原则（试行）》（设备变电〔2018〕15 号）

4.1.11 寒冷地区容易冻结和可能出现沉降的地区，消防水系统等设施应有防冻和防沉降措施。

9.1.8 本条评价项目的查评依据如下

依据 1 同 8.2.2 查评依据 2

依据 2 《国网设备部关于印发变电站消防设施运维管理规范（试行）的通知》（设备变电〔2019〕29 号）

5.2.1 火灾自动报警系统的维护保养应确保系统保持连续正常运行，各路电源均能正常供电。

5.2.2 火灾报警控制器经检查应功能完好，并填写相应维保记录。

5.2.3 火灾自动报警系统主机除尘，电源等附件维护：

a）每季度对火灾自动报警系统主机除尘，对电源等附件维护一次。

b）清扫时动作要轻缓，防止损坏部件。

c）清扫后，应对各部件进行检查，防止接触不良，影响正常使用。

d）更换插头、插座、空气开关换前应切断回路电源。

e）更换配件应使用同规格、同容量的备品。

f）更换后应检查其完好性。

5.2.5 每季度应检查和试验火灾自动报警系统的下列功能，并填写相应的记录：

a）采用专用检测仪器试验探测器的动作及确认灯显示，至少完成探测器维保总量的 1/4。

b）试验火灾警报装置的声光显示。

c）试验水流指示器、压力开关等报警功能、信号显示。

d）对主电源和备用电源进行 1～3 次自动切换试验。

e）使用专用检测仪器对所安装的探测器和手动报警装置试验。

f）自动和手动打开排烟阀，关闭电动防火阀和空调系统。

g）对电动防火门、防火卷帘的试验。

h）强制切断非消防电源功能试验。

i）对其他有关的消防控制装置进行功能试验。

依据 3 《变电站（换流站）消防设备设施完善化改造原则（试行）》（设备变电〔2018〕15 号）

4.1.8　火灾自动报警系统相关部件的安装部位应满足消防设计要求，不应影响设备运行，尽量满足不停运设备进行维修的要求。

9.1.9　本条评价项目的查评依据如下

依据 1 《建筑消防设施的维护管理》（GB 25201—2010）

附录 E　（规范性附录）建筑消防设施维护保养表

建筑消防设施维护保养计划表见表 E.1，建筑消防设施维护保养记录表见表 E.2。

表 E.1　　建筑消防设施维护保养计划表

序号	检查保养项目		保养内容	周期
1	消防水泵	外观清洁	擦洗，除污	一个月
		泵中心轴	长期不定时，定期盘动	半个月
		主回路控制回路	测试，检查，紧固	半年
		水泵	检查或更换盘根填料	半年
		机械润滑	加 0 号黄油	三个月
2	管道		补漏，除锈，刷漆	半年
	阀门		加或更换盘根，补漏，除锈，刷漆，润滑	半年

消防泵、喷淋泵、送风机、排烟机应定期试验。

注 1：保养内容、周期，可根据设施、设备使用说明书、国家有关标准、安装场所环境等综合确定。

注 2：本表为样表，单位可根据建筑消防设施的类别，分别制表，如消火栓系统维护保养计划表、自动喷水灭火系统维护保养计划表、气体灭火系统维护保养计划表等。

消防安全责任人或消防安全管理人（签字）：　　制订人：　　审核人：

表 E.2　　建筑消防设施维护保养记录表

设备名称	消防泵	设备参数	
		额定功率	
保养项目	保养完成情况		
擦洗，除污			
长期不定时，定期盘动			
测试，检查，紧固			
检查或更换盘根填料			
加 0 号黄油			

备注：

保养作业完成后，保养人员或单位应如实填写保养完成情况，并作相应功能试验，遇有故障应及时填写（建筑消防设施故障维修记录表）（见表 B.1）。

注：本表为样表，单位可根据制订的建筑消防设施维护保养计划表确定的保养内容分别制表。

消防安全责任人或消防安全管理人（签字）：　　保养人：　　审核人：

依据 2 《国网设备部关于印发〈变电站消防设施运维管理规范（试行）〉的通知》（设备变电〔2019〕29 号）

5.4.3 消防砂池补充、灭火器检查清擦维护：

a）每月对消防器材进行一次检查维护；地下变电站的灭火器应每半月检查一次。

b）补充的砂子应干燥。

c）发现灭火器压力不在正常范围时，及时更换合格的灭火器或重新充装。

d）二氧化碳灭火器重量比额定重量减少十分之一时，应进行灌装。

e）灭火器的表面保持清洁、设施完好。

f）干粉灭火器压力正常。

9.1.10 本条评价项目的查评依据如下

依据 1 《中华人民共和国消防法》（2019 年修订）

第二十八条 任何单位、个人不得损坏、挪用或者擅自拆除、停用消防设施、器材，不得埋压、圈占、遮挡消火栓或者占用防火间距，不得占用、堵塞、封闭疏散通道、安全出口、消防车通道。人员密集场所的门窗不得设置影响逃生和灭火救援的障碍物。

依据 2 《电力设备典型消防规程》（DL 5027—2015）

6.1.6 疏散通道、安全出口应保持畅通，并设置符合规定的消防安全疏散指示标志和应急照明设施。保持防火门、防火卷帘、消防安全疏散指示标志、应急照明、机械排烟送风、火灾事故广播等设施处于正常状态。

6.1.19 临时建筑应符合国家有关法规。临时建筑不得占用防火间距。

6.3.2 消防设施应处于正常工作状态。不得损坏、挪用或者擅自拆除、停用消防设施、器材。消防设施出现故障，应及时通知单位有关部门，尽快组织修复。因工作需要临时停用消防设施或移动消防器材的，应采取临时措施和事先报告单位消防管理部门，并得到本单位消防安全责任人的批准，工作完毕后应及时恢复。

依据 3 《国网设备部关于印发〈变电站消防设施运维管理规范（试行）〉的通知》（设备变电〔2019〕29 号）

3.11 应保证消防设施处于正常运行状态。

依据 4 《变电站（换流站）消防设备设施完善化改造原则（试行）》（设备变电〔2018〕15 号）

4.1.7 疏散通道、安全出口应保持畅通，不得占用、堵塞和封闭。

9.1.11 本条评价项目的查评依据如下

依据 1 《防火门》（GB 12955—2008）

5.3.3 防火闭门装置

5.3.3.1 防火门应安装防火门闭门器，或设置让常开防火门在火灾发生时能自动关闭门扇的闭门装置（特殊部位使用除外，如管道井门等）。

5.3.3.2 防火门闭门器应经国家认可授权检测机构检验合格，其性能应符合 GA 93

的规定。

5.3.3.3　自动关闭门扇的闭门装置，应经国家认可授权检测机构检验合格。

5.3.4　防火顺序器

双扇、多扇防火门设置盖缝板或止口的应安装顺序器（特殊部位使用除外），其耐火性能应符合附录 C 的规定。

5.3.5　防火插销

采用钢质防火插销，应安装在双扇防火门或多扇防火门的相对固定一侧的门扇上（若有要求时），其耐火性能应符合附录 D 的规定。

5.3.6　盖缝板

5.3.6.1　平口或止口结构的双扇防火门宜设盖缝板。

5.3.6.2　盖缝板与门扇连接应牢固。

5.3.6.3　盖缝板不应妨碍门扇的正常启闭。

5.3.7　防火密封件

5.3.7.1　防火门门框与门扇、门扇与门扇的缝隙处应嵌装防火密封件。

5.3.7.2　防火密封件应经国家认可授权检测机构检验合格，其性能应符合 GB 16807 的规定。

5.9.2　门扇开启力

防火门门扇开启力不应大于 80N。

注：在特殊场合使用的防火门除外。

5.10　可靠性

在进行 500 次启闭试验后，防火门不应有松动、脱落、严重变形和启闭卡阻现象。

8.1.1　每樘防火门都应在明显位置固有永久性标牌，标牌应包括以下内容：

a）产品名称、型号规格及商标（若有）；

b）制造厂名称或制造厂标记和厂址；

c）出厂日期及产品生产批号；

d）执行标准。

依据 2 《建筑设计防火规范》（GB 50016—2014）

6.1.6　除本规范第 6.1.5 条规定外的其他管道不宜穿过防火墙，确需穿过时，应采用防火封堵材料将墙与管道之间的空隙紧密填实，穿过防火墙处的管道保温材料，应采用不燃材料；当管道为难燃及可燃材料时，应在防火墙两侧的管道上采取防火措施。

6.2.7　附设在建筑内的消防控制室、灭火设备室、消防水泵房和通风空气调节机房、变配电室等，应采用耐火极限不低于 2.00h 的防火隔墙和 1.50h 的楼板与其他部位分隔。

设置在丁、戊类厂房内的通风机房，应采用耐火极限不低于 1.00h 的防火隔墙和 0.50h 的楼板与其他部位分隔。通风、空气调节机房和变配电室开向建筑内的门应采用甲级防火门，消防控制室和其他设备房开向建筑内的门应采用乙级防火门。

6.2.9　建筑内的电梯井等竖井应符合下列规定：

1　电梯井应独立设置，井内严禁敷设可燃气体和甲、乙、丙类液体管道，不应敷设与电梯无关的电缆、电线等。电梯井的井壁除设置电梯门、安全逃生门和通气孔洞外，不应设置其他开口。

2　电缆井、管道井、排烟道、排气道、垃圾道等竖向井道，应分别独立设置。井壁的耐火极限不应低于 1.00h，井壁上的检查门应采用丙级防火门。

3　建筑内的电缆井、管道井应在每层楼板处采用不低于楼板耐火极限的不燃材料或防火封堵材料封堵。

建筑内的电缆井、管道井与房间、走道等相连通的孔隙应采用防火封堵材料封堵。

4　建筑内的垃圾道宜靠外墙设置，垃圾道的排气口应直接开向室外，垃圾斗应采用不燃材料制作，并应能自行关闭。

5　电梯层门的耐火极限不应低于 1.00h，并应符合现行国家标准《电梯层门耐火试验 完整性、隔热性和热通量测定法》GB/T 27903 规定的完整性和隔热性要求。

6.4.3　防烟楼梯间除应符合本规范第 6.4.1 条的规定外，尚应符合下列规定：

1　应设置防烟设施。

2　前室可与消防电梯间前室合用。

3　前室的使用面积：公共建筑、高层厂房（仓库），不应小于 $6.0m^2$；住宅建筑，不应小于 $4.5m^2$。

与消防电梯间前室合用时，合用前室的使用面积：公共建筑、高层厂房（仓库），不应小于 $10.0m^2$；住宅建筑，不应小于 $6.0m^2$。

4　疏散走道通向前室以及前室通向楼梯间的门应采用乙级防火门。

5　除住宅建筑的楼梯间前室外，防烟楼梯间和前室内的墙上不应开设除疏散门和送风口外的其他门、窗、洞口。

6　楼梯间的首层可将走道和门厅等包括在楼梯间前室内形成扩大的前室，但应采用乙级防火门等与其他走道和房间分隔。

6.4.5　室外疏散楼梯应符合下列规定：

1　栏杆扶手的高度不应小于 1.10m，楼梯的净宽度不应小于 0.90m。

2　倾斜角度不应大于 45°。

3　梯段和平台均应采用不燃材料制作。平台的耐火极限不应低于 1.00h，梯段的耐火极限不应低于 0.25h。

4　通向室外楼梯的门应采用乙级防火门，并应向外开启。

5　除疏散门外，楼梯周围 2m 内的墙面上不应设置门、窗、洞口。疏散门不应正对梯段。

6.4.11　建筑内的疏散门应符合下列规定：

1　民用建筑和厂房的疏散门，应采用向疏散方向开启的平开门，不应采用推拉门、卷帘门、吊门、转门和折叠门。除甲、乙类生产车间外，人数不超过 60 人且每樘门的平均疏散人数不超过 30 人的房间，其疏散门的开启方向不限。

2　仓库的疏散门应采用向疏散方向开启的平开门，但丙、丁、戊类仓库首层靠墙的外侧可采用推拉门或卷帘门。

3　开向疏散楼梯或疏散楼梯间的门，当其完全开启时，不应减少楼梯平台的有效宽度。

4　人员密集场所内平时需要控制人员随意出入的疏散门和设置门禁系统的住宅、宿舍、公寓建筑的外门，应保证火灾时不需使用钥匙等任何工具即能从内部易于打开，并应在显著位置设置具有使用提示的标识。

6.5.1　防火门的设置应符合下列规定：

1　设置在建筑内经常有人通行处的防火门宜采用常开防火门。常开防火门应能在火灾时自行关闭，并应具有信号反馈的功能。

2　除允许设置常开防火门的位置外，其他位置的防火门均应采用常闭防火门。常闭防火门应在其明显位置设置“保持防火门关闭”等提示标识。

3　除管井检修门和住宅的户门外，防火门应具有自行关闭功能。双扇防火门应具有按顺序自行关闭的功能。

4　除本规范第 6.4.11 条第 4 款的规定外，防火门应能在其内外两侧手动开启。

5　设置在建筑变形缝附近时，防火门应设置在楼层较多的一侧，并应保证防火门开启时门扇不跨越变形缝。

6　防火门关闭后应具有防烟性能。

7　甲、乙、丙级防火门应符合现行国家标准《防火门》GB 12955 的规定。

6.5.3　防火分隔部位设置防火卷帘时，应符合下列规定：

1　除中庭外，当防火分隔部位的宽度不大于 30m 时，防火卷帘的宽度不应大于 10m；当防火分隔部位的宽度大于 30m 时，防火卷帘的宽度不应大于该部位宽度的 1/3，且不应大于 20m。

2　防火卷帘应具有火灾时靠自重自动关闭功能。

3　除本规范另有规定外，防火卷帘的耐火极限不应低于本规范对所设置部位墙体的耐火极限要求。

当防火卷帘的耐火极限符合现行国家标准《门和卷帘耐火试验方法》GB/T 7633 有关耐火完整性和耐火隔热性的判定条件时，可不设置自动喷水灭火系统保护。

当防火卷帘的耐火极限仅符合现行国家标准《门和卷帘耐火试验方法》GB/T 7633 有关耐火完整性的判定条件时，应设置自动喷水灭火系统保护。自动喷水灭火系统的设计应符合现行国家标准《自动喷水灭火系统设计规范》GB 50084 的规定，但火灾延续时间不应小于该防火卷帘的耐火极限。

4　防火卷帘应具有防烟性能，与楼板、梁、墙、柱之间的空隙应采用防火封堵材料封堵。

5　需在火灾时自动降落的防火卷帘，应具有信号反馈的功能。

6　其他要求，应符合现行国家标准《防火卷帘》GB 14102 的规定。

依据 3 《火力发电厂与变电站设计防火标准》(GB 50229—2019)

11.2.4　地上油浸变压器室的门应直通室外；地下油浸变压器室门应向公共走道方向开启，该门应采用甲级防火门；干式变压器室、电容器室门应向公共走道方向开启，该门应采用乙级防火门；蓄电池室、电缆夹层、继电器室、通信机房、配电装置室的门应向疏散方向开启，当门外为公共走道或其他房间时，该门应采用乙级防火门。配电装置室的中间隔墙上的门可采用分别向不同方向开启且宜相邻的 2 个乙级防火门。

9.2　消防管理及资料

9.2.1　本条评价项目的查评依据如下

依据 1 《国家电网公司变电运维管理规定（试行）》[国网（运检/3）828—2017]

第十九章专项工作　第一百零二条消防管理

（四）变电运维人员应熟知消防设施的使用方法，熟知火警电话及报警方法，掌握自救逃生知识和消防技能。

依据 2《国网设备部关于印发〈变电站消防设施运维管理规范（试行）〉的通知》(设备变电〔2019〕29 号)

3.12　变电运维人员应熟知消防设施和器材的使用方法，熟知火警电话及报警方法，熟知消防器材摆放地点及本单位消防负责人联系方式，掌握自救逃生知识和消防技能。

9.2.2　本条评价项目的查评依据如下

依据 1《国网设备部关于印发〈变电站消防设施运维管理规范（试行）〉的通知》(设备变电〔2019〕29 号)

3.9　变电站应建立消防器材和设施台账，并制定日常巡视、维护保养、火灾使用等管理制度。

依据 2 《国家电网公司变电运维管理规定（试行）》[国网（运检/3）828—2017]

第十九章专项工作　第一百零二条消防管理

（五）变电站消防管理应设专人负责，建立台账并及时检查（见附录 L）。

9.2.3　本条评价项目的查评依据如下

依据 1 《国家电网公司变电运维管理规定（试行）》[国网（运检/3）828—2017]

第十九章专项工作　第一百零二条消防管理

（二）运维单位应结合变电站实际情况制定消防预案，消防预案中应包括应急疏散部分，并定期进行演练。消防预案内应有变压器类设备灭火装置、烟感报警装置和消防器材的使用说明。

依据 2《国网设备部关于印发〈变电站消防设施运维管理规范（试行）〉的通知》(设备变电〔2019〕29 号)

3.4　变电站应保存下列纸质和电子档案资料：

a）竣工后的总平面布局图、消防设施平面布置图、消防设施系统图及安全出口布置图、重点部位位置图等。

b）消防安全管理规章制度、应急灭火预案、应急疏散预案等。

c）消防安全组织结构图，包括消防安全责任人、管理人、专职、义务消防人员等内容。

d）消防安全培训记录、灭火和应急疏散预案的演练记录。

e）值班情况、消防安全检查情况及巡查情况的记录。

f）消防设施一览表，包括消防设施的类型、数量、状态等内容。

g）消防系统控制逻辑关系说明、设备使用说明书、系统操作规程、系统和设备维护保养制度等。

h）设备运行状况、接报警记录、火灾处理情况、设备检修检测报告等资料，这些资料应能定期保存和归档。

3.16　变电站应有结合本站实际的消防预案，消防预案内应包括应急疏散部分，并定期开展演练，演练资料存档。

9.2.4　本条评价项目的查评依据如下

依据 1 《中华人民共和国消防法》（2019 年修订）

第十六条　机关、团体、企业、事业等单位应当履行下列消防安全职责：

（一）落实消防安全责任制，制定本单位的消防安全制度、消防安全操作规程，制定灭火和应急疏散预案。

（二）按照国家标准、行业标准配置消防设施、器材，设置消防安全标志，并定期组织检验、维修，确保完好有效。

（三）对建筑消防设施每年至少进行一次全面检测，确保完好有效，检测记录应当完整准确，存档备查。

（四）保障疏散通道、安全出口、消防车通道畅通，保证防火防烟分区、防火间距符合消防技术标准。

（五）组织防火检查，及时消除火灾隐患。

（六）组织进行有针对性的消防演练。

（七）法律、法规规定的其他消防安全职责。单位的主要负责人是本单位的消防安全责任人。

依据 2 《机关、团体、企业、事业单位消防安全管理规定》（中华人民共和国公安部第 61 号令）

第十八条　单位应当按照国家有关规定，结合本单位的特点，建立健全各项消防安全制度和保障消防安全的操作规程，并公布执行。

第四十五条　单位应当将消防安全工作纳入内部检查、考核、评比内容。对在消防安全工作中成绩突出的部门（班组）和个人，单位应当给予表彰奖励。对未依法履行消防安全职责或者违反单位消防安全制度的行为，应当依照有关规定对责任人员给予行政纪律处分或者其他处理。

依据3 《电力设备典型消防规程》(DL 5027—2015)

3.1 安全生产委员会消防安全主要职责

3.1.1 组织贯彻落实国家有关消防安全的法律、法规、标准和规定（简称消防法规），建立健全消防安全责任制和规章制度，对落实情况进行监督、考核。

3.1.2 建立消防安全保证和监督体系，督促两个体系各司其职。明确消防工作归口管理职能部门（简称消防管理部门）和消防安全监督部门（简称安监部门），确保消防管理和安监部门的人员配置与其承担的职责相适应。

3.1.3 制定本单位的消防安全目标并组织落实，定期研究、部署本单位的消防安全工作。

3.1.4 深入现场，了解单位的消防安全情况，推广消防先进管理经验和先进技术，对存在的重大或共性问题进行分析，制定针对性的整改措施，并督促措施的落实。

3.1.5 组织或参与火灾事故调查。

3.1.6 对消防安全做出贡献者给予表扬或奖励；对负有事故责任者，给予批评或处罚。

3.2 消防安全责任人主要职责

3.2.1 贯彻执行消防法规，保障单位消防安全符合规定，掌握本单位的消防安全情况。

3.2.2 将消防工作与本单位的生产、科研、经营、管理等活动统筹安排，批准实施年度消防工作计划。

3.2.3 为本单位的消防安全提供必要的经费和组织保障。

3.2.4 确定逐级消防安全责任，批准实施消防安全管理制度和保障消防安全的操作规程。

3.2.5 组织防火检查，督促落实火灾隐患整改，及时处理涉及消防安全的重大问题。

3.2.6 根据消防法规的规定建立专职消防队、志愿消防队。

3.2.7 组织制定符合本单位实际的灭火和应急疏散预案，并实施演练。

3.2.8 确定本单位消防安全管理人。

3.2.9 发生火灾事故做到事故原因不清不放过，责任者和应受教育者没有受到教育不放过，没有采取防范措施不放过，责任人员未受到处理不放过。

3.4 消防管理部门主要职责

3.4.1 贯彻执行消防法规、本单位消防安全管理制度。

3.4.2 拟定逐级消防安全责任制，及其消防安全管理制度。

3.4.3 指导、督促各相关部门制定和执行各岗位消防安全职责、消防安全操作规程，消防设施运行和检修规程等制度，以及制定发电厂厂房、车间、变电站、换流站、调度楼、控制楼、油罐区等重要场所及重点部位的灭火和应急疏散预案。

3.4.4 定期向消防安全管理人报告消防安全情况，及时报告涉及消防安全的重大问题。

3.4.5 拟订年度消防管理工作计划。

3.4.6　拟订消防知识、技能的宣传教育和培训计划，经批准后组织实施。

3.4.7　负责消防安全标志设置，负责或指导、督促有关部门做好消防设施、器材配置、检验、维修、保养等管理工作，确保完好有效。

3.4.8　管理专职消防队和志愿消防队。根据消防法规、公安消防部门的规定和实际情况配备专职消防员和消防装备器材，组织实施专业技能训练，维护保养装备器材。志愿消防员的人数不应少于职工总数的10%，重点部位不应少于该部位人数的50%，且人员分布要均匀；年龄男性一般不超55岁、女性一般不超45岁，能行使职责工作。根据志愿消防人员变动、身体和年龄等情况，及时进行调整或补充，并公布。

3.4.9　确定消防安全重点部位，建立消防档案。

3.4.10　将消防费用纳入年度预算管理，确保消防安全资金的落实，包括消防安全设施、器材、教育培训资金，以及兑现奖惩等。

3.4.11　督促有关部门凡新建、改建、扩建工程的消防设施必须与主体设备（项目）同时设计、同时施工、同时投入生产或使用。

3.4.12　指导、督促有关部门确保疏散通道、安全出口、消防车通道畅通，保证防火防烟分区、防火间距符合消防标准。

3.4.13　指导、督促有关部门按照要求组织发电厂厂房、车间、变电站、换流站、调度楼、控制楼、油罐区等重要场所及重点部位的灭火和应急疏散演练。

3.4.14　指导、督促有关部门实行每月防火检查、每日防火巡查，建立检查和巡查记录，及时消除消防安全隐患。

3.4.15　发生火灾时，立即组织实施灭火和应急疏散预案。

3.6　志愿消防员主要职责

3.6.1　掌握各类消防设施、消防器材和正压式消防空气呼吸器等的适用范围和使用方法。

3.6.2　熟知相关的灭火和应急疏散预案，发生火灾时能熟练扑救初起火灾、组织引导人员安全疏散及进行应急救援。

3.6.3　根据工作安排负责一、二级动火作业的现场消防监护工作。

4.1.1　消防安全管理制度应包括下列内容：

1　各级和各岗位消防安全职责、消防安全责任制考核、动火管理、消防安全操作规定、消防设施运行规程、消防设施检修规程。

2　电缆、电缆间、电缆通道防火管理，消防设施与主体设备或项目同时设计、同时施工、同时投产管理，消防安全重点部位管理。

3　消防安全教育培训，防火巡查、检查，消防控制室值班管理，消防设施、器材管理，火灾隐患整改，用火、用电安全管理。

4　易燃易爆危险物品和场所防火防爆管理，专职和志愿消防队管理，疏散、安全出口、消防车通道管理，燃气和电气设备的检查和管理（包括防雷、防静电）。

5 消防安全工作考评和奖惩，灭火和应急疏散预案以及演练。

6 根据有关规定和单位实际需要制定其他消防安全管理制度。

依据 4 《国家电网公司变电运维管理规定（试行）》〔国网（运检/3）828—2017〕

第十九章专项工作　第一百零二条消防管理

（一）运维单位应按照国家及地方有关消防法律法规制定变电站现场消防管理具体要求，落实专人负责管理，并严格执行。

依据 5 《国网设备部关于印发〈变电站消防设施运维管理规范（试行）〉的通知》（设备变电〔2019〕29 号）

3.10　变电站现场运行专用规程应涵盖消防设施管理、操作与维护规程，并对重要的消防设施如火灾自动报警系统、变压器固定自动灭火系统等，制定专用规程。

3.17　变电站消防设施的操作和维护人员应持证上岗。变电站现场应有消防设施型号、配置及系统的操作规程，包括系统的操作规程及维护保养管理制度、系统操作员名册及相应的工作职责等；运维单位应保存值班记录和使用图表等资料；消防设施应建立消防档案，包括系统竣工图、设备说明书、消防机构出具的有关法律文书等，并应有电子备案档案。

9.2.5　本条评价项目的查评依据如下

依据 1 《国网设备部关于印发〈变电站消防设施运维管理规范（试行）〉的通知》（设备变电〔2019〕29 号）

3.4　变电站应保存下列纸质和电子档案资料：

a）竣工后的总平面布局图、消防设施平面布置图、消防设施系统图及安全出口布置图、重点部位位置图等。

b）消防安全管理规章制度、应急灭火预案、应急疏散预案等。

c）消防安全组织结构图，包括消防安全责任人、管理人、专职、义务消防人员等内容。

d）消防安全培训记录、灭火和应急疏散预案的演练记录。

e）值班情况、消防安全检查情况及巡查情况的记录。

f）消防设施一览表，包括消防设施的类型、数量、状态等内容。

g）消防系统控制逻辑关系说明、设备使用说明书、系统操作规程、系统和设备维护保养制度等。

h）设备运行状况、接报警记录、火灾处理情况、设备检修检测报告等资料，这些资料应能定期保存和归档。

3.10　变电站现场运行专用规程应涵盖消防设施管理、操作与维护规程，并对重要的消防设施如火灾自动报警系统、变压器固定自动灭火系统等，制定专用规程。

3.13　变电站应制定消防器材布置图，图中标明存放地点、数量和消防器材类型，消防器材按消防布置图布置；变电运维人员应会正确使用、维护和保管。

3.17　变电站消防设施的操作和维护人员应持证上岗。变电站现场应有消防设施型号、配置及系统的操作规程，包括系统的操作规程及维护保养管理制度、系统操作员名册及相应的工作职责等；运维单位应保存值班记录和使用图表等资料；消防设施应建立消防档案，包括系统竣工图、设备说明书、消防机构出具的有关法律文书等，并应有电子备案档案。

依据 2 《国家电网公司变电运维管理规定（试行）》〔国网（运检/3）828—2017〕

第十九章专项工作　第一百零二条消防管理

（一）运维单位应按照国家及地方有关消防法律法规制定变电站现场消防管理具体要求，落实专人负责管理，并严格执行。

（六）应制定变电站消防器材布置图，标明存放地点、数量和消防器材类型，消防器材按消防布置图布置。变电运维人员应会正确使用、维护和保管。

9.2.6　本条评价项目的查评依据如下

依据 《变电站（换流站）消防设备设施完善化改造原则（试行）》（设备变电〔2018〕15 号）

4.1.2　消防设施应处于正常工作状态。不得损坏、挪用或者擅自拆除、停用消防设施、器材。消防设施出现故障，应及时通知单位有关部门，尽快组织修复。因工作需要临时停用消防设施或移动消防器材的，应采取临时措施和事先报告单位消防管理部门，并得到本单位消防安全责任人的批准，工作完毕后应及时恢复。

9.2.7　本条评价项目的查评依据如下

依据 《国网设备部关于印发〈变电站消防设施运维管理规范（试行）〉的通知》（设备变电〔2019〕29 号）

3.4　变电站应保存下列纸质和电子档案资料：

a）竣工后的总平面布局图、消防设施平面布置图、消防设施系统图及安全出口布置图、重点部位位置图等。

b）消防安全管理规章制度、应急灭火预案、应急疏散预案等。

c）消防安全组织结构图，包括消防安全责任人、管理人、专职、义务消防人员等内容。

d）消防安全培训记录、灭火和应急疏散预案的演练记录。

e）值班情况、消防安全检查情况及巡查情况的记录。

f）消防设施一览表，包括消防设施的类型、数量、状态等内容。

g）消防系统控制逻辑关系说明、设备使用说明书、系统操作规程、系统和设备维护保养制度等。

h）设备运行状况、接报警记录、火灾处理情况、设备检修检测报告等资料，这些资料应能定期保存和归档。

第3章
500kV变电站消防安全性评价内容

本评价内容主要适用于国家电网公司500kV变电站站内区域消防管理工作。本部分评价内容分为评价标准、查评依据两部分，评价标准中包括主变压器区域灭火设施，室外设备区及非设备区，室内变压器室、配电装置室、GIS设备室、电容器室、电抗器室、站用变压器室、接地变压器室，主控室、通信室、档案室，蓄电池室，电缆沟道，消防标识及应急设施，日常运行维护及管理共9类107项查评要点，共计800分；评价依据中引用了评价标准所依据的国家、行业、国家电网公司相关规章制度和文件。对查评标准中所列项目按照规定不涉及的，该项目得满分。

第1节 500kV变电站消防安全性评价标准

序号	评价项目	标准分	评分标准	查评依据
1	**主变压器固定自动灭火系统**	150	公共部分所有主变均查评，固定式灭火系统按照现场配置种类进行查评，本项得分为公共部分得分与固定灭火系统得分之和	
1.1	公共部分	80		
1.1.1	灭火系统配置要求是否满足：（1）变压器（电抗器）是否按规定设置固定自动灭火系统。（2）地下变电站变压器固定灭火系统的配置是否符合DL/T 5216《35kV—220kV城市地下变电站设计规程》的要求	5	以下变压器（电抗器）应设置固定自动灭火系统：变电站（换流站）单台容量为125MVA及以上的油浸式变压器（电抗器）；单台容量200Mvar及以上的油浸式平波电抗器；地下变电站的所有油浸式变压器和油浸式平波电抗器处；其他容量和绝缘型式的变压器（电抗器）以及高层建筑内的变压器可根据有关标准和要求设置固定自动灭火系统，如未设置不得分。变压器的排油注氮灭火装置和泡沫喷雾灭火装置的火灾报警系统宜单独设置	《电力设备典型消防规程》（DL 5027—2015）10.3.1、13.7.4； 《变压器固定自动灭火系统完善化改造原则（试行）》（设备变电〔2018〕15号）4.1.1、4.1.3条

续表

序号	评价项目	标准分	评分标准	查评依据
1.1.2	固定灭火系统的自检系统、自身工况及故障的监测功能是否符合 GA 61《固定灭火系统驱动、控制装置通用技术条件》的要求	5	固定灭火系统无自检系统、自身工况及故障的监测功能，不得分；功能不齐全，每处扣 20%	《变压器固定自动灭火系统完善化改造原则（试行）》（设备变电〔2018〕15 号）4.1.2
1.1.3	（1）固定灭火系统的喷头、管道、消防柜等设备设施与电气设备带电（裸露）部分的安全净距是否符合 DL/T 5352《高压配电装置设计技术规程》的规定。 （2）消防管道、支架、喷头部分； （3）消防系统管道是否存在横跨变压器的顶部情况； （4）消防管道的支、吊架是否进行防腐蚀处理，并采取防止与管道发生电化学腐蚀的措施； （5）采用水喷雾灭火系统、细水雾灭火系统、泡沫灭火系统的变压器，在变压器套管升高座孔口是否设喷头保护； （6）处于高粉尘环境及易发沙尘天气的地区，喷头应有防止灰尘或异物堵塞喷孔的防护装置，防护装置在灭火剂喷放时应能被自动吹掉或打开	5	固定灭火系统消防设施与电气设备带电部分安全净距不满足要求不得分；变压器套管升高座孔口未设喷头保护，不得分	《变压器固定自动灭火系统完善化改造原则（试行）》（设备变电〔2018〕15 号）4.1.4； 《变压器固定自动灭火系统完善化改造原则（试行）》（设备变电〔2018〕15 号）4.1.9、4.1.10、4.1.13； 《水喷雾灭火系统技术规范》（GB 50219—2014）3.2.5、4.0.2； 《细水雾灭火系统技术规范》（GB 50898—2013）3.2.4、3.3.8； 《泡沫灭火系统设计规范》（GB 50151—2010）7.4.2
1.1.4	灭火系统是否满足独立操作要求： （1）同一变电站不同变压器的固定灭火系统是否能够分别投自动。 （2）一台变压器检修时，相应固定灭火系统退出自动启动状态或采取措施将自动启动回路隔离，防止变压器检修时固定灭火系统误喷，且不得影响本站其他在运变压器投自动状态	10	同一变电站不同变压器固定灭火系统不能分别操作，不得分	《变压器固定自动灭火系统完善化改造原则（试行）》（设备变电〔2018〕15 号）4.1.14
1.1.5	固定灭火系统控制及供电系统是否满足要求：（1）固定灭火系统用电是否采用不低于二级负荷供电的电源。 （2）消防设备配电箱是否有明显标志，不同消防设备的配电箱是否有明显区分标识；配电箱上的仪表、指示灯的显示是否正常，指示灯、仪表、开关标识是否准确，开关及控制按钮是否灵活可靠；消防系统供配电是否采用双回路供电，并能自动切换，切换备用电源的控制方式及操作程序符合设计要求。 （3）系统中弱电信号、控制回	10	固定灭火系统供电电源和配电箱，每处不满足扣 10%。弱电信号、控制电缆未采用金属屏蔽电缆，扣 30%。固定灭火装置操作柜无操作步骤说明，扣 20%	《火力发电厂与变电站设计防火标准》（GB 50229—2019）11.7.1； 《电力工程电缆设计标准》（GB 50217—2018）3.6.6； 《变压器固定自动灭火系统完善化改造原则（试行）》（设备变电〔2018〕15 号）4.1.5、4.1.7、4.1.8

续表

序号	评价项目	标准分	评分标准	查评依据
1.1.5	路的控制电缆，当位于存在干扰影响的环境又不具备有效抗干扰措施时，是否具有金属屏蔽。 （4）固定灭火装置操作柜明显处是否有手动操作步骤说明，各功能按钮、操作把手是否标识明晰，在经常有人通过或误碰易造成装置误动的场所，是否增加防护措施并设置警示标识	10	固定灭火系统供电电源和配电箱，每处不满足扣10%。弱电信号、控制电缆未采用金属屏蔽电缆，扣30%。固定灭火装置操作柜无操作步骤说明，扣20%	《火力发电厂与变电站设计防火标准》（GB 50229—2019）11.7.1； 《电力工程电缆设计标准》（GB 50217—2018）3.6.6； 《变压器固定自动灭火系统完善化改造原则（试行）》（设备变电〔2018〕15号）4.1.5、4.1.7、4.1.8
1.1.6	油浸变压器火灾报警设备是否满足要求： （1）油浸式变压器（单台容量125MVA及以上）缆式线型感温＋缆式线型感温或缆式线型感温＋火焰探测器组合（联动排油注氮宜与瓦斯报警、压力释放阀或跳闸动作组合），建议采用水喷雾、泡沫喷雾（缺水或严寒地区）或其他介质。 （2）油浸式变压器（无人变电站单台容量125MVA以下）缆式线型感温或火焰探测器。 （3）火灾探测器（尤其是缆式线型感温电缆）是否有良好的固定措施。感温电缆是否采用具有抗机械损伤能力的带防护结构层的产品	10	火灾探测器未固定或感温电缆不具有抗机械损坏能力，扣20%	《变压器固定自动灭火系统完善化改造原则（试行）》（设备变电〔2018〕15号）4.1.15； 《变电站（换流站）消防设备设施完善化改造原则（试行）》（设备变电〔2018〕15号）4.3.1.4； 《电力设备典型消防规程》（DL 5027—2015）13.7.4
1.1.7	油浸式变压器消防物防设施配置是否满足要求： （1）室外油浸式变压器处不少于4具50kg灭火器。 （2）油浸式变压器、油浸式电抗器等处应设置消防砂箱或砂桶，内装干燥细黄砂，消防砂箱容积为1.0m³，并配置3～5把消防铲，消防砂桶应装满干燥黄砂	10	灭火器配置数量不足，扣50%，未给每台变压器设置消防砂桶，每处扣50%，未装满消防砂或未配置消防铲、消防砂桶酌情扣30%	《变电站（换流站）消防设备设施完善化改造原则（试行）》（设备变电〔2018〕15号）4.3.3.8
1.1.8	户外油浸式变压器、户外配电装置之间及各建筑物的防火间距，户内外含油设备事故排油要求应符合GB 50229《火力发电厂与变电站设计防火标准》的规定。户外油浸式变压器之间设置防火墙，是否符合以下要求： （1）防火墙高度应高于变压器储油柜；防火墙长度不应小于变压器贮油池两侧各1.0m。 （2）防火墙与变压器散热器外廓距离不应小于1.0m。 （3）防火墙应达到一级耐火等级	5	未设置防火墙或防火墙设置不合格，不得分	《电力设备典型消防规程》（DL 5027—2015）10.3.5、10.3.6

续表

序号	评价项目	标准分	评分标准	查评依据
1.1.9	变压器事故排油是否符合以下要求： （1）设置有带油水分离措施的总事故油池时，位于地面之上的变压器对应的总事故油池容量应按最大一台变压器油量的60%确定；位于地面以下的变压器对应的总事故油池容量应按最大一台变压器油量的100%确定。 （2）事故有坑设有卵石层时，应定期检查和清理，以不被淤泥、灰渣及积土所覆盖	10	变压器事故油池不满足要求的，不得分	《电力设备典型消防规程》（DL 5027—2015）10.3.7
1.1.10	变压器防爆排烟设施是否满足要求： （1）变压器防爆筒的出口端应向下，并防止产生阻力，防爆膜宜采用脆性材料。 （2）室内油浸式变压器宜设置事故排烟设施，火灾时通风系统应停用。 （3）室内变压器顶部不宜敷设电缆。室外变电站和有隔离油源措施的室内油浸设备失火时可用水灭火，无放油管路时不应用水灭火	10	不满足要求的，不得分	《电力设备典型消防规程》（DL 5027—2015）10.3.10、10.3.11、10.3.12
1.2	水喷雾灭火系统	70		
1.2.1	水喷雾灭火系统启动控制是否满足要求： （1）水喷雾灭火系统是否投入在“自动状态”。 （2）水喷雾系统启动的动作功率是否大于8W。 （3）水喷雾灭火系统是否具有自动控制、手动控制和应急机械启动三种控制方式	20	未投入自动状态不得分。启动动作功率小于8W不得分。灭火系统控制方式不满足要求不得分	《变压器固定自动灭火系统完善化改造原则（试行）》（设备变电〔2018〕15号）4.3.2、4.3.3、4.3.7
1.2.2	水喷雾灭火系统以下信号是否接入变电站主设备监控系统：喷淋泵电源工作状态，喷淋泵的启、停状态和故障状态，水流指示器、信号阀、报警阀、压力开关的正常工作状态和动作状态	10	信号不齐全，每少一处扣10%，信号全部未接入不得分	《变压器固定自动灭火系统完善化改造原则（试行）》（设备变电〔2018〕15号）4.3.8
1.2.3	水喷雾灭火系统运行工况是否良好： （1）水喷雾灭火设施是否完好、有效。 （2）配水管道、接口法兰材料和结构满足国标GB 50219—2014《水喷雾灭火系统技术规范》要求。 （3）雨淋阀、喷雾头、管件、管网及阀门有无损伤、腐蚀、渗漏，喷头上有无异物。	20	设备设施标识不齐全、位置不正确，酌情扣40%；现场检查项目存在缺陷，一处扣10%	《国网设备部关于印发〈变电站消防设施运维管理规范（试行）〉的通知》（设备变电〔2019〕29号）4.3.1.3、4.3.2.5；《水喷雾灭火系统技术规范》（GB 50219—2014）第4.0.6条

续表

序号	评价项目	标准分	评分标准	查评依据
1.2.3	（4）各阀门标识是否清晰、位置是否正确，工作状态是否正确。 （5）各管路是否畅通，接口、排水管口是否有水流。 （6）水喷雾灭火系统水泵工作是否正常，泵房内电源正常，各压力表是否完好，指示正常。 （7）冬季储水设施的任何部位是否有结冰情况	20	设备设施标识不齐全、位置不正确，酌情扣40%；现场检查项目存在缺陷，一处扣10%	《国网设备部关于印发变电站〈消防设施运维管理规范（试行）〉的通知》（设备变电〔2019〕29号）4.3.1.3、4.3.2.5； 《水喷雾灭火系统技术规范》(GB 50219—2014)第4.0.6条
1.2.4	水喷雾灭火系统的启动是否要求同时满足以下条件： （1）有2个及以上独立的火灾探测器同时发信号，或者一只火灾探测器与一只手动火灾报警按钮的报警信号； （2）主变压器断路器跳闸	10	启动要求如不满足上述要求，不得分	《变压器固定自动灭火系统完善化改造原则（试行）》（设备变电〔2018〕15号）第4.8.2条
1.2.5	水喷雾灭火系统管网是否有低点放空措施，存有水喷雾灭火系统的消防水池是否有定期放空及换水措施	10	不满足要求不得分	《电力设备典型消防规程》（DL 5027—2015）第10.3.2条
1.3	细水雾灭火系统	70		
1.3.1	细水雾灭火系统启动控制是否满足要求： （1）细水雾灭火系统是否投入在“自动状态”。 （2）瓶组系统是否具有自动、手动和机械应急操作控制方式，其机械应急操作是否能在瓶组间内直接手动启动系统。 （3）泵组系统是否具有自动、手动控制方式	20	未投入自动状态不得分。灭火系统控制方式不满足要求不得分	《变压器固定自动灭火系统完善化改造原则（试行）》（设备变电〔2018〕15号）第4.4.2、4.4.3条； 《细水雾灭火系统技术规范》(GB 50898—2013)第3.6.1条
1.3.2	细水雾灭火系统以下信号是否接入变电站主设备监控系统： （1）对泵供水方式：喷淋泵电源工作状态，喷淋泵的启、停状态和故障状态，水流指示器、信号阀、报警阀、压力开关的正常工作状态和动作状态。 （2）对压力容器供水方式：系统的手动、自动工作状态及故障状态，阀驱动装置的正常工作状态和动作状态，防护区域中的防火门（窗）、防火阀、通风空调等设备的正常工作状态和动作状态，系统的启、停信息，紧急停止信号和管网压力信号	10	信号不齐全，每少一处扣10%，信号全部未接入不得分	《变压器固定自动灭火系统完善化改造原则（试行）》（设备变电〔2018〕15号）第4.4.6条； 《火灾自动报警系统设计规范》（GB 50116—2013）附录A

续表

序号	评价项目	标准分	评分标准	查评依据
1.3.3	细水雾灭火系统运行工况是否良好： （1）细水雾灭火设施是否完好、有效； （2）配水管道、连接件材料和结构满足 GB 50898《细水雾灭火系统技术规范》要求； （3）喷头、管件、管网及阀门有无损伤、腐蚀、渗漏，喷头上有无异物； （4）各阀门标识是否清晰、位置是否正确，工作状态是否正确； （5）各管路是否畅通，接口、排水管口是否有水流； （6）细水雾灭火系统水泵工作是否正常，泵房内电源正常，各压力表是否完好，指示正常（对采用压力容器的，检查压力表是否正常）	20	设备设施标识不齐全、位置不正确，扣 20%；现场检查项目存在缺陷，一处扣 10%	《变压器固定自动灭火系统完善化改造原则（试行）》（设备变电〔2018〕15 号）第 4.4.5 条； 《细水雾灭火系统技术规范》（GB 50898—2013）第 3.3.10 条
1.3.4	细水雾灭火系统的启动是否要求同时满足以下条件： （1）有 2 个及以上独立的火灾探测器同时发信号，或者一只火灾探测器与一只手动火灾报警按钮的报警信号； （2）主变压器断路器跳闸	20	启动要求如不满足上述要求，不得分	《变压器固定自动灭火系统完善化改造原则（试行）》（设备变电〔2018〕15 号）第 4.8.2 条
1.4	泡沫灭火系统	70		
1.4.1	泡沫灭火系统启动控制是否满足要求： （1）泡沫灭火系统是否投入在“自动状态”。 （2）泡沫喷雾系统是否同时具备自动、手动和应急机械手动启动方式	20	未投入自动状态不得分。灭火系统控制方式不满足要求不得分	《变压器固定自动灭火系统完善化改造原则（试行）》（设备变电〔2018〕15 号）第 4.5.2、4.5.3 条； 《泡沫灭火系统设计规范》（GB 50151—2010）第 7.4.6 条
1.4.2	泡沫灭火系统以下信号是否接入变电站主设备监控系统：系统的手动、自动工作状态及故障状态、驱动装置的正常工作状态和动作状态，系统的启、停信息	10	信号不齐全，每少一处扣 10%，信号全部未接入不得分	《变压器固定自动灭火系统完善化改造原则（试行）》（设备变电〔2018〕15 号）第 4.5.8 条； 《火灾自动报警系统设计规范》（GB 50116—2013）附录 A
1.4.3	泡沫灭火系统系统管道、罐体等是否满足要求： （1）泡沫灭火系统管道、与泡沫液或泡沫混合液直接接触的零部件材料是否符合要求。 （2）系统储液罐、启动装置、氮气驱动装置是否安装在温度高于 0℃的专用设备间内	10	泡沫灭火系统湿式供液管道未选用不锈钢管，扣 50%；与泡沫液或泡沫混合液直接接触的零部件都未采用铜合金或耐腐蚀性能相类似的等同材料制造，扣 50%；相关设备未安装于专用设备间的扣 50%，设备间无温度控制措施的，扣 20%	《变压器固定自动灭火系统完善化改造原则（试行）》（设备变电〔2018〕15 号）第 4.5.6、4.5.7、4.5.8 条

续表

序号	评价项目	标准分	评分标准	查评依据
1.4.4	泡沫灭火系统运行工况是否良好： （1）泡沫灭火设施是否完好、有效； （2）泡沫喷头、管件、管网、阀门、压力表及泡沫液储罐是否损伤、腐蚀、渗漏，泡沫罐液位显示是否正常，各压力表指示是否正确。 （3）喷头上有无异物，各阀门标识是否清晰、位置是否正确，工作状态是否正确。 （4）电源开关位置是否正常，动力源是否正常，泡沫液在有效使用期内且经检验合格	20	泡沫灭火设施未处于有效状态，不得分；操作流程和标识记录不齐全，酌情扣 20%～40%；未定期对泡沫灭火设施进行检查和维护保养，扣 50%	《国网设备部关于印发〈变电站消防设施运维管理规范（试行）〉的通知》（设备变电〔2019〕29 号）第 4.3.1.4、4.3.2.6 条
1.4.5	泡沫灭火系统的启动是否要求同时满足以下条件： （1）有 2 个及以上独立的火灾探测器同时发信号，或者一只火灾探测器与一只手动火灾报警按钮的报警信号； （2）主变压器断路器跳闸	10	启动要求如不满足上述要求，不得分	《变压器固定自动灭火系统完善化改造原则（试行）》（设备变电〔2018〕15 号）第 4.8.2 条
1.5	排油注氮系统	80		
1.5.1	排油注氮灭火系统启动控制是否满足要求： （1）排油注氮灭火系统经改造并验证启动条件无误后，方可逐步投入“自动状态”。 （2）消防控制柜是否有自动、手动启动和远程启动灭火装置功能。自动状态、手动状态是否有明显标志并可相互转换。消防控制柜处于自动或手动状态，手动操作启动必须始终有效。 （3）排油注氮灭火系统是否有防误动措施	10	排油注氮系统未经改造和验证的，不得分；改造并验证后未投入自动状态的，不得分；灭火系统控制方式不满足要求不得分	《变压器固定自动灭火系统完善化改造原则（试行）》（设备变电〔2018〕15 号）第 4.6.2、4.6.3 条； 《油浸变压器排油注氮灭火装置》（GA 835—2009）第 5.5.3 条；《电力设备典型消防规程》（DL 5027—2015）第 10.3.3 条
1.5.2	排油注氮灭火系统以下信号是否接入变电站主设备监控系统：系统电源的工作状态，系统的启、停信息，阀门（排油阀、氮气释放阀、断流阀等）位置状态，气瓶压力报警	10	信号不齐全，每少一处扣 10%，信号全部未接入不得分	《变压器固定自动灭火系统完善化改造原则（试行）》（设备变电〔2018〕15 号）第 4.6.18 条； 《油浸变压器排油注氮灭火装置》（GA 835—2009）5.5.1
1.5.3	排油注氮灭火系统火灾探测是否满足要求： （1）排油注氮灭火系统是否采用玻璃球型火灾探测装置和易熔合金型火灾探测器。 （2）火灾探测装置是否布置成两个及以上的独立回路。 （3）火灾探测器布线是否独立引线至消防端子箱	5	火灾探测器未布置成两个及以上的独立回路不得分；火灾探测器选型不合适，扣 20%	《变压器固定自动灭火系统完善化改造原则（试行）》（设备变电〔2018〕15 号）第 4.6.4 条； 《电力设备典型消防规程》（DL 5027—2015）第 10.3.3 条

续表

序号	评价项目	标准分	评分标准	查评依据
1.5.4	消防控制柜安装是否满足要求： （1）消防控制柜是否远离易起火部位，设置在室外的消防柜是否有可靠的防水、防冻及防晒措施，工作环境相对湿度大于 85%时消防柜中是否设置除湿装置。 （2）采用一台消防控制柜控制多台消防柜时，每台消防柜是否对应独立的控制单元，且各控制单元应相互独立，互不干扰	5	消防控制柜安装位置、防护措施不到位，扣 50%，多台消防柜非独立，不得分	《变压器固定自动灭火系统完善化改造原则（试行）》（设备变电〔2018〕15 号）第 4.6.6、4.6.7 条
1.5.5	消防控制柜面板是否具有指示灯自检、消音、阀门（包括排油阀、氮气释放阀等）位置（或状态）指示、自动启动信号指示、气瓶压力报警信号指示等	5	不满足要求不得分	《电力设备典型消防规程》（DL 5027—2015）第 10.3.3 条
1.5.6	排油注氮灭火系统运行工况是否良好： （1）排油注氮装置的氮气瓶压力、氮气输出压力正常是否正常； （2）消防控制柜功能是否完备、有效；控制柜电源、信号灯正常； （3）手动启动方式按钮防误碰措施完好； （4）火灾探测器、法兰、管道、支架和紧固件无变形、损伤、防腐层完好； （5）断流阀、充氮阀、排油阀、排气塞等位置标识清晰、位置正确，无渗漏； （6）消防柜红色标记醒目，设备编号、标识齐全、清晰、无损坏； （7）消防柜无锈迹、污物、损伤，柜内阀门及接口处无油渍，渗油观察窗内无油迹； （8）火灾探测器安装牢固，防雨罩安装可靠，能够做到有效防雨	10	配置的氮气瓶不符合规定，扣 20%；消防控制柜不能正常工作，扣 30%，其他缺陷，每处扣 10%	《油浸变压器排油注氮装置技术规程》（CECS 187—2005）第 3.1.2、3.2.4～3.2.7、3.3.6 条； 《国网设备部关于印发〈变电站消防设施运维管理规范（试行）〉的通知》（设备变电〔2019〕29 号）4.3.1.5、4.3.2.7 条
1.5.7	排油阀或排油管路是否满足要求： （1）排油阀或排油管路上是否设置排油信号反馈装置，在油气隔离装置前端的注氮管路上是否设置注氮信号反馈装置。 （2）排油阀下部的排油管路上是否设置漏油观测或漏油报警装置，注氮阀与排油阀间是否设有机械联锁阀门。 （3）断流阀是否带有能直接观察阀门启闭状况的位置指示，具	5	断流阀或排油管路不满足规定要求，一项不满足，扣 20%	《变压器固定自动灭火系统完善化改造原则（试行）》（设备变电〔2018〕15 号）第 4.6.8、4.6.12、4.6.15 条；《油浸变压器排油注氮灭火装置》（GA 835—2009）第 5.4 节；《电力设备典型消防规程》（DL 5027—2015）第 10.3.3 条

续表

序号	评价项目	标准分	评分标准	查评依据
1.5.7	有手动复位装置。断流阀达到额定流量时是否能可靠关闭。 （4）排油管路上的检修阀处于关闭状态时，检修阀应向消防控制柜提供检修状态信号；消防控制柜接收到的消防启动信号后，应能禁止灭火装置启动实施排油注氮动作	5	断流阀或排油管路不满足规定要求，一项不满足，扣20%	《变压器固定自动灭火系统完善化改造原则（试行）》（设备变电〔2018〕15号）第4.6.8、4.6.12、4.6.15条； 《油浸变压器排油注氮灭火装置》（GA 835—2009）第5.4节； 《电力设备典型消防规程》（DL 5027—2015）第10.3.3条
1.5.8	排油注氮系统启动设施和阀组是否满足要求： （1）排油注氮系统氮气驱动装置是否选用抗干扰能力强的电磁式驱动阀或防爆自密封瓶头阀。 （2）采用排油注氮灭火系统的变压器是否采用具有联动功能的双浮球结构的气体继电器。 （3）排油注氮启动（触发）功率是否大于 220V×5A（DC）；注氮阀动作线圈功率是否大于220V×6A（DC）。 （4）注氮管路是否设置能够排出泄漏氮气的排气组件，防止氮气泄漏进入变压器本体导致轻瓦斯频繁动作	10	一项不满足不得分	《变压器固定自动灭火系统完善化改造原则（试行）》（设备变电〔2018〕15号）第4.6.9、4.6.10、4.6.16条； 《防止电力生产事故的二十五项重点要求》（国能安全〔2014〕161号）第12.7.2、12.7.3条； 《油浸变压器排油注氮消防系统设计、施工及验收规范》（DB 43/T 420—2008）4.2.1.10
1.5.9	排油注氮灭火系统是否具有防爆自动启动、灭火自动启动两种方式。 （1）防爆自动启动是否要求同时满足以下3个条件：压力释放阀或速动油压继电器动作；本体气体继电器发重瓦斯信号；主变压器断路器跳闸。 （2）灭火自动启动是否要求同时满足以下3个条件：有2个及以上独立的火灾探测器同时发信号；本体气体继电器发重瓦斯信号；主变压器断路器跳闸。 （3）消防控制柜同时接收到火灾探测装置和气体继电器传输的信号后，发出声光报警信号并执行排油注氮动作	10	两种自启动方式的启动要求如不满足上述要求，不得分	《变压器固定自动灭火系统完善化改造原则（试行）》（设备变电〔2018〕15号）第4.8.1条； 《电力设备典型消防规程》（DL 5027—2015）第10.3.3条
1.6	气体灭火系统	70		
1.6.1	气体灭火系统启动控制是否满足要求： （1）气体灭火系统是否投入在“自动状态”。 （2）管网灭火系统是否设自动控制、手动控制和机械应急操作三种启动方式。预制灭火系统是否设自动控制和手动控制两种启动方式。	20	未投入自动状态不得分。灭火系统控制方式不满足要求不得分	《变压器固定自动灭火系统完善化改造原则（试行）》（设备变电〔2018〕15号）第4.7.2、4.7.3条； 《气体灭火系统设计规范》（GB 50370—2005）第5.0.2、5.0.4条

续表

序号	评价项目	标准分	评分标准	查评依据
1.6.1	（3）人员进入防护区时是否能将灭火系统转换为手动控制方式，当人员离开时恢复为自动控制方式。 （4）防护区内外是否设置手动、自动控制状态的显示装置	20	未投入自动状态不得分。灭火系统控制方式不满足要求不得分	《变压器固定自动灭火系统完善化改造原则（试行）》（设备变电〔2018〕15 号）第 4.7.2、4.7.3 条； 《气体灭火系统设计规范》（GB 50370—2005）第 5.0.2、5.0.4 条
1.6.2	气体灭火系统以下信号是否接入变电站主设备监控系统：系统的手动、自动工作状态及故障状态，阀驱动装置的正常工作状态和动作状态，防护区域中的防火门（窗）、防火阀、通风空调等设备的正常工作状态和动作状态，系统的启、停信息，紧急停止信号和管网压力信号	10	信号不齐全，每少一处扣 10%，信号全部未接入不得分	《变压器固定自动灭火系统完善化改造原则（试行）》（设备变电〔2018〕15 号）第 4.7.6 条； 《火灾自动报警系统设计规范》（GB 50116—2013）附录 A
1.6.3	气体灭火系统阀组、压力表等设置是否满足： （1）在储存容器或容器阀上，是否设置安全泄压装置和压力表。 （2）组合分配系统的集流管，是否设有安全泄压装置，安全泄压装置的动作压力是否符合相应气体灭火系统的设计规定	5	未设置安全泄压装置和压力表，不得分；安全泄压装置压力与本系统要求不匹配，扣 50%	《变压器固定自动灭火系统完善化改造原则（试行）》（设备变电〔2018〕15 号）第 4.7.4 条； 《气体灭火系统设计规范》（GB 50370—2005）第 4.1.4 条
1.6.4	气体灭火系统采用自动控制启动方式时，根据人员安全撤离防护区的需要，是否设有不大于 30s 的可控延迟喷射	5	自动控制启动方式未设 30s 可控延迟喷射，不得分	《变压器固定自动灭火系统完善化改造原则（试行）》（设备变电〔2018〕15 号）第 4.7.5 条； 《气体灭火系统设计规范》（GB 50370—2005）第 5.0.3 条
1.6.5	气体灭火系统运行工况是否良好： （1）防护区外专用的空气呼吸器或氧气呼吸器是否完好； （2）铭牌和标识牌清晰，手动操作装置的防护罩、铅封和安全标志完整； （3）气体灭火系统储存装置的压力和重量是否正常； （4）灭火剂储存容器及阀门、管件、安全泄压装置、喷嘴、信号反馈装置、检漏装置、减压装置等全部系统组件无碰撞变形及其他机械性损伤，表面无锈蚀，保护涂层完好	20	气体灭火系统未处于正常运行状态，不得分；无专用呼吸器或呼吸器过期、损坏的，扣 20%；铭牌标识和安全标识不齐全的，扣 20%；气体灭火设施各元器件存在缺陷或损伤的，每处扣 10%	《国网设备部关于印发〈变电站消防设施运维管理规范（试行）〉的通知》（设备变电〔2019〕29 号）第 4.3.1.7、4.3.2.9 条
1.6.6	气体自动灭火系统自动启动是否要求满足以下 2 个条件之一： （1）有 2 个及以上独立的火灾探测器同时发信号； （2）一只火灾探测器与一只手动火灾报警按钮的报警信号	10	启动要求如不满足上述要求，不得分	《变压器固定自动灭火系统完善化改造原则（试行）》（设备变电〔2018〕15 号）第 4.8.2 条

续表

序号	评价项目	标准分	评分标准	查评依据
2	**室外设备区、非设备区**	40		
2.1	室外消火栓规定是否满足： （1）设置室外消火栓的变电站是否集中配置足够数量的消防水带、水枪和消火栓扳手，放置在重点防火区域周围的露天专用消防箱或消防小室内，相关箱、室不得上锁； （2）根据被保护设备的性质合理配置19mm直流或喷雾或多功能水枪，水带宜配置有衬里消防水带。 （3）室外消火栓间距不应大于120m	5	室外消火栓、消防水带、水枪、消火栓扳手配置不足扣20%，消防水枪水带不符合要求扣20%	《变电站（换流站）消防设备设施完善化改造原则（试行）》（设备变电〔2018〕15号）第4.3.3.6条； 《消防给水及消火栓系统技术规范》（GB 50974— 2014）第7.3.7、7.4.3条
2.2	建筑面积大于300m²的厂房、建筑体积大于5000m³的站内建筑应安装室内消火栓，设置室内消火栓的建筑，包括设备层在内各层均应设置消火栓。 室内消火栓规定是否满足： （1）室内消火栓箱是否有明显标志，箱门上是否张贴使用方法或操作步骤，外观良好、无损坏，无锈蚀，无泄漏。 （2）消火栓箱组件应齐全，箱门应开关灵活，开度应符合要求；消火栓的阀门应启闭灵活，栓口位置应便于连接水带。 （3）消火栓启泵按钮外观是否完好，有透明罩保护，是否配有击碎工具；同时指示灯指示是否正确；手动复位后指示灯是否随之复位。 （4）管网及支吊架与阀门外观是否良好，无损坏，无锈蚀，无泄漏；阀门处于工作状态。 （5）室内消火栓应采用单栓消火栓。确有困难时可采用双栓消火栓，但必须为双阀双出口型	5	消火栓标识及其附属设施存在缺陷的，每处扣20%	《建筑设计防火规范》（GB 50016—2014）第8.2.1条； 《国网设备部关于印发〈变电站消防设施运维管理规范（试行）〉的通知》（设备变电〔2019〕29号）第3.32条； 《电力设备典型消防规程》（DL 5027— 2015）第6.1.24、13.7.3条； 《消防给水及消火栓系统技术规范》（GB 50974—2014）第7.4.3条
2.3	站内室外及公共区域消防器材是否满足： （1）变电站内消防砂箱、砂桶、消防铲及正压式消防空气呼吸器等消防器材是否齐全完备。 （2）220kV变电站应配置15个装满黄砂的消防砂桶，消防黄砂桶应采用铅桶，每两桶配备一把消防铲，每四桶配备一把消防斧。 （3）变电站室外各处，是否每隔规定间隔设置一组磷酸铵盐干粉灭火器。室外油浸式变压器处不少于4具50kg灭火器	20	变电站内公共区域配置消防设施不足额，酌情扣50%	《变电站（换流站）消防设备设施完善化改造原则（试行）》（设备变电〔2018〕15号）第4.3.3.3、4.3.3.8条、附录

续表

序号	评价项目	标准分	评分标准	查评依据
2.4	室外电抗器、电容器区域消防设施是否满足要求： （1）油浸电抗器、电容器装置应就近设置能灭油火的消防设施，并应设有消防通道。 （2）户外布置的电力电容器与高压电气设备需保持 50m 及以上的距离，防止事故扩大。 （3）干式变压器、电流互感器等电气设备宜配置移动式干粉灭火器	10	室外电抗器、电容器消防设施不足额，酌情扣 50%	《电力设备典型消防规程》（DL 5027—2015）第 10.4.1、10.7.3、10.7.7 条
3	**室内变压器室、配电装置室、GIS 设备室、电容器室、电抗器室、站用变压器室、接地变压器室**	80		
3.1	变电站变压器室、电容器室、蓄电池室、配电装置室是否安装点式感烟或吸气式感烟（如有含油设备，采用感温）火灾探测器	10	未按规定安装火灾探测器不得分	《变电站（换流站）消防设备设施完善化改造原则（试行）》（设备变电〔2018〕15 号）第 4.3.1.4 条
3.2	各高压室防火门窗要求： （1）变电站变压器室、电容器室、蓄电池室、配电装置室的门是否向疏散方向开启； （2）当门外为公共走道或其他房间时，该门是否采用乙级防火门； （3）配电室的中间隔墙上的门是否采用由不燃材料制作的双向弹簧门	10	各室使用的门开启方向不正确，一处扣 20%，室内的门未采用乙级防火门的，一处扣 20%	《火力发电厂与变电站设计防火标准》（GB 50229—2019）第 5.3.3 条； 《变电站（换流站）消防设备设施完善化改造原则（试行）》（设备变电〔2018〕15 号）第 4.2.2.2 条
3.3	变电站建筑面积超过 $250m^2$ 的主控通信室、配电装置室、电容器室、电缆夹层，是否有不少于 2 个疏散出口；地下变电站是否设置不少于 2 个安全出口	10	各室疏散出口不满足要求的，不得分	《火力发电厂与变电站设计防火标准》（GB 50229—2019）第 11.2.5、11.2.8 条
3.4	地下变电站每个防火分区是否不大于 $1000m^2$，设置自动灭火系统的防火分区面积可增大一倍；楼梯间是否设置乙级防火门，并向疏散方向开启	10	未设置防火分区不得分，楼梯间未设置乙级防火门，不得分，开启方向不正确，扣 20%	《火力发电厂与变电站设计防火标准》（GB 50229—2019）第 11.2.6、11.2.8 条
3.5	（1）控制室、通信机房各 1 具 5kg 磷酸铵盐干粉灭火器； （2）三层其他区域、一层其他区域、站用电室、备品间各 2 具 3kg 磷酸铵盐干粉灭火器；配电装置室 5 具 3kg 磷酸铵盐干粉灭火器；继电器室 8 具 3kg 磷酸铵盐干粉灭火器。 （3）蓄电池室、消防水泵房各 2 具 4kg 磷酸铵盐干粉灭火器。 （4）主变压器处放置 8 具 50kg 磷酸铵盐干粉灭火器、12 箱黄砂（$1m^3$）。 （5）室外配电装置处放置 40 桶黄砂（25L）	20	灭火器未配置不得分，灭火器配置数量不足或超出检验周期，每处扣 20%，本项目扣完为止	《变电站（换流站）消防设备设施完善化改造原则（试行）》（设备变电〔2018〕15 号）附录

续表

序号	评价项目	标准分	评分标准	查评依据
3.6	（1）各室内消火栓箱内配置是否齐全，应包含65mm消火栓及隔离阀各1只、25m长DN65有衬里水龙带1根带快装接头、19mm直流或喷雾或多功能水枪1只、自救式消防水喉1套、消防按钮1只；带电设施附近的消火栓应配备喷雾功能水枪。 （2）当室内消火栓栓口处的出水压力超过0.5MPa时，应加设减压孔板或采用减压稳压型消火栓	10	室内消火栓配置设施不齐全，缺少一处扣10%，扣完为止	《变电站（换流站）消防设备设施完善化改造原则（试行）》（设备变电〔2018〕15号）4.3.3.7； 《电力设备典型消防规程》（DL 5027—2015）第14.3.7条
3.7	（1）室内的油浸式消弧线圈等设备，当油量大于600kg时，应布置在专用的房间内，外墙开门处上方应设置防火挑檐，挑檐的宽度不应小于1.0m，而长度为门的宽度两侧各加0.5m。 （2）户内布置的单台电力电容器油量超过100kg时，应有贮油设施或挡油栏。 （3）集合式电容器室内布置时，基坑地面宜采用水泥砂浆抹面并压光，在其上面铺以100mm厚的细砂。如室外布置，则基坑宜采用水泥砂浆抹面，在挡油设施内铺以卵石（或碎石）	10	室内的油浸式消弧线圈、电容器防火措施不满足要求的，每项不满足扣50%，本项目扣完为止	《电力设备典型消防规程》（DL 5027—2015）第10.4.2、10.7.3、10.7.4条
4	**主控室、通信室、档案室**	70		
4.1	主控制室、通信机房、继电保护室是否设置点式感烟或吸气式感烟火灾探测器	10	未设置点式感烟或吸气式感烟火灾探测器不得分	《变电站（换流站）消防设备设施完善化改造原则（试行）》（设备变电〔2018〕15号）第4.3.1.4条
4.2	变电站主控室及通信室是否每隔规定间隔设置一组磷酸铵盐干粉灭火器。其中控制室不少于2具5kg磷酸铵盐干粉灭火器，通信机房和保护室不少于3具4kg磷酸铵盐干粉灭火器。根据规定，控制室、通信室、保护室及高低压配电装置室可采用卤代烷气体灭火器	20	灭火器未配置不得分，灭火器配置数量不足或超出检验周期，每处扣20%，本项目扣完为止	《变电站（换流站）消防设备设施完善化改造原则（试行）》（设备变电〔2018〕15号）附录
4.3	主控室、继电保护室、通信室等应满足以下要求： （1）控制室、调度室应有不少于两个疏散出口； （2）各室严禁吸烟； （3）各室的隔墙、顶棚内装饰，应采用难燃或不燃材料。建筑内部装修材料应符合GB 5022《建筑内部装修设计防火规范》的有关规定，地下变电站宜采用防霉耐潮材料	10	主控室、继电保护室、通信室不满足要求的，发现一处扣20%	《电力设备典型消防规程》（DL 5027—2015）第11.0.2、11.0.3、11.0.4条

续表

序号	评价项目	标准分	评分标准	查评依据
4.4	空调系统的防火是否符合下列规定： （1）设备和管道的保冷、保温宜采用不燃材料，当确有困难时，可采用燃烧产物毒性较小且烟密度等级不大于 50 的难燃材料。防火阀前后各 2.0m、电加热器前后各 0.8m 范围内的管道及其绝热材料均应采用不燃材料。 （2）通风管道装设防火阀应符合 GB 50016《建筑设计防火规范》的相关规定。防火阀既要有手动装置，同时要在关键部位装易熔片或风管式感温、感烟装置。 （3）非生产用空调机在运转时，值班人员不得离开，工作结束时该空调机必须停用。 （4）空调系统应采用闭路联锁装置	10	独立布置空调不需要按此要求，中央空调系统需满足要求，一般只在 500kV 及以上站配置，一项不满足扣 25%	《电力设备典型消防规程》（DL 5027—2015）第 11.0.7 条
4.5	（1）各室配电线路应采用阻燃措施或防延燃措施，严禁任意拉接临时电线。 （2）各室一旦发生火灾，则应切断交流电源，开启直流事故照明，关闭通风管防火阀，采用气体等灭火器进行灭火	10	室内配电线路存在火灾隐患、临时拉线或未采用阻燃措施或防延燃措施的，每处扣 20%	《电力设备典型消防规程》（DL 5027—2015）第 11.0.10、11.0.11 条
4.6	（1）档案室收发档案材料的门洞及窗口应安装防火门窗，其耐火极限不得低于 0.75h。 （2）档案室与其他建筑物直接相通的门均应做防火门，其耐火极限应不小于 2.0h；内部分隔墙上开设的门也要采取防火措施，耐火极限要求为 1.2h	10	变电站档案室、资料室不满足防火门要求的，不得分	《电力设备典型消防规程》（DL 5027—2015）第 11.0.8、11.0.9 条
5	**蓄电池室**	50		
5.1	蓄电池室门上应有“蓄电池室”“严禁烟火”或“火灾危险，严禁火种入内”等标志牌。蓄电池室是否贴有必需的警示标识和禁令标识；室内设备是否符合防爆要求	10	缺少标识的不得分，室内设备不满足防爆要求扣 50%	《变电站（换流站）消防设备设施完善化改造原则（试行）》（设备变电〔2018〕15 号）第 4.2.3.1 条； 《电力设备典型消防规程》（DL 5027—2015）第 10.6.1、10.6.2 条
5.2	蓄电池室每组是否布置在单独的室内，如在同一室内，是否在每组蓄电池之间设耐火时间为大于 2.0h 的防火隔断，蓄电池室门是否向外打开	10	变电站两组蓄电池在同一室内且未设置合格防火隔断的，不得分	《变电站（换流站）消防设备设施完善化改造原则（试行）》（设备变电〔2018〕15 号）第 4.2.3.1 条； 《电力设备典型消防规程》（DL 5027—2015）第 10.6.1 条
5.3	蓄电池室通风照明是否合格： （1）蓄电池室是否装有通风装置，通风道是否单独设置，工作正常；	10	蓄电池室风机、照明、电源线路，有一处不满足的扣 20%	《变电站（换流站）消防设备设施完善化改造原则（试行）》（设备变电〔2018〕15 号）第 4.2.3.1 条； 《电力设备典型消防规程》

续表

序号	评价项目	标准分	评分标准	查评依据
5.3	（2）蓄电池室是否使用防爆型照明和防爆型排风机，操作开关是否安装在蓄电池室的外面； （3）蓄电池室的照明线是否采用暗线敷设的耐酸导线，进出蓄电池室的电缆、电线，在穿墙处是否用耐酸瓷管或聚氯乙烯硬管穿线，并在其进出口端用耐酸材料将管口封堵	10	蓄电池室风机、照明、电源线路，有一处不满足的扣20%	（DL 5027—2015）第10.6.1条
5.4	蓄电池室是否配置防爆感烟和可燃气体火灾探测装置，是否配置不少于2具4kg磷酸铵盐磷酸铵盐干粉灭火器，灭火器在合格期内	10	未安装火灾探测装置，扣50%，未配置合格且数量足够的灭火器，扣50%	《变电站（换流站）消防设备设施完善化改造原则（试行）》（设备变电〔2018〕15号）附录
5.5	其他蓄电池室（阀控式密封铅酸蓄电池室、无氢蓄电池室、锂电池室、钠硫电池、UPS室等）是否符合下列要求： （1）电池室应装有通向室外的有效通风装置，阀控式密封铅酸蓄电池室内的照明、通风设备可不考虑防爆。 （2）锂电池、钠硫电池应设置在专用房间内，建筑面积小于200m²时，应设置干粉灭火器和消防砂箱；建筑面积不小于200m²时，宜设置气体灭火系统和自动报警系统	10	若有配置此类蓄电池的开展评价。现场配置不满足查评要求的，不得分	《电力设备典型消防规程》（DL 5027—2015）第10.6.2条
6	**电缆沟道**	120		
6.1	电缆沟道防火封堵是否满足要求： （1）在电缆穿过竖井、变电站夹层、墙壁、楼板或进入电气盘、柜的孔洞处，是否做好防火封堵； （2）封堵是否严实可靠，不应有明显的裂缝和可见的缝隙，孔洞较大者应加耐火衬板后再进行封堵； （3）在隧道、电缆沟、变电站夹层和进出线等电缆密集区域是否采用阻燃电缆或采取其他有效防火措施； （4）如果在重要电缆沟和隧道中有非阻燃电缆时，是否分段或用软质耐火材料设置阻火隔离，电缆孔洞是否封堵； （5）未采用阻燃电缆时，电缆接头两侧及相邻电缆2～3m长的区段是否采取涂刷防火涂料、缠绕防火包带等措施； （6）靠近充油设备的电缆沟，是否设有卡槽式电缆沟盖板或覆盖防火玻璃丝纤维布等防火延燃措施，盖板是否封堵	20	未有效进行防火封堵、设置阻火隔离或涂刷防火涂料的。每发现一处，扣20%，发现三处及以上，不得分	《电力电缆及通道运维规程》（Q/GDW 1512—2014）第5.5.4条； 《电力设备典型消防规程》（DL 5027—2015）第10.5.3条； 《变电站（换流站）消防设备设施完善化改造原则（试行）》（设备变电〔2018〕15号）第4.2.4.7条

续表

序号	评价项目	标准分	评分标准	查评依据
6.2	电缆通道、电缆室、夹层、竖井、电缆沟内是否整洁、畅通，是否消除各类火灾隐患，通道沿线及其内部不得积存易燃、易爆物。排水沟、电缆沟、管沟等沟坑内是否有积油	10	电缆通道、夹层、竖井、电缆沟内堆放杂物，积存易燃易爆物，每发现一处。扣 20%；发现两处及以上，不得分	《电力电缆及通道运维规程》（Q/GDW 1512—2014）第 8.3.4 条； 《电力设备典型消防规程》（DL 5027—2015）第 10.5.6 条
6.3	变电站电缆夹层、竖井是否安装线型感温、感烟或吸气式感烟探测器，缆式线型感温火灾探测器在电缆表面以“S 型”缠绕方式敷设。 重要的电缆隧道是否安装温度在线监测装置，并定期传动、检测，确保动作可靠、信号准确。是否设置悬挂式超细干粉、气溶胶或火探管式灭火装置	10	变电站电缆夹层、竖井未安装消防报警设施和灭火设备，不得分；设施存在缺陷或超出检验周期，每处扣 20%	《电力电缆及通道运维规程》（Q/GDW 1512—2014）第 8.3.9 条； 《变电站（换流站）消防设备设施完善化改造原则（试行）》（设备变电〔2018〕15 号）第 4.2.4.9、4.3.1.4 条
6.4	是否在变电站电缆室、电缆夹层、电缆通（廊）道、电缆竖井等电缆密集区域按设计布置固定式灭火设施，电缆沟内电缆密集处、转弯处等重点部位可设置固定式自动灭火设施；固定式自动灭火设施宜采用悬挂式干粉自动灭火器（悬挂式超细干粉、气溶胶或火探管灭火装置），自动灭火设备在检验合格期内。 明敷充油电缆的供油系统是否装设自动报警和闭锁装置，多回路充油电缆的终端设置处应装设专用消防设施，有定期检验记录	20	按规定应安装自动灭火装置场所未安装，不得分；自动灭火设备维护不到位，超出使用周期的，扣 50%	《电力电缆及通道运维规程》（Q/GDW 1512—2014）第 8.3.1、8.3.2 条； 《变电站（换流站）消防设备设施完善化改造原则（试行）》（设备变电〔2018〕15 号）第 4.2.4.10、4.3.1.4、4.3.3.2 条
6.5	电缆和沟道防火隔断是否满足要求： （1）电缆廊道、电缆沟内是否每隔 60m 划分防火隔段（防火墙），在电缆从室外进入室内的入口处、敷设两个及以上间隔电缆的主电缆沟道和到单个间隔或设备分支电缆沟道的交界处是否设置防火墙； （2）电缆竖井上下两端、进出电缆孔洞处及每一楼层处采用耐火极限不低于 1.00h 的非燃烧材料进行封堵，划分防火隔段。 （3）电缆夹层的门是否向疏散方向开启，当门外为公共走道或其他房间时，该门是否采用乙级防火门	10	防火隔断设置不满足要求的，每处扣 20%	《变电站（换流站）消防设备设施完善化改造原则（试行）》（设备变电〔2018〕15 号）第 4.2.4.8 条
6.6	共用沟道防火分隔是否满足要求： （1）动力电缆与控制电缆是否分沟敷设，不满足的是否在动力电缆和控制电缆、通信电缆在之	10	不同种类电缆同沟布置，且没有可靠防火分隔的，不得分	《水电工程设计防火规范》（GB 50872—2014）第 9.0.7 条； 《国网设备部关于加快推进变电站消防隐患治理工作的通知》（设备变电〔2018〕16 号）

续表

序号	评价项目	标准分	评分标准	查评依据
6.6	间设置层间耐火隔板、加装电缆防火槽盒、涂防火涂料、包覆防火护套等措施。 （2）110kV及以上电缆竖井，在同一井道内敷设2回及以上电缆时，不同回路之间是否用防火隔板进行分隔。 （3）在多个电缆头并排安装的场合中，应在电缆头之间加隔板或填充阻燃材料	10	不同种类电缆同沟布置，且没有可靠防火分隔的，不得分	（七）； 《变电站（换流站）消防设备设施完善化改造原则（试行）》（设备变电〔2018〕15号）第4.2.4.4条； 《电力设备典型消防规程》（DL 5027—2015）第10.5.9、10.5.12条
6.7	是否在电缆室、电缆通（廊）道、电缆竖井的出入口处，设置手提式磷酸铵盐干粉灭火器，并至少配备2套防毒面具。按照规定，电缆夹层应设置不少于16具、电缆竖井不少于2具4kg磷酸铵盐磷酸铵盐干粉灭火器	10	未配置灭火器和防毒面具的，不得分	《水电工程设计防火规范》（GB 50872—2014）第9.0.9条； 《变电站（换流站）消防设备设施完善化改造原则（试行）》（设备变电〔2018〕15号）附录
6.8	电缆接头是否加装防火槽盒或采取其他防火隔离措施。电力电缆中间接头盒的两侧及其附近区域，是否增加防火包带等阻燃措施。严禁在变电站电缆夹层、桥架和竖井等缆线密集区域布置电力电缆接头	5	电缆接头未采取防爆盒或其他措施的，不得分；电缆夹层等处内有电缆接头的，不得分	《电力电缆及通道运维规程》（Q/GDW 1512—2014）第8.3.1、8.3.2条； 《电力设备典型消防规程》（DL 5027—2015）第10.5.11条； 《变电站（换流站）消防设备设施完善化改造原则（试行）》（设备变电〔2018〕15号）第4.2.4.5、4.2.4.6条
6.9	电缆隧道的下列部位是否设置防火分隔，采用防火墙上设置防火门的形式： （1）电缆进出隧道的出入口及隧道分支处； （2）电缆隧道位于变电站内时，间隔不大于100m处； （3）电缆交叉、集部位，间隔不大于60m； （4）防火墙耐火极限不宜低于3.0h，防火门应采用甲级防火门（耐火极限不宜低于1.2h）且防火门的设置应符合GB 50016《建筑设计防火规范》的有关规定； （5）电缆竖井中，宜每隔7.0m设置阻火隔层	10	站内电缆隧道的防火分隔设置是否满足要求，一处不满足扣20%	《电力设备典型消防规程》（DL 5027—2015）第10.5.14、10.5.15条
6.10	电缆隧道内应设置指向最近安全出口处的导向箭头，主隧道、各分支拐弯处醒目位置装设整个电缆隧道平面示意图，并在示意图上标注所处位置及各出入口位置	5	无示意图不得分，示意图标识不齐全或与实际不符扣50%	《变电站（换流站）消防设备设施完善化改造原则（试行）》（设备变电〔2018〕15号）第4.3.5.2条

续表

序号	评价项目	标准分	评分标准	查评依据
6.11	在电缆通道、夹层内动火作业是否办理动火工作票，并采取可靠的防火措施。在电缆通道、夹层内使用的临时电源是否满足绝缘、防火、防潮要求，工作人员撤离时应立即断开电源。是否严格按照运行规程规定对电缆夹层、通道进行巡检，并检测电缆和接头运行温度	10	电缆通道、夹层、竖井等处动火作业不满足要求的，不得分；安全措施不到位的扣 50%；巡视记录是否齐全，缺少一处扣 20%	《电力电缆及通道运维规程》（Q/GDW 1512—2014）第 8.3.7、8.3.8、8.3.10 条
6.12	隧道内照明灯具及控制开关应为防潮防爆型；照明灯线应穿入阻燃管或放入防火槽盒	10	隧道内照明灯具及控制开关不是防潮防爆型扣 50%，照明灯线未穿入阻燃管或放入防火槽盒扣 50%	《城市电力电缆线路设计技术规定》（DL/T 5221—2016）第 4.5.15 条
7	**消防标识及应急设施**	30		
7.1	变电站内是否具有以下消防安全标志： （1）火灾报警装置标志； （2）紧急疏散逃生标志； （3）灭火设备标志； （4）禁止和警告标志； （5）方向辅助标志； （6）文字辅助标志	10	灭火器和消火栓指示标识、使用方法、火灾报警标识以及消防设施旋转方向标识、防火门标识等各类标志应符合国家标准《消防安全标志　第 1 部分：标志》（GB 13495.1—2015）的规定，缺少一处扣 10%	《变电站（换流站）消防设备设施完善化改造原则（试行）》（设备变电〔2018〕15 号）第 4.3.5.1 条
7.2	变电站内疏散通道和安全出口是否设置疏散指示标识，是否采用符合国家规定 3C 标准的灯光疏散指示标志、安全出口标志，标明疏散方向	10	无安全疏散标识不得分，未使用灯光疏散指示标识扣 50%；安全疏散标识损坏，每处扣 5%	《变电站（换流站）消防设备设施完善化改造原则（试行）》（设备变电〔2018〕15 号）第 4.3.4.5、4.3.5.3 条
7.3	疏散指示标识应根据国家法律法规、消防技术标准设置，并应采用符合法律规定的灯光疏散指示标志、安全出口标志，标明疏散方向。 （1）是否设置了符合规定的消防安全疏散指示标志和应急照明设施，消防应急照明灯、疏散指示标志其型号规格是否符合设计要求。 （2）消防应急照明灯、疏散指示标志外观手否有缺陷，在其明显部位是否设有耐久性消防 3C 铭牌标识，内容清晰，设置位置符合设计要求，安装牢固。 （3）消防应急照明可采用蓄电池作为备用电源，应急灯应牢固、无遮挡，状态指示灯正常。 （4）变电站主控通信室、配电装置室、消防水泵房、变压器室、继电保护室、建筑疏散通道和楼梯间是否设置应急照明。变电站内应急照明的照度不应低于 1lx，交流断电后可继续提供照明，继续工作应急照明不应低于正常照明照度值的 100%	10	无安全疏散标识和应急照明设施，每处扣 10%；已配置的安全疏散标识和应急照明设施损坏，每处扣 5%；在特殊部位设置障碍物，每处扣 20%；发现 5 处以上，不得分。已配置的应急照明设施损坏，每处扣 5%；应急照明亮度不足酌情扣 20%	《变电站（换流站）消防设备设施完善化改造原则（试行）》（设备变电〔2018〕15 号）第 4.3.4.5、4.3.5.3 条； 《中华人民共和国消防法》（2019 年修订）第十六条； 《机关、团体、企业、事业单位消防安全管理规定》（公安部第 61 号令）第二十一条； 《火力发电厂与变电站设计防火标准》（GB 50229—2019）第 11.7.2 条

续表

序号	评价项目	标准分	评分标准	查评依据
8	**消防控制室**	100		
8.1	消防控制室通用要求	30		
8.1.1	消防控制室是否满足具备远方控制功能，且设有用于火灾报警的外线电话的要求	10	设置于集中控制的消防控制室没有远方控制功能不得分，未设置报火警外线电话扣 50%	《消防控制室完善化改造原则（试行）》（设备变电〔2018〕15 号）第 4.1.4、4.1.5 条；《火灾自动报警设计规范》（GB 50116—2013）第 3.4.3、6.1.4 条
8.1.2	消防控制室是否实行每日 24h 值班制度，每班不少于 2 人的要求，值班人员持有消防控制室操作职业资格证书	5	值班人员不满足 2 人不得分，值班人员未持有消防执业证书扣 50%	《消防控制室完善化改造原则（试行）》（设备变电〔2018〕15 号）第 4.1.9 条；《消防控制室通用技术要求》（GB 25506—2010）第 4.2.1 条
8.1.3	消防控制室的火灾自动报警系统、灭火系统和其他联动控制设备是否处于正常工作状态，并不得将应处于自动状态的设在手动状态	10	发现一处缺陷扣 20%，应处于自动的系统置于手动状态扣 50%	《消防控制室完善化改造原则（试行）》（设备变电〔2018〕15 号）第 4.1.10 条；《消防控制室通用技术要求》（GB 25506—2010）第 4.2.1 条
8.1.4	消防控制室设备选型是否满足以下要求： （1）属于国家消防产品强制性认证目录中的产品，应具有 CCCF 认证证书并标注认证标志； （2）目录以外的产品，应具有国家级消防产品质量检验中心出具的检验报告	5	使用设备非 3C 认证且无国家级消防产品质量检验中心出具的检验报告的，每一设备扣 20%	《消防控制室完善化改造原则（试行）》（设备变电〔2018〕15 号）第 4.1.12 条
8.2	消防控制室资料要求	30		
8.2.1	消防控制室文件资料是否包含：竣工图纸、各分系统控制逻辑关系说明、设备使用说明书、系统操作规程、应急预案、值班制度、维护保养制度及值班记录等文件资料	5	缺少基本的管理制度和操作规程，每少一项扣 10%；管理制度缺少超过 5 项及以上，不得分	《消防控制室完善化改造原则（试行）》（设备变电〔2018〕15 号）第 4.1.8 条；《火灾自动报警设计规范》（GB 50116—2013）第 3.4.4 条
8.2.2	消防控制室是否每日检查火灾报警控制器的功能，并按《消防控制室完善化改造原则（试行）》（设备变电〔2018〕15 号）附录 F 的要求填写相应的记录	5	消防设施没有每日检查不得分，检查记录不规范每处扣 20%，扣完为止	《消防控制室完善化改造原则（试行）》（设备变电〔2018〕15 号）第 4.1.11 条；《火灾自动报警系统施工及验收标准》（GB 50166—2019）第 6.0.1～6.0.7 条
8.2.3	消防控制室是否满足以下要求： 每季度检查和试验火灾自动报警系统的下列功能，并按《消防控制室完善化改造原则（试行）》（设备变电〔2018〕15 号）附录 F 的要求填写记录： （1）采用专用检测仪器分期分批试验探测器的动作及确认灯显示；	10	消防控制室季度设施检查内容有无缺少，试验记录不全每处扣 20%，扣完为止	《消防控制室完善化改造原则（试行）》（设备变电〔2018〕15 号）第 4.1.11 条；《火灾自动报警系统施工及验收标准》（GB 50166—2019）第 6.0.1～6.0.7 条

续表

序号	评价项目	标准分	评分标准	查评依据
8.2.3	（2）试验火灾警报装置的声光显示； （3）试验水流指示器、压力等报警功能、信号显示开关； （4）对主电源和备用电源进行 1～3 次自动切换试验； （5）用自动或手动检查消防控制设备的控制显示功能：1）室内消火栓、自动喷水、泡沫、气体、干粉等灭火系统的控制设备；2）抽验电动防火门、防火卷帘门，数量不小于总数的 25%；3）选层试验消防应急广播设备，并试验公共广播强制转入火灾应急广播的功能，抽检数量不小于总数的 25%；4）火灾应急照明与疏散指示标志的控制装置；5）送风机、排烟机和自动挡烟垂壁的控制设备。 （6）检查消防电梯迫降功能。 （7）应抽取不小于总数 25%的消防电话和电话插孔在消防控制室进行对讲通话试验	10	消防控制室季度设施检查内容有无缺少，试验记录不全每处扣 20%，扣完为止	《消防控制室完善化改造原则（试行）》（设备变电〔2018〕15 号）第 4.1.11 条； 《火灾自动报警系统施工及验收标准》（GB 50166—2019）第 6.0.1～6.0.7 条
8.2.4	消防控制室是否满足以下要求： 每年检查和试验火灾自动报警系统下列功能，并按《消防控制室完善化改造原则（试行）》（设备变电〔2018〕15 号）附录 F 的要求填写记录： （1）应用专用检测仪器对所安装的全部探测器和手动报警装置试验至少 1 次； （2）自动和手动打开排烟阀，关闭电动防火阀和空调系统； （3）对全部电动防火门、防火卷帘的试验至少 1 次； （4）强制切断非消防电源功能试验； （5）对其他有关的消防控制装置进行功能试验	10	消防控制室年度设施检查内容有无缺少，试验记录不全每处扣 20%，扣完为止	《消防控制室完善化改造原则（试行）》（设备变电〔2018〕15 号）第 4.1.11 条； 《火灾自动报警系统施工及验收标准》（GB 50166—2019）第 6.0.1～6.0.7 条
8.3	有人值班变电站消防控制室	40	有人值班变电站查评此条款	
8.3.1	有人值班变电站（换流站）消防控制室是否设置在本站主控制室，并按照《消防控制室完善化改造原则（试行）》第 4.2.1 条进行设置	10	现场检查有人值班站消防设施配置是否满足要求，缺少一处扣 20%，本项目扣完为止	《消防控制室完善化改造原则（试行）》（设备变电〔2018〕15 号）第 4.1.1、4.2.1 条； 《火力发电厂与变电站设计防火标准》（GB 50229—2019）第 7.12.4 条
8.3.2	有人值班变电站（换流站）消防控制室是否按要求配置以下设备： （1）火灾报警控制器（联动型），包括火灾报警控制器、联动控制器、消防电话总机、消防广播控制装置等；	10	现场检查有人值班站消防设施配置是否满足要求，缺少一处扣 20%，本项目扣完为止	《消防控制室完善化改造原则（试行）》（设备变电〔2018〕15 号）第 4.2.2 条；

续表

序号	评价项目	标准分	评分标准	查评依据
8.3.2	（2）消防图形显示装置； （3）消防应急照明和疏散指示系统控制装置（需要时）； （4）消防电源监控器（需要时）； （5）辅助设备监控主机	10	现场检查有人值班站消防设施配置是否满足要求，缺少一处扣20%，本项目扣完为止	《火灾自动报警设计规范》（GB 50116—2013）中第3.4.2、4.1.1、4.10.1～4.10.3条
8.3.3	火灾报警控制器（联动型）是否满足以下要求： （1）应联动变电站辅助设备监控系统，以满足迅速确认火灾和应急处置的要求； （2）集中火灾报警控制器（联动型），联动控制按钮应按不同变电站及站内不同灭火分区布置，标识清楚、确保操作安全准确；发生火灾报警时，对应变电站的按钮区域应有光信号提示，防止误操作； （3）不同类型的探测器、手报、模块等现场部件应有不少于总数1%的备品	5	火灾报警控制器功能及配置，每处不满足扣20%	《消防控制室完善化改造原则（试行）》（设备变电〔2018〕15号）第4.3.1条； 《火灾自动报警设计规范》（GB 50116—2013）第4.10.2、6.1.4条； 《火灾自动报警系统施工及验收标准》（GB 50166— 2019）第6.0.1～6.0.7条
8.3.4	消防图形显示装置是否满足以下要求： （1）消防图形显示装置信息记录的各类信息能够进行记录备份；应满足备份后方可被覆盖的功能；应能对历史记录打印归档或刻录存盘归档。 （2）消防图形显示装置应具备网络通信功能，能够与火灾报警控制器（联动型）进行通信，获取相关消防设备状态信息，并应具有远程传输功能。 （3）消防图形显示装置应具备权限管理的功能，对系统程序的进入和退出时间、操作人员姓名或代码等内容的均有记录，记录备份后方可被覆盖。 （4）消防图形显示装置应具备权限管理的功能，对系统程序的进入和退出时间、操作人员姓名或代码等内容的均有记录，记录备份后方可被覆盖。 （5）消防图形显示装置软件应符合GA/T 847《消防控制室图形显示装置软件通用技术要求》的规定，还应能分画面、分区域、多层次对所辖无人变电站各类消防设施进行集中管理的功能	5	消防图形显示装置功能及配置，每处不满足扣20%	《消防控制室完善化改造原则（试行）》（设备变电〔2018〕15号）第4.3.2、4.3.5条； 《消防控制室通用技术要求》GB 25506—2010第6.1～6.4条； 《火灾自动报警设计规范》（GB 50116—2013）第3.4.2条
8.3.5	辅助设备监控主机，应实现视频、安防、消防、门禁、环境监测、照明等子系统数据的统一接入，实现火灾报警自动联动消防、视频监控、空调、风机、门禁等系统，并在站内实现数据综合分析、存储、统计和画面展示	10	辅助设备监控工作站功能及配置，每处不满足扣20%	《消防控制室完善化改造原则（试行）》（设备变电〔2018〕15号）第4.3.5条

续表

序号	评价项目	标准分	评分标准	查评依据
9	**日常运行维护及管理**	150		
9.1	公共消防设施	85		
9.1.1	变电站消防设施必须与主体工程同时设计、同时施工、同时验收，防火设施未验收合格的电缆线路不得投入运行	10	电缆线路防火设施未验收合格即投运，每项工程扣标准分 20%，扣完为止	《国家电网有限公司关于印发〈十八项电网重大反事故措施（修订版）〉的通知》（国家电网设备〔2018〕979 号）13.2.1.1 条
9.1.2	国家强制产品认证（3C）目录内的消防设备必须具有消防强制性产品认证证书（CCCF），非国家强制产品认证（3C）目录内的消防产品应具有国家级消防质量检验中心出具的检验报告	5	变电站内消防设施、设备存在非 3C 认证且提供不出国家级消防质量检验中心出具的检验报告，不得分	《变电站（换流站）消防设备设施完善化改造原则（试行）》（设备变电〔2018〕15 号）第 4.1.5 条
9.1.3	消防供电是否满足要求： （1）变电站消防用电是否采用单独的供电回路，是否使用不低于二级负荷供电的电源，消防配电箱是否独立设置并有明显标识，是否能在任何情况下保证消防用电。 （2）备用消防电源的供电时间和容量，是否满足火灾延续时间内各消防用电设备的要求。 （3）变电站消防控制室、消防水泵房、防烟和排烟风机房的消防用电设备及消防电梯等的供电，应在其配电线路的最末一级配电箱处设置自动切换装置	10	消防用电和消防配电箱非独立设置扣 50%；未配置备用消防电源扣 50%，标志不齐全或备用电源容量不足酌情扣 50%	《变电站（换流站）消防设备设施完善化改造原则（试行）》（设备变电〔2018〕15 号）第 4.3.4.1、4.3.4.3、4.3.4.4 条； 《建筑设计防火规范》（GB 50016—2014）第 10.1.6 条
9.1.4	变电站是否配置了符合国家标准的灭火器： （1）灭火器配置数量是否充足； （2）灭火器是否完好、有效； （3）灭火器外观完好、清洁，罐体无损伤、变形，配件无破损、松动、变形，压力指示正常。 （4）灭火器上应有发光标志，以便在黑暗中指示灭火器所处的位置。 （5）灭火器生产日期、试验日期是否符合规范要求，合格证是否齐全，灭火器压力是否正常，外壳是否存在磕碰、破损，放置位置是否明显且易于取用； （6）是否按照平均每 25m 配置一组灭火器，每组不少于 2 只 4kg 灭火器，推车式灭火器最大保护距离不超过 50m；特殊防火场所（如使用液化气的厨房等）是否增设灭火器数量。 （7）变电站里的灭火器是否摆放在位置明显和便于取用的地	10	未配置灭火器，不得分；灭火器与使用场所不相应，每处扣 20%；未按规定规格配置足量灭火器，每处扣 20%；灭火器不符合要求，出现欠压的，每处扣 20%	《建筑灭火器配置设计规范》（GB 50140—2005）5.1、5.2、6.1； 《电力设备典型消防规程》（DL 5027—2015）附录 G.1； 《国网设备部关于印发〈变电站消防设施运维管理规范（试行）〉的通知》（设备变电〔2019〕29 号）3.25； 《变电站（换流站）消防设备设施完善化改造原则（试行）》（设备变电〔2018〕15 号）4.1.3、4.3.3.5

续表

序号	评价项目	标准分	评分标准	查评依据
9.1.4	点，是否稳固，铭牌朝外，灭火器箱打开角度不小于100°，手提式灭火器顶部离地面不应大于1.50m，底部离地面高度不宜小于0.08m，对有视线障碍的灭火器设置点，应设置指示其位置的发光标志	10	未配置灭火器，不得分；灭火器与使用场所不相应，每处扣20%；未按规定规格配置足量灭火器，每处扣20%；灭火器不符合要求，出现欠压的，每处扣20%	《建筑灭火器配置设计规范》（GB 50140—2005）5.1、5.2、6.1； 《电力设备典型消防规程》（DL 5027—2015）附录G.1； 《国网设备部关于印发〈变电站消防设施运维管理规范（试行）〉的通知》（设备变电〔2019〕29号）3.25； 《变电站（换流站）消防设备设施完善化改造原则（试行）》（设备变电〔2018〕15号）4.1.3、4.3.3.5
9.1.5	消防箱、消防桶、消防铲、消防斧、消防钩完好有红色标识、清洁，无锈蚀、破损。消防砂箱或砂桶；消防砂池、消防砂桶完好，无开裂、漏砂，消防用砂保持充足和干燥	5	消防设施缺失或损坏，每处扣10%	《国网设备部关于印发〈变电站消防设施运维管理规范（试行）〉的通知》（设备变电〔2019〕29号）第3.25条； 《变电站（换流站）消防设备设施完善化改造原则（试行）》（设备变电〔2018〕15号）第4.3.3.3条； 《电力设备典型消防规程》（DL 5027—2015）第14.3.5—14.4.3条
9.1.6	设置固定式气体灭火系统的变电站、长距离电缆隧道、地下变电站等场所应配置正压式消防空气呼吸器，数量宜按每座有气体灭火系统的建筑物各设2套正压式消防空气呼吸器和4只防毒面具，正压式消防空气呼吸器应放置在专用设备柜内，柜体应为红色并固定设置标志牌	5	未配置正压式呼吸器，不得分；正压式呼吸器不合格每处扣20%	《电力设备典型消防规程》（DL 5027—2015）第14.4节
9.1.7	寒冷地区容易冻结和可能出现沉降的地区，消防水系统等设施应有防冻和防沉降措施	5	现场检查消防水池若无防冻防沉降措施的，不得分	《变压器固定自动灭火系统完善化改造原则（试行）》（设备变电〔2018〕15号）第4.1.11条
9.1.8	火灾报警系统日常维护： （1）火灾自动报警系统的维护保养应确保系统保持连续正常运行，各路电源均能正常供电； （2）每季度对火灾自动报警系统主机除尘，对电源等附件维护一次； （3）每季度应对主电源和备用电源进行1～3次自动切换试验，强制切断非消防电源功能试验； （4）火灾报警控制器经检查应功能完好，并填写相应维保记录。 （5）火灾自动报警系统相关部件的安装部位在满足消防设计要求同时，是否可以在主设备不停运条件下进行维修	10	火灾自动报警系统不能正常运行，不得分；一路电源故障，设备能正常运行，酌情扣50%；未进行火灾自动报警系统主机除尘，未对电源等附件进行维护不得分，每季度未对主电源和备用电源进行1～3次自动切换试验，强制切断非消防电源功能试验，酌情40%；火灾报警控制功能不全，扣30%，无相应维保记录，扣20%	《火灾自动报警系统施工及验收标准》（GB 50166—2019）第6.0.1～6.0.7条； 《国网设备部关于印发变电站消防设施运维管理规范（试行）的通知》（设备变电〔2019〕29号）第5.2.1～5.2.3、5.2.5条； 《变电站（换流站）消防设备设施完善化改造原则（试行）》（设备变电〔2018〕15号）第4.1.8条

续表

序号	评价项目	标准分	评分标准	查评依据
9.1.9	消防器材日常维护： （1）每月对消防器材进行一次检查维护； （2）地下变电站的灭火器应每半月检查一次； （3）补充的砂子应干燥；发现灭火器压力不在正常范围时，及时更换合格的灭火器或重新充装； （4）二氧化碳灭火器质量比额定质量减少十分之一时，应进行灌装； （5）灭火器的表面保持清洁、设施完好；干粉灭火器压力正常	10	每项未执行扣 10%	《建筑消防设施的维护管理》（GB 25201—2010）附录 E； 《国网设备部关于印发〈变电站消防设施运维管理规范（试行）〉的通知》（设备变电〔2019〕29 号）第 5.4.3 条
9.1.10	变电站消防设施及通道是否正常和畅通： （1）变电站消防设施是否处于正常运行状态； （2）疏散通道和安全出口是否保持畅通，不得占用、堵塞和封闭，消防车道是否保持畅通； （3）是否损坏、挪用或者擅自拆除、停用消防设施、器材； （4）是否埋压、圈占、遮挡消火栓或者占用防火间距； （5）在疏散特殊部位（像窗口、阳台等）是否设置了妨碍应急逃生和救援的障碍物	10	消防设施、器材被损坏、挪用或者擅自拆除、停用，每处扣 20%；消火栓被埋压、圈占、遮挡，每处扣 20%；防火间距被占用，每处扣 20%；发现 3 处以上，不得分； 严重堵占主要消防车道的，不得分；消防车道不畅通，每处扣 20%；发现 3 处以上，不得分；疏散通道和安全出口不畅通，每处扣 20%	《中华人民共和国消防法》（2019 年修订）第二十八条； 《电力设备典型消防规程》（DL 5027—2015）第 6.1.6、6.1.19、6.3.2 条； 《国网设备部关于印发〈变电站消防设施运维管理规范（试行）〉的通知》（设备变电〔2019〕29 号）第 3.11 条； 《变电站（换流站）消防设备设施完善化改造原则（试行）》（设备变电〔2018〕15 号）第 4.1.7 条
9.1.11	防火门、防火分隔设置是否合格： （1）是否按规范要求设置防火门、防火卷帘； （2）防火门是否贴有永久性标识； （3）防火门是否按要求安装闭门器、顺序器； （4）防火门框内是否按要求灌注水泥砂浆； （5）防火卷帘是否起降正常； （6）防火卷帘耐火完整性和耐火隔热性是否符合要求	5	未按要求配置防火门、防火卷帘，每处扣 20%；防火门、防火卷帘不符合规范要求，每处扣 10%；发现 3 处以上，不得分	《防火门》（GB 12955—2008）第 5.3.3～5.3.7、5.9.2、5.10、8.1.1 条； 《建筑设计防火规范》（GB 50016—2014）第 6.1.6、6.2.7、6.2.9、6.4.3、6.4.5、6.4.11、6.5.1、6.5.3 条； 《火力发电厂与变电站设计防火标准》（GB 50229—2019）第 11.2.4 条
9.2	消防管理及资料	65		
9.2.1	变电运维人员应熟知： （1）消防设施和器材的使用、维护和保管方法； （2）火警电话及报警方法； （3）消防器材摆放地点及本单位消防负责人联系方式； （4）掌握自救逃生知识和消防技能	10	每项不符合要求扣酌情扣 20%，本项目扣完为止	《国家电网公司变电运维管理规定（试行）》［国网（运检/3）828—2017］第十九章　专项工作　第一百零二条（四）； 《国网设备部关于印发〈变电站消防设施运维管理规范（试行）〉的通知》（设备变电〔2019〕29 号）第 3.12 条

续表

序号	评价项目	标准分	评分标准	查评依据
9.2.2	变电站应建立消防器材和设施台账，台账应有具体数量并符合最低配置要求，设专人负责	5	未建立消防器材和设施台账，扣30%，未设专人负责，扣10%	《国网设备部关于印发〈变电站消防设施运维管理规范（试行）〉的通知》（设备变电〔2019〕29号）第3.9条； 《国家电网公司变电运维管理规定（试行）》［国网（运检/3）828—2017］第十九章专项工作第一百零二条（五）
9.2.3	变电站应有结合本站实际的消防预案，消防预案内应包括灭火和应急疏散部分，并定期开展演练，灭火和应急疏散预案的演练记录等资料存档	10	变电站没有消防预案不得分，消防预案没有应急疏散部分未定期开展演练，演练资料未存档，酌情扣50%	《国家电网公司变电运维管理规定（试行）》〔国网（运检/3）828—2017〕第十九章专项工作　第一百零二条（二）； 《国网设备部关于印发〈变电站消防设施运维管理规范（试行）〉的通知》（设备变电〔2019〕29号）第3.4、3.16条
9.2.4	消防安全管理制度是否健全，所有制度是否具有签字审批流程，是否及时进行修订。应包含以下制度： （1）消防安全管理制度包括消防安全责任制； （2）消防安全教育、培训制度； （3）防火检查、巡查制度； （4）消防安全疏散设施管理制度； （5）消防设施器材维护管理制度； （6）灭火和应急疏散预案演练制度； （7）专职（志愿）消防队的组织管理制度； （8）消防设备设施操作规程； （9）系统操作员名册及相应的工作职责	10	缺少基本的管理制度和操作规程，每少一项扣10%；管理制度缺少超过5项及以上，不得分；管理制度缺少签字审批流程，扣20%；未及时进行制度修订，扣20%	《中华人民共和国消防法》（2019年修订）第十六条； 《机关、团体、企业、事业单位消防安全管理规定》（公安部第61号令）第十八、四十五条； 《电力设备典型消防规程》（DL 5027—2015）第3.1、3.2、3.4、3.6、4.1.1条； 《国家电网公司变电运维管理规定（试行）》〔国网（运检/3）828—2017〕第十九章专项工作　第一百零二条（一）； 《国网设备部关于印发〈变电站消防设施运维管理规范（试行）〉的通知》（设备变电〔2019〕29号）第3.10、3.17条
9.2.5	变电站应保存下列图纸资料，并应有电子备案档案： （1）竣工后的总平面布局图； （2）消防设施平面布置图； （3）消防设施系统图及安全出口布置图； （4）消防机构出具的有关法律文书等； （5）消防安全管理规章制度； （6）应急灭火预案； （7）应急疏散预案； （8）消防系统控制逻辑关系说明； （9）设备使用说明书； （10）系统操作规程； （11）系统和设备维护保养制度等。	10	每项未执行扣10%	《国网设备部关于印发〈变电站消防设施运维管理规范（试行）〉的通知》（设备变电〔2019〕29号）第3.4、3.10、3.13、3.17条； 《国家电网公司变电运维管理规定（试行）》〔国网（运检/3）828—2017〕第十九章专项工作　第一百零二条（一）（六）

续表

序号	评价项目	标准分	评分标准	查评依据
9.2.5	变电站应制定消防器材布置图，图中标明存放地点、数量和消防器材类型，消防器材按消防布置图布置	10	每项未执行扣 10%	《国网设备部关于印发〈变电站消防设施运维管理规范（试行）〉的通知》（设备变电〔2019〕29 号）第 3.4、3.10、3.13、3.17 条； 《国家电网公司变电运维管理规定（试行）》〔国网（运检/3）828—2017〕第十九章专项工作第一百零二条（一）（六）
9.2.6	公用消防设施、器材是否处于正常状态。消防设施出现故障是否及时组织修复，临时停用消防设施或移动消防器材是否采取临时措施和事先报告单位消防管理部门，并得到本单位消防安全责任人的批准，工作完毕后应及时恢复	10	消防设施被停用、缺陷超过消缺周期，且无正常手续的，不得分	《变电站（换流站）消防设备设施完善化改造原则（试行）》（设备变电〔2018〕15 号）4.1.2
9.2.7	变电站应保存下列消防记录： （1）消防安全组织结构图，包括消防安全责任人、管理人、专职、义务消防人员等内容； （2）消防安全培训记录； （3）值班情况、消防安全检查情况及巡查情况的记录； （4）接报警记录； （5）火灾处理情况； （6）设备检修检测报告等资料； （7）消防设施一览表，包括消防设施的类型、数量、状态等内容。这些资料应能定期保存和归档	10	每项未执行扣 10%	《国网设备部关于印发〈变电站消防设施运维管理规范（试行）〉的通知》〔设备变电（2019）29 号〕3.4

第 2 节　500kV 变电站消防查评依据

1　主变压器固定自动灭火系统

1.1　公共部分

1.1.1　本条评价项目的查评依据如下

依据 1 《电力设备典型消防规程》（DL 5027—2015）第 10.3.1、13.7.4 条

10.3.1　固定自动灭火系统，应符合下列要求：

1　变电站（换流站）单台容量为 125MVA 及以上的油浸式变压器应设置固定自动灭火系统及火灾自动报警系统；变压器排油注氮灭火装置和泡沫灭火装置的火灾报警系统宜单独设置。

2　干式变压器可不设置固定自动灭火系统。

13.7.4　电压等级35kV或单台变压器5MVA及以上变电站、换流站和开关站的特殊消防设施配置应符合现行国家标准《火力发电厂与变电站设计防火规范》GB 50229 的有关规定，换流站的消防设施还应符合现行行业标准《高压直流换流站设计技术规定》DL/T 5223 的要求，地下变电站的消防设施还应符合现行行业标准《35kV～220kV 城市地下变电站设计规定》DL/T 5216 的要求。

1. 地上变电站和换流站火灾自动报警系统和固定灭火系统应符合表13.7.4规定。

表 13.7.4　　变电站和换流站火灾自动报警系统和固定灭火系统

建筑物和设备	火灾探测器类型	固定灭火介质及系统型式
主控制室	点式感烟或吸气式感烟	—
通信机房	点式感烟或吸气式感烟	—
户内直流开关场地	点式感烟或吸气式感烟	—
电缆层、电缆竖井和电缆隧道	220kV 及以上变电站、所有地下变电站和无人变电站设缆式线型感温、分布式光纤、点式感烟或吸气式感烟	无人值班站可设置悬挂式超细干粉、气溶胶或火探管式灭火装置
继电器室	点式感烟或吸气式感烟	—
电抗器室	点式感烟或吸气式感烟（如有含油设备，采用感温）	—
电容器室	点式感烟或吸气式感烟（如有含油设备，采用感温）	—
配电装置室	点式感烟或吸气式感烟	—
蓄电池室	防爆感烟和可燃气体	—
换流站阀厅	点式感烟或吸气式感烟+其他早期火灾探测报警装置（如紫外弧光探测器）组合	—
油浸式平波电抗器（单台容量200Mvar 及以上）	缆式线型感温+缆式线型感温或缆式线型感温+火焰探测器组合	水喷雾、泡沫喷雾（缺水或严寒地区）或其他介质
油浸式变压器（单台容量125MVA及以上）	缆式线型感温+缆式线型感温或缆式线型感温+火焰探测器组合（联动排油注氮宜与瓦斯报警、压力释放阀或跳闸动作组合）	水喷雾、泡沫喷雾（缺水或严寒地区）或其他介质
油浸式变压器（无人变电站单台容量125MVA 以下）	缆式线型感温或火焰探测器	—

2. 地下变电站除满足表13.7.4规定外，还应在所有电缆层、电缆竖井和电缆隧道处设置线型感温、感烟或吸气式感烟探测器，在所有油浸式变压器和油浸式平波电抗器处设置火灾自动报警系统和细水雾、排油注氮、泡沫喷雾或固定式气体自动灭火装置。

依据2 《变压器固定自动灭火系统完善化改造原则（试行）》（设备变电〔2018〕15号）

4.1.1　以下变压器（电抗器）应设置固定自动灭火系统：

a　变电站（换流站）单台容量为125MVA及以上的油浸式变压器（电抗器）；

b　单台容量200Mvar及以上的油浸式平波电抗器；

c　地下变电站的所有油浸式变压器和油浸式平波电抗器处；

d　其他容量和绝缘型式的变压器（电抗器）以及高层建筑内的变压器可根据有关标准和要求设置固定自动灭火系统。

4.1.3　换流站变压器固定灭火系统的配置应符合《高压直流换流站设计技术规定》DL/T 5223的要求，地下变电站变压器固定灭火系统的配置应符合《35kV～220kV城市地下变电站设计技术规程》DL/T 5216的要求。

1.1.2　本条评价项目的查评依据如下

依据《变压器固定自动灭火系统完善化改造原则（试行）》（设备变电〔2018〕15号）

4.1.2　固定灭火系统的自检系统、自身工况及故障的监测功能应符合《固定灭火系统驱动、控制装置通用技术条件》GA 61的要求。

1.1.3　本条评价项目的查评依据如下

依据1《变压器固定自动灭火系统完善化改造原则（试行）》（设备变电〔2018〕15号）

4.1.4　固定灭火系统的喷头、管道、消防柜等设备设施与电气设备带电（裸露）部分的安全净距宜符合现行行业标准《高压配电装置设计技术规程》DL/T 5352的规定。

依据2《变压器固定自动灭火系统完善化改造原则（试行）》（设备变电〔2018〕15号）

4.1.9　对于处于高粉尘环境及易发沙尘天气的地区，喷头应有防止灰尘或异物堵塞喷孔的防护装置，防护装置在灭火剂喷放时应能被自动吹掉或打开。

4.1.10　采用水喷雾灭火系统、细水雾灭火系统、泡沫灭火系统的变压器，在变压器套管升高座孔口应设喷头保护。

4.1.13　管道的支、吊架应进行防腐蚀处理，并应采取防止与管道发生电化学腐蚀的措施。

依据3《水喷雾灭火系统技术规范》（GB 50219—2014）

3.2.5　当保护对象为油浸式电力变压器时，水雾喷头的布置应符合下列要求：

1　变压器绝缘子升高座孔口、油枕、散热器、集油坑应设水雾喷头保护。

4.0.2　水雾喷头的选型应符合下列要求：

2　室内粉尘场所设置的水雾喷头应带防尘帽，室外设置的水雾喷头宜带防尘帽。

依据4《细水雾灭火系统技术规范》（GB 50898—2013）

3.2.4　……用于保护室内油浸变压器时，喷头的布置尚应符合下列规定：

……

3　喷头不应直接对准高压进线套管。

4　当变压器下方设置集油坑时，喷头布置应能使细水雾完全覆盖集油坑。

3.3.8　对于油浸变压器，系统管道不宜横跨变压器的顶部，且不应影响设备的正常操作。

依据5 《泡沫灭火系统设计规范》（GB 50151—2010）

7.4.2　当保护油浸变压器时，系统设计应符合下列规定：

4　喷头的设置应使泡沫覆盖变压器油箱顶面，且每个变压器进出线绝缘套管升高座孔口应设置单独的喷头保护。

1.1.4　本条评价项目的查评依据如下

依据 《变压器固定自动灭火系统完善化改造原则（试行）》（设备变电〔2018〕15号）

4.1.14　同一变电站不同变压器的固定灭火系统应能分别投自动。一台变压器检修时，相应固定灭火系统退出自动启动状态或采取措施将自动启动回路隔离，防止变压器检修时固定灭火系统误喷，且不得影响本站其他在运变压器投自动状态。

1.1.5　本条评价项目的查评依据如下

依据1 《火力发电厂与变电站设计防火标准》（GB 50229—2019）

11.7.1　变电站的消防供电应符合下列规定：

1　消防水泵、自动灭火系统、与消防有关的电动阀门及交流控制负荷，户内变电站、地下变电站应按Ⅰ类负荷供电；户外变电站应按Ⅱ类负荷供电。

依据2 《电力工程电缆设计标准》（GB 50217—2018）

3.6.6　固定灭火系统中弱电信号、控制回路的控制电缆，当位于存在干扰影响的环境又不具备有效抗干扰措施时，应具有金属屏蔽。

依据3 《变压器固定自动灭火系统完善化改造原则（试行）》（设备变电〔2018〕15号）

4.1.5　固定灭火系统用电应采用不低于二级负荷供电的电源。各级负荷的供电要求应符合《供配电系统设计规范》GB 50052的要求。

4.1.7　固定灭火系统中弱电信号、控制回路的控制电缆，当位于存在干扰影响的环境又不具备有效抗干扰措施时，应具有金属屏蔽。

4.1.8　现场装置明显处应有手动操作步骤说明，各功能按钮、操作把手应标识明晰，在经常有人通过或误碰易造成装置误动的场所，须另加防护措施并设置警示标识。

1.1.6　本条评价项目的查评依据如下

依据1 《变压器固定自动灭火系统完善化改造原则（试行）》（设备变电〔2018〕15号）

4.1.15　火灾探测器（尤其是缆式线型感温电缆）应有良好的固定措施。感温电缆宜采用具有抗机械损伤能力的带防护结构层的产品。

依据 2《变电站(换流站)消防设备设施完善化改造原则(试行)》(设备变电〔2018〕15 号)

4.3.1.4　火灾自动报警系统的探测器应符合《电力设备典型消防规程》(DL 5027—2015)要求。地下变电站电缆层、电缆竖井和电缆隧道处应设置线型感温、感烟或吸气式感烟探测器。

依据 3《电力设备典型消防规程》(DL 5027—2015)

13.7.4　……

2　地下变电站除满足表 13.7.4 规定外，还应在所有电缆层、电缆竖井和电缆隧道处设置线型感温、感烟或吸气式感烟探测器，在所有油浸式变压器和油浸式平波电抗器处设置火灾自动报警系统和细水雾、排油注氮、泡沫喷雾或固定式气体自动灭火装置。

1.1.7　本条评价项目的查评依据如下

依据《变电站(换流站)消防设备设施完善化改造原则(试行)》(设备变电〔2018〕15 号)

4.3.3.8　油浸式变压器、油浸式电抗器等处应设置消防砂箱或砂桶，内装干燥细黄砂，消防砂箱容积为 $1.0m^3$，并配置消防铲，每处 3～5 把，消防砂桶应装满干燥黄砂。

1.1.8　本条评价项目的查评依据如下

依据《电力设备典型消防规程》(DL 5027—2015)

10.3.5　户外油浸式变压器、户外配电装置之间及与各建(构)筑物的防火间距，户内外含油设备事故排油要求应符合现行国家标准《火力发电厂与变电站设计防火规范》GB 50229 的有关规定。

10.3.6　户外油浸式变压器之间设置防火墙时应符合下列要求：

1　防火墙的高度应高于变压器储油柜；防火墙的长度不应小于变压器的贮油池两侧各 1.0m。

2　防火墙与变压器散热器外廓距离不应小于 1.0m。

3　防火墙应达到一级耐火等级。

1.1.9　本条评价项目的查评依据如下

依据《电力设备典型消防规程》(DL 5027—2015)

10.3.7　变压器事故排油应符合下列要求：

1　设置有带油水分离措施的总事故油池时，位于地面之上的变压器对应的总事故油池容量应按最大一台变压器油量的 60%确定；位于地面之下的变压器对应的总事故油池容量应按最大一台主变压器油量的 100%确定。

2　事故油坑设有卵石层时，应定期检查和清理，以不被淤泥、灰渣及积土所堵塞。

1.1.10　本条评价项目的查评依据如下

依据《电力设备典型消防规程》(DL 5027—2015)

10.3.10　变压器防爆筒的出口端应向下，并防止产生阻力，防爆膜宜采用脆性材料。

10.3.11 室内的油浸式变压器，宜设置事故排烟设施。火灾时，通风系统应停用。

10.3.12 室内或洞内变压器的顶部，不宜敷设电缆。室外变电站和有隔离油源设施的室内油浸设备失火时，可用水灭火，无放油管路时，不应用水灭火。发电机变压器组中间无断路器，若失火，在发电机未停止惰走前，严禁人员靠近变压器灭火。

1.2 水喷雾灭火系统

1.2.1 本条评价项目的查评依据如下

依据《变压器固定自动灭火系统完善化改造原则（试行）》（设备变电〔2018〕15号）

4.3.2 正常情况下，水喷雾灭火系统应投入在“自动状态”。

4.3.3 系统应具有自动控制、手动控制和应急机械启动三种控制方式。自动控制指水喷雾灭火系统的火灾探测、报警部分与供水设备、雨淋报警阀等部件自动联锁操作的控制方式；手动控制指人为远距离操纵供水设备、雨淋报警阀等系统组件的控制方式；应急机械启动指人为现场操纵供水设备、雨淋报警阀等系统组件的控制方式。

4.3.7 水喷雾系统启动的动作功率应大于8W。

1.2.2 本条评价项目的查评依据如下

依据《变压器固定自动灭火系统完善化改造原则（试行）》（设备变电〔2018〕15号）

4.3.8 下列信号应接入变电站主设备监控系统：喷淋泵电源工作状态，喷淋泵的启、停状态和故障状态，水流指示器、信号阀、报警阀、压力开关的正常工作状态和动作状态。

1.2.3 本条评价项目的查评依据如下

依据1《国网设备部关于印发〈变电站消防设施运维管理规范（试行）〉的通知》（设备变电〔2019〕29号）

4.3.1.3 水喷雾灭火系统

a）寒冷季节，应检查消防储水设施是否有结冰现象，储水设施的任何部位均不得结冰。

b）雨淋阀、喷雾头、管件、管网及阀门无损伤、腐蚀、渗漏，当喷头上有异物时应及时清除；各阀门标识清晰、位置正确，工作状态正确；各管路畅通，接口、排水管口无水流。

4.3.2.5 水喷雾灭火系统

a）检查消防水池（罐）、消防水箱及消防气压给水设备，应确保消防储备水位及消防气压给水设备的气体压力符合设计要求。

b）检查泵房无积水，无其他杂物。

c）消防水泵接合器的接口及附件，应保证接口完好、无渗漏、闷盖齐全。

d）钢板消防水箱和消防气压给水设备的玻璃水位计两端的角阀在不进行水位观察时

应关闭。

e）水喷雾灭火系统水泵工作正常，泵房内电源正常，各压力表完好，指示正常。

依据 2 《水喷雾灭火系统技术规范》（GB 50219—2014）

4.0.6 给水管道应符合下列规定：

1 过滤器之后的配水管道应采用内外壁热镀锌钢管、不锈钢管或铜管，需要进行弯管加工的管道应采用无缝钢管。

4 系统管道应采用沟槽式管接件（卡箍）、法兰或丝扣连接，普通钢管可采用焊接。

1.2.4 本条评价项目的查评依据如下

依据 《变压器固定自动灭火系统完善化改造原则（试行）》（设备变电〔2018〕15 号）

4.8.2 水喷雾、细水雾、泡沫喷雾自动灭火系统自动启动应同时满足以下 2 个条件：

a 有 2 个及以上独立的火灾探测器同时发信号，或者一只火灾探测器与一只手动火灾报警按钮的报警信号。

b 主变压器断路器跳闸。

1.2.5 本条评价项目的查评依据如下

依据 《电力设备典型消防规程》（DL 5027—2015）

10.3.2 采用水喷雾灭火系统时，水喷雾灭火系统管网应有低点放空措施，存有水喷雾灭火水量的消防水池应有定期放空及换水措施。

1.3 细水雾灭火系统

1.3.1 本条评价项目的查评依据如下

依据 1 《变压器固定自动灭火系统完善化改造原则（试行）》（设备变电〔2018〕15 号）

4.4.2 正常情况下，细水雾灭火系统应投入在“自动状态”。

4.4.3 瓶组系统应具有自动、手动和机械应急操作控制方式，其机械应急操作应能在瓶组间内直接手动启动系统。

泵组系统应具有自动、手动控制方式。

依据 2 《细水雾灭火系统技术规范》（GB 50898—2013）

3.6.1 瓶组系统应具有自动、手动和机械应急操作控制方式，其机械应急操作应能在瓶组间内直接手动启动系统。

泵组系统应具有自动、手动控制方式。

1.3.2 本条评价项目的查评依据如下

依据 1 《变压器固定自动灭火系统完善化改造原则（试行）》（设备变电〔2018〕15 号）

4.4.6 下列信号应接入变电站主设备监控系统。

a 泵供水方式：喷淋泵电源工作状态，喷淋泵的启、停状态和故障状态，水流指示器、信号阀、报警阀、压力开关的正常工作状态和动作状态。

b 压力容器供水方式：系统的手动、自动工作状态及故障状态，阀驱动装置的正常工作状态和动作状态，防护区域中的防火门（窗）、防火阀、通风空调等设备的正常工作状态和动作状态，系统的启、停信息，紧急停止信号和管网压力信号。

依据 2 《火灾自动报警系统设计规范》（GB 50116—2013）

附录 A 火灾报警、建筑消防设施运行状态信息表

表 A 火灾报警、建筑消防设施运行状态信息

<table>
<tr><th colspan="2">设施名称</th><th>内 容</th></tr>
<tr><td colspan="2">火灾探测报警系统</td><td>火灾报警信息、可燃气体探测报警信息、电气火灾监控报警信息、屏蔽信息、故障信息</td></tr>
<tr><td rowspan="12">消防联动控制系统</td><td>消防联动控制器</td><td>动作状态、屏蔽信息、故障信息</td></tr>
<tr><td>消火栓系统</td><td>消防水泵电源的工作状态，消防水泵的启、停状态和故障状态，消防水箱（池）水位、管网压力报警信息及消火栓按钮的报警信息</td></tr>
<tr><td>自动喷水灭火系统、水喷雾（细水雾）灭火系统（泵供水方式）</td><td>喷淋泵电源工作状态，喷淋泵的启、停状态和故障状态，水流指示器、信号阀、报警阀、压力开关的正常工作状态和动作状态</td></tr>
<tr><td>气体灭火系统、细水雾灭火系统（压力容器供水方式）</td><td>系统的手动、自动工作状态及故障状态，阀驱动装置的正常工作状态和动作状态，防护区域中的防火门（窗）、防火阀、通风空调等设备的正常工作状态和动作状态，系统的启、停信息，紧急停止信号和管网压力信号</td></tr>
<tr><td>泡沫灭火系统</td><td>消防水泵泡沫液泵电源的工作状态，系统的手动、自动工作状态及故障状态，消防水泵、泡沫液泵的正常工作状态和动作状态</td></tr>
<tr><td>干粉灭火系统</td><td>系统的手动、自动工作状态及故障状态，阀驱动装置的正常工作状态和动作状态，系统的启、停信息，紧急停止信号和管网压力信号</td></tr>
<tr><td>防烟排烟系统</td><td>系统的手动、自动工作状态，防烟排烟风机电源的工作状态，风机、电动防火阀、电动排烟防火阀、常闭送风口、排烟阀（口）、电动排烟窗、电动挡烟垂壁的正常工作状态和动作状态</td></tr>
<tr><td>防火门及卷帘系统</td><td>防火卷帘控制器、防火门监控器的工作状态和故障状态；卷帘门的工作状态，具有反馈信号的各类防火门、疏散门的工作状态和故障状态等动态信息</td></tr>
<tr><td>消防电梯</td><td>消防电梯的停用和故障状态</td></tr>
<tr><td>消防应急广播</td><td>消防应急广播的 启动、停止和故障状态</td></tr>
<tr><td>消防应急照明和疏散指示系统</td><td>消防应急照明和疏散指示系统的故障状态和应急工作状态信息</td></tr>
<tr><td>消防电源</td><td>系统内各消防用电设备的供电电源和备用电源工作状态和欠压报警信息</td></tr>
</table>

1.3.3 本条评价项目的查评依据如下

依据 1 《变压器固定自动灭火系统完善化改造原则（试行）》（设备变电〔2018〕15 号）

4.4.5 细水雾灭火系统的管道应采用冷拔法制造的奥氏体不锈钢钢管，或其他耐腐

蚀和耐压性能相当的金属管道。系统管道连接件的材质应与管道相同。系统管道宜采用专用接头或法兰连接。

依据 2 《细水雾灭火系统技术规范》（GB 50898—2013）

3.3.10　系统管道应采用冷拔法制造的奥氏体不锈钢钢管，或其他耐腐蚀和耐压性能相当的金属管道。管道的材质和性能应符合现行国家标准《流体输送用不锈钢无缝钢管》GB/T 14976 和《流体输送用不锈钢焊接钢管》GB/T 12771 的有关规定。

系统最大工作压力不小于 3.50MPa 时，应采用符合现行国家标准《不锈钢和耐热钢牌号及化学成分》GB/T 20878 中规定牌号为 022Cr17Ni12Mo2 的奥氏体不锈钢无缝钢管，或其他耐腐蚀和耐压性能不低于牌号为 022Cr17Ni12Mo2 的金属管道。

1.3.4　本条评价项目的查评依据如下

依据 《变压器固定自动灭火系统完善化改造原则（试行）》（设备变电〔2018〕15 号）

4.8.2　水喷雾、细水雾、泡沫喷雾自动灭火系统自动启动应同时满足以下 2 个条件：

a　有 2 个及以上独立的火灾探测器同时发信号，或者一只火灾探测器与一只手动火灾报警按钮的报警信号。

b　主变压器断路器跳闸。

1.4　泡沫灭火系统

1.4.1　本条评价项目的查评依据如下

依据 1 《变压器固定自动灭火系统完善化改造原则（试行）》（设备变电〔2018〕15 号）

4.5.2　正常情况下，泡沫喷雾灭火系统应投入在“自动状态”。

4.5.3　泡沫喷雾系统应同时具备自动、手动和应急机械手动启动方式。

依据 2 《泡沫灭火系统设计规范》（GB 50151—2010）

7.4.6　泡沫喷雾系统应同时具备自动、手动和应急机械手动启动方式。

1.4.2　本条评价项目的查评依据如下

依据 1 《变压器固定自动灭火系统完善化改造原则（试行）》（设备变电〔2018〕15 号）

4.5.8　下列信号应接入变电站主设备监控系统：系统的手动、自动工作状态及故障状态、驱动装置的正常工作状态和动作状态，系统的启、停信息。

依据 2 《火灾自动报警系统设计规范》（GB 50116—2013）

附录 A　火灾报警、建筑消防设施运行状态信息表

表 A　火灾报警、建筑消防设施运行状态信息

设施名称		内　容
火灾探测报警系统		火灾报警信息、可燃气体探测报警信息、电气火灾监控报警信息、屏蔽信息、故障信息
消防联动控制系统	消防联动控制器	动作状态、屏蔽信息、故障信息
	消火栓系统	消防水泵电源的工作状态，消防水泵的启、停状态和故障状态，消防水箱（池）水位、管网压力报警信息及消火栓按钮的报警信息

续表

设施名称		内　容
消防联动控制系统	自动喷水灭火系统、水喷雾（细水雾）灭火系统（泵供水方式）	喷淋泵电源工作状态，喷淋泵的启、停状态和故障状态，水流指示器、信号阀、报警阀、压力开关的正常工作状态和动作状态
	气体灭火系统、细水雾灭火系统（压力容器供水方式）	系统的手动、自动工作状态及故障状态，阀驱动装置的正常工作状态和动作状态，防护区域中的防火门（窗）、防火阀、通风空调等设备的正常工作状态和动作状态，系统的启、停信息，紧急停止信号和管网压力信号
	泡沫灭火系统	消防水泵泡沫液泵电源的工作状态，系统的手动、自动工作状态及故障状态，消防水泵、泡沫液泵的正常工作状态和动作状态
	干粉灭火系统	系统的手动、自动工作状态及故障状态，阀驱动装置的正常工作状态和动作状态，系统的启、停信息，紧急停止信号和管网压力信号
	防烟排烟系统	系统的手动、自动工作状态，防烟排烟风机电源的工作状态，风机、电动防火阀、电动排烟防火阀、常闭送风口、排烟阀（口）、电动排烟窗、电动挡烟垂壁的正常工作状态和动作状态
	防火门及卷帘系统	防火卷帘控制器、防火门监控器的工作状态和故障状态；卷帘门的工作状态，具有反馈信号的各类防火门、疏散门的工作状态和故障状态等动态信息
	消防电梯	消防电梯的停用和故障状态
	消防应急广播	消防应急广播的启动、停止和故障状态
	消防应急照明和疏散指示系统	消防应急照明和疏散指示系统的故障状态和应急工作状态信息
	消防电源	系统内各消防用电设备的供电电源和备用电源工作状态和欠压报警信息

1.4.3 本条评价项目的查评依据如下

依据 《变压器固定自动灭火系统完善化改造原则（试行）》（设备变电〔2018〕15号）

4.5.6 所有与泡沫液或泡沫混合液直接接触的零部件都应采用铜合金或耐腐蚀性能相类似的等同材料制造。

4.5.7 系统储液罐、启动装置、氮气驱动装置应安装在温度高于0℃的专用设备间内。

4.5.8 下列信号应接入变电站主设备监控系统：系统的手动、自动工作状态及故障状态、驱动装置的正常工作状态和动作状态，系统的启、停信息。

1.4.4 本条评价项目的查评依据如下

依据 《国网设备部关于印发〈变电站消防设施运维管理规范（试行）〉的通知》（设备变电〔2019〕29号）

4.3.1.4 泡沫喷雾灭火系统

a）泡沫喷头、管件、管网、阀门、压力表及泡沫液储罐无损伤、腐蚀、渗漏，泡沫罐液位显示正常，各压力表指示正确。当喷头上有异物时应及时清除，各阀门标识清晰、位置正确，工作状态正确。

b）应检查电源开关位置等是否正常。

c）寒冷和严寒地区，运维人员应检查泡沫液储罐专用房的温度，应采取防冻措施，房间温度不应低于0℃。

4.3.2.6 泡沫喷雾灭火系统

a）应检查气瓶压力是否正常。

b）泡沫喷雾灭火系统电源正常、动力源正常，各压力表完好，指示正常。

c）泡沫液在有效使用期内且经检验合格。

1.4.5 本条评价项目的查评依据如下

依据《变压器固定自动灭火系统完善化改造原则（试行）》（设备变电〔2018〕15号）

4.8.2 水喷雾、细水雾、泡沫喷雾自动灭火系统自动启动应同时满足以下2个条件：

a 有2个及以上独立的火灾探测器同时发信号，或者一只火灾探测器与一只手动火灾报警按钮的报警信号。

b 主变压器断路器跳闸。

1.5 排油注氮系统

1.5.1 本条评价项目的查评依据如下

依据1《变压器固定自动灭火系统完善化改造原则（试行）》（设备变电〔2018〕15号）

4.6.2 排油注氮灭火系统经改造并验证启动条件无误后，方可逐步投入“自动状态”。

4.6.3 消防控制柜应有自动、手动启动和远程启动灭火装置功能。自动状态、手动状态应有明显标志并可相互转换。无论消防控制柜处于自动或手动状态，手动操作启动必须始终有效。

依据2《油浸变压器排油注氮灭火装置》（GA 835—2009）

5.5.3 控制功能

1 消防控制柜应有自动、手动启动和远程启动灭火装置功能。自动状态、手动状态应有明显标志并可相互转换。无论消防控制柜处于自动或手动状态，手动操作启动必须始终有效。

依据3《电力设备典型消防规程》（DL 5027—2015）

10.3.3 采用排油注氮灭火装置应符合下列要求：

1 排油注氮灭火系统应有防误动的措施。

2 排油管路上的检修阀处于关闭状态时，检修阀应能向消防控制柜提供检修状态的信号。消防控制柜接收到的消防启动信号后，应能禁止灭火装置启动实施排油注氮动作。

3 消防控制柜面板应具有如下显示功能的指示灯或按钮：指示灯自检，消音，阀门（包括排油阀、氮气释放阀等）位置（或状态）指示，自动启动信号指示，气瓶压力报警信号指示等。

4 消防控制柜同时接收到火灾探测装置和气体继电器传输的信号后，发出声光报警信号并执行排油注氮动作。

5 火灾探测器布线应独立引线至消防端子箱。

1.5.2 本条评价项目的查评依据如下

依据1 《变压器固定自动灭火系统完善化改造原则（试行）》（设备变电〔2018〕15号）

4.6.18 下列信号应接入变电站主设备监控系统：系统电源的工作状态，系统的启、停信息，阀门（排油阀、氮气释放阀、断流阀等）位置状态，气瓶压力报警。

依据2 《油浸变压器排油注氮灭火装置》（GA 835—2009）

5.5.1 消防控制柜面板应具有如下显示功能的指示灯或按钮：指示灯自检；消音；阀门（排油阀、氮气释放阀等）位置（或状态）指示；气瓶压力报警信号指示等。

1.5.3 本条评价项目的查评依据如下

依据1 《变压器固定自动灭火系统完善化改造原则（试行）》（设备变电〔2018〕15号）

4.6.4 火灾探测器不宜采用成本高、使用寿命短、温度变送器缺陷多发的铂式温度计感温探测器，可采用玻璃球型火灾探测装置和易熔合金型火灾探测器。火灾探测装置应布置成两个及以上的独立回路。

依据2 《电力设备典型消防规程》（DL 5027—2015）

10.3.3 采用排油注氮灭火装置应符合下列要求：

1 排油注氮灭火系统应有防误动的措施。

2 排油管路上的检修阀处于关闭状态时，检修阀应能向消防控制柜提供检修状态的信号。消防控制柜接收到的消防启动信号后，应能禁止灭火装置启动实施排油注氮动作。

3 消防控制柜面板应具有如下显示功能的指示灯或按钮：指示灯自检，消音，阀门（包括排油阀、氮气释放阀等）位置（或状态）指示，自动启动信号指示，气瓶压力报警信号指示等。

4 消防控制柜同时接收到火灾探测装置和气体继电器传输的信号后，发出声光报警信号并执行排油注氮动作。

5 火灾探测器布线应独立引线至消防端子箱。

1.5.4 本条评价项目的查评依据如下

依据 《变压器固定自动灭火系统完善化改造原则（试行）》（设备变电〔2018〕15号）

4.6.6 设置在室外的消防柜应有可靠的防水、防冻及防晒措施。当工作环境相对湿度大于85%时消防柜中应设置除湿装置。

4.6.7 采用一台消防控制柜控制多台消防柜时，每台消防柜应对应独立的控制单元，且各控制单元应相互独立，互不干扰。

1.5.5　本条评价项目的查评依据如下

依据 《电力设备典型消防规程》（DL 5027—2015）

10.3.3　采用排油注氮灭火装置应符合下列要求：

1　排油注氮灭火系统应有防误动的措施。

2　排油管路上的检修阀处于关闭状态时，检修阀应能向消防控制柜提供检修状态的信号。消防控制柜接收到的消防启动信号后，应能禁止灭火装置启动实施排油注氮动作。

3　消防控制柜面板应具有如下显示功能的指示灯或按钮：指示灯自检，消音，阀门（包括排油阀、氮气释放阀等）位置（或状态）指示，自动启动信号指示，气瓶压力报警信号指示等。

4　消防控制柜同时接收到火灾探测装置和气体继电器传输的信号后，发出声光报警信号并执行排油注氮动作。

5　火灾探测器布线应独立引线至消防端子箱。

1.5.6　本条评价项目的查评依据如下

依据 1 《油浸变压器排油注氮装置技术规程》（CECS 187—2005）

3.1.2　排油注氮装置的氮气瓶应符合现行国家标准《钢质无缝气瓶》GB 5099 的有关规定，其配置应符合表 3.1.2 的规定。

表 3.1.2　　氮 气 瓶 配 置

油浸变压器容量（MV・A）	≤50	＞50，≤360	＞360
单位氮气瓶容积（L）	40	40	63
氮气瓶数量（个）	1	2	2
氮气瓶工作压力（MPa）（20℃）	15±0.5	15±0.5	15±0.5
注氮工作压力（MPa）	0.5～0.8	0.5～0.8	0.5～0.8

3.2.4　消防柜宜靠近变压器布置。

3.2.5　控制柜宜安装在相关控制室内。在无人巡视的场所，应能将信息远传至有人监控的场所。

3.2.6　控制室应能指示排油注氮装置的工作状态和启动排油注氮装置的动作。

3.2.7　消防柜排油管应接至事故油池或排油罐等变压器事故泄油设施。

3.3.6　消防柜的工作环境温度为−5～＋55℃。当不符合规定时，应采取防护措施。

依据 2 《变电站消防设施运维管理规范（试行）》（设备变电〔2019〕29 号）

4.3.1.5　排油注氮灭火系统

a）控制柜电源、信号灯应正常。

b）手动启动方式按钮防误碰措施完好。

c）火灾探测器、法兰、管道、支架和紧固件无变形、损伤、防腐层完好。

d）断流阀、充氮阀、排油阀、排气塞等位置标识清晰、位置正确，无渗漏。

e）消防柜红色标记醒目，设备编号、标识齐全、清晰、无损坏。

f）消防柜无锈迹、污物、损伤，柜内阀门及接口处无油渍，渗油观察窗内无油迹。

g）火灾探测器安装牢固，防雨罩安装可靠，能够做到有效防雨。

4.3.2.7 排油注氮灭火系统

a）对消防柜中的所有零部件进行外观检查，表面无锈蚀，无机械性损伤。

b）排油管、注氮管、法兰及排气旋塞无渗漏现象；紧固件、密封件应无老化或损坏现象。

c）排油注氮灭火系统氮气瓶压力、氮气输出压力合格。

1.5.7 本条评价项目的查评依据如下

依据 1 《变压器固定自动灭火系统完善化改造原则（试行）》（设备变电〔2018〕15 号）

4.6.8 断流阀应带有能直接观察阀门启闭状况的位置指示，具有手动复位装置。断流阀达到额定流量时应能可靠关闭。

4.6.12 排油阀或排油管路上应设置排油信号反馈装置，在油气隔离装置前端的注氮管路上应设置注氮信号反馈装置。

4.6.15 注氮阀与排油阀间应设有机械联锁阀门。

依据 2 《油浸变压器排油注氮灭火装置》（GA 835—2009）

5.4 断流阀

5.4.3 动作流量要求

按 6.19 规定的方法进行动作流量试验，断流阀的动作流量不应大于生产单位公布值，并在此流量下能可靠输出闭合信号。

5.4.8 手动复位操作

断流阀应具有手动复位操作机构，机构手动复位操作力矩应不大于 5N · m。

依据 3 《电力设备典型消防规程》（DL 5027—2015）

10.3.3 采用排油注氮灭火装置应符合下列要求：

1 排油注氮灭火系统应有防误动的措施。

2 排油管路上的检修阀处于关闭状态时，检修阀应能向消防控制柜提供检修状态的信号。消防控制柜接收到的消防启动信号后，应能禁止灭火装置启动实施排油注氮动作。

3 消防控制柜面板应具有如下显示功能的指示灯或按钮：指示灯自检，消音，阀门（包括排油阀、氮气释放阀等）位置（或状态）指示，自动启动信号指示，气瓶压力报警信号指示等。

4 消防控制柜同时接收到火灾探测装置和气体继电器传输的信号后，发出声光报警信号并执行排油注氮动作。

5 火灾探测器布线应独立引线至消防端子箱。

1.5.8　本条评价项目的查评依据如下

依据 1 《变压器固定自动灭火系统完善化改造原则（试行）》（设备变电〔2018〕15 号）

4.6.9　排油注氮系统氮气驱动装置不应采用电爆型驱动装置，宜选用抗干扰能力强的电磁式驱动阀或防爆自密封瓶头阀。

4.6.10　采用排油注氮灭火系统的变压器应采用具有联动功能的双浮球结构的气体继电器。

4.6.16　排油注氮启动（触发）功率应大于 220V×5A（DC）；注氮阀动作线圈功率应大于 220V×6A（DC）。

依据 2 《防止电力生产事故的二十五项重点要求》（国能安全〔2014〕161 号）

12.7.2　采用排油注氮保护装置的变压器应采用具有联动功能的双浮球结构的气体继电器。

12.7.3　排油注氮保护装置应满足：

（5）排油注氮启动（触发）功率应大于 220V×5A（DC）。

（6）注油阀动作线圈功率应大于 220V×5A（DC）。

（7）注氮阀与排油阀之间应设有机械联锁阀门。

（8）动过逻辑关系应满足本体重瓦斯保护、主变压器断路器跳闸、油箱超压开关（火灾探测器）同时动作时才能启动排油注氮保护。

依据 3 《油浸变压器排油注氮消防系统设计、施工及验收规范》（DB43/T 420—2008）

4.2.1.10　注氮管路应设置能够排出泄漏氮气的排气组件。采用阻尼孔作为排气组件时，装置进行排油注氮的过程中，阻尼孔泄漏的氮气量不应大于氮气总量的 3%；采用机械式排气组件时，排气组件的关闭压力应不大于 0.5 倍油气隔离装置动作压力。

1.5.9　本条评价项目的查评依据如下

依据 1 《变压器固定自动灭火系统完善化改造原则（试行）》（设备变电〔2018〕15 号）

4.8.1　排油注氮灭火系统应具有防爆自动启动、灭火自动启动方式。

a　防爆自动启动应同时满足以下 3 个条件：

（1）压力释放阀或速动油压继电器动作。

（2）本体气体继电器发重瓦斯信号。

（3）主变压器断路器跳闸。

b　灭火自动启动应同时满足以下 3 个条件：

（1）有 2 个及以上独立的火灾探测器同时发信号。

（2）本体气体继电器发重瓦斯信号。

（3）主变压器断路器跳闸。

依据 2 《电力设备典型消防规程》（DL 5027—2015）

10.3.3 采用排油注氮灭火装置应符合下列要求：

1 排油注氮灭火系统应有防误动的措施。

2 排油管路上的检修阀处于关闭状态时，检修阀应能向消防控制柜提供检修状态的信号。消防控制柜接收到的消防启动信号后，应能禁止灭火装置启动实施排油注氮动作。

3 消防控制柜面板应具有如下显示功能的指示灯或按钮：指示灯自检，消音，阀门（包括排油阀、氮气释放阀等）位置（或状态）指示，自动启动信号指示，气瓶压力报警信号指示等。

4 消防控制柜同时接收到火灾探测装置和气体继电器传输的信号后，发出声光报警信号并执行排油注氮动作。

5 火灾探测器布线应独立引线至消防端子箱。

1.6 气体灭火系统

1.6.1 本条评价项目的查评依据如下

依据 1 《变压器固定自动灭火系统完善化改造原则（试行）》（设备变电〔2018〕15 号）

4.7.2 正常情况下，气体灭火系统应投入在“自动状态”。

4.7.3 管网灭火系统应设自动控制、手动控制和机械应急操作三种启动方式。预制灭火系统应设自动控制和手动控制两种启动方式。当人员进入防护区时，应能将灭火系统转换为手动控制方式，当人员离开时，应能恢复为自动控制方式。防护区内外应设手动、自动控制状态的显示装置。

依据 2 《气体灭火系统设计规范》（GB 50370—2005）

5.0.2 管网灭火系统应设自动控制、手动控制和机械应急操作三种启动方式。

5.0.4 灭火设计浓度或实际使用浓度大于无毒性反应浓度（NOAEL 浓度）的防护区和采用热气溶胶预制灭火系统应设自动控制和手动控制两种启动方式。当人员进入防护区时，应能将灭火系统转换为手动控制方式，当人员离开时，应能恢复为自动控制方式。防护区内外应设手动、自动控制状态的显示装置。

1.6.2 本条评价项目的查评依据如下

依据 1 《变压器固定自动灭火系统完善化改造原则（试行）》（设备变电〔2018〕15 号）

4.7.6 下列信号应接入变电站主设备监控系统：系统的手动、自动工作状态及故障状态，阀驱动装置的正常工作状态和动作状态，防护区域中的防火门（窗）、防火阀、通风空调等设备的正常工作状态和动作状态，系统的启、停信息，紧急停止信号和管网压力信号。

依据 2 《火灾自动报警系统设计规范》（GB 50116—2013）

附录 A 火灾报警、建筑消防设施运行状态信息表

表 A　　　　火灾报警、建筑消防设施运行状态信息表

设施名称		内　容
火灾探测报警系统		火灾报警信息、可燃气体探测报警信息、电气火灾监控报警信息、屏蔽信息、故障信息
消防联动控制系统	消防联动控制器	动作状态、屏蔽信息、故障信息
	消火栓系统	消防水泵电源的工作状态，消防水泵的启、停状态和故障状态，消防水箱（池）水位、管网压力报警信息及消火栓按钮的报警信息
	自动喷水灭火系统、水喷雾（细水雾）灭火系统（泵供水方式）	喷淋泵电源工作状态，喷淋泵的启、停状态和故障状态，水流指示器、信号阀、报警阀、压力开关的正常工作状态和动作状态
	气体灭火系统、细水雾灭火系统（压力容器供水方式）	系统的手动、自动工作状态及故障状态，阀驱动装置的正常工作状态和动作状态，防护区域中的防火门（窗）、防火阀、通风空调等设备的正常工作状态和动作状态，系统的启、停信息，紧急停止信号和管网压力信号
	泡沫灭火系统	消防水泵泡沫液泵电源的工作状态，系统的手动、自动工作状态及故障状态，消防水泵、泡沫液泵的正常工作状态和动作状态
	干粉灭火系统	系统的手动、自动工作状态及故障状态，阀驱动装置的正常工作状态和动作状态，系统的启、停信息，紧急停止信号和管网压力信号
	防烟排烟系统	系统的手动、自动工作状态，防烟排烟风机电源的工作状态，风机、电动防火阀、电动排烟防火阀、常闭送风口、排烟阀（口）、电动排烟窗、电动挡烟垂壁的正常工作状态和动作状态
	防火门及卷帘系统	防火卷帘控制器、防火门监控器的工作状态和故障状态；卷帘门的工作状态，具有反馈信号的各类防火门、疏散门的工作状态和故障状态等动态信息
	消防电梯	消防电梯的停用和故障状态
	消防应急广播	消防应急广播的启动、停止和故障状态
	消防应急照明和疏散指示系统	消防应急照明和疏散指示系统的故障状态和应急工作状态信息
	消防电源	系统内各消防用电设备的供电电源和备用电源工作状态和欠压报警信息

1.6.3　本条评价项目的查评依据如下

依据 1《变压器固定自动灭火系统完善化改造原则（试行）》（设备变电〔2018〕15 号）

4.7.4　在储存容器或容器阀上，应设安全泄压装置和压力表。组合分配系统的集流管，应设安全泄压装置。安全泄压装置的动作压力，应符合相应气体灭火系统的设计规定。

依据 2 《气体灭火系统设计规范》（GB 50370—2005）

4.1.4 在储存容器或容器阀上，应设安全泄压装置和压力表。组合分配系统的集流管，应设安全泄压装置。安全泄压装置的动作压力，应符合相应气体灭火系统的设计规定。

1.6.4 本条评价项目的查评依据如下

依据 1 《变压器固定自动灭火系统完善化改造原则（试行）》（设备变电〔2018〕15 号）

4.7.5 采用自动控制启动方式时，根据人员安全撤离防护区的需要，应有不大于 30s 的可控延迟喷射。

依据 2 《气体灭火系统设计规范》（GB 50370—2005）

5.0.3 采用自动控制启动方式时，根据人员安全撤离防护区的需要，应有不大于 30s 的可控延迟喷射。

1.6.5 本条评价项目的查评依据如下

依据 《国网设备部关于印发〈变电站消防设施运维管理规范（试行）〉的通知》（设备变电〔2019〕29 号）

4.3.1.7 气体灭火系统

a）检查防护区外专用的空气呼吸器或氧气呼吸器是否完好。

b）对气体储存装置的运行情况、储存装置间的设备状态进行检查并记录。

4.3.2.9 气体灭火系统

a）气体灭火系统储存装置的压力和重量检查，灭火剂损失 10%时应及时补充。

b）高压二氧化碳灭火系统、七氟丙烷灭火系统及 IG541 灭火系统等系统应检查灭火剂储存容器及容器阀、单向阀、连接管、集流管、安全泄放装置、选择阀、阀驱动装置、喷嘴、信号反馈装置、检漏装置、减压装置等全部系统组件应无碰撞变形及其他机械性损伤，表面应无锈蚀，保护涂层应完好，铭牌和标识牌应清晰，手动操作装置的防护罩、铅封和安全标志应完整。

c）七氟丙烷灭火系统及 IG541 灭火系统等系统应检查灭火剂和驱动气体储存容器内的压力，不得小于设计储存压力的 90%，当储存容器中充装的二氧化碳损失量达到其初始充装量的 10%时，应及时补充。预制灭火系统的设备状态和运行状况应正常。

1.6.6 本条评价项目的查评依据如下

依据 《变压器固定自动灭火系统完善化改造原则（试行）》（设备变电〔2018〕15 号）

4.8.2 水喷雾、细水雾、泡沫喷雾自动灭火系统自动启动应同时满足以下 2 个条件：

a 有 2 个及以上独立的火灾探测器同时发信号，或者一只火灾探测器与一只手动火灾报警按钮的报警信号。

b　主变压器断路器跳闸。

2　室外设备区、非设备区

2.1　本条评价项目的查评依据如下

依据 1《变电站（换流站）消防设备设施完善化改造原则（试行）》（设备变电〔2018〕15 号）

4.3.3.6　设置室外消火栓的变电站应集中配置足够数量的消防水带、水枪和消火栓扳手，放置在重点防火区域周围的露天专用消防箱或消防小室内，相关箱、室不得上锁；根据被保护设备的性质合理配置 19mm 直流或喷雾或多功能水枪，水带宜配置有衬里消防水带。

依据 2 《消防给水及消火栓系统技术规范》（GB 50974—2014）

7.3.7　工艺装置区等采用高压或临时高压消防给水系统的场所，其周围应设置室外消火栓，数量应根据设计流量经计算确定，且间距不应大于 60.0m。当工艺装置区宽度大于 120.0m 时，宜在该装置区内的路边设置室外消火栓。

7.4.3　设置室内消火栓的建筑，包括设备层在内的各层均应设置消火栓。

2.2　本条评价项目的查评依据如下

依据 1 《建筑设计防火规范》（GB 50016—2014）

8.2.1　下列建筑或场所应设置室内消火栓系统：

1　建筑占地面积大于 300m^2 的厂房和仓库。

依据 2《国网设备部关于印发〈变电站消防设施运维管理规范（试行）〉的通知》（设备变电〔2019〕29 号）

3.32　消火栓系统运行要求：

a）室内消火栓箱应有明显标志，箱门上应有使用方法或操作步骤，外观良好、无损坏，无锈蚀，无泄漏。消火栓箱组件应齐全，箱门应开关灵活，开度应符合要求；消火栓的阀门应启闭灵活，栓口位置应便于连接水带。

b）消火栓启泵按钮外观完好，有透明罩保护，并配有击碎工具；同时指示灯指示正确；手动复位后指示灯随之复位。

c）管网及支吊架与阀门应外观良好，无损坏，无锈蚀，无泄漏。阀门启闭状态处于工作状态。

依据 3 《电力设备典型消防规程》（DL 5027—2015）

6.1.24　变电站还应符合下列要求：

1　无人值班变电站火灾自动报警系统信号的接入应符合本规程第 6.3.8 条的规定。

2　无人值班变电站宜设置视频监控系统，火灾自动报警系统宜和视频监控系统联动，视频信号的接入场所按本规程第 6.3.8 条的规定采用。

3　无人值班变电站应在入口处和主要通道处设置移动式灭火器。

4　地下变电站内采暖区域严禁采用明火取暖。

5　电气设备间设置的排烟设施，应符合国家标准的规定。

6　火灾发生时，送排风系统和空调系统应能自动停止运行。

当采用气体灭火系统时，穿过防护区的通风或空调风道上的防火阀应能自动关闭。

7　室内消火栓应采用单栓消火栓。确有困难时可采用双栓消火栓，但必须为双阀双出口型。

13.7.3　变电站、换流站和开关站的下列建筑物应设置室内消火栓：地上变电站和换流站的主控通信楼、配电装置楼、继电器室、变压器室、电容器室、电抗器室、综合楼、材料库，地下变电站。下列建筑物可不设置室内消火栓：耐火等级为一、二级且可燃物较少的丁、戊类建筑物：耐火等级为三、四级且建筑体积不超过 3000m^3 的丁类厂房和建筑体积不超过 5000m^3 的戊类厂房：室内没有生产、生活给水管道，室外消防用水取自储水池且建筑体积不超过 5000m^3 的建筑物。

依据 4 《消防给水及消火栓系统技术规范》（GB 50974—2014）

7.4.3　设置室内消火栓的建筑，包括设备层在内的各层均应设置消火栓。

2.3　本条评价项目的查评依据如下

依据 《变电站（换流站）消防设备设施完善化改造原则（试行）》（设备变电〔2018〕15 号）

4.3.3.3　移动式灭火器材的配置应符合以下要求：

a　变电站和换流站的灭火器配置规格和数量应按国家标准《建筑灭火器配置设计规范》GB 50140—2005 计算确定。灭火器设置场所的建（构）筑物、设备的火灾类别及危险等级，按照《火力发电厂与变电站设计防火规范》GB 50229—2006 第 11.5 节的要求执行。

b　消防砂箱、砂桶、消防铲及正压式消防空气呼吸器等消防器材应按照《建筑设计防火规范》GB 50016—2014 和《电力设备典型消防规程》DL 5027—2015 的要求配置。

4.3.3.8　油浸式变压器、油浸式电抗器等处应设置消防砂箱或砂桶，内装干燥细黄砂，消防砂箱容积为 1.0m^3，并配置消防铲，每处 3～5 把，消防砂桶应装满干燥黄砂。

附录　变电站（换流站）典型消防器材配置（见下表）。

典型 500kV 变电站现场灭火器和黄砂配置表

配置部位	灭火器材	水成膜泡沫		磷酸铵盐干粉					黄砂		灭火级别	保护面积	危险等级	备注
		9L	45L	2kg	3kg	4kg	5kg	50kg	桶（25L）	箱（1m^3）				
一、主控通信楼														共三层

续表

配置部位 灭火器材	水成膜泡沫		磷酸铵盐干粉					黄砂		灭火级别	保护面积	危险等级	备注
	9L	45L	2kg	3kg	4kg	5kg	50kg	桶（25L）	箱（$1m^3$）				
1 控制室	—	—	—	—	—	1	—	—	—	E（A）	70	严重	三层
2 通信机房	—	—	—	—	—	1	—	—	—	E（A）	70	严重	三层
3 三层其他区域	—	—	—	2	—	—	—	—	—	A	200	轻	值班室、会议室、资料室
4 控制保护设备室	—	—	—	4	—	—	—	—	—	E（A）	400	中	二层
5 蓄电池室	—	—	—	—	2	—	—	—	—	C（A）	70	中	二层
6 配电装置室	—	—	—	5	—	—	—	—	—	E（A）	400	中	二层
7 一层其他区域	—	—	—	2	—	—	—	—	—	A	140	轻	备品间、工具间、门厅、走廊
二、继电器室	—	—	—	4×2	—	—	—	—	—	E（A）	4×2 40	中	4座
三、站用电室	—	—	—	2	—	—	—	—	—	E（A）	144	中	—
四、检修间	—	—	—	—	—	—	—	—	—	混合（A）	160	轻	—
五、备品间	—	—	—	2	—	—	—	—	—	混合（A）	120	中	—
六、消防水泵房	—	—	—	—	2	—	—	—	—	B	108	中	—
七、警卫传达室	—	—	—	—	—	—	—	—	—	A	50	轻	—
八、主变压器	—	—	—	—	—	—	4×2	—	4×3	—	12×120	中	12台变压器公用
九、室外配电装置	—	—	—	—	—	—	—	40	—	—	—	—	—

2.4 本条评价项目的查评依据如下

依据《电力设备典型消防规程》（DL 5027—2015）

10.4.1 油浸电抗器、电容器装置应就近设置能灭油火的消防设施，并应设有消防通道。

10.7.3 户内布置的单台电力电容器油量超过100kg时，应有贮油设施或挡油栏。户外布置的电力电容器与高压电气设备需保持 5.0m 及以上的距离，防止事故扩大。

10.7.7 干式变压器、电流互感器等电气设备宜配置移动式干粉灭火器。

3 室内变压器室、配电装置室、GIS 设备室、电容器室、电抗器室、站用变压器室、接地变压器室

3.1 本条评价项目的查评依据如下

依据 《变电站（换流站）消防设备设施完善化改造原则（试行）》（设备变电〔2018〕15 号）

4.3.1.4 火灾自动报警系统的探测器应符合《电力设备典型消防规程》（DL 5027—2015）要求。地下变电站电缆层、电缆竖井和电缆隧道处应设置线型感温、感烟或吸气式感烟探测器。

3.2 本条评价项目的查评依据如下

依据 1 《火力发电厂与变电站设计防火标准》（GB 50229—2019）

5.3.3 变压器室、配电装置室等室内疏散门应为甲级防火门，电子设备间、发电机出线小室、电缆夹层、电缆竖井等室内疏散门应为乙级防火门；上述房间中间隔墙上的门应采用乙级防火门。

依据 2 《变电站（换流站）消防设备设施完善化改造原则（试行）》（设备变电〔2018〕15 号）

4.2.2.2 配电装置室的门应向疏散方向开启。

3.3 本条评价项目的查评依据如下

依据 《火力发电厂与变电站设计防火标准》（GB 50229—2019）

11.2.5 建筑面积超过 250m^2 的控制室、通信机房、配电装置室、电容器室、阀厅、户内直流场、电缆夹层，其疏散门不宜少于 2 个。

11.2.8 地下变电站、地上变电站的地下室、半地下室安全出口数量不应少于 2 个。地下室与地上层不应共用楼梯间，当必须共用楼梯间时，应在地上首层采用耐火极限不低于 2h 的不燃烧体隔墙和乙级防火门将地下或半地下部分与地上部分的连通部分完全隔开，并应有明显标志。

3.4 本条评价项目的查评依据如下

依据 《火力发电厂与变电站设计防火标准》（GB 50229—2019）

11.2.6 地下变电站、地上变电站的地下室每个防火分区的建筑面积不应大于 1000m^2。设置自动灭火系统的防火分区，其防火分区面积可增大 1.0 倍；当局部设置自动灭火系统时，增加面积可按该局部面积的 1.0 倍计算。

11.2.8 地下变电站、地上变电站的地下室、半地下室安全出口数量不应少于 2 个。地下室与地上层不应共用楼梯间，当必须共用楼梯间时，应在地上首层采用耐火极限不低于 2h 的不燃烧体隔墙和乙级防火门将地下或半地下部分与地上部分的连通部分完全

隔开，并应有明显标志。

3.5　本条评价项目的查评依据如下

依据《变电站（换流站）消防设备设施完善化改造原则（试行）》（设备变电〔2018〕15 号）

附录　变电站（换流站）典型消防器材配置（见下表）。

典型 500kV 变电站现场灭火器和黄砂配置表

配置部位 \ 灭火器材	水成膜泡沫		磷酸铵盐干粉					黄砂		灭火级别	保护面积	危险等级	备注
	9L	45L	2kg	3kg	4kg	5kg	50kg	桶（25L）	箱（$1m^3$）				
一、主控通信楼													共三层
1　控制室	—	—	—	—	—	1	—	—	—	E（A）	70	严重	三层
2　通信机房	—	—	—	—	—	1	—	—	—	E（A）	70	严重	三层
3　三层其他区域	—	—	—	2	—	—	—	—	—	A	200	轻	值班室、会议室、资料室
4　控制保护设备室	—	—	—	4	—	—	—	—	—	E（A）	400	中	二层
5　蓄电池室	—	—	—	—	2	—	—	—	—	C（A）	70	中	二层
6　配电装置室	—	—	—	5	—	—	—	—	—	E（A）	400	中	二层
7　一层其他区域	—	—	—	2	—	—	—	—	—	A	140	轻	备品间、工具间、门厅、走廊
二、继电器室	—	—	—	4×2	—	—	—	—	—	E（A）	4×240	中	4 座
三、站用电室	—	—	—	2	—	—	—	—	—	E（A）	144	中	—
四、检修间	—	—	—	—	—	—	—	—	—	混合（A）	160	轻	—
五、备品间	—	—	—	2	—	—	—	—	—	混合（A）	120	中	—
六、消防水泵房	—	—	—	—	2	—	—	—	—	B	108	中	—
七、警卫传达室	—	—	—	—	—	—	—	—	—	A	50	轻	—
八、主变压器	—	—	—	—	—	—	4×2	—	4×3	—	12×120	中	12 台变压器公用
九、室外配电装置	—	—	—	—	—	—	—	40	—	—	—	—	—

3.6 本条评价项目的查评依据如下

依据 1《变电站（换流站）消防设备设施完善化改造原则（试行）》（设备变电〔2018〕15 号）

4.3.3.7 每只室内消火栓箱内应配置 65mm 消火栓及隔离阀各 1 只、25m 长 DN65 有衬里水龙带 1 根带快装接头、19mm 直流或喷雾或多功能水枪 1 只、自救式消防水喉 1 套、消防按钮 1 只；带电设施附近的消火栓应配备喷雾功能水枪。当室内消火栓栓口处的出水压力超过 0.5MPa 时，应加设减压孔板或采用减压稳压型消火栓。

依据 2 《电力设备典型消防规程》（DL 5027—2015）

14.3.7 每只室内消火栓箱内应配置 65mm 消火栓及隔离阀各 1 只、25m 长 DN65 有衬里水龙带 1 根带快装接头、19mm 直流或喷雾或多功能水枪 1 只、自救式消防水喉 1 套、消防按钮 1 只。带电设施附近的消火栓应配备带喷雾功能水枪。当室内消火栓栓口处的出水压力超过 0.5MPa 时，应加设减压孔板或采用减压稳压型消火栓。

3.7 本条评价项目的查评依据如下

依据 《电力设备典型消防规程》（DL 5027—2015）

10.4.2 高层建筑内的油浸式消弧线圈等设备，当油量大于 600kg 时，应布置在专用的房间内，外墙开门处上方应设置防火挑檐，挑檐的宽度不应小于 1.0m，而长度为门的宽度两侧各加 0.5m。

10.7.3 户内布置的单台电力电容器油量超过 100kg 时，应有贮油设施或挡油栏。户外布置的电力电容器与高压电气设备需保持 5.0m 及以上的距离，防止事故扩大。

10.7.4 集合式电容器室内布置时，基坑地面宜采用水泥砂浆抹面并压光，在其上面铺以 100mm 厚的细砂。如室外布置，则基坑宜采用水泥砂浆抹面，在挡油设施内铺以卵石（或碎石）。

4 主控室、通信室、档案室

4.1 本条评价项目的查评依据如下

依据 《变电站（换流站）消防设备设施完善化改造原则（试行）》（设备变电〔2018〕15 号）

4.3.1.4 火灾自动报警系统的探测器应符合《电力设备典型消防规程》（DL 5027—2015）要求。地下变电站电缆层、电缆竖井和电缆隧道处应设置线型感温、感烟或吸气式感烟探测器。

4.2 本条评价项目的查评依据如下

依据 与 3.5 查评依据相同

4.3 本条评价项目的查评依据如下

依据 《电力设备典型消防规程》（DL 5027—2015）

11.0.2 各室的隔墙、顶棚内装饰，应采用难燃或不燃材料。建筑内部装修材料应符合现行国家标准《建筑内部装修设计防火规范》GB 50222 的有关规定，地下变电站宜采用防霉耐潮材料。

11.0.3　控制室、调度室应有不少于两个疏散出口。

11.0.4　各室严禁吸烟，禁止明火取暖。计算机室维修必用的各种溶剂，包括汽油、酒精、丙酮、甲苯等易燃溶剂应采用限量办法，每次带入室内不超过 100mL。

4.4　本条评价项目的查评依据如下

依据《电力设备典型消防规程》(DL 5027—2015)

11.0.7　空调系统的防火应符合下列规定：

1　设备和管道的保冷、保温宜采用不燃材料，当确有困难时，可采用燃烧产物毒性较小且烟密度等级不大于 50 的难燃材料。防火阀前后各 2.0m、电加热器前后各 0.8m 范围内的管道及其绝热材料均应采用不燃材料。

2　通风管道装设防火阀应符合现行国家标准《建筑设计防火规范》GB 50016—2014 的相关规定。防火阀既要有手动装置，同时要在关键部位装易熔片或风管式感温、感烟装置。

3　非生产用空调机在运转时，值班人员不得离开，工作结束时该空调机必须停用。

4　空调系统应采用闭路联锁装置。

4.5　本条评价项目的查评依据如下

依据《电力设备典型消防规程》(DL 5027—2015)

11.0.10　各室配电线路应采用阻燃措施或防延燃措施，严禁任意拉接临时电线。

11.0.11　发生火灾报警，应迅速查明原因，及时消除警情。若已发生火灾，则应切断交流电源，开启直流事故照明，关闭通风管防火阀，采用气体等灭火器进行灭火。

4.6　本条评价项目的查评依据如下

依据《电力设备典型消防规程》(DL 5027—2015)

11.0.8　档案室收发档案材料的门洞及窗口应安装防火门窗，其耐火极限不得低于 0.75h。

11.0.9　档案室与其他建筑物直接相通的门均应做防火门，其耐火极限应不小于 2.0h；内部分隔墙上开设的门也要采取防火措施，耐火极限要求为 1.2h。

5　蓄电池室

5.1　本条评价项目的查评依据如下

依据 1《变电站(换流站)消防设备设施完善化改造原则(试行)》(设备变电〔2018〕15 号)

4.2.3.1　酸性蓄电池室：

a　蓄电池室每组宜布置在单独的室内，如确有困难，应在每组蓄电池之间设耐火时间为大于 2.0h 的防火隔断，蓄电池室门应向外开。

b 蓄电池室应装有通风装置，通风道应单独设置，不应通向烟道或厂房内的总通风系统。

c 蓄电池室应使用防爆型照明和防爆型排风机，开关、熔断器、插座等应装在蓄电池室的外面。蓄电池室的照明线应采用耐酸导线，并用暗线敷设，检修用行灯应采用12V防爆灯，其电缆应用绝缘良好的胶质软线。

d 凡是进出蓄电池室的电缆、电线，在穿墙处应用耐酸瓷管或聚氯乙烯硬管穿线，并在其进出口端用耐酸材料将管口封堵。

依据2 《电力设备典型消防规程》(DL 5027—2015)

10.6.1 酸性蓄电池室应符合下列要求：

1 严禁在蓄电池室内吸烟和将任何火种带入蓄电池室内。蓄电池室门上应有“蓄电池室”“严禁烟火”或“火灾危险，严禁火种入内”等标志牌。

2 蓄电池室采暖宜采用电采暖器，严禁采用明火取暖。若确有困难需采用水采暖时，散热器应选用钢质，管道应采用整体焊接。采暖管道不宜穿越蓄电池室楼板。

3 蓄电池室每组宜布置在单独的室内，如确有困难，应在每组蓄电池之间设耐火时间为大于2.0h的防火隔断。蓄电池室门应向外开。

4 蓄电池室内装修应有防酸措施。

5 容易产生爆炸性气体的蓄电池室内应安装防爆型探测器。

6 蓄电池室应装有通风装置，通风道应单独设置，不应通向烟道或厂房内的总通风系统。离通风管出口处10m内有引爆物质场所时，则通风管的出风口至少应高出该建筑物屋顶2.0m。

7 蓄电池室应使用防爆型照明和防爆型排风机，开关、熔断器、插座等应装在蓄电池室外面。蓄电池室的照明线应采用耐酸导线，并用暗线敷设。检修用行灯应采用12V防爆灯，其电缆应用绝缘良好的胶质软线。

8 凡是进出蓄电池室的电缆、电线，在穿墙处应用耐酸瓷管或聚氯乙烯硬管穿线，并在其进出口端用耐酸材料将管口封堵。

9 当蓄电池室受到外界火势威胁时，应立即停止充电，如充电刚完毕，则应继续开启排风机，抽出室内氢气。

10 当蓄电池室火灾时，应立即停止充电并灭火。

11 蓄电池室通风装置的电气设备或蓄电池室的空气入口处附近火灾时，应立即切断该设备的电源。

10.6.2 其他蓄电池室（阀控式密封铅酸蓄电池室、无氢蓄电池室、锂电池室、钠硫电池、UPS室等）：

a 蓄电池室应装有通向室外的有效通风装置，阀控式密封铅酸蓄电池室内的照明、通风设备可不考虑防爆。

b 锂电池、钠硫电池应设置在专用的房间内，建筑面积小于$200m^2$时，应设置干粉灭火器或消防砂箱；建筑面积不小于 200m^2 时，宜设置气体灭火系统和自动报警系统。

5.2 本条评价项目的查评依据如下

依据 1 与 5.1 的依据 1 相同。

依据 2 与 5.1 的依据 2 相同。

5.3 本条评价项目的查评依据如下

依据 与 5.1 的依据相同。

5.4 本条评价项目的查评依据如下

依据 与 3.5 的依据相同。

5.5 本条评价项目的查评依据如下

依据 《电力设备典型消防规程》（DL 5027—2015）

10.6.2 其他蓄电池室（阀控式密封铅酸蓄电池室、无氢蓄电池室、锂电池室、钠硫电池、UPS 室等）：

a 蓄电池室应装有通向室外的有效通风装置，阀控式密封铅酸蓄电池室内的照明、通风设备可不考虑防爆。

b 锂电池、钠硫电池设置在专用的房间内，建筑面积小于 200m^2 时，应设置干粉灭火器或消防砂箱；建筑面积不小于 200m^2 时，宜设置气体灭火系统和自动报警系统。

6 电缆沟道

6.1 本条评价项目的查评依据如下

依据 1 《电力电缆及通道运维规程》（Q/GDW 1512—2014）

5.5.4 防火设施技术要求：

a）在电缆穿过竖井、变电站夹层、墙壁、楼板或进入电气盘、柜的孔洞处，应做防火封堵；

b）在隧道、电缆沟、变电站夹层和进出线等电缆密集区域应采用阻燃电缆或采取防火措施；

c）在重要电缆沟和隧道中有非阻燃电缆时，宜分段或用软质耐火材料设置阻火隔离，孔洞应封堵；

d）未采用阻燃电缆时，电缆接头两侧及相邻电缆 2～3m 长的区段应采取涂刷防火涂料、缠绕防火包带等措施；

e）在封堵电缆孔洞时，封堵应严实可靠，不应有明显的裂缝和可见的缝隙，孔洞较大者应加耐火衬板后再进行封堵。

依据 2 《电力设备典型消防规程》（DL 5027—2015）

10.5.3 凡穿越墙壁、楼板和电缆沟道而进入控制室、电缆夹层、控制柜及仪表盘、保护盘等处的电缆孔、洞、竖井和进入油区的电缆入口处必须用防火堵料严密封堵。发电厂的电缆沿一定长度可涂以耐火涂料或其他阻燃物质。靠近充油设备的电缆沟，应设有防火延燃措施，盖板应封堵。防火封堵应符合现行行业标准《建筑防火封堵应用技术规程》CECS 154 的有关规定。

依据 3 《变电站（换流站）消防设备设施完善化改造原则（试行）》（设备变电〔2018〕15 号）

4.2.4.7 靠近充油设备的电缆沟，应设有防火延燃措施，盖板应封堵。可采用防止变压器油流入电缆沟内的卡槽式电缆沟盖板或在普通电缆沟盖板上覆盖防火玻璃丝纤维布等措施。

6.2 本条评价项目的查评依据如下

依据 1 《电力电缆及通道运维规程》（Q/GDW 1512—2014）

8.3.4 运维部门应保持电缆通道、夹层整洁、畅通，消除各类火灾隐患，通道沿线及其内部不得积存易燃、易爆物。

依据 2 《电力设备典型消防规程》（DL 5027—2015）

10.5.6 电缆沟、管沟、水沟等沟坑内应保持整洁、不堆放杂物，不应有积油；严禁将油色谱在线监测系统的采油管路敷设在电缆沟内。

6.3 本条评价项目的查评依据如下

依据 1 《电力电缆及通道运维规程》（Q/GDW 1512—2014）

8.3.9 变电站夹层宜安装温度、烟气监视报警器，重要的电缆隧道应安装温度在线监测装置，并应定期传动、检测，确保动作可靠、信号准确。

依据 2 《变电站（换流站）消防设备设施完善化改造原则（试行）》（设备变电〔2018〕15 号）

4.2.4.9 220kV 及以上变电站的电缆夹层及电缆竖井内应安装线型感温、感烟或吸气式感烟探测器，缆式线型感温火灾探测器在电缆表面以“S 型”缠绕方式敷设。

4.3.1.4 火灾自动报警系统的探测器应符合《电力设备典型消防规程》（DL 5027—2015）要求。地下变电站电缆层、电缆竖井和电缆隧道处应设置线型感温、感烟或吸气式感烟探测器。

6.4 本条评价项目的查评依据如下

依据 1 《电力电缆及通道运维规程》（Q/GDW 1512—2014）

8.3.1 电缆的防火阻燃应采取下列措施：

a）按设计采用耐火或阻燃型电缆；

b）按设计设置报警和灭火装置；

c）防火重点部位的出入口，应按设计要求设置防火门或防火卷帘；

d）改、扩建工程施工中，对于贯穿已运行的电缆孔洞、阻火墙，应及时恢复封堵。

8.3.2 明敷充油电缆的供油系统应装设自动报警和闭锁装置，多回路充油电缆的终端设置处应装设专用消防设施，有定期检验记录。

依据2《变电站(换流站)消防设备设施完善化改造原则(试行)》(设备变电〔2018〕15号)

4.2.4.10　变电站电缆夹层、电缆竖井内应设置固定式灭火设施；电缆沟内电缆密集处、转弯处等重点部位可设置固定式自动灭火设施；固定式自动灭火设施宜采用悬挂式干粉自动灭火器。

4.3.1.4　火灾自动报警系统的探测器应符合《电力设备典型消防规程》DL 5027—2015 要求。地下变电站电缆层、电缆竖井和电缆隧道处应设置线型感温、感烟或吸气式感烟探测器。

4.3.3.2　固定灭火系统的配置应符合以下要求：

a　油浸式变压器、电缆层、电缆竖井和电缆隧道应按照《建筑设计防火规范》GB 50016—2014 和《电力设备典型消防规程》DL 5027—2015 的要求配置固定式灭火系统；

b　换流站内油浸式变压器、油浸式平波电抗器应按照电力行业标准《高压直流换流站设计技术规范》 DL/T 5223—2005 的要求配置固定式灭火系统；

c　变压器固定自动灭火系统的配置应符合《变压器固定自动灭火系统完善化改造原则》的要求。

6.5　本条评价项目的查评依据如下

依据《变电站(换流站)消防设备设施完善化改造原则(试行)》(设备变电〔2018〕15号)

4.2.4.8　在电缆从室外进入室内的入口处、敷设两个及以上间隔电缆的主电缆沟道和到单个间隔或设备分支电缆沟道的交界处应设置防火墙，在主电缆沟道内每间隔60米应设置一道防火墙。

6.6　本条评价项目的查评依据如下

依据1《水电工程设计防火规范》(GB 50872—2014)

9.0.7　电缆竖井发生火灾时，因具有“烟囱效应”，火势猛烈，延燃迅速，国内水力发电厂、火电站均曾发生过电缆竖井火灾，大面积烧毁电缆的事故。因此，电缆竖井是电缆防火的重要部位之一。为了避免电缆竖井的“烟囱效应”，防止火灾蔓延扩大，应对电缆竖井上下两端、进出电缆的孔口处及每一楼层处采用耐火极限不低于 1.00h 的非燃烧材料进行封堵。

依据2《国网设备部关于加快推进变电站消防隐患治理工作的通知》(设备变电〔2018〕16号)

(七)变电站动力电缆与其他电缆混沟

问题现状：部分变电站(包括新建、在建变电站)存在动力电缆与控制电缆、通信电缆等混沟敷设情况，且部分变电站未采取可靠的防火隔离措施。

治理措施：对电缆沟进行改造，使其满足动力电缆与控制电缆分沟敷设的要求；不具备独立敷设条件的，采取加装电缆防火槽盒、涂防火涂料等临时措施。

依据 3《变电站（换流站）消防设备设施完善化改造原则（试行）》（设备变电〔2018〕15 号）

4.2.4.4 动力电缆与控制电缆或通信电缆之间应进行可靠的防火隔离，可采取将动力电缆或通信电缆装入防火槽盒、包覆防火护套或插入防火隔板等隔离措施。

依据 4 《电力设备典型消防规程》（DL 5027—2015）

10.5.9 在多个电缆头并排安装的场合中，应在电缆头之间加隔板或填充阻燃材料。

10.5.12 施工中动力电缆与控制电缆不应混放、分布不均及堆积乱放。在动力电缆与控制电缆之间，应设置层间耐火隔板。

6.7 本条评价项目的查评依据如下

依据 1 《水电工程设计防火规范》（GB 50872—2014）

9.0.9 根据实际电缆火灾的经验教训，为了迅速扑灭火灾，穿越各机组之间架空敷设的电缆应在每个机组段集中设置手提式干粉灭火器。在电缆室、电缆通（廊）道、电缆竖井的出入口处，设置手提式干粉灭火器。

电缆燃烧时释放的黑烟里含有大量有毒的氯化氢气体，所以应配备防毒面具，供消防人员使用。

依据 2 本条评价项目的查评依据同 3.5。

6.8 本条评价项目的查评依据如下

依据 1 《电力电缆及通道运维规程》（Q/GDW 1512—2014）

8.3.1 电缆的防火阻燃应采取下列措施：

a）按设计采用耐火或阻燃型电缆；

b）按设计设置报警和灭火装置；

c）防火重点部位的出入口，应按设计要求设置防火门或防火卷帘；

d）改、扩建工程施工中，对于贯穿已运行的电缆孔洞、阻火墙，应及时恢复封堵。

8.3.2 明敷充油电缆的供油系统应装设自动报警和闭锁装置，多回路充油电缆的终端设置处应装设专用消防设施，有定期检验记录。

依据 2 《电力设备典型消防规程》（DL 5027—2015）

10.5.11 电力电缆中间接头盒的两侧及其附近区域，应增加防火包带等阻燃措施。

依据 3《变电站（换流站）消防设备设施完善化改造原则（试行）》（设备变电〔2018〕15 号）

4.2.4.5 合理安排电缆段长，尽量减少电缆接头的数量，严禁在变电站电缆夹层、桥架和竖井等缆线密集区域布置电力电缆接头。

4.2.4.6 电力电缆中间接头盒的两侧及其附近区域，应增加防火包带等阻燃措施。

6.9　本条评价项目的查评依据如下

依据　《电力设备典型消防规程》（DL 5027—2015）

10.5.14　电缆隧道的下列部位宜设置防火分隔，采用防火墙上设置防火门的形式：

1　电缆进出隧道的出入口及隧道分支处。

2　电缆隧道位于电厂、变电站内时，间隔不大于 100m 处。

3　电缆隧道位于电厂、变电站外时，间隔不大于 200m 处。

4　长距离电缆隧道通风区段处，且间隔不大于 500m。

5　电缆交叉、密集部位，间隔不大于 60m。

防火墙耐火极限不宜低于 3.0h，防火门应采用甲级防火门（耐火极限不宜低于 1.2h）且防火门的设置应符合现行国家标准《建筑设计防火规范》GB 50016 的有关规定。

10.5.15　发电厂电缆竖井中，宜每隔 7.0m 设置阻火隔层。

6.10　本条评价项目的查评依据如下

依据　《变电站（换流站）消防设备设施完善化改造原则（试行）》（设备变电〔2018〕15 号）

4.3.5.2　电缆隧道内应设置指向最近安全出口处的导向箭头，主隧道、各分支拐弯处醒目位置装设整个电缆隧道平面示意图，并在示意图上标注所处位置及各出入口位置。

6.11　本条评价项目的查评依据如下

依据　《电力电缆及通道运维规程》（Q/GDW 1512—2014）

8.3.7　在电缆通道、夹层内使用的临时电源应满足绝缘、防火、防潮要求。工作人员撤离时应立即断开电源。

8.3.8　在电缆通道、夹层内动火作业应办理动火工作票，并采取可靠的防火措施。

8.3.10　严格按照运行规程规定对电缆夹层、通道进行巡检，并检测电缆和接头运行温度。

6.12　本条评价项目的查评依据如下

依据　《城市电力电缆线路设计技术规定》（DL/T 5221—2016）

4.5.15　电缆隧道内附属设施应根据各地环境条件及运行需求来确定。

7　消防标识

7.1　本条评价项目的查评依据如下

依据　《变电站（换流站）消防设备设施完善化改造原则（试行）》（设备变电〔2018〕15 号）

4.3.5.1　变电站和换流站内的消防安全标志可根据其功能分为以下 6 类：a）火灾报警装置标志；b）紧急疏散逃生标志；c）灭火设备标志；d）禁止和警告标志；e）方向

辅助标志；f）文字辅助标志。各类标志应符合国家标准《消防安全标志 第1部分：标志》GB 13495.1—2015，如不满足要求，应进行完善化改造。

7.2 本条评价项目的查评依据如下

依据《变电站（换流站）消防设备设施完善化改造原则（试行）》（设备变电〔2018〕15号）

4.3.4.5 户内变电站、户外变电站主控通信室、配电装置室、消防水泵房和建筑疏散通道应设置应急照明。地下变电站的主控室、配电装置室、变压器室、继电器室、消防水泵房、建筑疏散通道和楼梯间应设置应急照明。地下变电站的疏散通道和安全出口应设发光疏散指示标志。人员疏散用的应急照明的照度不应低于1lx，继续工作应急照明不应低于正常照明照度值的100%。应急照明灯宜设置在墙面或顶棚上。

4.3.5.3 疏散指示标识应根据国家法律法规、消防技术标准设置，并应采用符合法律规定的灯光疏散指示标志、安全出口标志，标明疏散方向。

7.3 本条评价项目的查评依据如下

依据1《变电站（换流站）消防设备设施完善化改造原则（试行）》（设备变电〔2018〕15号）

4.3.4.5 户内变电站、户外变电站主控通信室、配电装置室、消防水泵房和建筑疏散通道应设置应急照明。地下变电站的主控室、配电装置室、变压器室、继电器室、消防水泵房、建筑疏散通道和楼梯间应设置应急照明。地下变电站的疏散通道和安全出口应设发光疏散指示标志。人员疏散用的应急照明的照度不应低于1lx，继续工作应急照明不应低于正常照明照度值的100%。应急照明灯宜设置在墙面或顶棚上。

4.3.5.3 疏散指示标识应根据国家法律法规、消防技术标准设置，并应采用符合法律规定的灯光疏散指示标志、安全出口标志，标明疏散方向。

依据2《中华人民共和国消防法》（2019年修订）

第十六条 机关、团体、企业、事业等单位应当履行下列消防安全职责：

（一）落实消防安全责任制，制定本单位的消防安全制度、消防安全操作规程，制定灭火和应急疏散预案；

（二）按照国家标准、行业标准配置消防设施、器材，设置消防安全标志，并定期组织检验、维修，确保完好有效；

（三）对建筑消防设施每年至少进行一次全面检测，确保完好有效，检测记录应当完整准确，存档备查；

（四）保障疏散通道、安全出口、消防车通道畅通，保证防火防烟分区、防火间距符合消防技术标准；

（五）组织防火检查，及时消除火灾隐患；

（六）组织进行有针对性的消防演练；

（七）法律、法规规定的其他消防安全职责。单位的主要负责人是本单位的消防安全责任人。

依据3 《机关、团体、企业、事业单位消防安全管理规定》(中华人民共和国公安部第61号令)

第二十一条　单位应当保障疏散通道、安全出口畅通，并设置符合国家规定的消防安全疏散指示标志和应急照明设施，保持防火门、防火卷帘、消防安全疏散指示标志、应急照明、机械排烟送风、火灾事故广播等设施处于正常状态。

严禁下列行为：

(一) 占用疏散通道；

(二) 在安全出口或者疏散通道上安装栅栏等影响疏散的障碍物；

(三) 在营业、生产、教学、工作等期间将安全出口上锁、遮挡或者将消防安全疏散指示标志遮挡、覆盖；

(四) 其他影响安全疏散的行为。

依据4 《火力发电厂与变电站设计防火标准》(GB 50229—2019)

11.7.2　火灾应急照明和疏散标志应符合下列规定：

人员疏散用通道应急照明的地面最低水平照度不应低于1.0lx，楼梯间的地面最低水平照度不应低于5.0lx，继续工作应急照明应保证正常照明的照度。

8 消防控制室

8.1 消防控制室通用要求

8.1.1 本条评价项目的查评依据如下

依据1 《消防控制室完善化改造原则(试行)》(设备变电〔2018〕15号)

4.1.4　消防控制室应具备远方控制功能。

4.1.5　消防控制室应设有用于火灾报警的外线电话。

依据2 《火灾自动报警设计规范》(GB 50116—2013)

3.4.3　消防控制室应设有用于火灾报警的外线电话。

6.1.4　集中报警系统和控制中心报警系统中的区域火灾报警控制器在满足下列条件时，可设置在无人值班的场所：

1　本区域内无需要手动控制的消防联动设备。

2　本火灾报警控制器的所有信息在集中火灾报警控制器上均有显示，且能接收起集中控制功能的火灾报警控制器的联动控制信号，并自动启动相应的消防设备。

3　设置的场所只有值班人员可以进入。

8.1.2 本条评价项目的查评依据如下

依据1 《消防控制室完善化改造原则(试行)》(设备变电〔2018〕15号)

4.1.9　消防控制室应实行每日24h值班制度，每班不应少于2人，值班人员应持有消防控制室操作职业资格证书。

依据 2 《消防控制室通用技术要求》（GB 25506—2010）

4.2.1 消防控制室管理应符合下列要求：

a）应实行每日 24 h 专人值班制度，每班不应少于 2 人，值班人员应持有消防控制室操作职业资格证书；

b）消防设施日常维护管理应符合 GB 25201 的要求；

c）应确保火灾自动报警系统、灭火系统和其他联动控制设备处于正常工作状态，不得将应处于自动状态的设在手动状态；

d）应确保高位消防水箱、消防水池、气压水罐等消防储水设施水量充足，确保消防泵出水管阀门、自动喷水灭火系统管道上的阀门常开；确保消防水泵、防排烟风机、防火卷帘等消防用电设备的配电柜启动开关处于自动位置（通电状态）。

8.1.3 本条评价项目的查评依据如下

依据 1 《消防控制室完善化改造原则（试行）》（设备变电〔2018〕15 号）

4.1.10 应确保消防控制室的火灾自动报警系统、灭火系统和其他联动控制设备处于正常工作状态，不得将应处于自动状态的设在手动状态。

依据 2 《消防控制室通用技术要求》（GB 25506—2010）

4.2.1 消防控制室管理应符合下列要求：

a）应实行每日 24 h 专人值班制度，每班不应少于 2 人，值班人员应持有消防控制室操作职业资格证书；

b）消防设施日常维护管理应符合 GB 25201 的要求；

c）应确保火灾自动报警系统、灭火系统和其他联动控制设备处于正常工作状态，不得将应处于自动状态的设在手动状态；

d）应确保高位消防水箱、消防水池、气压水罐等消防储水设施水量充足，确保消防泵出水管阀门、自动喷水灭火系统管道上的阀门常开；确保消防水泵、防排烟风机、防火卷帘等消防用电设备的配电柜启动开关处于自动位置（通电状态）。

8.1.4 本条评价项目的查评依据如下

依据 《消防控制室完善化改造原则（试行）》（设备变电〔2018〕15 号）

4.1.12 消防控制室设备选型应满足以下要求：

a. 属于国家消防产品强制性认证目录中的产品，应具有 CCCF 认证证书并标注认证标志；

b. 目录以外的产品，应具有国家级消防产品质量检验中心出具的检验报告。

8.2 消防控制室资料要求

8.2.1 本条评价项目的查评依据如下

依据 1 《消防控制室完善化改造原则（试行）》（设备变电〔2018〕15 号）

4.1.8 消防控制室应有相应的竣工图纸、各分系统控制逻辑关系说明、设备使用说明书、系统操作规程、应急预案、值班制度、维护保养制度及值班记录等文件资料。

依据 2 《火灾自动报警设计规范》（GB 50116—2013）

3.4.4　消防控制室应有相应的竣工图纸、各分系统控制逻辑关系说明、设备使用说明书、系统操作规程、应急预案、值班制度、维护保养制度及值班记录等文件资料。

8.2.2　本条评价项目的查评依据如下

依据 1 《消防控制室完善化改造原则（试行）》（设备变电〔2018〕15 号）

4.1.11　消防控制室的设备应按照《火灾自动报警系统施工及验收规范》GB 50166 的要求进行维护和保养，并做好相关记录。

依据 2 《火灾自动报警系统施工及验收标准》（GB 50166—2019）

6　系统运行维护

6.0.1　系统投入使用前，消防控制室应具有下列文件资料：

1　检测、验收合格资料；

2　建（构）筑物竣工后的总平面图、建筑消防系统平面布置图、建筑消防设施系统图及安全出口布量图、重点部位位置图、危化品位置图；

3　消防安全管理规章制度、灭火预案、应急疏散预案；

4　消防安全组织机构图，包括消防安全责任人、管理人，专职、义务消防人员；

5　消防安全培训记录、灭火和应急疏散预案的演练记录；

6　值班情况、消防安全检查情况及巡查情况的记录；

7　火灾自动系统设备现场设置情况记录；

8　消防系统联动控制逻辑关系说明、联动编程记录、消防联动控制器手动控制单元编码设置记录；

9　系统设备使用说明书、系统操作规程、系统和设备维护保养制度。

6.0.2　系统的使用单位应建立本标准第 6.0.1 条规定的文件档案，并应有电子备份档案。

6.0.3　系统应保持连续正常运行，不得随意中断。

6.0.4　系统应按本标准附录 F 规定的巡查项目和内容进行日常巡查，巡查的部位、频次应符合现行国家标准《建筑消防设施的维护管理》GB 25201 的规定，并按本标准附录 F 的规定填写记录。

巡查过程中发现设备外观破损、设备运行异常时应立即报修。

6.0.5　每年应按表 6.0.5 规定的检查项目、数量对系统设备的功能、各分系统的联动控制功能进行检查，并应符合下列规定：

1　系统的年度检查可根据检查计划，按月度、季度逐步进行；

2　月度、季度的检查数量应符合表 6.0.5 的规定；

3　系统设备的功能、各分系统的控制功能应符合本标准第 4 章的规定。

表 6.0.5　　系统月检、季检对象、项目及数量

序号	检查对象	检查项目	检查数量
1	Ⅰ 火灾报警控制器	火灾报警功能	实际安装数量
	Ⅱ 火灾探测器、手动火灾报警按钮		应保证每年对每一只探测器、报警按钮至少进行一次火灾报警功能检查
	Ⅲ 火灾显示盘	火灾报警显示功能	月、季检查数量应保证每年对每一台区域显示器至少进行一次火灾报警显示功能检查
2	Ⅰ 消防联动控制器	输出模块启动功能	应保证每年对每一只模块至少进行一次启动功能检查
	Ⅱ 输出模块		
3	Ⅰ 消防电话总机	呼叫功能	实际安装数量
	Ⅱ 电话分机、电话插孔		应保证每年对每一个分机、插孔至少进行一次呼叫功能检查
4	Ⅰ 可燃气体报警控制器	可燃气体报警功能	实际安装数量
	Ⅱ 可燃气体探测器		应保证每年对每一只探测器至少进行一次可燃气体报警功能检查
5	Ⅰ 电气火灾监控设备	监控报警功能	实际安装数量
	Ⅱ 电气火灾监控探测器、线型感温火灾探测器		应保证每年对每一只探测器至少进行一次监控报警功能检查
6	Ⅰ 消防设备电源监控器	消防设备电源故障报警功能	实际安装数量
	Ⅱ 传感器		应保证每年对每一只传感器至少进行一次消防设备电源故障报警功能检查
7	消防设备应急电源	转换功能	实际安装数量
8	Ⅰ 消防控制室图形显示装置	接收和显示火灾报警、联动控制、反馈信号功能	实际安装数量
	Ⅱ 传输设备		
9	Ⅰ 火灾警报器	火灾报警功能	应保证每年对每一只火灾警报器至少进行一次火灾警报功能检查
	Ⅱ 消防应急广播控制设备	应急广播功能	实际安装数量
	Ⅲ 扬声器		应保证每年对每一只扬声器至少进行一次应急广播功能检查
	Ⅳ 火灾警报和消防应急广播系统	联动控制功能	应保证每年对每一个报警区域至少进行一次联动控制功能检查
10	Ⅰ 防火卷帘控制器	控制功能	应保证每年对每一个手动控制装置至少进行一次控制功能检查
	Ⅱ 手动控制装置		
	Ⅲ 疏散通道上设置的防火卷帘	联动控制功能	应保证每年对每一樘防火卷帘至少进行一次联动控制功能检查
	Ⅳ 非疏散通道上设置的防火卷帘		应保证每年对每一个报警区域至少进行一次联动控制功能检查

续表

序号	检查对象	检查项目	检查数量
11	Ⅰ 防火门监控器	启动、反馈功能，常闭防火门故障报警功能	应保证每年对每一台防火门监控器及其配接的现场部件至少进行一次启动，反馈功能、常闭防火门故障报警功能检查
	Ⅱ 监控模块、防火门定位装置和释放装置等现场部件		
	Ⅲ 防火门监控系统	联动控制功能	应保证每年对每一个报警区域至少进行一次联动控制功能检查
12	Ⅰ 气体、干粉灭火器	现场紧急启动、停止功能	应保证每年对每一个现场启动和停止按钮至少进行一次启动、停止功能检查
	Ⅱ 现场启动和停止按钮		
	Ⅲ 气体、干粉灭火系统	联动控制功能	应保证每年对每一个防护区域至少进行一次联动控制功能检查
13	Ⅰ 消防泵控制箱、柜	手动控制功能	应保证每月、季对消防水泵进行一次手动控制功能检查
	Ⅱ 水流指示器、压力开关、信号阀、液位探测器	动作信号反馈功能	应保证每年对每一个部件至少进行一次动作信号反馈功能检查
	Ⅲ 湿式、干式喷水灭火系统	联动控制功能	应保证每年对每一个防护区域至少进行一次联动控制功能检查
		消防水泵直接手动控制功能	应保证每月、季对消防水泵进行一次直接手动控制功能检查
	Ⅳ 预作用式喷水灭火系统	联动控制功能	应保证每年对每一个防护区域至少进行一次联动控制功能检查
		消防泵、预作用阀组、排气阀前电动阀直接手动控制功能	应保证每月、季对消防水泵、预作用阀组、排气阀前电动阀进行一次直接手动控制功能检查
	Ⅴ 雨淋系统	联动控制功能	应保证每年对每一个防护区域至少进行一次联动控制功能检查
		消防泵、雨淋阀组直接手动控制功能	应保证每月、季对消防水泵、雨淋阀组进行一次直接手动控制功能检查
	Ⅵ 自动控制的水幕系统	用于保护防火卷帘的水幕系统的联动控制功能	应保证每年对每一樘防火卷帘至少进行一次联动控制功能检查
		用于防火隔离的水幕系统的联动控制功能	应保证每年对每一个报警区域至少进行一次联动控制功能检查
		消防泵、水幕阀组直接手动控制功能	应保证每月、季对消防水泵、水幕阀组进行一次直接手动控制功能检查
14	Ⅰ 消防泵控制箱、柜	手动控制功能	应保证每月、季对消防水泵进行一次手动控制功能检查
	Ⅱ 小火栓系统	报警功能	应保证每年对每一个消防栓按钮至少进行一次报警功能检查
	Ⅲ 水流指示器、压力开关、信号阀、液位探测器	动作信号反馈功能	应保证每年对每一个部件至少进行一次动作信号反馈功能检查
	Ⅳ 消火栓系统	联动控制功能	应保证每年对每一个消火栓至少进行一次联动控制功能检查
		消防泵直接手动控制功能	应保证每月、季对消防水泵进行一次直接手动控制功能检查

续表

序号	检查对象	检查项目	检查数量
15	Ⅰ 风机控制箱、柜	手动控制功能	应保证每月、季对风机进行一次手动控制功能检查
	Ⅱ 电动送风口、电动挡烟垂壁、排烟口、排烟阀、排烟窗、电动防火阀、排烟风机入口处的总管上设置的280℃排烟防火阀	启动、反馈功能、动作信号反馈功能	应保证每年对每一个部件至少进行一次启动、反馈功能、动作信号反馈功能检查
	Ⅲ 加压送风系统	联动控制功能	应保证每年对每一个报警区域至少进行一次控制功能检查
		风机直接手动控制功能	应保证每月、季对风机进行一次直接手动控制功能检查
	Ⅳ 电动挡烟垂壁、排烟系统	联动控制功能	应保证每年对每一个防烟区域至少进行一次联动控制功能检查
		风机直接手动控制功能	应保证每月、季对风机进行一次直接手动控制功能检查
16	消防应急照明和疏散指示系统	控制功能	应保证每年对每一个报警区域至少进行一次控制功能检查
17	电梯、非消防电源等相关系统	联动控制功能	应保证每年对每一个报警区域至少进行一次联动控制功能检查
18	自动消防系统	整体联动功能	应保证每年对每一个报警区域至少进行一次联动控制功能检查

6.0.6 不同类型的探测器、手报、模块等现场部件应有不少于设备总数1%的备品。

6.0.7 系统设备的维修、保养及系统产品的寿命应符合现行国家标准《火灾探测报警产品的维修保养与报废》GB 29837的规定，达到寿命极限的产品应及时更换。

8.2.3 本条评价项目的查评依据如下

依据1、依据2 与8.2.2查评依据相同。

8.2.4 本条评价项目的查评依据如下

依据1、依据2 与8.2.2查评依据相同。

8.3 有人值班变电站消防控制室

8.3.1 本条评价项目的查评依据如下

依据1 《消防控制室完善化改造原则（试行）》（设备变电〔2018〕15号）

4.1.1 有人值班变电站（换流站）消防控制室宜设置在本站主控制室。

4.2.1 有人值班变电站（换流站）消防控制室架构如下图所示。

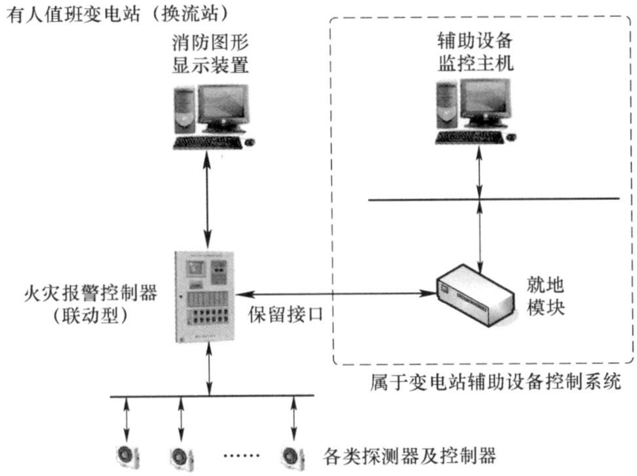

有人值班变电站（换流站）消防控制室架构图

依据2　《火力发电厂与变电站设计防火标准》(GB 50229—2019)

7.12.4　消防控制室应与单元控制室或主控制室合并设置。

8.3.2　本条评价项目的查评依据如下

依据1　《消防控制室完善化改造原则（试行）》(设备变电〔2018〕15号)

4.2.2　有人值班变电站（换流站）消防控制室应配置以下设备：

a. 火灾报警控制器（联动型），包括火灾报警控制器、联动控制器、消防电话总机、消防广播控制装置等；

b. 消防图形显示装置；

c. 消防应急照明和疏散指示系统控制装置（需要时）；

d. 消防电源监控器（需要时）；

e. 辅助设备监控主机。

依据2　《火灾自动报警设计规范》(GB 50116—2013)

3.4.2　消防控制室内设置的消防设备应包括火灾报警控制器、消防联动控制器、消防控制室图形显示装置、消防专用电话总机、消防应急广播控制装置、消防应急照明和疏散指示系统控制装置、消防电源监控器等设备或具有相应功能的组合设备。消防控制室内设置的消防控制室图形显示装置应能显示本规范附录 A 规定的建筑物内设置的全部消防系统及相关设备的动态信息和本规范附录 B 规定的消防安全管理信息，并应为远程监控系统预留接口，同时应具有向远程监控系统传输本规范附录 A 和附录 B 规定的有关信息的功能。

4.1.1　消防联动控制器应能按设定的控制逻辑向各相关的受控设备发出联动控制信号，并接受相关设备的联动反馈信号。

4.10.1　消防联动控制器应具有切断火灾区域及相关区域的非消防电源的功能，当需要切断正常照明时，宜在自动喷淋系统、消火栓系统动作前切断。

4.10.2 消防联动控制器应具有自动打开涉及疏散的电动栅杆等的功能，宜开启相关区域安全技术防范系统的摄像机监视火灾现场。

4.10.3 消防联动控制器应具有打开疏散通道上由门禁系统控制的门和庭院电动大门的功能，并应具有打开停车场出入口挡杆的功能。

8.3.3 本条评价项目的查评依据如下

依据1 《消防控制室完善化改造原则（试行）》（设备变电〔2018〕15号）

4.3.1 火灾报警控制器（联动型）

a. 火灾报警控制器（联动型）的火灾报警功能应符合GB 4717《火灾报警控制器》的要求。

b. 集中火灾报警控制器（联动型）应能集中监控所辖无人值班变电站的区域火灾报警控制器（联动型），显示火灾探测器、手动火灾报警按钮等设备的正常、报警、屏蔽及故障状态等信息，并能按照规定逻辑程序启动相应的联动系统。

c. 火灾报警控制器（联动型）的联动控制功能应符合GB 16806《消防联动控制器》的要求，消防设备的联动设计应符合GB 50116《火灾自动报警系统设计规范》的要求。

d. 集中火灾报警控制器（联动型）联动控制按钮应按不同变电站及站内不同灭火分区布置，标识清楚、确保操作安全准确；发生火灾报警时，对应变电站的按钮区域应有光信号提示，防止误操作。

e. 火灾报警控制器（联动型）的消防电话总机功能应符合GB 16806《消防联动控制器》的要求。

f. 火灾报警控制器（联动型）的消防广播控制功能应符合GB 16806《消防联动控制器》相关要求。

依据2 《火灾自动报警设计规范》（GB 50116—2013）

4.10.2 消防联动控制器应具有自动打开涉及疏散的电动栅杆等的功能，宜开启相关区域安全技术防范系统的摄像机监视火灾现场。

6.1.4 集中报警系统和控制中心报警系统中的区域火灾报警控制器在满足下列条件时，可设置在无人值班的场所：

1 本区域内无需要手动控制的消防联动设备。

2 本火灾报警控制器的所有信息在集中火灾报警控制器上均有显示，且能接收起集中控制功能的火灾报警控制器的联动控制信号，并自动启动相应的消防设备。

3 设置的场所只有值班人员可以进入。

依据3 同8.2.2的依据2

8.3.4 本条评价项目的查评依据如下

依据1 《消防控制室完善化改造原则（试行）》（设备变电〔2018〕15号）

4.3.2 消防图形显示装置

a. 消防图形显示装置应符合 GB 16806《消防联动控制器》的要求；

b. 消防图形显示装置的显示功能应符合《消防控制室通用技术要求》中 5.1 和附录 A、B 的要求；

c. 消防图形显示系统应具备火灾报警控制器（联动型）运维辅助管理功能；

d. 消防图形显示装置信息记录的各类信息能够进行记录备份；应满足备份后方可被覆盖的功能；应能对历史记录打印归档或刻录存盘归档；

e. 消防图形显示装置应具备网络通信功能，能够与火灾报警控制器（联动型）进行通信，获取相关消防设备状态信息，并应具有远传功能；

f. 消防图形显示装置应具备权限管理的功能，对系统程序的进入和退出时间、操作人员姓名或代码等内容的均有记录，记录备份后方可被覆盖。

4.3.5　辅助设备监控主机

辅助设备监控主机应实现视频、安防、消防、门禁、环境监测、照明等子系统数据的统一接入，实现火灾报警自动联动消防、视频监控、空调、风机、门禁等系统，并在站内实现数据综合分析、存储、统计和画面展示，无人值班变电站辅助设备监控主机还应能通过 KVM（键盘、显示器、鼠标延伸）等手段将信息远传到有人值班区域。

依据 2　《消防控制室通用技术要求》（GB 25506—2010）

6.1　应记录附录 A 中规定的建筑消防设施运行状态信息，记录容量不应少于 10000 条，记录备份后方可被覆盖。

6.2　应具有产品维护保养的内容和时间、系统程序的进入和退出时间、操作人员姓名或代码等内容的记录，存储记录容量不应少于 10000 条，记录备份后方可被覆盖。

6.3　应记录附录 B 中规定的消防安全管理信息及系统内各个消防设备（设施）的制造商、产品有效期，记录容量不应少于 10000 条，记录备份后方可被覆盖。

6.4　应能对历史记录打印归档或刻录存盘归档。

依据 3　《火灾自动报警设计规范》（GB 50116—2013）

3.4.2　消防控制室内设置的消防设备应包括火灾报警控制器、消防联动控制器、消防控制室图形显示装置、消防专用电话总机、消防应急广播控制装置、消防应急照明和疏散指示系统控制装置、消防电源监控器等设备或具有相应功能的组合设备。消防控制室内设置的消防控制室图形显示装置应能显示本规范附录 A 规定的建筑物内设置的全部消防系统及相关设备的动态信息和本规范附录 B 规定的消防安全管理信息，并应为远程监控系统预留接口，同时应具有向远程监控系统传输本规范附录 A 和附录 B 规定的有关信息的功能。

8.3.5　本条评价项目的查评依据如下

依据　《消防控制室完善化改造原则（试行）》（设备变电〔2018〕15 号）

4.3.5　辅助设备监控主机

辅助设备监控主机应实现视频、安防、消防、门禁、环境监测、照明等子系统数据的统一接入，实现火灾报警自动联动消防、视频监控、空调、风机、门禁等系统，并在站内实现数据综合分析、存储、统计和画面展示，无人值班变电站辅助设备监控主机还应能通过 KVM（键盘、显示器、鼠标延伸）等手段将信息远传到有人值班区域。

9 消防管理及资料

9.1 公共消防设施

9.1.1 本条评价项目的查评依据如下

依据 《国家电网有限公司关于印发〈十八项电网重大反事故措施（修订版）〉的通知》（国家电网设备〔2018〕979 号）

13.2.1.1 电缆线路的防火设施必须与主体工程同时设计、同时施工、同时验收，防火设施未验收合格的电缆线路不得投入运行。

9.1.2 本条评价项目的查评依据如下

依据 《变电站（换流站）消防设备设施完善化改造原则（试行）》（设备变电〔2018〕15 号）

4.1.5 国家强制产品认证（3C）目录内的消防设备必须具有消防强制性产品认证证书（CCCF），非国家强制产品认证（3C）目录内的消防产品应具有国家级消防质量检验中心出具的检验报告。

9.1.3 本条评价项目的查评依据如下

依据 1 《变电站（换流站）消防设备设施完善化改造原则（试行）》（设备变电〔2018〕15 号）

4.3.4.1 变电站消防用电应采用不低于二级负荷供电的电源。各级负荷的供电要求应符合《供配电系统设计规范》GB 50052 的要求。

4.3.4.3 站内消防设备的配电箱应独立设置。消防配电设备应设置明显标志。

4.3.4.4 消防控制室、消防水泵房、防烟和排烟风机房的消防用电设备及消防电梯等的供电，应在其配电线路的最末一级配电箱处设置自动切换装置。

依据 2 《建筑设计防火规范》（GB 50016—2014）

10.1.6 消防用电设备应采用单独的供电回路，当建筑内的生产、生活用电被切断时，应仍能保证消防用电。

备用消防电源的供电时间和容量，应满足该建筑火灾延续时间内各消防用电设备的要求。

9.1.4 本条评价项目的查评依据如下

依据 1 《建筑灭火器配置设计规范》（GB 50140—2005）

5.1 一般规定

5.1.1 灭火器应设置在位置明显和便于取用的地点，且不得影响安全疏散。

5.1.2 对有视线障碍的灭火器设置点，应设置指示其位置的发光标志。

5.1.3　灭火器的摆放应稳固，其铭牌应朝外。手提式灭火器宜设置在灭火器箱内或挂钩、托架上，其顶部离地面高度不应大于 1.50m；底部离地面高度不宜小于 0.08m。灭火器箱不得上锁。

5.1.4　灭火器不宜设置在潮湿或强腐蚀性的地点。当必须设置时，应有相应的保护措施。

灭火器设置在室外时，应有相应的保护措施。

5.1.5　灭火器不得设置在超出其使用温度范围的地点。

5.2　灭火器的最大保护距离

5.2.1　设置在 A 类火灾场所的灭火器，其最大保护距离应符合表 5.2.1 的规定。

表 5.2.1　A 类火灾场所的灭火器最大保护距离　（m）

危险等级 \ 灭火器型式	手提式灭火器	推车式灭火器
严重危险级	15	30
中危险级	20	40
轻危险级	20	50

5.2.2　设置在 B、C 类火灾场所的灭火器，其最大保护距离应符合表 5.2.2 的规定。

表 5.2.2　B、C 类火灾场所的灭火器最大保护距离　（m）

危险等级 \ 灭火器型式	手提式灭火器	推车式灭火器
严重危险级	9	18
中危险级	12	24
轻危险级	20	30

5.2.3　D 类火灾场所的灭火器，其最大保护距离应根据具体情况研究确定。

5.2.4　E 类火灾场所的灭火器，其最大保护距离不应低于该场所内 A 类或 B 类火灾的规定。

6　灭火器的配置

6.1　一般规定

6.1.1　一个计算单元内配置的灭火器数量不得少于 2 具。

6.1.2　每个设置点的灭火器数量不宜多于 5 具。

6.1.3　当住宅楼每层的公共部位建筑面积超过 100m^2 时，应配置 1 具 1A 的手提式灭火器；每增加 100m^2 时，增配 1 具 1A 的手提式灭火器。

依据 2 《电力设备典型消防规程》（DL 5027—2015）

附录 G　典型工程现场灭火器和黄砂配置

G.1　灭火器配置原则

G.1.1　发电厂同一场所存在不同种类火灾的情况较多，危险性较大，宜采用通用、高效、无毒的磷酸铵盐干粉灭火器，所需配置的灭火器数量少、重量相对较轻，便于人员操作。由于干粉灭火器使用后存在残留污染，对电气、热控设备可配合使用洁净气体灭火器或二氧化碳灭火器，但需注意所选用灭火器的灭火级别应满足《火力发电厂与变电站设计防火规范》等标准规定的有关场所火灾类别和危险等级所对应的最小配置级别。

G.1.2　由于现行《建筑灭火器配置设计规范》GB 50140 中仅列出了卤代烷 1211 这一种洁净气体灭火器，而实际上国内已基本不再生产卤代烷灭火器，相关国家标准也未提出新的洁净气体灭火器种类，因此本附录不再列出洁净气体灭火器示例。

G.1.3　油箱、油罐容器附近宜配置磷酸铵盐干粉灭火器和水成膜泡沫灭火器，避免容器壁的高温造成灭火后再复燃的现象。

G.1.4　油浸式变压器油箱、油罐等有场地条件的场所，以及严重危险级场所宜设置推车式灭火器。

G.1.5　同一场所尽量采用相同类型和操作方法的灭火器。

依据 3《国网设备部关于印发〈变电站消防设施运维管理规范（试行）〉的通知》（设备变电〔2019〕29 号）

3.25　灭火器箱、消防砂箱、消防桶和消防铲、斧把上应有红色标识，且标示清晰，无破损。

依据 4《变电站（换流站）消防设备设施完善化改造原则（试行）》（设备变电〔2018〕15 号）

4.1.3　消防设施在管理上应等同于主设备，包括维护、保养、检修、更新，落实相关所需资金等。

4.3.3.5　变电站（换流站）里的灭火器摆放应该符合以下要求：

a　灭火器应设置在位置明显和便于取用的地点，且不得影响安全疏散；

b　灭火器的摆放应稳固，其铭牌应朝外；灭火器箱不得上锁；

c　手提式灭火器宜设置在灭火器箱内或挂钩、托架（建议采用托架）上，其顶部离地面不应大于 1.50m，底部离地面高度不宜小于 0.08m；

d　灭火器不得设置在超出其适用温度范围的地点，不宜设置在潮湿或强腐蚀性的地点，当必须设置时，应有相应的保护措施；灭火器设置在室外时，应有相应的保护措施。露天设置的灭火器应有遮阳挡水和保温隔热措施，北方寒冷地区应设置在消防小室内；

e　对有视线障碍的灭火器设置点，应设置指示其位置的发光标志。

9.1.5　本条评价项目的查评依据如下

依据 1《国网设备部关于印发〈变电站消防设施运维管理规范（试行）〉的通知》（设备变电〔2019〕29 号）

3.25　灭火器箱、消防砂箱、消防桶和消防铲、斧把上应有红色标识，且标示清晰，无破损。

依据2 《变电站（换流站）消防设备设施完善化改造原则（试行）》（设备变电〔2018〕15号）

4.3.3.3 移动式灭火器材的配置应符合以下要求：

a 变电站和换流站的灭火器配置规格和数量应按国家标准《建筑灭火器配置设计规范》GB 50140—2005计算确定。灭火器设置场所的建（构）筑物、设备的火灾类别及危险等级，按照《火力发电厂与变电站设计防火规范》GB 50229—2006第11.5节的要求执行。

b 消防砂箱、砂桶、消防铲及正压式消防空气呼吸器等消防器材应按照《建筑设计防火规范》GB 50016—2014和《电力设备典型消防规程》DL 5027—2015的要求配置。

依据3 《电力设备典型消防规程》（DL 5027—2015）

14.3.5 油浸式变压器、油浸式电抗器、油罐区、油泵房、油处理室、特种材料库、柴油发电机、磨煤机、给煤机、送风机、引风机和电除尘等处应设置消防砂箱或砂桶，内装干燥细黄砂。消防砂箱容积为1.0m^3，并配置消防铲，每处3把～5把，消防砂桶应装满干燥黄砂。消防砂箱、砂桶和消防铲均应为大红色，砂箱的上部应有白色的“消防砂箱”字样，箱门正中应有白色的“火警119”字样，箱体侧面应标注使用说明。消防砂箱的放置位置应与带电设备保持足够的安全距离。

14.3.6 设置室外消火栓的发电厂和变电站应集中配置足够数量的消防水带、水枪和消火栓扳手，宜放置在厂内消防车库内。当厂内不设消防车库时，也可放置在重点防火区域周围的露天专用消防箱或消防小室内。根据被保护设备的性质合理配置19mm直流或喷雾或多功能水枪，水带宜配置有衬里消防水带。

14.3.7 每只室内消火栓箱内应配置65mm消火栓及隔离阀各1只、25m长DN65有衬里水龙带1根带快装接头、19mm直流或喷雾或多功能水枪1只、自救式消防水喉1套、消防按钮1只。带电设施附近的消火栓应配备带喷雾功能水枪。当室内消火栓栓口处的出水压力超过0.5MPa时，应加设减压孔板或采用减压稳压型消火栓。

14.3.8 典型工程现场灭火器和黄砂配置可按本规程附录G的规定采用。

14.4 正压式消防空气呼吸器

14.4.1 设置固定式气体灭火系统的发电厂和变电站等场所应配置正压式消防空气呼吸器，数量宜按每座有气体灭火系统的建筑物各设2套，可放置在气体保护区出入口外部、灭火剂储瓶间或同一建筑的有人值班控制室内。

14.4.2 长距离电缆隧道、长距离地下燃料皮带通廊、地下变电站的主要出入口应至少配置2套正压式消防空气呼吸器和4只防毒面具。水电厂地下厂房、封闭厂房等场所，也应根据实际情况配置正压式消防空气呼吸器。

14.4.3 正压式消防空气呼吸器应放置在专用设备柜内，柜体应为红色并固定设置标志牌。

9.1.6 本条评价项目的查评依据如下

依据 《电力设备典型消防规程》（DL 5027—2015）

14.4 正压式消防空气呼吸器

14.4.1 设置固定式气体灭火系统的发电厂和变电站等场所应配置正压式消防空气呼吸器，数量宜按每座有气体灭火系统的建筑物各设 2 套，可放置在气体保护区出入口外部、灭火剂储瓶间或同一建筑的有人值班控制室内。

14.4.2 长距离电缆隧道、长距离地下燃料皮带通廊、地下变电站的主要出入口应至少配置 2 套正压式消防空气呼吸器和 4 只防毒面具。水电厂地下厂房、封闭厂房等场所，也应根据实际情况配置正压式消防空气呼吸器。

14.4.3 正压式消防空气呼吸器应放置在专用设备柜内，柜体应为红色并固定设置标志牌。

9.1.7 本条评价项目的查评依据如下

依据 《变压器固定自动灭火系统完善化改造原则（试行）》（设备变电〔2018〕15 号）

4.1.11 寒冷地区容易冻结和可能出现沉降的地区，消防水系统等设施应有防冻和防沉降措施。

9.1.8 本条评价项目的查评依据如下

依据 1 《火灾自动报警系统施工及验收标准》（GB 50166—2019）

6 系统运行维护

6.0.1 系统投入使用前，消防控制室应具有下列文件资：

1 检测、验收合格资料；

2 建（构）筑物竣工后的总平面图、建筑消防系统平面布置图、建筑消防设施系统图及安全出口布量图、重点部位位置图、危化品位置图；

3 消防安全管理规章制度、灭火预案、应急疏散预案；

4 消防安全组织机构图，包括消防安全责任人、管理人，专职、义务消防人员；

5 消防安全培训记录、灭火和应急疏散预案的演练记录；

6 值班情况、消防安全检查情况及巡查情况的记录；

7 火灾自动系统设备现场设置情况记录；

8 消防系统联动控制逻辑关系说明、联动编程记录、消防联动控制器手动控制单元编码设置记录；

9 系统设备使用说明书、系统操作规程、系统和设备维护保养制度。

6.0.2 系统的使用单位应建立本标准第 6.0.1 条规定的文件档案，并应有电子备份档案。

6.0.3 系统应保持连续正常运行，不得随意中断。

6.0.4　系统应按本标准附录 F 规定的巡查项目和内容进行日常巡查，巡查的部位、频次应符合现行国家标准《建筑消防设施的维护管理》GB 25201 的规定，并按本标准附录 F 的规定填写记录。

巡查过程中发现设备外观破损、设备运行异常时应立即报修。

6.0.5　每年应按表 6.0.5 规定的检查项目、数量对系统设备的功能、各分系统的联动控制功能进行检查，并应符合下列规定：

1　系统的年度检查可根据检查计划，按月度、季度逐步进行；

2　月度、季度的检查数量应符合表 6.0.5 的规定；

3　系统设备的功能、各分系统的控制功能应符合本标准第 4 章的规定。

表 6.0.5　　系统月检、季检对象、项目及数量

序号	检查对象	检查项目	检查数量
1	Ⅰ 火灾报警控制器	火灾报警功能	实际安装数量
	Ⅱ 火灾探测器、手动火灾报警按钮		应保证每年对每一只探测器、报警按钮至少进行一次火灾报警功能检查
	Ⅲ 火灾显示盘	火灾报警显示功能	月、季检查数量应保证每年对每一台区域显示器至少进行一次火灾报警显示功能检查
2	Ⅰ 消防联动控制器	输出模块启动功能	应保证每年对每一只模块至少进行一次启动功能检查
	Ⅱ 输出模块		
3	Ⅰ 消防电话总机	呼叫功能	实际安装数量
	Ⅱ 电话分机、电话插孔		应保证每年对每一个分机、插孔至少进行一次呼叫功能检查
4	Ⅰ 可燃气体报警控制器	可燃气体报警功能	实际安装数量
	Ⅱ 可燃气体探测器		应保证每年对每一只探测器至少进行一次可燃气体报警功能检查
5	Ⅰ 电气火灾监控设备	监控报警功能	实际安装数量
	Ⅱ 电气火灾监控探测器、线型感温火灾探测器		应保证每年对每一只探测器至少进行一次监控报警功能检查
6	Ⅰ 消防设备电源监控器	消防设备电源故障报警功能	实际安装数量
	Ⅱ 传感器		应保证每年对每一只传感器至少进行一次消防设备电源故障报警功能检查
7	消防设备应急电源	转换功能	实际安装数量
8	Ⅰ 消防控制室图形显示装置	接收和显示火灾报警、联动控制、反馈信号功能	实际安装数量
	Ⅱ 传输设备		
9	Ⅰ 火灾警报器	火灾报警功能	应保证每年对每一只火灾警报器至少进行一次火灾警报功能检查
	Ⅱ 消防应急广播控制设备	应急广播功能	实际安装数量

续表

序号	检查对象	检查项目	检查数量
9	Ⅲ 扬声器		应保证每年对每一只扬声器至少进行一次应急广播功能检查
	Ⅳ 火灾警报和消防应急广播系统	联动控制功能	应保证每年对每一个报警区域至少进行一次联动控制功能检查
10	Ⅰ 防火卷帘控制器	控制功能	应保证每年对每一个手动控制装置至少进行一次控制功能检查
	Ⅱ 手动控制装置		
	Ⅲ 疏散通道上设置的防火卷帘	联动控制功能	应保证每年对每一樘防火卷帘至少进行一次联动控制功能检查
	Ⅳ 非疏散通道上设置的防火卷帘		应保证每年对每一个报警区域至少进行一次联动控制功能检查
11	Ⅰ 防火门监控器	启动、反馈功能，常闭防火门故障报警功能	应保证每年对每一台防火门监控器及其配接的现场部件至少进行一次启动，反馈功能、常闭防火门故障报警功能检查
	Ⅱ 监控模块、防火门定位装置和释放装置等现场部件		
	Ⅲ 防火门监控系统	联动控制功能	应保证每年对每一个报警区域至少进行一次联动控制功能检查
12	Ⅰ 气体、干粉灭火器	现场紧急启动、停止功能	应保证每年对每一个现场启动和停止按钮至少进行一次启动、停止功能检查
	Ⅱ 现场启动和停止按钮		
	Ⅲ 气体、干粉灭火系统	联动控制功能	应保证每年对每一个防护区域至少进行一次联动控制功能检查
13	Ⅰ 消防泵控制箱、柜	手动控制功能	应保证每月、季对消防水泵进行一次手动控制功能检查
	Ⅱ 水流指示器、压力开关、信号阀、液位探测器	动作信号反馈功能	应保证每年对每一个部件至少进行一次动作信号反馈功能检查
	Ⅲ 湿式、干式喷水灭火系统	联动控制功能	应保证每年对每一个防护区域至少进行一次联动控制功能检查
		消防水泵直接手动控制功能	应保证每月、季对消防水泵进行一次直接手动控制功能检查
	Ⅳ 预作用式喷水灭火系统	联动控制功能	应保证每年对每一个防护区域至少进行一次联动控制功能检查
		消防泵、预作用阀组、排气阀前电动阀直接手动控制功能	应保证每月、季对消防水泵、预作用阀组、排气阀前电动阀进行一次直接手动控制功能检查
	Ⅴ 雨淋系统	联动控制功能	应保证每年对每一个防护区域至少进行一次联动控制功能检查
		消防泵、雨淋阀组直接手动控制功能	应保证每月、季对消防水泵、雨淋阀组进行一次直接手动控制功能检查
	Ⅵ 自动控制的水幕系统	用于保护防火卷帘的水幕系统的联动控制功能	应保证每年对每一樘防火卷帘至少进行一次联动控制功能检查

续表

序号	检查对象	检查项目	检查数量
13	Ⅵ 自动控制的水幕系统	用于防火隔离的水幕系统的联动控制功能	应保证每年对每一个报警区域至少进行一次联动控制功能检查
		消防泵、水幕阀组直接手动控制功能	应保证每月、季对消防水泵、水幕阀组进行一次直接手动控制功能检查
14	Ⅰ 消防泵控制箱、柜	手动控制功能	应保证每月、季对消防水泵进行一次手动控制功能检查
	Ⅱ 小火栓系统	报警功能	应保证每年对每一个消防栓按钮至少进行一次报警功能检查
	Ⅲ 水流指示器、压力开关、信号阀、液位探测器	动作信号反馈功能	应保证每年对每一个部件至少进行一次动作信号反馈功能检查
	Ⅳ 消火栓系统	联动控制功能	应保证每年对每一个消火栓至少进行一次联动控制功能检查
		消防泵直接手动控制功能	应保证每月、季对消防水泵进行一次直接手动控制功能检查
15	Ⅰ 风机控制箱、柜	手动控制功能	应保证每月、季对风机进行一次手动控制功能检查
	Ⅱ 电动送风口、电动挡烟垂壁、排烟口、排烟阀、排烟窗、电动防火阀、排烟风机入口处的总管上设置的 280℃排烟防火阀	启动、反馈功能、动作信号反馈功能	应保证每年对每一个部件至少进行一次启动、反馈功能、动作信号反馈功能检查
	Ⅲ 加压送风系统	联动控制功能	应保证每年对每一个报警区域至少进行一次控制功能检查
		风机直接手动控制功能	应保证每月、季对风机进行一次直接手动控制功能检查
	Ⅳ 电动挡烟垂壁、排烟系统	联动控制功能	应保证每年对每一个防烟区域至少进行一次联动控制功能检查
		风机直接手动控制功能	应保证每月、季对风机进行一次直接手动控制功能检查
16	消防应急照明和疏散指示系统	控制功能	应保证每年对每一个报警区域至少进行一次控制功能检查
17	电梯、非消防电源等相关系统	联动控制功能	应保证每年对每一个报警区域至少进行一次联动控制功能检查
18	自动消防系统	整体联动功能	应保证每年对每一个报警区域至少进行一次联动控制功能检查

6.0.6　不同类型的探测器、手报、模块等现场部件应有不少于设备总数 1%的备品。

6.0.7　系统设备的维修、保养及系统产品的寿命应符合现行国家标准《火灾探测报警产品的维修保养与报废》GB 29837 的规定，达到寿命极限的产品应及时更换。

依据 2 《国网设备部关于印发〈变电站消防设施运维管理规范（试行）〉的通知》（设备变电〔2019〕29 号）

5.2.1 火灾自动报警系统的维护保养应确保系统保持连续正常运行，各路电源均能正常供电。

5.2.2 火灾报警控制器经检查应功能完好，并填写相应维保记录。

5.2.3 火灾自动报警系统主机除尘，电源等附件维护：

a）每季度对火灾自动报警系统主机除尘，对电源等附件维护一次。

b）清扫时动作要轻缓，防止损坏部件。

c）清扫后，应对各部件进行检查，防止接触不良，影响正常使用。

d）更换插头、插座、空气开关换前应切断回路电源。

e）更换配件应使用同规格、同容量的备品。

f）更换后应检查其完好性。

5.2.5 每季度应检查和试验火灾自动报警系统的下列功能，并填写相应的记录：

a）采用专用检测仪器试验探测器的动作及确认灯显示，至少完成探测器维保总量的 1/4。

b）试验火灾警报装置的声光显示。

c）试验水流指示器、压力开关等报警功能、信号显示。

d）对主电源和备用电源进行 1～3 次自动切换试验。

e）使用专用检测仪器对所安装的探测器和手动报警装置试验。

f）自动和手动打开排烟阀，关闭电动防火阀和空调系统。

g）对电动防火门、防火卷帘的试验。

h）强制切断非消防电源功能试验。

i）对其他有关的消防控制装置进行功能试验。

依据 3 《变电站（换流站）消防设备设施完善化改造原则（试行）》（设备变电〔2018〕15 号）

4.1.8 火灾自动报警系统相关部件的安装部位应满足消防设计要求，不应影响设备运行，尽量满足不停运设备进行维修的要求。

9.1.9 本条评价项目的查评依据如下

依据 1 《建筑消防设施的维护管理》（GB 25201—2010）

附录 E （规范性附录）建筑消防设施维护保养表

建筑消防设施维护保养计划表见表 E.1，建筑消防设施维护保养记录表见表 E.2。

表 E.1 建筑消防设施维护保养计划表

序号	检查保养项目		保养内容	周期
1	消防水泵	外观清洁	擦洗，除污	一个月

续表

序号	检查保养项目		保养内容	周期
1	消防水泵	泵中心轴	长期不定时，定期盘动	半个月
		主回路控制回路	测试，检查，紧固	半年
		水泵	检查或更换盘根填料	半年
		机械润滑	加 0 号黄油	三个月
2	管道		补漏，除锈，刷漆	半年
	阀门		加或更换盘根，补漏，除锈，刷漆，润滑	半年

消防泵、喷淋泵、送风机、排烟机应定期试验。
注 1：保养内容、周期，可根据设施、设备使用说明书、国家有关标准、安装场所环境等综合确定。
注 2：本表为样表，单位可根据建筑消防设施的类别，分别制表，如消火栓系统维护保养计划表、自动喷水灭火系统维护保养计划表、气体灭火系统维护保养计划表等。

消防安全责任人或消防安全管理人（签字）：　　　　制订人：　　　　审核人：

表 E.2　　　　建筑消防设施维护保养记录表

设备名称	消防泵	设备参数	
		额定功率	
保养项目	保养完成情况		
擦洗，除污			
长期不定时，定期盘动			
测试，检查，紧固			
检查或更换盘根填料			
加 0 号黄油			
备注：			

保养作业完成后，保养人员或单位应如实填写保养完成情况，并作相应功能试验，遇有故障应及时填写（建筑消防设施故障维修记录表）（见表 B.1）
注：本表为样表，单位可根据制订的建筑消防设施维护保养计划表确定的保养内容分别制表。

消防安全责任人或消防安全管理人（签字）：　　　　保养人：　　　　审核人：

依据 2 《国网设备部关于印发〈变电站消防设施运维管理规范（试行）〉的通知》（设备变电〔2019〕29 号）

5.4.3　消防砂池补充、灭火器检查清擦维护：

a）每月对消防器材进行一次检查维护；地下变电站的灭火器应每半月检查一次。

b）补充的砂子应干燥。

c）发现灭火器压力不在正常范围时，及时更换合格的灭火器或重新充装。

d）二氧化碳灭火器重量比额定重量减少十分之一时，应进行灌装。

e）灭火器的表面保持清洁、设施完好。

f）干粉灭火器压力正常。

9.1.10　本条评价项目的查评依据如下

依据 1 《中华人民共和国消防法》（2019 年修订）

第二十八条　任何单位、个人不得损坏、挪用或者擅自拆除、停用消防设施、器材，不得埋压、圈占、遮挡消火栓或者占用防火间距，不得占用、堵塞、封闭疏散通道、安全出口、消防车通道。人员密集场所的门窗不得设置影响逃生和灭火救援的障碍物。

依据 2 《电力设备典型消防规程》（DL 5027—2015）

6.1.6　疏散通道、安全出口应保持畅通，并设置符合规定的消防安全疏散指示标志和应急照明设施。保持防火门、防火卷帘、消防安全疏散指示标志、应急照明、机械排烟送风、火灾事故广播等设施处于正常状态。

6.1.19　临时建筑应符合国家有关法规。临时建筑不得占用防火间距。

6.3.2　消防设施应处于正常工作状态。不得损坏、挪用或者擅自拆除、停用消防设施、器材。消防设施出现故障，应及时通知单位有关部门，尽快组织修复。因工作需要临时停用消防设施或移动消防器材的，应采取临时措施和事先报告单位消防管理部门，并得到本单位消防安全责任人的批准，工作完毕后应及时恢复。

依据 3 《国网设备部关于印发〈变电站消防设施运维管理规范（试行）〉的通知》（设备变电〔2019〕29 号）

3.11　应保证消防设施处于正常运行状态。

依据 4 《变电站（换流站）消防设备设施完善化改造原则（试行）》（设备变电〔2018〕15 号）

4.1.7　疏散通道、安全出口应保持畅通，不得占用、堵塞和封闭。

9.1.11　本条评价项目的查评依据如下

依据 1 《防火门》（GB 12955—2008）

5.3.3　防火闭门装置

5.3.3.1　防火门应安装防火门闭门器，或设置让常开防火门在火灾发生时能自动关闭门扇的闭门装置（特殊部位使用除外，如管道井门等）。

5.3.3.2　防火门闭门器应经国家认可授权检测机构检验合格，其性能应符合 GA 93 的规定。

5.3.3.3　自动关闭门扇的闭门装置，应经国家认可授权检测机构检验合格。

5.3.4　防火顺序器

双扇、多扇防火门设置盖缝板或止口的应安装顺序器（特殊部位使用除外），其耐火性能应符合附录 C 的规定。

5.3.5　防火插销

采用钢质防火插销，应安装在双扇防火门或多扇防火门的相对固定一侧的门扇上（若有要求时），其耐火性能应符合附录 D 的规定。

5.3.6 盖缝板

5.3.6.1 平口或止口结构的双扇防火门宜设盖缝板。

5.3.6.2 盖缝板与门扇连接应牢固。

5.3.6.3 盖缝板不应妨碍门扇的正常启闭。

5.3.7 防火密封件

5.3.7.1 防火门门框与门扇、门扇与门扇的缝隙处应嵌装防火密封件。

5.3.7.2 防火密封件应经国家认可授权检测机构检验合格，其性能应符合 GB 16807 的规定。

5.9.2 门扇开启力

防火门门扇开启力不应大于 80N。

注：在特殊场合使用的防火门除外。

5.10 可靠性

在进行 500 次启闭试验后，防火门不应有松动、脱落、严重变形和启闭卡阻现象。

8.1.1 每樘防火门都应在明显位置固有永久性标牌，标牌应包括以下内容：

a）产品名称、型号规格及商标（若有）；

b）制造厂名称或制造厂标记和厂址；

c）出厂日期及产品生产批号；

d）执行标准。

依据 2 《建筑设计防火规范》（GB 50016—2014）

6.1.6 除本规范第 6.1.5 条规定外的其他管道不宜穿过防火墙，确需穿过时，应采用防火封堵材料将墙与管道之间的空隙紧密填实，穿过防火墙处的管道保温材料，应采用不燃材料；当管道为难燃及可燃材料时，应在防火墙两侧的管道上采取防火措施。

6.2.7 附设在建筑内的消防控制室、灭火设备室、消防水泵房和通风空气调节机房、变配电室等，应采用耐火极限不低于 2.00h 的防火隔墙和 1.50h 的楼板与其他部位分隔。

设置在丁、戊类厂房内的通风机房，应采用耐火极限不低于 1.00h 的防火隔墙和 0.50h 的楼板与其他部位分隔。

通风、空气调节机房和变配电室开向建筑内的门应采用甲级防火门，消防控制室和其他设备房开向建筑内的门应采用乙级防火门。

6.2.9 建筑内的电梯井等竖井应符合下列规定：

1 电梯井应独立设置，井内严禁敷设可燃气体和甲、乙、丙类液体管道，不应敷设与电梯无关的电缆、电线等。电梯井的井壁除设置电梯门、安全逃生门和通气孔洞外，不应设置其他开口。

2 电缆井、管道井、排烟道、排气道、垃圾道等竖向井道，应分别独立设置。井壁的耐火极限不应低于 1.00h，井壁上的检查门应采用丙级防火门。

3 建筑内的电缆井、管道井应在每层楼板处采用不低于楼板耐火极限的不燃材料或

防火封堵材料封堵。

建筑内的电缆井、管道井与房间、走道等相连通的孔隙应采用防火封堵材料封堵。

4　建筑内的垃圾道宜靠外墙设置，垃圾道的排气口应直接开向室外，垃圾斗应采用不燃材料制作，并应能自行关闭。

5　电梯层门的耐火极限不应低于 1.00h，并应符合现行国家标准《电梯层门耐火试验 完整性、隔热性和热通量测定法》GB/T 27903 规定的完整性和隔热性要求。

6.4.3　防烟楼梯间除应符合本规范第 6.4.1 条的规定外，尚应符合下列规定：

1　应设置防烟设施；

2　前室可与消防电梯间前室合用；

3　前室的使用面积：公共建筑、高层厂房（仓库），不应小于 $6.0m^2$；住宅建筑，不应小于 $4.5m^2$。

与消防电梯间前室合用时，合用前室的使用面积：公共建筑、高层厂房（仓库），不应小于 $10.0m^2$；住宅建筑，不应小于 $6.0m^2$；

4　疏散走道通向前室以及前室通向楼梯间的门应采用乙级防火门；

5　除住宅建筑的楼梯间前室外，防烟楼梯间和前室内的墙上不应开设除疏散门和送风口外的其他门、窗、洞口；

6　楼梯间的首层可将走道和门厅等包括在楼梯间前室内形成扩大的前室，但应采用乙级防火门等与其他走道和房间分隔。

6.4.5　室外疏散楼梯应符合下列规定：

1　栏杆扶手的高度不应小于 1.10m，楼梯的净宽度不应小于 0.90m。

2　倾斜角度不应大于 45°。

3　梯段和平台均应采用不燃材料制作。平台的耐火极限不应低于 1.00h，梯段的耐火极限不应低于 0.25h。

4　通向室外楼梯的门应采用乙级防火门，并应向外开启。

5　除疏散门外，楼梯周围 2m 内的墙面上不应设置门、窗、洞口。疏散门不应正对梯段。

6.4.11　建筑内的疏散门应符合下列规定：

1　民用建筑和厂房的疏散门，应采用向疏散方向开启的平开门，不应采用推拉门、卷帘门、吊门、转门和折叠门。除甲、乙类生产车间外，人数不超过 60 人且每樘门的平均疏散人数不超过 30 人的房间，其疏散门的开启方向不限。

2　仓库的疏散门应采用向疏散方向开启的平开门，但丙、丁、戊类仓库首层靠墙的外侧可采用推拉门或卷帘门。

3　开向疏散楼梯或疏散楼梯间的门，当其完全开启时，不应减少楼梯平台的有效宽度。

4　人员密集场所内平时需要控制人员随意出入的疏散门和设置门禁系统的住宅、宿

舍、公寓建筑的外门，应保证火灾时不需使用钥匙等任何工具即能从内部易于打开，并应在显著位置设置具有使用提示的标识。

6.5.1　防火门的设置应符合下列规定：

1　设置在建筑内经常有人通行处的防火门宜采用常开防火门。常开防火门应能在火灾时自行关闭，并应具有信号反馈的功能。

2　除允许设置常开防火门的位置外，其他位置的防火门均应采用常闭防火门。常闭防火门应在其明显位置设置“保持防火门关闭”等提示标识。

3　除管井检修门和住宅的户门外，防火门应具有自行关闭功能。双扇防火门应具有按顺序自行关闭的功能。

4　除本规范第 6.4.11 条第 4 款的规定外，防火门应能在其内外两侧手动开启。

5　设置在建筑变形缝附近时，防火门应设置在楼层较多的一侧，并应保证防火门开启时门扇不跨越变形缝。

6　防火门关闭后应具有防烟性能。

7　甲、乙、丙级防火门应符合现行国家标准《防火门》GB 12955 的规定。

6.5.3　防火分隔部位设置防火卷帘时，应符合下列规定：

1　除中庭外，当防火分隔部位的宽度不大于 30m 时，防火卷帘的宽度不应大于 10m；当防火分隔部位的宽度大于 30m 时，防火卷帘的宽度不应大于该部位宽度的 1/3，且不应大于 20m。

2　防火卷帘应具有火灾时靠自重自动关闭功能。

3　除本规范另有规定外，防火卷帘的耐火极限不应低于本规范对所设置部位墙体的耐火极限要求。

当防火卷帘的耐火极限符合现行国家标准《门和卷帘耐火试验方法》GB/T 7633 有关耐火完整性和耐火隔热性的判定条件时，可不设置自动喷水灭火系统保护。

当防火卷帘的耐火极限仅符合现行国家标准《门和卷帘耐火试验方法》GB/T 7633 有关耐火完整性的判定条件时，应设置自动喷水灭火系统保护。自动喷水灭火系统的设计应符合现行国家标准《自动喷水灭火系统设计规范》GB 50084 的规定，但火灾延续时间不应小于该防火卷帘的耐火极限；

4　防火卷帘应具有防烟性能，与楼板、梁、墙、柱之间的空隙应采用防火封堵材料封堵。

5　需在火灾时自动降落的防火卷帘，应具有信号反馈的功能。

6　其他要求，应符合现行国家标准《防火卷帘》GB 14102 的规定。

依据 3 《火力发电厂与变电站设计防火标准》（GB 50229—2019）

11.2.4　地上油浸变压器室的门应直通室外；地下油浸变压器室门应向公共走道方向开启，该门应采用甲级防火门；干式变压器室、电容器室门应向公共走道方向开启，该门应采用乙级防火门；蓄电池室、电缆夹层、继电器室、通信机房、配电装置室的门应向疏散方向开启，当门外为公共走道或其他房间时，该门应采用乙级防火门。配电装置室的中间隔墙上的门可采用分别向不同方向开启且宜相邻的2个乙级防火门。

9.2 消防管理及资料

9.2.1 本条评价项目的查评依据如下

依据1 《国家电网公司变电运维管理规定（试行）》〔国网（运检/3）828—2017〕

第十九章 专项工作 第一百零二条消防管理

（四）变电运维人员应熟知消防设施的使用方法，熟知火警电话及报警方法，掌握自救逃生知识和消防技能。

依据2 《国网设备部关于印发〈变电站消防设施运维管理规范（试行）〉的通知》（设备变电〔2019〕29号）

3.12 变电运维人员应熟知消防设施和器材的使用方法，熟知火警电话及报警方法，熟知消防器材摆放地点及本单位消防负责人联系方式，掌握自救逃生知识和消防技能。

9.2.2 本条评价项目的查评依据如下

依据1 《国网设备部关于印发〈变电站消防设施运维管理规范（试行）〉的通知》（设备变电〔2019〕29号）

3.9 变电站应建立消防器材和设施台账，并制定日常巡视、维护保养、火灾使用等管理制度。

依据2 《国家电网公司变电运维管理规定（试行）》〔国网（运检/3）828—2017〕

第十九章 专项工作 第一百零二条消防管理

（五）变电站消防管理应设专人负责，建立台账并及时检查（见附录L）。

9.2.3 本条评价项目的查评依据如下

依据1 《国家电网公司变电运维管理规定（试行）》〔国网（运检/3）828—2017〕

第十九章 专项工作 第一百零二条消防管理

（二）运维单位应结合变电站实际情况制定消防预案，消防预案中应包括应急疏散部分，并定期进行演练。消防预案内应有变压器类设备灭火装置、烟感报警装置和消防器材的使用说明。

依据2 《国网设备部关于印发〈变电站消防设施运维管理规范（试行）〉的通知》（设备变电〔2019〕29号）

3.4 变电站应保存下列纸质和电子档案资料：

a）竣工后的总平面布局图、消防设施平面布置图、消防设施系统图及安全出口布置图、重点部位位置图等。

b）消防安全管理规章制度、应急灭火预案、应急疏散预案等。

c）消防安全组织结构图，包括消防安全责任人、管理人、专职、义务消防人员等内容。

d）消防安全培训记录、灭火和应急疏散预案的演练记录。

e）值班情况、消防安全检查情况及巡查情况的记录。

f）消防设施一览表，包括消防设施的类型、数量、状态等内容。

g）消防系统控制逻辑关系说明、设备使用说明书、系统操作规程、系统和设备维护保养制度等。

h）设备运行状况、接报警记录、火灾处理情况、设备检修检测报告等资料，这些资料应能定期保存和归档。

3.16 变电站应有结合本站实际的消防预案，消防预案内应包括应急疏散部分，并定期开展演练，演练资料存档。

9.2.4 本条评价项目的查评依据如下

依据1 《中华人民共和国消防法》（2019年修订）

第十六条 机关、团体、企业、事业等单位应当履行下列消防安全职责：

（一）落实消防安全责任制，制定本单位的消防安全制度、消防安全操作规程，制定灭火和应急疏散预案；

（二）按照国家标准、行业标准配置消防设施、器材，设置消防安全标志，并定期组织检验、维修，确保完好有效；

（三）对建筑消防设施每年至少进行一次全面检测，确保完好有效，检测记录应当完整准确，存档备查；

（四）保障疏散通道、安全出口、消防车通道畅通，保证防火防烟分区、防火间距符合消防技术标准；

（五）组织防火检查，及时消除火灾隐患；

（六）组织进行有针对性的消防演练；

（七）法律、法规规定的其他消防安全职责。

单位的主要负责人是本单位的消防安全责任人。

依据2 《机关、团体、企业、事业单位消防安全管理规定》（中华人民共和国公安部第61号令）

第十八条 单位应当按照国家有关规定，结合本单位的特点，建立健全各项消防安全制度和保障消防安全的操作规程，并公布执行。

第四十五条 单位应当将消防安全工作纳入内部检查、考核、评比内容。对在消防安全工作中成绩突出的部门（班组）和个人，单位应当给予表彰奖励。对未依法履行消防安全职责或者违反单位消防安全制度的行为，应当依照有关规定对责任人员给予行政纪律处分或者其他处理。

依据3 《电力设备典型消防规程》（DL 5027—2015）

3.1 安全生产委员会消防安全主要职责

3.1.1 组织贯彻落实国家有关消防安全的法律、法规、标准和规定（简称消防法规），建立健全消防安全责任制和规章制度，对落实情况进行监督、考核。

3.1.2 建立消防安全保证和监督体系，督促两个体系各司其职。明确消防工作归口管理职能部门（简称消防管理部门）和消防安全监督部门（简称安监部门），确保消防管理和安监部门的人员配置与其承担的职责相适应。

3.1.3 制定本单位的消防安全目标并组织落实，定期研究、部署本单位的消防安全工作。

3.1.4 深入现场，了解单位的消防安全情况，推广消防先进管理经验和先进技术，对存在的重大或共性问题进行分析，制定针对性的整改措施，并督促措施的落实。

3.1.5 组织或参与火灾事故调查。

3.1.6 对消防安全做出贡献者给予表扬或奖励；对负有事故责任者，给予批评或处罚。

3.2 消防安全责任人主要职责

3.2.1 贯彻执行消防法规，保障单位消防安全符合规定，掌握本单位的消防安全情况。

3.2.2 将消防工作与本单位的生产、科研、经营、管理等活动统筹安排，批准实施年度消防工作计划。

3.2.3 为本单位的消防安全提供必要的经费和组织保障。

3.2.4 确定逐级消防安全责任，批准实施消防安全管理制度和保障消防安全的操作规程。

3.2.5 组织防火检查，督促落实火灾隐患整改，及时处理涉及消防安全的重大问题。

3.2.6 根据消防法规的规定建立专职消防队、志愿消防队。

3.2.7 组织制定符合本单位实际的灭火和应急疏散预案，并实施演练。

3.2.8 确定本单位消防安全管理人。

3.2.9 发生火灾事故做到事故原因不清不放过，责任者和应受教育者没有受到教育不放过，没有采取防范措施不放过，责任人员未受到处理不放过。

3.4 消防管理部门主要职责

3.4.1 贯彻执行消防法规、本单位消防安全管理制度。

3.4.2 拟定逐级消防安全责任制及其消防安全管理制度。

3.4.3 指导、督促各相关部门制定和执行各岗位消防安全职责、消防安全操作规程，消防设施运行和检修规程等制度，以及制定发电厂厂房、车间、变电站、换流站、调度楼、控制楼、油罐区等重要场所及重点部位的灭火和应急疏散预案。

3.4.4 定期向消防安全管理人报告消防安全情况，及时报告涉及消防安全的重大问题。

3.4.5 拟订年度消防管理工作计划。

3.4.6 拟订消防知识、技能的宣传教育和培训计划，经批准后组织实施。

3.4.7 负责消防安全标志设置，负责或指导、督促有关部门做好消防设施、器材配

置、检验、维修、保养等管理工作，确保完好有效。

3.4.8　管理专职消防队和志愿消防队。根据消防法规、公安消防部门的规定和实际情况配备专职消防员和消防装备器材，组织实施专业技能训练，维护保养装备器材。志愿消防员的人数不应少于职工总数的10%，重点部位不应少于该部位人数的50%，且人员分布要均匀；年龄男性一般不超 55岁、女性一般不超45岁，能行使职责工作。根据志愿消防人员变动、身体和年龄等情况，及时进行调整或补充，并公布。

3.4.9　确定消防安全重点部位，建立消防档案。

3.4.10　将消防费用纳入年度预算管理，确保消防安全资金的落实，包括消防安全设施、器材、教育培训资金，以及兑现奖惩等。

3.4.11　督促有关部门凡新建、改建、扩建工程的消防设施必须与主体设备（项目）同时设计、同时施工、同时投入生产或使用。

3.4.12　指导、督促有关部门确保疏散通道、安全出口、消防车通道畅通，保证防火防烟分区、防火间距符合消防标准。

3.4.13　指导、督促有关部门按照要求组织发电厂厂房、车间、变电站、换流站、调度楼、控制楼、油罐区等重要场所及重点部位的灭火和应急疏散演练。

3.4.14　指导、督促有关部门实行每月防火检查、每日防火巡查，建立检查和巡查记录，及时消除消防安全隐患。

3.4.15　发生火灾时，立即组织实施灭火和应急疏散预案。

3.6　志愿消防员主要职责

3.6.1　掌握各类消防设施、消防器材和正压式消防空气呼吸器等的适用范围和使用方法。

3.6.2　熟知相关的灭火和应急疏散预案，发生火灾时能熟练扑救初起火灾、组织引导人员安全疏散及进行应急救援。

3.6.3　根据工作安排负责一、二级动火作业的现场消防监护工作。

4.1.1　消防安全管理制度应包括下列内容：

1　各级和各岗位消防安全职责、消防安全责任制考核、动火管理、消防安全操作规定、消防设施运行规程、消防设施检修规程。

2　电缆、电缆间、电缆通道防火管理，消防设施与主体设备或项目同时设计、同时施工、同时投产管理，消防安全重点部位管理。

3　消防安全教育培训，防火巡查、检查，消防控制室值班管理，消防设施、器材管理，火灾隐患整改，用火、用电安全管理。

4　易燃易爆危险物品和场所防火防爆管理，专职和志愿消防队管理，疏散、安全出口、消防车通道管理，燃气和电气设备的检查和管理（包括防雷、防静电）。

5　消防安全工作考评和奖惩，灭火和应急疏散预案以及演练。

6　根据有关规定和单位实际需要制定其他消防安全管理制度。

依据 4 《国家电网公司变电运维管理规定（试行）》〔国网（运检/3）828—2017〕

第十九章　专项工作　第一百零二条消防管理

（一）运维单位应按照国家及地方有关消防法律法规制定变电站现场消防管理具体要求，落实专人负责管理，并严格执行。

依据 5 《国网设备部关于印发〈变电站消防设施运维管理规范（试行）〉的通知》（设备变电〔2019〕29 号）

3.10　变电站现场运行专用规程应涵盖消防设施管理、操作与维护规程，并对重要的消防设施如火灾自动报警系统、变压器固定自动灭火系统等，制定专用规程。

3.17　变电站消防设施的操作和维护人员应持证上岗。变电站现场应有消防设施型号、配置及系统的操作规程，包括系统的操作规程及维护保养管理制度、系统操作员名册及相应的工作职责等；运维单位应保存值班记录和使用图表等资料；消防设施应建立消防档案，包括系统竣工图、设备说明书、消防机构出具的有关法律文书等，并应有电子备案档案。

9.2.5　本条评价项目的查评依据如下

依据 1 《国网设备部关于印发〈变电站消防设施运维管理规范（试行）〉的通知》（设备变电〔2019〕29 号）

3.4　变电站应保存下列纸质和电子档案资料：

a）竣工后的总平面布局图、消防设施平面布置图、消防设施系统图及安全出口布置图、重点部位位置图等。

b）消防安全管理规章制度、应急灭火预案、应急疏散预案等。

c）消防安全组织结构图，包括消防安全责任人、管理人、专职、义务消防人员等内容。

d）消防安全培训记录、灭火和应急疏散预案的演练记录。

e）值班情况、消防安全检查情况及巡查情况的记录。

f）消防设施一览表，包括消防设施的类型、数量、状态等内容。

g）消防系统控制逻辑关系说明、设备使用说明书、系统操作规程、系统和设备维护保养制度等。

h）设备运行状况、接报警记录、火灾处理情况、设备检修检测报告等资料，这些资料应能定期保存和归档。

3.10　变电站现场运行专用规程应涵盖消防设施管理、操作与维护规程，并对重要的消防设施如火灾自动报警系统、变压器固定自动灭火系统等，制定专用规程。

3.13　变电站应制定消防器材布置图，图中标明存放地点、数量和消防器材类型，消防器材按消防布置图布置；变电运维人员应会正确使用、维护和保管。

3.17　变电站消防设施的操作和维护人员应持证上岗。变电站现场应有消防设施型号、配置及系统的操作规程，包括系统的操作规程及维护保养管理制度、系统操作员名

册及相应的工作职责等；运维单位应保存值班记录和使用图表等资料；消防设施应建立消防档案，包括系统竣工图、设备说明书、消防机构出具的有关法律文书等，并应有电子备案档案。

依据 2 《国家电网公司变电运维管理规定（试行）》〔国网（运检/3）828—2017〕

第十九章　专项工作　第一百零二条消防管理

（一）运维单位应按照国家及地方有关消防法律法规制定变电站现场消防管理具体要求，落实专人负责管理，并严格执行。

第十九章　专项工作　第一百零二条消防管理

（六）应制定变电站消防器材布置图，标明存放地点、数量和消防器材类型，消防器材按消防布置图布置。变电运维人员应会正确使用、维护和保管。

9.2.6　本条评价项目的查评依据如下

依据 《变电站（换流站）消防设备设施完善化改造原则（试行）》（设备变电〔2018〕15 号）

4.1.2　消防设施应处于正常工作状态。不得损坏、挪用或者擅自拆除、停用消防设施、器材。消防设施出现故障，应及时通知单位有关部门，尽快组织修复。因工作需要临时停用消防设施或移动消防器材的，应采取临时措施和事先报告单位消防管理部门，并得到本单位消防安全责任人的批准，工作完毕后应及时恢复。

9.2.7　本条评价项目的查评依据如下

依据 《国网设备部关于印发〈变电站消防设施运维管理规范（试行）〉的通知》（设备变电〔2019〕29 号）

3.4　变电站应保存下列纸质和电子档案资料：

a）竣工后的总平面布局图、消防设施平面布置图、消防设施系统图及安全出口布置图、重点部位位置图等。

b）消防安全管理规章制度、应急灭火预案、应急疏散预案等。

c）消防安全组织结构图，包括消防安全责任人、管理人、专职、义务消防人员等内容。

d）消防安全培训记录、灭火和应急疏散预案的演练记录。

e）值班情况、消防安全检查情况及巡查情况的记录。

f）消防设施一览表，包括消防设施的类型、数量、状态等内容。

g）消防系统控制逻辑关系说明、设备使用说明书、系统操作规程、系统和设备维护保养制度等。

h）设备运行状况、接报警记录、火灾处理情况、设备检修检测报告等资料，这些资料应能定期保存和归档。

第4章
220kV变电站消防安全性评价内容

本评价内容主要适用于国家电网公司220kV变电站站内区域消防安全管理工作。本部分评价内容分为评价标准、查评依据两部分，评价标准中包括主变压器区域灭火设施，室外设备区及非设备区，室内变压器室、配电装置室、GIS设备室、电容器室、电抗器室、站用变压器室、接地变压器室，主控室、通信室、档案室，蓄电池室，电缆沟道，消防标识及应急设施，消防控制室，日常运行维护及管理共9类113项查评要点，共计800分；评价依据中引用了评价标准所依据的国家、行业、国家电网公司相关规章制度和文件。对查评标准中所列项目按照规定不涉及的，该项目得满分。

第1节 220kV变电站消防安全性评价标准

序号	评价项目	标准分	评分标准	查评依据
1	**主变压器固定自动灭火系统**	150	公共部分所有主变均查评，固定式灭火系统按照现场配置种类进行查评，本项得分为公共部分得分与固定灭火系统得分之和	
1.1	公共部分	80		
1.1.1	灭火系统配置要求是否满足： （1）变压器（电抗器）是否按规定设置固定自动灭火系统； （2）地下变电站变压器固定灭火系统的配置是否符合DL/T 5216《35kV—220kV城市地下变电站设计规程》的要求	5	以下变压器（电抗器）应设置固定自动灭火系统：变电站（换流站）单台容量为125MVA及以上的油浸式变压器（电抗器）；单台容量200Mvar及以上的油浸式平波电抗器；地下变电站的所有油浸式变压器和油浸式平波电抗器处；其他容量和绝缘型式的变压器（电抗器）以及高层建筑内的变压器可根据有关标准和要求设置固定自动灭火系统，如未设置不得分。变压器的排油注氮灭火装置和泡沫喷雾灭火装置的火灾报警系统宜单独设置	《电力设备典型消防规程》（DL 5027—2015）第10.3.1、13.7.4条； 《变压器固定自动灭火系统完善化改造原则（试行）》（设备变电〔2018〕15号）第4.1.1条

续表

序号	评价项目	标准分	评分标准	查评依据
1.1.2	固定灭火系统的自检系统、自身工况及故障的监测功能是否符合 GA 61《固定灭火系统驱动、控制装置通用技术条件》的要求	5	固定灭火系统无自检系统、自身工况及故障的监测功能，不得分；功能不齐全，每处扣 20%	《变压器固定自动灭火系统完善化改造原则（试行）》（设备变电〔2018〕15 号）第 4.1.2 条
1.1.3	（1）固定灭火系统的喷头、管道、消防柜等设备设施与电气设备带电（裸露）部分的安全净距是否符合 DL/T 5352《高压配电装置设计技术规程》的规定。 （2）消防管道、支架、喷头部分： （3）消防系统管道是否存在横跨变压器的顶部情况； （4）消防管道的支、吊架是否进行防腐蚀处理，并采取防止与管道发生电化学腐蚀的措施； （5）采用水喷雾灭火系统、细水雾灭火系统、泡沫灭火系统的变压器，在变压器套管升高座孔口是否设喷头保护； （6）处于高粉尘环境及易发沙尘天气的地区，喷头应有防止灰尘或异物堵塞喷孔的防护装置，防护装置在灭火剂喷放时应能被自动吹掉或打开	5	固定灭火系统消防设施与电气设备带电部分安全净距不满足要求不得分；变压器套管升高座孔口未设喷头保护，不得分	《变压器固定自动灭火系统完善化改造原则（试行）》（设备变电〔2018〕15 号）第 4.1.4 条； 《变压器固定自动灭火系统完善化改造原则（试行）》（设备变电〔2018〕15 号）第 4.1.9、4.1.10、4.1.13 条； 《水喷雾灭火系统技术规范》（GB 50219—2014）第 3.2.5、4.0.2 条； 《细水雾灭火系统技术规范》（GB 50898—2013）第 3.2.4、3.3.8 条； 《泡沫灭火系统设计规范》（GB 50151— 2010）第 7.4.2 条
1.1.4	灭火系统是否满足独立操作要求： （1）同一变电站不同变压器的固定灭火系统是否能够分别投自动； （2）一台变压器检修时，相应固定灭火系统退出自动启动状态或采取措施将自动启动回路隔离，防止变压器检修时固定灭火系统误喷，且不得影响本站其他在运变压器投自动状态	10	同一变电站不同变压器固定灭火系统不能分别操作，不得分	《变压器固定自动灭火系统完善化改造原则（试行）》（设备变电〔2018〕15 号）第 4.1.14 条
1.1.5	固定灭火系统控制及供电系统是否满足要求： （1）固定灭火系统用电是否采用不低于二级负荷供电的电源。 （2）消防设备配电箱是否有明显标志，不同消防设备的配电箱是否有明显区分标识；配电箱上的仪表、指示灯的显示是否正常，指示灯、仪表、开关标识准确，开关及控制按钮是否灵活可靠；消防系统供配电是否采用双回路供电，并能自动切换，切换备用电源的控制方式及操作程序符合设计要求。 （3）系统中弱电信号、控制回路的控制电缆，当位于存在干扰影响的环境又不具备有效抗干扰措施时，是否具有金属屏蔽。	10	固定灭火系统供电电源和配电箱，每处不满足扣 10%。弱电信号、控制电缆未采用金属屏蔽电缆，扣 30%。固定灭火装置操作柜无操作步骤说明，扣 20%	《火力发电厂与变电站设计防火标准》（GB 50229—2019）第 11.7.1 条； 《变压器固定自动灭火系统完善化改造原则（试行）》（设备变电〔2018〕15 号）第 4.1.5、4.1.7、4.1.8 条

续表

序号	评价项目	标准分	评分标准	查评依据
1.1.5	（4）固定灭火装置操作柜明显处是否有手动操作步骤说明，各功能按钮、操作把手是否标识明晰，在经常有人通过或误碰易造成装置误动的场所，是否增加防护措施并设置警示标识	10	固定灭火系统供电电源和配电箱，每处不满足扣10%。弱电信号、控制电缆未采用金属屏蔽电缆，扣30%。固定灭火装置操作柜无操作步骤说明，扣20%	《火力发电厂与变电站设计防火标准》（GB 50229—2019）第11.7.1条； 《变压器固定自动灭火系统完善化改造原则（试行）》（设备变电〔2018〕15号）第4.1.5、4.1.7、4.1.8条
1.1.6	油浸变压器火灾报警设备是否满足要求： （1）油浸式变压器（单台容量125MVA及以上）缆式线型感温＋缆式线型感温或缆式线型感温＋火焰探测器组合（联动排油注氮宜与瓦斯报警、压力释放阀或跳闸动作组合），建议采用水喷雾、泡沫喷雾（缺水或严寒地区）或其他介质； （2）油浸式变压器（无人变电站单台容量125MVA以下）缆式线型感温或火焰探测器； （3）火灾探测器（尤其是缆式线型感温电缆）是否有良好的固定措施。感温电缆是否采用具有抗机械损伤能力的带防护结构层的产品	10	火灾探测器未固定或感温电缆不具有抗机械损坏能力，扣20%	《变压器固定自动灭火系统完善化改造原则（试行）》（设备变电〔2018〕15号）第4.1.15； 《变电站（换流站）消防设备设施完善化改造原则（试行）》（设备变电〔2018〕15号）第4.3.1.4条； 《电力设备典型消防规程》（DL 5027—2015）13.7.4
1.1.7	油浸式变压器消防物防设施配置是否满足要求： （1）室外油浸式变压器处不少于4具50kg灭火器； （2）油浸式变压器、油浸式电抗器等处应设置消防砂箱或砂桶，内装干燥细黄砂，消防砂箱容积为1.0m^3，并配置3～5把消防铲，消防砂桶应装满干燥黄砂	10	灭火器配置数量不足，扣50%，未给每台变压器设置消防砂桶，每处扣50%，未装满消防砂或未配置消防铲、消防砂桶酌情扣30%	《变电站（换流站）消防设备设施完善化改造原则（试行）》（设备变电〔2018〕15号）第4.3.3.8条
1.1.8	户外油浸式变压器、户外配电装置之间及各建筑物的防火间距，户内外含油设备事故排油要求应符合GB 50229《火力发电厂与变电站设计防火标准》的规定。户外油浸式变压器之间设置防火墙，是否符合以下要求： （1）防火墙高度应高于变压器储油柜；防火墙长度不应小于变压器贮油池两侧各1.0m； （2）防火墙与变压器散热器外廓距离不应小于1.0m； （3）防火墙应达到一级耐火等级	5	未设置防火墙或防火墙设置不合格，不得分	《电力设备典型消防规程》（DL 5027—2015）第10.3.5、10.3.6条
1.1.9	变压器事故排油是否符合以下要求： （1）设置有带油水分离措施的总事故油池时，位于地面之上的变压器对应的总事故油池容量应	10	变压器事故油池不满足要求的，不得分	《电力设备典型消防规程》（DL 5027—2015）第10.3.7条

续表

序号	评价项目	标准分	评分标准	查评依据
1.1.9	按最大一台变压器油量的 60%确定；位于地面以下的变压器对应的总事故油池容量应按最大一台变压器油量的 100%确定； （2）事故有坑设有卵石层时，应定期检查和清理，以不被淤泥、灰渣及积土所覆盖	10	变压器事故油池不满足要求的，不得分	《电力设备典型消防规程》（DL 5027—2015）第 10.3.7 条
1.1.10	变压器防爆排烟设施是否满足要求： （1）变压器防爆筒的出口端应向下，并防止产生阻力，防爆膜宜采用脆性材料； （2）室内油浸式变压器宜设置事故排烟设施，火灾时通风系统应停用； （3）室内变压器顶部不宜敷设电缆。室外变电站和有隔离油源措施的室内油浸设备失火时可用水灭火，无放油管路时不应用水灭火	5	不满足要求的，不得分	《电力设备典型消防规程》（DL 5027—2015）第 10.3.10～10.3.12 条
1.2	水喷雾灭火系统	70		
1.2.1	水喷雾灭火系统启动控制是否满足要求： （1）水喷雾灭火系统是否投入在“自动状态”； （2）水喷雾系统启动的动作功率是否大于 8W； （3）水喷雾灭火系统是否具有自动控制、手动控制和应急机械启动三种控制方式	20	未投入自动状态不得分。启动动作功率小于 8W 不得分。灭火系统控制方式不满足要求不得分	《变压器固定自动灭火系统完善化改造原则（试行）》（设备变电〔2018〕15 号）第 4.3.2、4.3.3、4.3.7 条； 《水喷雾灭火系统技术规范》（GB 50219—2014）第 6.0.1 条
1.2.2	水喷雾灭火系统以下信号是否接入变电站主设备监控系统：喷淋泵电源工作状态，喷淋泵的启、停状态和故障状态，水流指示器、信号阀、报警阀、压力开关的正常工作状态和动作状态	10	信号不齐全，每少一处扣 10%，信号全部未接入不得分	《变压器固定自动灭火系统完善化改造原则（试行）》（设备变电〔2018〕15 号）第4.3.8 条
1.2.3	水喷雾灭火系统运行工况是否良好： （1）水喷雾灭火设施是否完好、有效； （2）配水管道、接口法兰材料和结构满足 GB 50219《水喷雾灭火系统技术规范》要求； （3）雨淋阀、喷雾头、管件、管网及阀门有无损伤、腐蚀、渗漏，喷头上有无异物； （4）各阀门标识是否清晰、位置是否正确，工作状态是否正确； （5）各管路是否畅通，接口、排水管口是否有水流； （6）水喷雾灭火系统水泵工作是否正常，泵房内电源正常，各压力表是否完好，指示正常； （7）冬季储水设施的任何部位是否有结冰情况	20	设备设施标识不齐全、位置不正确，酌情扣 40%；现场检查项目存在缺陷，一处扣 10%	《国网设备部关于印发〈变电站消防设施运维管理规范（试行）〉的通知》（设备变电〔2019〕29 号）第 4.3.1.3、4.3.2.5 条； 《水喷雾灭火系统技术规范》（GB 50219—2014）第 4.0.6 条

续表

序号	评价项目	标准分	评分标准	查评依据
1.2.4	水喷雾灭火系统的启动是否要求同时满足以下条件： （1）有2个及以上独立的火灾探测器同时发信号，或者一只火灾探测器与一只手动火灾报警按钮的报警信号； （2）主变压器断路器跳闸	10	启动要求如不满足上述要求，不得分	《变压器固定自动灭火系统完善化改造原则（试行）》（设备变电〔2018〕15号）第4.8.2条
1.2.5	水喷雾灭火系统管网是否有低点放空措施，存有水喷雾灭火系统的消防水池是否有定期放空及换水措施	10	不满足要求不得分	《电力设备典型消防规程》（DL 5027—2015）第10.3.2条
1.3	细水雾灭火系统	70		
1.3.1	细水雾灭火系统启动控制是否满足要求： （1）细水雾灭火系统是否投入在“自动状态”； （2）瓶组系统是否具有自动、手动和机械应急操作控制方式，其机械应急； （3）操作是否能在瓶组间内直接手动启动系统。 泵组系统是否具有自动、手动控制方式	20	未投入自动状态不得分。灭火系统控制方式不满足要求不得分	《变压器固定自动灭火系统完善化改造原则（试行）》（设备变电〔2018〕15号）第4.4.2、4.4.3条； 《细水雾灭火系统技术规范》（GB 50898—2013）第3.6.1条
1.3.2	细水雾灭火系统以下信号是否接入变电站主设备监控系统： （1）对泵供水方式：喷淋泵电源工作状态，喷淋泵的启、停状态和故障状态，水流指示器、信号阀、报警阀、压力开关的正常工作状态和动作状态； （2）对压力容器供水方式：系统的手动、自动工作状态及故障状态，阀驱动装置的正常工作状态和动作状态，防护区域中的防火门（窗）、防火阀、通风空调等设备的正常工作状态和动作状态，系统的启、停信息，紧急停止信号和管网压力信号	10	信号不齐全，每少一处扣10%，信号全部未接入不得分	《变压器固定自动灭火系统完善化改造原则（试行）》（设备变电〔2018〕15号）第4.4.6条； 《火灾自动报警系统设计规范》（GB 50116—2013）附录A
1.3.3	细水雾灭火系统运行工况是否良好： （1）细水雾灭火设施是否完好、有效； （2）配水管道、连接件材料和结构满足国标GB 50898《细水雾灭火系统技术规范》要求； （3）喷头、管件、管网及阀门有无损伤、腐蚀、渗漏，喷头上有无异物； （4）各阀门标识是否清晰、位置是否正确，工作状态是否正确； （5）各管路是否畅通，接口、排水管口是否有水流；	20	设备设施标识不齐全、位置不正确，扣20%；现场检查项目存在缺陷，一处扣10%	《变压器固定自动灭火系统完善化改造原则（试行）》（设备变电〔2018〕15号）第4.4.5条； 《细水雾灭火系统技术规范》（GB 50898—2013）第3.3.10、3.3.11条

续表

序号	评价项目	标准分	评分标准	查评依据
1.3.3	（6）细水雾灭火系统水泵工作是否正常，泵房内电源正常，各压力表是否完好，指示正常（对采用压力容器的，检查压力表是否正常）	20	设备设施标识不齐全、位置不正确，扣 20%；现场检查项目存在缺陷，一处扣 10%	《变压器固定自动灭火系统完善化改造原则（试行）》（设备变电〔2018〕15 号）第 4.4.5 条； 《细水雾灭火系统技术规范》（GB 50898—2013）第 3.3.10、3.3.11 条
1.3.4	细水雾灭火系统的启动是否要求同时满足以下条件： （1）有 2 个及以上独立的火灾探测器同时发信号，或者一只火灾探测器与一只手动火灾报警按钮的报警信号； （2）主变压器断路器跳闸	20	启动要求如不满足上述要求，不得分	《变压器固定自动灭火系统完善化改造原则（试行）》（设备变电〔2018〕15 号）第 4.8.2 条
1.4	泡沫灭火系统	70		
1.4.1	泡沫灭火系统启动控制是否满足要求： （1）泡沫灭火系统是否投入在“自动状态”； （2）泡沫喷雾系统是否同时具备自动、手动和应急机械手动启动方式	20	未投入自动状态不得分。灭火系统控制方式不满足要求不得分	《变压器固定自动灭火系统完善化改造原则（试行）》（设备变电〔2018〕15 号）第 4.5.2、4.5.3 条； 《泡沫灭火系统设计规范》（GB 50151—2010）第 7.4.6 条
1.4.2	泡沫灭火系统以下信号是否接入变电站主设备监控系统：系统的手动、自动工作状态及故障状态、驱动装置的正常工作状态和动作状态，系统的启、停信息	10	信号不齐全，每少一处扣 10%，信号全部未接入不得分	《变压器固定自动灭火系统完善化改造原则（试行）》（设备变电〔2018〕15 号）第 4.5.8 条； 《火灾自动报警系统设计规范》（GB 50116—2013）附录 A
1.4.3	泡沫灭火系统系统管道、罐体等是否满足要求： （1）泡沫灭火系统系统管道、与泡沫液或泡沫混合液直接接触的零部件材料是否符合要求； （2）系统储液罐、启动装置、氮气驱动装置是否安装在温度高于 0℃的专用设备间内	10	泡沫灭火系统系统湿式供液管道未选用不锈钢管，扣 50%；与泡沫液或泡沫混合液直接接触的零部件都未采用铜合金或耐腐蚀性能相类似的等同材料制造，扣 50%；相关设备未安装于专用设备间的扣 50%，设备间无温度控制措施的，扣 20%	《变压器固定自动灭火系统完善化改造原则（试行）》（设备变电〔2018〕15 号）第 4.5.6～4.5.8 条
1.4.4	泡沫灭火系统运行工况是否良好： （1）泡沫灭火设施是否完好、有效； （2）泡沫喷头、管件、管网、阀门、压力表及泡沫液储罐是否损伤、腐蚀、渗漏，泡沫罐液位显示是否正常，各压力表指示是否正确； （3）喷头上有无异物，各阀门标识是否清晰、位置是否正确，工作状态是否正确； （4）电源开关位置是否正常，动力源是否正常，泡沫液在有效使用期内且经检验合格	20	泡沫灭火设施未处于有效状态，不得分；操作流程和标识记录不齐全，酌情扣 20%～40%；未定期对泡沫灭火设施进行检查和维护保养，扣 50%	《国网设备部关于印发〈变电站消防设施运维管理规范（试行）〉的通知》（设备变电〔2019〕29 号）第 4.3.1.4、4.3.2.6 条

续表

序号	评价项目	标准分	评分标准	查评依据
1.4.5	泡沫灭火系统的启动是否要求同时满足以下条件： （1）有 2 个及以上独立的火灾探测器同时发信号，或者一只火灾探测器与一只手动火灾报警按钮的报警信号； （2）主变压器断路器跳闸	10	启动要求如不满足上述要求，不得分	《变压器固定自动灭火系统完善化改造原则（试行）》（设备变电〔2018〕15 号）第 4.8.2 条
1.5	排油注氮系统	70		
1.5.1	排油注氮灭火系统启动控制是否满足要求： （1）排油注氮灭火系统经改造并验证启动条件无误后，方可逐步投入“自动状态”。 （2）消防控制柜是否有自动、手动启动和远程启动灭火装置功能。自动状态、手动状态是否有明显标志并可相互转换。消防控制柜处于自动或手动状态，手动操作启动必须始终有效。 （3）排油注氮灭火系统是否有防误动措施	10	排油注氮系统未经改造和验证的，不得分；改造并验证后未投入自动状态的，不得分；灭火系统控制方式不满足要求不得分	《变压器固定自动灭火系统完善化改造原则（试行）》（设备变电〔2018〕15 号）第 4.6.2、4.6.3 条； 《油浸变压器排油注氮灭火装置》（GA 835—2009）5.5.3.1； 《电力设备典型消防规程》（DL 5027—2015）第 10.3.3 条
1.5.2	排油注氮灭火系统以下信号是否接入变电站主设备监控系统：系统电源的工作状态，系统的启、停信息，阀门（排油阀、氮气释放阀、断流阀等）位置状态，气瓶压力报警	10	信号不齐全，每少一处扣 10%，信号全部未接入不得分	《变压器固定自动灭火系统完善化改造原则（试行）》（设备变电〔2018〕15 号）第 4.6.18 条； 《油浸变压器排油注氮灭火装置》（GA 835—2009）第 5.5.1 条
1.5.3	排油注氮灭火系统火灾探测是否满足要求： （1）排油注氮灭火系统是否采用玻璃球型火灾探测装置和易熔合金型火灾探测器； （2）火灾探测装置是否布置成两个及以上的独立回路； （3）火灾探测器布线是否独立引线至消防端子箱	5	火灾探测器未布置成两个及以上的独立回路不得分；火灾探测器选型不合适，扣 20%	《变压器固定自动灭火系统完善化改造原则（试行）》（设备变电〔2018〕15 号）第 4.6.4 条； 《电力设备典型消防规程》（DL 5027—2015）第 10.3.3 条
1.5.4	消防控制柜安装是否满足要求： （1）消防控制柜是否远离易起火部位，设置在室外的消防柜是否有可靠的防水、防冻及防晒措施，工作环境相对湿度大于 85% 时消防柜中是否设置除湿装置； （2）采用一台消防控制柜控制多台消防柜时，每台消防柜是否对应独立的控制单元，且各控制单元应相互独立，互不干扰	5	消防控制柜安装位置、防护措施不到位，扣 50%，多台消防柜非独立，不得分	《变压器固定自动灭火系统完善化改造原则（试行）》（设备变电〔2018〕15 号）第 4.6.6、4.6.7 条
1.5.5	消防控制柜面板是否具有指示灯自检、消音、阀门（包括排油阀、氮气释放阀等）位置（或状态）指示、自动启动信号指示、气瓶压力报警信号指示等	5	不满足要求不得分	《电力设备典型消防规程》（DL 5027—2015）第 10.3.3 条

续表

序号	评价项目	标准分	评分标准	查评依据
1.5.6	排油注氮灭火系统运行工况是否良好： （1）排油注氮装置的氮气瓶压力、氮气输出压力正常是否正常。 （2）消防控制柜功能是否完备、有效；控制柜电源、信号灯正常。 （3）手动启动方式按钮防误碰措施完好。 （4）火灾探测器、法兰、管道、支架和紧固件无变形、损伤、防腐层完好。 （5）断流阀、充氮阀、排油阀、排气塞等位置标识清晰、位置正确，无渗漏。 （6）消防柜红色标记醒目，设备编号、标识齐全、清晰、无损坏。 （7）消防柜无锈迹、污物、损伤，柜内阀门及接口处无油渍，渗油观察窗内无油迹。 （8）火灾探测器安装牢固，防雨罩安装可靠，能够做到有效防雨	10	配置的氮气瓶不符合规定，扣 20%；消防控制柜不能正常工作，扣 30%，其他缺陷，每处扣 10%	《油浸变压器排油注氮装置技术规程》（CECS 187—2005）第 3.1.2、3.2.4～3.2.7、3.3.6 条； 《国网设备部关于印发〈变电站消防设施运维管理规范（试行）〉的通知》（设备变电〔2019〕29 号）第 4.3.1.5、4.3.2.7 条
1.5.7	排油阀或排油管路是否满足要求： （1）排油阀或排油管路上是否设置排油信号反馈装置，在油气隔离装置前端的注氮管路上是否设置注氮信号反馈装置。 （2）排油阀下部的排油管路上是否设置漏油观测或漏油报警装置，注氮阀与排油阀间是否设有机械联锁阀门。 （3）断流阀是否带有能直接观察阀门启闭状况的位置指示，具有手动复位装置。断流阀达到额定流量时是否能可靠关闭。 （4）排油管路上的检修阀处于关闭状态时，检修阀应向消防控制柜提供检修状态信号；消防控制柜接收到的消防启动信号后，应能禁止灭火装置启动实施排油注氮动作	5	断流阀不满足规定要求，一项不满足，扣 20%	《变压器固定自动灭火系统完善化改造原则（试行）》（设备变电〔2018〕15 号）第 4.6.8、4.6.12、4.6.15 条； 《油浸变压器排油注氮灭火装置》（GA 835—2009）第 5.4 节； 《电力设备典型消防规程》（DL 5027—2015）第 10.3.3 条
1.5.8	排油注氮系统启动设施和阀组是否满足要求： （1）排油注氮系统氮气驱动装置是否选用抗干扰能力强的电磁式驱动阀或防爆自密封瓶头阀。 （2）采用排油注氮灭火系统的变压器是否采用具有联动功能的双浮球结构的气体继电器。 （3）排油注氮启动（触发）功率是否大于 220V × 5A（DC）；注氮阀动作线圈功率是否大于 220V × 6A（DC）。 （4）注氮管路是否设置能够排出泄漏氮气的排气组件，防止氮气泄漏进入变压器本体导致轻瓦斯频繁动作	10	一项不满足则不得分	《变压器固定自动灭火系统完善化改造原则（试行）》（设备变电〔2018〕15 号）第 4.6.9、4.6.10、4.6.16 条； 《防止电力生产事故的二十五项重点要求》（国能安全〔2014〕161 号）第 12.7.2、12.7.3 条； 《油浸变压器排油注氮消防系统设计、施工及验收规范》（DB43/T 420—2008）第 4.2.1.10

续表

序号	评价项目	标准分	评分标准	查评依据
1.5.9	排油注氮灭火系统是否具有防爆自动启动、灭火自动启动两种方式。 （1）防爆自动启动是否要求同时满足以下 3 个条件：压力释放阀或速动油压继电器动作；本体气体继电器发重瓦斯信号；主变压器断路器跳闸。 （2）灭火自动启动是否要求同时满足以下 3 个条件：有 2 个及以上独立的火灾探测器同时发信号；本体气体继电器发重瓦斯信号；主变压器断路器跳闸。 （3）消防控制柜同时接收到火灾探测装置和气体继电器传输的信号后，发出声光报警信号并执行排油注氮动作	10	两种自启动方式的启动要求如不满足上述要求，不得分	《变压器固定自动灭火系统完善化改造原则（试行）》（设备变电〔2018〕15 号）第 4.8.1 条； 《电力设备典型消防规程》（DL 5027—2015）第 10.3.3 条
1.6	气体灭火系统	70		
1.6.1	气体灭火系统启动控制是否满足要求： （1）气体灭火系统是否投入在“自动状态”。 （2）管网灭火系统是否设自动控制、手动控制和机械应急操作三种启动方式。预制灭火系统是否设自动控制和手动控制两种启动方式。 （3）人员进入防护区时是否能将灭火系统转换为手动控制方式，当人员离开时恢复为自动控制方式。 （4）防护区内外是否设置手动、自动控制状态的显示装置	20	未投入自动状态不得分。灭火系统控制方式不满足要求不得分	《变压器固定自动灭火系统完善化改造原则（试行）》（设备变电〔2018〕15 号）第 4.7.2、4.7.3 条； 《气体灭火系统设计规范》（GB 50370—2005）第 5.0.2、5.0.4 条
1.6.2	气体灭火系统以下信号是否接入变电站主设备监控系统：系统的手动、自动工作状态及故障状态，阀驱动装置的正常工作状态和动作状态，防护区域中的防火门（窗）、防火阀、通风空调等设备的正常工作状态和动作状态，系统的启、停信息，紧急停止信号和管网压力信号	10	信号不齐全，每少一处扣 10%，信号全部未接入不得分	《变压器固定自动灭火系统完善化改造原则（试行）》（设备变电〔2018〕15 号）第 4.7.6 条； 《火灾自动报警系统设计规范》（GB 50116—2013）附录 A
1.6.3	气体灭火系统阀组、压力表等设置是否满足： （1）在储存容器或容器阀上，是否设置安全泄压装置和压力表； （2）组合分配系统的集流管，是否设有安全泄压装置，安全泄压装置的动作压力是否符合相应气体灭火系统的设计规定	5	未设置安全泄压装置和压力表，不得分；安全泄压装置压力与本系统要求不匹配，扣 50%	《变压器固定自动灭火系统完善化改造原则（试行）》（设备变电〔2018〕15 号）第 4.7.4 条； 《气体灭火系统设计规范》（GB 50370—2005）第 4.1.4 条

续表

序号	评价项目	标准分	评分标准	查评依据
1.6.4	气体灭火系统采用自动控制启动方式时，根据人员安全撤离防护区的需要，是否设有不大于 30s 的可控延迟喷射	5	自动控制启动方式未设 30s 可控延迟喷射，不得分	《变压器固定自动灭火系统完善化改造原则（试行）》（设备变电〔2018〕15 号）第 4.7.5 条； 《气体灭火系统设计规范》（GB 50370—2005）第 5.0.3 条
1.6.5	气体灭火系统运行工况是否良好： （1）防护区外专用的空气呼吸器或氧气呼吸器是否完好； （2）铭牌和标识牌清晰，手动操作装置的防护罩、铅封和安全标志完整； （3）气体灭火系统储存装置的压力和重量是否正常； （4）灭火剂储存容器及阀门、管件、安全泄压装置、喷嘴、信号反馈装置、检漏装置、减压装置等全部系统组件无碰撞变形及其他机械性损伤，表面无锈蚀，保护涂层完好	20	气体灭火系统未处于正常运行状态，不得分；无专用呼吸器或呼吸器过期、损坏的，扣 20%；铭牌标识和安全标识不齐全的，扣 20%；气体灭火设施各元器件存在缺陷或损伤的，每处扣 10%	《国网设备部关于印发〈变电站消防设施运维管理规范（试行）〉的通知》（设备变电〔2019〕29 号）第 4.3.1.7、4.3.2.9 条
1.6.6	气体自动灭火系统自动启动是否要求满足以下 2 个条件之一： （1）有 2 个及以上独立的火灾探测器同时发信号； （2）一只火灾探测器与一只手动火灾报警按钮的报警信号	10	启动要求如不满足上述要求，不得分	《变压器固定自动灭火系统完善化改造原则（试行）》（设备变电〔2018〕15 号）第 4.8.2 条
2	**室外设备区、非设备区**	40		
2.1	室外消火栓规定是否满足： （1）设置室外消火栓的变电站是否集中配置足够数量的消防水带、水枪和消火栓扳手，放置在重点防火区域周围的露天专用消防箱或消防小室内，相关箱、室不得上锁； （2）根据被保护设备的性质合理配置 19mm 直流或喷雾或多功能水枪，水带宜配置有衬里消防水带； （3）室外消火栓间距不应大于 120m	5	室外消火栓、消防水带、水枪、消火栓扳手配置不足扣 20%，消防水枪水带不符合要求扣 20%	《变电站（换流站）消防设备设施完善化改造原则（试行）》（设备变电〔2018〕15 号）第 4.3.3.6 条； 《消防给水及消火栓系统技术规范》（GB 50974—2014）第 7.3.7、7.4.3 条
2.2	建筑面积大于 300m² 的厂房、建筑体积大于 5000m³ 的站内建筑应安装室内消火栓，设置室内消火栓的建筑，包括设备层在内各层均应设置消火栓。 室内消火栓规定是否满足： （1）室内消火栓箱是否有明显标志，箱门上是否张贴使用方法或操作步骤，外观良好、无损坏，无锈蚀，无泄漏。 （2）消火栓箱组件应齐全，箱门应开关灵活，开度应符合要求；消火栓的阀门应启闭灵活，栓口位置应便于连接水带。	5	消火栓标识及其附属设施存在缺陷的，每处扣 20%	《建筑设计防火规范》（GB 50016—2014）第 8.2 节； 《消防给水及消火栓系统技术规范》（GB 50974—2014）第 7.4.3 条； 《国网设备部关于印发〈变电站消防设施运维管理规范（试行）〉的通知》（设备变电〔2019〕29 号）第 3.32 条； 《电力设备典型消防规程》（DL 5027—2015）第 6.1.24、6.3.8、13.7.3 条

续表

序号	评价项目	标准分	评分标准	查评依据
2.2	（3）消火栓启泵按钮外观是否完好，有透明罩保护，是否配有击碎工具；同时指示灯指示是否正确；手动复位后指示灯是否随之复位。 （4）管网及支吊架与阀门外观是否良好，无损坏，无锈蚀，无泄漏；阀门处于工作状态。 （5）室内消火栓应采用单栓消火栓。确有困难时可采用双栓消火栓，但必须为双阀双出口型	5	消火栓标识及其附属设施存在缺陷的，每处扣20%	《建筑设计防火规范》（GB 50016—2014）第8.2节； 《消防给水及消火栓系统技术规范》（GB 50974—2014）第7.4.3条； 《国网设备部关于印发〈变电站消防设施运维管理规范（试行）〉的通知》（设备变电〔2019〕29号）第3.32条； 《电力设备典型消防规程》（DL 5027—2015）第6.1.24、6.3.8、13.7.3条
2.3	站内室外及公共区域消防器材是否满足： （1）变电站内消防砂箱、砂桶、消防铲及正压式消防空气呼吸器等消防器材是否齐全完备； （2）220kV变电站应配置15个装满黄砂的消防砂桶，消防黄砂桶应采用铅桶，每两桶配备一把消防铲，每四桶配备一把消防斧； （3）变电站室外各处，是否每隔规定间隔设置一组磷酸铵盐干粉灭火器。室外油浸式变压器处不少于4具50kg灭火器	20	变电站内公共区域配置消防设施不足额，酌情扣50%	《变电站（换流站）消防设备设施完善化改造原则（试行）》（设备变电〔2018〕15号）第4.3.3.3、4.3.3.8条、附录
2.4	室外电抗器、电容器区域消防设施是否满足要求： （1）油浸电抗器、电容器装置应就近设置能灭油火的消防设施，并应设有消防通道； （2）户外布置的电力电容器与高压电气设备需保持50m及以上的距离，防止事故扩大； （3）干式变压器、电流互感器等电气设备宜配置移动式干粉灭火器	10	室外电抗器、电容器消防设施不足额，酌情扣50%	《电力设备典型消防规程》（DL 5027—2015）第10.4.1、10.7.3、10.7.7条
3	**室内变压器室、配电装置室、GIS设备室、电容器室、电抗器室、站用变压器室、接地变压器室**	80		
3.1	变电站变压器室、电容器室、蓄电池室、配电装置室是否安装点式感烟或吸气式感烟（如有含油设备，采用感温）火灾探测器	10	未按规定安装火灾探测器不得分	《变电站（换流站）消防设备设施完善化改造原则（试行）》（设备变电〔2018〕15号）第4.3.1.4条
3.2	各高压室防火门窗要求： （1）变电站变压器室、电容器室、蓄电池室、配电装置室的门是否向疏散方向开启； （2）当门外为公共走道或其他房间时，该门是否采用乙级防火门； （3）配电室的中间隔墙上的门是否采用由不燃材料制作的双向弹簧门	10	各室使用的门开启方向不正确，一处扣20%，室内的门未采用乙级防火门的，一处扣20%	《火力发电厂与变电站设计防火标准》（GB 50229—2019）第11.2.4条； 《变电站（换流站）消防设备设施完善化改造原则（试行）》（设备变电〔2018〕15号）第4.2.2.2条

续表

序号	评价项目	标准分	评分标准	查评依据
3.3	变电站主控通信室、配电装置室、电缆夹层，是否有不少于 2 个疏散出口；配电装置室长度超过 60 米时，是否增设 1 个中间疏散口。地下变电站是否设置不少于 2 个安全出口	10	各室疏散出口不满足要求的，不得分	《火力发电厂与变电站设计防火标准》（GB 50229—2019）第 11.4.2 条
3.4	地下变电站每个防火分区是否不大于 1000 平方米，设置自动灭火系统的防火分区面积可增大一倍；楼梯间是否设置乙级防火门，并向疏散方向开启	10	未设置防火分区不得分，楼梯间未设置乙级防火门，不得分，开启方向不正确，扣 20%	《火力发电厂与变电站设计防火标准》（GB 50229—2019）第 11.4.3～11.4.5 条
3.5	（1）室内油浸式变压器室不少于 6 具 4kg 磷酸铵盐干粉灭火器和 2 具 50kg 灭火器车； （2）配电装置室不少于 5 具 4kg 磷酸铵盐干粉灭火器； （3）电容器室、电抗器室、蓄电池室、站用变压器室、接地变压器室不少于 2 具 4kg 磷酸铵盐干粉灭火器； （4）室内其他区域放置不少于 2 具 4kg 磷酸铵盐干粉灭火器、站内公用设施处放置不少于 6 具 4kg 磷酸铵盐干粉灭火器	20	灭火器未配置不得分，灭火器配置数量不足或超出检验周期，每处扣 20%，本项目扣完为止	《变电站（换流站）消防设备设施完善化改造原则（试行）》（设备变电〔2018〕15 号）附录
3.6	（1）各室内消火栓箱内配置是否齐全，应包含 65mm 消火栓及隔离阀各 1 只、25m 长 DN65 有衬里水龙带 1 根带快装接头、19mm 直流或喷雾或多功能水枪 1 只、自救式消防水喉 1 套、消防按钮 1 只；带电设施附近的消火栓应配备喷雾功能水枪。 （2）当室内消火栓栓口处的出水压力超过 0.5MPa 时，应加设减压孔板或采用减压稳压型消火栓	10	室内消火栓配置设施不齐全，缺少一处扣 10%，扣完为止	《变电站（换流站）消防设备设施完善化改造原则（试行）》（设备变电〔2018〕15 号）第 4.3.3.7 条； 《电力设备典型消防规程》（DL 5027—2015）第 14.3.7 条
3.7	（1）室内的油浸式消弧线圈等设备，当油量大于 600kg 时，应布置在专用的房间内，外墙开门处上方应设置防火挑檐，挑檐的宽度不应小于 1.0m，而长度为门的宽度两侧各加 0.5m； （2）户内布置的单台电力电容器油量超过 100kg 时，应有贮油设施或挡油栏； （3）集合式电容器室内布置时，基坑地面宜采用水泥砂浆抹面并压光，在其上面铺以 100mm 厚的细砂。如室外布置，则基坑宜采用水泥砂浆抹面，在挡油设施内铺以卵石（或碎石）	10	室内的油浸式消弧线圈、电容器防火措施不满足要求的，每项不满足扣 50%，本项目扣完为止	《电力设备典型消防规程》（DL 5027—2015）第 10.4.2、10.7.3、10.7.4 条

续表

序号	评价项目	标准分	评分标准	查评依据
4	**主控室、通信室、档案室**	70		
4.1	主控制室、通信机房、继电保护室是否设置点式感烟或吸气式感烟火灾探测器	20	未设置点式感烟或吸气式感烟火灾探测器不得分	《变电站（换流站）消防设备设施完善化改造原则（试行）》（设备变电〔2018〕15号）第4.3.1.4条
4.2	变电站主控室及通信室是否每隔规定间隔设置一组磷酸铵盐干粉灭火器。其中控制室不少于2具5kg磷酸铵盐干粉灭火器，通信机房和保护室不少于3具4kg磷酸铵盐干粉灭火器。根据规定，控制室、通信室、保护室及高低压配电装置室可采用卤代烷气体灭火器	20	灭火器未配置不得分，灭火器配置数量不足或超出检验周期，每处扣20%，本项目扣完为止	《变电站（换流站）消防设备设施完善化改造原则（试行）》（设备变电〔2018〕15号）附录
4.3	（1）控制室、调度室应有不少于两个疏散出口； （2）各室严禁吸烟； （3）各室的隔墙、顶棚内装饰，应采用难燃或不燃材料。建筑内部装修材料应符合现行GB 5022《建筑内部装修设计防火规范》的有关规定，地下变电站宜采用防霉耐潮材料	10	主控室、继电保护室、通信室不满足要求的，发现一处扣20%	《电力设备典型消防规程》（DL 5027—2015）第11.0.2～11.0.4条
4.4	（1）各室配电线路应采用阻燃措施或防延燃措施，严禁任意拉接临时电线； （2）各室一旦发生火灾，则应切断交流电源，开启直流事故照明，关闭通风管防火阀，采用气体等灭火器进行灭火	10	室内配电线路存在火灾隐患、临时拉线或未采用阻燃措施或防延燃措施的，每处扣20%	《电力设备典型消防规程》（DL 5027—2015）第11.0.10、11.0.11条
4.5	（1）档案室收发档案材料的门洞及窗口应安装防火门窗，其耐火极限不得低于0.75h； （2）档案室与其他建筑物直接相通的门均应做防火门，其耐火极限应不小于2.0h；内部分隔墙上开设的门也要采取防火措施，耐火极限要求为1.2h	10	变电站档案室、资料室不满足防火门要求的，不得分	《电力设备典型消防规程》（DL 5027—2015）第11.0.8、11.0.9条
5	**蓄电池室（未设置蓄电池室的，此项目得满分）**	50		
5.1	蓄电池室门上应有“蓄电池室”“严禁烟火”或“火灾危险，严禁火种入内”等标志牌。蓄电池室是否贴有必需的警示标识和禁令标识；室内设备是否符合防爆要求	10	缺少标识的不得分，室内设备不满足防爆要求扣50%	《变电站（换流站）消防设备设施完善化改造原则（试行）》（设备变电〔2018〕15号）第4.2.3.1条； 《电力设备典型消防规程》（DL 5027—2015）第10.6.1、10.6.2条
5.2	蓄电池室每组是否布置在单独的室内，如在同一室内，是否在每组蓄电池之间设耐火时间为大于2.0h的防火隔断，蓄电池室门是否向外打开	10	变电站两组蓄电池在同一室内且未设置合格防火隔断的，不得分	《变电站（换流站）消防设备设施完善化改造原则（试行）》（设备变电〔2018〕15号）第4.2.3.1条； 《电力设备典型消防规程》（DL 5027—2015）第10.6.1条

续表

序号	评价项目	标准分	评分标准	查评依据
5.3	蓄电池室通风照明是否合格： （1）蓄电池室是否装有通风装置，通风道是否单独设置，工作正常； （2）蓄电池室是否使用防爆型照明和防爆型排风机，操作开关是否安装在蓄电池室的外面； （3）蓄电池室的照明线是否采用暗线敷设的耐酸导线，进出蓄电池室的电缆、电线，在穿墙处是否用耐酸瓷管或聚氯乙烯硬管穿线，并在其进出口端用耐酸材料将管口封堵	10	蓄电池室风机、照明、电源线路，有一处不满足的扣 20%	《变电站（换流站）消防设备设施完善化改造原则（试行）》（设备变电〔2018〕15 号）第 4.2.3.1 条； 《电力设备典型消防规程》（DL 5027—2015）第 10.6.1 条
5.4	蓄电池室是否配置防爆感烟和可燃气体火灾探测装置，是否配置不少于 2 具 4kg 磷酸铵盐磷酸铵盐干粉灭火器，灭火器在合格期内	10	未安装火灾探测装置，扣 50%，未配置合格且数量足够的灭火器，扣 50%	《变电站（换流站）消防设备设施完善化改造原则（试行）》（设备变电〔2018〕15 号）附录
5.5	其他蓄电池室（阀控式密封铅酸蓄电池室、无氢蓄电池室、锂电池室、钠硫电池、UPS 室等）是否符合下列要求： （1）电池室应装有通向室外的有效通风装置，阀控式密封铅酸蓄电池室内的照明、通风设备可不考虑防爆； （2）锂电池、钠硫电池应设置在专用房间内，建筑面积小于 $200m^2$ 时，应设置干粉灭火器和消防砂箱；建筑面积不小于 $200m^2$ 时，宜设置气体灭火系统和自动报警系统	10	若有配置此类蓄电池的开展评价。现场配置不满足查评要求的，不得分	《电力设备典型消防规程》（DL 5027—2015）第 10.6.2 条
6	**电缆沟道**	130		
6.1	电缆沟道防火封堵是否满足要求： （1）在电缆穿过竖井、变电站夹层、墙壁、楼板或进入电气盘、柜的孔洞处，是否做好防火封堵； （2）封堵是否严实可靠，不应有明显的裂缝和可见的缝隙，孔洞较大者应加耐火衬板后再进行封堵； （3）在隧道、电缆沟、变电站夹层和进出线等电缆密集区域是否采用阻燃电缆或采取其他有效防火措施； （4）如果在重要电缆沟和隧道中有非阻燃电缆时，是否分段或用软质耐火材料设置阻火隔离，电缆孔洞是否封堵； （5）未采用阻燃电缆时，电缆接头两侧及相邻电缆 2～3m 长的区段是否采取涂刷防火涂料、缠绕防火包带等措施； （6）靠近充油设备的电缆沟，是否设有卡槽式电缆沟盖板或覆盖防火玻璃丝纤维布等防火延燃措施，盖板是否封堵	20	未有效进行防火封堵、设置阻火隔离或涂刷防火涂料的。每发现一处，扣 20%。发现三处及以上，不得分	《电力电缆及通道运维规程》（Q/GDW 1512—2014）第 5.5.4 条； 《电力设备典型消防规程》（DL 5027—2015）第 10.5.3 条； 《变电站（换流站）消防设备设施完善化改造原则（试行）》（设备变电〔2018〕15 号）第 4.2.4.7 条

续表

序号	评价项目	标准分	评分标准	查评依据
6.2	电缆通道、电缆室、夹层、竖井、电缆沟内是否整洁、畅通，是否消除各类火灾隐患，通道沿线及其内部不得积存易燃、易爆物。排水沟、电缆沟、管沟等沟坑内是否有积油	10	电缆通道、夹层、竖井、电缆沟内堆放杂物，积存易燃易爆物，每发现一处。扣 20%；发现两处及以上，不得分	《电力电缆及通道运维规程》（Q/GDW 1512—2014）第 8.3.4 条； 《电力设备典型消防规程》（DL 5027—2015）第 10.5.6 条
6.3	变电站电缆夹层、竖井是否安装线型感温、感烟或吸气式感烟探测器，缆式线型感温火灾探测器在电缆表面以“S 型”缠绕方式敷设。重要的电缆隧道是否安装温度在线监测装置，并定期传动、检测，确保动作可靠、信号准确。是否设置悬挂式超细干粉、气溶胶或火探管式灭火装置	10	变电站电缆夹层、竖井未安装消防报警设施和灭火设备，不得分；设施存在缺陷或超出检验周期，每处扣 20%	《电力电缆及通道运维规程》（Q/GDW 1512—2014）第 8.3.9 条； 《变电站（换流站）消防设备设施完善化改造原则（试行）》（设备变电〔2018〕15 号）4.2.4.9、4.3.1.4
6.4	是否在变电站电缆室、电缆夹层、电缆通（廊）道、电缆竖井等电缆密集区域按设计布置固定式灭火设施，电缆沟内电缆密集处、转弯处等重点部位可设置固定式自动灭火设施；固定式自动灭火设施宜采用悬挂式干粉自动灭火器（悬挂式超细干粉、气溶胶或火探管灭火装置），自动灭火设备在检验合格期内。 明敷充油电缆的供油系统是否装设自动报警和闭锁装置，多回路充油电缆的终端设置处应装设专用消防设施，有定期检验记录	20	按规定应安装自动灭火装置场所未安装，不得分；自动灭火设备维护不到位，超出使用周期的，扣 50%	《电力电缆及通道运维规程》（Q/GDW 1512—2014）第 8.3.1、8.3.2 条； 《变电站（换流站）消防设备设施完善化改造原则（试行）》（设备变电〔2018〕15 号）4.2.4.10、4.3.1.4、4.3.3.2
6.5	电缆和沟道防火隔断是否满足要求： （1）电缆廊道、电缆沟内是否每隔 60m 划分防火隔段（防火墙），在电缆从室外进入室内的入口处、敷设两个及以上间隔电缆的主电缆沟道和到单个间隔或设备分支电缆沟道的交界处是否设置防火墙； （2）电缆竖井上下两端、进出电缆孔洞处及每一楼层处采用耐火极限不低于 1.00h 的非燃烧材料进行封堵，划分防火隔段； （3）电缆夹层的门是否向疏散方向开启，当门外为公共走道或其他房间时，该门是否采用乙级防火门	10	防火隔断设置不满足要求的，每处扣 20%	《变电站（换流站）消防设备设施完善化改造原则（试行）》（设备变电〔2018〕15 号）4.2.4.8

续表

序号	评价项目	标准分	评分标准	查评依据
6.6	共用沟道防火分隔是否满足要求： （1）动力电缆与控制电缆是否分沟敷设，不满足的是否在动力电缆和控制电缆、通信电缆在之间设置层间耐火隔板、加装电缆防火槽盒、涂防火涂料、包覆防火护套等措施； （2）110kV 及以上电缆竖井，在同一井道内敷设 2 回及以上电缆时，不同回路之间是否用防火隔板进行分隔； （3）在多个电缆头并排安装的场合中，应在电缆头之间加隔板或填充阻燃材料	10	不同种类电缆同沟布置，且没有可靠防火分隔的，不得分	《水电工程设计防火规范》（GB 50872—2014）第 9.0.7 条； 《国网设备部关于加快推进变电站消防隐患治理工作的通知》（设备变电〔2018〕16 号）（七）； 《变电站（换流站）消防设备设施完善化改造原则（试行）》（设备变电〔2018〕15 号）第 4.2.4.4 条； 《电力设备典型消防规程》（DL 5027—2015）第 10.5.9、10.5.12 条
6.7	是否在电缆室、电缆通（廊）道、电缆竖井的出入口处，设置手提式磷酸铵盐干粉灭火器，并至少配备 2 套防毒面具。按照规定，电缆夹层应设置不少于 16 具、电缆竖井不少于 2 具 4kg 磷酸铵盐磷酸铵盐干粉灭火器	10	未配置灭火器和防毒面具的，不得分	《水电工程设计防火规范》（GB 50872—2014）第 9.0.9 条； 《变电站（换流站）消防设备设施完善化改造原则（试行）》（设备变电〔2018〕15 号）附录
6.8	电缆接头是否加装防火槽盒或采取其他防火隔离措施。电力电缆中间接头盒的两侧及其附近区域，是否增加防火包带等阻燃措施。严禁在变电站电缆夹层、桥架和竖井等缆线密集区域布置电力电缆接头	10	电缆接头未采取防爆盒或其他措施的，不得分；电缆夹层等处内有电缆接头的，不得分	《电力电缆及通道运维规程》（Q/GDW 1512—2014）第 8.3.1、8.3.2 条； 《电力设备典型消防规程》（DL 5027—2015）第 10.5.11 条； 《变电站（换流站）消防设备设施完善化改造原则（试行）》（设备变电〔2018〕15 号）第 4.2.4.5、4.2.4.6 条
6.9	电缆隧道的下列部位是否设置防火分隔，采用防火墙上设置防火门的形式： （1）电缆进出隧道的出入口及隧道分支处； （2）电缆隧道位于变电站内时，间隔不大于 100m 处； （3）电缆交叉、集部位，间隔不大于 60m； （4）防火墙耐火极限不宜低于 3.0h，防火门应采用甲级防火门（耐火极限不宜低于 1.2h）且防火门的设置应符合现行 GB 50016《建筑设计防火规范》的有关规定； （5）电缆竖井中，宜每隔 7.0m 设置阻火隔层	10	站内电缆隧道的防火分隔设置是否满足要求，一处不满足扣 20%	《电力设备典型消防规程》（DL 5027—2015）第 10.5.14、10.5.15 条
6.10	电缆隧道内应设置指向最近安全出口处的导向箭头，主隧道、各分支拐弯处醒目位置装设整个电缆隧道平面示意图，并在示意图上标注所处位置及各出入口位置	5	无示意图不得分，示意图标识不齐全或与实际不符扣 20%～50%	《变电站（换流站）消防设备设施完善化改造原则（试行）》（设备变电〔2018〕15 号）第 4.3.5.2 条

续表

序号	评价项目	标准分	评分标准	查评依据
6.11	在电缆通道、夹层内动火作业是否办理动火工作票，并采取可靠的防火措施。在电缆通道、夹层内使用的临时电源是否满足绝缘、防火、防潮要求，工作人员撤离时应立即断开电源。是否严格按照运行规程规定对电缆夹层、通道进行巡检，并检测电缆和接头运行温度	10	电缆通道、夹层、竖井等处动火作业不满足要求的，不得分，安全措施不到位的扣50%；巡视记录是否齐全，缺少一处扣20%	《电力电缆及通道运维规程》(Q/GDW 1512—2014）第8.3.7、8.3.8、8.3.10条
6.12	隧道内照明灯具及控制开关应为防潮防爆型；照明灯线应穿入阻燃管或放入防火槽盒	5	隧道内照明灯具及控制开关不是防潮防爆型扣50%，照明灯线未穿入阻燃管或放入防火槽盒扣50%	《城市电力电缆线路设计技术规定》（DL/T 5221—2016）第4.5.15条
7	**消防标识及应急设施**	30		
7.1	变电站内是否具有以下消防安全标志：1）火灾报警装置标志；2）紧急疏散逃生标志；3）灭火设备标志；4）禁止和警告标志；5）方向辅助标志；6）文字辅助标志	10	灭火器和消火栓指示标识、使用方法、火灾报警标识以及消防设施旋转方向标识、防火门标识等各类标志应符合国家标准《消防安全标志　第1部分：标志》(GB 13495.1—2015）的规定，缺少一处扣10%	《变电站（换流站）消防设备设施完善化改造原则（试行)》(设备变电〔2018〕15号）第4.3.5.1条
7.2	变电站内疏散通道和安全出口是否设置疏散指示标识，是否采用符合国家规定3C标准的灯光疏散指示标志、安全出口标志，标明疏散方向	10	无安全疏散标识不得分，未使用灯光疏散指示标识扣50%；安全疏散标识损坏，每处扣10%	《变电站（换流站）消防设备设施完善化改造原则（试行)》(设备变电〔2018〕15号）第4.3.4.5、4.3.5.3条
7.3	疏散指示标识应根据国家法律法规、消防技术标准设置，并应采用符合法律规定的灯光疏散指示标志、安全出口标志，标明疏散方向。 （1）是否设置了符合规定的消防安全疏散指示标志和应急照明设施，消防应急照明灯、疏散指示标志其型号规格是否符合设计要求； （2）消防应急照明灯、疏散指示标志外观手否有缺陷，在其明显部位是否设有耐久性消防3C铭牌标识，内容清晰，设置位置符合设计要求，安装牢固； （3）消防应急照明可采用蓄电池作为备用电源，应急灯应牢固、无遮挡，状态指示灯正常； （4）变电站主控通信室、配电装置室、消防水泵房、变压器室、继电保护室、建筑疏散通道和楼梯间是否设置应急照明。变电站内应急照明的照度不应低于1lx，交流断电后可继续提供照明，继续工作应急照明不应低于正常照明照度值的100%	10	无安全疏散标识和应急照明设施，每处扣10%；已配置的安全疏散标识和应急照明设施损坏，每处扣5%；在特殊部位设置障碍物，每处扣20%；发现5处以上，不得分。已配置的应急照明设施损坏，每处扣5%；应急照明亮度不足酌情扣20%	《变电站（换流站）消防设备设施完善化改造原则（试行)》(设备变电〔2018〕15号）第4.3.4.5、4.3.5.3条； 《中华人民共和国消防法》(2019年修订）第十六条； 《机关、团体、企业、事业单位消防安全管理规定》（公安部第61号令）第二十一条； 《火力发电厂与变电站设计防火标准》(GB 50229—2019）第11.7.2条

续表

序号	评价项目	标准分	评分标准	查评依据
8	**消防控制室**	120		
8.1	消防控制室通用要求	20		
8.1.1	消防控制室是否满足具备远方控制功能，且设有用于火灾报警的外线电话的要求	5	设置于集中控制的消防控制室没有远方控制功能不得分，未设置报火警外线电话扣 50%	《消防控制室完善化改造原则（试行）》（设备变电〔2018〕15 号）第 4.1.4、4.1.5 条；《火灾自动报警设计规范》（GB 50116—2013）第 3.4.3、6.1.4 条
8.1.2	消防控制室是否实行每日 24h 值班制度，每班不少于 2 人的要求，值班人员持有消防控制室操作职业资格证书	5	值班人员不满足 2 人不得分，值班人员未持有消防执业证书扣 50%	《消防控制室完善化改造原则（试行）》（设备变电〔2018〕15 号）第 4.1.9 条；《消防控制室通用技术要求》（GB 25506—2010）第 4.2.1 条
8.1.3	消防控制室的火灾自动报警系统、灭火系统和其他联动控制设备是否处于正常工作状态，并不得将应处于自动状态的设在手动状态	5	发现一处缺陷扣 20%，应处于自动的系统置于手动状态扣 50%	《消防控制室完善化改造原则（试行）》（设备变电〔2018〕15 号）第 4.1.10 条；《消防控制室通用技术要求》（GB 25506—2010）第 4.2.1 条
8.1.4	消防控制室设备选型是否满足以下要求： （1）属于国家消防产品强制性认证目录中的产品，应具有 CCCF 认证证书并标注认证标志； （2）目录以外的产品，应具有国家级消防产品质量检验中心出具的检验报告	5	使用设备非 3C 认证且无国家级消防产品质量检验中心出具的检验报告的，每一设备扣 20%	《消防控制室完善化改造原则（试行）》（设备变电〔2018〕15 号）第 4.1.12 条
8.2	消防控制室资料要求	20		
8.2.1	消防控制室文件资料是否包含：竣工图纸、各分系统控制逻辑关系说明、设备使用说明书、系统操作规程、应急预案、值班制度、维护保养制度及值班记录等文件资料	5	缺少基本的管理制度和操作规程，每少一项扣 10%；管理制度缺少超过 5 项及以上，不得分	《消防控制室完善化改造原则（试行）》（设备变电〔2018〕15 号）第 4.1.8 条；《火灾自动报警设计规范》（GB 50116—2013）第 3.4.4 条
8.2.2	消防控制室是否每日检查火灾报警控制器的功能，并按《消防控制室完善化改造原则（试行）》（设备变电〔2018〕15 号）附录 F 的要求填写相应的记录	5	消防设施没有每日检查不得分，检查记录不规范每处扣 20%，扣完为止	《消防控制室完善化改造原则（试行）》（设备变电〔2018〕15 号）第 4.1.11 条；《火灾自动报警系统施工及验收标准》（GB 50166—2019）第 6.0.1～6.0.7 条
8.2.3	消防控制室是否满足以下要求： 每季度检查和试验火灾自动报警系统的下列功能，并按《消防控制室完善化改造原则（试行）》（设备变电〔2018〕15 号）附录 F 的要求填写记录： （1）采用专用检测仪器分期分批试验探测器的动作及确认灯显示；	5	消防控制室季度设施检查内容有无缺少，试验记录不全每处扣 20%，扣完为止	《消防控制室完善化改造原则（试行）》（设备变电〔2018〕15 号）第 4.1.11 条；《火灾自动报警系统施工及验收标准》（GB 50166—2019）第 6.0.1～6.0.7 条

续表

序号	评价项目	标准分	评分标准	查评依据
8.2.3	（2）试验火灾警报装置的声光显示。 （3）试验水流指示器、压力等报警功能、信号显示开关。 （4）对主电源和备用电源进行1～3次自动切换试验。 （5）用自动或手动检查消防控制设备的控制显示功能：1）室内消火栓、自动喷水、泡沫、气体、干粉等灭火系统的控制设备；2）抽验电动防火门、防火卷帘门，数量不小于总数的25%；3）选层试验消防应急广播设备，并试验公共广播强制转入火灾应急广播的功能，抽检数量不小于总数的25%；4）火灾应急照明与疏散指示标志的控制装置；5）送风机、排烟机和自动挡烟垂壁的控制设备。 （6）检查消防电梯迫降功能。 （7）应抽取不小于总数25%的消防电话和电话插孔在消防控制室进行对讲通话试验	5	消防控制室季度设施检查内容有无缺少，试验记录不全每处扣20%，扣完为止	《消防控制室完善化改造原则（试行）》（设备变电〔2018〕15号）第4.1.11条； 《火灾自动报警系统施工及验收标准》（GB 50166—2019）第6.0.1～6.0.7条
8.2.4	消防控制室是否满足以下要求： 每年检查和试验火灾自动报警系统下列功能，并按《消防控制室完善化改造原则（试行）》（设备变电〔2018〕15号）附录F的要求填写记录： （1）应用专用检测仪器对所安装的全部探测器和手动报警装置试验至少1次； （2）自动和手动打开排烟阀，关闭电动防火阀和空调系统； （3）对全部电动防火门、防火卷帘的试验至少1次； （4）强制切断非消防电源功能试验； （5）对其他有关的消防控制装置进行功能试验	5	消防控制室年度设施检查内容有无缺少，试验记录不全每处扣20%，扣完为止	《消防控制室完善化改造原则（试行）》（设备变电〔2018〕15号）第4.1.11条； 《火灾自动报警系统施工及验收标准》（GB 50166—2019）第6.0.1～6.0.7条
8.3	无人值班变电站消防控制室	40	无人值班变电站查评此条款	
8.3.1	无人值班变电站消防控制室架构是否按照《消防控制室完善化改造原则（试行）》第4.2.3条进行设置。 是否按要求配置以下设备： （1）区域火灾报警控制器（联动型），包括火灾报警控制器、联动控制器、消防电话总机、消防广播控制装置（需要时）等； （2）光纤转换模块； （3）辅助设备监控主机	10	现场检查无人值班站消防设施配置是否满足要求，缺少一处扣20%，本项目扣完为止	《消防控制室完善化改造原则（试行）》（设备变电〔2018〕15号）第4.2.3、4.2.4条； 《火灾自动报警设计规范》（GB 50116—2013）中第3.4.2、4.1.1、4.10.1～4.10.3条

续表

序号	评价项目	标准分	评分标准	查评依据
8.3.2	火灾报警控制器（联动型）是否满足以下要求： （1）应联动变电站辅助设备监控系统，以满足迅速确认火灾和应急处置的要求； （2）集中火灾报警控制器（联动型）应能集中监控所辖无人值班变电站的区域火灾报警控制器（联动型），显示火灾探测器、手动火灾报警按钮等设备的正常、报警、屏蔽及故障状态等信息，并能按照规定逻辑程序启动相应的联动系统； （3）集中火灾报警控制器（联动型）联动控制按钮应按不同变电站及站内不同灭火分区布置，标识清楚、确保操作安全准确；发生火灾报警时，对应变电站的按钮区域应有光信号提示，防止误操作； （4）不同类型的探测器、手报、模块等现场部件应有不少于总数1%的备品	5	火灾报警控制器功能及配置，每处不满足扣 20%	《消防控制室完善化改造原则（试行）》（设备变电〔2018〕15 号）第 4.3.1 条； 《火灾自动报警设计规范》（GB 50116—2013）第 4.10.2、6.1.4 条
8.3.3	光纤转换模块是否满足能将区域火灾报警控制器（联动型）的信号转换成光信号，并通过专用通信光纤以统一的协议传送至运维班驻地消防控制室光纤集中转换模块，并接收消防控制室的控制指令的要求。 无人值班变电站与运维班驻地消防控制室之间是否按要求采用专用线路连接	5	光纤转换模块功能及配置，每处不满足扣 20%	《消防控制室完善化改造原则（试行）》（设备变电〔2018〕15 号）第 4.2.6、4.3.3 条； 《火灾自动报警设计规范》（GB 50116—2013）第 6.10.2 条
8.3.4	辅助设备监控主机，应实现视频、安防、消防、门禁、环境监测、照明等子系统数据的统一接入，实现火灾报警自动联动消防、视频监控、空调、风机、门禁等系统，并在站内实现数据综合分析、存储、统计和画面展示，无人值班变电站辅助设备监控主机还应能通过 KVM（键盘、显示器、鼠标延伸）等手段将信息远传到有人值班区域	10	辅助设备监控主机功能及配置，每处不满足扣 20%	《消防控制室完善化改造原则（试行）》（设备变电〔2018〕15 号）第 4.3.5 条
8.3.5	无人值班变电站消防控制室是否按要求设置在运维班驻地值班室，对所辖的变电站实行集中管理，设置在其他地点的是否由国家电网公司批准确认	5	无人值班变电站消防控制室未集中布置在驻地或其他未经批准的位置的，不得分	《火力发电厂与变电站设计防火标准》（GB 50229—2019）第 7.13.4 条； 《消防控制室完善化改造原则（试行）》（设备变电〔2018〕15 号）第 4.1.2 条
8.3.6	无人值班变电站消防控制室布置是否满足以下要求： （1）消防控制室疏散门应直通	5	消防控制室位置及出入口设置，每处不满足扣 20%	《建筑设计防火规范》（GB 50016—2014）第 8.1.7 条； 《火灾自动报警设计规范》（GB

续表

序号	评价项目	标准分	评分标准	查评依据
8.3.6	室外或安全出口，宜设置在建筑物地上一层； （2）消防控制设备与主控室其他设备应有明显间距； （3）消防控制室内严禁穿过与消防设施无关的电气线路及管路	5	消防控制室位置及出入口设置，每处不满足扣20%	50116—2013）第3.4.6、3.4.8条； 《消防控制室完善化改造原则（试行）》（设备变电〔2018〕15号）第4.1.3、4.1.6条
8.4	集中监控中心消防控制室配置要求	40		
8.4.1	运维班驻地消防控制室是否按要求配置以下设备： （1）集中火灾报警控制器（联动型），包括火灾报警控制器、联动控制器等； （2）消防图形显示装置； （3）光纤集中转换模块； （4）辅助设备监控工作站	10	现场检查集中监控中心消防设施配置是否满足要求，缺少一处扣20%，本项目扣完为止	《消防控制室完善化改造原则（试行）》（设备变电〔2018〕15号）第4.2.5条； 《火灾自动报警设计规范》（GB 50116—2013）中第3.4.2、4.1.1、4.10.1～4.10.3条
8.4.2	集中监控中心火灾报警控制器（联动型）要求同本评价细则8.3.2	5	火灾报警控制器功能及配置，每处不满足扣20%	《消防控制室完善化改造原则（试行）》（设备变电〔2018〕15号）第4.3.1条； 《火灾自动报警设计规范》（GB 50116—2013）第4.10.2条； 《火灾自动报警系统施工及验收标准》（GB 50166—2019）第6.0.1～6.0.7条
8.4.3	消防图形显示装置是否满足以下要求： （1）消防图形显示装置信息记录的各类信息能够进行记录备份；应满足备份后方可被覆盖的功能；应能对历史记录打印归档或刻录存盘归档。 （2）消防图形显示装置应具备网络通信功能，能够与火灾报警控制器（联动型）进行通信，获取相关消防设备状态信息，并应具有远程传输功能。 （3）消防图形显示装置应具备权限管理的功能，对系统程序的进入和退出时间、操作人员姓名或代码等内容的均有记录，记录备份后方可被覆盖。 （4）消防图形显示装置应具备权限管理的功能，对系统程序的进入和退出时间、操作人员姓名或代码等内容的均有记录，记录备份后方可被覆盖。 （5）消防图形显示装置软件应符合GA/T 847《消防控制室图形显示装置软件通用技术要求》的规定，还应能分画面、分区域、多层次对所辖无人变电站各类消防设施进行集中管理的功能	5	消防图形显示装置功能及配置，每处不满足扣20%	《消防控制室完善化改造原则（试行）》（设备变电〔2018〕15号）第4.3.2条； 《消防控制室通用技术要求》（GB 25506—2010）第6.1～6.4节； 《火灾自动报警设计规范》（GB 50116—2013）第3.4.2条

续表

序号	评价项目	标准分	评分标准	查评依据
8.4.4	消防设施维护保养是否满足以下要求： （1）点型感烟火灾探测器投入运行 2 年后，应每隔 3 年至少全部清洗一遍； （2）通过采样管采样的吸气式感烟火灾探测器根据使用环境的不同，需要对采样管道进行定期吹洗，最长的时间间隔不应超过一年； （3）探测器的清洗应由有相关资质的机构根据产品生产企业的要求进行； （4）探测器清洗后应做响应阈值及其他必要的功能试验，合格者方可继续使用； （5）不合格探测器严禁重新安装使用，并应将该不合格品返回产品生产企业集中处理，严禁将离子感烟火灾探测器随意丢弃； （6）可燃气体探测器的气敏元件超过生产企业规定的寿命年限后应及时更换，气敏元件的更换应由有相关资质的机构根据产品生产企业的要求进行	5	消防设施日常维护保养内容有无缺少，试验记录不全或存在缺陷影响运行的，每项不满足扣 20%，扣完为止	《消防控制室完善化改造原则（试行）》（设备变电〔2018〕15 号）第 4.3.1 条； 《火灾自动报警设计规范》（GB 50116—2013）第 4.10.2 条
8.4.5	光纤集中转换模块：应能接收所辖无人值班变电站的光信号，转换成电信号以统一协议传送至集中火灾报警控制器（联动型），并向无人值班变电站发送控制指令	5	光纤转换模块功能及配置，每处不满足扣 20%	《消防控制室完善化改造原则（试行）》（设备变电〔2018〕15 号）第 4.3.4 条
8.4.6	辅助设备监控工作站，应通过 KVM（键盘、显示器、鼠标延伸）远程连接所辖无人值班变电站端辅助设备监控主机，实时掌握站内消防系统、安防系统、视频监控等工作状态，根据告警信息关联变电站画面索引进行画面浏览，查看辅助设备运行状态，并进行远程操作消防、安防、视频监控、门禁等系统	10	辅助设备监控工作站功能及配置，每处不满足扣 20%	《消防控制室完善化改造原则（试行）》（设备变电〔2018〕15 号）第 4.3.6 条
9	**日常运行维护及管理**	130		
9.1	公共消防设施	75		
9.1.1	变电站消防设施必须与主体工程同时设计、同时施工、同时验收，防火设施未验收合格的电缆线路不得投入运行	5	电缆线路防火设施未验收合格即投运，每项工程扣标准分 20%，扣完为止	《国家电网有限公司关于印发〈十八项电网重大反事故措施（修订版）〉的通知》（国家电网设备〔2018〕979 号）第 13.2.1.1 条
9.1.2	国家强制产品认证（3C）目录内的消防设备必须具有消防强制性产品认证证书（CCCF），非国家强制产品认证（3C）目录内的消防产品应具有国家级消防质量检验中心出具的检验报告	5	变电站内消防设施、设备存在非 3C 认证且提供不出国家级消防质量检验中心出具的检验报告，不得分	《变电站（换流站）消防设备设施完善化改造原则（试行）》（设备变电〔2018〕15 号）第 4.1.5 条

续表

序号	评价项目	标准分	评分标准	查评依据
9.1.3	消防供电是否满足要求： （1）变电站消防用电是否采用单独的供电回路，是否使用不低于二级负荷供电的电源，消防配电箱是否独立设置并有明显标识，是否能在任何情况下保证消防用电； （2）备用消防电源的供电时间和容量，是否满足火灾延续时间内各消防用电设备的要求； （3）变电站消防控制室、消防水泵房、防烟和排烟风机房的消防用电设备及消防电梯等的供电，应在其配电线路的最末一级配电箱处设置自动切换装置	5	消防用电和消防配电箱非独立设置扣50%；未配置备用消防电源扣50%，标志不齐全或备用电源容量不足酌情扣50%	《变电站（换流站）消防设备设施完善化改造原则（试行）》（设备变电〔2018〕15号）第4.3.4.1、4.3.4.3、4.3.4.4条； 《建筑设计防火规范》（GB 50016—2014）第10.1.6条
9.1.4	变电站是否配置了符合国家标准的灭火器； （1）灭火器配置数量是否充足； （2）灭火器是否完好、有效； （3）灭火器外观完好、清洁，罐体无损伤、变形，配件无破损、松动、变形，压力指示正常； （4）灭火器上应有发光标志，以便在黑暗中指示灭火器所处的位置； （5）灭火器生产日期、试验日期是否符合规范要求，合格证是否齐全，灭火器压力是否正常，外壳是否存在磕碰、破损，放置位置是否明显且易于取用； （6）是否按照平均每25m配置一组灭火器，每组不少于2只4kg 灭火器，推车式灭火器最大保护距离不超过50m；特殊防火场所（如使用液化气的厨房等）是否增设灭火器数量； （7）变电站里的灭火器是否摆放在位置明显和便于取用的地点，是否稳固，铭牌朝外，灭火器箱打开角度不小于100°，手提式灭火器顶部离地面不应大于1.50m，底部离地面高度不宜小于0.08m，对有视线障碍的灭火器设置点，应设置指示其位置的发光标志	10	未配置灭火器，不得分；灭火器与使用场所不相应，每处扣20%；未按规定规格配置足量灭火器，每处扣20%；灭火器不符合要求，出现欠压的，每处扣20%	《建筑灭火器配置设计规范》（GB 50140—2005）第5.1、5.2、6.1条； 《电力设备典型消防规程》（DL 5027—2015）附录G.1； 《国网设备部关于印发〈变电站消防设施运维管理规范（试行）〉的通知》（设备变电〔2019〕29号）第3.25条； 《变电站（换流站）消防设备设施完善化改造原则（试行）》（设备变电〔2018〕15号）第4.1.3、4.3.3.5条
9.1.5	消防箱、消防桶、消防铲、消防斧、消防钩完好有红色标识、清洁，无锈蚀、破损。消防砂箱或砂桶；消防砂池、消防砂桶完好，无开裂、漏砂，消防用砂保持充足和干燥	5	消防设施缺失或损坏，每处扣10%	《国网设备部关于印发〈变电站消防设施运维管理规范（试行）〉的通知》（设备变电〔2019〕29号）3.25； 《变电站（换流站）消防设备设施完善化改造原则（试行）》（设备变电〔2018〕15号）4.3.3.3； 《电力设备典型消防规程》（DL 5027—2015）14.3.5～14.4.3

续表

序号	评价项目	标准分	评分标准	查评依据
9.1.6	设置固定式气体灭火系统的变电站、长距离电缆隧道、地下变电站等场所应配置正压式消防空气呼吸器，数量宜按每座有气体灭火系统的建筑物各设 2 套正压式消防空气呼吸器和 4 只防毒面具，正压式消防空气呼吸器应放置在专用设备柜内，柜体应为色红色并固定设置标志牌	5	未配置正压式呼吸器，不得分；正压式呼吸器不合格没出扣 20%	《电力设备典型消防规程》（DL 5027—2015）14.4
9.1.7	寒冷地区容易冻结和可能出现沉降的地区，消防水系统等设施应有防冻和防沉降措施	5	现场检查消防水池若无防冻防沉降措施的，不得分	《变压器固定自动灭火系统完善化改造原则（试行）》（设备变电〔2018〕15 号）第 4.1.11 条
9.1.8	火灾报警系统日常维护： （1）火灾自动报警系统的维护保养应确保系统保持连续正常运行，各路电源均能正常供电； （2）每季度对火灾自动报警系统主机除尘，对电源等附件维护一次； （3）每季度应对主电源和备用电源进行 1～3 次自动切换试验，强制切断非消防电源功能试验； （4）火灾报警控制器经检查应功能完好，并填写相应维保记录； （5）火灾自动报警系统相关部件的安装部位在满足消防设计要求同时，是否可以在主设备不停运条件下进行维修	10	火灾自动报警系统不能正常运行，不得分；一路电源故障，设备能正常运行，酌情扣 50%；未进行火灾自动报警系统主机除尘，未对电源等附件进行维护不得分，每季度未对主电源和备用电源进行 1～3 次自动切换试验，强制切断非消防电源功能试验，酌情 40%；火灾报警控制功能不全，扣 30%，无相应维保记录，扣 20%	《火灾自动报警系统施工及验收标准》（GB 50166—2019）第 6.0.1～6.0.7 条； 《国网设备部关于印发〈变电站消防设施运维管理规范（试行）〉的通知》（设备变电〔2019〕29 号）第 5.2.1～5.2.3、5.2.5 条； 《变电站（换流站）消防设备设施完善化改造原则（试行）》（设备变电〔2018〕15 号）第 4.1.8 条
9.1.9	消防器材日常维护： （1）每月对消防器材进行一次检查维护； （2）地下变电站的灭火器应每半月检查一次。 （3）补充的砂子应干燥；发现灭火器压力不在正常范围时，及时更换合格的灭火器或重新充装。 （4）二氧化碳灭火器重量比额定重量减少十分之一时，应进行灌装。 （5）灭火器的表面保持清洁、设施完好；干粉灭火器压力正常	10	每项未执行扣 10%。	《建筑消防设施的维护管理》（GB 25201—2010）附录 E； 《国网设备部关于印发〈变电站消防设施运维管理规范（试行）〉的通知》（设备变电〔2019〕29 号）第 5.4.3 条
9.1.10	变电站消防设施及通道是否正常和畅通： （1）变电站消防设施是否处于正常运行状态； （2）疏散通道和安全出口是否保持畅通，不得占用、堵塞和封闭，消防车道是否保持畅通； （3）是否损坏、挪用或者擅自拆除、停用消防设施、器材； （4）是否埋压、圈占、遮挡消火栓或者占用防火间距；	10	消防设施、器材被损坏、挪用或者擅自拆除、停用，每处扣 20%；消火栓被埋压、圈占、遮挡，每处扣 20%；防火间距被占用，每处扣 20%；发现 3 处以上，不得分；严重堵占主要消防车道的，不得分；消防车道不畅通，每处扣 20%；发	《中华人民共和国消防法》（2019 年修订）第二十八条； 《电力设备典型消防规程》DL 5027—2015）第 6.1.6、6.1.19、6.3.2 条； 《国网设备部关于印发〈变电站消防设施运维管理规范（试行）〉的通知》（设备变电〔2019〕29 号）第 3.11 条； 《变电站（换流站）消防

续表

序号	评价项目	标准分	评分标准	查评依据
9.1.10	（5）在疏散特殊部位（像窗口、阳台等）是否设置了妨碍应急逃生和救援的障碍物	10	现3处以上，不得分；疏散通道和安全出口不畅通，每处扣20%	设备设施完善化改造原则（试行）》（设备变电〔2018〕15号）第4.1.7条
9.1.11	防火门、防火分隔设置是否合格： （1）是否按规范要求设置防火门、防火卷帘； （2）防火门是否贴有永久性标识； （3）防火门是否按要求安装闭门器、顺序器； （4）防火门框内是否按要求灌注水泥砂浆； （5）防火卷帘是否起降正常； （6）防火卷帘耐火完整性和耐火隔热性是否符合要求	5	未按要求配置防火门、防火卷帘，每处扣20%；防火门、防火卷帘不符合规范要求，每处扣10%；发现3处以上，不得分	《防火门》（GB 12955—2008）第5.3.3～5.3.7、5.9.2、5.10、8.1.1条； 《建筑设计防火规范》（GB 50016—2014）第6.1.6、6.2.7、6.2.9、6.4.3、6.4.5、6.4.11、6.5.1、6.5.3条； 《火力发电厂与变电站设计防火标准》（GB 50229—2019）第11.2.4条
9.2	消防管理及资料	55		
9.2.1	变电运维人员应熟知： （1）消防设施和器材的使用、维护和保管方法； （2）火警电话及报警方法； （3）消防器材摆放地点及本单位消防负责人联系方式； （4）掌握自救逃生知识和消防技能	5	每项不符合要求扣酌情扣20%，本项目扣完为止	《国家电网公司变电运维管理规定（试行）》〔国网（运检/3）828—2017〕第十九章 专项工作第一百零二条（四）； 《国网设备部关于印发〈变电站消防设施运维管理规范（试行）〉的通知》（设备变电〔2019〕29号）第3.12条
9.2.2	变电站应建立消防器材和设施台账，台账应有具体数量并符合最低配置要求，设专人负责	5	未建立消防器材和设施台账，扣30%，未设专人负责，扣10%	《国网设备部关于印发〈变电站消防设施运维管理规范（试行）〉的通知》（设备变电〔2019〕29号）第3.9条； 《国家电网公司变电运维管理规定（试行）》〔国网（运检/3）828—2017〕第十九章 专项工作第一百零二条（五）
9.2.3	变电站应有结合本站实际的消防预案，消防预案内应包括灭火和应急疏散部分，并定期开展演练，灭火和应急疏散预案的演练记录等资料存档	10	变电站没有消防预案不得分，消防预案没有应急疏散部分未定期开展演练，演练资料未存档，酌情扣50%	《国家电网公司变电运维管理规定（试行）》〔国网（运检/3）828—2017〕第十九章专项工作第一百零二条（二）； 《国网设备部关于印发〈变电站消防设施运维管理规范（试行）〉的通知》（设备变电〔2019〕29号）第3.4、3.16条
9.2.4	消防安全管理制度是否健全，所有制度是否具有签字审批流程，是否及时进行修订。应包含以下制度： （1）消防安全管理制度包括消防安全责任制； （2）消防安全教育、培训制度；	10	缺少基本的管理制度和操作规程，每少一项扣10%； 管理制度缺少超过5项及以上，不得分；管理制度缺少签字审批流程，扣20%；未及时进行制度修订，扣20%	《中华人民共和国消防法》（2019年修订）第十六条； 《机关、团体、企业、事业单位消防安全管理规定》（公安部第61号令）第十八、四十五条； 《电力设备典型消防规程》（DL 5027—2015）第3.1、3.2、3.4、

续表

序号	评价项目	标准分	评分标准	查评依据
9.2.4	（3）防火检查、巡查制度； （4）消防安全疏散设施管理制度； （5）消防设施器材维护管理制度； （6）灭火和应急疏散预案演练制度； （7）专职（志愿）消防队的组织管理制度； （8）消防设备设施操作规程； （9）系统操作员名册及相应的工作职责	10	缺少基本的管理制度和操作规程，每少一项扣 10%； 管理制度缺少超过 5 项及以上，不得分；管理制度缺少签字审批流程，扣 20%；未及时进行制度修订，扣 20%	3.6、4.1.1 条； 《国家电网公司变电运维管理规定（试行）》〔国网（运检/3）828—2017〕第十九章　专项工作　第一百零二条（一）； 《国网设备部关于印发〈变电站消防设施运维管理规范（试行）〉的通知》（设备变电〔2019〕29 号）第 3.10、3.17 条
9.2.5	变电站应保存下列图纸资料，并应有电子备案档案。 （1）竣工后的总平面布局图； （2）消防设施平面布置图； （3）消防设施系统图及安全出口布置图； （4）消防机构出具的有关法律文书等； （5）消防安全管理规章制度； （6）应急灭火预案； （7）应急疏散预案； （8）消防系统控制逻辑关系说明； （9）设备使用说明书； （10）系统操作规程； （11）系统和设备维护保养制度等。 变电站应制定消防器材布置图，图中标明存放地点、数量和消防器材类型，消防器材按消防布置图布置	10	每项未执行扣 10%	《国网设备部关于印发〈变电站消防设施运维管理规范（试行）〉的通知》（设备变电〔2019〕29 号）第 3.4、3.10、3.13、3.17 条； 《国家电网公司变电运维管理规定（试行）》〔国网（运检/3）828—2017〕第十九章　专项工作　第一百零二条消防管理（一）（六）
9.2.6	公用消防设施、器材是否处于正常状态。消防设施出现故障是否及时组织修复，临时停用消防设施或移动消防器材是否采取临时措施和事先报告单位消防管理部门，并得到本单位消防安全责任人的批准，工作完毕后应及时恢复	5	消防设施被停用、缺陷超过消缺周期，且无正常手续的，不得分	《变电站（换流站）消防设备设施完善化改造原则（试行）》（设备变电〔2018〕15 号）4.1.2
9.2.7	变电站应保存下列消防记录： （1）消防安全组织结构图，包括消防安全责任人、管理人、专职、义务消防人员等内容； （2）消防安全培训记录； （3）值班情况、消防安全检查情况及巡查情况的记录； （4）接报警记录； （5）火灾处理情况； （6）设备检修检测报告等资料； （7）消防设施一览表，包括消防设施的类型、数量、状态等内容。这些资料应能定期保存和归档	10	每项未执行扣 10%	《国网设备部关于印发〈变电站消防设施运维管理规范（试行）〉的通知》（设备变电〔2019〕29 号）第 3.4 条

第2节 220kV变电站消防查评依据

1 主变压器固定自动灭火系统

1.1 公共部分

1.1.1 本条评价项目的查评依据如下

依据1 《电力设备典型消防规程》（DL 5027—2015）第10.3.1、13.7.4节

10.3.1 固定自动灭火系统，应符合下列要求：

1 变电站（换流站）单台容量为125MVA及以上的油浸式变压器（电抗器）应设置固定自动灭火系统及火灾自动报警系统；变压器排油注氮灭火装置和泡沫灭火装置的火灾报警系统宜单独设置。

4 干式变压器可不设置固定自动灭火系统。

13.7.4 电压等级35kV或单台变压器5MVA及以上变电站、换流站和开关站的特殊消防设施配置应符合现行国家标准《火力发电厂与变电站设计防火规范》GB 50229的有关规定，换流站的消防设施还应符合现行行业标准《高压直流换流站设计技术规定》DL/T 5223的要求，地下变电站的消防设施还应符合现行行业标准《35kV～220kV城市地下变电站设计规定》DL/T 5216的要求。

1. 地上变电站和换流站火灾自动报警系统和固定灭火系统应符合表13.7.4规定。

表13.7.4 变电站和换流站火灾自动报警系统和固定灭火系统

建筑物和设备	火灾探测器类型	固定灭火介质及系统型式
主控制室	点式感烟或吸气式感烟	—
通信机房	点式感烟或吸气式感烟	—
户内直流开关场地	点式感烟或吸气式感烟	—
电缆层、电缆竖井和电缆隧道	220kV及以上变电站、所有地下变电站和无人变电站设缆式线型感温、分布式光纤、点式感烟或吸气式感烟	无人值班站可设置悬挂式超细干粉、气溶胶或火探管式灭火装置
继电器室	点式感烟或吸气式感烟	—
电抗器室	点式感烟或吸气式感烟（如有含油设备，采用感温）	—
电容器室	点式感烟或吸气式感烟（如有含油设备，采用感温）	—
配电装置室	点式感烟或吸气式感烟	—
蓄电池室	防爆感烟和可燃气体	—
换流站阀厅	点式感烟或吸气式感烟+其他早期火灾探测报警装置（如紫外弧光探测器）组合	—

续表

建筑物和设备	火灾探测器类型	固定灭火介质及系统型式
油浸式平波电抗器（单台容量 200Mvar 及以上）	缆式线型感温 + 缆式线型感温或缆式线型感温 + 火焰探测器组合	水喷雾、泡沫喷雾（缺水或严寒地区）或其他介质
油浸式变压器（单台容量 125MVA 及以上）	缆式线型感温 + 缆式线型感温或缆式线型感温 + 火焰探测器组合（联动排油注氮宜与瓦斯报警、压力释放阀或跳闸动作组合）	水喷雾、泡沫喷雾（缺水或严寒地区）或其他介质
油浸式变压器（无人变电站单台容量 125MVA 以下）	缆式线型感温或火焰探测器	—

2. 地下变电站除满足表 13.7.4 规定外，还应在所有电缆层、电缆竖井和电缆隧道处设置线型感温、感烟或吸气式感烟探测器，在所有油浸式变压器和油浸式平波电抗器处设置火灾自动报警系统和细水雾、排油注氮、泡沫喷雾或固定式气体自动灭火装置。

依据 2 《变压器固定自动灭火系统完善化改造原则（试行）》（设备变电〔2018〕15 号）

4.1.1　以下变压器（电抗器）应设置固定自动灭火系统：

a　变电站（换流站）单台容量为 125MVA 及以上的油浸式变压器（电抗器）；

b　单台容量 200Mvar 及以上的油浸式平波电抗器；

c　地下变电站的所有油浸式变压器和油浸式平波电抗器处；

d　其他容量和绝缘型式的变压器（电抗器）以及高层建筑内的变压器可根据有关标准和要求设置固定自动灭火系统。

4.1.3　换流站变压器固定灭火系统的配置应符合《高压直流换流站设计技术规定》DL/T 5223 的要求，地下变电站变压器固定灭火系统的配置应符合《35kV～220kV 城市地下变电站设计规程》DL/T 5216 的要求。

1.1.2　本条评价项目的查评依据如下

依据 《变压器固定自动灭火系统完善化改造原则（试行）》（设备变电〔2018〕15 号）

4.1.2　固定灭火系统的自检系统、自身工况及故障的监测功能应符合《固定灭火系统驱动、控制装置通用技术条件》GA 61 的要求。

1.1.3　本条评价项目的查评依据如下

依据 1 《变压器固定自动灭火系统完善化改造原则（试行）》（设备变电〔2018〕15 号）

4.1.4　固定灭火系统的喷头、管道、消防柜等设备设施与电气设备带电（裸露）部分的安全净距宜符合现行行业标准《高压配电装置设计技术规程》DL/T 5352 的规定。

依据 2 《变压器固定自动灭火系统完善化改造原则（试行）》（设备变电〔2018〕15 号）

4.1.9 对于处于高粉尘环境及易发沙尘天气的地区，喷头应有防止灰尘或异物堵塞喷孔的防护装置，防护装置在灭火剂喷放时应能被自动吹掉或打开。

4.1.10 采用水喷雾灭火系统、细水雾灭火系统、泡沫灭火系统的变压器，在变压器套管升高座孔口应设喷头保护。

4.1.13 管道的支、吊架应进行防腐蚀处理，并应采取防止与管道发生电化学腐蚀的措施。

依据 3 《水喷雾灭火系统技术规范》（GB 50219—2014）

3.2.5 当保护对象为油浸式电力变压器时，水雾喷头的布置应符合下列要求：

1 变压器绝缘子升高座孔口、油枕、散热器、集油坑应设水雾喷头保护。

4.0.2 水雾喷头的选型应符合下列要求：

2 室内粉尘场所设置的水雾喷头应带防尘帽，室外设置的水雾喷头宜带防尘帽。

依据 4 《细水雾灭火系统技术规范》（GB 50898—2013）

3.2.4 采用局部应用方式的开式系统，其喷头布置应能保证细水雾完全包络或覆盖保护对象或部位，喷头与保护对象的距离不宜小于 0.5m。用于保护室内油浸变压器时，喷头的布置尚应符合下列规定：

3 喷头不应直接对准高压进线套管；

4 当变压器下方设置集油坑时，喷头布置应能使细水雾完全覆盖集油坑。

3.3.8 对于油浸变压器，系统管道不宜横跨变压器的顶部，且不应影响设备的正常操作。

依据 5 《泡沫灭火系统设计规范》（GB 50151—2010）

7.4.2 当保护油浸电力变压器时，系统设计应符合下列规定：

4 喷头的设置应使泡沫覆盖变压器油箱顶面，且每个变压器进出线绝缘套管升高座孔口应设置单独的喷头保护。

1.1.4 本条评价项目的查评依据如下

依据 《变压器固定自动灭火系统完善化改造原则（试行）》（设备变电〔2018〕15 号）

4.1.14 同一变电站不同变压器的固定灭火系统应能分别投自动。一台变压器检修时，相应固定灭火系统退出自动启动状态或采取措施将自动启动回路隔离，防止变压器检修时固定灭火系统误喷，且不得影响本站其他在运变压器投自动状态。

1.1.5 本条评价项目的查评依据如下

依据 1 《火力发电厂与变电站设计防火标准》（GB 50229—2019）

11.7.1 变电站的消防供电应符合下列规定：

1 消防水泵、自动灭火系统、与消防有关的电动阀门及交流控制负荷，户内变电站、地下变电站应按Ⅰ类负荷供电；户外变电站应按Ⅱ类负荷供电。

依据 2 《变压器固定自动灭火系统完善化改造原则（试行）》（设备变电〔2018〕15 号）

4.1.5　固定灭火系统用电应采用不低于二级负荷供电的电源。各级负荷的供电要求应符合《供配电系统设计规范》GB 50052 的要求。

4.1.7　固定灭火系统中弱电信号、控制回路的控制电缆，当位于存在干扰影响的环境又不具备有效抗干扰措施时，应具有金属屏蔽。

4.1.8　现场装置明显处应有手动操作步骤说明，各功能按钮、操作把手应标识明晰，在经常有人通过或误碰易造成装置误动的场所，须另加防护措施并设置警示标识。

1.1.6　本条评价项目的查评依据如下

依据 1 《变压器固定自动灭火系统完善化改造原则（试行）》（设备变电〔2018〕15 号）

4.1.15　火灾探测器（尤其是缆式线型感温电缆）应有良好的固定措施。感温电缆宜采用具有抗机械损伤能力的带防护结构层的产品。

依据 2 《变电站（换流站）消防设备设施完善化改造原则（试行）》（设备变电〔2018〕15 号）

4.3.1.4　火灾自动报警系统的探测器应符合《电力设备典型消防规程》（DL 5027—2015）要求。地下变电站电缆层、电缆竖井和电缆隧道处应设置线型感温、感烟或吸气式感烟探测器。

依据 3 《电力设备典型消防规程》（DL 5027—2015）

13.7.4　电压等级 35kV 或单台变压器 5MVA 及以上变电站、换流站和开关站的特殊消防设施配置应符合现行国家标准《火力发电厂与变电站设计防火规范》GB 50229 的有关规定，换流站的消防设施还应符合现行行业标准《高压直流换流站设计技术规定》DL/T 5223 的要求，地下变电站的消防设施还应符合现行行业标准《35kV～220kV 城市地下变电站设计规程》DL/T 5216 的要求。

2　地下变电站除满足表 13.7.4 规定外，还应在所有电缆层、电缆竖井和电缆隧道处设置线型感温、感烟或吸气式感烟探测器，在所有油浸式变压器和油浸式平波电抗器处设置火灾自动报警系统和细水雾、排油注氮、泡沫喷雾或固定式气体自动灭火装置。

1.1.7　本条评价项目的查评依据如下

依据 《变电站（换流站）消防设备设施完善化改造原则（试行）》（设备变电〔2018〕15 号）

4.3.3.8　油浸式变压器、油浸式电抗器等处应设置消防砂箱或砂桶，内装干燥细黄砂，消防砂箱容积为 1.0m^3，并配置消防铲，每处 3～5 把，消防砂桶应装满干燥黄砂。

1.1.8 本条评价项目的查评依据如下

依据 《电力设备典型消防规程》（DL 5027—2015）

10.3.5 户外油浸式变压器、户外配电装置之间及与各建（构）筑物的防火间距，户内外含油设备事故排油要求应符合现行国家标准《火力发电厂与变电站设计防火规范》GB 50229的有关规定。

10.3.6 户外油浸式变压器之间设置防火墙时应符合下列要求：

1 防火墙的高度应高于变压器储油柜；防火墙的长度不应小于变压器的贮油池两侧各1.0m。

2 防火墙与变压器散热器外廓距离不应小于1.0m。

3 防火墙应达到一级耐火等级。

1.1.9 本条评价项目的查评依据如下

依据 《电力设备典型消防规程》（DL 5027—2015）

10.3.7 变压器事故排油应符合下列要求：

1 设置有带油水分离措施的总事故油池时，位于地面之上的变压器对应的总事故油池容量应按最大一台变压器油量的60%确定；位于地面之下的变压器对应的总事故油池容量应按最大一台主变压器油量的100%确定。

2 事故油坑设有卵石层时，应定期检查和清理，以不被淤泥、灰渣及积土所堵塞。

1.1.10 本条评价项目的查评依据如下

依据 《电力设备典型消防规程》（DL 5027—2015）

10.3.10 变压器防爆筒的出口端应向下，并防止产生阻力，防爆膜宜采用脆性材料。

10.3.11 室内的油浸式变压器，宜设置事故排烟设施。火灾时，通风系统应停用。

10.3.12 室内或洞内变压器的顶部，不宜敷设电缆。室外变电站和有隔离油源设施的室内油浸设备失火时，可用水灭火，无放油管路时，不应用水灭火。发电机变压器组中间无断路器，若失火，在发电机未停止惰走前，严禁人员靠近变压器灭火。

1.2 水喷雾灭火系统

1.2.1 本条评价项目的查评依据如下

依据1 《变压器固定自动灭火系统完善化改造原则（试行）》（设备变电〔2018〕15号）

4.3.2 正常情况下，水喷雾灭火系统应投入在“自动状态”。

4.3.3 系统应具有自动控制、手动控制和应急机械启动三种控制方式。自动控制指水喷雾灭火系统的火灾探测、报警部分与供水设备、雨淋报警阀等部件自动联锁操作的控制方式；手动控制指人为远距离操纵供水设备、雨淋报警阀等系统组件的控制方式；应急机械启动指人为现场操纵供水设备、雨淋报警阀等系统组件的控制方式。

4.3.7 水喷雾系统启动的动作功率应大于8W。

依据 2 《水喷雾灭火系统技术规范》（GB 50219—2014）

6.0.1　系统应具有自动控制、手动控制和应急机械启动三种控制方式；但当响应时间大于 120s 时，可采用手动控制和应急机械启动两种控制方式。

1.2.2　本条评价项目的查评依据如下

依据 《变压器固定自动灭火系统完善化改造原则（试行）》（设备变电〔2018〕15 号）

4.3.8　下列信号应接入变电站主设备监控系统：喷淋泵电源工作状态，喷淋泵的启、停状态和故障状态，水流指示器、信号阀、报警阀、压力开关的正常工作状态和动作状态。

1.2.3　本条评价项目的查评依据如下

依据 1 《国网设备部关于印发〈变电站消防设施运维管理规范（试行）〉的通知》（设备变电〔2019〕29 号）

4.3.1.3　水喷雾灭火系统

a）寒冷季节，应检查消防储水设施是否有结冰现象，储水设施的任何部位均不得结冰。

b）雨淋阀、喷雾头、管件、管网及阀门无损伤、腐蚀、渗漏，当喷头上有异物时应及时清除；各阀门标识清晰、位置正确，工作状态正确；各管路畅通，接口、排水管口无水流。

4.3.2.5　水喷雾灭火系统

a）检查消防水池（罐）、消防水箱及消防气压给水设备，应确保消防储备水位及消防气压给水设备的气体压力符合设计要求。

b）检查泵房无积水，无其他杂物。

c）消防水泵接合器的接口及附件，应保证接口完好、无渗漏、闷盖齐全。

d）钢板消防水箱和消防气压给水设备的玻璃水位计两端的角阀在不进行水位观察时应关闭。

e）水喷雾灭火系统水泵工作正常，泵房内电源正常，各压力表完好，指示正常。

依据 2 《水喷雾灭火系统技术规范》（GB 50219—2014）

4.0.6　给水管道应符合下列规定：

1　过滤器之后的配水管道应采用内外壁热镀锌钢管、不锈钢管或铜管，需要进行弯管加工的管道应采用无缝钢管。

4　系统管道应采用沟槽式管接件（卡箍）、法兰或丝扣连接，普通钢管可采用焊接。

1.2.4　本条评价项目的查评依据如下

依据 《变压器固定自动灭火系统完善化改造原则（试行）》（设备变电〔2018〕15 号）

4.8.2　水喷雾、细水雾、泡沫喷雾自动灭火系统自动启动应同时满足以下 2 个条件：

a　有 2 个及以上独立的火灾探测器同时发信号，或者一只火灾探测器与一只手动火灾报警按钮的报警信号。

b　主变压器断路器跳闸。

1.2.5　本条评价项目的查评依据如下

依据　《电力设备典型消防规程》（DL 5027—2015）

10.3.2　采用水喷雾灭火系统时，水喷雾灭火系统管网应有低点放空措施，存有水喷雾灭火水量的消防水池应有定期放空及换水措施。

1.3　细水雾灭火系统

1.3.1　本条评价项目的查评依据如下

依据 1　《变压器固定自动灭火系统完善化改造原则（试行）》（设备变电〔2018〕15 号）

4.4.2　正常情况下，细水雾灭火系统应投入在“自动状态”。

4.4.3　瓶组系统应具有自动、手动和机械应急操作控制方式，其机械应急操作应能在瓶组间内直接手动启动系统。泵组系统应具有自动、手动控制方式。

依据 2　《细水雾灭火系统技术规范》（GB 50898—2013）

3.6.1　瓶组系统应具有自动、手动和机械应急操作控制方式，其机械应急操作应能在瓶组间内直接手动启动系统。泵组系统应具有自动、手动控制方式。

1.3.2　本条评价项目的查评依据如下

依据 1　《变压器固定自动灭火系统完善化改造原则（试行）》（设备变电〔2018〕15 号）

4.4.6　下列信号应接入变电站主设备监控系统。

a　泵供水方式：喷淋泵电源工作状态，喷淋泵的启、停状态和故障状态，水流指示器、信号阀、报警阀、压力开关的正常工作状态和动作状态。

b　压力容器供水方式：系统的手动、自动工作状态及故障状态，阀驱动装置的正常工作状态和动作状态，防护区域中的防火门（窗）、防火阀、通风空调等设备的正常工作状态和动作状态，系统的启、停信息，紧急停止信号和管网压力信号。

依据 2　《火灾自动报警系统设计规范》（GB 50116—2013）

附录 A　下列信号应接入变电站主设备监控系统：系统的手动、自动工作状态及故障状态，阀驱动装置的正常工作状态和动作状态，防护区域中的防火门（窗）、防火阀、通风空调等设备的正常工作状态和动作状态，系统的启、停信息，紧急停止信号和管网压力信号。

1.3.3　本条评价项目的查评依据如下

依据 1　《变压器固定自动灭火系统完善化改造原则（试行）》（设备变电〔2018〕15 号）

4.4.5　细水雾灭火系统的管道应采用冷拔法制造的奥氏体不锈钢钢管，或其他耐腐蚀和耐压性能相当的金属管道。系统管道连接件的材质应与管道相同。系统管道宜采用专用接头或法兰连接。

依据 2 《细水雾灭火系统技术规范》（GB 50898—2013）

3.3.10　细水雾灭火系统的管道应采用冷拔法制造的奥氏体不锈钢钢管，或其他耐腐蚀和耐压性能相当的金属管道。

3.3.11　系统管道连接件的材质应与管道相同。系统管道宜采用专用接头或法兰连接。

1.3.4　本条评价项目的查评依据如下

依据 《变压器固定自动灭火系统完善化改造原则（试行）》（设备变电〔2018〕15 号）

4.8.2　水喷雾、细水雾、泡沫喷雾自动灭火系统自动启动应同时满足以下 2 个条件：

a　有 2 个及以上独立的火灾探测器同时发信号，或者一只火灾探测器与一只手动火灾报警按钮的报警信号。

b　主变压器断路器跳闸。

1.4　泡沫灭火系统

1.4.1　本条评价项目的查评依据如下

依据 1 《变压器固定自动灭火系统完善化改造原则（试行）》（设备变电〔2018〕15 号）

4.5.2　正常情况下，泡沫喷雾灭火系统应投入在“自动状态”。

4.5.3　泡沫喷雾系统应同时具备自动、手动和应急机械手动启动方式。

依据 2 《泡沫灭火系统设计规范》（GB 50151—2010）

7.4.6　泡沫喷雾系统应同时具备自动、手动和应急机械手动启动方式。

1.4.2　本条评价项目的查评依据如下

依据 1 《变压器固定自动灭火系统完善化改造原则（试行）》（设备变电〔2018〕15 号）

4.5.8　下列信号应接入变电站主设备监控系统：系统的手动、自动工作状态及故障状态、驱动装置的正常工作状态和动作状态，系统的启、停信息。

依据 2 《火灾自动报警系统设计规范》（GB 50116—2013）

附录 A　下列信号应接入变电站主设备监控系统：系统的手动、自动工作状态及故障状态，阀驱动装置的正常工作状态和动作状态，防护区域中的防火门（窗）、防火阀、通风空调等设备的正常工作状态和动作状态，系统的启、停信息，紧急停止信号和管网压力信号。

1.4.3　本条评价项目的查评依据如下

依据 《变压器固定自动灭火系统完善化改造原则（试行）》（设备变电〔2018〕15 号）

4.5.6　所有与泡沫液或泡沫混合液直接接触的零部件都应采用铜合金或耐腐蚀性能相类似的等同材料制造。

4.5.7 系统储液罐、启动装置、氮气驱动装置应安装在温度高于 0℃的专用设备间内。

4.5.8 下列信号应接入变电站主设备监控系统：系统的手动、自动工作状态及故障状态、驱动装置的正常工作状态和动作状态，系统的启、停信息。

1.4.4 本条评价项目的查评依据如下

依据 《国网设备部关于印发〈变电站消防设施运维管理规范（试行）〉的通知》（设备变电〔2019〕29号）

4.3.1.4 泡沫喷雾灭火系统

a）泡沫喷头、管件、管网、阀门、压力表及泡沫液储罐无损伤、腐蚀、渗漏，泡沫罐液位显示正常，各压力表指示正确。当喷头上有异物时应及时清除，各阀门标识清晰、位置正确，工作状态正确。

b）应检查电源开关位置等是否正常。

c）寒冷和严寒地区，运维人员应检查泡沫液储罐专用房的温度，应采取防冻措施，房间温度不应低于 0℃。

4.3.2.6 泡沫喷雾灭火系统

a）应检查气瓶压力是否正常。

b）泡沫喷雾灭火系统电源正常、动力源正常，各压力表完好，指示正常。

c）泡沫液在有效使用期内且经检验合格。

1.4.5 本条评价项目的查评依据如下

依据 《变压器固定自动灭火系统完善化改造原则（试行）》（设备变电〔2018〕15号）

4.8.2 水喷雾、细水雾、泡沫喷雾自动灭火系统自动启动应同时满足以下 2 个条件：

a 有 2 个及以上独立的火灾探测器同时发信号，或者一只火灾探测器与一只手动火灾报警按钮的报警信号。

b 主变压器断路器跳闸。

1.5 排油注氮系统

1.5.1 本条评价项目的查评依据如下

依据 1 《变压器固定自动灭火系统完善化改造原则（试行）》（设备变电〔2018〕15号）

4.6.2 排油注氮灭火系统经改造并验证启动条件无误后，方可逐步投入“自动状态”。

4.6.3 消防控制柜应有自动、手动启动和远程启动灭火装置功能。自动状态、手动状态应有明显标志并可相互转换。无论消防控制柜处于自动或手动状态，手动操作启动必须始终有效。

依据 2 《油浸变压器排油注氮灭火装置》（GA 835—2009）

5.5.3.1 消防控制柜应有自动、手动启动和远程启动灭火装置功能。自动状态、手动状态应有明显标志并可相互转换。无论消防控制柜处于自动或手动状态，手动操作启动必须始终有效。

依据 3 《电力设备典型消防规程》（DL 5027—2015）

10.3.3　采用排油注氮灭火装置应符合下列要求：

1　排油注氮灭火系统应有防误动的措施。

2　排油管路上的检修阀处于关闭状态时，检修阀应能向消防控制柜提供检修状态的信号。消防控制柜接收到的消防启动信号后，应能禁止灭火装置启动实施排油注氮动作。

3　消防控制柜面板应具有如下显示功能的指示灯或按钮：指示灯自检，消音，阀门（包括排油阀、氮气释放阀等）位置（或状态）指示，自动启动信号指示，气瓶压力报警信号指示等。

4　消防控制柜同时接收到火灾探测装置和气体继电器传输的信号后，发出声光报警信号并执行排油注氮动作。

5　火灾探测器布线应独立引线至消防端子箱。

1.5.2　本条评价项目的查评依据如下

依据 1 《变压器固定自动灭火系统完善化改造原则（试行）》（设备变电〔2018〕15 号）

4.6.18　下列信号应接入变电站主设备监控系统：系统电源的工作状态，系统的启、停信息，阀门（排油阀、氮气释放阀、断流阀等）位置状态，气瓶压力报警。

依据 2 《油浸变压器排油注氮灭火装置》（GA 835—2009）

5.5.1　消防控制柜面板应具有如下显示功能的指示灯或按钮：指示灯自检；消音；阀门（排油阀、氮气释放阀等）位置（或状态）指示；气瓶压力报警信号指示等。

1.5.3　本条评价项目的查评依据如下

依据 1 《变压器固定自动灭火系统完善化改造原则（试行）》（设备变电〔2018〕15 号）

4.6.4　火灾探测器不宜采用成本高、使用寿命短、温度变送器缺陷多发的铂式温度计感温探测器，可采用玻璃球型火灾探测装置和易熔合金型火灾探测器。火灾探测装置应布置成两个及以上的独立回路。

依据 2 《电力设备典型消防规程》（DL 5027—2015）

10.3.3　采用排油注氮灭火装置应符合下列要求：

1　排油注氮灭火系统应有防误动的措施。

2　排油管路上的检修阀处于关闭状态时，检修阀应能向消防控制柜提供检修状态的信号。消防控制柜接收到的消防启动信号后，应能禁止灭火装置启动实施排油注氮动作。

3　消防控制柜面板应具有如下显示功能的指示灯或按钮：指示灯自检，消音，阀门（包括排油阀、氮气释放阀等）位置（或状态）指示，自动启动信号指示，气瓶压力报警信号指示等。

4 消防控制柜同时接收到火灾探测装置和气体继电器传输的信号后，发出声光报警信号并执行排油注氮动作。

5 火灾探测器布线应独立引线至消防端子箱。

1.5.4 本条评价项目的查评依据如下

依据 《变压器固定自动灭火系统完善化改造原则（试行）》（设备变电〔2018〕15号）

4.6.6 设置在室外的消防柜应有可靠的防水、防冻及防晒措施。当工作环境相对湿度大于85%时消防柜中应设置除湿装置。

4.6.7 采用一台消防控制柜控制多台消防柜时，每台消防柜应对应独立的控制单元，且各控制单元应相互独立，互不干扰。

1.5.5 本条评价项目的查评依据如下

依据 《电力设备典型消防规程》（DL 5027—2015）

10.3.3 采用排油注氮灭火装置应符合下列要求：

1 排油注氮灭火系统应有防误动的措施。

2 排油管路上的检修阀处于关闭状态时，检修阀应能向消防控制柜提供检修状态的信号。消防控制柜接收到的消防启动信号后，应能禁止灭火装置启动实施排油注氮动作。

3 消防控制柜面板应具有如下显示功能的指示灯或按钮：指示灯自检，消音，阀门（包括排油阀、氮气释放阀等）位置（或状态）指示，自动启动信号指示，气瓶压力报警信号指示等。

4 消防控制柜同时接收到火灾探测装置和气体继电器传输的信号后，发出声光报警信号并执行排油注氮动作。

5 火灾探测器布线应独立引线至消防端子箱。

1.5.6 本条评价项目的查评依据如下

依据1 《油浸变压器排油注氮装置技术规程》（CECS 187—2005）

3.1.2 排油注氮装置的氮气瓶应符合现行国家标准《钢质无缝气瓶》GB 5099的有关规定，其配置应符合表3.1.2的规定。

表3.1.2 氮气瓶配置

油浸变压器容量（MV·A）	≤50	＞50，≤360	＞360
单位氮气瓶容积（L）	40	40	63
氮气瓶数量（个）	1	2	2
氮气瓶工作压力（MPa）（20℃）	15±0.5	15±0.5	15±0.5
注氮工作压力（MPa）	0.5～0.8	0.5～0.8	0.5～0.8

3.2.4 消防柜宜靠近变压器布置。

3.2.5 控制柜宜安装在相关控制室内。在无人巡视的场所，应能将信息远传至有人监控的场所。

3.2.6 控制室应能指示排油注氮装置的工作状态和启动排油注氮装置的动作。

3.2.7 消防柜排油管应接至事故油池或排油罐等变压器事故泄油设施。

3.3.6 消防柜的工作环境温度为-5～+55℃。当不符合规定时，应采取防护措施。

依据 2 《国网设备部关于印发〈变电站消防设施运维管理规范（试行）〉的通知》（设备变电〔2019〕29 号）

4.3.1.5 排油注氮灭火系统

a）控制柜电源、信号灯应正常。

b）手动启动方式按钮防误碰措施完好。

c）火灾探测器、法兰、管道、支架和紧固件无变形、损伤、防腐层完好。

d）断流阀、充氮阀、排油阀、排气塞等位置标识清晰、位置正确，无渗漏。

e）消防柜红色标记醒目，设备编号、标识齐全、清晰、无损坏。

f）消防柜无锈迹、污物、损伤，柜内阀门及接口处无油渍，渗油观察窗内无油迹。

g）火灾探测器安装牢固，防雨罩安装可靠，能够做到有效防雨。

4.3.2.7 排油注氮灭火系统

a）对消防柜中的所有零部件进行外观检查，表面无锈蚀，无机械性损伤。

b）排油管、注氮管、法兰及排气旋塞无渗漏现象；紧固件、密封件应无老化或损坏现象。

c）排油注氮灭火系统氮气瓶压力、氮气输出压力合格。

1.5.7 本条评价项目的查评依据如下

依据 1 《变压器固定自动灭火系统完善化改造原则（试行）》（设备变电〔2018〕15 号）

4.6.8 断流阀应带有能直接观察阀门启闭状况的位置指示，具有手动复位装置。断流阀达到额定流量时应能可靠关闭。

4.6.12 排油阀或排油管路上应设置排油信号反馈装置，在油气隔离装置前端的注氮管路上应设置注氮信号反馈装置。

4.6.15 注氮阀与排油阀间应设有机械联锁阀门。

依据 2 《油浸变压器排油注氮灭火装置》（GA 835）

5.4.3 动作流量要求

按 6.19 规定的方法进行动作流量试验，断流阀的动作流量不应大于生产单位公布值，并在此流量下能可靠输出闭合信号。

5.4.8 手动复位操作

断流阀应具有手动复位操作机构，机构手动复位操作力矩应不大于 5N·m。

依据 3 《电力设备典型消防规程》（DL 5027—2015）

10.3.3 采用排油注氮灭火装置应符合下列要求：

1　排油注氮灭火系统应有防误动的措施。

2　排油管路上的检修阀处于关闭状态时，检修阀应能向消防控制柜提供检修状态的信号。消防控制柜接收到的消防启动信号后，应能禁止灭火装置启动实施排油注氮动作。

3　消防控制柜面板应具有如下显示功能的指示灯或按钮：指示灯自检，消音，阀门（包括排油阀、氮气释放阀等）位置（或状态）指示，自动启动信号指示，气瓶压力报警信号指示等。

4　消防控制柜同时接收到火灾探测装置和气体继电器传输的信号后，发出声光报警信号并执行排油注氮动作。

5　火灾探测器布线应独立引线至消防端子箱。

1.5.8　本条评价项目的查评依据如下

依据1 《变压器固定自动灭火系统完善化改造原则（试行）》（设备变电〔2018〕15号）

4.6.9　排油注氮系统氮气驱动装置不应采用电爆型驱动装置，宜选用抗干扰能力强的电磁式驱动阀或防爆自密封瓶头阀。

4.6.10　采用排油注氮灭火系统的变压器应采用具有联动功能的双浮球结构的气体继电器。

4.6.16　排油注氮启动（触发）功率应大于 220V×5A（DC）；注氮阀动作线圈功率应大于 220V×6A（DC）。

依据2 《防止电力生产事故的二十五项重点要求》（国能安全〔2014〕161号）

12.7.2　保证在低油位情况下能够可靠发出重瓦斯信号。

12.7.3　确保先排油后注氮，避免油箱压力在起火后因注入氮气进一步增大。

依据3 《油浸变压器排油注氮消防系统设计、施工及验收规范》（DB43/T 420—2008）

4.2.1.10　注氮管路应设置能够排出泄漏氮气的排气组件。采用阻尼孔作为排气组件时，装置进行排油注氮的过程中，阻尼孔泄漏的氮气量不应大于氮气总量的3%；采用机械式排气组件时，排气组件的关闭压力应不大于0.5倍油气隔离装置动作压力。

1.5.9　本条评价项目的查评依据如下

依据1 《变压器固定自动灭火系统完善化改造原则（试行）》（设备变电〔2018〕15号）

4.8.1　排油注氮灭火系统应具有防爆自动启动、灭火自动启动方式。

a　防爆自动启动应同时满足以下3个条件：

（1）压力释放阀或速动油压继电器动作。

（2）本体气体继电器发重瓦斯信号。

（3）主变压器断路器跳闸。

b　灭火自动启动应同时满足以下3个条件：

（1）有 2 个及以上独立的火灾探测器同时发信号。

（2）本体气体继电器发重瓦斯信号。

（3）主变压器断路器跳闸。

依据 2 《电力设备典型消防规程》（DL 5027—2015）

10.3.3　采用排油注氮灭火装置应符合下列要求：

1　排油注氮灭火系统应有防误动的措施。

2　排油管路上的检修阀处于关闭状态时，检修阀应能向消防控制柜提供检修状态的信号。消防控制柜接收到的消防启动信号后，应能禁止灭火装置启动实施排油注氮动作。

3　消防控制柜面板应具有如下显示功能的指示灯或按钮：指示灯自检，消音，阀门（包括排油阀、氮气释放阀等）位置（或状态）指示，自动启动信号指示，气瓶压力报警信号指示等。

4　消防控制柜同时接收到火灾探测装置和气体继电器传输的信号后，发出声光报警信号并执行排油注氮动作。

5　火灾探测器布线应独立引线至消防端子箱。

1.6　气体灭火系统

1.6.1　本条评价项目的查评依据如下

依据 1 《变压器固定自动灭火系统完善化改造原则（试行）》（设备变电〔2018〕15 号）

4.7.2　正常情况下，气体灭火系统应投入在“自动状态”。

4.7.3　管网灭火系统应设自动控制、手动控制和机械应急操作三种启动方式。预制灭火系统应设自动控制和手动控制两种启动方式。当人员进入防护区时，应能将灭火系统转换为手动控制方式，当人员离开时，应能恢复为自动控制方式。防护区内外应设手动、自动控制状态的显示装置。

依据 2 《气体灭火系统设计规范》（GB 50370—2005）

5.0.2　管网灭火系统应设自动控制、手动控制和机械应急操作三种启动方式。

5.0.4　预制灭火系统应设自动控制和手动控制两种启动方式。当人员进入防护区时，应能将灭火系统转换为手动控制方式，当人员离开时，应能恢复为自动控制方式。防护区内外应设手动、自动控制状态的显示装置。

1.6.2　本条评价项目的查评依据如下

依据 1 《变压器固定自动灭火系统完善化改造原则（试行）》（设备变电〔2018〕15 号）

4.7.6　下列信号应接入变电站主设备监控系统：系统的手动、自动工作状态及故障状态，阀驱动装置的正常工作状态和动作状态，防护区域中的防火门（窗）、防火阀、通风空调等设备的正常工作状态和动作状态，系统的启、停信息，紧急停止信号和管网压力信号。

依据2 《火灾自动报警系统设计规范》（GB 50116—2013）

附录A　下列信号应接入变电站主设备监控系统：系统的手动、自动工作状态及故障状态，阀驱动装置的正常工作状态和动作状态，防护区域中的防火门（窗）、防火阀、通风空调等设备的正常工作状态和动作状态，系统的启、停信息，紧急停止信号和管网压力信号。

1.6.3　本条评价项目的查评依据如下

依据1 《变压器固定自动灭火系统完善化改造原则（试行）》（设备变电〔2018〕15号）

4.7.4　在储存容器或容器阀上，应设安全泄压装置和压力表。组合分配系统的集流管，应设安全泄压装置。安全泄压装置的动作压力，应符合相应气体灭火系统的设计规定。

依据2 《气体灭火系统设计规范》（GB 50370—2005）

4.1.4　在储存容器或容器阀上，应设安全泄压装置和压力表。组合分配系统的集流管，应设安全泄压装置。安全泄压装置的动作压力，应符合相应气体灭火系统的设计规定。

1.6.4　本条评价项目的查评依据如下

依据1 《变压器固定自动灭火系统完善化改造原则（试行）》（设备变电〔2018〕15号）

4.7.5　采用自动控制启动方式时，根据人员安全撤离防护区的需要，应有不大于30s的可控延迟喷射。

依据2 《气体灭火系统设计规范》（GB 50370—2005）

5.0.3　采用自动控制启动方式时，根据人员安全撤离防护区的需要，应有不大于30s的可控延迟喷射。

1.6.5　本条评价项目的查评依据如下

依据 《国网设备部关于印发〈变电站消防设施运维管理规范（试行）〉的通知》（设备变电〔2019〕29号）

4.3.1.7　气体灭火系统

a）检查防护区外专用的空气呼吸器或氧气呼吸器是否完好。

b）对气体储存装置的运行情况、储存装置间的设备状态进行检查并记录。

4.3.2.9　气体灭火系统

a）气体灭火系统储存装置的压力和重量检查，灭火剂损失10%时应及时补充。

b）高压二氧化碳灭火系统、七氟丙烷灭火系统及IG541灭火系统等系统应检查灭火剂储存容器及容器阀、单向阀、连接管、集流管、安全泄放装置、选择阀、阀驱动装置、喷嘴、信号反馈装置、检漏装置、减压装置等全部系统组件应无碰撞变形及其他机械性损伤，表面应无锈蚀，保护涂层应完好，铭牌和标识牌应清晰，手动操作装置的防护罩、铅封和安全标志应完整。

c）七氟丙烷灭火系统及 IG541 灭火系统等系统应检查灭火剂和驱动气体储存容器内的压力，不得小于设计储存压力的 90%，当储存容器中充装的二氧化碳损失量达到其初始充装量的 10%时，应及时补充。预制灭火系统的设备状态和运行状况应正常。

1.6.6　本条评价项目的查评依据如下

依据《变压器固定自动灭火系统完善化改造原则（试行）》（设备变电〔2018〕15 号）

4.8.2　水喷雾、细水雾、泡沫喷雾自动灭火系统自动启动应同时满足以下 2 个条件：

a　有 2 个及以上独立的火灾探测器同时发信号，或者一只火灾探测器与一只手动火灾报警按钮的报警信号。

b　主变压器断路器跳闸。

2　室外设备区、非设备区

2.1　本条评价项目的查评依据如下

依据 1《变电站（换流站）消防设备设施完善化改造原则（试行）》（设备变电〔2018〕15 号）

4.3.3.6　设置室外消火栓的变电站应集中配置足够数量的消防水带、水枪和消火栓扳手，放置在重点防火区域周围的露天专用消防箱或消防小室内，相关箱、室不得上锁；根据被保护设备的性质合理配置 19mm 直流或喷雾或多功能水枪，水带宜配置有衬里消防水带。

依据 2《消防给水及消火栓系统技术规范》（GB 50974—2014）

7.3.7　工艺装置区等采用高压或临时高压消防给水系统的场所，其周围应设置室外消火栓，数量应根据设计流量经计算确定，且间距不应大于 60.0m。当工艺装置区宽度大于 120.0m 时，宜在该装置区内的路边设置室外消火栓。

7.4.3　设置室内消火栓的建筑，包括设备层在内的各层均应设置消火栓。

2.2　本条评价项目的查评依据如下

依据 1《建筑设计防火规范》（GB 50016—2014）

8.2　下列建筑或场所应设置室内消火栓系统：

1　建筑占地面积大于 300m^2 的厂房和仓库。

依据 2《消防给水及消火栓系统技术规范》（GB 50974—2014）

7.4.3　设置室内消火栓的建筑，包括设备层在内的各层均应设置消火栓。

依据 3《国网设备部关于印发〈变电站消防设施运维管理规范（试行）〉的通知》（设备变电〔2019〕29 号）

3.32　消火栓系统运行要求：

a）室内消火栓箱应有明显标志，箱门上应有使用方法或操作步骤，外观良好、无损坏，无锈蚀，无泄漏。消火栓箱组件应齐全，箱门应开关灵活，开度应符合要求；消火栓的阀门应启闭灵活，栓口位置应便于连接水带。

b）消火栓启泵按钮外观完好，有透明罩保护，并配有击碎工具；同时指示灯指示正确；手动复位后指示灯随之复位。

c）管网及支吊架与阀门应外观良好，无损坏，无锈蚀，无泄漏。阀门启闭状态处于工作状态。

依据4 《电力设备典型消防规程》（DL 5027—2015）

6.1.24 变电站还应符合下列要求：

1 无人值班变电站火灾自动报警系统信号的接入应符合本规程第 6.3.8 条的规定。

2 无人值班变电站宜设置视频监控系统，火灾自动报警系统宜和视频监控系统联动，视频信号的接入场所按本规程第 6.3.8 条的规定采用。

3 无人值班变电站应在入口处和主要通道处设置移动式灭火器。

4 地下变电站内采暖区域严禁采用明火取暖。

5 电气设备间设置的排烟设施，应符合国家标准的规定。

6 火灾发生时，送排风系统和空调系统应能自动停止运行。当采用气体灭火系统时，穿过防护区的通风或空调风道上的防火阀应能自动关闭。

7 室内消火栓应采用单栓消火栓。确有困难时可采用双栓消火栓，但必须为双阀双出口型。

6.3.8 火灾自动报警系统应接入本单位或上级 24h 有人值守的消防监控场所，并有声光警示功能。

13.7.3 变电站、换流站和开关站的下列建筑物应设置室内消火栓：地上变电站和换流站的主控通信楼、配电装置楼、继电器室、变压器室、电容器室、电抗器室、综合楼、材料库，地下变电站。下列建筑物可不设置室内消火栓：耐火等级为一、二级且可燃物较少的丁、戊类建筑物：耐火等级为三、四级且建筑体积不超过 $3000m^3$ 的丁类厂房和建筑体积不超过 $5000m^3$ 的戊类厂房：室内没有生产、生活给水管道，室外消防用水取自储水池且建筑体积不超过 $5000m^3$ 的建筑物。

2.3 本条评价项目的查评依据如下

依据 《变电站（换流站）消防设备设施完善化改造原则（试行）》（设备变电〔2018〕15号）

4.3.3.3 移动式灭火器材的配置应符合以下要求：

a 变电站和换流站的灭火器配置规格和数量应按国家标准《建筑灭火器配置设计规范》GB 50140—2005 计算确定。灭火器设置场所的建（构）筑物、设备的火灾类别及危险等级，按照《火力发电厂与变电站设计防火规范》GB 50229—2006 第 11.5 节的要求执行。

b 消防砂箱、砂桶、消防铲及正压式消防空气呼吸器等消防器材应按照《建筑设计防火规范》GB 50016—2014 和《电力设备典型消防规程》DL 5027—2015 的要求配置。

4.3.3.8　油浸式变压器、油浸式电抗器等处应设置消防砂箱或砂桶，内装干燥细黄砂，消防砂箱容积为 1.0m^3，并配置消防铲，每处 3～5 把，消防砂桶应装满干燥黄砂。

附录　变电站（换流站）典型消防器材配置（见下表）。

典型 220kV 变电站现场灭火器和黄砂配置表

配置部位	灭火器材	磷酸铵盐干粉			黄砂		灭火级别	保护面积	危险等级	备注
		4kg	5kg	50kg	桶（25L）	箱（1m^3）				
控制室		—	2	—	—	—	E（A）	150	严重	—
通信机房		3	—	—	—	—	E（A）	150	中	—
继电器室、继保室		3	—	—	—	—	E（A）	150	中	—
配电装置室		5	—	—	—	—	E（A）	250	中	—
室内油浸式主变压器室		6	—	2	—	—	混合	150	中	—
室内油浸式主变压器散热室		4	—	—	—	—	混合	100	中	—
电容器室		2	—	—	—	—	混合	100	中	—
电抗器室		2	—	—	—	—	混合	100	中	—
蓄电池室		2	—	—	—	—	C	100	中	—
站用变压器室、接地变压器室		2	—	—	—	—	混合	100	中	—
电缆	夹层	16	—	—	—	—	E	800	中	—
	竖井	2	—	—	—	—	A	100	中	—
室内其他区域		2	—	—	—	—	A	100	轻	办公室、资料室、会议室、安全工器具室、备品间等
室外油浸式主变压器		—	—	4	—	1	B、E	—	中	砂箱为每台主变压器数，每只砂箱配备 3～5 把消防铲
站内公用设施		6	—	—	15	—	—	—	—	消防黄砂桶应采用铅桶，每两桶配备一把消防铲、每四桶配备一把消防斧

2.4　本条评价项目的查评依据如下

依据　《电力设备典型消防规程》（DL 5027—2015）

10.4.1　油浸电抗器、电容器装置应就近设置能灭油火的消防设施，并应设有消防通道。

10.7.3　户内布置的单台电力电容器油量超过 100kg 时，应有贮油设施或挡油栏。户外布置的电力电容器与高压电气设备需保持 5.0m 及以上的距离，防止事故扩大。

10.7.7　干式变压器、电流互感器等电气设备宜配置移动式干粉灭火器。

3　室内变压器室、配电装置室、GIS 设备室、电容器室、电抗器室、站用变压器室、接地变压器室

3.1　本条评价项目的查评依据如下

依据 《变电站（换流站）消防设备设施完善化改造原则（试行）》（设备变电〔2018〕15 号）

4.3.1.4　火灾自动报警系统的探测器应符合《电力设备典型消防规程》（DL 5027—2015）要求。地下变电站电缆层、电缆竖井和电缆隧道处应设置线型感温、感烟或吸气式感烟探测器。

3.2　本条评价项目的查评依据如下

4.2.2.2　配电装置室的门应向疏散方向开启。

依据 1 《火力发电厂与变电站设计防火标准》（GB 50229—2019）

11.2.4　地上油浸变压器室的门应直通室外；地下油浸变压器室门应向公共走道方向开启，该门应采用甲级防火门；干式变压器室、电容器室门应向公共走道方向开启，该门应采用乙级防火门；蓄电池室、电缆夹层、继电器室、通信机房、配电装置室的门应向疏散方向开启，当门外为公共走道或其他房间时，该门应采用乙级防火门。配电装置室的中间隔墙上的门可采用分别向不同方向开启且宜相邻的 2 个乙级防火门。

依据 2 《变电站（换流站）消防设备设施完善化改造原则（试行）》（设备变电〔2018〕15 号）

3.3　本条评价项目的查评依据如下

依据 《火力发电厂与变电站设计防火标准》（GB 50229—2019）

11.4.2　电缆从室外进入室内的入口处、电缆竖井的出入口处，建（构）筑物中电缆引至电气柜、盘或控制屏、台的开孔部位，电缆贯穿隔墙、楼板的空洞应采用电缆防火封堵材料进行封堵，其防火封堵组件的耐火极限不应低于被贯穿物的耐火极限，且不低于 1.00h。

3.4　本条评价项目的查评依据如下

依据 《火力发电厂与变电站设计防火标准》（GB 50229—2019）

11.4.3　在电缆竖井中，宜每间隔不大于 7m 采用耐火极限不低于 3.00h 的不燃烧体或防火封堵材料封堵。

11.4.4　防火墙上的电缆孔洞应采用电缆防火封堵材料或防火封堵组件进行封堵，并应采取防止火焰延燃的措施，其防火封堵组件的耐火极限应为 3.00h。

11.4.5　在电缆隧道和电缆沟道中，严禁有可燃气、油管路穿越。

3.5　本条评价项目的查评依据如下

依据《变电站（换流站）消防设备设施完善化改造原则（试行）》（设备变电〔2018〕15号）

附录　变电站（换流站）典型消防器材配置（见下表）。

典型 220kV 变电站现场灭火器和黄砂配置表

配置部位	灭火器材	磷酸铵盐干粉			黄砂		灭火级别	保护面积	危险等级	备注
		4kg	5kg	50kg	桶（25L）	箱（$1m^3$）				
控制室		—	2	—	—	—	E（A）	150	严重	—
通信机房		3	—	—	—	—	E（A）	150	中	—
继电器室、继保室		3	—	—	—	—	E（A）	150	中	—
配电装置室		5	—	—	—	—	E（A）	250	中	—
室内油浸式主变压器室		6	—	2	—	—	混合	150	中	—
室内油浸式主变压器散热室		4	—	—	—	—	混合	100	中	—
电容器室		2	—	—	—	—	混合	100	中	—
电抗器室		2	—	—	—	—	混合	100	中	—
蓄电池室		2	—	—	—	—	C	100	中	—
站用变压器室、接地变压器室		2	—	—	—	—	混合	100	中	—
电缆	夹层	16	—	—	—	—	E	800	中	—
	竖井	2	—	—	—	—	A	100	中	—
室内其他区域		2	—	—	—	—	A	100	轻	办公室、资料室、会议室、安全工器具室、备品间等
室外油浸式主变压器		—	—	4	—	1	B、E	—	中	砂箱为每台主变压器数，每只砂箱配备 3～5 把消防铲
站内公用设施		6	—	—	15	—	—	—	—	消防黄砂桶应采用铅桶，每两桶配备一把消防铲、每四桶配备一把消防斧

3.6　本条评价项目的查评依据如下

依据 1《变电站（换流站）消防设备设施完善化改造原则（试行）》（设备变电〔2018〕15号）

4.3.3.7　每只室内消火栓箱内应配置 65mm 消火栓及隔离阀各 1 只、25m 长 DN65 有衬里水龙带 1 根带快装接头、19mm 直流或喷雾或多功能水枪 1 只、自救式消防水喉 1

套、消防按钮 1 只；带电设施附近的消火栓应配备喷雾功能水枪。当室内消火栓栓口处的出水压力超过 0.5MPa 时，应加设减压孔板或采用减压稳压型消火栓。

依据 2 《电力设备典型消防规程》（DL 5027—2015）

14.3.7 每只室内消火栓箱内应配置 65mm 消火栓及隔离阀各 1 只、25m 长 DN65 有衬里水龙带 1 根带快装接头、19mm 直流或喷雾或多功能水枪 1 只、自救式消防水喉 1 套、消防按钮 1 只。带电设施附近的消火栓应配备带喷雾功能水枪。当室内消火栓栓口处的出水压力超过 0.5MPa 时，应加设减压孔板或采用减压稳压型消火栓。

3.7 本条评价项目的查评依据如下

依据 《电力设备典型消防规程》（DL 5027—2015）

10.4.2 高层建筑内的油浸式消弧线圈等设备，当油量大于 600kg 时，应布置在专用的房间内，外墙开门处上方应设置防火挑檐，挑檐的宽度不应小于 1.0m，而长度为门的宽度两侧各加 0.5m。

10.7.3 户内布置的单台电力电容器油量超过 100kg 时，应有贮油设施或挡油栏。户外布置的电力电容器与高压电气设备需保持 5.0m 及以上的距离，防止事故扩大。

10.7.4 集合式电容器室内布置时，基坑地面宜采用水泥砂浆抹面并压光，在其上面铺以 100mm 厚的细砂。如室外布置，则基坑宜采用水泥砂浆抹面，在挡油设施内铺以卵石（或碎石）。

4 主控室、通信室、档案室

4.1 本条评价项目的查评依据如下

依据 《变电站（换流站）消防设备设施完善化改造原则（试行）》（设备变电〔2018〕15 号）

4.3.1.4 火灾自动报警系统的探测器应符合《电力设备典型消防规程》（DL 5027—2015）要求。地下变电站电缆层、电缆竖井和电缆隧道处应设置线型感温、感烟或吸气式感烟探测器。

4.2 本条评价项目的查评依据如下

依据 同 3.5 查评依据。

4.3 本条评价项目的查评依据如下

依据 《电力设备典型消防规程》（DL 5027—2015）

11.0.2 各室的隔墙、顶棚内装饰，应采用难燃或不燃材料。建筑内部装修材料应符合现行国家标准《建筑内部装修设计防火规范》GB 50222 的有关规定，地下变电站宜采用防霉耐潮材料。

11.0.3 控制室、调度室应有不少于两个疏散出口。

11.0.4 各室严禁吸烟，禁止明火取暖。计算机室维修必用的各种溶剂，包括汽油、酒精、丙酮、甲苯等易燃溶剂应采用限量办法，每次带入室内不超过 100mL。

4.4　本条评价项目的查评依据如下

依据　《电力设备典型消防规程》(DL 5027—2015)

11.0.10　各室配电线路应采用阻燃措施或防延燃措施，严禁任意拉接临时电线。

11.0.11　发生火灾报警，应迅速查明原因，及时消除警情。若已发生火灾，则应切断交流电源，开启直流事故照明，关闭通风管防火阀，采用气体等灭火器进行灭火。

4.5　本条评价项目的查评依据如下

依据　《电力设备典型消防规程》(DL 5027—2015)

11.0.8　档案室收发档案材料的门洞及窗口应安装防火门窗，其耐火极限不得低于 0.75h。

11.0.9　档案室与其他建筑物直接相通的门均应做防火门，其耐火极限应不小于 2.0h；内部分隔墙上开设的门也要采取防火措施，耐火极限要求为 1.2h。

5　蓄电池室

5.1　本条评价项目的查评依据如下

依据 1《变电站(换流站)消防设备设施完善化改造原则(试行)》(设备变电〔2018〕15 号)

4.2.3.1　酸性蓄电池室：

a　蓄电池室每组宜布置在单独的室内，如确有困难，应在每组蓄电池之间设耐火时间为大于 2.0h 的防火隔断，蓄电池室门应向外开；

b　蓄电池室应装有通风装置，通风道应单独设置，不应通向烟道或厂房内的总通风系统；

c　蓄电池室应使用防爆型照明和防爆型排风机，开关、熔断器、插座等应装在蓄电池室的外面。蓄电池室的照明线应采用耐酸导线，并用暗线敷设，检修用行灯应采用 12V 防爆灯，其电缆应用绝缘良好的胶质软线；

d　凡是进出蓄电池室的电缆、电线，在穿墙处应用耐酸瓷管或聚氯乙烯硬管穿线，并在其进出口端用耐酸材料将管口封堵。

依据 2 《电力设备典型消防规程》(DL 5027—2015)

10.6.1　酸性蓄电池室应符合下列要求：

1　严禁在蓄电池室内吸烟和将任何火种带入蓄电池室内。蓄电池室门上应有“蓄电池室”“严禁烟火”或“火灾危险，严禁火种入内”等标志牌。

2　蓄电池室采暖宜采用电采暖器，严禁采用明火取暖。若确有困难需采用水采暖时，散热器应选用钢质，管道应采用整体焊接。采暖管道不宜穿越蓄电池室楼板。

3　蓄电池室每组宜布置在单独的室内，如确有困难，应在每组蓄电池之间设耐火时间为大于 2.0h 的防火隔断，蓄电池室门应向外开。

4　蓄电池室内装修应有防酸措施。

5 容易产生爆炸性气体的蓄电池室内应安装防爆型探测器。

6 蓄电池室应装有通风装置，通风道应单独设置，不应通向烟道或厂房内的总通风系统。离通风管出口处10m内有引爆物质场所时，则通风管的出风口至少应高出该建筑物屋顶2.0m。

7 蓄电池室应使用防爆型照明和防爆型排风机，开关、熔断器、插座等应装在蓄电池室外面。蓄电池室的照明线应采用耐酸导线，并用暗线敷设。检修用行灯应采用12V防爆灯，其电缆应用绝缘良好的胶质软线。

8 凡是进出蓄电池室的电缆、电线，在穿墙处应用耐酸瓷管或聚氯乙烯硬管穿线，并在其进出口端用耐酸材料将管口封堵。

9 当蓄电池室受到外界火势威胁时，应立即停止充电，如充电刚完毕，则应继续开启排风机，抽出室内氢气。

10 当蓄电池室火灾时，应立即停止充电并灭火。

11 蓄电池室通风装置的电气设备或蓄电池室的空气入口处附近火灾时，应立即切断该设备的电源。

10.6.2 其他蓄电池室（阀控式密封铅酸蓄电池室、无氢蓄电池室、锂电池室、钠硫电池、UPS室等）：

1 蓄电池室应装有通向室外的有效通风装置，阀控式密封铅酸蓄电池室内的照明、通风设备可不考虑防爆；

2 锂电池、钠硫电池设置在专用的房间内，建筑面积小于200m^{2}时，应设置干粉灭火器或消防砂箱；建筑面积不小于200m^{2}时，宜设置气体灭火系统和自动报警系统。

5.2 本条评价项目的查评依据如下

依据1 与5.1的依据1相同。

依据2 与5.1的依据2相同。

5.3 本条评价项目的查评依据如下

依据1 与5.1的依据1相同。

依据2 与5.1的依据2相同。

5.4 本条评价项目的查评依据如下

依据 与3.5的依据相同。

5.5 本条评价项目的查评依据如下

依据 《电力设备典型消防规程》（DL 5027—2015）

10.6.2 其他蓄电池室（阀控式密封铅酸蓄电池室、无氢蓄电池室、锂电池室、钠硫电池、UPS室等）：

1 蓄电池室应装有通向室外的有效通风装置，阀控式密封铅酸蓄电池室内的照明、通风设备可不考虑防爆；

2 锂电池、钠硫电池设置在专用的房间内，建筑面积小于200m^{2}时，应设置干粉灭火火器或消防砂箱；建筑面积不小于 200m^2 时，宜设置气体灭火系统和自动报警系统。

6　电缆沟道

6.1　本条评价项目的查评依据如下

依据 1　《电力电缆及通道运维规程》（Q/GDW 1512—2014）

5.5.4　防火设施技术要求：

a）在电缆穿过竖井、变电站夹层、墙壁、楼板或进入电气盘、柜的孔洞处，应做防火封堵；

b）在隧道、电缆沟、变电站夹层和进出线等电缆密集区域应采用阻燃电缆或采取防火措施；

c）在重要电缆沟和隧道中有非阻燃电缆时，宜分段或用软质耐火材料设置阻火隔离，孔洞应封堵；

d）未采用阻燃电缆时，电缆接头两侧及相邻电缆 2～3m 长的区段应采取涂刷防火涂料、缠绕防火包带等措施；

e）在封堵电缆孔洞时，封堵应严实可靠，不应有明显的裂缝和可见的缝隙，孔洞较大者应加耐火衬板后再进行封堵。

依据 2　《电力设备典型消防规程》（DL 5027—2015）

10.5.3　凡穿越墙壁、楼板和电缆沟道而进入控制室、电缆夹层、控制柜及仪表盘、保护盘等处的电缆孔、洞、竖井和进入油区的电缆入口处必须用防火堵料严密封堵。发电厂的电缆沿一定长度可涂以耐火涂料或其他阻燃物质。靠近充油设备的电缆沟，应设有防火延燃措施，盖板应封堵。防火封堵应符合现行行业标准《建筑防火封堵应用技术规程》CECS 154 的有关规定。

依据 3《变电站（换流站）消防设备设施完善化改造原则（试行）》（设备变电〔2018〕15 号）

4.2.4.7　靠近充油设备的电缆沟，应设有防火延燃措施，盖板应封堵。可采用防止变压器油流入电缆沟内的卡槽式电缆沟盖板或在普通电缆沟盖板上覆盖防火玻璃丝纤维布等措施。

6.2　本条评价项目的查评依据如下

依据 1　《电力电缆及通道运维规程》（Q/GDW 1512—2014）

8.3.4　运维部门应保持电缆通道、夹层整洁、畅通，消除各类火灾隐患，通道沿线及其内部不得积存易燃、易爆物。

依据 2　《电力设备典型消防规程》（DL 5027—2015）

10.5.6　电缆沟、管沟、水沟等沟坑内应保持整洁、不堆放杂物，不应有积油；严禁将油色谱在线监测系统的采油管路敷设在电缆沟内。

6.3 本条评价项目的查评依据如下

依据1 《电力电缆及通道运维规程》（Q/GDW 1512—2014）

8.3.9 变电站夹层宜安装温度、烟气监视报警器，重要的电缆隧道应安装温度在线监测装置，并应定期传动、检测，确保动作可靠、信号准确。

依据2《变电站（换流站）消防设备设施完善化改造原则（试行）》（设备变电〔2018〕15号）

4.2.4.9 220kV及以上变电站的电缆夹层及电缆竖井内应安装线型感温、感烟或吸气式感烟探测器，缆式线型感温火灾探测器在电缆表面以“S形”缠绕方式敷设。

4.3.1.4 火灾自动报警系统的探测器应符合《电力设备典型消防规程》（DL 5027—2015）要求。地下变电站电缆层、电缆竖井和电缆隧道处应设置线型感温、感烟或吸气式感烟探测器。

6.4 本条评价项目的查评依据如下

依据1 《电力电缆及通道运维规程》（Q/GDW 1512—2014）

8.3.1 电缆的防火阻燃应采取下列措施：

a）按设计采用耐火或阻燃型电缆；

b）按设计设置报警和灭火装置；

c）防火重点部位的出入口，应按设计要求设置防火门或防火卷帘；

d）改、扩建工程施工中，对于贯穿已运行的电缆孔洞、阻火墙，应及时恢复封堵。

8.3.2 明敷充油电缆的供油系统应装设自动报警和闭锁装置，多回路充油电缆的终端设置处应装设专用消防设施，有定期检验记录。

依据2《变电站（换流站）消防设备设施完善化改造原则（试行）》（设备变电〔2018〕15号）

4.2.4.10 变电站电缆夹层、电缆竖井内应设置固定式灭火设施；电缆沟内电缆密集处、转弯处等重点部位可设置固定式自动灭火设施；固定式自动灭火设施宜采用悬挂式干粉自动灭火器。

4.3.1.4 火灾自动报警系统的探测器应符合《电力设备典型消防规程》（DL 5027—2015）要求。地下变电站电缆层、电缆竖井和电缆隧道处应设置线型感温、感烟或吸气式感烟探测器。

4.3.3.2 固定灭火系统的配置应符合以下要求：

a 油浸式变压器、电缆层、电缆竖井和电缆隧道应按照《建筑设计防火规范》GB 50016—2014和《电力设备典型消防规程》DL 5027—2015的要求配置固定式灭火系统；

b 换流站内油浸式变压器、油浸式平波电抗器应按照电力行业标准《高压直流换流站设计技术规范》DL/T 5223—2005的要求配置固定式灭火系统；

c 变压器固定自动灭火系统的配置应符合《变压器固定自动灭火系统完善化改造原则》的要求。

6.5　本条评价项目的查评依据如下

依据《变电站（换流站）消防设备设施完善化改造原则（试行）》（设备变电〔2018〕15 号）

4.2.4.8　在电缆从室外进入室内的入口处、敷设两个及以上间隔电缆的主电缆沟道和到单个间隔或设备分支电缆沟道的交界处应设置防火墙，在主电缆沟道内每间隔 60 米应设置一道防火墙。

6.6　本条评价项目的查评依据如下

依据 1 《水电工程设计防火规范》（GB 50872—2014）

9.0.7　电缆竖井发生火灾时，因具有“烟囱效应”，火势猛烈，延燃迅速，国内水力发电厂、火电站均曾发生过电缆竖井火灾，大面积烧毁电缆的事故。因此，电缆竖井是电缆防火的重要部位之一。为了避免电缆竖井的“烟囱效应”，防止火灾蔓延扩大，应对电缆竖井上下两端、进出电缆的孔口处及每一楼层处采用耐火极限不低于 1.00h 的非燃烧材料进行封堵。

依据 2 《国网设备部关于〈加快推进变电站消防隐患治理工作〉的通知》（设备变电〔2018〕16 号）

（七）变电站动力电缆与其他电缆混沟

问题现状：部分变电站（包括新建、在建变电站）存在动力电缆与控制电缆、通信电缆等混沟敷设情况，且部分变电站未采取可靠的防火隔离措施。

治理措施：对电缆沟进行改造，使其满足动力电缆与控制电缆分沟敷设的要求；不具备独立敷设条件的，采取加装电缆防火槽盒、涂防火涂料等临时措施。

依据 3《变电站（换流站）消防设备设施完善化改造原则（试行）》（设备变电〔2018〕15 号）

4.2.4.4　动力电缆与控制电缆或通信电缆之间应进行可靠的防火隔离，可采取将动力电缆或通信电缆装入防火槽盒、包覆防火护套或插入防火隔板等隔离措施。

依据 4 《电力设备典型消防规程》（DL 5027—2015）

10.5.9　在多个电缆头并排安装的场合中，应在电缆头之间加隔板或填充阻燃材料。

10.5.12　施工中动力电缆与控制电缆不应混放、分布不均及堆积乱放。在动力电缆与控制电缆之间，应设置层间耐火隔板。

6.7　本条评价项目的查评依据如下

依据 1 《水电工程设计防火规范》（GB 50872—2019）

9.0.9　穿越各机组之间架空敷设的电缆，应在每个机组段集中设置手提式干粉灭火器。

电缆室、电缆通（廊）道、电缆竖井的出入口处应设置手提式干粉灭火器，并至少配备两套防毒面具。

依据 2　与 5.4 的依据相同。

6.8　本条评价项目的查评依据如下

依据 1 《电力电缆及通道运维规程》（Q/GDW 1512—2014）

8.3.1　电缆的防火阻燃应采取下列措施：

a）按设计采用耐火或阻燃型电缆；

b）按设计设置报警和灭火装置；

c）防火重点部位的出入口，应按设计要求设置防火门或防火卷帘；

d）改、扩建工程施工中，对于贯穿已运行的电缆孔洞、阻火墙，应及时恢复封堵。

8.3.2　明敷充油电缆的供油系统应装设自动报警和闭锁装置，多回路充油电缆的终端设置处应装设专用消防设施，有定期检验记录。

依据 2 《电力设备典型消防规程》（DL 5027—2015）

10.5.11　电力电缆中间接头盒的两侧及其附近区域，应增加防火包带等阻燃措施。

依据 3 《变电站（换流站）消防设备设施完善化改造原则（试行）》（设备变电〔2018〕15 号）

4.2.4.5　合理安排电缆段长，尽量减少电缆接头的数量，严禁在变电站电缆夹层、桥架和竖井等缆线密集区域布置电力电缆接头。

4.2.4.6　电力电缆中间接头盒的两侧及其附近区域，应增加防火包带等阻燃措施。

6.9　本条评价项目的查评依据如下

依据 《电力设备典型消防规程》（DL 5027—2015）

10.5.14　电缆隧道的下列部位宜设置防火分隔，采用防火墙上设置防火门的形式：

1　电缆进出隧道的出入口及隧道分支处。

2　电缆隧道位于电厂、变电站内时，间隔不大于 100m 处。

3　电缆隧道位于电厂、变电站外时，间隔不大于 200m 处。

4　长距离电缆隧道通风区段处，且间隔不大于 500m。

5　电缆交叉、密集部位，间隔不大于 60m。

防火墙耐火极限不宜低于 3.0h，防火门应采用甲级防火门（耐火极限不宜低于 1.2h）且防火门的设置应符合现行国家标准《建筑设计防火规范》 GB 50016 的有关规定。

10.5.15　发电厂电缆竖井中，宜每隔 7.0m 设置阻火隔层。

6.10　本条评价项目的查评依据如下

依据 《变电站（换流站）消防设备设施完善化改造原则（试行）》（设备变电〔2018〕15 号）

4.3.5.2　电缆隧道内应设置指向最近安全出口处的导向箭头，主隧道、各分支拐弯处醒目位置装设整个电缆隧道平面示意图，并在示意图上标注所处位置及各出入口位置。

6.11　本条评价项目的查评依据如下

依据　《电力电缆及通道运维规程》（Q/GDW 1512—2014）

8.3.7　在电缆通道、夹层内使用的临时电源应满足绝缘、防火、防潮要求。工作人员撤离时应立即断开电源。

8.3.8　在电缆通道、夹层内动火作业应办理动火工作票，并采取可靠的防火措施。

8.3.10　严格按照运行规程规定对电缆夹层、通道进行巡检，并检测电缆和接头运行温度。

6.12　本条评价项目的查评依据如下

依据　《城市电力电缆线路设计技术规定》（DL/T 5221—2016）

4.5.15　电缆隧道内附属设施应根据各地环境条件，及运行需求来确定，应符合下列规定（此处略）。

7　消防标识

7.1　本条评价项目的查评依据如下

依据　《变电站（换流站）消防设备设施完善化改造原则（试行）》（设备变电〔2018〕15 号）

4.3.5.1　变电站和换流站内的消防安全标志可根据其功能分为以下 6 类：a）火灾报警装置标志；b）紧急疏散逃生标志；c）灭火设备标志；d）禁止和警告标志；e）方向辅助标志；f）文字辅助标志。各类标志应符合国家标准《消防安全标志　第 1 部分：标志》GB 13495.1—2015，如不满足要求，应进行完善化改造。

7.2　本条评价项目的查评依据如下

依据　《变电站（换流站）消防设备设施完善化改造原则（试行）》（设备变电〔2018〕15 号）

4.3.4.5　户内变电站、户外变电站主控通信室、配电装置室、消防水泵房和建筑疏散通道应设置应急照明。地下变电站的主控室、配电装置室、变压器室、继电器室、消防水泵房、建筑疏散通道和楼梯间应设置应急照明。地下变电站的疏散通道和安全出口应设发光疏散指示标志。人员疏散用的应急照明的照度不应低于 1lx，继续工作应急照明不应低于正常照明照度值的 100%。应急照明灯宜设置在墙面或顶棚上。

4.3.5.3　疏散指示标识应根据国家法律法规、消防技术标准设置，并应采用符合法律规定的灯光疏散指示标志、安全出口标志，标明疏散方向。

7.3　本条评价项目的查评依据如下

依据 1《变电站（换流站）消防设备设施完善化改造原则（试行）》（设备变电〔2018〕15 号）

4.3.4.5　户内变电站、户外变电站主控通信室、配电装置室、消防水泵房和建筑疏散通道应设置应急照明。地下变电站的主控室、配电装置室、变压器室、继电器室、消防水泵房、建筑疏散通道和楼梯间应设置应急照明。地下变电站的疏散通道和安全出口应设发光疏散指示标志。人员疏散用的应急照明的照度不应低于 1lx，继续工作应急照明不应低于正常照明照度值的 100%。应急照明灯宜设置在墙面或顶棚上。

4.3.5.3　疏散指示标识应根据国家法律法规、消防技术标准设置，并应采用符合法律规定的灯光疏散指示标志、安全出口标志，标明疏散方向。

依据 2 《中华人民共和国消防法》（2019 年修订）

第十六条　机关、团体、企业、事业等单位应当履行下列消防安全职责：

（一）落实消防安全责任制，制定本单位的消防安全制度、消防安全操作规程，制定灭火和应急疏散预案；

（二）按照国家标准、行业标准配置消防设施、器材，设置消防安全标志，并定期组织检验、维修，确保完好有效；

（三）对建筑消防设施每年至少进行一次全面检测，确保完好有效，检测记录应当完整准确，存档备查；

（四）保障疏散通道、安全出口、消防车通道畅通，保证防火防烟分区、防火间距符合消防技术标准；

（五）组织防火检查，及时消除火灾隐患；

（六）组织进行有针对性的消防演练；

（七）法律、法规规定的其他消防安全职责。

单位的主要负责人是本单位的消防安全责任人。

依据 3 《机关、团体、企业、事业单位消防安全管理规定》（中华人民共和国公安部第 61 号令）

第二十一条　单位应当保障疏散通道、安全出口畅通，并设置符合国家规定的消防安全疏散指示标志和应急照明设施，保持防火门、防火卷帘、消防安全疏散指示标志、应急照明、机械排烟送风、火灾事故广播等设施处于正常状态。

严禁下列行为：

（一）占用疏散通道；

（二）在安全出口或者疏散通道上安装栅栏等影响疏散的障碍物；

（三）在营业、生产、教学、工作等期间将安全出口上锁、遮挡或者将消防安全疏散指示标志遮挡、覆盖；

（四）其他影响安全疏散的行为。

依据 4 《火力发电厂与变电站设计防火标准》（GB 50229—2019）

11.7.2　火灾应急照明和疏散标志应符合下列规定：

4　人员通道应急照明的地面最低水平照度不应低于 1.0lx，楼梯间的地面最低水平照度不应低于 5.0lx，继续工作应急照明应保证正常照明的照度。

8 消防控制室

8.1 消防控制室通用要求

8.1.1 本条评价项目的查评依据如下

依据 1 《消防控制室完善化改造原则（试行）》（设备变电〔2018〕15 号）

4.1.4 消防控制室应具备远方控制功能。

4.1.5 消防控制室应设有用于火灾报警的外线电话。

依据 2 《火灾自动报警设计规范》（GB 50116—2013）

3.4.3 消防控制室应设有用于火灾报警的外线电话。

6.1.4 集中报警系统和控制中心报警系统中的区域火灾报警控制器在满足下列条件时，可设置在无人值班的场所：

1 本区域内无需要手动控制的消防联动设备。

2 本火灾报警控制器的所有信息在集中火灾报警控制器上均有显示，且能接收起集中控制功能的火灾报警控制器的联动控制信号，并自动启动相应的消防设备。

3 设置的场所只有值班人员可以进入。

8.1.2 本条评价项目的查评依据如下

依据 1 《消防控制室完善化改造原则（试行）》（设备变电〔2018〕15 号）

4.1.9 消防控制室应实行每日 24h 值班制度，每班不应少于 2 人，值班人员应持有消防控制室操作职业资格证书。

依据 2 《消防控制室通用技术要求》（GB 25506—2010）

4.2.1 消防控制室管理应符合下列要求：

a）应实行每日 24h 专人值班制度，每班不应少于 2 人，值班人员应持有消防控制室操作职业资格证书；

b）消防设施日常维护管理应符合 GB 25201 的要求；

c）应确保火灾自动报警系统、灭火系统和其他联动控制设备处于正常工作状态，不得将应处于自动状态的设在手动状态；

d）应确保高位消防水箱、消防水池、气压水罐等消防储水设施水量充足，确保消防泵出水管阀门、自动喷水灭火系统管道上的阀门常开；确保消防水泵、防排烟风机、防火卷帘等消防用电设备的配电柜启动开关处于自动位置（通电状态）。

8.1.3 本条评价项目的查评依据如下

依据 1 《消防控制室完善化改造原则（试行）》（设备变电〔2018〕15 号）

4.1.10 应确保消防控制室的火灾自动报警系统、灭火系统和其他联动控制设备处于正常工作状态，不得将应处于自动状态的设在手动状态。

依据 2 《消防控制室通用技术要求》（GB 25506—2010）

4.2.1 消防控制室管理应符合下列要求：

a）应实行每日 24h 专人值班制度，每班不应少于 2 人，值班人员应持有消防控制室操作职业资格证书；

b）消防设施日常维护管理应符合 GB 25201 的要求；

c）应确保火灾自动报警系统、灭火系统和其他联动控制设备处于正常工作状态，不得将应处于自动状态的设在手动状态；

d）应确保高位消防水箱、消防水池、气压水罐等消防储水设施水量充足，确保消防泵出水管阀门、自动喷水灭火系统管道上的阀门常开；确保消防水泵、防排烟风机、防火卷帘等消防用电设备的配电柜启动开关处于自动位置（通电状态）。

8.1.4 本条评价项目的查评依据如下

依据 《消防控制室完善化改造原则（试行）》（设备变电〔2018〕15 号）

4.1.12 消防控制室设备选型应满足以下要求：

a. 属于国家消防产品强制性认证目录中的产品，应具有 CCCF 认证证书并标注认证标志；

b. 目录以外的产品，应具有国家级消防产品质量检验中心出具的检验报告。

8.2 消防控制室资料要求

8.2.1 本条评价项目的查评依据如下

依据 1 《消防控制室完善化改造原则（试行）》（设备变电〔2018〕15 号）

4.1.8 消防控制室应有相应的竣工图纸、各分系统控制逻辑关系说明、设备使用说明书、系统操作规程、应急预案、值班制度、维护保养制度及值班记录等文件资料。

依据 2 《火灾自动报警设计规范》（GB 50116—2013）

3.4.4 消防控制室应有相应的竣工图纸、各分系统控制逻辑关系说明、设备使用说明书、系统操作规程、应急预案、值班制度、维护保养制度及值班记录等文件资料。

8.2.2 本条评价项目的查评依据如下

依据 1 《消防控制室完善化改造原则（试行）》（设备变电〔2018〕15 号）

4.1.11 消防控制室的设备应按照 GB 50166《火灾自动报警系统施工及验收标准》的要求进行维护和保养，并做好相关记录。

依据 2 《火灾自动报警系统施工及验收标准》（GB 50166—2019）

6 系统运行维护

6.0.1 系统投入使用前，消防控制室应具有下列文件资：

1 检测、验收合格资料；

2 建（构）筑物竣工后的总平面图、建筑消防系统平面布置图、建筑消防设施系统图及安全出口布量图、重点部位位置图、危化品位置图；

3 消防安全管理规章制度、灭火预案、应急疏散预案；

4 消防安全组织机构图，包括消防安全责任人、管理人，专职、义务消防人员；

5 消防安全培训记录、灭火和应急疏散预案的演练记录；

6　值班情况、消防安全检查情况及巡查情况的记录；

7　火灾自动系统设备现场设置情况记录；

8　消防系统联动控制逻辑关系说明、联动编程记录、消防联动控制器手动控制单元编码设置记录；

9　系统设备使用说明书、系统操作规程、系统和设备维护保养制度。

6.0.2　系统的使用单位应建立本标准第 6.0.1 条规定的文件档案，并应有电子备份档案。

6.0.3　系统应保持连续正常运行，不得随意中断。

6.0.4　系统应按本标准附录 F 规定的巡查项目和内容进行日常巡查，巡查的部位、频次应符合现行国家标准《建筑消防设施的维护管理》GB 25201 的规定，并按本标准附录 F 的规定填写记录。

巡查过程中发现设备外观破损、设备运行异常时应立即报修。

6.0.5　每年应按表 6.0.5 规定的检查项目、数量对系统设备的功能、各分系统的联动控制功能进行检查，并应符合下列规定：

1　系统的年度检查可根据检查计划，按月度、季度逐步进行；

2　月度、季度的检查数量应符合表 6.0.5 的规定；

3　系统设备的功能、各分系统的控制功能应符合本标准第 4 章的规定。

表 6.0.5　　系统月检、季检对象、项目及数量

序号	检查对象	检查项目	检查数量
1	Ⅰ 火灾报警控制器	火灾报警功能	实际安装数量
	Ⅱ 火灾探测器、手动火灾报警按钮		应保证每年对每一只探测器、报警按钮至少进行一次火灾报警功能检查
	Ⅲ 火灾显示盘	火灾报警显示功能	月、季检查数量应保证每年对每一台区域显示器至少进行一次火灾报警显示功能检查
2	Ⅰ 消防联动控制器	输出模块启动功能	应保证每年对每一只模块至少进行一次启动功能检查
	Ⅱ 输出模块		
3	Ⅰ 消防电话总机	呼叫功能	实际安装数量
	Ⅱ 电话分机、电话插孔		应保证每年对每一个分机、插孔至少进行一次呼叫功能检查
4	Ⅰ 可燃气体报警控制器	可燃气体报警功能	实际安装数量
	Ⅱ 可燃气体探测器		应保证每年对每一只探测器至少进行一次可燃气体报警功能检查
5	Ⅰ 电气火灾监控设备	监控报警功能	实际安装数量
	Ⅱ 电气火灾监控探测器、线型感温火灾探测器		应保证每年对每一只探测器至少进行一次监控报警功能检查

续表

序号	检查对象	检查项目	检查数量
6	Ⅰ 消防设备电源监控器	消防设备电源故障报警功能	实际安装数量
	Ⅱ 传感器		应保证每年对每一只传感器至少进行一次消防设备电源故障报警功能检查
7	消防设备应急电源	转换功能	实际安装数量
8	Ⅰ 消防控制室图形显示装置	接收和显示火灾报警、联动控制、反馈信号功能	实际安装数量
	Ⅱ 传输设备		
9	Ⅰ 火灾警报器	火灾报警功能	应保证每年对每一只火灾警报器至少进行一次火灾警报功能检查
	Ⅱ 消防应急广播控制设备	应急广播功能	实际安装数量
	Ⅲ 扬声器		应保证每年对每一只扬声器至少进行一次应急广播功能检查
	Ⅳ 火灾警报和消防应急广播系统	联动控制功能	应保证每年对每一个报警区域至少进行一次联动控制功能检查
10	Ⅰ 防火卷帘控制器	控制功能	应保证每年对每一个手动控制装置至少进行一次控制功能检查
	Ⅱ 手动控制装置		
	Ⅲ 疏散通道上设置的防火卷帘	联动控制功能	应保证每年对每一樘防火卷帘至少进行一次联动控制功能检查
	Ⅳ 非疏散通道上设置的防火卷帘		应保证每年对每一个报警区域至少进行一次联动控制功能检查
11	Ⅰ 防火门监控器	启动、反馈功能，常闭防火门故障报警功能	应保证每年对每一台防火门监控器及其配接的现场部件至少进行一次启动，反馈功能、常闭防火门故障报警功能检查
	Ⅱ 监控模块、防火门定位装置和释放装置等现场部件		
	Ⅲ 防火门监控系统	联动控制功能	应保证每年对每一个报警区域至少进行一次联动控制功能检查
12	Ⅰ 气体、干粉灭火器	现场紧急启动、停止功能	应保证每年对每一个现场启动和停止按钮至少进行一次启动、停止功能检查
	Ⅱ 现场启动和停止按钮		
	Ⅲ 气体、干粉灭火系统	联动控制功能	应保证每年对每一个防护区域至少进行一次联动控制功能检查
13	Ⅰ 消防泵控制箱、柜	手动控制功能	应保证每月、季对消防水泵进行一次手动控制功能检查
	Ⅱ 水流指示器、压力开关、信号阀、液位探测器	动作信号反馈功能	应保证每年对每一个部件至少进行一次动作信号反馈功能检查
	Ⅲ 湿式、干式喷水灭火系统	联动控制功能	应保证每年对每一个防护区域至少进行一次联动控制功能检查
		消防水泵直接手动控制功能	应保证每月、季对消防水泵进行一次直接手动控制功能检查
	Ⅳ 预作用式喷水灭火系统	联动控制功能	应保证每年对每一个防护区域至少进行一次联动控制功能检查

续表

序号	检查对象	检查项目	检查数量
13	Ⅳ 预作用式喷水灭火系统	消防泵、预作用阀组、排气阀前电动阀直接手动控制功能	应保证每月、季对消防水泵、预作用阀组、排气阀前电动阀进行一次直接手动控制功能检查
	Ⅴ 雨淋系统	联动控制功能	应保证每年对每一个防护区域至少进行一次联动控制功能检查
		消防泵、雨淋阀组直接手动控制功能	应保证每月、季对消防水泵、雨淋阀组进行一次直接手动控制功能检查
	Ⅵ 自动控制的水幕系统	用于保护防火卷帘的水幕系统的联动控制功能	应保证每年对每一樘防火卷帘至少进行一次联动控制功能检查
		用于防火隔离的水幕系统的联动控制功能	应保证每年对每一个报警区域至少进行一次联动控制功能检查
		消防泵、水幕阀组直接手动控制功能	应保证每月、季对消防水泵、水幕阀组进行一次直接手动控制功能检查
14	Ⅰ 消防泵控制箱、柜	手动控制功能	应保证每月、季对消防水泵进行一次手动控制功能检查
	Ⅱ 小火栓系统	报警功能	应保证每年对每一个消防栓按钮至少进行一次报警功能检查
	Ⅲ 水流指示器、压力开关、信号阀、液位探测器	动作信号反馈功能	应保证每年对每一个部件至少进行一次动作信号反馈功能检查
	Ⅳ 消火栓系统	联动控制功能	应保证每年对每一个消火栓至少进行一次联动控制功能检查
		消防泵直接手动控制功能	应保证每月、季对消防水泵进行一次直接手动控制功能检查
15	Ⅰ 风机控制箱、柜	手动控制功能	应保证每月、季对风机进行一次手动控制功能检查
	Ⅱ 电动送风口、电动挡烟垂壁、排烟口、排烟阀、排烟窗、电动防火阀、排烟风机入口处的总管上设置的280℃排烟防火阀	启动、反馈功能、动作信号反馈功能	应保证每年对每一个部件至少进行一次启动、反馈功能、动作信号反馈功能检查
	Ⅲ 加压送风系统	联动控制功能	应保证每年对每一个报警区域至少进行一次控制功能检查
		风机直接手动控制功能	应保证每月、季对风机进行一次直接手动控制功能检查
	Ⅳ 电动挡烟垂壁、排烟系统	联动控制功能	应保证每年对每一个防烟区域至少进行一次联动控制功能检查
		风机直接手动控制功能	应保证每月、季对风机进行一次直接手动控制功能检查
16	消防应急照明和疏散指示系统	控制功能	应保证每年对每一个报警区域至少进行一次控制功能检查
17	电梯、非消防电源等相关系统	联动控制功能	应保证每年对每一个报警区域至少进行一次联动控制功能检查
18	自动消防系统	整体联动功能	应保证每年对每一个报警区域至少进行一次联动控制功能检查

6.0.6 不同类型的探测器、手报、模块等现场部件应有不少于设备总数1%的备品。

6.0.7 系统设备的维修、保养及系统产品的寿命应符合现行国家标准《火灾探测报警产品的维修保养与报废》GB 29837的规定，达到寿命极限的产品应及时更换。

8.2.3 本条评价项目的查评依据如下

依据 与8.2.2的依据相同。

8.2.4 本条评价项目的查评依据如下

依据 与8.2.2的依据相同。

8.3 无人值班变电站消防控制室

8.3.1 本条评价项目的查评依据如下

依据1 《消防控制室完善化改造原则（试行）》（设备变电〔2018〕15号）

4.2.3 无人值班变电站消防控制室架构如下图所示。

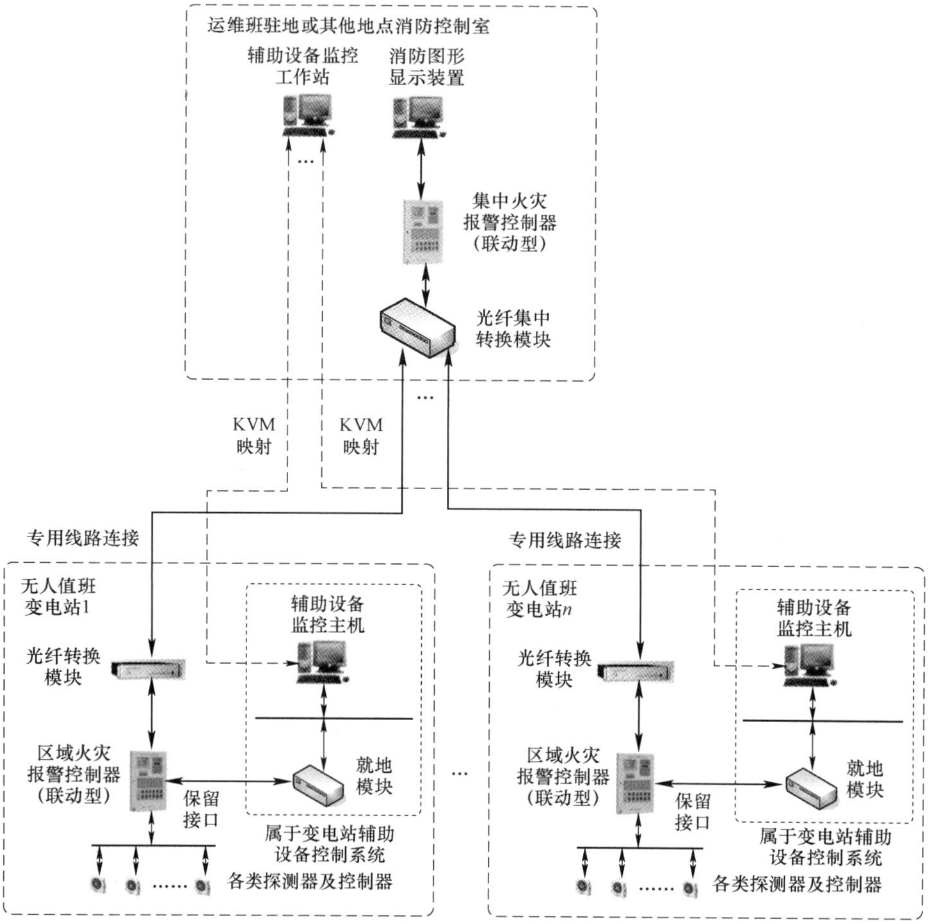

无人值班变电站消防控制室架构图

4.2.4　无人值班变电站应配置以下设备：

a. 区域火灾报警控制器（联动型），包括火灾报警控制器、联动控制器、消防电话总机、消防广播控制装置（需要时）等；

b. 光纤转换模块；

c. 辅助设备监控主机。

依据 2 《火灾自动报警设计规范》（GB 50116—2013）

3.4.2　消防控制室内设置的消防设备应包括火灾报警控制器、消防联动控制器、消防控制室图形显示装置、消防专用电话总机、消防应急广播控制装置、消防应急照明和疏散指示系统控制装置、消防电源监控器等设备或具有相应功能的组合设备。消防控制室内设置的消防控制室图形显示装置应能显示本规范附录 A 规定的建筑物内设置的全部消防系统及相关设备的动态信息和本规范附录 B 规定的消防安全管理信息，并应为远程监控系统预留接口，同时应具有向远程监控系统传输本规范附录 A 和附录 B 规定的有关信息的功能。

4.1.1　消防联动控制器应能按设定的控制逻辑向各相关的受控设备发出联动控制信号，并接受相关设备的联动反馈信号。

4.10.1　消防联动控制器应具有切断火灾区域及相关区域的非消防电源的功能，当需要切断正常照明时，宜在自动喷淋系统、消火栓系统动作前切断。

4.10.2　消防联动控制器应具有自动打开涉及疏散的电动栅杆等的功能，宜开启相关区域安全技术防范系统的摄像机监视火灾现场。

4.10.3　消防联动控制器应具有打开疏散通道上由门禁系统控制的门和庭院电动大门的功能，并应具有打开停车场出入口挡杆的功能。

8.3.2　本条评价项目的查评依据如下

依据 1 《消防控制室完善化改造原则（试行）》（设备变电〔2018〕15 号）

4.3.1　火灾报警控制器（联动型）

a. 火灾报警控制器（联动型）的火灾报警功能应符合 GB 4717《火灾报警控制器》的要求；

b. 集中火灾报警控制器（联动型）应能集中监控所辖无人值班变电站的区域火灾报警控制器（联动型），显示火灾探测器、手动火灾报警按钮等设备的正常、报警、屏蔽及故障状态等信息，并能按照规定逻辑程序启动相应的联动系统；

c. 火灾报警控制器（联动型）的联动控制功能应符合 GB 16806《消防联动控制器》的要求，消防设备的联动设计应符合 GB 50116《火灾自动报警系统设计规范》的要求；

d. 集中火灾报警控制器（联动型）联动控制按钮应按不同变电站及站内不同灭火分区布置，标识清楚、确保操作安全准确；发生火灾报警时，对应变电站的按钮区域应有光信号提示，防止误操作；

e. 火灾报警控制器（联动型）的消防电话总机功能应符合 GB 16806《消防联动控制

器》的要求；

f. 火灾报警控制器（联动型）的消防广播控制功能应符合 GB 16806《消防联动控制器》相关要求。

依据 2 《火灾自动报警设计规范》（GB 50116—2013）

4.10.2 消防联动控制器应具有自动打开涉及疏散的电动栅杆等的功能，宜开启相关区域安全技术防范系统的摄像机监视火灾现场。

6.1.4 集中报警系统和控制中心报警系统中的区域火灾报警控制器在满足下列条件时，可设置在无人值班的场所：

1 本区域内无需要手动控制的消防联动设备。

2 本火灾报警控制器的所有信息在集中火灾报警控制器上均有显示，且能接收起集中控制功能的火灾报警控制器的联动控制信号，并自动启动相应的消防设备。

3 设置的场所只有值班人员可以进入。

8.3.3 本条评价项目的查评依据如下

依据 1 《消防控制室完善化改造原则（试行）》（设备变电〔2018〕15 号）

4.2.6 无人值班变电站与运维班驻地消防控制室之间应采用专用线路连接。

4.3.3 光纤转换模块

光纤转换模块应能将区域火灾报警控制器（联动型）的信号转换成光信号，并通过专用通信光纤以统一的协议（具体协议待定）传送至运维班驻地消防控制室光纤集中转换模块，并接收消防控制室的控制指令。

依据 2 《火灾自动报警设计规范》（GB 50116—2013）

6.10.2 火灾报警传输设备或用户信息传输装置与火灾报警控制器、消防联动控制器等设备之间，应采用专用线路连接。

8.3.4 本条评价项目的查评依据如下

依据 《消防控制室完善化改造原则（试行）》（设备变电〔2018〕15 号）

4.3.5 辅助设备监控主机

辅助设备监控主机应实现视频、安防、消防、门禁、环境监测、照明等子系统数据的统一接入，实现火灾报警自动联动消防、视频监控、空调、风机、门禁等系统，并在站内实现数据综合分析、存储、统计和画面展示，无人值班变电站辅助设备监控主机还应能通过 KVM（键盘、显示器、鼠标延伸）等手段将信息远传到有人值班区域。

8.3.5 本条评价项目的查评依据如下

依据 1 《火力发电厂与变电站设计防火标准》（GB 50229—2019）

7.13.4 消防控制室应与集中控制室合并设置。

依据 2 《消防控制室完善化改造原则（试行）》（设备变电〔2018〕15 号）

4.1.2 无人值班变电站消防控制室原则上应设置在运维班驻地的值班室，对所辖的变电站实行集中管理，设置在其他地点的应由国家电网公司批准确认。

8.3.6 本条评价项目的查评依据如下

依据 1 《建筑设计防火规范》(GB 50016—2014)

8.1.7 设置火灾自动报警系统和需要联动控制消防设备的建筑（群）应设置消防控制室。消防控制室的设置应符合下列规定：

1 单独建造的消防控制室，其耐火等级不应低于二级；

2 附设在建筑内的消防控制室，宜设置在建筑内首层或地下一层，并宜布置在靠外墙部位；

3 不应设置在电磁场干扰较强及其他可能影响消防控制设备正常工作的房间附近；

4 疏散门应直通室外或安全出口。

依据 2 《火灾自动报警设计规范》(GB 50116—2013)

3.4.6 消防控制室内严禁穿过与消防设施无关的电气线路及管路。

3.4.8 消防控制室内设备的布置应符合下列规定：

1 设备面盘前的操作距离，单列布置时不应小于 1.5m；双列布置时不应小于 2m。

2 在值班人员经常工作的一面，设备面盘至墙的距离不应小于 3m。

3 设备面盘后的维修距离不宜小于 1m。

4 设备面盘的排列长度大于 4m 时，其两端应设置宽度不小于 1m 的通道。

5 与建筑其他弱电系统合用的消防控制室内，消防设备应集中设置，并应与其他设备间有明显间隔。

依据 3 《消防控制室完善化改造原则（试行）》(设备变电〔2018〕15 号)

4.1.3 消防控制室疏散门应直通室外或安全出口，宜设置在建筑物地上一层。

4.1.6 消防控制设备与主控室其他设备应有明显间距。

8.4 集中监控中心消防控制室配置要求

8.4.1 本条评价项目的查评依据如下

依据 1 《消防控制室完善化改造原则（试行）》(设备变电〔2018〕15 号)

4.2.5 运维班驻地消防控制室应配置以下设备：

a. 集中火灾报警控制器（联动型），包括火灾报警控制器、联动控制器等；

b. 消防图形显示装置；

c. 光纤集中转换模块；

d. 辅助设备监控工作站。

依据 2 《火灾自动报警设计规范》(GB 50116—2013)

3.4.2 消防控制室内设置的消防设备应包括火灾报警控制器、消防联动控制器、消防控制室图形显示装置、消防专用电话总机、消防应急广播控制装置、消防应急照明和疏散指示系统控制装置、消防电源监控器等设备或具有相应功能的组合设备。消防控制室内设置的消防控制室图形显示装置应能显示本规范附录 A 规定的建筑物内设置的全部消防系统及相关设备的动态信息和本规范附录 B 规定的消防安全管理信息，并应为远程监控系统预留接口，同时应具有向远程监控系统传输本规范附录 A 和附录 B 规定的有关信息的功能。

4.1.1 消防联动控制器应能按设定的控制逻辑向各相关的受控设备发出联动控制信号，并接受相关设备的联动反馈信号。

4.10.1 消防联动控制器应具有切断火灾区域及相关区域的非消防电源的功能，当需要切断正常照明时，宜在自动喷淋系统、消火栓系统动作前切断。

4.10.2 消防联动控制器应具有自动打开涉及疏散的电动栅杆等的功能，宜开启相关区域安全技术防范系统的摄像机监视火灾现场。

4.10.3 消防联动控制器应具有打开疏散通道上由门禁系统控制的门和庭院电动大门的功能，并应具有打开停车场出入口挡杆的功能。

8.4.2 本条评价项目的查评依据如下

依据 1 《消防控制室完善化改造原则（试行）》（设备变电〔2018〕15 号）

4.3.1 火灾报警控制器（联动型）

a. 火灾报警控制器（联动型）的火灾报警功能应符合 GB 4717《火灾报警控制器》的要求；

b. 集中火灾报警控制器（联动型）应能集中监控所辖无人值班变电站的区域火灾报警控制器（联动型），显示火灾探测器、手动火灾报警按钮等设备的正常、报警、屏蔽及故障状态等信息，并能按照规定逻辑程序启动相应的联动系统；

c. 火灾报警控制器（联动型）的联动控制功能应符合 GB 16806《消防联动控制器》的要求，消防设备的联动设计应符合 GB 50116《火灾自动报警系统设计规范》的要求；

d. 集中火灾报警控制器（联动型）联动控制按钮应按不同变电站及站内不同灭火分区布置，标识清楚、确保操作安全准确；发生火灾报警时，对应变电站的按钮区域应有光信号提示，防止误操作；

e. 火灾报警控制器（联动型）的消防电话总机功能应符合 GB 16806《消防联动控制器》的要求；

f. 火灾报警控制器（联动型）的消防广播控制功能应符合 GB 16806《消防联动控制器》相关要求。

依据 2 《火灾自动报警设计规范》（GB 50116—2013）

4.10.2 消防联动控制器应具有自动打开涉及疏散的电动栅杆等的功能，宜开启相关区域安全技术防范系统的摄像机监视火灾现场。

依据 3 同 8.2.2 查评依据 2。

8.4.3 本条评价项目的查评依据如下

依据 1 《消防控制室完善化改造原则（试行）》（设备变电〔2018〕15 号）

4.3.2 消防图形显示装置

a. 消防图形显示装置应符合 GB 16806《消防联动控制器》的要求；

b. 消防图形显示装置的显示功能应符合《消防控制室通用技术要求》中 5.1 和附录 A、B 的要求；

c. 消防图形显示系统应具备火灾报警控制器（联动型）运维辅助管理功能；

d. 消防图形显示装置信息记录的各类信息能够进行记录备份；应满足备份后方可被覆盖的功能；应能对历史记录打印归档或刻录存盘归档；

e. 消防图形显示装置应具备网络通信功能，能够与火灾报警控制器（联动型）进行通信，获取相关消防设备状态信息，并应具有远传功能；

f. 消防图形显示装置应具备权限管理的功能，对系统程序的进入和退出时间、操作人员姓名或代码等内容的均有记录，记录备份后方可被覆盖。

依据 2 《消防控制室通用技术要求》（GB 25506—2010）

6.1　应记录附录 A 中规定的建筑消防设施运行状态信息，记录容量不应少于 10 000 条，记录备份后方可被覆盖。

6.2　应具有产品维护保养的内容和时间、系统程序的进入和退出时间、操作人员姓名或代码等内容的记录，存储记录容量不应少于 10 000 条，记录备份后方可被覆盖。

6.3　应记录附录 B 中规定的消防安全管理信息及系统内各个消防设备（设施）的制造商、产品有效期，记录容量不应少于 10 000 条，记录备份后方可被覆盖。

6.4　应能对历史记录打印归档或刻录存盘归档。

依据 3 《火灾自动报警设计规范》（GB 50116—2013）

3.4.2　消防控制室内设置的消防设备应包括火灾报警控制器、消防联动控制器、消防控制室图形显示装置、消防专用电话总机、消防应急广播控制装置、消防应急照明和疏散指示系统控制装置、消防电源监控器等设备或具有相应功能的组合设备。消防控制室内设置的消防控制室图形显示装置应能显示本规范附录 A 规定的建筑物内设置的全部消防系统及相关设备的动态信息和本规范附录 B 规定的消防安全管理信息，并应为远程监控系统预留接口，同时应具有向远程监控系统传输本规范附录 A 和附录 B 规定的有关信息的功能。

8.4.4　本条评价项目的查评依据如下

依据 1 《消防控制室完善化改造原则（试行）》（设备变电〔2018〕15 号）

4.3.1　火灾报警控制器（联动型）

a. 火灾报警控制器（联动型）的火灾报警功能应符合 GB 4717《火灾报警控制器》的要求；

b. 集中火灾报警控制器（联动型）应能集中监控所辖无人值班变电站的区域火灾报警控制器（联动型），显示火灾探测器、手动火灾报警按钮等设备的正常、报警、屏蔽及故障状态等信息，并能按照规定逻辑程序启动相应的联动系统；

c. 火灾报警控制器（联动型）的联动控制功能应符合 GB 16806《消防联动控制器》的要求，消防设备的联动设计应符合 GB 50116《火灾自动报警系统设计规范》的要求；

d. 集中火灾报警控制器（联动型）联动控制按钮应按不同变电站及站内不同灭火分区布置，标识清楚、确保操作安全准确；发生火灾报警时，对应变电站的按钮区域应有光信号提示，防止误操作；

e. 火灾报警控制器（联动型）的消防电话总机功能应符合 GB 16806《消防联动控制器》的要求；

f. 火灾报警控制器（联动型）的消防广播控制功能应符合 GB 16806《消防联动控制器》相关要求。

依据 2 《火灾自动报警设计规范》（GB 50116—2013）

4.10.2 消防联动控制器应具有自动打开涉及疏散的电动栅杆等的功能，宜开启相关区域安全技术防范系统的摄像机监视火灾现场。

8.4.5 本条评价项目的查评依据如下

依据 《消防控制室完善化改造原则（试行）》（设备变电〔2018〕15 号）

4.3.4 光纤集中转换模块

光纤集中转换模块应能接收所辖无人值班变电站的光信号，转换成电信号以统一协议（具体协议待定）传送至集中火灾报警控制器（联动型），并向无人值班变电站发送控制指令。

8.4.6 本条评价项目的查评依据如下

依据 《消防控制室完善化改造原则（试行）》（设备变电〔2018〕15 号）

4.3.6 辅助设备监控工作站

辅助设备监控工作站应通过 KVM（键盘、显示器、鼠标延伸）远程连接所辖无人值班变电站端辅助设备监控主机，实时掌握站内消防系统、安防系统、视频监控等工作状态，根据告警信息关联变电站画面索引进行画面浏览，查看辅助设备运行状态，并进行远程操作消防、安防、视频监控、门禁等系统。

9 消防管理及资料

9.1 公共消防设施

9.1.1 本条评价项目的查评依据如下

依据 《国家电网有限公司关于印发〈十八项电网重大反事故措施（修订版）〉的通知》（国家电网设备〔2018〕979 号）

13.2.1.1 电缆线路的防火设施必须与主体工程同时设计、同时施工、同时验收，防火设施未验收合格的电缆线路不得投入运行。

9.1.2 本条评价项目的查评依据如下

依据 《变电站（换流站）消防设备设施完善化改造原则（试行）》（设备变电〔2018〕15 号）

4.1.5 国家强制产品认证（3C）目录内的消防设备必须具有消防强制性产品认证证

书（CCCF），非国家强制产品认证（3C）目录内的消防产品应具有国家级消防质量检验中心出具的检验报告。

9.1.3 本条评价项目的查评依据如下

依据 1《变电站（换流站）消防设备设施完善化改造原则（试行）》（设备变电〔2018〕15 号）

4.3.4.1 变电站消防用电应采用不低于二级负荷供电的电源。各级负荷的供电要求应符合《供配电系统设计规范》GB 50052 的要求。

4.3.4.3 站内消防设备的配电箱应独立设置。消防配电设备应设置明显标志。

4.3.4.4 消防控制室、消防水泵房、防烟和排烟风机房的消防用电设备及消防电梯等的供电，应在其配电线路的最末一级配电箱处设置自动切换装置。

依据 2 《建筑设计防火规范》（GB 50016—2014）

10.1.6 消防用电设备应采用单独的供电回路，当建筑内的生产、生活用电被切断时，应仍能保证消防用电。备用消防电源的供电时间和容量，应满足该建筑火灾延续时间内各消防用电设备的要求。

9.1.4 本条评价项目的查评依据如下

依据 1 《建筑灭火器配置设计规范》（GB 50140—2005）

5.1 一般规定

5.1.1 灭火器应设置在位置明显和便于取用的地点，且不得影响安全疏散。

5.1.2 对有视线障碍的灭火器设置点，应设置指示其位置的发光标志。

5.1.3 灭火器的摆放应稳固，其铭牌应朝外。手提式灭火器宜设置在灭火器箱内或挂钩、托架上，其顶部离地面高度不应大于 1.50m；底部离地面高度不宜小于 0.08m。灭火器箱不得上锁。

5.1.4 灭火器不宜设置在潮湿或强腐蚀性的地点。当必须设置时，应有相应的保护措施。

灭火器设置在室外时，应有相应的保护措施。

5.1.5 灭火器不得设置在超出其使用温度范围的地点。

5.2 灭火器的最大保护距离

5.2.1 设置在 A 类火灾场所的灭火器，其最大保护距离应符合表 5.2.1 的规定。

表 5.2.1 A 类火灾场所的灭火器最大保护距离 （m）

危险等级 \ 灭火器型式	手提式灭火器	推车式灭火器
严重危险级	15	30
中危险级	20	40
轻危险级	20	50

5.2.2 设置在 B、C 类火灾场所的灭火器，其最大保护距离应符合表 5.2.2 的规定。

表 5.2.2 B、C 类火灾场所的灭火器最大保护距离 （m）

灭火器型式 危险等级	手提式灭火器	推车式灭火器
严重危险级	9	18
中危险级	12	24
轻危险级	20	30

5.2.3 D 类火灾场所的灭火器，其最大保护距离应根据具体情况研究确定。

5.2.4 E 类火灾场所的灭火器，其最大保护距离不应低于该场所内 A 类或 B 类火灾的规定。

6 灭火器的配置

6.1 一般规定

6.1.1 一个计算单元内配置的灭火器数量不得少于 2 具。

6.1.2 每个设置点的灭火器数量不宜多于 5 具。

6.1.3 当住宅楼每层的公共部位建筑面积超过 $100m^2$ 时，应配置 1 具 1A 的手提式灭火器；每增加 $100m^2$ 时，增配 1 具 1A 的手提式灭火器。

依据 2 《电力设备典型消防规程》(DL 5027—2015)

附录 G 典型工程现场灭火器和黄砂配置

G.1 灭火器配置原则

G.1.1 发电厂同一场所存在不同种类火灾的情况较多，危险性较大，宜采用通用、高效、无毒的磷酸铵盐干粉灭火器，所需配置的灭火器数量少、重量相对较轻，便于人员操作。由于干粉灭火器使用后存在残留污染，对电气、热控设备可配合使用洁净气体灭火器或二氧化碳灭火器，但需注意所选用灭火器的灭火级别应满足《火力发电厂与变电站设计防火规范》等标准规定的有关场所火灾类别和危险等级所对应的最小配置级别。

G.1.2 由于现行《建筑灭火器配置设计规范》GB 50140 中仅列出了卤代烷 1211 这一种洁净气体灭火器，而实际上国内已基本不再生产卤代烷灭火器，相关国家标准也未提出新的洁净气体灭火器种类，因此本附录不再列出洁净气体灭火器示例。

G.1.3 油箱、油罐容器附近宜配置磷酸铵盐干粉灭火器和水成膜泡沫灭火器，避免容器壁的高温造成灭火后再复燃的现象。

G.1.4 油浸式变压器油箱、油罐等有场地条件的场所，以及严重危险级场所宜设置推车式灭火器。

G.1.5 同一场所尽量采用相同类型和操作方法的灭火器。

依据 3《国网设备部关于印发〈变电站消防设施运维管理规范（试行）〉的通知》（设备变电〔2019〕29 号）

3.25　灭火器箱、消防砂箱、消防桶和消防铲、斧把上应有红色标识，且标示清晰，无破损。

依据 4《变电站（换流站）消防设备设施完善化改造原则（试行）》（设备变电〔2018〕15 号）

4.1.3　消防设施在管理上应等同于主设备，包括维护、保养、检修、更新，落实相关所需资金等。

4.3.3.5　变电站（换流站）里的灭火器摆放应该符合以下要求：

a　灭火器应设置在位置明显和便于取用的地点，且不得影响安全疏散；

b　灭火器的摆放应稳固，其铭牌应朝外；灭火器箱不得上锁；

c　手提式灭火器宜设置在灭火器箱内或挂钩、托架（建议采用托架）上，其顶部离地面不应大于 1.50m，底部离地面高度不宜小于 0.08m；

d　灭火器不得设置在超出其适用温度范围的地点，不宜设置在潮湿或强腐蚀性的地点，当必须设置时，应有相应的保护措施；灭火器设置在室外时，应有相应的保护措施。露天设置的灭火器应有遮阳挡水和保温隔热措施，北方寒冷地区应设置在消防小室内；

e　对有视线障碍的灭火器设置点，应设置指示其位置的发光标志。

9.1.5　本条评价项目的查评依据如下

依据 1《国网设备部关于印发〈变电站消防设施运维管理规范（试行）〉的通知》（设备变电〔2019〕29 号）

3.25　灭火器箱、消防砂箱、消防桶和消防铲、斧把上应有红色标识，且标示清晰，无破损。

依据 2《变电站（换流站）消防设备设施完善化改造原则（试行）》（设备变电〔2018〕15 号）

4.3.3.3　移动式灭火器材的配置应符合以下要求：

a　变电站和换流站的灭火器配置规格和数量应按国家标准《建筑灭火器配置设计规范》GB 50140—2005 计算确定。灭火器设置场所的建（构）筑物、设备的火灾类别及危险等级，按照《火力发电厂与变电站设计防火规范》GB 50229—2006 第 11.5 节的要求执行。

b　消防砂箱、砂桶、消防铲及正压式消防空气呼吸器等消防器材应按照《建筑设计防火规范》GB 50016—2014 和《电力设备典型消防规程》DL 5027—2015 的要求配置。

依据 3《电力设备典型消防规程》（DL 5027—2015）

14.3.5　油浸式变压器、油浸式电抗器、油罐区、油泵房、油处理室、特种材料库、柴油发电机、磨煤机、给煤机、送风机、引风机和电除尘等处应设置消防砂箱或砂桶，内装干燥细黄砂。消防砂箱容积为 1.0m^3，并配置消防铲，每处 3 把～5 把，消防砂桶应装满干燥黄砂。消防砂箱、砂桶和消防铲均应为大红色，砂箱的上部应有白色的“消防砂箱”字样，箱门正中应有白色的“火警 119”字样，箱体侧面应标注使用说明。消防砂箱的放置位置应与带电设备保持足够的安全距离。

14.3.6　设置室外消火栓的发电厂和变电站应集中配置足够数量的消防水带、水枪和消火栓扳手，宜放置在厂内消防车库内。当厂内不设消防车库时，也可放置在重点防火区域周围的露天专用消防箱或消防小室内。根据被保护设备的性质合理配置 19mm 直流或喷雾或多功能水枪，水带宜配置有衬里消防水带。

14.3.7　每只室内消火栓箱内应配置 65mm 消火栓及隔离阀各 1 只、25m 长 DN65 有衬里水龙带 1 根带快装接头、19mm 直流或喷雾或多功能水枪 1 只、自救式消防水喉 1 套、消防按钮 1 只。带电设施附近的消火栓应配备带喷雾功能水枪。当室内消火栓栓口处的出水压力超过 0.5MPa 时，应加设减压孔板或采用减压稳压型消火栓。

14.3.8　典型工程现场灭火器和黄砂配置可按本规程附录 G 的规定采用。

14.4　正压式消防空气呼吸器

14.4.1　设置固定式气体灭火系统的发电厂和变电站等场所应配置正压式消防空气呼吸器，数量宜按每座有气体灭火系统的建筑物各设 2 套，可放置在气体保护区出入口外部、灭火剂储瓶间或同一建筑的有人值班控制室内。

14.4.2　长距离电缆隧道、长距离地下燃料皮带通廊、地下变电站的主要出入口应至少配置 2 套正压式消防空气呼吸器和 4 只防毒面具。水电厂地下厂房、封闭厂房等场所，也应根据实际情况配置正压式消防空气呼吸器。

14.4.3　正压式消防空气呼吸器应放置在专用设备柜内，柜体应为红色并固定设置标志牌。

9.1.6　本条评价项目的查评依据如下

依据　《电力设备典型消防规程》（DL 5027—2015）

14.4　正压式消防空气呼吸器

14.4.1　设置固定式气体灭火系统的发电厂和变电站等场所应配置正压式消防空气呼吸器，数量宜按每座有气体灭火系统的建筑物各设 2 套，可放置在气体保护区出入口外部、灭火剂储瓶间或同一建筑的有人值班控制室内。

14.4.2　长距离电缆隧道、长距离地下燃料皮带通廊、地下变电站的主要出入口应至少配置 2 套正压式消防空气呼吸器和 4 只防毒面具。水电厂地下厂房、封闭厂房等场所，也应根据实际情况配置正压式消防空气呼吸器。

14.4.3　正压式消防空气呼吸器应放置在专用设备柜内，柜体应为红色并固定设置标志牌。

9.1.7 本条评价项目的查评依据如下

依据《变压器固定自动灭火系统完善化改造原则（试行）》（设备变电〔2018〕15号）

4.1.11 寒冷地区容易冻结和可能出现沉降的地区，消防水系统等设施应有防冻和防沉降措施。

9.1.8 本条评价项目的查评依据如下

依据1 同8.2.2查评依据2。

依据2《国网设备部关于印发〈变电站消防设施运维管理规范（试行）〉的通知》（设备变电〔2019〕29号）

5.2.1 火灾自动报警系统的维护保养应确保系统保持连续正常运行，各路电源均能正常供电。

5.2.2 火灾报警控制器经检查应功能完好，并填写相应维保记录。

5.2.3 火灾自动报警系统主机除尘，电源等附件维护：

a）每季度对火灾自动报警系统主机除尘，对电源等附件维护一次。

b）清扫时动作要轻缓，防止损坏部件。

c）清扫后，应对各部件进行检查，防止接触不良，影响正常使用。

d）更换插头、插座、空气开关换前应切断回路电源。

e）更换配件应使用同规格、同容量的备品。

f）更换后应检查其完好性。

5.2.5 每季度应检查和试验火灾自动报警系统的下列功能，并填写相应的记录：

a）采用专用检测仪器试验探测器的动作及确认灯显示，至少完成探测器维保总量的1/4。

b）试验火灾警报装置的声光显示。

c）试验水流指示器、压力开关等报警功能、信号显示。

d）对主电源和备用电源进行1～3次自动切换试验。

e）使用专用检测仪器对所安装的探测器和手动报警装置试验。

f）自动和手动打开排烟阀，关闭电动防火阀和空调系统。

g）对电动防火门、防火卷帘的试验。

h）强制切断非消防电源功能试验。

i）对其他有关的消防控制装置进行功能试验。

依据3《变电站（换流站）消防设备设施完善化改造原则（试行）》（设备变电〔2018〕15号）

4.1.8 火灾自动报警系统相关部件的安装部位应满足消防设计要求，不应影响设备运行，尽量满足不停运设备进行维修的要求。

9.1.9　本条评价项目的查评依据如下

依据 1 《建筑消防设施的维护管理》（GB 25201—2010）

附录 E （规范性附录）建筑消防设施维护保养表

建筑消防设施维护保养计划表见表 E.1，建筑消防设施维护保养记录表见表 E.2。

表 E.1　　建筑消防设施维护保养计划表

序号	检查保养项目		保养内容	周期
1	消防水泵	外观清洁	擦洗，除污	一个月
		泵中心轴	长期不定时，定期盘动	半个月
		主回路控制回路	测试，检查，紧固	半年
		水泵	检查或更换盘根填料	半年
		机械润滑	加 0 号黄油	三个月
2	管道		补漏，除锈，刷漆	半年
	阀门		加或更换盘根，补漏，除锈，刷漆，润滑	半年

消防泵、喷淋泵、送风机、排烟机应定期试验。

注 1：保养内容、周期，可根据设施、设备使用说明书、国家有关标准、安装场所环境等综合确定。

注 2：本表为样表，单位可根据建筑消防设施的类别，分别制表，如消火栓系统维护保养计划表、自动喷水灭火系统维护保养计划表、气体灭火系统维护保养计划表等。

消防安全责任人或消防安全管理人（签字）：　　　　制订人：　　　　审核人：

表 E.2　　建筑消防设施维护保养记录表

设备名称	消防泵	设备参数	
		额定功率	
保养项目	保养完成情况		
擦洗，除污			
长期不定时，定期盘动			
测试，检查，紧固			
检查或更换盘根填料			
加 0 号黄油			
备注：			

保养作业完成后，保养人员或单位应如实填写保养完成情况，并做相应功能试验，遇有故障应及时填写（建筑消防设施故障维修记录表）（见表 B.1）

注：本表为样表，单位可根据制订的建筑消防设施维护保养计划表确定的保养内容分别制表。

消防安全责任人或消防安全管理人（签字）：　　　　保养人：　　　　审核人：

依据 2 《国网设备部关于印发〈变电站消防设施运维管理规范（试行）〉的通知》（设备变电〔2019〕29 号）

5.4.3　消防砂池补充、灭火器检查清擦维护：

a）每月对消防器材进行一次检查维护；地下变电站的灭火器应每半月检查一次。

b）补充的砂子应干燥。

c）发现灭火器压力不在正常范围时，及时更换合格的灭火器或重新充装。

d）二氧化碳灭火器重量比额定重量减少十分之一时，应进行灌装。

e）灭火器的表面保持清洁、设施完好。

f）干粉灭火器压力正常。

9.1.10　本条评价项目的查评依据如下

依据 1 《中华人民共和国消防法》（2019 年修订）

第二十八条　任何单位、个人不得损坏、挪用或者擅自拆除、停用消防设施、器材，不得埋压、圈占、遮挡消火栓或者占用防火间距，不得占用、堵塞、封闭疏散通道、安全出口、消防车通道。人员密集场所的门窗不得设置影响逃生和灭火救援的障碍物。

依据 2 《电力设备典型消防规程》（DL 5027—2015）

6.1.6　疏散通道、安全出口应保持畅通，并设置符合规定的消防安全疏散指示标志和应急照明设施。保持防火门、防火卷帘、消防安全疏散指示标志、应急照明、机械排烟送风、火灾事故广播等设施处于正常状态。

6.1.19　临时建筑应符合国家有关法规。临时建筑不得占用防火间距。

6.3.2　消防设施应处于正常工作状态。不得损坏、挪用或者擅自拆除、停用消防设施、器材。消防设施出现故障，应及时通知单位有关部门，尽快组织修复。因工作需要临时停用消防设施或移动消防器材的，应采取临时措施和事先报告单位消防管理部门，并得到本单位消防安全责任人的批准，工作完毕后应及时恢复。

依据 3 《国网设备部关于印发〈变电站消防设施运维管理规范（试行）〉的通知》（设备变电〔2019〕29 号）

3.11　应保证消防设施处于正常运行状态。

依据 4 《变电站（换流站）消防设备设施完善化改造原则（试行）》（设备变电〔2018〕15 号）

4.1.7　疏散通道、安全出口应保持畅通，不得占用、堵塞和封闭。

9.1.11　本条评价项目的查评依据如下

依据 1 《防火门》（GB 12955—2008）

5.3.3　防火闭门装置

5.3.3.1　防火门应安装防火门闭门器，或设置让常开防火门在火灾发生时能自动关闭门扇的闭门装置（特殊部位使用除外，如管道井门等）。

5.3.3.2　防火门闭门器应经国家认可授权检测机构检验合格，其性能应符合 GA 93 的规定。

5.3.3.3　自动关闭门扇的闭门装置，应经国家认可授权检测机构检验合格。

5.3.4　防火顺序器　双扇、多扇防火门设置盖缝板或止口的应安装顺序器（特殊部位使用除外），其耐火性能应符合附录 C 的规定。

5.3.5 防火插销 采用钢质防火插销，应安装在双扇防火门或多扇防火门的相对固定一侧的门扇上（若有要求时），其耐火性能应符合附录D的规定。

5.3.6 盖缝板

5.3.6.1 平口或止口结构的双扇防火门宜设盖缝板。

5.3.6.2 盖缝板与门扇连接应牢固。

5.3.6.3 盖缝板不应妨碍门扇的正常启闭。

5.3.7 防火密封件

5.3.7.1 防火门门框与门扇、门扇与门扇的缝隙处应嵌装防火密封件。

5.3.7.2 防火密封件应经国家认可授权检测机构检验合格，其性能应符合GB 16807的规定。

5.9.2 门扇开启力 防火门门扇开启力不应大于80N。

注：在特殊场合使用的防火门除外。

5.10 可靠性

在进行500次启闭试验后，防火门不应有松动、脱落、严重变形和启闭卡阻现象。

8.1.1 每樘防火门都应在明显位置固有永久性标牌，标牌应包括以下内容：

a）产品名称、型号规格及商标（若有）；

b）制造厂名称或制造厂标记和厂址；

c）出厂日期及产品生产批号；

d）执行标准。

依据2 《建筑设计防火规范》（GB 50016—2014）

6.1.6 除本规范第6.1.5条规定外的其他管道不宜穿过防火墙，确需穿过时，应采用防火封堵材料将墙与管道之间的空隙紧密填实，穿过防火墙处的管道保温材料，应采用不燃材料；当管道为难燃及可燃材料时，应在防火墙两侧的管道上采取防火措施。

6.2.7 附设在建筑内的消防控制室、灭火设备室、消防水泵房和通风空气调节机房、变配电室等，应采用耐火极限不低于2.00h的防火隔墙和1.50h的楼板与其他部位分隔。

设置在丁、戊类厂房内的通风机房，应采用耐火极限不低于1.00h的防火隔墙和0.50h的楼板与其他部位分隔。通风、空气调节机房和变配电室开向建筑内的门应采用甲级防火门，消防控制室和其他设备房开向建筑内的门应采用乙级防火门。

6.2.9 建筑内的电梯井等竖井应符合下列规定：

1 电梯井应独立设置，井内严禁敷设可燃气体和甲、乙、丙类液体管道，不应敷设与电梯无关的电缆、电线等。电梯井的井壁除设置电梯门、安全逃生门和通气孔洞外，不应设置其他开口；

2 电缆井、管道井、排烟道、排气道、垃圾道等竖向井道，应分别独立设置。井壁的耐火极限不应低于1.00h，井壁上的检查门应采用丙级防火门；

3 建筑内的电缆井、管道井应在每层楼板处采用不低于楼板耐火极限的不燃材料或

防火封堵材料封堵。

建筑内的电缆井、管道井与房间、走道等相连通的孔隙应采用防火封堵材料封堵；

4 建筑内的垃圾道宜靠外墙设置，垃圾道的排气口应直接开向室外，垃圾斗应采用不燃材料制作，并应能自行关闭；

5 电梯层门的耐火极限不应低于 1.00h，并应符合现行国家标准《电梯层门耐火试验 完整性、隔热性和热通量测定法》GB/T 27903 规定的完整性和隔热性要求。

6.4.3 防烟楼梯间除应符合本规范第 6.4.1 条的规定外，尚应符合下列规定：

1 应设置防烟设施；

2 前室可与消防电梯间前室合用；

3 前室的使用面积：公共建筑、高层厂房（仓库），不应小于 6.0m^2；住宅建筑，不应小于 4.5m^2。

与消防电梯间前室合用时，合用前室的使用面积：公共建筑、高层厂房（仓库），不应小于 10.0m^2；住宅建筑，不应小于 6.0m^2；

4 疏散走道通向前室以及前室通向楼梯间的门应采用乙级防火门；

5 除住宅建筑的楼梯间前室外，防烟楼梯间和前室内的墙上不应开设除疏散门和送风口外的其他门、窗、洞口；

6 楼梯间的首层可将走道和门厅等包括在楼梯间前室内形成扩大的前室，但应采用乙级防火门等与其他走道和房间分隔。

6.4.5 室外疏散楼梯应符合下列规定：

1 栏杆扶手的高度不应小于 1.10m，楼梯的净宽度不应小于 0.90m；

2 倾斜角度不应大于 45°；

3 梯段和平台均应采用不燃材料制作。平台的耐火极限不应低于 1.00h，梯段的耐火极限不应低于 0.25h；

4 通向室外楼梯的门应采用乙级防火门，并应向外开启；

5 除疏散门外，楼梯周围 2m 内的墙面上不应设置门、窗、洞口。疏散门不应正对梯段。

6.4.11 建筑内的疏散门应符合下列规定：

1 民用建筑和厂房的疏散门，应采用向疏散方向开启的平开门，不应采用推拉门、卷帘门、吊门、转门和折叠门。除甲、乙类生产车间外，人数不超过 60 人且每樘门的平均疏散人数不超过 30 人的房间，其疏散门的开启方向不限；

2 仓库的疏散门应采用向疏散方向开启的平开门，但丙、丁、戊类仓库首层靠墙的外侧可采用推拉门或卷帘门；

3 开向疏散楼梯或疏散楼梯间的门，当其完全开启时，不应减少楼梯平台的有效宽度；

4 人员密集场所内平时需要控制人员随意出入的疏散门和设置门禁系统的住宅、宿

舍、公寓建筑的外门，应保证火灾时不需使用钥匙等任何工具即能从内部易于打开，并应在显著位置设置具有使用提示的标识。

6.5.1 防火门的设置应符合下列规定：

1 设置在建筑内经常有人通行处的防火门宜采用常开防火门。常开防火门应能在火灾时自行关闭，并应具有信号反馈的功能；

2 除允许设置常开防火门的位置外，其他位置的防火门均应采用常闭防火门。常闭防火门应在其明显位置设置“保持防火门关闭”等提示标识；

3 除管井检修门和住宅的户门外，防火门应具有自行关闭功能。双扇防火门应具有按顺序自行关闭的功能；

4 除本规范第 6.4.11 条第 4 款的规定外，防火门应能在其内外两侧手动开启；

5 设置在建筑变形缝附近时，防火门应设置在楼层较多的一侧，并应保证防火门开启时门扇不跨越变形缝；

6 防火门关闭后应具有防烟性能；

7 甲、乙、丙级防火门应符合现行国家标准《防火门》GB 12955 的规定。

6.5.3 防火分隔部位设置防火卷帘时，应符合下列规定：

1 除中庭外，当防火分隔部位的宽度不大于 30m 时，防火卷帘的宽度不应大于 10m；当防火分隔部位的宽度大于 30m 时，防火卷帘的宽度不应大于该部位宽度的 1/3，且不应大于 20m；

2 防火卷帘应具有火灾时靠自重自动关闭功能；

3 除本规范另有规定外，防火卷帘的耐火极限不应低于本规范对所设置部位墙体的耐火极限要求。

当防火卷帘的耐火极限符合现行国家标准《门和卷帘耐火试验方法》GB/T 7633 有关耐火完整性和耐火隔热性的判定条件时，可不设置自动喷水灭火系统保护。

当防火卷帘的耐火极限仅符合现行国家标准《门和卷帘耐火试验方法》GB/T 7633 有关耐火完整性的判定条件时，应设置自动喷水灭火系统保护。自动喷水灭火系统的设计应符合现行国家标准《自动喷水灭火系统设计规范》GB 50084 的规定，但火灾延续时间不应小于该防火卷帘的耐火极限；

4 防火卷帘应具有防烟性能，与楼板、梁、墙、柱之间的空隙应采用防火封堵材料封堵；

5 需在火灾时自动降落的防火卷帘，应具有信号反馈的功能；

6 其他要求，应符合现行国家标准《防火卷帘》GB 14102 的规定。

依据 3 《火力发电厂与变电站设计防火标准》（GB 50229—2019）

11.2.4 地上油浸变压器室的门应直通室外；地下油浸变压器室门应向公共走道方向开启，该门应采用甲级防火门；干式变压器室、电容器室门应向公共走道方向开启，该门应采用乙级防火门；蓄电池室、电缆夹层、继电器室、通信机房、配电装置室的门应向疏散方向开启，当门外为公共走道或其他房间时，该门应采用乙级防火门。配电装置

室的中间隔墙上的门可采用分别向不同方向开启且宜相邻的 2 个乙级防火门。

9.2　消防管理及资料

9.2.1　本条评价项目的查评依据如下

依据 1 《国家电网公司变电运维管理规定（试行）》[国网（运检/3）828—2017]

第十九章　专项工作　第一百零二条消防管理

（四）变电运维人员应熟知消防设施的使用方法，熟知火警电话及报警方法，掌握自救逃生知识和消防技能。

依据 2 《国网设备部关于印发〈变电站消防设施运维管理规范（试行）〉的通知》（设备变电〔2019〕29 号）

3.12　变电运维人员应熟知消防设施和器材的使用方法，熟知火警电话及报警方法，熟知消防器材摆放地点及本单位消防负责人联系方式，掌握自救逃生知识和消防技能。

9.2.2　本条评价项目的查评依据如下

依据 1 《国网设备部关于印发〈变电站消防设施运维管理规范（试行）〉的通知》（设备变电〔2019〕29 号）

3.9　变电站应建立消防器材和设施台账，并制定日常巡视、维护保养、火灾使用等管理制度。

依据 2 《国家电网公司变电运维管理规定（试行）》[国网（运检/3）828—2017]

第十九章　专项工作　第一百零二条消防管理

（五）变电站消防管理应设专人负责，建立台账并及时检查（见附录 L）。

9.2.3　本条评价项目的查评依据如下

依据 1 《国家电网公司变电运维管理规定（试行）》[国网（运检/3）828—2017]

第十九章　专项工作　第一百零二条消防管理

（二）运维单位应结合变电站实际情况制定消防预案，消防预案中应包括应急疏散部分，并定期进行演练。消防预案内应有变压器类设备灭火装置、烟感报警装置和消防器材的使用说明。

依据 2 《国网设备部关于印发〈变电站消防设施运维管理规范（试行）〉的通知》（设备变电〔2019〕29 号）

3.4　变电站应保存下列纸质和电子档案资料：

a）竣工后的总平面布局图、消防设施平面布置图、消防设施系统图及安全出口布置图、重点部位位置图等。

b）消防安全管理规章制度、应急灭火预案、应急疏散预案等。

c）消防安全组织结构图，包括消防安全责任人、管理人、专职、义务消防人员等内容。

d）消防安全培训记录、灭火和应急疏散预案的演练记录。

e）值班情况、消防安全检查情况及巡查情况的记录。

f）消防设施一览表，包括消防设施的类型、数量、状态等内容。

g）消防系统控制逻辑关系说明、设备使用说明书、系统操作规程、系统和设备维护保养制度等。

h）设备运行状况、接报警记录、火灾处理情况、设备检修检测报告等资料，这些资料应能定期保存和归档。

3.16　变电站应有结合本站实际的消防预案，消防预案内应包括应急疏散部分，并定期开展演练，演练资料存档。

9.2.4　本条评价项目的查评依据如下

依据 1 《中华人民共和国消防法》（2019 年修订）

第十六条　机关、团体、企业、事业等单位应当履行下列消防安全职责：

（一）落实消防安全责任制，制定本单位的消防安全制度、消防安全操作规程，制定灭火和应急疏散预案；

（二）按照国家标准、行业标准配置消防设施、器材，设置消防安全标志，并定期组织检验、维修，确保完好有效；

（三）对建筑消防设施每年至少进行一次全面检测，确保完好有效，检测记录应当完整准确，存档备查；

（四）保障疏散通道、安全出口、消防车通道畅通，保证防火防烟分区、防火间距符合消防技术标准；

（五）组织防火检查，及时消除火灾隐患；

（六）组织进行有针对性的消防演练；

（七）法律、法规规定的其他消防安全职责。

单位的主要负责人是本单位的消防安全责任人。

依据 2 《机关、团体、企业、事业单位消防安全管理规定》（中华人民共和国公安部第 61 号令）

第十八条　单位应当按照国家有关规定，结合本单位的特点，建立健全各项消防安全制度和保障消防安全的操作规程，并公布执行。

第四十五条　单位应当将消防安全工作纳入内部检查、考核、评比内容。对在消防安全工作中成绩突出的部门（班组）和个人，单位应当给予表彰奖励。对未依法履行消防安全职责或者违反单位消防安全制度的行为，应当依照有关规定对责任人员给予行政纪律处分或者其他处理。

依据 3 《电力设备典型消防规程》（DL 5027—2015）

3.1　安全生产委员会消防安全主要职责

3.1.1　组织贯彻落实国家有关消防安全的法律、法规、标准和规定（简称消防法规），建立健全消防安全责任制和规章制度，对落实情况进行监督、考核。

3.1.2　建立消防安全保证和监督体系，督促两个体系各司其职。明确消防工作归口管理职能部门（简称消防管理部门）和消防安全监督部门（简称安监部门），确保消防管理和安监部门的人员配置与其承担的职责相适应。

3.1.3　制定本单位的消防安全目标并组织落实，定期研究、部署本单位的消防安全工作。

3.1.4　深入现场，了解单位的消防安全情况，推广消防先进管理经验和先进技术，对存在的重大或共性问题进行分析，制定针对性的整改措施，并督促措施的落实。

3.1.5　组织或参与火灾事故调查。

3.1.6　对消防安全做出贡献者给予表扬或奖励；对负有事故责任者，给予批评或处罚。

3.2　消防安全责任人主要职责

3.2.1　贯彻执行消防法规，保障单位消防安全符合规定，掌握本单位的消防安全情况。

3.2.2　将消防工作与本单位的生产、科研、经营、管理等活动统筹安排，批准实施年度消防工作计划。

3.2.3　为本单位的消防安全提供必要的经费和组织保障。

3.2.4　确定逐级消防安全责任，批准实施消防安全管理制度和保障消防安全的操作规程。

3.2.5　组织防火检查，督促落实火灾隐患整改，及时处理涉及消防安全的重大问题。

3.2.6　根据消防法规的规定建立专职消防队、志愿消防队。

3.2.7　组织制定符合本单位实际的灭火和应急疏散预案，并实施演练。

3.2.8　确定本单位消防安全管理人。

3.2.9　发生火灾事故做到事故原因不清不放过，责任者和应受教育者没有受到教育不放过，没有采取防范措施不放过，责任人员未受到处理不放过。

3.4　消防管理部门主要职责

3.4.1　贯彻执行消防法规、本单位消防安全管理制度。

3.4.2　拟定逐级消防安全责任制，及其消防安全管理制度。

3.4.3　指导、督促各相关部门制定和执行各岗位消防安全职责、消防安全操作规程，消防设施运行和检修规程等制度，以及制定发电厂厂房、车间、变电站、换流站、调度楼、控制楼、油罐区等重要场所及重点部位的灭火和应急疏散预案。

3.4.4　定期向消防安全管理人报告消防安全情况，及时报告涉及消防安全的重大问题。

3.4.5　拟订年度消防管理工作计划。

3.4.6　拟订消防知识、技能的宣传教育和培训计划，经批准后组织实施。

3.4.7　负责消防安全标志设置，负责或指导、督促有关部门做好消防设施、器材配

置、检验、维修、保养等管理工作，确保完好有效。

3.4.8 管理专职消防队和志愿消防队。根据消防法规、公安消防部门的规定和实际情况配备专职消防员和消防装备器材，组织实施专业技能训练，维护保养装备器材。志愿消防员的人数不应少于职工总数的 10%，重点部位不应少于该部位人数的 50%，且人员分布要均匀；年龄男性一般不超 55 岁、女性一般不超 45 岁，能行使职责工作。根据志愿消防人员变动、身体和年龄等情况，及时进行调整或补充，并公布。

3.4.9 确定消防安全重点部位，建立消防档案。

3.4.10 将消防费用纳入年度预算管理，确保消防安全资金的落实，包括消防安全设施、器材、教育培训资金，以及兑现奖惩等。

3.4.11 督促有关部门凡新建、改建、扩建工程的消防设施必须与主体设备（项目）同时设计、同时施工、同时投入生产或使用。

3.4.12 指导、督促有关部门确保疏散通道、安全出口、消防车通道畅通，保证防火防烟分区、防火间距符合消防标准。

3.4.13 指导、督促有关部门按照要求组织发电厂厂房、车间、变电站、换流站、调度楼、控制楼、油罐区等重要场所及重点部位的灭火和应急疏散演练。

3.4.14 指导、督促有关部门实行每月防火检查、每日防火巡查，建立检查和巡查记录，及时消除消防安全隐患。

3.4.15 发生火灾时，立即组织实施灭火和应急疏散预案。

3.6 志愿消防员主要职责

3.6.1 掌握各类消防设施、消防器材和正压式消防空气呼吸器等的适用范围和使用方法。

3.6.2 熟知相关的灭火和应急疏散预案，发生火灾时能熟练扑救初起火灾、组织引导人员安全疏散及进行应急救援。

3.6.3 根据工作安排负责一、二级动火作业的现场消防监护工作。

4.1.1 消防安全管理制度应包括下列内容：

1 各级和各岗位消防安全职责、消防安全责任制考核、动火管理、消防安全操作规定、消防设施运行规程、消防设施检修规程。

2 电缆、电缆间、电缆通道防火管理，消防设施与主体设备或项目同时设计、同时施工、同时投产管理，消防安全重点部位管理。

3 消防安全教育培训，防火巡查、检查，消防控制室值班管理，消防设施、器材管理，火灾隐患整改，用火、用电安全管理。

4 易燃易爆危险物品和场所防火防爆管理，专职和志愿消防队管理，疏散、安全出口、消防车通道管理，燃气和电气设备的检查和管理（包括防雷、防静电）。

5 消防安全工作考评和奖惩，灭火和应急疏散预案以及演练。

6 根据有关规定和单位实际需要制定其他消防安全管理制度。

依据 4 《国家电网公司变电运维管理规定（试行）》〔国网（运检/3）828—2017〕

第十九章　专项工作　第一百零二条消防管理

（一）运维单位应按照国家及地方有关消防法律法规制定变电站现场消防管理具体要求，落实专人负责管理，并严格执行。

依据 5 《国网设备部关于印发〈变电站消防设施运维管理规范（试行）〉的通知》（设备变电〔2019〕29 号）

3.10　变电站现场运行专用规程应涵盖消防设施管理、操作与维护规程，并对重要的消防设施如火灾自动报警系统、变压器固定自动灭火系统等，制定专用规程。

3.17　变电站消防设施的操作和维护人员应持证上岗。变电站现场应有消防设施型号、配置及系统的操作规程，包括系统的操作规程及维护保养管理制度、系统操作员名册及相应的工作职责等；运维单位应保存值班记录和使用图表等资料；消防设施应建立消防档案，包括系统竣工图、设备说明书、消防机构出具的有关法律文书等，并应有电子备案档案。

9.2.5　本条评价项目的查评依据如下

依据 1 《国网设备部关于印发〈变电站消防设施运维管理规范（试行）〉的通知》（设备变电〔2019〕29 号）

3.4　变电站应保存下列纸质和电子档案资料：

a）竣工后的总平面布局图、消防设施平面布置图、消防设施系统图及安全出口布置图、重点部位位置图等。

b）消防安全管理规章制度、应急灭火预案、应急疏散预案等。

c）消防安全组织结构图，包括消防安全责任人、管理人、专职、义务消防人员等内容。

d）消防安全培训记录、灭火和应急疏散预案的演练记录。

e）值班情况、消防安全检查情况及巡查情况的记录。

f）消防设施一览表，包括消防设施的类型、数量、状态等内容。

g）消防系统控制逻辑关系说明、设备使用说明书、系统操作规程、系统和设备维护保养制度等。

h）设备运行状况、接报警记录、火灾处理情况、设备检修检测报告等资料，这些资料应能定期保存和归档。

3.10　变电站现场运行专用规程应涵盖消防设施管理、操作与维护规程，并对重要的消防设施如火灾自动报警系统、变压器固定自动灭火系统等，制定专用规程。

3.13　变电站应制定消防器材布置图，图中标明存放地点、数量和消防器材类型，消防器材按消防布置图布置；变电运维人员应会正确使用、维护和保管。

3.17　变电站消防设施的操作和维护人员应持证上岗。变电站现场应有消防设施型号、配置及系统的操作规程，包括系统的操作规程及维护保养管理制度、系统操作员名

册及相应的工作职责等；运维单位应保存值班记录和使用图表等资料；消防设施应建立消防档案，包括系统竣工图、设备说明书、消防机构出具的有关法律文书等，并应有电子备案档案。

依据 2 《国家电网公司变电运维管理规定（试行）》[国网（运检/3）828—2017]

第十九章 专项工作 第一百零二条消防管理

（一）运维单位应按照国家及地方有关消防法律法规制定变电站现场消防管理具体要求，落实专人负责管理，并严格执行。

（六）应制定变电站消防器材布置图，标明存放地点、数量和消防器材类型，消防器材按消防布置图布置。变电运维人员应会正确使用、维护和保管。

9.2.6 本条评价项目的查评依据如下

依据 《变电站（换流站）消防设备设施完善化改造原则（试行）》（设备变电〔2018〕15号）

4.1.2 消防设施应处于正常工作状态。不得损坏、挪用或者擅自拆除、停用消防设施、器材。消防设施出现故障，应及时通知单位有关部门，尽快组织修复。因工作需要临时停用消防设施或移动消防器材的，应采取临时措施和事先报告单位消防管理部门，并得到本单位消防安全责任人的批准，工作完毕后应及时恢复。

9.2.7 本条评价项目的查评依据如下

依据 《国网设备部关于印发〈变电站消防设施运维管理规范（试行）〉的通知》（设备变电〔2019〕29号）

3.4 变电站应保存下列纸质和电子档案资料：

a）竣工后的总平面布局图、消防设施平面布置图、消防设施系统图及安全出口布置图、重点部位位置图等。

b）消防安全管理规章制度、应急灭火预案、应急疏散预案等。

c）消防安全组织结构图，包括消防安全责任人、管理人、专职、义务消防人员等内容。

d）消防安全培训记录、灭火和应急疏散预案的演练记录。

e）值班情况、消防安全检查情况及巡查情况的记录。

f）消防设施一览表，包括消防设施的类型、数量、状态等内容。

g）消防系统控制逻辑关系说明、设备使用说明书、系统操作规程、系统和设备维护保养制度等。

h）设备运行状况、接报警记录、火灾处理情况、设备检修检测报告等资料，这些资料应能定期保存和归档。

第 5 章
110kV 变电站消防安全性评价内容

本评价内容主要适用于国家电网公司电力企业 110kV 变电站站内区域消防管理及隐患排查工作。本部分评价内容分为评价标准、查评依据两部分。评价标准中包括主变压器区域灭火设施，室外设备区及非设备区，室内变压器室、配电装置室、GIS 设备室、电容器室、电抗器室、站用变压器室、接地变压器室，主控室、通信室、档案室，蓄电池室，电缆沟道，消防标识及应急设施，消防控制室，日常运行维护及管理共 9 类 79 项查评要点，共计 600 分；评价依据中引用了评价标准所依据的国家、行业、国家电网公司相关规章制度和文件。对查评标准中所列项目按照规定不涉及的，该项目得满分。

第 1 节　110kV 变电站消防安全性评价标准

序号	评价项目	标准分	评分标准	查评依据
1	**主变压器区域灭火设施**	40		
1.1	地下变电站变压器固定灭火系统的配置是否符合 DL/T 5216《35kV—220kV 城市地下变电站设计规程》的要求	10	地下变电站的所有油浸式变压器和油浸式平波电抗器处；其他容量和绝缘型式的变压器（电抗器）以及高层建筑内的变压器可根据有关标准和要求设置固定自动灭火系统，如未设置不得分	《电力设备典型消防规程》（DL 5027）第 13.7.4 条
1.2	油浸式变压器消防物防设施配置是否满足要求： （1）室外油浸式变压器处不少于 2 具 50kg 灭火器车； （2）油浸式变压器、油浸式电抗器等处应设置消防砂箱或砂桶，内装干燥细黄砂，消防砂箱容积为 1.0m^3，并配置 3～5 把消防铲，消防砂桶应装满干燥黄砂	10	灭火器配置数量不足，扣 50%，未给每台变压器设置消防砂桶，每处扣 50%，未装满消防砂或未配置消防铲、消防砂桶扣 20%	《变电站（换流站）消防设备设施完善化改造原则（试行）》（设备变电〔2018〕15 号）第 4.3.3.8 条
1.3	户外油浸式变压器、户外配电装置之间及各建筑物的防火间距，户内外含油设备事故排油要求应符合 GB 50229《火力发电厂与变电站设计防火标准》的规定。户外油浸式变压器之间设置防火墙，是否符合以下要求：	5	未设置防火墙或防火墙设置不符合标准规定，不得分	《电力设备典型消防规程》（DL 5027—2015）第 10.3.5、10.3.6 条

续表

序号	评价项目	标准分	评分标准	查评依据
1.3	（1）防火墙高度应高于变压器储油柜，防火墙长度不应小于变压器贮油池两侧各 1.0m； （2）防火墙与变压器散热器外廓距离不应小于 1.0m； （3）防火墙应达到一级耐火等级	5	未设置防火墙或防火墙设置不符合标准规定，不得分	《电力设备典型消防规程》（DL 5027—2015）第 10.3.5、10.3.6 条
1.4	变压器事故排油是否符合以下要求： （1）设置有带油水分离措施的总事故油池时，位于地面之上的变压器对应的总事故油池容量应按最大一台变压器油量的 60%确定；位于地面以下的变压器对应的总事故油池容量应按最大一台变压器油量的 100%确定； （2）事故有坑设有卵石层时，应定期检查和清理，以不被淤泥、灰渣及积土所覆盖	10	变压器事故油池设置不满足要求的，不得分	《电力设备典型消防规程》（DL 5027—2015）第 10.3.7 条
1.5	变压器防爆排烟设施是否满足要求： （1）变压器防爆筒的出口端应向下，并防止产生阻力，防爆膜宜采用脆性材料； （2）室内油浸式变压器宜设置事故排烟设施，火灾时通风系统应停用； （3）室内变压器顶部不宜敷设电缆。室外变电站和有隔离油源措施的室内油浸设备失火时可用水灭火，无放油管路时不应用水灭火	5	变压器防爆排烟设施不满足要求的，不得分	《电力设备典型消防规程》（DL 5027—2015）第 10.3.10、10.3.11、10.3.12 条
2	**室外设备区、非设备区**	40		
2.1	室外消火栓规定是否满足： （1）设置室外消火栓的变电站是否集中配置足够数量的消防水带、水枪和消火栓扳手，放置在重点防火区域周围的露天专用消防箱或消防小室内，相关箱、室不得上锁； （2）根据被保护设备的性质合理配置 19mm 直流或喷雾或多功能水枪，水带宜配置有衬里消防水带； （3）室外消火栓间距不应大于 120m	10	室外消火栓配置不足，扣 50%，消防水枪、水带、消火栓扳手配置不符合要求扣 20%	《变电站（换流站）消防设备设施完善化改造原则（试行）》（设备变电〔2018〕15 号）第 4.3.3.6 条； 《消防给水及消火栓系统技术规范》（GB 50974—2014）第 7.3.7、7.4.3 条
2.2	建筑面积大于 300m² 的厂房、建筑体积大于 5000m³ 的站内建筑应安装室内消火栓，设置室内消火栓的建筑，包括设备层在内各层均应设置消火栓。 室内消火栓规定是否满足： （1）室内消火栓箱是否有明显标志，箱门上是否张贴使用方法或操作步骤，外观良好、无损坏，无锈蚀，无泄漏； （2）消火栓箱组件应齐全，箱门应开关灵活，开度应符合要求；消火栓的阀门应启闭灵活，栓口位置应便于连接水带； （3）消火栓启泵按钮外观是否完好，有透明罩保护，是否配有击碎工具；同时指示灯指示是否正确；手动复位后指示灯是否随之复位；	10	应设室内消火栓区域室内消火栓标识及其附属设施存在缺陷的，每处扣 20%，本项目扣完为止	《建筑设计防火规范》（GB 50016—2014）第 8.2 节； 《国网设备部关于印发〈变电站消防设施运维管理规范（试行）〉的通知》（设备变电〔2019〕29 号）第 3.32 条； 《电力设备典型消防规程》（DL 5027—2015）第 6.1.24、6.3.8、13.7.3 条

续表

序号	评价项目	标准分	评分标准	查评依据
2.2	（4）管网及支吊架与阀门外观是否良好，无损坏，无锈蚀，无泄漏；阀门处于工作状态； （5）室内消火栓应采用单栓消火栓。确有困难时可采用双栓消火栓，但必须为双阀双出口型	10	应设室内消火栓区域室内消火栓标识及其附属设施存在缺陷的，每处扣20%，本项目扣完为止	《建筑设计防火规范》（GB 50016—2014）第8.2节； 《国网设备部关于印发〈变电站消防设施运维管理规范（试行）〉的通知》（设备变电〔2019〕29号）第3.32条； 《电力设备典型消防规程》（DL 5027—2015）第6.1.24、6.3.8、13.7.3条
2.3	站内室外及公共区域消防器材是否满足： （1）变电站内消防砂箱、砂桶、消防铲等消防器材是否齐全完备； （2）110kV变电站应配置10个装满黄砂的消防砂桶，消防黄砂桶应采用铅桶，每两桶配备一把消防铲，每四桶配备一把消防斧； （3）室外油浸式变压器处不少于2具50kg灭火器	10	变电站公共区域配置消防设施不足额，每项消防器材不满足要求，扣20%，本项目扣完为止	《变电站（换流站）消防设备设施完善化改造原则（试行）》（设备变电〔2018〕15号）第4.3.3.3、4.3.3.8条、附录
2.4	室外电抗器、电容器区域消防设施是否满足要求： （1）油浸电抗器、电容器装置应就近设置能灭油火的消防设施，并应设有消防通道； （2）户外布置的电力电容器与高压电气设备需保持50m及以上的距离，防止事故扩大； （3）干式变压器、电流互感器等电气设备宜配置移动式干粉灭火器	10	室外电抗器、电容器安装位置不满足要求、消防设施配置不足额，扣20%，本项目扣完为止	《电力设备典型消防规程》（DL 5027—2015）第10.4.1、10.7.3、10.7.7条
3	**室内变压器室、配电装置室、GIS设备室、电容器室、电抗器室、站用变压器室、接地变压器室**	60		
3.1	变电站变压器室、电容器室、蓄电池室、配电装置室是否安装点式感烟或吸气式感烟（如有含油设备，采用感温）火灾探测器	10	未按规定安装火灾探测器不得分	《变电站（换流站）消防设备设施完善化改造原则（试行）》（设备变电〔2018〕15号）第4.3.1.4条
3.2	各高压室防火门窗要求： （1）变电站变压器室、电容器室、蓄电池室、配电装置室的门是否向疏散方向开启； （2）当门外为公共走道或其他房间时，该门是否采用乙级防火门； （3）配电室的中间隔墙上的门是否采用由不燃材料制作的双向弹簧门	10	各室使用的门开启方向不正确，一处扣20%，室内的门未采用乙级防火门及中间隔墙上门未采用不燃的双向弹簧门的，一处扣20%，本项目扣完为止	《火力发电厂与变电站设计防火标准》（GB 50229—2019）第11.2.4条； 《变电站（换流站）消防设备设施完善化改造原则（试行）》（设备变电〔2018〕15号）第4.2.2.2条
3.3	变电站主控通信室、配电装置室、电缆夹层、电容器室，是否有不少于2个疏散出口；配电装置室长度超过60m时，是否增设1个中间疏散口。地下变电站是否设置不少于2个安全出口	10	各室疏散出口不满足要求的，每处扣30%，本项目扣完为止	《火力发电厂与变电站设计防火标准》（GB 50229—2019）第11.4.2条
3.4	地下变电站每个防火分区是否不大于1000m^2，设置自动灭火系统的防火分区面积可增大一倍；楼梯间是否设置乙级防火门，并向疏散方向开启	5	需要设置防火分区的变电站未设置防火分区不得分，楼梯间未设置乙级防火门，每处扣20%，开启方向不正确，扣20%，本项目扣完为止	《火力发电厂与变电站设计防火标准》（GB 50229—2019）第11.4.3、11.4.4、11.4.5条

续表

序号	评价项目	标准分	评分标准	查评依据
3.5	变电站配电装置室、站变室、电抗器室、电容器室等处，是否每隔规定间隔设置一组磷酸铵盐干粉灭火器。 （1）室内油浸式变压器室不少于 4 具 4kg 磷酸铵盐干粉灭火器和 2 具 50kg 灭火器车； （2）配电装置室不少于 4 具 4kg 磷酸铵盐干粉灭火器； （3）电容器室、电抗器室、蓄电池室、站用变压器室、接地变压器室不少于 2 具 4kg 磷酸铵盐干粉灭火器； （4）室内其他区域不少于 2 具 4kg 磷酸铵盐干粉灭火器、站内公用设施处放置不少于 4 具 4kg 磷酸铵盐干粉灭火器	10	站内各区域应配置的灭火器未配置不得分，灭火器配置数量不足或超出检验周期，每处扣 20%，本项目扣完为止	《变电站（换流站）消防设备设施完善化改造原则（试行）》（设备变电〔2018〕15 号）附录
3.6	（1）各室内消火栓箱内配置是否齐全，应包含 65mm 消火栓及隔离阀各 1 只、25m 长 DN65 有衬里水龙带 1 根带快装接头、19mm 直流或喷雾或多功能水枪 1 只、自救式消防水喉 1 套、消防按钮 1 只；带电设施附近的消火栓应配备喷雾功能水枪； （2）当室内消火栓栓口处的出水压力超过 0.5MPa 时，应加设减压孔板或采用减压稳压型消火栓	10	室内消火栓配置设施不齐全，每缺少一处扣 10%，若出水压力超过 0.5MPa 未加设减压孔板或采用减压稳压型消火栓，扣 20%，本项目扣完为止	《变电站（换流站）消防设备设施完善化改造原则（试行）》（设备变电〔2018〕15 号）第 4.3.3.7 条； 《电力设备典型消防规程》（DL 5027—2015）第 14.3.7 条
3.7	（1）室内的油浸式消弧线圈等设备，当油量大于 600kg 时，应布置在专用的房间内，外墙开门处上方应设置防火挑檐，挑檐的宽度不应小于 1.0m，而长度为门的宽度两侧各加 0.5m； （2）户内布置的单台电力电容器油量超过 100kg 时，应有贮油设施或挡油栏； （3）集合式电容器室内布置时，基坑地面宜采用水泥砂浆抹面并压光，在其上面铺以 100mm 厚的细砂。如室外布置，则基坑宜采用水泥砂浆抹面，在挡油设施内铺以卵石（或碎石）	5	室内的油浸式消弧线圈、电容器防火措施不满足要求的，每处扣 20%，本项目扣完为止	《电力设备典型消防规程》（DL 5027—2015）第 10.4.2、10.7.3、10.7.4 条
4	**主控室、通信室、档案室**	50		
4.1	主控制室、通信机房、继电保护室是否设置点式感烟或吸气式感烟火灾探测器	20	主控制室、通信机房、继电保护室未设置点式感烟或吸气式感烟火灾探测器不得分	《变电站（换流站）消防设备设施完善化改造原则（试行）》（设备变电〔2018〕15 号）第 4.3.1.4 条
4.2	变电站主控室及通信室是否每隔规定间隔设置一组磷酸铵盐干粉灭火器。其中控制室不少于 2 具 5kg 磷酸铵盐干粉灭火器，通信机房和保护室不少于 3 具 4kg 磷酸铵盐干粉灭火器。根据规定，控制室、通信室、保护室及高低压配电装置室可采用卤代烷气体灭火器	10	各室未按规定配置灭火器不得分，灭火器配置数量不足或超出检验周期，每处扣 20%，本项目扣完为止	《变电站（换流站）消防设备设施完善化改造原则（试行）》（设备变电〔2018〕15 号）附录

续表

序号	评价项目	标准分	评分标准	查评依据
4.3	（1）控制室、调度室应有不少于两个疏散出口； （2）各室的隔墙、顶棚内装饰，应采用难燃或不燃材料。建筑内部装修材料应符合 GB 5022《建筑内部装修设计防火规范》的有关规定，地下变电站宜采用防霉耐潮材料；各室严禁吸烟	10	主控室、继电保护室、通信室疏散出口不满足要求，每室扣 30%，建筑装饰材料不满足防火规定的，扣 50%，本项目扣完为止	《电力设备典型消防规程》（DL 5027—2015）第 11.0.2、11.0.3、11.0.4 条
4.4	（1）各室配电线路应采用阻燃措施或防延燃措施，严禁任意拉接临时电线； （2）各室一旦发生火灾，则应切断交流电源，开启直流事故照明，关闭通风管防火阀，采用气体等灭火器进行灭火	5	室内配电线路存在火灾隐患、临时拉线或未采用阻燃措施或防延燃措施的，每处扣 20%；火灾处置流程不正确扣 40%，本项目扣完为止	《电力设备典型消防规程》（DL 5027—2015）第 11.0.10、11.0.11 条
4.5	（1）档案室收发档案材料的门洞及窗口应安装防火门窗，其耐火极限不得低于 0.75h； （2）档案室与其他建筑物直接相通的门均应做防火门，其耐火极限应不小于 2.0h；内部分隔墙上开设的门也要采取防火措施，耐火极限要求为 1.2h	5	变电站档案室、资料室防火门窗不满足要求的，每处扣 20%，本项目扣完为止	《电力设备典型消防规程》（DL 5027—2015）第 11.0.8、11.0.9 条
5	**蓄电池室（未设置蓄电池室的，此项目得满分）**	40		
5.1	蓄电池室门上应有“蓄电池室”“严禁烟火”或“火灾危险，严禁火种入内”等标志牌。蓄电池室是否贴有必需的警示标识和禁令标识；室内设备是否符合防爆要求	10	蓄电池室缺少消防标识的不得分	《变电站（换流站）消防设备设施完善化改造原则（试行）》（设备变电〔2018〕15 号）第 4.2.3.1 条； 《电力设备典型消防规程》（DL 5027—2015）第 10.6.1、10.6.2 条
5.2	蓄电池室每组是否布置在单独的室内，如在同一室内，是否在每组蓄电池之间设耐火时间为大于 2.0h 的防火隔断，蓄电池室门是否向外打开	10	变电站两组蓄电池在同一室内且未设置合格防火隔断的，扣 80%；防火隔断耐火时间不满足要求扣 50%；蓄电池室门开启方向不正确扣 20%	《变电站（换流站）消防设备设施完善化改造原则（试行）》（设备变电〔2018〕15 号）第 4.2.3.1 条； 《电力设备典型消防规程》（DL 5027—2015）第 10.6.1 条
5.3	蓄电池室通风照明是否合格： （1）蓄电池室是否装有通风装置，通风道是否单独设置，工作正常； （2）蓄电池室是否使用防爆型照明和防爆型排风机，操作开关是否安装在蓄电池室的外面； （3）蓄电池室的照明线是否采用暗线敷设的耐酸导线，进出蓄电池室的电缆、电线，在穿墙处是否用耐酸瓷管或聚氯乙烯硬管穿线，并在其进出口端用耐酸材料将管口封堵	10	蓄电池室风机、照明、电源线路，有一处不满足消防要求的扣 20%，本项目扣完为止	《变电站（换流站）消防设备设施完善化改造原则（试行）》（设备变电〔2018〕15 号）第 4.2.3.1 条； 《电力设备典型消防规程》（DL 5027—2015）第 10.6.1 条
5.4	蓄电池室是否配置防爆感烟和可燃气体火灾探测装置，是否配置不少于 2 具 4kg 磷酸铵盐磷酸铵盐干粉灭火器，灭火器在合格期内	10	未安装火灾探测装置，扣 50%，未配置合格且数量足够的灭火器，扣 50%。灭火器超检验周期扣 30%，本项目扣完为止	《变电站（换流站）消防设备设施完善化改造原则（试行）》（设备变电〔2018〕15 号）附录

续表

序号	评价项目	标准分	评分标准	查评依据
6	**电缆沟道**	90		
6.1	电缆沟道防火封堵是否满足要求： （1）在电缆穿过竖井、变电站夹层、墙壁、楼板或进入电气盘、柜的孔洞处，是否做好防火封堵； （2）封堵是否严实可靠，不应有明显的裂缝和可见的缝隙，孔洞较大者应加耐火衬板后再进行封堵； （3）在隧道、电缆沟、变电站夹层和进出线等电缆密集区域是否采用阻燃电缆或采取其他有效防火措施； （4）如果在重要电缆沟和隧道中有非阻燃电缆时，是否分段或用软质耐火材料设置阻火隔离，电缆孔洞是否封堵； （5）未采用阻燃电缆时，电缆接头两侧及相邻电缆 2～3m 长的区段是否采取涂刷防火涂料、缠绕防火包带等措施； （6）靠近充油设备的电缆沟，是否设有卡槽式电缆沟盖板或覆盖防火玻璃丝纤维布等防火延燃措施，盖板是否封堵	10	电缆隧道、电缆沟、电缆夹层未有效进行防火封堵、设置阻火隔离或涂刷防火涂料的。每发现一处，扣 20%，发现三处及以上，不得分	《电力电缆及通道运维规程》（Q/GDW 1512—2014）第 5.5.4 条； 《电力设备典型消防规程》（DL 5027—2015）第 10.5.3 条； 《变电站（换流站）消防设备设施完善化改造原则（试行）》（设备变电〔2018〕15 号）第 4.2.4.7 条
6.2	电缆通道、电缆室、夹层、竖井、电缆沟内是否整洁、畅通，是否消除各类火灾隐患，通道沿线及其内部不得积存易燃、易爆物。排水沟、电缆沟、管沟等沟坑内是否有积油	10	电缆通道、电缆室、夹层、竖井、电缆沟内堆放杂物，积存易燃易爆物，每发现一处。扣 20%；发现两处及以上，不得分	《电力电缆及通道运维规程》（Q/GDW 1512—2014）第 8.3.4 条； 《电力设备典型消防规程》（DL 5027—2015）第 10.5.6 条
6.3	变电站电缆夹层、竖井是否安装线型感温、感烟或吸气式感烟探测器，缆式线型感温火灾探测器在电缆表面以“S 型”缠绕方式敷设。 重要的电缆隧道是否安装温度在线监测装置，并定期传动、检测，确保动作可靠、信号准确。是否设置悬挂式超细干粉、气溶胶或火探管式灭火装置	5	变电站电缆夹层、竖井未安装消防报警设施和灭火设备，不得分；设施存在缺陷或超出检验周期，每处扣 20%	《电力电缆及通道运维规程》（Q/GDW 1512—2014）第 8.3.9 条； 《变电站（换流站）消防设备设施完善化改造原则（试行）》（设备变电〔2018〕15 号）第 4.2.4.9、4.3.1.4 条
6.4	是否在变电站电缆室、电缆夹层、电缆通（廊）道、电缆竖井等电缆密集区域按设计布置固定式灭火设施，电缆沟内电缆密集处、转弯处等重点部位可设置固定式自动灭火设施；固定式自动灭火设施宜采用悬挂式干粉自动灭火器（悬挂式超细干粉、气溶胶或火探管灭火装置），自动灭火设备在检验合格期内。 明敷充油电缆的供油系统是否装设自动报警和闭锁装置，多回路充油电缆的终端设置处应装设专用消防设施，有定期检验记录	10	按规定应安装自动灭火装置的变电站电缆室、电缆夹层、电缆通（廊）道、电缆竖井等电缆密集区域场所未安装，不得分；自动灭火设备维护不到位，超出使用周期的，扣 50%。若有明敷充油电缆，则检查其供油回路和消防设施是否满足要求，若不满足扣 30%	《电力电缆及通道运维规程》（Q/GDW 1512—2014）第 8.3.1、8.3.2 条； 《变电站（换流站）消防设备设施完善化改造原则（试行）》（设备变电〔2018〕15 号）第 4.2.4.10、4.3.1.4、4.3.3.2 条
6.5	电缆和沟道防火隔断是否满足要求： （1）电缆廊道、电缆沟内是否每隔 60m 划分防火隔段（防火墙），在电缆从室外进入室内的入口处、敷设两个及以上间隔电缆的主电缆沟道和到单个间隔或设备分支电缆沟道的交界处是否设置防火墙；	10	电缆廊道和沟道防火隔断设置不满足要求的，每处扣 20%；防火封堵不满足要求的，每处扣 20%；电缆夹层的门设置不满足规定的，扣 20%，防火隔断和封堵 3 处以上不满足要求的，本项目不得分	《变电站（换流站）消防设备设施完善化改造原则（试行）》（设备变电〔2018〕15 号）第 4.2.4.8 条

续表

序号	评价项目	标准分	评分标准	查评依据
6.5	（2）电缆竖井上下两端、进出电缆孔洞处及每一楼层处采用耐火极限不低于 1.00h 的非燃烧材料进行封堵，划分防火隔段； （3）电缆夹层的门是否向疏散方向开启，当门外为公共走道或其他房间时，该门是否采用乙级防火门	10	电缆廊道和沟道防火隔断设置不满足要求的，每处扣 20%；防火封堵不满足要求的，每处扣 20%；电缆夹层的门设置不满足规定的，扣 20%，防火隔断和封堵 3 处以上不满足要求的，本项目不得分	《变电站（换流站）消防设备设施完善化改造原则（试行）》（设备变电〔2018〕15 号）第 4.2.4.8 条
6.6	共用沟道防火分隔是否满足要求： （1）动力电缆与控制电缆是否分沟敷设，不满足的是否在动力电缆和控制电缆、通信电缆在之间设置层间耐火隔板、加装电缆防火槽盒、涂防火涂料、包覆防火护套等措施； （2）在多个电缆头并排安装的场合中，应在电缆头之间加隔板或填充阻燃材料	10	不同种类电缆同沟布置，且没有可靠防火分隔的，发现一处扣 20%，发现 3 处及以上本项目不得分	《水电工程设计防火规范》（GB 50872—2014）第 9.0.7 条； 《国网设备部关于加快推进变电站消防隐患治理工作的通知》（设备变电〔2018〕16 号）（七）； 《变电站（换流站）消防设备设施完善化改造原则（试行）》（设备变电〔2018〕15 号）第 4.2.4.4 条； 《电力设备典型消防规程》（DL 5027—2015）第 10.5.9、10.5.12 条
6.7	是否在电缆室、电缆通（廊）道、电缆竖井的出入口处，设置手提式磷酸铵盐干粉灭火器，并至少配备 2 套防毒面具。按照规定，电缆夹层应设置不少于 16 具、电缆竖井不少于 2 具 4kg 磷酸铵盐磷酸铵盐干粉灭火器	10	未配置灭火器和防毒面具的，不得分，配置数量不足的，扣 50%	《水电工程设计防火规范》（GB 50872—2014）第 9.0.9 条； 《变电站（换流站）消防设备设施完善化改造原则（试行）》（设备变电〔2018〕15 号）附录
6.8	电缆接头是否加装防火槽盒或采取其他防火隔离措施。电力电缆中间接头盒的两侧及其附近区域，是否增加防火包带等阻燃措施。严禁在变电站电缆夹层、桥架和竖井等缆线密集区域布置电力电缆接头	5	电缆接头未采取防爆盒或其他措施的，不得分；电缆夹层、桥架和竖井等缆线密集区域有电缆接头的，本项目不得分	《电力电缆及通道运维规程》（Q/GDW 1512—2014）第 8.3.1、8.3.2 条； 《电力设备典型消防规程》（DL 5027—2015）第 10.5.11 条； 《变电站（换流站）消防设备设施完善化改造原则（试行）》（设备变电〔2018〕15 号）第 4.2.4.5、4.2.4.6 条
6.9	电缆隧道的下列部位是否设置防火分隔，采用防火墙上设置防火门的形式： （1）电缆进出隧道的出入口及隧道分支处； （2）电缆隧道位于变电站内时，间隔不大于 100m 处； （3）电缆交叉、集部位，间隔不大于 60m； （4）防火墙耐火极限不宜低于 3.0h，防火门应采用甲级防火门（耐火极限不宜低于 1.2h）且防火门的设置应符合 GB 50016《建筑设计防火规范》的有关规定； （5）电缆竖井中，宜每隔 7.0m 设置阻火隔层	5	站内电缆隧道的防火分隔设置是否满足要求，一处不满足扣 20%，发现 3 处及以上本项目不得分	《电力设备典型消防规程》（DL 5027—2015）第 10.5.14、10.5.15 条
6.10	电缆隧道内应设置指向最近安全出口处的导向箭头，主隧道、各分支拐弯处醒目位置装设整个电缆隧道平面示意图，并在示意图上标注所处位置及各出入口位置	5	电缆隧道内无安全出口示意图不得分，示意图标识不齐全或与实际不符扣 50%	《变电站（换流站）消防设备设施完善化改造原则（试行）》（设备变电〔2018〕15 号）第 4.3.5.2 条

续表

序号	评价项目	标准分	评分标准	查评依据
6.11	在电缆通道、夹层内动火作业是否办理动火工作票，并采取可靠的防火措施。在电缆通道、夹层内使用的临时电源是否满足绝缘、防火、防潮要求，工作人员撤离时应立即断开电源。是否严格按照运行规程规定对电缆夹层、通道进行巡检，并检测电缆和接头运行温度	5	电缆通道、夹层、竖井等处动火作业不满足要求的，不得分，安全措施不到位的扣 50%；巡视记录是否齐全，缺少一处扣 20%，本项目扣完为止	《电力电缆及通道运维规程》（Q/GDW 1512—2014）第 8.3.7、8.3.8、8.3.10 条
6.12	隧道内照明灯具及控制开关应为防潮防爆型；照明灯线应穿入阻燃管或放入防火槽盒	5	隧道内照明灯具及控制开关不是防潮防爆型扣 50%，照明灯线未穿入阻燃管或放入防火槽盒扣 50%	《城市电力电缆线路设计技术规定》（DL/T 5221—2016）第 4.5.15 条
7	**消防标识及应急设施**	30		
7.1	变电站内是否具有以下消防安全标志： （1）火灾报警装置标志； （2）紧急疏散逃生标志； （3）灭火设备标志； （4）禁止和警告标志； （5）方向辅助标志； （6）文字辅助标志	10	灭火器和消火栓指示标识、使用方法、火灾报警标识以及消防设施旋转方向标识、防火门标识等各类标志应符合国家标准《消防安全标志　第 1 部分：标志》（GB 13495.1—2015）的规定，缺少一处扣 10%，本项目扣完为止	《变电站（换流站）消防设备设施完善化改造原则（试行）》（设备变电〔2018〕15 号）第 4.3.5.1 条
7.2	变电站内疏散通道和安全出口是否设置疏散指示标识，是否采用符合国家规定 3C 标准的灯光疏散指示标志、安全出口标志，标明疏散方向	5	无安全疏散标识不得分，未使用灯光疏散指示标识扣 50%；安全疏散标识损坏，每处扣 20%，本项目扣完为止	《变电站（换流站）消防设备设施完善化改造原则（试行）》（设备变电〔2018〕15 号）第 4.3.4.5、4.3.5.3 条
7.3	疏散指示标识应根据国家法律法规、消防技术标准设置，并应采用符合法律规定的灯光疏散指示标志、安全出口标志，标明疏散方向。 （1）是否设置了符合规定的消防安全疏散指示标志和应急照明设施，消防应急照明灯、疏散指示标志其型号规格是否符合设计要求； （2）消防应急照明灯、疏散指示标志外观手否有缺陷，在其明显部位是否设有耐久性消防 3C 铭牌标识，内容清晰，设置位置符合设计要求，安装牢固； （3）消防应急照明可采用蓄电池作为备用电源，应急灯应牢固、无遮挡，状态指示灯正常； （4）变电站主控通信室、配电装置室、消防水泵房、变压器室、继电保护室、建筑疏散通道和楼梯间是否设置应急照明。变电站内应急照明的照度不应低于 1lx，交流断电后可继续提供照明，继续工作应急照明不应低于正常照明照度值的 100%	5	安全疏散标识和应急照明设施不全，每处扣 20%；已配置的安全疏散标识和应急照明设施损坏，每处扣 20%；消防应急照明无备用电源扣 20%；应急照明亮度不足扣 20%，本项目扣完为止	《变电站（换流站）消防设备设施完善化改造原则（试行）》（设备变电〔2018〕15 号）第 4.3.4.5、4.3.5.3 条； 《中华人民共和国消防法》（2019 年修订）第十六条； 《机关、团体、企业、事业单位消防安全管理规定》（公安部第 61 号令）第二十一条； 《火力发电厂与变电站设计防火标准》（GB 50229—2019）第 11.7.2 条
7.4	日常维护是否到位： （1）防火重点部位禁止烟火、紧急联络人、火警电话的标志清晰、无破损、脱落； （2）安全疏散指示标志清晰、无破损、脱落； （3）安全疏散通道照明完好、充足	10	消防标识缺失、破损，每处扣 20%；发现 3 处以上，不得分	《电力设备典型消防规程》（DL 5027—2015）第 10.6.1、10.6.2 条

续表

序号	评价项目	标准分	评分标准	查评依据
8	**消防控制室**	120		
8.1	消防控制室通用要求	20		
8.1.1	消防控制室是否满足具备远方控制功能，且设有用于火灾报警的外线电话的要求	5	设置于集中控制中心的消防控制室没有远方控制功能不得分，未设置报火警外线电话扣 20%	《消防控制室完善化改造原则（试行）》（设备变电〔2018〕15 号）第 4.1.4、4.1.5 条；《火灾自动报警设计规范》（GB 50116—2013）第 3.4.3、6.1.4 条
8.1.2	消防控制室是否实行每日 24h 值班制度，每班不少于 2 人的要求，值班人员持有消防控制室操作职业资格证书	5	值班人员不满足 2 人 24h 值班不得分，值班人员未持有消防执业证书扣 50%	《消防控制室完善化改造原则（试行）》（设备变电〔2018〕15 号）第 4.1.9 条；《消防控制室通用技术要求》（GB 25506—2010）第 4.2.1 条
8.1.3	消防控制室的火灾自动报警系统、灭火系统和其他联动控制设备是否处于正常工作状态，并不得将应处于自动状态的设在手动状态	5	发现一处缺陷扣 20%，应处于自动的系统置于手动状态扣 50%，本项目扣完为止	《消防控制室完善化改造原则（试行）》（设备变电〔2018〕15 号）第 4.1.10 条；《消防控制室通用技术要求》（GB 25506—2010）第 4.2.1 条
8.1.4	消防控制室设备选型是否满足以下要求： （1）属于国家消防产品强制性认证目录中的产品，应具有 CCCF 认证证书并标注认证标志； （2）目录以外的产品，应具有国家级消防产品质量检验中心出具的检验报告	5	消防设备选用非 3C 认证且无国家级消防产品质量检验中心出具的检验报告的，每一设备扣 20%，本项目扣完为止	《消防控制室完善化改造原则（试行）》（设备变电〔2018〕15 号）第 4.1.12 条
8.2	消防控制室资料要求	20		
8.2.1	消防控制室文件资料是否包含：竣工图纸、各分系统控制逻辑关系说明、设备使用说明书、系统操作规程、应急预案、值班制度、维护保养制度及值班记录等文件资料	5	缺少基本的管理制度和操作规程，每少一项扣 20%；管理制度缺少超过 3 项及以上，不得分	《消防控制室完善化改造原则（试行）》（设备变电〔2018〕15 号）第 4.1.8 条；《火灾自动报警设计规范》（GB 50116—2013）第 3.4.4 条
8.2.2	消防控制室是否每日检查火灾报警控制器的功能，并按《消防控制室完善化改造原则（试行）》（设备变电〔2018〕15 号）附录 F 的要求填写相应的记录	5	消防设施没有每日检查不得分，检查记录不规范扣 50%	《消防控制室完善化改造原则（试行）》（设备变电〔2018〕15 号）第 4.1.11 条；《火灾自动报警系统施工及验收标准》（GB 50166—2019）第 6.0.1～6.0.7 条
8.2.3	每季度检查和试验火灾自动报警系统的下列功能，并按《消防控制室完善化改造原则（试行）》（设备变电〔2018〕15 号）附录 F 的要求填写记录： （1）采用专用检测仪器分期分批试验探测器的动作及确认灯显示； （2）试验火灾警报装置的声光显示； （3）试验水流指示器、压力等报警功能、信号显示开关； （4）对主电源和备用电源进行 1～3 次自动切换试验；	5	消防控制室季度设施检查内容和试验记录每缺少一项扣 20%，本项目扣完为止	《消防控制室完善化改造原则（试行）》（设备变电〔2018〕15 号）第 4.1.11 条；《火灾自动报警系统施工及验收标准》（GB 50166—2019）第 6.0.1～6.0.7 条

续表

序号	评价项目	标准分	评分标准	查评依据
8.2.3	（5）用自动或手动检查消防控制设备的控制显示功能：1）室内消火栓、自动喷水、泡沫、气体、干粉等灭火系统的控制设备；2）抽验电动防火门、防火卷帘门，数量不小于总数的25%；3）选层试验消防应急广播设备，并试验公共广播强制转入火灾应急广播的功能，抽检数量不小于总数的25%；4）火灾应急照明与疏散指示标志的控制装置；5）送风机、排烟机和自动挡烟垂壁的控制设备。 （6）检查消防电梯迫降功能； （7）应抽取不小于总数25%的消防电话和电话插孔在消防控制室进行对讲通话试验	5	消防控制室季度设施检查内容和试验记录每缺少一项扣20%，本项目扣完为止	《消防控制室完善化改造原则（试行）》（设备变电〔2018〕15号）第4.1.11条； 《火灾自动报警系统施工及验收标准》（GB 50166—2019）第6.0.1～6.0.7条
8.2.4	每年检查和试验火灾自动报警系统下列功能，并按《消防控制室完善化改造原则（试行）》（设备变电〔2018〕15号）附录F的要求填写记录： （1）应用专用检测仪器对所安装的全部探测器和手动报警装置试验至少1次； （2）自动和手动打开排烟阀，关闭电动防火阀和空调系统； （3）对全部电动防火门、防火卷帘的试验至少1次； （4）强制切断非消防电源功能试验； （5）对其他有关的消防控制装置进行功能试验	5	消防控制室年度设施检查内容和试验记录每缺少一项扣20%，本项目扣完为止	《消防控制室完善化改造原则（试行）》（设备变电〔2018〕15号）第4.1.11条； 《火灾自动报警系统施工及验收标准》（GB 50166—2019）第6.0.1～6.0.7条
8.3	无人值班变电站消防控制室	30		
8.3.1	无人值班变电站消防控制室架构是否按照《消防控制室完善化改造原则（试行）》第4.2.3条进行设置。 是否按要求配置以下设备： （1）区域火灾报警控制器（联动型），包括火灾报警控制器、联动控制器、消防电话总机、消防广播控制装置（需要时）等； （2）光纤转换模块； （3）辅助设备监控主机	10	现场检查无人值班站消防设施配置是否满足要求，一项不满足扣20%，本项目扣完为止	《消防控制室完善化改造原则（试行）》（设备变电〔2018〕15号）第4.2.3、4.2.4条； 《火灾自动报警设计规范》（GB 50116—2013）中第3.4.2、4.1.1、4.10.1～4.10.3条
8.3.2	火灾报警控制器（联动型）是否满足以下要求： （1）应联动变电站辅助设备监控系统，以满足迅速确认火灾和应急处置的要求； （2）集中火灾报警控制器（联动型）应能集中监控所辖无人值班变电站的区域火灾报警控制器（联动型），显示火灾探测器、手动火灾报警按钮等设备的正常、报警、屏蔽及故障状态等信息，并能按照规定逻辑程序启动相应的联动系统；	5	火灾报警控制器功能及配置，每处不满足扣20%，本项目扣完为止	《消防控制室完善化改造原则（试行）》（设备变电〔2018〕15号）第4.3.1条； 《火灾自动报警设计规范》（GB 50116—2013）第4.10.2、6.1.4条； 《火灾自动报警系统施工及验收标准》（GB 50166—2019）第6.0.1～6.0.7条

续表

序号	评价项目	标准分	评分标准	查评依据
8.3.2	（3）集中火灾报警控制器（联动型）联动控制按钮应按不同变电站及站内不同灭火分区布置，标识清楚、确保操作安全准确；发生火灾报警时，对应变电站的按钮区域应有光信号提示，防止误操作； （4）不同类型的探测器、手报、模块等现场部件应有不少于总数 1%的备品	5	火灾报警控制器功能及配置，每处不满足扣 20%，本项目扣完为止	《消防控制室完善化改造原则（试行）》（设备变电〔2018〕15 号）第 4.3.1 条； 《火灾自动报警设计规范》（GB 50116—2013）第 4.10.2、6.1.4 条； 《火灾自动报警系统施工及验收标准》（GB 50166—2019）第 6.0.1～6.0.7 条
8.3.3	光纤转换模块是否满足能将区域火灾报警控制器（联动型）的信号转换成光信号，并通过专用通信光纤以统一的协议传送至运维班驻地消防控制室光纤集中转换模块，并接收消防控制室的控制指令的要求。 无人值班变电站与运维班驻地消防控制室之间是否按要求采用专用线路连接	5	光纤转换模块功能及配置，每处不满足扣 20%，本项目扣完为止。无人值班变电站与运维班驻地消防控制室之间未采用专用线路连接扣 50%	《消防控制室完善化改造原则（试行）》（设备变电〔2018〕15 号）第 4.2.6、4.3.3 条； 《火灾自动报警设计规范》（GB 50116—2013）第 6.10.2 条
8.3.4	辅助设备监控主机，应实现视频、安防、消防、门禁、环境监测、照明等子系统数据的统一接入，实现火灾报警自动联动消防、视频监控、空调、风机、门禁等系统，并在站内实现数据综合分析、存储、统计和画面展示，无人值班变电站辅助设备监控主机还应能通过 KVM（键盘、显示器、鼠标延伸）等手段将信息远传到有人值班区域	10	辅助设备监控主机功能及配置，每处不满足扣 20%，本项目扣完为止	《消防控制室完善化改造原则（试行）》（设备变电〔2018〕15 号）第 4.3.5 条
8.4	集中监控中心消防控制室配置要求	50		
8.4.1	运维班驻地消防控制室是否按要求配置以下设备： （1）集中火灾报警控制器（联动型），包括火灾报警控制器、联动控制器等； （2）消防图形显示装置； （3）光纤集中转换模块； （4）辅助设备监控工作站	10	现场检查集中监控中心消防控制室消防设施配置是否满足要求，一项不满足扣 20%，本项目扣完为止	《消防控制室完善化改造原则（试行）》（设备变电〔2018〕15 号）第 4.2.5 条； 《火灾自动报警设计规范》（GB 50116—2013）中第 3.4.2、4.1.1、4.10.1～4.10.3 条
8.4.2	集中监控中心火灾报警控制器（联动型）要求同本评价细则 8.3.2	5	火灾报警控制器功能及配置，每处不满足扣 20%，本项目扣完为止	《消防控制室完善化改造原则（试行）》（设备变电〔2018〕15 号）第 4.3.1 条； 《火灾自动报警设计规范》（GB 50116—2013）第 4.10.2 条
8.4.3	消防图形显示装置是否满足以下要求： （1）消防图形显示装置信息记录的各类信息能够进行记录备份；应满足备份后方可被覆盖的功能；应能对历史记录打印归档或刻录存盘归档； （2）消防图形显示装置应具备网络通信功能，能够与火灾报警控制器（联动型）进行通信，获取相关消防设备状态信息，并应具有远程传输功能；	5	消防图形显示装置功能及配置，每处不满足扣 20%，本项目扣完为止	《消防控制室完善化改造原则（试行）》（设备变电〔2018〕15 号）第 4.3.2 条； 《消防控制室通用技术要求》（GB 25506—2010）第 6.1～6.4 节； 《火灾自动报警设计规范》（GB 50116—2013）第 3.4.2 条

续表

序号	评价项目	标准分	评分标准	查评依据
8.4.3	（3）消防图形显示装置应具备权限管理的功能，对系统程序的进入和退出时间、操作人员姓名或代码等内容的均有记录，记录备份后方可被覆盖； （4）消防图形显示装置应具备权限管理的功能，对系统程序的进入和退出时间、操作人员姓名或代码等内容的均有记录，记录备份后方可被覆盖； （5）消防图形显示装置软件应符合《消防控制室图形显示装置软件通用技术要求》（GA/T 847）的规定，还应能分画面、分区域、多层次对所辖无人变电站各类消防设施进行集中管理的功能	5	消防图形显示装置功能及配置，每处不满足扣 20%，本项目扣完为止	《消防控制室完善化改造原则（试行）》（设备变电〔2018〕15 号）第 4.3.2 条； 《消防控制室通用技术要求》（GB 25506—2010）第 6.1～6.4 条； 《火灾自动报警设计规范》（GB 50116—2013）第 3.4.2 条
8.4.4	消防设施维护保养是否满足以下要求： （1）点型感烟火灾探测器投入运行 2 年后，应每隔 3 年至少全部清洗一遍； （2）通过采样管采样的吸气式感烟火灾探测器根据使用环境的不同，需要对采样管道进行定期吹洗，最长的时间间隔不应超过一年； （3）探测器的清洗应由有相关资质的机构根据产品生产企业的要求进行； （4）探测器清洗后应做响应阈值及其他必要的功能试验，合格者方可继续使用； （5）不合格探测器严禁重新安装使用，并应将该不合格品返回产品生产企业集中处理，严禁将离子感烟火灾探测器随意丢弃； （6）可燃气体探测器的气敏元件超过生产企业规定的寿命年限后应及时更换，气敏元件的更换应由有相关资质的机构根据产品生产企业的要求进行	5	消防设施日常维护保养内容缺少每处扣 20%，试验记录不全每处扣 20%，存在影响运行的缺陷，每处扣 20%，本项目扣完为止	《消防控制室完善化改造原则（试行）》（设备变电〔2018〕15 号）第 4.3.1 条； 《火灾自动报警设计规范》（GB 50116—2013）第 4.10.2 条； 《火灾自动报警系统施工及验收标准》（GB 50166—2019）第 6.0.1～6.0.7 条
8.4.5	光纤集中转换模块：应能接收所辖无人值班变电站的光信号，转换成电信号以统一协议传送至集中火灾报警控制器（联动型），并向无人值班变电站发送控制指令	5	光纤转换模块功能及配置，每处不满足扣 20%，本项目扣完为止无人值班变电站与运维班驻地消防控制室之间未采用专用线路连接扣 50%	《消防控制室完善化改造原则（试行）》（设备变电〔2018〕15 号）第 4.3.4 条
8.4.6	辅助设备监控工作站，应通过 KVM（键盘、显示器、鼠标延伸）远程连接所辖无人值班变电站端辅助设备监控主机，实时掌握站内消防系统、安防系统、视频监控等工作状态，根据告警信息关联变电站画面索引进行画面浏览，查看辅助设备运行状态，并进行远程操作消防、安防、视频监控、门禁等系统	10	辅助设备监控主机功能及配置，每处不满足扣 20%，本项目扣完为止；不具备远程操控功能扣 50%	《消防控制室完善化改造原则（试行）》（设备变电〔2018〕15 号）第 4.3.6 条
8.4.7	无人值班变电站消防控制室是否按要求设置在运维班驻地值班室，对所辖的变电站实行集中管理，设置在其他地点的是否由国家电网公司批准确认	5	无人值班变电站消防控制室未集中布置在驻地或其他未经批准的位置的，不得分	《火力发电厂与变电站设计防火标准》（GB 50229—2019）第 7.13.5 条； 《消防控制室完善化改造原则（试行）》（设备变电〔2018〕15 号）第 4.1.2 条

续表

序号	评价项目	标准分	评分标准	查评依据
8.4.8	无人值班变电站消防控制室布置是否满足以下要求： （1）消防控制室疏散门应直通室外或安全出口，宜设置在建筑物地上一层； （2）消防控制设备与主控室其他设备应有明显间距； （3）消防控制室内严禁穿过与消防设施无关的电气线路及管路	5	消防控制室位置、出入口设置，每处不满足扣 20%，本项目扣完为止；穿过与消防设施无关的电气线路及管路不得分	《建筑设计防火规范》（GB 50016—2014）第 8.1.7 条； 《火灾自动报警设计规范》（GB 50116—2013）第 3.4.6、3.4.8 条； 《消防控制室完善化改造原则（试行）》（设备变电〔2018〕15 号）第 4.1.3、4.1.6 条
9	**日常运行维护及管理**	130		
9.1	公共消防设施	75		
9.1.1	变电站消防设施必须与主体工程同时设计、同时施工、同时验收，防火设施未验收合格的电缆线路不得投入运行	5	消防设施必须与主体工程同时设计、同时施工、同时验收，防火设施未验收合格投运的，不得分	《国家电网有限公司关于印发〈十八项电网重大反事故措施（修订版）〉的通知》（国家电网设备〔2018〕979 号）13.2.1.1 条
9.1.2	国家强制产品认证（3C）目录内的消防设备必须具有消防强制性产品认证证书（CCCF），非国家强制产品认证（3C）目录内的消防产品应具有国家级消防质量检验中心出具的检验报告	5	变电站内消防设施、设备存在非 3C 认证且提供不出国家级消防质量检验中心出具的检验报告，不得分	《变电站（换流站）消防设备设施完善化改造原则（试行）》（设备变电〔2018〕15 号）第 4.1.5 条
9.1.3	消防供电是否满足要求： （1）变电站消防用电是否采用单独的供电回路，是否使用不低于二级负荷供电的电源，消防配电箱是否独立设置并有明显标识，是否能在任何情况下保证消防用电； （2）备用消防电源的供电时间和容量，是否满足火灾延续时间内各消防用电设备的要求； （3）变电站消防控制室、消防水泵房、防烟和排烟风机房的消防用电设备及消防电梯等的供电，应在其配电线路的最末一级配电箱处设置自动切换装置	5	消防用电和消防配电箱非独立设置扣 50%；未配置备用消防电源扣 50%，备用电源容量不足扣 50%，标志不齐全每处扣 20%，本项目扣完为止	《变电站（换流站）消防设备设施完善化改造原则（试行）》（设备变电〔2018〕15 号）第 4.3.4.1、4.3.4.3、4.3.4.4 条； 《建筑设计防火规范》（GB 50016—2014）第 10.1.6 条
9.1.4	变电站是否配置了符合国家标准的灭火器： （1）灭火器配置数量是否充足； （2）灭火器是否完好、有效； （3）灭火器外观完好、清洁，罐体无损伤、变形，配件无破损、松动、变形，压力指示正常； （4）灭火器上应有发光标志，以便在黑暗中指示灭火器所处的位置； （5）灭火器生产日期、试验日期是否符合规范要求，合格证是否齐全，灭火器压力是否正常，外壳是否存在磕碰、破损，放置位置是否明显且易于取用； （6）是否按照平均每 25m 配置一组灭火器，每组不少于 2 只 4kg 灭火器，推车式灭火器最大保护距离不超过 50m，特殊防火场所（如使用液化气的厨房等）是否增设灭火器数量；	10	变电站内未配置灭火器，不得分；灭火器与使用场所不相应，视同未配置灭火器；未按规定规格配置足量灭火器，每处扣 20%；灭火器不符合要求，出现欠压过压或损坏的，每处扣 20%，灭火器摆放位置及灭火器箱设置不规范的，每处扣 10%，本项目扣完为止	《建筑灭火器配置设计规范》（GB 50140—2005）第 5.1、5.2、6.1 节； 《电力设备典型消防规程》（DL 5027—2015）附录 G.1； 《国网设备部关于印发〈变电站消防设施运维管理规范（试行）〉的通知》（设备变电〔2019〕29 号）第 3.25 条； 《变电站（换流站）消防设备设施完善化改造原则（试行）》（设备变电〔2018〕15 号）4.1.3、4.3.3.5

续表

序号	评价项目	标准分	评分标准	查评依据
9.1.4	（7）变电站里的灭火器是否摆放在位置明显和便于取用的地点，是否稳固，铭牌朝外，灭火器箱打开角度不小于100°，手提式灭火器顶部离地面不应大于1.50m，底部离地面高度不宜小于0.08m，对有视线障碍的灭火器设置点，应设置指示其位置的发光标志	10	变电站内未配置灭火器，不得分；灭火器与使用场所不相应，视同未配置灭火器；未按规定规格配置足量灭火器，每处扣20%；灭火器不符合要求，出现欠压过压或损坏的，每处扣20%，灭火器摆放位置及灭火器箱设置不规范的，每处扣10%，本项目扣完为止	《建筑灭火器配置设计规范》（GB 50140—2005）第5.1、5.2、6.1节；《电力设备典型消防规程》（DL 5027—2015）附录G.1；《国网设备部关于印发〈变电站消防设施运维管理规范（试行）〉的通知》（设备变电〔2019〕29号）第3.25条；《变电站（换流站）消防设备设施完善化改造原则（试行）》（设备变电〔2018〕15号）4.1.3、4.3.3.5
9.1.5	消防箱、消防桶、消防铲、消防斧、消防钩完好有红色标识、清洁，无锈蚀、破损。消防砂箱或砂桶；消防砂池、消防砂桶完好，无开裂、漏砂，消防用砂保持充足和干燥	5	消防设施缺失或损坏，发现一处扣20%，发现3处及以上不得分	《国网设备部关于印发〈变电站消防设施运维管理规范（试行）〉的通知》（设备变电〔2019〕29号）第3.25条；《变电站（换流站）消防设备设施完善化改造原则（试行）》（设备变电〔2018〕15号）第4.3.3.3条；《电力设备典型消防规程》（DL 5027—2015）第14.3.5～14.4.3条
9.1.6	设置有长距离电缆隧道、地下变电站等场所应配置正压式消防空气呼吸器，数量宜按每座有气体灭火系统的建筑物各设2套正压式消防空气呼吸器和4只防毒面具，正压式消防空气呼吸器应放置在专用设备柜内，柜体应为色红色并固定设置标志牌	5	未配置正压式呼吸器和防毒面具，不得分；储藏位置不符合规定，扣30%	《电力设备典型消防规程》（DL 5027—2015）第14.4节
9.1.7	寒冷地区容易冻结和可能出现沉降的地区，消防水系统等设施应有防冻和防沉降措施	5	现场检查消防水池无防冻防沉降措施的，不得分	《变压器固定自动灭火系统完善化改造原则（试行）》（设备变电〔2018〕15号）第4.1.11条
9.1.8	火灾报警系统日常维护： （1）火灾自动报警系统的维护保养应确保系统保持连续正常运行，各路电源均能正常供电； （2）每季度对火灾自动报警系统主机除尘，对电源等附件维护一次； （3）每季度应对主电源和备用电源进行1～3次自动切换试验，强制切断非消防电源功能试验； （4）火灾报警控制器经检查应功能完好，并填写相应维保记录。 （5）火灾自动报警系统相关部件的安装部位在满足消防设计要求同时，是否可以在主设备不停运条件下进行维修	10	火灾自动报警系统不能正常运行，不得分，一路电源故障，设备能正常运行，扣20%； 每季度未进行火灾自动报警系统主机除尘，未对电源等附件进行维护，未对主电源和备用电源进行1～3次自动切换试验，强制切断非消防电源功能试验，火灾报警扣完为止；无相应维保记录，扣50%；火灾自动报警系统不满足主设备不停电检修的，扣50%，本项目扣完为止	《火灾自动报警系统施工及验收标准》（GB 50166—2019）第6.0.1～6.0.7条；《国网设备部关于印发〈变电站消防设施运维管理规范（试行）〉的通知》（设备变电〔2019〕29号）第5.2.1～5.2.3、5.2.5条；《变电站（换流站）消防设备设施完善化改造原则（试行）》（设备变电〔2018〕15号）第4.1.8条

续表

序号	评价项目	标准分	评分标准	查评依据
9.1.9	消防器材日常维护： （1）每月对消防器材进行一次检查维护； （2）地下变电站的灭火器应每半月检查一次； （3）补充的砂子应干燥；发现灭火器压力不在正常范围时，及时更换合格的灭火器或重新充装； （4）二氧化碳灭火器重量比额定重量减少十分之一时，应进行灌装； （5）灭火器的表面保持清洁、设施完好；干粉灭火器压力正常	10	消防器材日常维护项目现场发现一处扣 20%，发现 3 处及以上不得分	《建筑消防设施的维护管理》（GB 25201—2010）附录 E； 《国网设备部关于印发〈变电站消防设施运维管理规范（试行）〉的通知》（设备变电〔2019〕29 号）第 5.4.3 条
9.1.10	变电站消防设施及通道是否正常和畅通： （1）变电站消防设施是否处于正常运行状态； （2）疏散通道和安全出口是否保持畅通，不得占用、堵塞和封闭，消防车道是否保持畅通； （3）是否损坏、挪用或者擅自拆除、停用消防设施、器材； （4）是否埋压、圈占、遮挡消火栓或者占用防火间距； （5）在疏散特殊部位（如窗口、阳台等）是否设置了妨碍应急逃生和救援的障碍物	10	消防设施、器材被损坏、挪用或者擅自拆除、停用，每处扣 20%；消火栓被埋压、圈占、遮挡，每处扣 20%；防火间距被占用，每处扣 20%；发现 3 处以上不得分；严重堵占主要消防车道的，不得分；消防车道不畅通，每处扣 20%；发现 3 处以上不得分；疏散通道和安全出口不畅通，每处扣 20%；	《中华人民共和国消防法》（2019 年修订）第二十八条； 《电力设备典型消防规程》（DL 5027—2015）第 6.1.6、6.1.19、6.3.2 条； 《国网设备部关于印发〈变电站消防设施运维管理规范（试行）〉的通知》（设备变电〔2019〕29 号）第 3.11 条； 《变电站（换流站）消防设备设施完善化改造原则（试行）》（设备变电〔2018〕15 号）第 4.1.7 条
9.1.11	防火门、防火分隔设置是否合格： （1）是否按规范要求设置防火门、防火卷帘； （2）防火门是否贴有永久性标识； （3）防火门是否按要求安装闭门器、顺序器； （4）防火门框内是否按要求灌注水泥砂浆； （5）防火卷帘是否起降正常； （6）防火卷帘耐火完整性和耐火隔热性是否符合要求	5	未按要求配置防火门、防火卷帘等防火分隔，每处扣 20%；防火门、防火卷帘不符合规范要求，每处扣 20%；发现 3 处以上，不得分	《防火门》（GB 12955—2008）第 5.3.3～5.3.7、5.9.2、5.10、8.1.1 条； 《建筑设计防火规范》（GB 50016—2014）第 6.1.6、6.2.7、6.2.9、6.4.3、6.4.5、6.4.11、6.5.1、6.5.3 条； 《火力发电厂与变电站设计防火标准》（GB 50229—2019）第 11.2.4 条
9.2	消防管理及资料	55		
9.2.1	变电运维人员应熟知： （1）消防设施和器材的使用、维护和保管方法； （2）火警电话及报警方法； （3）消防器材摆放地点及本单位消防负责人联系方式； （4）掌握自救逃生知识和消防技能	5	现场询问运维人员，不了解消防事项，不得分	《国家电网公司变电运维管理规定（试行）》[国网（运检/3）828—2017] 第十九章 专项工作 第一百零二条（四）； 《国网设备部关于印发〈变电站消防设施运维管理规范（试行）〉的通知》（设备变电〔2019〕29 号）第 3.12 条
9.2.2	变电站应建立消防器材和设施台账，台账应有具体数量并符合最低配置要求，设专人负责	5	未建立消防器材和设施台账、台账不规范或数量不足，扣 50%，未设专人负责，扣 50%	《国网设备部关于印发〈变电站消防设施运维管理规范（试行）〉的通知》（设备变电〔2019〕29 号）第 3.9 条； 《国家电网公司变电运维管理规定（试行）》[国网（运检/3）828—2017] 第十九章 专项工作 第一百零二条（五）

续表

序号	评价项目	标准分	评分标准	查评依据
9.2.3	变电站应有结合本站实际的消防预案，消防预案内应包括灭火和应急疏散部分，并定期开展演练，灭火和应急疏散预案的演练记录等资料存档	10	变电站没有消防预案不得分，消防预案没有应急疏散部分未定期开展演练，演练资料未存档，扣50%	《国家电网公司变电运维管理规定（试行）》[国网（运检/3）828—2017] 第十九章 专项工作 第一百零二条(二)； 《国网设备部关于印发〈变电站消防设施运维管理规范（试行）〉的通知》（设备变电〔2019〕29 号）第 3.4、3.16 条
9.2.4	消防安全管理制度是否健全，所有制度是否具有签字审批流程，是否及时进行修订。应包含以下制度： （1）消防安全管理制度包括消防安全责任制； （2）消防安全教育、培训制度； （3）防火检查、巡查制度； （4）消防安全疏散设施管理制度； （5）消防设施器材维护管理制度； （6）灭火和应急疏散预案演练制度； （7）专职（志愿）消防队的组织管理制度； （8）消防设备设施操作规程； （9）系统操作员名册及相应的工作职责	10	缺少基本的管理制度和操作规程，每少一项扣 20%；管理制度缺少超过 3 项及以上，不得分；管理制度缺少签字审批流程，扣 50%；制度未及时进行制度修订，扣 20%	《中华人民共和国消防法》（2019 年修订）第十六条； 《机关、团体、企业、事业单位消防安全管理规定》（公安部第 61 号令）第十八、四十五条； 《电力设备典型消防规程》（DL 5027—2015）第 3.1、3.2、3.4、3.6、4.1.1 条； 《火灾自动报警系统施工及验收标准》（GB 50166—2019）第 6.0.1～6.0.7 条； 《国家电网公司变电运维管理规定（试行）》[国网（运检/3）828—2017] 第十九章 专项工作 第一百零二条(一)； 《国网设备部关于印发〈变电站消防设施运维管理规范（试行）〉的通知》（设备变电〔2019〕29 号）第 3.10、3.17 条
9.2.5	变电站应保存下列图纸资料，并应有电子备案档案。 （1）竣工后的总平面布局图； （2）消防设施平面布置图； （3）消防设施系统图及安全出口布置图； （4）消防机构出具的有关法律文书等； （5）消防安全管理规章制度； （6）应急灭火预案； （7）应急疏散预案； （8）消防系统控制逻辑关系说明； （9）设备使用说明书； （10）系统操作规程； （11）系统和设备维护保养制度等。 变电站应制定消防器材布置图，图中标明存放地点、数量和消防器材类型，消防器材按消防布置图布置	10	消防资料及制度缺少一项扣 20%，本项扣完为止	《国网设备部关于印发〈变电站消防设施运维管理规范（试行）〉的通知》（设备变电〔2019〕29 号）第 3.4、3.10、3.13、3.17 条； 《国家电网公司变电运维管理规定（试行）》[国网（运检/3）828—2017] 第十九章 专项工作 第一百零二条（一）（六）
9.2.6	消防设施出现故障是否及时组织修复，临时停用消防设施或移动消防器材是否采取临时措施和事先报告单位消防管理部门，并得到本单位消防安全责任人的批准，工作完毕后应及时恢复	5	消防设施被停用、缺陷超过消缺周期，且无正常手续的，不得分	《变电站（换流站）消防设备设施完善化改造原则（试行）》（设备变电〔2018〕15 号）4.1.2

续表

序号	评价项目	标准分	评分标准	查评依据
9.2.7	变电站应保存下列消防记录： （1）消防安全组织结构图，包括消防安全责任人、管理人、专职、义务消防人员等内容； （2）消防安全培训记录； （3）值班情况、消防安全检查情况及巡查情况的记录； （4）接报警记录； （5）火灾处理情况； （6）设备检修检测报告等资料； （7）消防设施一览表，包括消防设施的类型、数量、状态等内容，这些资料应能定期保存和归档	10	消防记录缺少一项扣 20%，本项扣完为止	《国网设备部关于印发〈变电站消防设施运维管理规范（试行）〉的通知》（设备变电〔2019〕29 号）第 3.4 条

第 2 节　110kV 变电站消防查评依据

1　主变压器固定自动灭火系统

1.1　本条评价项目的查评依据如下

依据《电力设备典型消防规程》（DL 5027—2015）第 13.7.4 条

13.7.4　电压等级 35kV 或单台变压器 5MVA 及以上变电站、换流站和开关站的特殊消防设施配置应符合现行国家标准《火力发电厂与变电站设计防火规范》GB 50229 的有关规定，换流站的消防设施还应符合现行行业标准《高压直流换流站设计技术规定》DL/T 5223 的要求，地下变电站的消防设施还应符合现行行业标准《35kV～220kV 城市地下变电站设计规定》DL/T 5216 的要求。

1　地上变电站和换流站火灾自动报警系统和固定灭火系统应符合表 13.7.4 规定。

表 13.7.4　　变电站和换流站火灾自动报警系统和固定灭火系统

建筑物和设备	火灾探测器类型	固定灭火介质及系统型式
主控制室	点式感烟或吸气式感烟	—
通信机房	点式感烟或吸气式感烟	—
户内直流开关场地	点式感烟或吸气式感烟	—
电缆层、电缆竖井和电缆隧道	220kV 及以上变电站、所有地下变电站和无人变电站设缆式线型感温、分布式光纤、点式感烟或吸气式感烟	无人值班站可设置悬挂式超细干粉、气溶胶或火探管式灭火装置
继电器室	点式感烟或吸气式感烟	—
电抗器室	点式感烟或吸气式感烟（如有含油设备，采用感温）	—
电容器室	点式感烟或吸气式感烟（如有含油设备，采用感温）	—

续表

建筑物和设备	火灾探测器类型	固定灭火介质及系统型式
配电装置室	点式感烟或吸气式感烟	—
蓄电池室	防爆感烟和可燃气体	—
换流站阀厅	点式感烟或吸气式感烟+其他早期火灾探测报警装置（如紫外弧光探测器）组合	—
油浸式平波电抗器（单台容量200Mvar及以上）	缆式线型感温+缆式线型感温或缆式线型感温+火焰探测器组合	水喷雾、泡沫喷雾（缺水或严寒地区）或其他介质
油浸式变压器（单台容量125MVA及以上）	缆式线型感温+缆式线型感温或缆式线型感温+火焰探测器组合（联动排油注氮宜与瓦斯报警、压力释放阀或跳闸动作组合）	水喷雾、泡沫喷雾（缺水或严寒地区）或其他介质
油浸式变压器（无人变电站单台容量125MVA以下）	缆式线型感温或火焰探测器	—

2　地下变电站除满足表13.7.4规定外，还应在所有电缆层、电缆竖井和电缆隧道处设置线型感温、感烟或吸气式感烟探测器，在所有油浸式变压器和油浸式平波电抗器处设置火灾自动报警系统和细水雾、排油注氮、泡沫喷雾或固定式气体自动灭火装置。

1.2　本条评价项目的查评依据如下

依据《变电站（换流站）消防设备设施完善化改造原则（试行）》（设备变电〔2018〕15号）

4.3.3.8　油浸式变压器、油浸式电抗器等处应设置消防砂箱或砂桶，内装干燥细黄砂，消防砂箱容积为1.0m^3，并配置消防铲，每处3～5把，消防砂桶应装满干燥黄砂。

1.3　本条评价项目的查评依据如下

依据《电力设备典型消防规程》（DL 5027—2015）

10.3.5　户外油浸式变压器、户外配电装置之间及与各建（构）筑物的防火间距，户内外含油设备事故排油要求应符合现行国家标准《火力发电厂与变电站设计防火规范》GB 50229的有关规定。

10.3.6　户外油浸式变压器之间设置防火墙时应符合下列要求：

1　防火墙的高度应高于变压器储油柜；防火墙的长度不应小于变压器的贮油池两侧各1.0m。

2　防火墙与变压器散热器外廓距离不应小于1.0m。

3　防火墙应达到一级耐火等级。

1.4　本条评价项目的查评依据如下

依据《电力设备典型消防规程》（DL 5027—2015）

10.3.7　变压器事故排油应符合下列要求：

1　设置有带油水分离措施的总事故油池时，位于地面之上的变压器对应的总事故油池容量应按最大一台变压器油量的60%确定；位于地面之下的变压器对应的总事故油池容量应按最大一台主变压器油量的100%确定。

2 事故油坑设有卵石层时，应定期检查和清理，以不被淤泥、灰渣及积土所堵塞。

1.5 本条评价项目的查评依据如下

依据 《电力设备典型消防规程》（DL 5027—2015）

10.3.10 变压器防爆筒的出口端应向下，并防止产生阻力，防爆膜宜采用脆性材料。

10.3.11 室内的油浸式变压器，宜设置事故排烟设施。火灾时，通风系统应停用。

10.3.12 室内或洞内变压器的顶部，不宜敷设电缆。室外变电站和有隔离油源设施的室内油浸设备失火时，可用水灭火，无放油管路时，不应用水灭火。发电机变压器组中间无断路器，若失火，在发电机未停止惰走前，严禁人员靠近变压器灭火。

2 室外设备区、非设备区

2.1 本条评价项目的查评依据如下

依据 1《变电站（换流站）消防设备设施完善化改造原则（试行）》（设备变电〔2018〕15 号）

4.3.3.6 设置室外消火栓的变电站应集中配置足够数量的消防水带、水枪和消火栓扳手，放置在重点防火区域周围的露天专用消防箱或消防小室内，相关箱、室不得上锁；根据被保护设备的性质合理配置 19mm 直流或喷雾或多功能水枪，水带宜配置有衬里消防水带。

依据 2 《消防给水及消火栓系统技术规范》（GB 50974—2014）

7.3.7 工艺装置区等采用高压或临时高压消防给水系统的场所，其周围应设置室外消火栓，数量应根据设计流量经计算确定，且间距不应大于 60.0m。当工艺装置区宽度大于 120.0m 时，宜在该装置区内的路边设置室外消火栓。

7.4.3 设置室内消火栓的建筑，包括设备层在内的各层均应设置消火栓。

2.2 本条评价项目的查评依据如下

依据 1 《建筑设计防火规范》（GB 50016—2014）

8.2 下列建筑或场所应设置室内消火栓系统：

1 建筑占地面积大于 300m^2 的厂房和仓库。

依据 2《国网设备部关于印发〈变电站消防设施运维管理规范（试行）〉的通知》（设备变电〔2019〕29 号）

3.32 消火栓系统运行要求：

a）室内消火栓箱应有明显标志，箱门上应有使用方法或操作步骤，外观良好、无损坏，无锈蚀，无泄漏。消火栓箱组件应齐全，箱门应开关灵活，开度应符合要求；消火栓的阀门应启闭灵活，栓口位置应便于连接水带。

b）消火栓启泵按钮外观完好，有透明罩保护，并配有击碎工具；同时指示灯指示正确；手动复位后指示灯随之复位。

c）管网及支吊架与阀门应外观良好，无损坏，无锈蚀，无泄漏。阀门启闭状态处于工作状态。

依据 3 《电力设备典型消防规程》（DL 5027—2015）

6.1.24 变电站还应符合下列要求：

1 无人值班变电站火灾自动报警系统信号的接入应符合本规程第 6.3.8 条的规定。

2 无人值班变电站宜设置视频监控系统，火灾自动报警系统宜和视频监控系统联动，视频信号的接入场所按本规程第 6.3.8 条的规定采用。

3 无人值班变电站应在入口处和主要通道处设置移动式灭火器。

4 地下变电站内采暖区域严禁采用明火取暖。

5 电气设备间设置的排烟设施，应符合国家标准的规定。

6 火灾发生时，送排风系统和空调系统应能自动停止运行。当采用气体灭火系统时，穿过防护区的通风或空调风道上的防火阀应能自动关闭。

7 室内消火栓应采用单栓消火栓。确有困难时可采用双栓消火栓，但必须为双阀双出口型。

6.3.8 火灾自动报警系统应接入本单位或上级 24h 有人值守的消防监控场所，并有声光警示功能。

13.7.3 变电站、换流站和开关站的下列建筑物应设置室内消火栓：地上变电站和换流站的主控通信楼、配电装置楼、继电器室、变压器室、电容器室、电抗器室、综合楼、材料库，地下变电站。下列建筑物可不设置室内消火栓：耐火等级为一、二级且可燃物较少的丁、戊类建筑物：耐火等级为三、四级且建筑体积不超过 3000m^3 的丁类厂房和建筑体积不超过 5000m^3 的戊类厂房：室内没有生产、生活给水管道，室外消防用水取自储水池且建筑体积不超过 5000m^3 的建筑物。

依据 4 《消防给水及消火栓系统技术规范》（GB 50974—2014）

7.4.3 设置室内消火栓的建筑，包括设备层在内的各层均应设置消火栓。

2.3 本条评价项目的查评依据如下

依据 《变电站（换流站）消防设备设施完善化改造原则（试行）》（设备变电〔2018〕15 号）

4.3.3.3 移动式灭火器材的配置应符合以下要求：

a 变电站和换流站的灭火器配置规格和数量应按国家标准《建筑灭火器配置设计规范》GB 50140—2005 计算确定。灭火器设置场所的建（构）筑物、设备的火灾类别及危险等级，按照《火力发电厂与变电站设计防火规范》GB 50229—2006 第 11.5 节的要求执行。

b 消防砂箱、砂桶、消防铲及正压式消防空气呼吸器等消防器材应按照《建筑设计防火规范》GB 50016—2014 和《电力设备典型消防规程》DL 5027—2015 的要求配置。

4.3.3.8 油浸式变压器、油浸式电抗器等处应设置消防砂箱或砂桶，内装干燥细黄砂，消防砂箱容积为 1.0m^3，并配置消防铲，每处 3～5 把，消防砂桶应装满干燥黄砂。

附录　变电站（换流站）典型消防器材配置（见下表）。

典型 110kV 变电站现场灭火器和黄砂配置表

配置部位	灭火器材	磷酸铵盐干粉			黄砂		灭火级别	保护面积	危险等级	备注
		4kg	5kg	50kg	桶（25L）	箱（$1m^3$）				
控制室		—	2	—	—	—	E（A）	100	严重	—
继电器室、继保室		2	—	—	—	—	E（A）	100	中	—
配电装置室、二次设备室		4	—	—	—	—	E（A）	200	中	—
室内油浸式主变压器室		4	—	2	—	—	混合	100	中	—
室内油浸式主变压器散热室		2	—	—	—	—	混合	50	中	—
电容器室		2	—	—	—	—	混合	100	中	—
电抗器室		2	—	—	—	—	混合	100	中	—
蓄电池室		2	—	—	—	—	C	100	中	—
站用变压器室、接地变压器室		2	—	—	—	—	混合	100	中	—
消弧线圈室		2	—	—	—	—	E	100		
电缆	夹层	10	—	—	—	—	E	500	中	—
	竖井	2	—	—	—	—	E	100	中	—
室内其他区域		2	—	—	—	—	A	100	轻	办公室、资料室、会议室、安全工器具室、备品间等
室外油浸式主变压器		—	—	2	—	1	B、E	—	中	砂箱为每台主变压器数，每只砂箱配备3～5 把消防铲
站内公用设施		4	—	—	10	—	—	—	—	消防黄砂桶应采用铅桶，每两桶配备一把消防铲、每四桶配备一把消防斧

2.4　本条评价项目的查评依据如下

依据　《电力设备典型消防规程》（DL 5027—2015）

10.4.1　油浸电抗器、电容器装置应就近设置能灭油火的消防设施，并应设有消防通道。

10.7.3　户内布置的单台电力电容器油量超过 100kg 时，应有贮油设施或挡油栏。户外布置的电力电容器与高压电气设备需保持 5.0m 及以上的距离，防止事故扩大。

10.7.7　干式变压器、电流互感器等电气设备宜配置移动式干粉灭火器。

3 室内变压器室、配电装置室、GIS 设备室、电容器室、电抗器室、站用变压器室、接地变压器室

3.1 本条评价项目的查评依据如下

依据 《变电站（换流站）消防设备设施完善化改造原则（试行）》（设备变电〔2018〕15 号）

4.3.1.4 火灾自动报警系统的探测器应符合《电力设备典型消防规程》（DL 5027—2015）要求。地下变电站电缆层、电缆竖井和电缆隧道处应设置线型感温、感烟或吸气式感烟探测器。

3.2 本条评价项目的查评依据如下

依据 1 《火力发电厂与变电站设计防火标准》（GB 50229—2019）

11.2.4 地上油浸变压器室的门应直通室外；地下油浸变压器室门应向公共走道方向开启，该门应采用甲级防火门；干式变压器室、电容器室门应向公共走道方向开启，该门应采用乙级防火门；蓄电池室、电缆夹层、继电器室、通信机房、配电装置室的门应向疏散方向开启，当门外为公共走道或其他房间时，该门应采用乙级防火门。配电装置室的中间隔墙上的门可采用分别向不同方向开启且宜相邻的 2 个乙级防火门。

依据 2 《变电站（换流站）消防设备设施完善化改造原则（试行）》（设备变电〔2018〕15 号）

4.2.2.2 配电装置室的门应向疏散方向开启。

3.3 本条评价项目的查评依据如下

依据 《火力发电厂与变电站设计防火标准》（GB 50229—2019）

11.4.2 电缆从室外进入室内的入口处、电缆竖井的出入口处，建（构）筑物中电缆引至电气柜、盘或控制屏、台的开孔部位，电缆贯穿隔墙、楼板的空洞应采用电缆防火封堵材料进行封堵，其防火封堵组件的耐火极限不应低于被贯穿物的耐火极限，且不低于 1.00h。

3.4 本条评价项目的查评依据如下

依据 《火力发电厂与变电站设计防火标准》（GB 50229—2019）

11.4.3 在电缆竖井中，宜每间隔不大于 7m 采用耐火极限不低于 3.00h 的不燃烧体或防火封堵材料封堵。

11.4.4 防火墙上的电缆孔洞应采用电缆防火封堵材料或防火封堵组件进行封堵，并应采取防止火焰延燃的措施，其防火封堵组件的耐火极限应为 3.00h。

11.4.5 在电缆隧道和电缆沟道中，严禁有可燃气、油管路穿越。

3.5 本条评价项目的查评依据如下

附录 变电站（换流站）典型消防器材配置（见下表）。

典型 110kV 变电站现场灭火器和黄砂配置表

配置部位	灭火器材	磷酸铵盐干粉			黄砂		灭火级别	保护面积	危险等级	备注
		4kg	5kg	50kg	桶（25L）	箱（$1m^3$）				
控制室		—	2	—	—	—	E（A）	100	严重	—
继电器室、继保室		2	—	—	—	—	E（A）	100	中	—
配电装置室、二次设备室		4	—	—	—	—	E（A）	200	中	—
室内油浸式主变压器室		4	—	2	—	—	混合	100	中	—
室内油浸式主变压器散热室		2	—	—	—	—	混合	50	中	—
电容器室		2	—	—	—	—	混合	100	中	—
电抗器室		2	—	—	—	—	混合	100	中	—
蓄电池室		2	—	—	—	—	C	100	中	—
站用变压器室、接地变压器室		2	—	—	—	—	混合	100	中	—
消弧线圈室		2	—	—	—	—	E	100		
电缆	夹层	10	—	—	—	—	E	500	中	—
	竖井	2	—	—	—	—	E	100	中	—
室内其他区域		2	—	—	—	—	A	100	轻	办公室、资料室、会议室、安全工器具室、备品间等
室外油浸式主变压器		—	—	2	—	1	B、E	—	中	砂箱为每台主变压器数，每只砂箱配备3～5 把消防铲
站内公用设施		4	—	—	10	—	—	—	—	消防黄砂桶应采用铅桶，每两桶配备一把消防铲、每四桶配备一把消防斧

3.6　本条评价项目的查评依据如下

依据 1《变电站（换流站）消防设备设施完善化改造原则（试行）》（设备变电〔2018〕15 号）

4.3.3.7　每只室内消火栓箱内应配置 65mm 消火栓及隔离阀各 1 只、25m 长 DN65 有衬里水龙带 1 根带快装接头、19mm 直流或喷雾或多功能水枪 1 只、自救式消防水喉 1 套、消防按钮 1 只；带电设施附近的消火栓应配备喷雾功能水枪。当室内消火栓栓口处的出水压力超过 0.5MPa 时，应加设减压孔板或采用减压稳压型消火栓。

依据 2 《电力设备典型消防规程》（DL 5027—2015）

14.3.7　每只室内消火栓箱内应配置 65mm 消火栓及隔离阀各 1 只、25m 长 DN65 有衬里水龙带 1 根带快装接头、19mm 直流或喷雾或多功能水枪 1 只、自救式消防水喉 1

套、消防按钮 1 只。带电设施附近的消火栓应配备带喷雾功能水枪。当室内消火栓栓口处的出水压力超过 0.5MPa 时，应加设减压孔板或采用减压稳压型消火栓。

3.7 本条评价项目的查评依据如下

依据 《电力设备典型消防规程》（DL 5027—2015）

10.4.2 高层建筑内的油浸式消弧线圈等设备，当油量大于 600kg 时，应布置在专用的房间内，外墙开门处上方应设置防火挑檐，挑檐的宽度不应小于 1.0m，而长度为门的宽度两侧各加 0.5m。

10.7.3 户内布置的单台电力电容器油量超过 100kg 时，应有贮油设施或挡油栏。户外布置的电力电容器与高压电气设备需保持 5.0m 及以上的距离，防止事故扩大。

10.7.4 集合式电容器室内布置时，基坑地面宜采用水泥砂浆抹面并压光，在其上面铺以 100mm 厚的细砂。如室外布置，则基坑宜采用水泥砂浆抹面，在挡油设施内铺以卵石（或碎石）。

4 主控室、通信室、档案室

4.1 本条评价项目的查评依据如下

依据 《变电站（换流站）消防设备设施完善化改造原则（试行）》（设备变电〔2018〕15 号）

4.3.1.4 火灾自动报警系统的探测器应符合《电力设备典型消防规程》（DL 5027—2015）要求。地下变电站电缆层、电缆竖井和电缆隧道处应设置线型感温、感烟或吸气式感烟探测器。

4.2 本条评价项目的查评依据如下

依据 同 3.5 查评依据

4.3 本条评价项目的查评依据如下

依据 《电力设备典型消防规程》（DL 5027—2015）

11.0.2 各室的隔墙、顶棚内装饰，应采用难燃或不燃材料。建筑内部装修材料应符合现行国家标准《建筑内部装修设计防火规范》GB 50222 的有关规定，地下变电站宜采用防霉耐潮材料。

11.0.3 控制室、调度室应有不少于两个疏散出口。

11.0.4 各室严禁吸烟，禁止明火取暖。计算机室维修必用的各种溶剂，包括汽油、酒精、丙酮、甲苯等易燃溶剂应采用限量办法，每次带入室内不超过 100mL。

4.4 本条评价项目的查评依据如下

依据 《电力设备典型消防规程》（DL 5027—2015）

11.0.10 各室配电线路应采用阻燃措施或防延燃措施，严禁任意拉接临时电线。

11.0.11 发生火灾报警，应迅速查明原因，及时消除警情。若已发生火灾，则应切断交流电源，开启直流事故照明，关闭通风管防火阀，采用气体等灭火器进行灭火。

4.5　本条评价项目的查评依据如下

依据 《电力设备典型消防规程》(DL 5027—2015)

11.0.8　档案室收发档案材料的门洞及窗口应安装防火门窗，其耐火极限不得低于 0.75h。

11.0.9　档案室与其他建筑物直接相通的门均应做防火门，其耐火极限应不小于 2.0h；内部分隔墙上开设的门也要采取防火措施，耐火极限要求为 1.2h。

5　蓄电池室

5.1　本条评价项目的查评依据如下

依据 1 《变电站(换流站)消防设备设施完善化改造原则(试行)》(设备变电〔2018〕15 号)

4.2.3.1　酸性蓄电池室：

a　蓄电池室每组宜布置在单独的室内，如确有困难，应在每组蓄电池之间设耐火时间为大于 2.0h 的防火隔断，蓄电池室门应向外开；

b　蓄电池室应装有通风装置，通风道应单独设置，不应通向烟道或厂房内的总通风系统；

c　蓄电池室应使用防爆型照明和防爆型排风机，开关、熔断器、插座等应装在蓄电池室的外面。蓄电池室的照明线应采用耐酸导线，并用暗线敷设，检修用行灯应采用 12V 防爆灯，其电缆应用绝缘良好的胶质软线；

d　凡是进出蓄电池室的电缆、电线，在穿墙处应用耐酸瓷管或聚氯乙烯硬管穿线，并在其进出口端用耐酸材料将管口封堵。

依据 2 《电力设备典型消防规程》(DL 5027—2015)

10.6.1

1　严禁在蓄电池室内吸烟和将任何火种带入蓄电池室内。蓄电池室门上应有“蓄电池室”“严禁烟火”或“火灾危险，严禁火种入内”等标志牌。

2　蓄电池室采暖宜采用电采暖器，严禁采用明火取暖。若确有困难需采用水采暖时，散热器应选用钢质，管道应采用整体焊接。采暖管道不宜穿越蓄电池室楼板。

3　蓄电池室每组宜布置在单独的室内，如确有困难，应在每组蓄电池之间设耐火时间为大于 2.0h 的防火隔断，蓄电池室门应向外开。

4　蓄电池室内装修应有防酸措施。

5　容易产生爆炸性气体的蓄电池室内应安装防爆型探测器。

6　蓄电池室应装有通风装置，通风道应单独设置，不应通向烟道或厂房内的总通风系统。离通风管出口处 10m 内有引爆物质场所时，则通风管的出风口至少应高出该建筑物屋顶 2.0m。

7　蓄电池室应使用防爆型照明和防爆型排风机，开关、熔断器、插座等应装在蓄电池室外面。蓄电池室的照明线应采用耐酸导线，并用暗线敷设。检修用行灯应采用 12V 防爆灯，其电缆应用绝缘良好的胶质软线。

8 凡是进出蓄电池室的电缆、电线，在穿墙处应用耐酸瓷管或聚氯乙烯硬管穿线，并在其进出口端用耐酸材料将管口封堵。

9 当蓄电池室受到外界火势威胁时，应立即停止充电，如充电刚完毕，则应继续开启排风机，抽出室内氢气。

10 当蓄电池室火灾时，应立即停止充电并灭火。

11 蓄电池室通风装置的电气设备或蓄电池室的空气入口处附近火灾时，应立即切断该设备的电源。

10.6.2 其他蓄电池室（阀控式密封铅酸蓄电池室、无氢蓄电池室、锂电池室、钠硫电池、UPS 室等）：

1 蓄电池室应装有通向室外的有效通风装置，阀控式密封铅酸蓄电池室内的照明、通风设备可不考虑防爆；

2 锂电池、钠硫电池设置在专用的房间内，建筑面积小于 200m^2 时，应设置干粉灭火器或消防砂箱；建筑面积不小于 200m^2 时，宜设置气体灭火系统和自动报警系统。

5.2 本条评价项目的查评依据如下

依据 1 《变电站（换流站）消防设备设施完善化改造原则（试行）》（设备变电〔2018〕15 号）

4.2.3.1 酸性蓄电池室：

a 蓄电池室每组宜布置在单独的室内，如确有困难，应在每组蓄电池之间设耐火时间为大于 2.0h 的防火隔断，蓄电池室门应向外开；

b 蓄电池室应装有通风装置，通风道应单独设置，不应通向烟道或厂房内的总通风系统；

c 蓄电池室应使用防爆型照明和防爆型排风机，开关、熔断器、插座等应装在蓄电池室的外面。蓄电池室的照明线应采用耐酸导线，并用暗线敷设，检修用行灯应采用 12V 防爆灯，其电缆应用绝缘良好的胶质软线；

d 凡是进出蓄电池室的电缆、电线，在穿墙处应用耐酸瓷管或聚氯乙烯硬管穿线，并在其进出口端用耐酸材料将管口封堵。

依据 2 《电力设备典型消防规程》（DL 5027—2015）

10.6.1

1 严禁在蓄电池室内吸烟和将任何火种带入蓄电池室内。蓄电池室门上应有“蓄电池室”“严禁烟火”或“火灾危险，严禁火种入内”等标志牌。

2 蓄电池室采暖宜采用电采暖器，严禁采用明火取暖。若确有困难需采用水采暖时，散热器应选用钢质，管道应采用整体焊接。采暖管道不宜穿越蓄电池室楼板。

3 蓄电池室每组宜布置在单独的室内，如确有困难，应在每组蓄电池之间设耐火时间为大于 2.0h 的防火隔断，蓄电池室门应向外开。

4　蓄电池室内装修应有防酸措施。

5　容易产生爆炸性气体的蓄电池室内应安装防爆型探测器。

6　蓄电池室应装有通风装置，通风道应单独设置，不应通向烟道或厂房内的总通风系统。离通风管出口处 10m 内有引爆物质场所时，则通风管的出风口至少应高出该建筑物屋顶 2.0m。

7　蓄电池室应使用防爆型照明和防爆型排风机，开关、熔断器、插座等应装在蓄电池室外面。蓄电池室的照明线应采用耐酸导线，并用暗线敷设。检修用行灯应采用 12V 防爆灯，其电缆应用绝缘良好的胶质软线。

8　凡是进出蓄电池室的电缆、电线，在穿墙处应用耐酸瓷管或聚氯乙烯硬管穿线，并在其进出口端用耐酸材料将管口封堵。

9　当蓄电池室受到外界火势威胁时，应立即停止充电，如充电刚完毕，则应继续开启排风机，抽出室内氢气。

10　当蓄电池室火灾时，应立即停止充电并灭火。

11　蓄电池室通风装置的电气设备或蓄电池室的空气入口处附近火灾时，应立即切断该设备的电源。

5.3　本条评价项目的查评依据如下

依据　与 5.2 依据相同

5.4　本条评价项目的查评依据如下

依据　与 4.2 依据 1 相同

6　电缆沟道

6.1　本条评价项目的查评依据如下

依据 1 《电力电缆及通道运维规程》（Q/GDW 1512—2014）

5.5.4　防火设施技术要求：

a）在电缆穿过竖井、变电站夹层、墙壁、楼板或进入电气盘、柜的孔洞处，应做防火封堵；

b）在隧道、电缆沟、变电站夹层和进出线等电缆密集区域应采用阻燃电缆或采取防火措施；

c）在重要电缆沟和隧道中有非阻燃电缆时，宜分段或用软质耐火材料设置阻火隔离，孔洞应封堵；

d）未采用阻燃电缆时，电缆接头两侧及相邻电缆 2～3m 长的区段应采取涂刷防火涂料、缠绕防火包带等措施；

e）在封堵电缆孔洞时，封堵应严实可靠，不应有明显的裂缝和可见的缝隙，孔洞较大者应加耐火衬板后再进行封堵。

依据 2 《电力设备典型消防规程》(DL 5027—2015)

10.5.3 凡穿越墙壁、楼板和电缆沟道而进入控制室、电缆夹层、控制柜及仪表盘、保护盘等处的电缆孔、洞、竖井和进入油区的电缆入口处必须用防火堵料严密封堵。发电厂的电缆沿一定长度可涂以耐火涂料或其他阻燃物质。靠近充油设备的电缆沟，应设有防火延燃措施，盖板应封堵。防火封堵应符合现行行业标准《建筑防火封堵应用技术规程》CECS 154 的有关规定。

依据 3 《变电站(换流站)消防设备设施完善化改造原则(试行)》(设备变电〔2018〕15 号)

4.2.4.7 靠近充油设备的电缆沟，应设有防火延燃措施，盖板应封堵。可采用防止变压器油流入电缆沟内的卡槽式电缆沟盖板或在普通电缆沟盖板上覆盖防火玻璃丝纤维布等措施。

6.2 本条评价项目的查评依据如下

依据 1 《电力电缆及通道运维规程》(Q/GDW 1512—2014)

8.3.4 运维部门应保持电缆通道、夹层整洁、畅通，消除各类火灾隐患，通道沿线及其内部不得积存易燃、易爆物。

依据 2 《电力设备典型消防规程》(DL 5027—2015)

10.5.6 电缆沟、管沟、水沟等沟坑内应保持整洁、不堆放杂物，不应有积油；严禁将油色谱在线监测系统的采油管路敷设在电缆沟内。

6.3 本条评价项目的查评依据如下

依据 1 《电力电缆及通道运维规程》(Q/GDW 1512—2014)

8.3.9 变电站夹层宜安装温度、烟气监视报警器，重要的电缆隧道应安装温度在线监测装置，并应定期传动、检测，确保动作可靠、信号准确。

依据 2 《变电站(换流站)消防设备设施完善化改造原则(试行)》(设备变电〔2018〕15 号)

4.2.4.9 220kV 及以上变电站的电缆夹层及电缆竖井内应安装线型感温、感烟或吸气式感烟探测器，缆式线型感温火灾探测器在电缆表面以“S 形”缠绕方式敷设。

4.3.1.4 火灾自动报警系统的探测器应符合《电力设备典型消防规程》(DL 5027—2015)要求。地下变电站电缆层、电缆竖井和电缆隧道处应设置线型感温、感烟或吸气式感烟探测器。

6.4 本条评价项目的查评依据如下

依据 1 《电力电缆及通道运维规程》(Q/GDW 1512—2014)

8.3.1 电缆的防火阻燃应采取下列措施：

a)按设计采用耐火或阻燃型电缆；

b)按设计设置报警和灭火装置；

c)防火重点部位的出入口，应按设计要求设置防火门或防火卷帘；

d）改、扩建工程施工中，对于贯穿已运行的电缆孔洞、阻火墙，应及时恢复封堵。

8.3.2　明敷充油电缆的供油系统应装设自动报警和闭锁装置，多回路充油电缆的终端设置处应装设专用消防设施，有定期检验记录。

依据 2 《变电站（换流站）消防设备设施完善化改造原则（试行）》（设备变电〔2018〕15 号）

4.2.4.10　变电站电缆夹层、电缆竖井内应设置固定式灭火设施；电缆沟内电缆密集处、转弯处等重点部位可设置固定式自动灭火设施；固定式自动灭火设施宜采用悬挂式干粉自动灭火器。

4.3.1.4　火灾自动报警系统的探测器应符合《电力设备典型消防规程》（DL 5027—2015）要求。地下变电站电缆层、电缆竖井和电缆隧道处应设置线型感温、感烟或吸气式感烟探测器。

4.3.3.2　固定灭火系统的配置应符合以下要求：

a　油浸式变压器、电缆层、电缆竖井和电缆隧道应按照《建筑设计防火规范》GB 50016—2014 和《电力设备典型消防规程》DL 5027—2015 的要求配置固定式灭火系统；

b　换流站内油浸式变压器、油浸式平波电抗器应按照电力行业标准《高压直流换流站设计技术规范》 DL/T 5223—2005 的要求配置固定式灭火系统；

c　变压器固定自动灭火系统的配置应符合《变压器固定自动灭火系统完善化改造原则》的要求。

6.5　本条评价项目的查评依据如下

依据 《变电站（换流站）消防设备设施完善化改造原则（试行）》（设备变电〔2018〕15 号）

4.2.4.8　在电缆从室外进入室内的入口处、敷设两个及以上间隔电缆的主电缆沟道和到单个间隔或设备分支电缆沟道的交界处应设置防火墙，在主电缆沟道内每间隔 60m 应设置一道防火墙。

6.6　本条评价项目的查评依据如下

依据 1 《水电工程设计防火规范》（GB 50872—2014）

9.0.7　电缆竖井发生火灾时，因具有“烟囱效应”，火势猛烈，延燃迅速，国内水力发电厂、火电站均曾发生过电缆竖井火灾，大面积烧毁电缆的事故。因此，电缆竖井是电缆防火的重要部位之一。为了避免电缆竖井的“烟囱效应”，防止火灾蔓延扩大，应对电缆竖井上下两端、进出电缆的孔口处及每一楼层处采用耐火极限不低于 1.00h 的非燃烧材料进行封堵。

依据 2 《国网设备部关于加快推进变电站消防隐患治理工作的通知》（设备变电〔2018〕16 号）

（七）变电站动力电缆与其他电缆混沟

问题现状：部分变电站（包括新建、在建变电站）存在动力电缆与控制电缆、通信电缆等混沟敷设情况，且部分变电站未采取可靠的防火隔离措施。

治理措施：对电缆沟进行改造，使其满足动力电缆与控制电缆分沟敷设的要求；不具备独立敷设条件的，采取加装电缆防火槽盒、涂防火涂料等临时措施。

依据 3《变电站（换流站）消防设备设施完善化改造原则（试行）》（设备变电〔2018〕15号）

4.2.4.4 动力电缆与控制电缆或通信电缆之间应进行可靠的防火隔离，可采取将动力电缆或通信电缆装入防火槽盒、包覆防火护套或插入防火隔板等隔离措施。

依据 4 《电力设备典型消防规程》（DL 5027—2015）

10.5.9 在多个电缆头并排安装的场合中，应在电缆头之间加隔板或填充阻燃材料。

10.5.12 施工中动力电缆与控制电缆不应混放、分布不均及堆积乱放。在动力电缆与控制电缆之间，应设置层间耐火隔板。

6.7 本条评价项目的查评依据如下

依据 1 《水电工程设计防火规范》（GB 50872—2014）

9.0.9 根据实际电缆火灾的经验教训，为了迅速扑灭火灾，穿越各机组之间架空敷设的电缆应在每个机组段集中设置手提式干粉灭火器。在电缆室、电缆通（廊）道、电缆竖井的出入口处，设置手提式干粉灭火器。

电缆燃烧时释放的黑烟里含有大量有毒的氯化氢气体，所以应配备防毒面具，供消防人员使用。

依据 2 本条评价项目的查评依据同 3.5

6.8 本条评价项目的查评依据如下

依据 1 《电力电缆及通道运维规程》（Q/GDW 1512—2014）

8.3.1 电缆的防火阻燃应采取下列措施：

a）按设计采用耐火或阻燃型电缆；

b）按设计设置报警和灭火装置；

c）防火重点部位的出入口，应按设计要求设置防火门或防火卷帘；

d）改、扩建工程施工中，对于贯穿已运行的电缆孔洞、阻火墙，应及时恢复封堵。

8.3.2 明敷充油电缆的供油系统应装设自动报警和闭锁装置，多回路充油电缆的终端设置处应装设专用消防设施，有定期检验记录。

依据 2 《电力设备典型消防规程》（DL 5027—2015）

10.5.11 电力电缆中间接头盒的两侧及其附近区域，应增加防火包带等阻燃措施。

依据 3《变电站（换流站）消防设备设施完善化改造原则（试行）》（设备变电〔2018〕15号）

4.2.4.5 合理安排电缆段长，尽量减少电缆接头的数量，严禁在变电站电缆夹层、桥架和竖井等缆线密集区域布置电力电缆接头。

4.2.4.6 电力电缆中间接头盒的两侧及其附近区域，应增加防火包带等阻燃措施。

6.9　本条评价项目的查评依据如下

依据　《电力设备典型消防规程》（DL 5027—2015）

10.5.14　电缆隧道的下列部位宜设置防火分隔，采用防火墙上设置防火门的形式：

1　电缆进出隧道的出入口及隧道分支处。

2　电缆隧道位于电厂、变电站内时，间隔不大于 100m 处。

3　电缆隧道位于电厂、变电站外时，间隔不大于 200m 处。

4　长距离电缆隧道通风区段处，且间隔不大于 500m。

5　电缆交叉、密集部位，间隔不大于 60m。

防火墙耐火极限不宜低于 3.0h，防火门应采用甲级防火门（耐火极限不宜低于 1.2h）且防火门的设置应符合现行国家标准《建筑设计防火规范》GB 50016—2014 的有关规定。

10.5.15　发电厂电缆竖井中，宜每隔 7.0m 设置阻火隔层。

6.10　本条评价项目的查评依据如下

依据　《变电站（换流站）消防设备设施完善化改造原则（试行）》（设备变电〔2018〕15 号）

4.3.5.2　电缆隧道内应设置指向最近安全出口处的导向箭头，主隧道、各分支拐弯处醒目位置装设整个电缆隧道平面示意图，并在示意图上标注所处位置及各出入口位置。

6.11　本条评价项目的查评依据如下

依据　《电力电缆及通道运维规程》（Q/GDW 1512—2014）

8.3.7　在电缆通道、夹层内使用的临时电源应满足绝缘、防火、防潮要求。工作人员撤离时应立即断开电源。

8.3.8　在电缆通道、夹层内动火作业应办理动火工作票，并采取可靠的防火措施。

8.3.10　严格按照运行规程规定对电缆夹层、通道进行巡检，并检测电缆和接头运行温度。

6.12　本条评价项目的查评依据如下

依据　《城市电力电缆线路设计技术规定》（DL/T 5221—2016）

4.5.15　电缆隧道内附属设施应根据各地环境条件及运行需求来确定。

7　消防标识

7.1　本条评价项目的查评依据如下

依据　《变电站（换流站）消防设备设施完善化改造原则（试行）》（设备变电〔2018〕15 号）

4.3.5.1　变电站和换流站内的消防安全标志可根据其功能分为以下 6 类：a）火灾报警装置标志；b）紧急疏散逃生标志；c）灭火设备标志；d）禁止和警告标志；e）方向辅助标志；f）文字辅助标志。各类标志应符合国家标准《消防安全标志　第 1 部分：标志》GB 13495.1—2015，如不满足要求，应进行完善化改造。

7.2 本条评价项目的查评依据如下

依据 《变电站（换流站）消防设备设施完善化改造原则（试行）》（设备变电〔2018〕15号）

4.3.4.5 户内变电站、户外变电站主控通信室、配电装置室、消防水泵房和建筑疏散通道应设置应急照明。地下变电站的主控室、配电装置室、变压器室、继电器室、消防水泵房、建筑疏散通道和楼梯间应设置应急照明。地下变电站的疏散通道和安全出口应设发光疏散指示标志。人员疏散用的应急照明的照度不应低于1lx，继续工作应急照明不应低于正常照明照度值的100%。应急照明灯宜设置在墙面或顶棚上。

4.3.5.3 疏散指示标识应根据国家法律法规、消防技术标准设置，并应采用符合法律规定的灯光疏散指示标志、安全出口标志，标明疏散方向。

7.3 本条评价项目的查评依据如下

依据1《变电站（换流站）消防设备设施完善化改造原则（试行）》（设备变电〔2018〕15号）

4.3.4.5 户内变电站、户外变电站主控通信室、配电装置室、消防水泵房和建筑疏散通道应设置应急照明。地下变电站的主控室、配电装置室、变压器室、继电器室、消防水泵房、建筑疏散通道和楼梯间应设置应急照明。地下变电站的疏散通道和安全出口应设发光疏散指示标志。人员疏散用的应急照明的照度不应低于1lx，继续工作应急照明不应低于正常照明照度值的100%。应急照明灯宜设置在墙面或顶棚上。

4.3.5.3 疏散指示标识应根据国家法律法规、消防技术标准设置，并应采用符合法律规定的灯光疏散指示标志、安全出口标志，标明疏散方向。

依据2 《中华人民共和国消防法》（2019年修订）

第十六条 机关、团体、企业、事业等单位应当履行下列消防安全职责：

（一）落实消防安全责任制，制定本单位的消防安全制度、消防安全操作规程，制定灭火和应急疏散预案；

（二）按照国家标准、行业标准配置消防设施、器材，设置消防安全标志，并定期组织检验、维修，确保完好有效；

（三）对建筑消防设施每年至少进行一次全面检测，确保完好有效，检测记录应当完整准确，存档备查；

（四）保障疏散通道、安全出口、消防车通道畅通，保证防火防烟分区、防火间距符合消防技术标准；

（五）组织防火检查，及时消除火灾隐患；

（六）组织进行有针对性的消防演练；

（七）法律、法规规定的其他消防安全职责。

单位的主要负责人是本单位的消防安全责任人。

依据 3 《机关、团体、企业、事业单位消防安全管理规定》(中华人民共和国公安部第 61 号令)

第二十一条 单位应当保障疏散通道、安全出口畅通，并设置符合国家规定的消防安全疏散指示标志和应急照明设施，保持防火门、防火卷帘、消防安全疏散指示标志、应急照明、机械排烟送风、火灾事故广播等设施处于正常状态。

严禁下列行为：

（一）占用疏散通道；

（二）在安全出口或者疏散通道上安装栅栏等影响疏散的障碍物；

（三）在营业、生产、教学、工作等期间将安全出口上锁、遮挡或者将消防安全疏散指示标志遮挡、覆盖；

（四）其他影响安全疏散的行为。

依据 4 《火力发电厂与变电站设计防火标准》(GB 50229—2019)

11.7.2 火灾应急照明和疏散标志应符合下列规定：

4 人员疏散通道应急照明的地面最低水平照度不应低于 1.0lx，楼梯间的地面最低水平照度不应低于 5.0lx，继续工作应急照明应保证正常照明的照度。

7.4 本条评价项目的查评依据如下

依据 《电力设备典型消防规程》(DL 5027—2015)

10.6.1

1 严禁在蓄电池室内吸烟和将任何火种带入蓄电池室内。蓄电池室门上应有“蓄电池室”“严禁烟火”或“火灾危险，严禁火种入内”等标志牌。

2 蓄电池室采暖宜采用电采暖器，严禁采用明火取暖。若确有困难需采用水采暖时，散热器应选用钢质，管道应采用整体焊接。采暖管道不宜穿越蓄电池室楼板。

3 蓄电池室每组宜布置在单独的室内，如确有困难，应在每组蓄电池之间设耐火时间为大于 2.0h 的防火隔断，蓄电池室门应向外开。

4 蓄电池室内装修应有防酸措施。

5 容易产生爆炸性气体的蓄电池室内应安装防爆型探测器。

6 蓄电池室应装有通风装置，通风道应单独设置，不应通向烟道或厂房内的总通风系统。离通风管出口处 10m 内有引爆物质场所时，则通风管的出风口至少应高出该建筑物屋顶 2.0m。

7 蓄电池室应使用防爆型照明和防爆型排风机，开关、熔断器、插座等应装在蓄电池室外面。蓄电池室的照明线应采用耐酸导线，并用暗线敷设。检修用行灯应采用 12V 防爆灯，其电缆应用绝缘良好的胶质软线。

8 凡是进出蓄电池室的电缆、电线，在穿墙处应用耐酸瓷管或聚氯乙烯硬管穿线，并在其进出口端用耐酸材料将管口封堵。

9 当蓄电池室受到外界火势威胁时，应立即停止充电，如充电刚完毕，则应继续开启排风机，抽出室内氢气。

10　当蓄电池室火灾时，应立即停止充电并灭火。

11　蓄电池室通风装置的电气设备或蓄电池室的空气入口处附近火灾时，应立即切断该设备的电源。

10.6.2　其他蓄电池室（阀控式密封铅酸蓄电池室、无氢蓄电池室、锂电池室、钠硫电池、UPS 室等）：

1　蓄电池室应装有通向室外的有效通风装置，阀控式密封铅酸蓄电池室内的照明、通风设备可不考虑防爆；

2　锂电池、钠硫电池设置在专用的房间内，建筑面积小于 $200m^2$ 时，应设置干粉灭火器或消防砂箱；建筑面积不小于 $200m^2$ 时，宜设置气体灭火系统和自动报警系统。

8　消防控制室

8.1　消防控制室通用要求

8.1.1　本条评价项目的查评依据如下

依据 1　《消防控制室完善化改造原则（试行）》（设备变电〔2018〕15 号）

4.1.4　消防控制室应具备远方控制功能。

4.1.5　消防控制室应设有用于火灾报警的外线电话。

依据 2　《火灾自动报警设计规范》（GB 50116—2013）

3.4.3　消防控制室应设有用于火灾报警的外线电话。

6.1.4　集中报警系统和控制中心报警系统中的区域火灾报警控制器在满足下列条件时，可设置在无人值班的场所：

1　本区域内无需要手动控制的消防联动设备。

2　本火灾报警控制器的所有信息在集中火灾报警控制器上均有显示，且能接收起集中控制功能的火灾报警控制器的联动控制信号，并自动启动相应的消防设备。

3　设置的场所只有值班人员可以进入。

8.1.2　本条评价项目的查评依据如下

依据 1　《消防控制室完善化改造原则（试行）》（设备变电〔2018〕15 号）

4.1.9　消防控制室应实行每日 24h 值班制度，每班不应少于 2 人，值班人员应持有消防控制室操作职业资格证书。

依据 2　《消防控制室通用技术要求》（GB 25506—2010）

4.2.1　消防控制室管理应符合下列要求：

a）应实行每日 24 h 专人值班制度，每班不应少于 2 人，值班人员应持有消防控制室操作职业资格证书；

b）消防设施日常维护管理应符合 GB 25201 的要求；

c）应确保火灾自动报警系统、灭火系统和其他联动控制设备处于正常工作状态，不得将应处于自动状态的设在手动状态；

d）应确保高位消防水箱、消防水池、气压水罐等消防储水设施水量充足，确保消防泵出水管阀门、自动喷水灭火系统管道上的阀门常开；确保消防水泵、防排烟风机、防火卷帘等消防用电设备的配电柜启动开关处于自动位置（通电状态）。

8.1.3 本条评价项目的查评依据如下

依据 1 《消防控制室完善化改造原则（试行）》（设备变电〔2018〕15 号）

4.1.10 应确保消防控制室的火灾自动报警系统、灭火系统和其他联动控制设备处于正常工作状态，不得将应处于自动状态的设在手动状态。

依据 2 《消防控制室通用技术要求》（GB 25506—2010）

4.2.1 消防控制室管理应符合下列要求：

a）应实行每日 24 h 专人值班制度，每班不应少于 2 人，值班人员应持有消防控制室操作职业资格证书；

b）消防设施日常维护管理应符合 GB 25201 的要求；

c）应确保火灾自动报警系统、灭火系统和其他联动控制设备处于正常工作状态，不得将应处于自动状态的设在手动状态；

d）应确保高位消防水箱、消防水池、气压水罐等消防储水设施水量充足，确保消防泵出水管阀门、自动喷水灭火系统管道上的阀门常开；确保消防水泵、防排烟风机、防火卷帘等消防用电设备的配电柜启动开关处于自动位置（通电状态）。

8.1.4 本条评价项目的查评依据如下

依据 《消防控制室完善化改造原则（试行）》（设备变电〔2018〕15 号）

4.1.12 消防控制室设备选型应满足以下要求：

a. 属于国家消防产品强制性认证目录中的产品，应具有 CCCF 认证证书并标注认证标志；

b. 目录以外的产品，应具有国家级消防产品质量检验中心出具的检验报告。

8.2 消防控制室资料要求

8.2.1 本条评价项目的查评依据如下

依据 1 《消防控制室完善化改造原则（试行）》（设备变电〔2018〕15 号）

4.1.8 消防控制室应有相应的竣工图纸、各分系统控制逻辑关系说明、设备使用说明书、系统操作规程、应急预案、值班制度、维护保养制度及值班记录等文件资料。

依据 2 《火灾自动报警设计规范》（GB 50116—2013）

3.4.4 消防控制室应有相应的竣工图纸、各分系统控制逻辑关系说明、设备使用说明书、系统操作规程、应急预案、值班制度、维护保养制度及值班记录等文件资料。

8.2.2 本条评价项目的查评依据如下

依据 1 《消防控制室完善化改造原则（试行）》（设备变电〔2018〕15 号）

4.1.11 消防控制室的设备应按照《火灾自动报警系统施工及验收标准》GB 50166

的要求进行维护和保养，并做好相关记录。

依据 2 《火灾自动报警系统施工及验收标准》（GB 50166—2019）

6 系统运行维护

6.0.1 系统投入使用前，消防控制室应具有下列文件资：

1 检测、验收合格资料；

2 建（构）筑物竣工后的总平面图、建筑消防系统平面布置图、建筑消防设施系统图及安全出口布量图、重点部位位置图、危化品位置图；

3 消防安全管理规章制度、灭火预案、应急疏散预案；

4 消防安全组织机构图，包括消防安全责任人、管理人，专职、义务消防人员；

5 消防安全培训记录、灭火和应急疏散预案的演练记录；

6 值班情况、消防安全检查情况及巡查情况的记录；

7 火灾自动系统设备现场设置情况记录；

8 消防系统联动控制逻辑关系说明、联动编程记录、消防联动控制器手动控制单元编码设置记录；

9 系统设备使用说明书、系统操作规程、系统和设备维护保养制度。

6.0.2 系统的使用单位应建立本标准第 6.0.1 条规定的文件档案，并应有电子备份档案。

6.0.3 系统应保持连续正常运行，不得随意中断。

6.0.4 系统应按本标准附录 F 规定的巡查项目和内容进行日常巡查，巡查的部位、频次应符合现行国家标准《建筑消防设施的维护管理》GB 25201 的规定，并按本标准附录 F 的规定填写记录。

巡查过程中发现设备外观破损、设备运行异常时应立即报修。

6.0.5 每年应按表 6.0.5 规定的检查项目、数量对系统设备的功能、各分系统的联动控制功能进行检查，并应符合下列规定：

1 系统的年度检查可根据检查计划，按月度、季度逐步进行；

2 月度、季度的检查数量应符合表 6.0.5 的规定；

3 系统设备的功能、各分系统的控制功能应符合本标准第 4 章的规定。

表 6.0.5 系统月检、季检对象、项目及数量

<table>
<tr><th>序号</th><th>检查对象</th><th>检查项目</th><th>检查数量</th></tr>
<tr><td rowspan="3">1</td><td>Ⅰ 火灾报警控制器</td><td rowspan="2">火灾报警功能</td><td>实际安装数量</td></tr>
<tr><td>Ⅱ 火灾探测器、手动火灾报警按钮</td><td>应保证每年对每一只探测器、报警按钮至少进行一次火灾报警功能检查</td></tr>
<tr><td>Ⅲ 火灾显示盘</td><td>火灾报警显示功能</td><td>月、季检查数量应保证每年对每一台区域显示器至少进行一次火灾报警显示功能检查</td></tr>
<tr><td rowspan="2">2</td><td>Ⅰ 消防联动控制器</td><td rowspan="2">输出模块启动功能</td><td rowspan="2">应保证每年对每一只模块至少进行一次启动功能检查</td></tr>
<tr><td>Ⅱ 输出模块</td></tr>
</table>

续表

序号	检查对象	检查项目	检查数量
3	Ⅰ 消防电话总机	呼叫功能	实际安装数量
	Ⅱ 电话分机、电话插孔		应保证每年对每一个分机、插孔至少进行一次呼叫功能检查
4	Ⅰ 可燃气体报警控制器	可燃气体报警功能	实际安装数量
	Ⅱ 可燃气体探测器		应保证每年对每一只探测器至少进行一次可燃气体报警功能检查
5	Ⅰ 电气火灾监控设备	监控报警功能	实际安装数量
	Ⅱ 电气火灾监控探测器、线型感温火灾探测器		应保证每年对每一只探测器至少进行一次监控报警功能检查
6	Ⅰ 消防设备电源监控器	消防设备电源故障报警功能	实际安装数量
	Ⅱ 传感器		应保证每年对每一只传感器至少进行一次消防设备电源故障报警功能检查
7	消防设备应急电源	转换功能	实际安装数量
8	Ⅰ 消防控制室图形显示装置	接收和显示火灾报警、联动控制、反馈信号功能	实际安装数量
	Ⅱ 传输设备		
9	Ⅰ 火灾警报器	火灾报警功能	应保证每年对每一只火灾警报器至少进行一次火灾警报功能检查
	Ⅱ 消防应急广播控制设备	应急广播功能	实际安装数量
	Ⅲ 扬声器		应保证每年对每一只扬声器至少进行一次应急广播功能检查
	Ⅳ 火灾警报和消防应急广播系统	联动控制功能	应保证每年对每一个报警区域至少进行一次联动控制功能检查
10	Ⅰ 防火卷帘控制器	控制功能	应保证每年对每一个手动控制装置至少进行一次控制功能检查
	Ⅱ 手动控制装置		
	Ⅲ 疏散通道上设置的防火卷帘	联动控制功能	应保证每年对每一樘防火卷帘至少进行一次联动控制功能检查
	Ⅳ 非疏散通道上设置的防火卷帘		应保证每年对每一个报警区域至少进行一次联动控制功能检查
11	Ⅰ 防火门监控器	启动、反馈功能，常闭防火门故障报警功能	应保证每年对每一台防火门监控器及其配接的现场部件至少进行一次启动，反馈功能、常闭防火门故障报警功能检查
	Ⅱ 监控模块、防火门定位装置和释放装置等现场部件		
	Ⅲ 防火门监控系统	联动控制功能	应保证每年对每一个报警区域至少进行一次联动控制功能检查
12	Ⅰ 气体、干粉灭火器	现场紧急启动、停止功能	应保证每年对每一个现场启动和停止按钮至少进行一次启动、停止功能检查
	Ⅱ 现场启动和停止按钮		
	Ⅲ 气体、干粉灭火系统	联动控制功能	应保证每年对每一个防护区域至少进行一次联动控制功能检查
13	Ⅰ 消防泵控制箱、柜	手动控制功能	应保证每月、季对消防水泵进行一次手动控制功能检查
	Ⅱ 水流指示器、压力开关、信号阀、液位探测器	动作信号反馈功能	应保证每年对每一个部件至少进行一次动作信号反馈功能检查
	Ⅲ 湿式、干式喷水灭火系统	联动控制功能	应保证每年对每一个防护区域至少进行一次联动控制功能检查
		消防水泵直接手动控制功能	应保证每月、季对消防水泵进行一次直接手动控制功能检查

续表

序号	检查对象	检查项目	检查数量
13	Ⅳ 预作用式喷水灭火系统	联动控制功能	应保证每年对每一个防护区域至少进行一次联动控制功能检查
		消防泵、预作用阀组、排气阀前电动阀直接手动控制功能	应保证每月、季对消防水泵、预作用阀组、排气阀前电动阀进行一次直接手动控制功能检查
	Ⅴ 雨淋系统	联动控制功能	应保证每年对每一个防护区域至少进行一次联动控制功能检查
		消防泵、雨淋阀组直接手动控制功能	应保证每月、季对消防水泵、雨淋阀组进行一次直接手动控制功能检查
	Ⅵ 自动控制的水幕系统	用于保护防火卷帘的水幕系统的联动控制功能	应保证每年对每一樘防火卷帘至少进行一次联动控制功能检查
		用于防火隔离的水幕系统的联动控制功能	应保证每年对每一个报警区域至少进行一次联动控制功能检查
		消防泵、水幕阀组直接手动控制功能	应保证每月、季对消防水泵、水幕阀组进行一次直接手动控制功能检查
14	Ⅰ 消防泵控制箱、柜	手动控制功能	应保证每月、季对消防水泵进行一次手动控制功能检查
	Ⅱ 小火栓系统	报警功能	应保证每年对每一个消防栓按钮至少进行一次报警功能检查
	Ⅲ 水流指示器、压力开关、信号阀、液位探测器	动作信号反馈功能	应保证每年对每一个部件至少进行一次动作信号反馈功能检查
	Ⅳ 消火栓系统	联动控制功能	应保证每年对每一个消火栓至少进行一次联动控制功能检查
		消防泵直接手动控制功能	应保证每月、季对消防水泵进行一次直接手动控制功能检查
15	Ⅰ 风机控制箱、柜	手动控制功能	应保证每月、季对风机进行一次手动控制功能检查
	Ⅱ 电动送风口、电动挡烟垂壁、排烟口、排烟阀、排烟窗、电动防火阀、排烟风机入口处的总管上设置的280℃排烟防火阀	启动、反馈功能、动作信号反馈功能	应保证每年对每一个部件至少进行一次启动、反馈功能、动作信号反馈功能检查
	Ⅲ 加压送风系统	联动控制功能	应保证每年对每一个报警区域至少进行一次控制功能检查
		风机直接手动控制功能	应保证每月、季对风机进行一次直接手动控制功能检查
	Ⅳ 电动挡烟垂壁、排烟系统	联动控制功能	应保证每年对每一个防烟区域至少进行一次联动控制功能检查
		风机直接手动控制功能	应保证每月、季对风机进行一次直接手动控制功能检查
16	消防应急照明和疏散指示系统	控制功能	应保证每年对每一个报警区域至少进行一次控制功能检查
17	电梯、非消防电源等相关系统	联动控制功能	应保证每年对每一个报警区域至少进行一次联动控制功能检查
18	自动消防系统	整体联动功能	应保证每年对每一个报警区域至少进行一次联动控制功能检查

6.0.6　不同类型的探测器、手报、模块等现场部件应有不少于设备总数 1%的备品。

6.0.7　系统设备的维修、保养及系统产品的寿命应符合现行国家标准《火灾探测报警产品的维修保养与报废》GB 29837 的规定，达到寿命极限的产品应及时更换。

8.2.3　本条评价项目的查评依据如下

依据　与 8.2.2 查评依据相同

8.2.4　本条评价项目的查评依据如下

依据　与 8.2.2 查评依据相同

8.3　无人值班变电站消防控制室

8.3.1　本条评价项目的查评依据如下

依据 1　《消防控制室完善化改造原则（试行）》（设备变电〔2018〕15 号）

4.2.3　无人值班变电站消防控制室架构如下图所示。

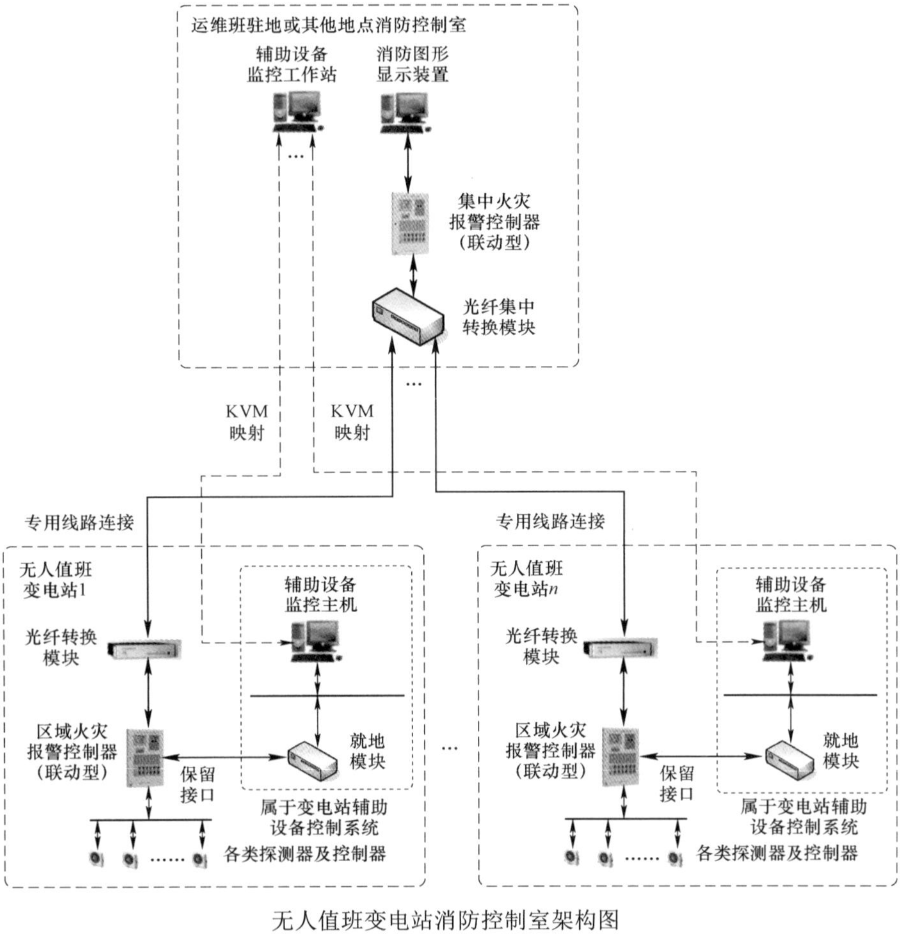

无人值班变电站消防控制室架构图

4.2.4　无人值班变电站应配置以下设备：

a. 区域火灾报警控制器（联动型），包括火灾报警控制器、联动控制器、消防电话总机、消防广播控制装置（需要时）等；

b. 光纤转换模块；

c. 辅助设备监控主机。

依据 2 《火灾自动报警设计规范》(GB 50116—2013)

3.4.2 消防控制室内设置的消防设备应包括火灾报警控制器、消防联动控制器、消防控制室图形显示装置、消防专用电话总机、消防应急广播控制装置、消防应急照明和疏散指示系统控制装置、消防电源监控器等设备或具有相应功能的组合设备。消防控制室内设置的消防控制室图形显示装置应能显示本规范附录 A 规定的建筑物内设置的全部消防系统及相关设备的动态信息和本规范附录 B 规定的消防安全管理信息，并应为远程监控系统预留接口，同时应具有向远程监控系统传输本规范附录 A 和附录 B 规定的有关信息的功能。

4.1.1 消防联动控制器应能按设定的控制逻辑向各相关的受控设备发出联动控制信号，并接受相关设备的联动反馈信号。

4.10.1 消防联动控制器应具有切断火灾区域及相关区域的非消防电源的功能，当需要切断正常照明时，宜在自动喷淋系统、消火栓系统动作前切断。

4.10.2 消防联动控制器应具有自动打开涉及疏散的电动栅杆等的功能，宜开启相关区域安全技术防范系统的摄像机监视火灾现场。

4.10.3 消防联动控制器应具有打开疏散通道上由门禁系统控制的门和庭院电动大门的功能，并应具有打开停车场出入口挡杆的功能。

8.3.2 本条评价项目的查评依据如下

依据 1 《消防控制室完善化改造原则（试行）》(设备变电〔2018〕15 号)

4.3.1 火灾报警控制器（联动型）

a. 火灾报警控制器（联动型）的火灾报警功能应符合《火灾报警控制器》GB 4717 的要求；

b. 集中火灾报警控制器（联动型）应能集中监控所辖无人值班变电站的区域火灾报警控制器（联动型），显示火灾探测器、手动火灾报警按钮等设备的正常、报警、屏蔽及故障状态等信息，并能按照规定逻辑程序启动相应的联动系统；

c. 火灾报警控制器（联动型）的联动控制功能应符合《消防联动控制器》GB 16806 的要求，消防设备的联动设计应符合《火灾自动报警系统设计规范》GB 50116 的要求；

d. 集中火灾报警控制器（联动型）联动控制按钮应按不同变电站及站内不同灭火分区布置，标识清楚、确保操作安全准确；发生火灾报警时，对应变电站的按钮区域应有光信号提示，防止误操作；

e. 火灾报警控制器（联动型）的消防电话总机功能应符合《消防联动控制器》GB 16806 的要求；

f. 火灾报警控制器（联动型）的消防广播控制功能应符合《消防联动控制器》GB

16806 相关要求。

依据 2　《火灾自动报警设计规范》(GB 50116—2013)

4.10.2　消防联动控制器应具有自动打开涉及疏散的电动栅杆等的功能，宜开启相关区域安全技术防范系统的摄像机监视火灾现场。

6.1.4　集中报警系统和控制中心报警系统中的区域火灾报警控制器在满足下列条件时，可设置在无人值班的场所：

1　本区域内无需要手动控制的消防联动设备。

2　本火灾报警控制器的所有信息在集中火灾报警控制器上均有显示，且能接收起集中控制功能的火灾报警控制器的联动控制信号，并自动启动相应的消防设备。

3　设置的场所只有值班人员可以进入。

依据 3　同 8.2.2 查评依据 2

8.3.3　本条评价项目的查评依据如下

依据 1　《消防控制室完善化改造原则（试行）》(设备变电〔2018〕15 号)

4.2.6　无人值班变电站与运维班驻地消防控制室之间应采用专用线路连接。

4.3.3　光纤转换模块

光纤转换模块应能将区域火灾报警控制器（联动型）的信号转换成光信号，并通过专用通信光纤以统一的协议（具体协议待定）传送至运维班驻地消防控制室光纤集中转换模块，并接收消防控制室的控制指令。

依据 2　《火灾自动报警设计规范》(GB 50116—2013)

6.10.2　火灾报警传输设备或用户信息传输装置与火灾报警控制器、消防联动控制器等设备之间应采用专用线路连接。

8.3.4　本条评价项目的查评依据如下

依据　《消防控制室完善化改造原则（试行）》(设备变电〔2018〕15 号)

4.3.5　辅助设备监控主机

辅助设备监控主机应实现视频、安防、消防、门禁、环境监测、照明等子系统数据的统一接入，实现火灾报警自动联动消防、视频监控、空调、风机、门禁等系统，并在站内实现数据综合分析、存储、统计和画面展示，无人值班变电站辅助设备监控主机还应能通过 KVM（键盘、显示器、鼠标延伸）等手段将信息远传到有人值班区域。

8.4　集中监控中心消防控制室配置要求

8.4.1　本条评价项目的查评依据如下

依据 1　《消防控制室完善化改造原则（试行）》(设备变电〔2018〕15 号)

4.2.5　运维班驻地消防控制室应配置以下设备：

a. 集中火灾报警控制器（联动型），包括火灾报警控制器、联动控制器等；

b. 消防图形显示装置；

c. 光纤集中转换模块；

d. 辅助设备监控工作站。

依据 2 《火灾自动报警设计规范》(GB 50116—2013)

3.4.2 消防控制室内设置的消防设备应包括火灾报警控制器、消防联动控制器、消防控制室图形显示装置、消防专用电话总机、消防应急广播控制装置、消防应急照明和疏散指示系统控制装置、消防电源监控器等设备或具有相应功能的组合设备。消防控制室内设置的消防控制室图形显示装置应能显示本规范附录 A 规定的建筑物内设置的全部消防系统及相关设备的动态信息和本规范附录 B 规定的消防安全管理信息，并应为远程监控系统预留接口，同时应具有向远程监控系统传输本规范附录 A 和附录 B 规定的有关信息的功能。

4.1.1 消防联动控制器应能按设定的控制逻辑向各相关的受控设备发出联动控制信号，并接受相关设备的联动反馈信号。

4.10.1 消防联动控制器应具有切断火灾区域及相关区域的非消防电源的功能，当需要切断正常照明时，宜在自动喷淋系统、消火栓系统动作前切断。

4.10.2 消防联动控制器应具有自动打开涉及疏散的电动栅杆等的功能，宜开启相关区域安全技术防范系统的摄像机监视火灾现场。

4.10.3 消防联动控制器应具有打开疏散通道上由门禁系统控制的门和庭院电动大门的功能，并应具有打开停车场出入口挡杆的功能。

8.4.2 本条评价项目的查评依据如下

依据 1 《消防控制室完善化改造原则（试行）》(设备变电〔2018〕15 号)

4.3.1 火灾报警控制器（联动型）

a. 火灾报警控制器（联动型）的火灾报警功能应符合《火灾报警控制器》GB 4717 的要求；

b. 集中火灾报警控制器（联动型）应能集中监控所辖无人值班变电站的区域火灾报警控制器（联动型），显示火灾探测器、手动火灾报警按钮等设备的正常、报警、屏蔽及故障状态等信息，并能按照规定逻辑程序启动相应的联动系统；

c. 火灾报警控制器（联动型）的联动控制功能应符合《消防联动控制器》GB 16806 的要求，消防设备的联动设计应符合《火灾自动报警系统设计规范》GB 50116 的要求；

d. 集中火灾报警控制器（联动型）联动控制按钮应按不同变电站及站内不同灭火分区布置，标识清楚、确保操作安全准确；发生火灾报警时，对应变电站的按钮区域应有光信号提示，防止误操作；

e. 火灾报警控制器（联动型）的消防电话总机功能应符合《消防联动控制器》GB 16806 的要求；

f. 火灾报警控制器（联动型）的消防广播控制功能应符合《消防联动控制器》GB 16806 相关要求。

依据 2　《火灾自动报警系统设计规范》（GB 50116—2013）

4.10.2　消防联动控制器应具有自动打开涉及疏散的电动栅杆等的功能，宜开启相关区域安全技术防范系统的摄像机监视火灾现场。

8.4.3　本条评价项目的查评依据如下

依据 1　《消防控制室完善化改造原则（试行）》（设备变电〔2018〕15 号）

4.3.2　消防图形显示装置

a. 消防图形显示装置应符合《消防联动控制器》GB 16806 的要求；

b. 消防图形显示装置的显示功能应符合《消防控制室通用技术要求》中 5.1 和附录 A、B 的要求；

c. 消防图形显示系统应具备火灾报警控制器（联动型）运维辅助管理功能；

d. 消防图形显示装置信息记录的各类信息能够进行记录备份；应满足备份后方可被覆盖的功能；应能对历史记录打印归档或刻录存盘归档；

e. 消防图形显示装置应具备网络通信功能，能够与火灾报警控制器（联动型）进行通信，获取相关消防设备状态信息，并应具有远传功能；

f. 消防图形显示装置应具备权限管理的功能，对系统程序的进入和退出时间、操作人员姓名或代码等内容的均有记录，记录备份后方可被覆盖。

依据 2　《消防控制室通用技术要求》（GB 25506—2010）

6.1　应记录附录 A 中规定的建筑消防设施运行状态信息，记录容量不应少于 10000 条，记录备份后方可被覆盖。

6.2　应具有产品维护保养的内容和时间、系统程序的进入和退出时间、操作人员姓名或代码等内容的记录，存储记录容量不应少于 10000 条，记录备份后方可被覆盖。

6.3　应记录附录 B 中规定的消防安全管理信息及系统内各个消防设备（设施）的制造商、产品有效期，记录容量不应少于 10000 条，记录备份后方可被覆盖。

6.4　应能对历史记录打印归档或刻录存盘归档。

依据 3　《火灾自动报警设计规范》（GB 50116—2013）

3.4.2　消防控制室内设置的消防设备应包括火灾报警控制器、消防联动控制器、消防控制室图形显示装置、消防专用电话总机、消防应急广播控制装置、消防应急照明和疏散指示系统控制装置、消防电源监控器等设备或具有相应功能的组合设备。消防控制室内设置的消防控制室图形显示装置应能显示本规范附录 A 规定的建筑物内设置的全部消防系统及相关设备的动态信息和本规范附录 B 规定的消防安全管理信息，并应为远程监控系统预留接口，同时应具有向远程监控系统传输本规范附录 A 和附录 B 规定的有关信息的功能。

8.4.4　本条评价项目的查评依据如下

依据 1　《消防控制室完善化改造原则（试行）》（设备变电〔2018〕15 号）

4.3.1　火灾报警控制器（联动型）

a. 火灾报警控制器（联动型）的火灾报警功能应符合《火灾报警控制器》GB 4717的要求；

b. 集中火灾报警控制器（联动型）应能集中监控所辖无人值班变电站的区域火灾报警控制器（联动型），显示火灾探测器、手动火灾报警按钮等设备的正常、报警、屏蔽及故障状态等信息，并能按照规定逻辑程序启动相应的联动系统；

c. 火灾报警控制器（联动型）的联动控制功能应符合《消防联动控制器》GB 16806的要求，消防设备的联动设计应符合《火灾自动报警系统设计规范》GB 50116 的要求；

d. 集中火灾报警控制器（联动型）联动控制按钮应按不同变电站及站内不同灭火分区布置，标识清楚、确保操作安全准确；发生火灾报警时，对应变电站的按钮区域应有光信号提示，防止误操作；

e. 火灾报警控制器（联动型）的消防电话总机功能应符合《消防联动控制器》GB 16806 的要求；

f. 火灾报警控制器（联动型）的消防广播控制功能应符合《消防联动控制器》GB 16806 相关要求。

依据 2 《火灾自动报警设计规范》(GB 50116—2013)

4.10.2 消防联动控制器应具有自动打开涉及疏散的电动栅杆等的功能，宜开启相关区域安全技术防范系统的摄像机监视火灾现场。

依据 3 同 8.2.2 查评依据 2

8.4.5 本条评价项目的查评依据如下

依据 《消防控制室完善化改造原则（试行）》(设备变电〔2018〕15 号)

4.3.4 光纤集中转换模块

光纤集中转换模块应能接收所辖无人值班变电站的光信号，转换成电信号以统一协议（具体协议待定）传送至集中火灾报警控制器（联动型），并向无人值班变电站发送控制指令。

8.4.6 本条评价项目的查评依据如下

依据 《消防控制室完善化改造原则（试行）》(设备变电〔2018〕15 号)

4.3.6 辅助设备监控工作站

辅助设备监控工作站应通过 KVM（键盘、显示器、鼠标延伸）远程连接所辖无人值班变电站端辅助设备监控主机，实时掌握站内消防系统、安防系统、视频监控等工作状态，根据告警信息关联变电站画面索引进行画面浏览，查看辅助设备运行状态，并进行远程操作消防、安防、视频监控、门禁等系统。

8.4.7 本条评价项目的查评依据如下

依据 1 《火力发电厂与变电站设计防火标准》(GB 50229—2019)

7.13.5 火灾报警控制器应设置在值长所在的集中控制室内，报警控制器的安装位置应便于操作人员监控。

依据 2 《消防控制室完善化改造原则（试行）》（设备变电〔2018〕15 号）

4.1.2　无人值班变电站消防控制室原则上应设置在运维班驻地的值班室，对所辖的变电站实行集中管理，设置在其他地点的应由国家电网公司批准确认。

8.4.8　本条评价项目的查评依据如下

依据 1 《建筑设计防火规范》（GB 50016—2014）

8.1.7　设置火灾自动报警系统和需要联动控制消防设备的建筑（群）应设置消防控制室。消防控制室的设置应符合下列规定：

1　单独建造的消防控制室，其耐火等级不应低于二级；

2　附设在建筑内的消防控制室，宜设置在建筑内首层或地下一层，并宜布置在靠外墙部位；

3　不应设置在电磁场干扰较强及其他可能影响消防控制设备正常工作的房间附近；

4　疏散门应直通室外或安全出口。

依据 2 《火灾自动报警设计规范》（GB 50116—2013）

3.4.6　消防控制室内严禁穿过与消防设施无关的电气线路及管路。

3.4.8　消防控制室内设备的布置应符合下列规定：

1　设备面盘前的操作距离，单列布置时不应小于 1.5m；双列布置时不应小于 2m。

2　在值班人员经常工作的一面，设备面盘至墙的距离不应小于 3m。

3　设备面盘后的维修距离不宜小于 1m。

4　设备面盘的排列长度大于 4m 时，其两端应设置宽度不小于 1m 的通道。

5　与建筑其他弱电系统合用的消防控制室内，消防设备应集中设置，并应与其他设备间有明显间隔。

依据 3 《消防控制室完善化改造原则（试行）》（设备变电〔2018〕15 号）

4.1.3　消防控制室疏散门应直通室外或安全出口，宜设置在建筑物地上一层。

4.1.6　消防控制设备与主控室其他设备应有明显间距。

9　日常运行维护及管理

9.1　公共消防设施

9.1.1　本条评价项目的查评依据如下

依据 《国家电网有限公司关于印发〈十八项电网重大反事故措施（修订版）〉的通知》（国家电网设备〔2018〕979 号）

13.2.1.1　电缆线路的防火设施必须与主体工程同时设计、同时施工、同时验收，防火设施未验收合格的电缆线路不得投入运行。

9.1.2 本条评价项目的查评依据如下

依据《变电站（换流站）消防设备设施完善化改造原则（试行）》（设备变电〔2018〕15号）

4.1.5 国家强制产品认证（3C）目录内的消防设备必须具有消防强制性产品认证证书（CCCF），非国家强制产品认证（3C）目录内的消防产品应具有国家级消防质量检验中心出具的检验报告。

9.1.3 本条评价项目的查评依据如下

依据1《变电站（换流站）消防设备设施完善化改造原则（试行）》（设备变电〔2018〕15号）

4.3.4.1 变电站消防用电应采用不低于二级负荷供电的电源。各级负荷的供电要求应符合《供配电系统设计规范》GB 50052的要求。

4.3.4.3 站内消防设备的配电箱应独立设置。消防配电设备应设置明显标志。

4.3.4.4 消防控制室、消防水泵房、防烟和排烟风机房的消防用电设备及消防电梯等的供电，应在其配电线路的最末一级配电箱处设置自动切换装置。

依据2《建筑设计防火规范》（GB 50016—2014）

10.1.6 消防用电设备应采用单独的供电回路，当建筑内的生产、生活用电被切断时，应仍能保证消防用电。备用消防电源的供电时间和容量，应满足该建筑火灾延续时间内各消防用电设备的要求。

9.1.4 本条评价项目的查评依据如下

依据1《建筑灭火器配置设计规范》（GB 50140—2005）

5.1 一般规定

5.1.1 灭火器应设置在位置明显和便于取用的地点，且不得影响安全疏散。

5.1.2 对有视线障碍的灭火器设置点，应设置指示其位置的发光标志。

5.1.3 灭火器的摆放应稳固，其铭牌应朝外。手提式灭火器宜设置在灭火器箱内或挂钩、托架上，其顶部离地面高度不应大于1.50m；底部离地面高度不宜小于0.08m。灭火器箱不得上锁。

5.1.4 灭火器不宜设置在潮湿或强腐蚀性的地点。当必须设置时，应有相应的保护措施。

灭火器设置在室外时，应有相应的保护措施。

5.1.5 灭火器不得设置在超出其使用温度范围的地点。

5.2 灭火器的最大保护距离

5.2.1 设置在A类火灾场所的灭火器，其最大保护距离应符合表5.2.1的规定。

表 5.2.1　　A 类火灾场所的灭火器最大保护距离（m）

危险等级 \ 灭火器型式	手提式灭火器	推车式灭火器
严重危险级	15	30
中危险级	20	40
轻危险级	20	50

5.2.2　设置在 B、C 类火灾场所的灭火器，其最大保护距离应符合表 5.2.2 的规定。

表 5.2.2　　B、C 类火灾场所的灭火器最大保护距离（m）

危险等级 \ 灭火器型式	手提式灭火器	推车式灭火器
严重危险级	9	18
中危险级	12	24
轻危险级	20	30

5.2.3　D 类火灾场所的灭火器，其最大保护距离应根据具体情况研究确定。

5.2.4　E 类火灾场所的灭火器，其最大保护距离不应低于该场所内 A 类或 B 类火灾的规定。

6　灭火器的配置

6.1　一般规定

6.1.1　一个计算单元内配置的灭火器数量不得少于 2 具。

6.1.2　每个设置点的灭火器数量不宜多于 5 具。

6.1.3　当住宅楼每层的公共部位建筑面积超过 $100m^2$ 时，应配置 1 具 1A 的手提式灭火器；每增加 $100m^2$ 时，增配 1 具 1A 的手提式灭火器。

依据 2 《电力设备典型消防规程》（DL 5027—2015）

附录G　典型工程现场灭火器和黄砂配置

G.1　灭火器配置原则

G.1.1　发电厂同一场所存在不同种类火灾的情况较多，危险性较大，宜采用通用、高效、无毒的磷酸铵盐干粉灭火器，所需配置的灭火器数量少、重量相对较轻，便于人员操作。由于干粉灭火器使用后存在残留污染，对电气、热控设备可配合使用洁净气体灭火器或二氧化碳灭火器，但需注意所选用灭火器的灭火级别应满足《火力发电厂与变电站设计防火规范》等标准规定的有关场所火灾类别和危险等级所对应的最小配置级别。

G.1.2　由于现行《建筑灭火器配置设计规范》GB 50140 中仅列出了卤代烷 1211 这一种洁净气体灭火器，而实际上国内已基本不再生产卤代烷灭火器，相关国家标准也未提出新的洁净气体灭火器种类，因此本附录不再列出洁净气体灭火器示例。

G.1.3　油箱、油罐容器附近宜配置磷酸铵盐干粉灭火器和水成膜泡沫灭火器，避免容器壁的高温造成灭火后再复燃的现象。

G.1.4　油浸式变压器油箱、油罐等有场地条件的场所，以及严重危险级场所宜设置推车式灭火器。

G.1.5　同一场所尽量采用相同类型和操作方法的灭火器。

依据3《国网设备部关于印发〈变电站消防设施运维管理规范（试行）〉的通知》（设备变电〔2019〕29号）

3.25　灭火器箱、消防砂箱、消防桶和消防铲、斧把上应有红色标识，且标示清晰，无破损。

依据4《变电站（换流站）消防设备设施完善化改造原则（试行）》（设备变电〔2018〕15号）

4.1.3　消防设施在管理上应等同于主设备，包括维护、保养、检修、更新，落实相关所需资金等。

4.3.3.5　变电站（换流站）里的灭火器摆放应该符合以下要求：

a. 灭火器应设置在位置明显和便于取用的地点，且不得影响安全疏散；

b. 灭火器的摆放应稳固，其铭牌应朝外；灭火器箱不得上锁；

c. 手提式灭火器宜设置在灭火器箱内或挂钩、托架（建议采用托架）上，其顶部离地面不应大于1.50m，底部离地面高度不宜小于0.08m；

d. 灭火器不得设置在超出其适用温度范围的地点，不宜设置在潮湿或强腐蚀性的地点，当必须设置时，应有相应的保护措施；灭火器设置在室外时，应有相应的保护措施。露天设置的灭火器应有遮阳挡水和保温隔热措施，北方寒冷地区应设置在消防小室内；

e. 对有视线障碍的灭火器设置点，应设置指示其位置的发光标志。

9.1.5　本条评价项目的查评依据如下

依据1《国网设备部关于印发〈变电站消防设施运维管理规范（试行）〉的通知》（设备变电〔2019〕29号）

3.25　灭火器箱、消防砂箱、消防桶和消防铲、斧把上应有红色标识，且标示清晰，无破损。

依据2《变电站（换流站）消防设备设施完善化改造原则（试行）》（设备变电〔2018〕15号）

4.3.3.3　移动式灭火器材的配置应符合以下要求：

a. 变电站和换流站的灭火器配置规格和数量应按国家标准《建筑灭火器配置设计规范》GB 50140—2005计算确定。灭火器设置场所的建（构）筑物、设备的火灾类别及危险等级，按照《火力发电厂与变电站设计防火规范》GB 50229—2006第11.5节的要求执行。

b. 消防砂箱、砂桶、消防铲及正压式消防空气呼吸器等消防器材应按照《建筑设计防火规范》GB 50016—2014和《电力设备典型消防规程》DL 5027—2015的要求配置。

依据 3 《电力设备典型消防规程》（DL 5027—2015）

14.3.5　油浸式变压器、油浸式电抗器、油罐区、油泵房、油处理室、特种材料库、柴油发电机、磨煤机、给煤机、送风机、引风机和电除尘等处应设置消防砂箱或砂桶，内装干燥细黄砂。消防砂箱容积为 1.0m^3，并配置消防铲，每处 3 把～5 把，消防砂桶应装满干燥黄砂。消防砂箱、砂桶和消防铲均应为大红色，砂箱的上部应有白色的“消防砂箱”字样，箱门正中应有白色的“火警 119”字样，箱体侧面应标注使用说明。消防砂箱的放置位置应与带电设备保持足够的安全距离。

14.3.6　设置室外消火栓的发电厂和变电站应集中配置足够数量的消防水带、水枪和消火栓扳手，宜放置在厂内消防车库内。当厂内不设消防车库时，也可放置在重点防火区域周围的露天专用消防箱或消防小室内。根据被保护设备的性质合理配置 19mm 直流或喷雾或多功能水枪，水带宜配置有衬里消防水带。

14.3.7　每只室内消火栓箱内应配置 65mm 消火栓及隔离阀各 1 只、25m 长 DN65 有衬里水龙带 1 根带快装接头、19mm 直流或喷雾或多功能水枪 1 只、自救式消防水喉 1 套、消防按钮 1 只。带电设施附近的消火栓应配备带喷雾功能水枪。当室内消火栓栓口处的出水压力超过 0.5MPa 时，应加设减压孔板或采用减压稳压型消火栓。

14.3.8　典型工程现场灭火器和黄砂配置可按本规程附录 G 的规定采用。

14.4　正压式消防空气呼吸器

14.4.1　设置固定式气体灭火系统的发电厂和变电站等场所应配置正压式消防空气呼吸器，数量宜按每座有气体灭火系统的建筑物各设 2 套，可放置在气体保护区出入口外部、灭火剂储瓶间或同一建筑的有人值班控制室内。

14.4.2　长距离电缆隧道、长距离地下燃料皮带通廊、地下变电站的主要出入口应至少配置 2 套正压式消防空气呼吸器和 4 只防毒面具。水电厂地下厂房、封闭厂房等场所，也应根据实际情况配置正压式消防空气呼吸器。

14.4.3　正压式消防空气呼吸器应放置在专用设备柜内，柜体应为红色并固定设置标志牌。

9.1.6　本条评价项目的查评依据如下

依据 《电力设备典型消防规程》（DL 5027—2015）

14.4　正压式消防空气呼吸器

14.4.1　设置固定式气体灭火系统的发电厂和变电站等场所应配置正压式消防空气呼吸器，数量宜按每座有气体灭火系统的建筑物各设 2 套，可放置在气体保护区出入口外部、灭火剂储瓶间或同一建筑的有人值班控制室内。

14.4.2　长距离电缆隧道、长距离地下燃料皮带通廊、地下变电站的主要出入口应至少配置 2 套正压式消防空气呼吸器和 4 只防毒面具。水电厂地下厂房、封闭厂房等场所，也应根据实际情况配置正压式消防空气呼吸器。

14.4.3　正压式消防空气呼吸器应放置在专用设备柜内，柜体应为红色并固定设置标志牌。

9.1.7 本条评价项目的查评依据如下

依据 《变压器固定自动灭火系统完善化改造原则（试行）》（设备变电〔2018〕15号）

4.1.11 寒冷地区容易冻结和可能出现沉降的地区，消防水系统等设施应有防冻和防沉降措施。

9.1.8 本条评价项目的查评依据如下

依据1 同8.2.2查评依据2

依据2 《国网设备部关于印发〈变电站消防设施运维管理规范（试行）〉的通知》（设备变电〔2019〕29号）

5.2.1 火灾自动报警系统的维护保养应确保系统保持连续正常运行，各路电源均能正常供电。

5.2.2 火灾报警控制器经检查应功能完好，并填写相应维保记录。

5.2.3 火灾自动报警系统主机除尘，电源等附件维护：

a）每季度对火灾自动报警系统主机除尘，对电源等附件维护一次。

b）清扫时动作要轻缓，防止损坏部件。

c）清扫后，应对各部件进行检查，防止接触不良，影响正常使用。

d）更换插头、插座、空气开关换前应切断回路电源。

e）更换配件应使用同规格、同容量的备品。

f）更换后应检查其完好性。

5.2.5 每季度应检查和试验火灾自动报警系统的下列功能，并填写相应的记录：

a）采用专用检测仪器试验探测器的动作及确认灯显示，至少完成探测器维保总量的1/4。

b）试验火灾警报装置的声光显示。

c）试验水流指示器、压力开关等报警功能、信号显示。

d）对主电源和备用电源进行1～3次自动切换试验。

e）使用专用检测仪器对所安装的探测器和手动报警装置试验。

f）自动和手动打开排烟阀，关闭电动防火阀和空调系统。

g）对电动防火门、防火卷帘的试验。

h）强制切断非消防电源功能试验。

i）对其他有关的消防控制装置进行功能试验。

依据3 《变电站（换流站）消防设备设施完善化改造原则（试行）》（设备变电〔2018〕15号）

4.1.8 火灾自动报警系统相关部件的安装部位应满足消防设计要求，不应影响设备运行，尽量满足不停运设备进行维修的要求。

9.1.9 本条评价项目的查评依据如下

依据 1 《建筑消防设施的维护管理》(GB 25201—2010)

附录 E （规范性附录）建筑消防设施维护保养表

建筑消防设施维护保养计划表见表 E.1，建筑消防设施维护保养记录表见表 E.2。

表 E.1 建筑消防设施维护保养计划表

序号	检查保养项目		保养内容	周期
1	消防水泵	外观清洁	擦洗，除污	一个月
		泵中心轴	长期不定时，定期盘动	半个月
		主回路控制回路	测试，检查，紧固	半年
		水泵	检查或更换盘根填料	半年
		机械润滑	加 0 号黄油	三个月
2	管道		补漏，除锈，刷漆	半年
	阀门		加或更换盘根，补漏，除锈，刷漆，润滑	半年

消防泵、喷淋泵、送风机、排烟机应定期试验。

注 1：保养内容、周期，可根据设施、设备使用说明书、国家有关标准、安装场所环境等综合确定。

注 2：本表为样表，单位可根据建筑消防设施的类别，分别制表，如消火栓系统维护保养计划表、自动喷水灭火系统维护保养计划表、气体灭火系统维护保养计划表等。

消防安全责任人或消防安全管理人（签字）： 制订人： 审核人：

表 E.2 建筑消防设施维护保养记录表

设备名称	消防泵	设备参数	
		额定功率	
保养项目	保养完成情况		
擦洗，除污			
长期不定时，定期盘动			
测试，检查，紧固			
检查或更换盘根填料			
加 0 号黄油			
备注：			

保养作业完成后，保养人员或单位应如实填写保养完成情况，并作相应功能试验，遇有故障应及时填写（建筑消防设施故障维修记录表）（见表 B.1）

注：本表为样表，单位可根据制订的建筑消防设施维护保养计划表确定的保养内容分别制表。

消防安全责任人或消防安全管理人（签字）： 保养人： 审核人：

依据 2 《国网设备部关于印发〈变电站消防设施运维管理规范（试行）〉的通知》(设备变电〔2019〕29 号)

5.4.3 消防砂池补充、灭火器检查清擦维护：

a）每月对消防器材进行一次检查维护；地下变电站的灭火器应每半月检查一次。

b）补充的砂子应干燥。

c）发现灭火器压力不在正常范围时，及时更换合格的灭火器或重新充装。

d）二氧化碳灭火器重量比额定重量减少十分之一时，应进行灌装。

e）灭火器的表面保持清洁、设施完好。

f）干粉灭火器压力正常。

9.1.10　本条评价项目的查评依据如下

依据 1 《中华人民共和国消防法》（2019 年修订）

第二十八条　任何单位、个人不得损坏、挪用或者擅自拆除、停用消防设施、器材，不得埋压、圈占、遮挡消火栓或者占用防火间距，不得占用、堵塞、封闭疏散通道、安全出口、消防车通道。人员密集场所的门窗不得设置影响逃生和灭火救援的障碍物。

依据 2 《电力设备典型消防规程》（DL 5027—2015）

6.1.6　疏散通道、安全出口应保持畅通，并设置符合规定的消防安全疏散指示标志和应急照明设施。保持防火门、防火卷帘、消防安全疏散指示标志、应急照明、机械排烟送风、火灾事故广播等设施处于正常状态。

6.1.19　临时建筑应符合国家有关法规。临时建筑不得占用防火间距。

6.3.2　消防设施应处于正常工作状态。不得损坏、挪用或者擅自拆除、停用消防设施、器材。消防设施出现故障，应及时通知单位有关部门，尽快组织修复。因工作需要临时停用消防设施或移动消防器材的，应采取临时措施和事先报告单位消防管理部门，并得到本单位消防安全责任人的批准，工作完毕后应及时恢复。

依据 3《国网设备部关于印发〈变电站消防设施运维管理规范（试行）〉的通知》（设备变电〔2019〕29 号）

3.11　应保证消防设施处于正常运行状态。

依据 4《变电站（换流站）消防设备设施完善化改造原则（试行）》（设备变电〔2018〕15 号）

4.1.7　疏散通道、安全出口应保持畅通，不得占用、堵塞和封闭。

9.1.11　本条评价项目的查评依据如下

依据 1 《防火门》（GB 12955—2008）

5.3.3　防火闭门装置

5.3.3.1　防火门应安装防火门闭门器，或设置让常开防火门在火灾发生时能自动关闭门扇的闭门装置（特殊部位使用除外，如管道井门等）。

5.3.3.2　防火门闭门器应经国家认可授权检测机构检验合格，其性能应符合 GA 93 的规定。

5.3.3.3　自动关闭门扇的闭门装置，应经国家认可授权检测机构检验合格。

5.3.4　防火顺序器　双扇、多扇防火门设置盖缝板或止口的应安装顺序器（特殊部位使用除外），其耐火性能应符合附录 C 的规定。

5.3.5　防火插销　采用钢质防火插销，应安装在双扇防火门或多扇防火门的相对固定一侧的门扇上（若有要求时），其耐火性能应符合附录 D 的规定。

5.3.6 盖缝板

5.3.6.1 平口或止口结构的双扇防火门宜设盖缝板。

5.3.6.2 盖缝板与门扇连接应牢固。

5.3.6.3 盖缝板不应妨碍门扇的正常启闭。

5.3.7 防火密封件

5.3.7.1 防火门门框与门扇、门扇与门扇的缝隙处应嵌装防火密封件。

5.3.7.2 防火密封件应经国家认可授权检测机构检验合格，其性能应符合 GB 16807 的规定。

5.9.2 门扇开启力 防火门门扇开启力不应大于 80 N。

注：在特殊场合使用的防火门除外。

5.10 可靠性

在进行 500 次启闭试验后，防火门不应有松动、脱落、严重变形和启闭卡阻现象。

8.1.1 每樘防火门都应在明显位置固有永久性标牌，标牌应包括以下内容：

a）产品名称、型号规格及商标（若有）；

b）制造厂名称或制造厂标记和厂址；

c）出厂日期及产品生产批号；

d）执行标准。

依据 2 《建筑设计防火规范》（GB 50016—2014）

6.1.6 除本规范第 6.1.5 条规定外的其他管道不宜穿过防火墙，确需穿过时，应采用防火封堵材料将墙与管道之间的空隙紧密填实，穿过防火墙处的管道保温材料，应采用不燃材料；当管道为难燃及可燃材料时，应在防火墙两侧的管道上采取防火措施。

6.2.7 附设在建筑内的消防控制室、灭火设备室、消防水泵房和通风空气调节机房、变配电室等，应采用耐火极限不低于 2.00h 的防火隔墙和 1.50h 的楼板与其他部位分隔。

设置在丁、戊类厂房内的通风机房，应采用耐火极限不低于 1.00h 的防火隔墙和 0.50h 的楼板与其他部位分隔。通风、空气调节机房和变配电室开向建筑内的门应采用甲级防火门，消防控制室和其他设备房开向建筑内的门应采用乙级防火门。

6.2.9 建筑内的电梯井等竖井应符合下列规定：

1 电梯井应独立设置，井内严禁敷设可燃气体和甲、乙、丙类液体管道，不应敷设与电梯无关的电缆、电线等。电梯井的井壁除设置电梯门、安全逃生门和通气孔洞外，不应设置其他开口；

2 电缆井、管道井、排烟道、排气道、垃圾道等竖向井道，应分别独立设置。井壁的耐火极限不应低于 1.00h，井壁上的检查门应采用丙级防火门；

3 建筑内的电缆井、管道井应在每层楼板处采用不低于楼板耐火极限的不燃材料或防火封堵材料封堵。

建筑内的电缆井、管道井与房间、走道等相连通的孔隙应采用防火封堵材料封堵；

4 建筑内的垃圾道宜靠外墙设置，垃圾道的排气口应直接开向室外，垃圾斗应采用不燃材料制作，并应能自行关闭；

5 电梯层门的耐火极限不应低于 1.00h，并应符合现行国家标准《电梯层门耐火试验 完整性、隔热性和热通量测定法》GB/T 27903 规定的完整性和隔热性要求。

6.4.3 防烟楼梯间除应符合本规范第 6.4.1 条的规定外，尚应符合下列规定：

1 应设置防烟设施；

2 前室可与消防电梯间前室合用；

3 前室的使用面积：公共建筑、高层厂房（仓库），不应小于 6.0m^2；住宅建筑，不应小于 4.5m^2；

与消防电梯间前室合用时，合用前室的使用面积：公共建筑、高层厂房（仓库），不应小于 10.0m^2；住宅建筑，不应小于 6.0m^2；

4 疏散走道通向前室以及前室通向楼梯间的门应采用乙级防火门；

5 除住宅建筑的楼梯间前室外，防烟楼梯间和前室内的墙上不应开设除疏散门和送风口外的其他门、窗、洞口；

6 楼梯间的首层可将走道和门厅等包括在楼梯间前室内形成扩大的前室，但应采用乙级防火门等与其他走道和房间分隔。

6.4.5 室外疏散楼梯应符合下列规定：

1 栏杆扶手的高度不应小于 1.10m，楼梯的净宽度不应小于 0.90m；

2 倾斜角度不应大于 45°；

3 梯段和平台均应采用不燃材料制作。平台的耐火极限不应低于 1.00h，梯段的耐火极限不应低于 0.25h；

4 通向室外楼梯的门应采用乙级防火门，并应向外开启；

5 除疏散门外，楼梯周围 2m 内的墙面上不应设置门、窗、洞口。疏散门不应正对梯段。

6.4.11 建筑内的疏散门应符合下列规定：

1 民用建筑和厂房的疏散门，应采用向疏散方向开启的平开门，不应采用推拉门、卷帘门、吊门、转门和折叠门。除甲、乙类生产车间外，人数不超过 60 人且每樘门的平均疏散人数不超过 30 人的房间，其疏散门的开启方向不限；

2 仓库的疏散门应采用向疏散方向开启的平开门，但丙、丁、戊类仓库首层靠墙的外侧可采用推拉门或卷帘门；

3 开向疏散楼梯或疏散楼梯间的门，当其完全开启时，不应减少楼梯平台的有效宽度；

4 人员密集场所内平时需要控制人员随意出入的疏散门和设置门禁系统的住宅、宿舍、公寓建筑的外门，应保证火灾时不需使用钥匙等任何工具即能从内部易于打开，并应在显著位置设置具有使用提示的标识。

6.5.1 防火门的设置应符合下列规定：

1 设置在建筑内经常有人通行处的防火门宜采用常开防火门。常开防火门应能在火灾时自行关闭，并应具有信号反馈的功能；

2 除允许设置常开防火门的位置外，其他位置的防火门均应采用常闭防火门。常闭防火门应在其明显位置设置“保持防火门关闭”等提示标识；

3 除管井检修门和住宅的户门外，防火门应具有自行关闭功能。双扇防火门应具有按顺序自行关闭的功能；

4 除本规范第 6.4.11 条第 4 款的规定外，防火门应能在其内外两侧手动开启；

5 设置在建筑变形缝附近时，防火门应设置在楼层较多的一侧，并应保证防火门开启时门扇不跨越变形缝；

6 防火门关闭后应具有防烟性能；

7 甲、乙、丙级防火门应符合现行国家标准《防火门》GB 12955 的规定。

6.5.3 防火分隔部位设置防火卷帘时，应符合下列规定：

1 除中庭外，当防火分隔部位的宽度不大于 30m 时，防火卷帘的宽度不应大于 10m；当防火分隔部位的宽度大于 30m 时，防火卷帘的宽度不应大于该部位宽度的 1/3，且不应大于 20m；

2 防火卷帘应具有火灾时靠自重自动关闭功能；

3 除本规范另有规定外，防火卷帘的耐火极限不应低于本规范对所设置部位墙体的耐火极限要求。

当防火卷帘的耐火极限符合现行国家标准《门和卷帘耐火试验方法》GB/T 7633 有关耐火完整性和耐火隔热性的判定条件时，可不设置自动喷水灭火系统保护。

当防火卷帘的耐火极限仅符合现行国家标准《门和卷帘耐火试验方法》GB/T 7633 有关耐火完整性的判定条件时，应设置自动喷水灭火系统保护。自动喷水灭火系统的设计应符合现行国家标准《自动喷水灭火系统设计规范》GB 50084 的规定，但火灾延续时间不应小于该防火卷帘的耐火极限；

4 防火卷帘应具有防烟性能，与楼板、梁、墙、柱之间的空隙应采用防火封堵材料封堵；

5 需在火灾时自动降落的防火卷帘，应具有信号反馈的功能；

6 其他要求，应符合现行国家标准《防火卷帘》GB 14102 的规定。

依据 3 《火力发电厂与变电站设计防火标准》（GB 50229—2019）

11.2.4 地上油浸变压器室的门应直通室外；地下油浸变压器室门应向公共走道方向开启，该门应采用甲级防火门；干式变压器室、电容器室门应向公共走道方向开启，该门应采用乙级防火门；蓄电池室、电缆夹层、继电器室、通信机房、配电装置室的门应向疏散方向开启，当门外为公共走道或其他房间时，该门应采用乙级防火门。配电装置

室的中间隔墙上的门可采用分别向不同方向开启且宜相邻的 2 个乙级防火门。

9.2 消防管理及资料

9.2.1 本条评价项目的查评依据如下

依据 1 《国家电网公司变电运维管理规定（试行）》［国网（运检/3）828—2017］

第十九章 专项工作 第一百零二条 消防管理

（四）变电运维人员应熟知消防设施的使用方法，熟知火警电话及报警方法，掌握自救逃生知识和消防技能。

依据 2 《国网设备部关于印发〈变电站消防设施运维管理规范（试行）〉的通知》（设备变电〔2019〕29 号）

3.12 变电运维人员应熟知消防设施和器材的使用方法，熟知火警电话及报警方法，熟知消防器材摆放地点及本单位消防负责人联系方式，掌握自救逃生知识和消防技能。

9.2.2 本条评价项目的查评依据如下

依据 1 《国网设备部关于印发〈变电站消防设施运维管理规范（试行）〉的通知》（设备变电〔2019〕29 号）

3.9 变电站应建立消防器材和设施台账，并制定日常巡视、维护保养、火灾使用等管理制度。

依据 2 《国家电网公司变电运维管理规定（试行）》［国网（运检/3）828—2017］

第十九章 专项工作 第一百零二条 消防管理

（五）变电站消防管理应设专人负责，建立台账并及时检查（见附录 L）。

9.2.3 本条评价项目的查评依据如下

依据 1 《国家电网公司变电运维管理规定（试行）》［国网（运检/3）828—2017］

第十九章 专项工作 第一百零二条 消防管理

（二）运维单位应结合变电站实际情况制定消防预案，消防预案中应包括应急疏散部分，并定期进行演练。消防预案内应有变压器类设备灭火装置、烟感报警装置和消防器材的使用说明。

依据 2 《国网设备部关于印发〈变电站消防设施运维管理规范（试行）〉的通知》（设备变电〔2019〕29 号）

3.4 变电站应保存下列纸质和电子档案资料：

a）竣工后的总平面布局图、消防设施平面布置图、消防设施系统图及安全出口布置图、重点部位位置图等。

b）消防安全管理规章制度、应急灭火预案、应急疏散预案等。

c）消防安全组织结构图，包括消防安全责任人、管理人、专职、义务消防人员等内容。

d）消防安全培训记录、灭火和应急疏散预案的演练记录。

e）值班情况、消防安全检查情况及巡查情况的记录。

f）消防设施一览表，包括消防设施的类型、数量、状态等内容。

g）消防系统控制逻辑关系说明、设备使用说明书、系统操作规程、系统和设备维护保养制度等。

h）设备运行状况、接报警记录、火灾处理情况、设备检修检测报告等资料，这些资料应能定期保存和归档。

3.16　变电站应有结合本站实际的消防预案，消防预案内应包括应急疏散部分，并定期开展演练，演练资料存档。

9.2.4　本条评价项目的查评依据如下

依据 1 《中华人民共和国消防法》（2019 年修订）

第十六条　机关、团体、企业、事业等单位应当履行下列消防安全职责：

（一）落实消防安全责任制，制定本单位的消防安全制度、消防安全操作规程，制定灭火和应急疏散预案；

（二）按照国家标准、行业标准配置消防设施、器材，设置消防安全标志，并定期组织检验、维修，确保完好有效；

（三）对建筑消防设施每年至少进行一次全面检测，确保完好有效，检测记录应当完整准确，存档备查；

（四）保障疏散通道、安全出口、消防车通道畅通，保证防火防烟分区、防火间距符合消防技术标准；

（五）组织防火检查，及时消除火灾隐患；

（六）组织进行有针对性的消防演练；

（七）法律、法规规定的其他消防安全职责。

单位的主要负责人是本单位的消防安全责任人。

依据 2 《机关、团体、企业、事业单位消防安全管理规定》（中华人民共和国公安部第 61 号令）

第十八条　单位应当按照国家有关规定，结合本单位的特点，建立健全各项消防安全制度和保障消防安全的操作规程，并公布执行。

第四十五条　单位应当将消防安全工作纳入内部检查、考核、评比内容。对在消防安全工作中成绩突出的部门（班组）和个人，单位应当给予表彰奖励。对未依法履行消防安全职责或者违反单位消防安全制度的行为，应当依照有关规定对责任人员给予行政纪律处分或者其他处理。

依据 3 《电力设备典型消防规程》（DL 5027—2015）

3.1　安全生产委员会消防安全主要职责

3.1.1　组织贯彻落实国家有关消防安全的法律、法规、标准和规定（简称消防法规），建立健全消防安全责任制和规章制度，对落实情况进行监督、考核。

3.1.2　建立消防安全保证和监督体系，督促两个体系各司其职。明确消防工作归口管理职能部门（简称消防管理部门）和消防安全监督部门（简称安监部门），确保消防管理和安监部门的人员配置与其承担的职责相适应。

3.1.3 制定本单位的消防安全目标并组织落实，定期研究、部署本单位的消防安全工作。

3.1.4 深入现场，了解单位的消防安全情况，推广消防先进管理经验和先进技术，对存在的重大或共性问题进行分析，制定针对性的整改措施，并督促措施的落实。

3.1.5 组织或参与火灾事故调查。

3.1.6 对消防安全做出贡献者给予表扬或奖励；对负有事故责任者，给予批评或处罚。

3.2 消防安全责任人主要职责

3.2.1 贯彻执行消防法规，保障单位消防安全符合规定，掌握本单位的消防安全情况。

3.2.2 将消防工作与本单位的生产、科研、经营、管理等活动统筹安排，批准实施年度消防工作计划。

3.2.3 为本单位的消防安全提供必要的经费和组织保障。

3.2.4 确定逐级消防安全责任，批准实施消防安全管理制度和保障消防安全的操作规程。

3.2.5 组织防火检查，督促落实火灾隐患整改，及时处理涉及消防安全的重大问题。

3.2.6 根据消防法规的规定建立专职消防队、志愿消防队。

3.2.7 组织制定符合本单位实际的灭火和应急疏散预案，并实施演练。

3.2.8 确定本单位消防安全管理人。

3.2.9 发生火灾事故做到事故原因不清不放过，责任者和应受教育者没有受到教育不放过，没有采取防范措施不放过，责任人员未受到处理不放过。

3.4 消防管理部门主要职责

3.4.1 贯彻执行消防法规、本单位消防安全管理制度。

3.4.2 拟定逐级消防安全责任制，及其消防安全管理制度。

3.4.3 指导、督促各相关部门制定和执行各岗位消防安全职责、消防安全操作规程，消防设施运行和检修规程等制度，以及制定发电厂厂房、车间、变电站、换流站、调度楼、控制楼、油罐区等重要场所及重点部位的灭火和应急疏散预案。

3.4.4 定期向消防安全管理人报告消防安全情况，及时报告涉及消防安全的重大问题。

3.4.5 拟订年度消防管理工作计划。

3.4.6 拟订消防知识、技能的宣传教育和培训计划，经批准后组织实施。

3.4.7 负责消防安全标志设置，负责或指导、督促有关部门做好消防设施、器材配置、检验、维修、保养等管理工作，确保完好有效。

3.4.8 管理专职消防队和志愿消防队。根据消防法规、公安消防部门的规定和实际情况配备专职消防员和消防装备器材，组织实施专业技能训练，维护保养装备器材。志愿消防员的人数不应少于职工总数的 10%，重点部位不应少于该部位人数的 50%，且人员分布要均匀；年龄男性一般不超 55 岁、女性一般不超 45 岁，能行使职责工作。根据志愿消防人员变动、身体和年龄等情况，及时进行调整或补充，并公布。

3.4.9 确定消防安全重点部位，建立消防档案。

3.4.10 将消防费用纳入年度预算管理，确保消防安全资金的落实，包括消防安全设施、器材、教育培训资金，以及兑现奖惩等。

3.4.11 督促有关部门凡新建、改建、扩建工程的消防设施必须与主体设备（项目）同时设计、同时施工、同时投入生产或使用。

3.4.12 指导、督促有关部门确保疏散通道、安全出口、消防车通道畅通，保证防火防烟分区、防火间距符合消防标准。

3.4.13 指导、督促有关部门按照要求组织发电厂厂房、车间、变电站、换流站、调度楼、控制楼、油罐区等重要场所及重点部位的灭火和应急疏散演练。

3.4.14 指导、督促有关部门实行每月防火检查、每日防火巡查，建立检查和巡查记录，及时消除消防安全隐患。

3.4.15 发生火灾时，立即组织实施灭火和应急疏散预案。

3.6 志愿消防员主要职责

3.6.1 掌握各类消防设施、消防器材和正压式消防空气呼吸器等的适用范围和使用方法。

3.6.2 熟知相关的灭火和应急疏散预案，发生火灾时能熟练扑救初起火灾、组织引导人员安全疏散及进行应急救援。

3.6.3 根据工作安排负责一、二级动火作业的现场消防监护工作。

4.1.1 消防安全管理制度应包括下列内容：

1 各级和各岗位消防安全职责、消防安全责任制考核、动火管理、消防安全操作规定、消防设施运行规程、消防设施检修规程。

2 电缆、电缆间、电缆通道防火管理，消防设施与主体设备或项目同时设计、同时施工、同时投产管理，消防安全重点部位管理。

3 消防安全教育培训，防火巡查、检查，消防控制室值班管理，消防设施、器材管理，火灾隐患整改，用火、用电安全管理。

4 易燃易爆危险物品和场所防火防爆管理，专职和志愿消防队管理，疏散、安全出口、消防车通道管理，燃气和电气设备的检查和管理（包括防雷、防静电）。

5 消防安全工作考评和奖惩，灭火和应急疏散预案以及演练。

6 根据有关规定和单位实际需要制定其他消防安全管理制度。

依据 4　与 8.2.2 依据 2 相同

依据 5 《国家电网公司变电运维管理规定（试行）》[国网（运检/3）828—2017]

第十九章　专项工作　第一百零二条　消防管理

（一）运维单位应按照国家及地方有关消防法律法规制定变电站现场消防管理具体要求，落实专人负责管理，并严格执行。

依据 6《国网设备部关于印发〈变电站消防设施运维管理规范（试行）〉的通知》（设备变电〔2019〕29 号）

3.10　变电站现场运行专用规程应涵盖消防设施管理、操作与维护规程，并对重要的消防设施如火灾自动报警系统、变压器固定自动灭火系统等，制定专用规程。

3.17　变电站消防设施的操作和维护人员应持证上岗。变电站现场应有消防设施型号、配置及系统的操作规程，包括系统的操作规程及维护保养管理制度、系统操作员名册及相应的工作职责等；运维单位应保存值班记录和使用图表等资料；消防设施应建立消防档案，包括系统竣工图、设备说明书、消防机构出具的有关法律文书等，并应有电子备案档案。

9.2.5　本条评价项目的查评依据如下

依据 1《国网设备部关于印发〈变电站消防设施运维管理规范（试行）〉的通知》（设备变电〔2019〕29 号）

3.4　变电站应保存下列纸质和电子档案资料：

a）竣工后的总平面布局图、消防设施平面布置图、消防设施系统图及安全出口布置图、重点部位位置图等。

b）消防安全管理规章制度、应急灭火预案、应急疏散预案等。

c）消防安全组织结构图，包括消防安全责任人、管理人、专职、义务消防人员等内容。

d）消防安全培训记录、灭火和应急疏散预案的演练记录。

e）值班情况、消防安全检查情况及巡查情况的记录。

f）消防设施一览表，包括消防设施的类型、数量、状态等内容。

g）消防系统控制逻辑关系说明、设备使用说明书、系统操作规程、系统和设备维护保养制度等。

h）设备运行状况、接报警记录、火灾处理情况、设备检修检测报告等资料，这些资料应能定期保存和归档。

3.10　变电站现场运行专用规程应涵盖消防设施管理、操作与维护规程，并对重要的消防设施，如火灾自动报警系统、变压器固定自动灭火系统等，制定专用规程。

3.13　变电站应制定消防器材布置图，图中标明存放地点、数量和消防器材类型，消防器材按消防布置图布置；变电运维人员应会正确使用、维护和保管。

3.17　变电站消防设施的操作和维护人员应持证上岗。变电站现场应有消防设施型号、配置及系统的操作规程，包括系统的操作规程及维护保养管理制度、系统操作员名册及相应的工作职责等；运维单位应保存值班记录和使用图表等资料；消防设施应建立消防档案，包括系统竣工图、设备说明书、消防机构出具的有关法律文书等，并应有电子备案档案。

依据 2 《国家电网公司变电运维管理规定（试行）》［国网（运检/3）828—2017］

第十九章 专项工作 第一百零二条 消防管理

（一）运维单位应按照国家及地方有关消防法律法规制定变电站现场消防管理具体要求，落实专人负责管理，并严格执行。

（六）应制定变电站消防器材布置图，标明存放地点、数量和消防器材类型，消防器材按消防布置图布置。变电运维人员应会正确使用、维护和保管。

9.2.6 本条评价项目的查评依据如下

依据 《变电站（换流站）消防设备设施完善化改造原则（试行）》（设备变电〔2018〕15 号）

4.1.2 消防设施应处于正常工作状态。不得损坏、挪用或者擅自拆除、停用消防设施、器材。消防设施出现故障，应及时通知单位有关部门，尽快组织修复。因工作需要临时停用消防设施或移动消防器材的，应采取临时措施和事先报告单位消防管理部门，并得到本单位消防安全责任人的批准，工作完毕后应及时恢复。

9.2.7 本条评价项目的查评依据如下

依据 《国网设备部关于印发〈变电站消防设施运维管理规范（试行）〉的通知》（设备变电〔2019〕29 号）

3.4 变电站应保存下列纸质和电子档案资料：

a）竣工后的总平面布局图、消防设施平面布置图、消防设施系统图及安全出口布置图、重点部位位置图等。

b）消防安全管理规章制度、应急灭火预案、应急疏散预案等。

c）消防安全组织结构图，包括消防安全责任人、管理人、专职、义务消防人员等内容。

d）消防安全培训记录、灭火和应急疏散预案的演练记录。

e）值班情况、消防安全检查情况及巡查情况的记录。

f）消防设施一览表，包括消防设施的类型、数量、状态等内容。

g）消防系统控制逻辑关系说明、设备使用说明书、系统操作规程、系统和设备维护保养制度等。

h）设备运行状况、接报警记录、火灾处理情况、设备检修检测报告等资料，这些资料应能定期保存和归档。

第6章 35kV变电站消防安全性评价内容

本评价内容主要适用于国家电网公司35kV变电站站内区域消防管理工作。本部分评价内容分为评价标准、查评依据两部分。评价标准中包括主变压器区域灭火设施，室外设备区及非设备区，室内变压器室、配电装置室、GIS设备室、电容器室、电抗器室、站用变压器室、接地变压器室，主控室、通信室、档案室，蓄电池室，电缆沟道，消防标识及应急设施，消防控制室，日常运行维护及管理共9类79项查评要点，共计600分；评价依据中引用了评价标准所依据的国家、行业、国家电网公司相关规章制度和文件。对查评标准中所列项目按照规定不涉及的，该项目得满分。

第1节 35kV变电站消防安全性评价标准

序号	评价项目	标准分	评分标准	查评依据
1	**主变压器区域灭火设施**	40		
1.1	地下变电站变压器固定灭火系统的配置是否符合DL/T 5216《35kV—220kV城市地下变电站设计规程》的要求	10	地下变电站的所有油浸式变压器和油浸式平波电抗器处；其他容量和绝缘型式的变压器（电抗器）以及高层建筑内的变压器可根据有关标准和要求设置固定自动灭火系统，如未设置不得分	《电力设备典型消防规程》（DL 5027—2015）13.7.4
1.2	油浸式变压器消防物防设施配置是否满足要求： （1）室外油浸式变压器处不少于1具50kg灭火器车； （2）油浸式变压器、油浸式电抗器等处应设置消防砂箱或砂桶，内装干燥细黄砂，消防砂箱容积为1.0m³，并配置3～5把消防铲，消防砂桶应装满干燥黄砂	10	灭火器配置数量不足，扣50%，未给每台变压器设置消防砂桶，每处扣50%，未装满消防砂或未配置消防铲、消防砂桶扣20%	《变电站（换流站）消防设备设施完善化改造原则（试行）》（设备变电〔2018〕15号）第4.3.3.8条
1.3	户外油浸式变压器、户外配电装置之间及各建筑物的防火间距，户内外含油设备事故排油要求应符合GB 50229《火力发电厂与变电站设计防火标准》的规定。户外油浸式变压器之间设置防火墙，是否符合以下要求：	5	未设置防火墙或防火墙设置不符合标准规定，不得分	《电力设备典型消防规程》（DL 5027—2015）第10.3.5、10.3.6条

续表

序号	评价项目	标准分	评分标准	查评依据
1.3	（1）防火墙高度应高于变压器储油柜，防火墙长度不应小于变压器贮油池两侧各 1.0m； （2）防火墙与变压器散热器外廓距离不应小于 1.0m； （3）防火墙应达到一级耐火等级	5	未设置防火墙或防火墙设置不符合标准规定，不得分	《电力设备典型消防规程》（DL 5027—2015）第 10.3.5、10.3.6 条
1.4	变压器事故排油是否符合以下要求： （1）设置有带油水分离措施的总事故油池时，位于地面之上的变压器对应的总事故油池容量应按最大一台变压器油量的 60%确定；位于地面以下的变压器对应的总事故油池容量应按最大一台变压器油量的 100%确定； （2）事故有坑设有卵石层时，应定期检查和清理，以不被淤泥、灰渣及积土所覆盖	10	变压器事故油池设置不满足要求的，不得分	《电力设备典型消防规程》（DL 5027—2015）第 10.3.7 条
1.5	变压器防爆排烟设施是否满足要求： （1）变压器防爆筒的出口端应向下，并防止产生阻力，防爆膜宜采用脆性材料； （2）室内油浸式变压器宜设置事故排烟设施，火灾时通风系统应停用； （3）室内变压器顶部不宜敷设电缆。室外变电站和有隔离油源措施的室内油浸设备失火时可用水灭火，无放油管路时不应用水灭火	5	变压器防爆排烟设施不满足要求的，不得分	《电力设备典型消防规程》（DL 5027—2015）第 10.3.10、10.3.11、10.3.12 条
2	**室外设备区、非设备区**	40		
2.1	室外消火栓规定是否满足： （1）设置室外消火栓的变电站是否集中配置足够数量的消防水带、水枪和消火栓扳手，放置在重点防火区域周围的露天专用消防箱或消防小室内，相关箱、室不得上锁； （2）根据被保护设备的性质合理配置 19mm 直流或喷雾或多功能水枪，水带宜配置有衬里消防水带； （3）室外消火栓间距不应大于 120m	10	室外消火栓配置不足，扣 50%，消防水枪、水带、消火栓扳手配置不符合要求扣 20%	《变电站（换流站）消防设备设施完善化改造原则（试行）》（设备变电〔2018〕15 号）第 4.3.3.6 条； 《消防给水及消火栓系统技术规范》（GB 50974—2014）第 7.3.7、7.4.3 条
2.2	建筑面积大于 300m² 的厂房、建筑体积大于 5000m³ 的站内建筑应安装室内消火栓，设置室内消火栓的建筑，包括设备层在内各层均应设置消火栓。 室内消火栓规定是否满足： （1）室内消火栓箱是否有明显标志，箱门上是否张贴使用方法或操作步骤，外观良好、无损坏，无锈蚀，无泄漏。 （2）消火栓箱组件应齐全，箱门应开关灵活，开度应符合要求；消火栓的阀门应启闭灵活，栓口位置应便于连接水带。 （3）消火栓启泵按钮外观是否完好，有透明罩保护，是否配有击碎工具；同时指示灯指示是否正确；手动复位后指示灯是否随之复位。	10	应设室内消火栓区域室内消火栓标识及其附属设施存在缺陷的，每处扣 20%，本项目扣完为止	《建筑设计防火规范》（GB 50016—2014）第 8.2 节； 《消防给水及消火栓系统技术规范》（GB 50974—2014）第 7.4.3 条； 《国网设备部关于印发〈变电站消防设施运维管理规范（试行）〉的通知》（设备变电〔2019〕29 号）第 3.32 条； 《电力设备典型消防规程》（DL 5027—2015）第 6.1.24、6.3.8、13.7.3 条

续表

序号	评价项目	标准分	评分标准	查评依据
2.2	（4）管网及支吊架与阀门外观是否良好，无损坏，无锈蚀，无泄漏；阀门处于工作状态。 （5）室内消火栓应采用单栓消火栓。确有困难时可采用双栓消火栓，但必须为双阀双出口型	10	应设室内消火栓区域室内消火栓标识及其附属设施存在缺陷的，每处扣20%，本项目扣完为止	《建筑设计防火规范》（GB 50016—2014）第8.2节； 《消防给水及消火栓系统技术规范》（GB 50974—2014）第7.4.3条； 《国网设备部关于印发〈变电站消防设施运维管理规范（试行）〉的通知》（设备变电〔2019〕29号）第3.32条； 《电力设备典型消防规程》（DL 5027—2015）第6.1.24、6.3.8、13.7.3条
2.3	站内室外及公共区域消防器材是否满足： （1）变电站内消防砂箱、砂桶、消防铲等消防器材是否齐全完备； （2）35kV变电站应配置5个装满黄砂的消防砂桶，消防黄砂桶应采用铅桶，每两桶配备一把消防铲，每四桶配备一把消防斧； （3）室外油浸式变压器处不少于1具50kg灭火器车	10	变电站公共区域配置消防设施不足额，每项消防器材不满足要求，扣20%，本项目扣完为止	《变电站（换流站）消防设备设施完善化改造原则（试行）》（设备变电〔2018〕15号）第4.3.3.3、4.3.3.8条、附录
2.4	室外电抗器、电容器区域消防设施是否满足要求： （1）油浸电抗器、电容器装置应就近设置能灭油火的消防设施，并应设有消防通道； （2）户外布置的电力电容器与高压电气设备需保持50m及以上的距离，防止事故扩大； （3）干式变压器、电流互感器等电气设备宜配置移动式干粉灭火器	10	室外电抗器、电容器安装位置不满足要求、消防设施配置不足额，扣20%，本项目扣完为止	《电力设备典型消防规程》（DL 5027—2015）第10.4.1、10.7.3、10.7.7条
3	**室内变压器室、配电装置室、GIS设备室、电容器室、电抗器室、站用变压器室、接地变压器室**	60		
3.1	变电站变压器室、电容器室、蓄电池室、配电装置室是否安装点式感烟或吸气式感烟（如有含油设备，采用感温）火灾探测器	10	未按规定安装火灾探测器不得分	《变电站（换流站）消防设备设施完善化改造原则（试行）》（设备变电〔2018〕15号）第4.3.1.4条
3.2	各高压室防火门窗要求： （1）变电站变压器室、电容器室、蓄电池室、配电装置室的门是否向疏散方向开启； （2）当门外为公共走道或其他房间时，该门是否采用乙级防火门； （3）配电室的中间隔墙上的门是否采用由不燃材料制作的双向弹簧门	10	各室使用的门开启方向不正确，一处扣20%，室内的门未采用乙级防火门及中间隔墙上门未采用不燃的双向弹簧门的，一处扣20%，本项目扣完为止	《火力发电厂与变电站设计防火标准》（GB 50229—2019）第11.2.4条； 《变电站（换流站）消防设备设施完善化改造原则（试行）》（设备变电〔2018〕15号）第4.2.2.2条
3.3	变电站主控通信室、配电装置室、电缆夹层、电容器室，是否有不少于2个疏散出口；配电装置室长度超过60m时，是否增设1个中间疏散口。地下变电站是否设置不少于2个安全出口	10	各室疏散出口不满足要求的，每处扣30%，本项目扣完为止	《火力发电厂与变电站设计防火标准》（GB 50229—2019）第11.4.2条

续表

序号	评价项目	标准分	评分标准	查评依据
3.4	地下变电站每个防火分区是否不大于 $1000m^2$，设置自动灭火系统的防火分区面积可增大一倍；楼梯间是否设置乙级防火门，并向疏散方向开启	5	需要设置防火分区的变电站未设置防火分区不得分，楼梯间未设置乙级防火门，每处扣 20%，开启方向不正确，扣 20%，本项目扣完为止	《火力发电厂与变电站设计防火标准》（GB 50229—2019）第 11.4.3、11.4.4、11.4.5 条
3.5	变电站配电装置室、站变室、电抗器室、电容器室等处，是否每隔规定间隔设置一组磷酸铵盐干粉灭火器。 （1）室内油浸式变压器室不少于 4 具 4kg 磷酸铵盐干粉灭火器和 2 具 50kg 灭火器车； （2）配电装置室不少于 3 具 4kg 磷酸铵盐干粉灭火器； （3）电容器室、电抗器室、蓄电池室、站用变压器室、接地变压器室不少于 2 具 4kg 磷酸铵盐干粉灭火器； （4）室内其他区域不少于 2 具 4kg 磷酸铵盐干粉灭火器、站内公用设施处放置不少于 3 具 4kg 磷酸铵盐干粉灭火器	10	站内各区域应配置的灭火器未配置不得分，灭火器配置数量不足或超出检验周期，每处扣 20%，本项目扣完为止	《变电站（换流站）消防设备设施完善化改造原则（试行）》（设备变电〔2018〕15 号）附录
3.6	（1）各室内消火栓箱内配置是否齐全，应包含 65mm 消火栓及隔离阀各 1 只、25m 长 DN65 有衬里水龙带 1 根带快装接头、19mm 直流或喷雾或多功能水枪 1 只、自救式消防水喉 1 套、消防按钮 1 只；带电设施附近的消火栓应配备喷雾功能水枪； （2）当室内消火栓栓口处的出水压力超过 0.5MPa 时，应加设减压孔板或采用减压稳压型消火栓	10	室内消火栓配置设施不齐全，每缺少一处扣 10%，若出水压力超过 0.5MPa 未加设减压孔板或采用减压稳压型消火栓，扣 20%，本项目扣完为止	《变电站（换流站）消防设备设施完善化改造原则（试行）》（设备变电〔2018〕15 号）第 4.3.3.7 条； 《电力设备典型消防规程》（DL 5027—2015）第 14.3.7 条
3.7	（1）室内的油浸式消弧线圈等设备，当油量大于 600kg 时，应布置在专用的房间内，外墙开门处上方应设置防火挑檐，挑檐的宽度不应小于 1.0m，而长度为门的宽度两侧各加 0.5m； （2）户内布置的单台电力电容器油量超过 100kg 时，应有贮油设施或挡油栏； （3）集合式电容器室内布置时，基坑地面宜采用水泥砂浆抹面并压光，在其上面铺以 100mm 厚的细砂。如室外布置，则基坑宜采用水泥砂浆抹面，在挡油设施内铺以卵石（或碎石）	5	室内的油浸式消弧线圈、电容器防火措施不满足要求的，每处扣 20%，本项目扣完为止	《电力设备典型消防规程》（DL 5027—2015）第 10.4.2、10.7.3、10.7.4 条
4	**主控室、通信室、档案室**	50		
4.1	主控制室、通信机房、继电保护室是否设置点式感烟或吸气式感烟火灾探测器	20	主控制室、通信机房、继电保护室未设置点式感烟或吸气式感烟火灾探测器不得分	《变电站（换流站）消防设备设施完善化改造原则（试行）》（设备变电〔2018〕15 号）第 4.3.1.4 条
4.2	变电站主控室及通信室是否每隔规定间隔设置一组磷酸铵盐干粉灭火器。其中控制室不少于 2 具 5kg 磷酸铵盐干粉灭火器，通信机房和保护室不少于 3 具 4kg 磷酸铵盐干粉灭火器。根据规定，控制室、通信室、保护室及高低压配电装置室可采用卤代烷气体灭火器	10	各室未按规定配置灭火器不得分，灭火器配置数量不足或超出检验周期，每处扣 20%，本项目扣完为止	《变电站（换流站）消防设备设施完善化改造原则（试行）》（设备变电〔2018〕15 号）附录； 《火力发电厂与变电站设计防火标准》（GB 50229—2019）第 7.10.4 条

续表

序号	评价项目	标准分	评分标准	查评依据
4.3	（1）控制室、调度室应有不少于两个疏散出口； （2）各室的隔墙、顶棚内装饰，应采用难燃或不燃材料。建筑内部装修材料应符合 GB 5022《建筑内部装修设计防火规范》的有关规定，地下变电站宜采用防霉耐潮材料；各室严禁吸烟	10	主控室、继电保护室、通信室疏散出口不满足要求，每室扣30%，建筑装饰材料不满足防火规定的，扣 50%，本项目扣完为止	《电力设备典型消防规程》（DL 5027—2015）第11.0.2、11.0.3、11.0.4 条
4.4	（1）各室配电线路应采用阻燃措施或防延燃措施，严禁任意拉接临时电线； （2）各室一旦发生火灾，则应切断交流电源，开启直流事故照明，关闭通风管防火阀，采用气体等灭火器进行灭火	5	室内配电线路存在火灾隐患、临时拉线或未采用阻燃措施或防延燃措施的，每处扣 20%；火灾处置流程不正确扣 40%，本项目扣完为止	《电力设备典型消防规程》（DL 5027—2015）第11.0.10、11.0.11 条
4.5	（1）档案室收发档案材料的门洞及窗口应安装防火门窗，其耐火极限不得低于 0.75h； （2）档案室与其他建筑物直接相通的门均应做防火门，其耐火极限应不小于2.0h；内部分隔墙上开设的门也要采取防火措施，耐火极限要求为 1.2h	5	变电站档案室、资料室防火门窗不满足要求的，每处扣 20%，本项目扣完为止	《电力设备典型消防规程》（DL 5027—2015）第11.0.8、11.0.9 条
5	**蓄电池室（未设置蓄电池室的，此项目得满分）**	40		
5.1	蓄电池室门上应有“蓄电池室”“严禁烟火”或“火灾危险，严禁火种入内”等标志牌。蓄电池室是否贴有必需的警示标识和禁令标识；室内设备是否符合防爆要求	10	蓄电池室缺少消防标识的不得分	《变电站（换流站）消防设备设施完善化改造原则（试行）》（设备变电〔2018〕15 号）第 4.2.3.1 条； 《电力设备典型消防规程》（DL 5027—2015）第10.6.1、10.6.2 条
5.2	蓄电池室每组是否布置在单独的室内，如在同一室内，是否在每组蓄电池之间设耐火时间为大于 2.0h 的防火隔断，蓄电池室门是否向外打开	10	变电站两组蓄电池在同一室内且未设置合格防火隔断的，扣80%；防火隔断耐火时间不满足要求扣 50%；蓄电池室门开启方向不正确扣 20%	《变电站（换流站）消防设备设施完善化改造原则（试行）》（设备变电〔2018〕15 号）第 4.2.3.1 条； 《电力设备典型消防规程》（DL 5027—2015）第10.6.1 条
5.3	蓄电池室通风照明是否合格： （1）蓄电池室是否装有通风装置，通风道是否单独设置，工作正常； （2）蓄电池室是否使用防爆型照明和防爆型排风机，操作开关是否安装在蓄电池室的外面； （3）蓄电池室的照明线是否采用暗线敷设的耐酸导线，进出蓄电池室的电缆、电线，在穿墙处是否用耐酸瓷管或聚氯乙烯硬管穿线，并在其进出口端用耐酸材料将管口封堵	10	蓄电池室风机、照明、电源线路，有一处不满足消防要求的扣20%，本项目扣完为止	《变电站（换流站）消防设备设施完善化改造原则（试行）》（设备变电〔2018〕15 号）第 4.2.3.1 条； 《电力设备典型消防规程》（DL 5027—2015）第10.6.1 条
5.4	蓄电池室是否配置防爆感烟和可燃气体火灾探测装置，是否配置不少于 2 具4kg 磷酸铵盐磷酸铵盐干粉灭火器，灭火器在合格期内	10	未安装火灾探测装置，扣 50%，未配置合格且数量足够的灭火器，扣 50%。灭火器超检验周期扣 30%，本项目扣完为止	《变电站（换流站）消防设备设施完善化改造原则（试行）》（设备变电〔2018〕15 号）附录

续表

序号	评价项目	标准分	评分标准	查评依据
6	**电缆沟道**	90		
6.1	电缆沟道防火封堵是否满足要求： （1）在电缆穿过竖井、变电站夹层、墙壁、楼板或进入电气盘、柜的孔洞处，是否做好防火封堵； （2）封堵是否严实可靠，不应有明显的裂缝和可见的缝隙，孔洞较大者应加耐火衬板后再进行封堵； （3）在隧道、电缆沟、变电站夹层和进出线等电缆密集区域是否采用阻燃电缆或采取其他有效防火措施； （4）如果在重要电缆沟和隧道中有非阻燃电缆时，是否分段或用软质耐火材料设置阻火隔离，电缆孔洞是否封堵； （5）未采用阻燃电缆时，电缆接头两侧及相邻电缆 2～3m 长的区段是否采取涂刷防火涂料、缠绕防火包带等措施； （6）靠近充油设备的电缆沟，是否设有卡槽式电缆沟盖板或覆盖防火玻璃丝纤维布等防火延燃措施，盖板是否封堵	10	电缆隧道、电缆沟、电缆夹层未有效进行防火封堵、设置阻火隔离或涂刷防火涂料的。每发现一处，扣 20%，发现三处及以上，不得分	《电力电缆及通道运维规程》（Q/GDW 1512—2014）第 5.5.4 条； 《电力设备典型消防规程》（DL 5027—2015）第 10.5.3 条； 《变电站（换流站）消防设备设施完善化改造原则（试行）》（设备变电〔2018〕15 号）第 4.2.4.7 条
6.2	电缆通道、电缆室、夹层、竖井、电缆沟内是否整洁、畅通，是否消除各类火灾隐患，通道沿线及其内部不得积存易燃、易爆物。排水沟、电缆沟、管沟等沟坑内是否有积油	10	电缆通道、电缆室、夹层、竖井、电缆沟内堆放杂物，积存易燃易爆物，每发现一处。扣 20%；发现两处及以上，不得分	《电力电缆及通道运维规程》（Q/GDW 1512—2014）第 8.3.4 条； 《电力设备典型消防规程》（DL 5027—2015）第 10.5.6 条
6.3	变电站电缆夹层、竖井是否安装线型感温、感烟或吸气式感烟探测器，缆式线型感温火灾探测器在电缆表面以“S 形”缠绕方式敷设。 重要的电缆隧道是否安装温度在线监测装置，并定期传动、检测，确保动作可靠、信号准确。是否设置悬挂式超细干粉、气溶胶或火探管式灭火装置	5	变电站电缆夹层、竖井未安装消防报警设施和灭火设备，不得分；设施存在缺陷或超出检验周期，每处扣 20%	《电力电缆及通道运维规程》（Q/GDW 1512—2014）第 8.3.9 条； 《变电站（换流站）消防设备设施完善化改造原则（试行）》（设备变电〔2018〕15 号）第 4.2.4.9、4.3.1.4 条
6.4	是否在变电站电缆室、电缆夹层、电缆通（廊）道、电缆竖井等电缆密集区域按设计布置固定式灭火设施，电缆沟内电缆密集处、转弯处等重点部位可设置固定式自动灭火设施；固定式自动灭火设施宜采用悬挂式干粉自动灭火器（悬挂式超细干粉、气溶胶或火探管灭火装置），自动灭火设备在检验合格期内。 明敷充油电缆的供油系统是否装设自动报警和闭锁装置，多回路充油电缆的终端设置处应装设专用消防设施，有定期检验记录	10	按规定应安装自动灭火装置的变电站电缆室、电缆夹层、电缆通（廊）道、电缆竖井等电缆密集区域场所未安装，不得分；自动灭火设备维护不到位，超出使用周期的，扣 50%。若有明敷充油电缆，则检查其供油回路和消防设施是否满足要求，若不满足扣 30%	《电力电缆及通道运维规程》（Q/GDW 1512—2014）第 8.3.1、8.3.2 条； 《变电站（换流站）消防设备设施完善化改造原则（试行）》（设备变电〔2018〕15 号）第 4.2.4.10、4.3.1.4、4.3.3.2 条
6.5	电缆和沟道防火隔断是否满足要求： （1）电缆廊道、电缆沟内是否每隔 60m 划分防火隔段（防火墙），在电缆从室外进入室内的入口处、敷设两个及以上间隔电缆的主电缆沟道和到单个间隔或设备分支电缆沟道的交界处是否设置防火墙；	10	电缆廊道和沟道防火隔断设置不满足要求的，每处扣 20%；防火封堵不满足要求的，每处扣 20%；电缆夹层的门设置不满足规定的，扣 20%，防火隔断和封堵 3 处以上不满足要求的，本项目不得分	《变电站（换流站）消防设备设施完善化改造原则（试行）》（设备变电〔2018〕15 号）第 4.2.4.8 条

续表

序号	评价项目	标准分	评分标准	查评依据
6.5	（2）电缆竖井上下两端、进出电缆孔洞处及每一楼层处采用耐火极限不低于1.00h 的非燃烧材料进行封堵，划分防火隔段； （3）电缆夹层的门是否向疏散方向开启，当门外为公共走道或其他房间时，该门是否采用乙级防火门	10	电缆廊道和沟道防火隔断设置不满足要求的，每处扣20%；防火封堵不满足要求的，每处扣20%；电缆夹层的门设置不满足规定的，扣20%，防火隔断和封堵3处以上不满足要求的，本项目不得分	《变电站（换流站）消防设备设施完善化改造原则（试行）》（设备变电〔2018〕15号）第4.2.4.8条
6.6	共用沟道防火分隔是否满足要求： （1）动力电缆与控制电缆是否分沟敷设，不满足的是否在动力电缆和控制电缆、通信电缆在之间设置层间耐火隔板、加装电缆防火槽盒、涂防火涂料、包覆防火护套等措施； （2）在多个电缆头并排安装的场合中，应在电缆头之间加隔板或填充阻燃材料	10	不同种类电缆同沟布置，且没有可靠防火分隔的，发现一处扣20%，发现3处及以上本项目不得分	《水电工程设计防火规范》（GB 50872—2014）第9.0.7条； 《国网设备部关于加快推进变电站消防隐患治理工作的通知》（设备变电〔2018〕16号）（七）； 《变电站（换流站）消防设备设施完善化改造原则（试行）》（设备变电〔2018〕15号）第4.2.4.4条； 《电力设备典型消防规程》（DL 5027—2015）第10.5.9、10.5.12条
6.7	是否在电缆室、电缆通（廊）道、电缆竖井的出入口处，设置手提式磷酸铵盐干粉灭火器，并至少配备2套防毒面具。按照规定，电缆夹层应设置不少于16具、电缆竖井不少于2具4kg磷酸铵盐磷酸铵盐干粉灭火器	10	未配置灭火器和防毒面具的，不得分，配置数量不足的，扣50%	《水电工程设计防火规范》（GB 50872—2014）第9.0.9条； 《变电站（换流站）消防设备设施完善化改造原则（试行）》（设备变电〔2018〕15号）附录
6.8	电缆接头是否加装防火槽盒或采取其他防火隔离措施。电力电缆中间接头盒的两侧及其附近区域，是否增加防火包带等阻燃措施。严禁在变电站电缆夹层、桥架和竖井等缆线密集区域布置电力电缆接头	5	电缆接头未采取防爆盒或其他措施的，不得分；电缆夹层、桥架和竖井等缆线密集区域有电缆接头的，本项目不得分	《电力电缆及通道运维规程》（Q/GDW 1512—2014）第8.3.1、8.3.2条； 《电力设备典型消防规程》（DL 5027—2015）第10.5.11条； 《变电站（换流站）消防设备设施完善化改造原则（试行）》（设备变电〔2018〕15号）第4.2.4.5、4.2.4.6条
6.9	电缆隧道的下列部位是否设置防火分隔，采用防火墙上设置防火门的形式： （1）电缆进出隧道的出入口及隧道分支处； （2）电缆隧道位于变电站内时，间隔不大于100m处； （3）电缆交叉、集部位，间隔不大于60m； （4）防火墙耐火极限不宜低于3.0h，防火门应采用甲级防火门（耐火极限不宜低于1.2h）且防火门的设置应符合GB 50016《建筑设计防火规范》的有关规定； （5）电缆竖井中，宜每隔7.0m设置阻火隔层	5	站内电缆隧道的防火分隔设置是否满足要求，一处不满足扣20%，发现3处及以上本项目不得分	《电力设备典型消防规程》（DL 5027—2015）第10.5.14、10.5.15条
6.10	电缆隧道内应设置指向最近安全出口处的导向箭头，主隧道、各分支拐弯处醒目位置装设整个电缆隧道平面示意图，并在示意图上标注所处位置及各出入口位置	5	电缆隧道内无安全出口示意图不得分，示意图标识不齐全或与实际不符扣50%	《变电站（换流站）消防设备设施完善化改造原则（试行）》（设备变电〔2018〕15号）第4.3.5.2条

续表

序号	评价项目	标准分	评分标准	查评依据
6.11	在电缆通道、夹层内动火作业是否办理动火工作票，并采取可靠的防火措施。在电缆通道、夹层内使用的临时电源是否满足绝缘、防火、防潮要求，工作人员撤离时应立即断开电源。是否严格按照运行规程规定对电缆夹层、通道进行巡检，并检测电缆和接头运行温度	5	电缆通道、夹层、竖井等处动火作业不满足要求的，不得分，安全措施不到位的扣 50%；巡视记录是否齐全，缺少一处扣 20%，本项目扣完为止	《电力电缆及通道运维规程》（Q/GDW 1512—2014）第 8.3.7、8.3.8、8.3.10 条
6.12	隧道内照明灯具及控制开关应为防潮防爆型；照明灯线应穿入阻燃管或放入防火槽盒	5	隧道内照明灯具及控制开关不是防潮防爆型扣 50%，照明灯线未穿入阻燃管或放入防火槽盒扣 50%	《城市电力电缆线路设计技术规定》（DL/T 5221—2016）第 4.5.15 条
7	**消防标识及应急设施**	30		
7.1	变电站内是否具有以下消防安全标志： （1）火灾报警装置标志； （2）紧急疏散逃生标志； （3）灭火设备标志； （4）禁止和警告标志； （5）方向辅助标志； （6）文字辅助标志	10	灭火器和消火栓指示标识、使用方法、火灾报警标识以及消防设施旋转方向标识、防火门标识等各类标志应符合国家标准《消防安全标志 第 1 部分：标志》（GB 13495.1—2015）的规定，缺少一处扣 10%，本项目扣完为止	《变电站（换流站）消防设备设施完善化改造原则（试行）》（设备变电〔2018〕15 号）第 4.3.5.1 条
7.2	变电站内疏散通道和安全出口是否设置疏散指示标识，是否采用符合国家规定 3C 标准的灯光疏散指示标志、安全出口标志，标明疏散方向	5	无安全疏散标识不得分，未使用灯光疏散指示标识扣 50%；安全疏散标识损坏，每处扣 20%，本项目扣完为止	《变电站（换流站）消防设备设施完善化改造原则（试行）》（设备变电〔2018〕15 号）第 4.3.4.5、4.3.5.3 条
7.3	疏散指示标识应根据国家法律法规、消防技术标准设置，并应采用符合法律规定的灯光疏散指示标志、安全出口标志，标明疏散方向。 （1）是否设置了符合规定的消防安全疏散指示标志和应急照明设施，消防应急照明灯、疏散指示标志其型号规格是否符合设计要求； （2）消防应急照明灯、疏散指示标志外观手否有缺陷，在其明显部位是否设有耐久性消防 3C 铭牌标识，内容清晰，设置位置符合设计要求，安装牢固； （3）消防应急照明可采用蓄电池作为备用电源，应急灯应牢固、无遮挡，状态指示灯正常； （4）变电站主控通信室、配电装置室、消防水泵房、变压器室、继电保护室、建筑疏散通道和楼梯间是否设置应急照明。变电站内应急照明的照度不应低于 1lx，交流断电后可继续提供照明，继续工作应急照明不应低于正常照明照度值的 100%	5	安全疏散标识和应急照明设施不全，每处扣 20%；已配置的安全疏散标识和应急照明设施损坏，每处扣 20%；消防应急照明无备用电源扣 20%；应急照明亮度不足扣 20%，本项目扣完为止	《变电站（换流站）消防设备设施完善化改造原则（试行）》（设备变电〔2018〕15 号）第 4.3.4.5、4.3.5.3 条； 《中华人民共和国消防法》（2019 年修订）第十六条； 《机关、团体、企业、事业单位消防安全管理规定》（公安部第 61 号令）第二十一条； 《火力发电厂与变电站设计防火标准》（GB 50229—2019）第 11.7.2 条
7.4	日常维护是否到位： （1）防火重点部位禁止烟火、紧急联络人、火警电话的标志清晰、无破损、脱落； （2）安全疏散指示标志清晰、无破损、脱落； （3）安全疏散通道照明完好、充足	10	消防标识缺失、破损，每处扣 20%；发现 3 处以上，不得分	《电力设备典型消防规程》（DL 5027—2015）第 10.6.1、10.6.2 条

续表

序号	评价项目	标准分	评分标准	查评依据
8	**消防控制室**	120		
8.1	消防控制室通用要求	20		
8.1.1	消防控制室是否满足具备远方控制功能，且设有用于火灾报警的外线电话的要求	5	设置于集中控制中心的消防控制室没有远方控制功能不得分，未设置报火警外线电话扣20%	《消防控制室完善化改造原则（试行）》（设备变电〔2018〕15号）第4.1.4、4.1.5条； 《火灾自动报警设计规范》（GB 50116—2013）第3.4.3、6.1.4条
8.1.2	消防控制室是否实行每日24h值班制度，每班不少于2人的要求，值班人员持有消防控制室操作职业资格证书	5	值班人员不满足2人24h值班不得分，值班人员未持有消防执业证书扣50%	《消防控制室完善化改造原则（试行）》（设备变电〔2018〕15号）第4.1.9条； 《消防控制室通用技术要求》（GB 25506—2010）第4.2.1条
8.1.3	消防控制室的火灾自动报警系统、灭火系统和其他联动控制设备是否处于正常工作状态，并不得将应处于自动状态的设在手动状态	5	发现一处缺陷扣20%，应处于自动的系统置于手动状态扣50%，本项目扣完为止	《消防控制室完善化改造原则（试行）》（设备变电〔2018〕15号）第4.1.10条； 《消防控制室通用技术要求》（GB 25506—2010）第4.2.1条
8.1.4	消防控制室设备选型是否满足以下要求： （1）属于国家消防产品强制性认证目录中的产品，应具有CCCF认证证书并标注认证标志； （2）目录以外的产品，应具有国家级消防产品质量检验中心出具的检验报告	5	消防设备选用非3C认证且无国家级消防产品质量检验中心出具的检验报告的，每一设备扣20%，本项目扣完为止	《消防控制室完善化改造原则（试行）》（设备变电〔2018〕15号）第4.1.12条
8.2	消防控制室资料要求	20		
8.2.1	消防控制室文件资料是否包含：竣工图纸、各分系统控制逻辑关系说明、设备使用说明书、系统操作规程、应急预案、值班制度、维护保养制度及值班记录等文件资料	5	缺少基本的管理制度和操作规程，每少一项扣20%；管理制度缺少超过3项及以上，不得分	《消防控制室完善化改造原则（试行）》（设备变电〔2018〕15号）第4.1.8条； 《火灾自动报警设计规范》（GB 50116—2013）第3.4.4条
8.2.2	消防控制室是否每日检查火灾报警控制器的功能，并按《消防控制室完善化改造原则（试行）》（设备变电〔2018〕15号）附录F的要求填写相应的记录	5	消防设施没有每日检查不得分，检查记录不规范扣50%	《消防控制室完善化改造原则（试行）》（设备变电〔2018〕15号）第4.1.11条； 《火灾自动报警系统施工及验收标准》（GB 50166—2019）第6.0.1～6.0.7条
8.2.3	每季度检查和试验火灾自动报警系统的下列功能，并按《消防控制室完善化改造原则（试行）》（设备变电〔2018〕15号）附录F的要求填写记录： （1）采用专用检测仪器分期分批试验探测器的动作及确认灯显示。 （2）试验火灾警报装置的声光显示。 （3）试验水流指示器、压力等报警功能、信号显示开关；	5	消防控制室季度设施检查内容和试验记录每缺少一项扣20%，本项目扣完为止	《消防控制室完善化改造原则（试行）》（设备变电〔2018〕15号）第4.1.11条； 《火灾自动报警系统施工及验收标准》（GB 50166—2019）第6.0.1～6.0.7条

续表

序号	评价项目	标准分	评分标准	查评依据
8.2.3	（4）对主电源和备用电源进行 1～3 次自动切换试验。 （5）用自动或手动检查消防控制设备的控制显示功能：1）室内消火栓、自动喷水、泡沫、气体、干粉等灭火系统的控制设备；2）抽验电动防火门、防火卷帘门，数量不小于总数的 25%；3）选层试验消防应急广播设备，并试验公共广播强制转入火灾应急广播的功能，抽检数量不小于总数的 25%；4）火灾应急照明与疏散指示标志的控制装置；5）送风机、排烟机和自动挡烟垂壁的控制设备 （6）检查消防电梯迫降功能； （7）应抽取不小于总数 25%的消防电话和电话插孔在消防控制室进行对讲通话试验	5	消防控制室季度设施检查内容和试验记录每缺少一项扣 20%，本项目扣完为止	《消防控制室完善化改造原则（试行）》（设备变电〔2018〕15 号）第 4.1.11 条； 《火灾自动报警系统施工及验收标准》（GB 50166—2019）第 6.0.1～6.0.7 条
8.2.4	每年检查和试验火灾自动报警系统下列功能，并按《消防控制室完善化改造原则（试行）》（设备变电〔2018〕15 号）附录 F 的要求填写记录： （1）应用专用检测仪器对所安装的全部探测器和手动报警装置试验至少 1 次； （2）自动和手动打开排烟阀，关闭电动防火阀和空调系统； （3）对全部电动防火门、防火卷帘的试验至少 1 次； （4）强制切断非消防电源功能试验； （5）对其他有关的消防控制装置进行功能试验	5	消防控制室年度设施检查内容和试验记录每缺少一项扣 20%，本项目扣完为止	《消防控制室完善化改造原则（试行）》（设备变电〔2018〕15 号）第 4.1.11 条； 《火灾自动报警系统施工及验收标准》（GB 50166—2019）第 6.0.1～6.0.7 条
8.3	无人值班变电站消防控制室	30		
8.3.1	无人值班变电站消防控制室架构是否按照《消防控制室完善化改造原则（试行）》第 4.2.3 条进行设置。 是否按要求配置以下设备： （1）区域火灾报警控制器（联动型），包括火灾报警控制器、联动控制器、消防电话总机、消防广播控制装置（需要时）等； （2）光纤转换模块； （3）辅助设备监控主机	10	现场检查无人值班站消防设施配置是否满足要求，一项不满足扣 20%，本项目扣完为止	《消防控制室完善化改造原则（试行）》（设备变电〔2018〕15 号）第 4.2.3、4.2.4 条； 《火灾自动报警设计规范》（GB 50116—2013）中第 3.4.2、4.1.1、4.10.1～4.10.3 条
8.3.2	火灾报警控制器（联动型）是否满足以下要求： （1）应联动变电站辅助设备监控系统，以满足迅速确认火灾和应急处置的要求。 （2）集中火灾报警控制器（联动型）应能集中监控所辖无人值班变电站的区域火灾报警控制器（联动型），显示火灾探测器、手动火灾报警按钮等设备的正常、报警、屏蔽及故障状态等信息，并能按照规定逻辑程序启动相应的联动系统；	5	火灾报警控制器功能及配置，每处不满足扣 20%，本项目扣完为止	《消防控制室完善化改造原则（试行）》（设备变电〔2018〕15 号）第 4.3.1 条； 《火灾自动报警设计规范》（GB 50116—2013）第 4.10.2、6.1.4 条

续表

序号	评价项目	标准分	评分标准	查评依据
8.3.2	（3）集中火灾报警控制器（联动型）联动控制按钮应按不同变电站及站内不同灭火分区布置，标识清楚、确保操作安全准确；发生火灾报警时，对应变电站的按钮区域应有光信号提示，防止误操作。 （4）不同类型的探测器、手报、模块等现场部件应有不少于总数1%的备品	5	火灾报警控制器功能及配置，每处不满足扣20%，本项目扣完为止	《消防控制室完善化改造原则（试行）》（设备变电〔2018〕15号）第4.3.1条； 《火灾自动报警设计规范》（GB 50116—2013）第4.10.2、6.1.4条
8.3.3	光纤转换模块是否满足能将区域火灾报警控制器（联动型）的信号转换成光信号，并通过专用通信光纤以统一的协议传送至运维班驻地消防控制室光纤集中转换模块，并接收消防控制室的控制指令的要求。 无人值班变电站与运维班驻地消防控制室之间是否按要求采用专用线路连接	5	光纤转换模块功能及配置，每处不满足扣20%，本项目扣完为止。无人值班变电站与运维班驻地消防控制室之间未采用专用线路连接扣50%	《消防控制室完善化改造原则（试行）》（设备变电〔2018〕15号）第4.2.6、4.3.3条； 《火灾自动报警设计规范》（GB 50116—2013）第6.10.2条
8.3.4	辅助设备监控主机，应实现视频、安防、消防、门禁、环境监测、照明等子系统数据的统一接入，实现火灾报警自动联动消防、视频监控、空调、风机、门禁等系统，并在站内实现数据综合分析、存储、统计和画面展示，无人值班变电站辅助设备监控主机还应能通过KVM（键盘、显示器、鼠标延伸）等手段将信息远传到有人值班区域	10	辅助设备监控主机功能及配置，每处不满足扣20%，本项目扣完为止	《消防控制室完善化改造原则（试行）》（设备变电〔2018〕15号）第4.3.5条
8.4	集中监控中心消防控制室配置要求	50		
8.4.1	运维班驻地消防控制室是否按要求配置以下设备： （1）集中火灾报警控制器（联动型），包括火灾报警控制器、联动控制器等； （2）消防图形显示装置； （3）光纤集中转换模块； （4）辅助设备监控工作站	10	现场检查集中监控中心消防控制室消防设施配置是否满足要求，一项不满足扣20%，本项目扣完为止	《消防控制室完善化改造原则（试行）》（设备变电〔2018〕15号）第4.2.5条； 《火灾自动报警设计规范》（GB 50116—2013）中第3.4.2、4.1.1、4.10.1～4.10.3条
8.4.2	集中监控中心火灾报警控制器（联动型）要求同本评价细则8.3.2	5	火灾报警控制器功能及配置，每处不满足扣20%，本项目扣完为止	《消防控制室完善化改造原则（试行）》（设备变电〔2018〕15号）第4.3.1条； 《火灾自动报警设计规范》（GB 50116—2013）第4.10.2、6.1.4条
8.4.3	消防图形显示装置是否满足以下要求： （1）消防图形显示装置信息记录的各类信息能够进行记录备份；应满足备份后方可被覆盖的功能；应能对历史记录打印归档或刻录存盘归档。 （2）消防图形显示装置应具备网络通信功能，能够与火灾报警控制器（联动型）进行通信，获取相关消防设备状态信息，并应具有远程传输功能。	5	消防图形显示装置功能及配置，每处不满足扣20%，本项目扣完为止	《消防控制室完善化改造原则（试行）》（设备变电〔2018〕15号）第4.3.2条； 《消防控制室通用技术要求》（GB 25506—2010）第6.1～6.4节； 《火灾自动报警设计规范》（GB 50116—2013）第3.4.2条

续表

序号	评价项目	标准分	评分标准	查评依据
8.4.3	（3）消防图形显示装置应具备权限管理的功能，对系统程序的进入和退出时间、操作人员姓名或代码等内容的均有记录，记录备份后方可被覆盖。 （4）消防图形显示装置应具备权限管理的功能，对系统程序的进入和退出时间、操作人员姓名或代码等内容的均有记录，记录备份后方可被覆盖。 （5）消防图形显示装置软件应符合 GA/T 847《消防控制室图形显示装置软件通用技术要求》的规定，还应能分画面、分区域、多层次对所辖无人变电站各类消防设施进行集中管理的功能	5	消防图形显示装置功能及配置，每处不满足扣 20%，本项目扣完为止	《消防控制室完善化改造原则（试行）》（设备变电〔2018〕15 号）第 4.3.2 条； 《消防控制室通用技术要求》（GB 25506—2010）第 6.1～6.4 节； 《火灾自动报警设计规范》（GB 50116—2013）第 3.4.2 条
8.4.4	消防设施维护保养是否满足以下要求： （1）点型感烟火灾探测器投入运行 2 年后，应每隔 3 年至少全部清洗一遍； （2）通过采样管采样的吸气式感烟火灾探测器根据使用环境的不同，需要对采样管道进行定期吹洗，最长的时间间隔不应超过一年； （3）探测器的清洗应由有相关资质的机构根据产品生产企业的要求进行； （4）探测器清洗后应做响应阈值及其他必要的功能试验，合格者方可继续使用； （5）不合格探测器严禁重新安装使用，并应将该不合格品返回产品生产企业集中处理，严禁将离子感烟火灾探测器随意丢弃； （6）可燃气体探测器的气敏元件超过生产企业规定的寿命年限后应及时更换，气敏元件的更换应由有相关资质的机构根据产品生产企业的要求进行	5	消防设施日常维护保养内容缺少每处扣 20%，试验记录不全每处扣 20%，存在影响运行的缺陷，每处扣 20%，本项目扣完为止	《消防控制室完善化改造原则（试行）》（设备变电〔2018〕15 号）第 4.3.1 条； 《火灾自动报警设计规范》（GB 50116—2013）第 4.10.2 条； 《火灾自动报警系统施工及验收标准》（GB 50166—2019）第 6.0.1～6.0.7 条
8.4.5	光纤集中转换模块；应能接收所辖无人值班变电站的光信号，转换成电信号以统一协议传送至集中火灾报警控制器（联动型），并向无人值班变电站发送控制指令	5	光纤转换模块功能及配置，每处不满足扣 20%，本项目扣完为止。无人值班变电站与运维班驻地消防控制室之间未采用专用线路连接扣 50%	《消防控制室完善化改造原则（试行）》（设备变电〔2018〕15 号）第 4.3.4 条
8.4.6	辅助设备监控工作站，应通过 KVM（键盘、显示器、鼠标延伸）远程连接所辖无人值班变电站端辅助设备监控主机，实时掌握站内消防系统、安防系统、视频监控等工作状态，根据告警信息关联变电站画面索引进行画面浏览，查看辅助设备运行状态，并进行远程操作消防、安防、视频监控、门禁等系统	10	辅助设备监控主机功能及配置，每处不满足扣 20%，本项目扣完为止；不具备远程操控功能扣 50%	《消防控制室完善化改造原则（试行）》（设备变电〔2018〕15 号）第 4.3.6 条
8.4.7	无人值班变电站消防控制室是否按要求设置在运维班驻地值班室，对所辖的变电站实行集中管理，设置在其他地点的是否由国家电网公司批准确认	5	无人值班变电站消防控制室未集中布置在驻地或其他未经批准的位置的，不得分	《消防控制室完善化改造原则（试行）》（设备变电〔2018〕15 号）第 4.1.2 条

续表

序号	评价项目	标准分	评分标准	查评依据
8.4.8	无人值班变电站消防控制室布置是否满足以下要求： （1）消防控制室疏散门应直通室外或安全出口，宜设置在建筑物地上一层； （2）消防控制设备与主控室其他设备应有明显间距； （3）消防控制室内严禁穿过与消防设施无关的电气线路及管路	5	消防控制室位置、出入口设置，每处不满足扣20%，本项目扣完为止；穿过与消防设施无关的电气线路及管路不得分	《建筑设计防火规范》（GB 50016—2014）第8.1.7条； 《火灾自动报警设计规范》（GB 50116—2013）第3.4.6、3.4.8条； 《消防控制室完善化改造原则（试行）》（设备变电〔2018〕15号）第4.1.3、4.1.6条
9	**日常运行维护及管理**	130		
9.1	公共消防设施	75		
9.1.1	变电站消防设施必须与主体工程同时设计、同时施工、同时验收，防火设施未验收合格的电缆线路不得投入运行	5	消防设施必须与主体工程同时设计、同时施工、同时验收，防火设施未验收合格投运的，不得分	《国家电网有限公司关于印发〈十八项电网重大反事故措施（修订版）〉的通知》（国家电网设备〔2018〕979号）13.2.1.1条
9.1.2	国家强制产品认证（3C）目录内的消防设备必须具有消防强制性产品认证证书（CCCF），非国家强制产品认证（3C）目录内的消防产品应具有国家级消防质量检验中心出具的检验报告	5	变电站内消防设施、设备存在非3C认证且提供不出国家级消防质量检验中心出具的检验报告，不得分	《变电站（换流站）消防设备设施完善化改造原则（试行）》（设备变电〔2018〕15号）第4.1.5条
9.1.3	消防供电是否满足要求： （1）变电站消防用电是否采用单独的供电回路，是否使用不低于二级负荷供电的电源，消防配电箱是否独立设置并有明显标识，是否能在任何情况下保证消防用电； （2）备用消防电源的供电时间和容量，是否满足火灾延续时间内各消防用电设备的要求； （3）变电站消防控制室、消防水泵房、防烟和排烟风机房的消防用电设备及消防电梯等的供电，应在其配电线路的最末一级配电箱处设置自动切换装置	5	消防用电和消防配电箱非独立设置扣50%；未配置备用消防电源扣50%，备用电源容量不足扣50%，标志不齐全每处扣20%，本项目扣完为止	《变电站（换流站）消防设备设施完善化改造原则（试行）》（设备变电〔2018〕15号）第4.3.4.1、4.3.4.3、4.3.4.4条； 《建筑设计防火规范》（GB 50016—2014）第10.1.6条
9.1.4	变电站是否配置了符合国家标准的灭火器； （1）灭火器配置数量是否充足。 （2）灭火器是否完好、有效。 （3）灭火器外观完好、清洁，罐体无损伤、变形，配件无破损、松动、变形，压力指示正常。 （4）灭火器上应有发光标志，以便在黑暗中指示灭火器所处的位置。 （5）灭火器生产日期、试验日期是否符合规范要求，合格证是否齐全，灭火器压力是否正常，外壳是否存在磕碰、破损，放置位置是否明显且易于取用。	10	变电站内未配置灭火器，不得分；灭火器与使用场所不相应，视同未配置灭火器；未按规定规格配置足量灭火器，每处扣20%；灭火器不符合要求，出现欠压过压或损坏的，每处扣20%，灭火器摆放位置及灭火器箱设置不规范的，每处扣10%，本项目扣完为止	《建筑灭火器配置设计规范》（GB 50140—2005）第5.1、5.2、6.1节； 《电力设备典型消防规程》（DL 5027—2015）附录G.1； 《国网设备部关于印发〈变电站消防设施运维管理规范（试行）〉的通知》（设备变电〔2019〕29号）第3.25条； 《变电站（换流站）消防设备设施完善化改造原则（试行）》（设备变电〔2018〕15号）第4.1.3、4.3.3.5条

续表

序号	评价项目	标准分	评分标准	查评依据
9.1.4	（6）是否按照平均每 25m 配置一组灭火器，每组不少于 2 只 4kg 灭火器，推车式灭火器最大保护距离不超过 50m；特殊防火场所（如使用液化气的厨房等）是否增设灭火器数量。 （7）变电站里的灭火器是否摆放在位置明显和便于取用的地点，是否稳固，铭牌朝外，灭火器箱打开角度不小于 100°，手提式灭火器顶部离地面不应大于 1.50m，底部离地面高度不宜小于 0.08m，对有视线障碍的灭火器设置点，应设置指示其位置的发光标志	10	变电站内未配置灭火器，不得分；灭火器与使用场所不相应，视同未配置灭火器；未按规定规格配置足量灭火器，每处扣 20%；灭火器不符合要求，出现欠压过压或损坏的，每处扣 20%，灭火器摆放位置及灭火器箱设置不规范的，每处扣 10%，本项目扣完为止	《建筑灭火器配置设计规范》（GB 50140—2005）第 5.1、5.2、6.1 节； 《电力设备典型消防规程》（DL 5027—2015）附录 G.1； 《国网设备部关于印发〈变电站消防设施运维管理规范（试行）〉的通知》（设备变电〔2019〕29 号）第 3.25 条； 《变电站（换流站）消防设备设施完善化改造原则（试行）》（设备变电〔2018〕15 号）第 4.1.3、4.3.3.5 条
9.1.5	消防箱、消防桶、消防铲、消防斧、消防钩完好有红色标识、清洁，无锈蚀、破损。消防砂箱或砂桶；消防砂池、消防砂桶完好，无开裂、漏砂，消防用砂保持充足和干燥	5	消防设施缺失或损坏，发现一处扣 20%，发现 3 处及以上不得分	《国网设备部关于印发〈变电站消防设施运维管理规范（试行）〉的通知》（设备变电〔2019〕29 号）第 3.25 条
9.1.6	设置有长距离电缆隧道、地下变电站等场所应配置正压式消防空气呼吸器，数量宜按每座有气体灭火系统的建筑物各设 2 套正压式消防空气呼吸器和 4 只防毒面具，正压式消防空气呼吸器应放置在专用设备柜内，柜体应为色红色并固定设置标志牌	5	未配置正压式呼吸器和防毒面具，不得分；储藏位置不符合规定，扣 30%	《电力设备典型消防规程》（DL 5027—2015）第 14.4 节
9.1.7	寒冷地区容易冻结和可能出现沉降的地区，消防水系统等设施应有防冻和防沉降措施	5	现场检查消防水池无防冻防沉降措施的，不得分	《变压器固定自动灭火系统完善化改造原则（试行）》（设备变电〔2018〕15 号）第 4.1.11 条
9.1.8	火灾报警系统日常维护： （1）火灾自动报警系统的维护保养应确保系统保持连续正常运行，各路电源均能正常供电； （2）每季度对火灾自动报警系统主机除尘，对电源等附件维护一次； （3）每季度应对主电源和备用电源进行 1～3 次自动切换试验，强制切断非消防电源功能试验； （4）火灾报警控制器经检查应功能完好，并填写相应维保记录。 （5）火灾自动报警系统相关部件的安装部位在满足消防设计要求同时，是否可以在主设备不停运条件下进行维修	10	火灾自动报警系统不能正常运行，不得分，一路电源故障，设备能正常运行，扣 20%； 每季度未进行火灾自动报警系统主机除尘，未对电源等附件进行维护，未对主电源和备用电源进行 1～3 次自动切换试验，强制切断非消防电源功能试验，火灾报警扣完为止；无相应维保记录，扣 50%；火灾自动报警系统不满足主设备不停电检修的，扣 50%，本项目扣完为止	《火灾自动报警系统施工及验收标准》（GB 50166—2019）第 6.0.1～6.0.7 条； 《国网设备部关于印发〈变电站消防设施运维管理规范（试行）〉的通知》（设备变电〔2019〕29 号）第 5.2.1、5.2.2、5.2.3、5.2.5 条； 《变电站（换流站）消防设备设施完善化改造原则（试行）》（设备变电〔2018〕15 号）第 4.1.8 条
9.1.9	消防器材日常维护： （1）每月对消防器材进行一次检查维护。 （2）地下变电站的灭火器应每半月检查一次。 （3）补充的砂子应干燥；发现灭火器压力不在正常范围时，及时更换合格的灭火器或重新充装。 （4）二氧化碳灭火器质量比额定质量减少十分之一时，应进行灌装。 （5）灭火器的表面保持清洁、设施完好；干粉灭火器压力正常	10	消防器材日常维护项目现场发现一处扣 20%，发现 3 处及以上不得分	《建筑消防设施的维护管理》（GB 25201—2010）附录 E； 《国网设备部关于印发〈变电站消防设施运维管理规范（试行）〉的通知》（设备变电〔2019〕29 号）第 5.4.3 条

续表

序号	评价项目	标准分	评分标准	查评依据
9.1.10	变电站消防设施及通道是否正常和畅通： （1）变电站消防设施是否处于正常运行状态； （2）疏散通道和安全出口是否保持畅通，不得占用、堵塞和封闭，消防车道是否保持畅通； （3）是否损坏、挪用或者擅自拆除、停用消防设施、器材； （4）是否埋压、圈占、遮挡消火栓或者占用防火间距； （5）在疏散特殊部位（像窗口、阳台等）是否设置了妨碍应急逃生和救援的障碍物	10	消防设施、器材被损坏、挪用或者擅自拆除、停用，每处扣20%；消火栓被埋压、圈占、遮挡，每处扣20%；防火间距被占用，每处扣20%；发现3处以上不得分；严重堵占主要消防车道的，不得分；消防车道不畅通，每处扣20%；发现3处以上不得分；疏散通道和安全出口不畅通，每处扣20%	《中华人民共和国消防法》（2019年修订）第二十八条； 《电力设备典型消防规程》（DL 5027—2015）第6.1.6、6.1.19、6.3.2条； 《国网设备部关于印发〈变电站消防设施运维管理规范（试行）〉的通知》（设备变电〔2019〕29号）第3.11条； 《变电站（换流站）消防设备设施完善化改造原则（试行）》（设备变电〔2018〕15号）第4.1.7条
9.1.11	防火门、防火分隔设置是否合格： （1）是否按规范要求设置防火门、防火卷帘； （2）防火门是否贴有永久性标识； （3）防火门是否按要求安装闭门器、顺序器； （4）防火门框内是否按要求灌注水泥砂浆； （5）防火卷帘是否起降正常； （6）防火卷帘耐火完整性和耐火隔热性是否符合要求	5	未按要求配置防火门、防火卷帘等防火分隔，每处扣20%；防火门、防火卷帘不符合规范要求，每处扣20%；发现3处以上，不得分	《防火门》（GB 12955—2008）第5.3.3～5.3.7、5.9.2、5.10、8.1.1条； 《建筑设计防火规范》（GB 50016—2014）第6.1.6、6.2.7、6.2.9、6.4.3、6.4.5、6.4.11、6.5.1、6.5.3条； 《火力发电厂与变电站设计防火标准》（GB 50229—2019）第11.2.4条
9.2	消防管理及资料	55		
9.2.1	变电运维人员应熟知： （1）消防设施和器材的使用、维护和保管方法； （2）火警电话及报警方法； （3）消防器材摆放地点及本单位消防负责人联系方式； （4）掌握自救逃生知识和消防技能	5	现场询问运维人员，不了解消防事项，不得分	《国家电网公司变电运维管理规定（试行）》[国网（运检/3）828—2017]第十九章 专项工作 第一百零二条（四）； 《国网设备部关于印发〈变电站消防设施运维管理规范（试行）〉的通知》（设备变电〔2019〕29号）第3.12条
9.2.2	变电站应建立消防器材和设施台账，台账应有具体数量并符合最低配置要求，设专人负责	5	未建立消防器材和设施台账、台账不规范或数量不足，扣50%，未设专人负责，扣50%	《国网设备部关于印发〈变电站消防设施运维管理规范（试行）〉的通知》（设备变电〔2019〕29号）第3.9条； 《国家电网公司变电运维管理规定（试行）》[国网（运检/3）828—2017]第十九章 专项工作 第一百零二条（五）
9.2.3	变电站应有结合本站实际的消防预案，消防预案内应包括灭火和应急疏散部分，并定期开展演练，灭火和应急疏散预案的演练记录等资料存档	10	变电站没有消防预案不得分，消防预案没有应急疏散部分未定期开展演练，演练资料未存档，扣50%	《国家电网公司变电运维管理规定（试行）》[国网（运检/3）828—2017]第十九章 专项工作 第一百零二条（二）； 《国网设备部关于印发〈变电站消防设施运维管理规范（试行）〉的通知》（设备变电〔2019〕29号）第3.4、3.16条

续表

序号	评价项目	标准分	评分标准	查评依据
9.2.4	消防安全管理制度是否健全，所有制度是否具有签字审批流程，是否及时进行修订。应包含以下制度： （1）消防安全管理制度包括消防安全责任制； （2）消防安全教育、培训制度； （3）防火检查、巡查制度； （4）消防安全疏散设施管理制度； （5）消防设施器材维护管理制度； （6）灭火和应急疏散预案演练制度； （7）专职（志愿）消防队的组织管理制度； （8）消防设备设施操作规程； （9）系统操作员名册及相应的工作职责	10	缺少基本的管理制度和操作规程，每少一项扣 20%；管理制度缺少超过 3 项及以上，不得分；管理制度缺少签字审批流程，扣 50%；制度未及时进行制度修订，扣 20%	《中华人民共和国消防法》（2019 年修订）第十六条； 《机关、团体、企业、事业单位消防安全管理规定》（公安部第 61 号令）第十八、四十五条； 《电力设备典型消防规程》（DL 5027—2015）第 3.1、3.2、3.4、3.6、4.1.1 条； 《国家电网公司变电运维管理规定（试行）》[国网（运检/3）828—2017] 第十九章 专项工作 第一百零二条（一）； 《国网设备部关于印发〈变电站消防设施运维管理规范（试行）〉的通知》（设备变电〔2019〕29 号）第 3.10、3.17 条
9.2.5	变电站应保存下列图纸资料，并应有电子备案档案。 （1）竣工后的总平面布局图； （2）消防设施平面布置图； （3）消防设施系统图及安全出口布置图； （4）消防机构出具的有关法律文书等； （5）消防安全管理规章制度； （6）应急灭火预案； （7）应急疏散预案； （8）消防系统控制逻辑关系说明； （9）设备使用说明书； （10）系统操作规程； （11）系统和设备维护保养制度等。 变电站应制定消防器材布置图，图中标明存放地点、数量和消防器材类型，消防器材按消防布置图布置	10	消防资料及制度缺少一项扣 20%，本项扣完为止	《国网设备部关于印发〈变电站消防设施运维管理规范（试行）〉的通知》（设备变电〔2019〕29 号）第 3.4、3.10、3.13、3.17 条； 《国家电网公司变电运维管理规定（试行）》[国网（运检/3）828—2017] 第十九章 专项工作 第一百零二条（一）（六）
9.2.6	消防设施出现故障是否及时组织修复，临时停用消防设施或移动消防器材是否采取临时措施和事先报告单位消防管理部门，并得到本单位消防安全责任人的批准，工作完毕后应及时恢复	5	消防设施被停用、缺陷超过消缺周期，且无正常手续的，不得分	《变电站（换流站）消防设备设施完善化改造原则（试行）》（设备变电〔2018〕15 号）4.1.2
9.2.7	变电站应保存下列消防记录： （1）消防安全组织结构图，包括消防安全责任人、管理人、专职、义务消防人员等内容； （2）消防安全培训记录； （3）值班情况、消防安全检查情况及巡查情况的记录； （4）接报警记录； （5）火灾处理情况； （6）设备检修检测报告等资料； （7）消防设施一览表，包括消防设施的类型、数量、状态等内容。这些资料应能定期保存和归档	10	消防记录缺少一项扣 20%，本项扣完为止	《国网设备部关于印发〈变电站消防设施运维管理规范（试行）〉的通知》（设备变电〔2019〕29 号）第 3.4 条

第2节 35kV变电站消防查评标准

1 主变压器固定自动灭火系统

1.1 本条评价项目的查评依据如下

依据 《电力设备典型消防规程》（DL 5027—2015）第 13.7.4 节

13.7.4 电压等级 35kV 或单台变压器 5MVA 及以上变电站、换流站和开关站的特殊消防设施配置应符合现行国家标准《火力发电厂与变电站设计防火规范》GB 50229 的有关规定，换流站的消防设施还应符合现行行业标准《高压直流换流站设计技术规定》DL/T 5223 的要求，地下变电站的消防设施还应符合现行行业标准《35kV～220kV 城市地下变电站设计规定》DL/T 5216 的要求。

1. 地上变电站和换流站火灾自动报警系统和固定灭火系统应符合表 13.7.4 规定。

表 13.7.4　　变电站和换流站火灾自动报警系统和固定灭火系统

建筑物和设备	火灾探测器类型	固定灭火介质及系统型式
主控制室	点式感烟或吸气式感烟	—
通信机房	点式感烟或吸气式感烟	—
户内直流开关场地	点式感烟或吸气式感烟	—
电缆层、电缆竖井和电缆隧道	220kV 及以上变电站、所有地下变电站和无人变电站设缆式线型感温、分布式光纤、点式感烟或吸气式感烟	无人值班站可设置悬挂式超细干粉、气溶胶或火探管式灭火装置
继电器室	点式感烟或吸气式感烟	—
电抗器室	点式感烟或吸气式感烟（如有含油设备，采用感温）	—
电容器室	点式感烟或吸气式感烟（如有含油设备，采用感温）	—
配电装置室	点式感烟或吸气式感烟	—
蓄电池室	防爆感烟和可燃气体	—
换流站阀厅	点式感烟或吸气式感烟+其他早期火灾探测报警装置（如紫外弧光探测器）组合	—
油浸式平波电抗器（单台容量 200Mvar 及以上）	缆式线型感温+缆式线型感温或缆式线型感温+火焰探测器组合	水喷雾、泡沫喷雾（缺水或严寒地区）或其他介质
油浸式变压器（单台容量 125MVA 及以上）	缆式线型感温+缆式线型感温或缆式线型感温+火焰探测器组合（联动排油注氮宜与瓦斯报警、压力释放阀或跳闸动作组合）	水喷雾、泡沫喷雾（缺水或严寒地区）或其他介质
油浸式变压器（无人变电站单台容量 125MVA 以下）	缆式线型感温或火焰探测器	—

2. 地下变电站除满足表 13.7.4 规定外，还应在所有电缆层、电缆竖井和电缆隧道处设置线型感温、感烟或吸气式感烟探测器，在所有油浸式变压器和油浸式平波电抗器处

设置火灾自动报警系统和细水雾、排油注氮、泡沫喷雾或固定式气体自动灭火装置。

1.2　本条评价项目的查评依据如下

依据《变电站（换流站）消防设备设施完善化改造原则（试行）》（设备变电〔2018〕15 号）

4.3.3.8　油浸式变压器、油浸式电抗器等处应设置消防砂箱或砂桶，内装干燥细黄砂，消防砂箱容积为 1.0m^3，并配置消防铲，每处 3～5 把，消防砂桶应装满干燥黄砂。

1.3　本条评价项目的查评依据如下

依据《电力设备典型消防规程》（DL 5027—2015）

10.3.5　户外油浸式变压器、户外配电装置之间及与各建（构）筑物的防火间距，户内外含油设备事故排油要求应符合现行国家标准《火力发电厂与变电站设计防火规范》GB 50229 的有关规定。

10.3.6　户外油浸式变压器之间设置防火墙时应符合下列要求：

1　防火墙的高度应高于变压器储油柜；防火墙的长度不应小于变压器的贮油池两侧各 1.0m。

2　防火墙与变压器散热器外廓距离不应小于 1.0m。

3　防火墙应达到一级耐火等级。

1.4　本条评价项目的查评依据如下

依据《电力设备典型消防规程》（DL 5027—2015）

10.3.7　变压器事故排油应符合下列要求：

1　设置有带油水分离措施的总事故油池时，位于地面之上的变压器对应的总事故油池容量应按最大一台变压器油量的 60%确定；位于地面之下的变压器对应的总事故油池容量应按最大一台主变压器油量的 100%确定。

2　事故油坑设有卵石层时，应定期检查和清理，以不被淤泥、灰渣及积土所堵塞。

1.5　本条评价项目的查评依据如下

依据《电力设备典型消防规程》（DL 5027—2015）

10.3.10　变压器防爆筒的出口端应向下，并防止产生阻力，防爆膜宜采用脆性材料。

10.3.11　室内的油浸式变压器，宜设置事故排烟设施。火灾时，通风系统应停用。

10.3.12　室内或洞内变压器的顶部，不宜敷设电缆。室外变电站和有隔离油源设施的室内油浸设备失火时，可用水灭火，无放油管路时，不应用水灭火。发电机变压器组中间无断路器，若失火，在发电机未停止惰走前，严禁人员靠近变压器灭火。

2　室外设备区、非设备区

2.1　本条评价项目的查评依据如下

依据 1《变电站（换流站）消防设备设施完善化改造原则（试行）》（设备变电〔2018〕15 号）

4.3.3.6　设置室外消火栓的变电站应集中配置足够数量的消防水带、水枪和消火栓扳手，放置在重点防火区域周围的露天专用消防箱或消防小室内，相关箱、室不得上锁；根据被保护设备的性质合理配置 19mm 直流或喷雾或多功能水枪，水带宜配置有衬里消防水带。

依据 2 《消防给水及消火栓系统技术规范》(GB 50974—2014)

7.3.7 工艺装置区等采用高压或临时高压消防给水系统的场所，其周围应设置室外消火栓，数量应根据设计流量经计算确定，且间距不应大于 60.0m。当工艺装置区宽度大于 120.0m 时，宜在该装置区内的路边设置室外消火栓。

7.4.3 设置室内消火栓的建筑，包括设备层在内的各层均应设置消火栓。

2.2 本条评价项目的查评依据如下

依据 1 《建筑设计防火规范》(GB 50016—2014)

8.2 下列建筑或场所应设置室内消火栓系统：

1 建筑占地面积大于 300m^2 的厂房和仓库。

依据 2 《消防给水及消火栓系统技术规范》(GB 50974—2014)

7.4.3 设置室内消火栓的建筑，包括设备层在内的各层均应设置消火栓。

依据 3 《国网设备部关于印发〈变电站消防设施运维管理规范（试行）〉的通知》(设备变电〔2019〕29 号)

3.32 消火栓系统运行要求：

a）室内消火栓箱应有明显标志，箱门上应有使用方法或操作步骤，外观良好、无损坏，无锈蚀，无泄漏。消火栓箱组件应齐全，箱门应开关灵活，开度应符合要求；消火栓的阀门应启闭灵活，栓口位置应便于连接水带。

b）消火栓启泵按钮外观完好，有透明罩保护，并配有击碎工具；同时指示灯指示正确；手动复位后指示灯随之复位。

c）管网及支吊架与阀门应外观良好，无损坏，无锈蚀，无泄漏。阀门启闭状态处于工作状态。

依据 4 《电力设备典型消防规程》(DL 5027—2015)

6.1.24 变电站还应符合下列要求：

1 无人值班变电站火灾自动报警系统信号的接入应符合本规程第 6.3.8 条的规定。

2 无人值班变电站宜设置视频监控系统，火灾自动报警系统宜和视频监控系统联动，视频信号的接入场所按本规程第 6.3.8 条的规定采用。

3 无人值班变电站应在入口处和主要通道处设置移动式灭火器。

4 地下变电站内采暖区域严禁采用明火取暖。

5 电气设备间设置的排烟设施，应符合国家标准的规定。

6 火灾发生时，送排风系统和空调系统应能自动停止运行。当采用气体灭火系统时，穿过防护区的通风或空调风道上的防火阀应能自动关闭。

7 室内消火栓应采用单栓消火栓。确有困难时可采用双栓消火栓，但必须为双阀双出口型。

6.3.8　火灾自动报警系统应接入本单位或上级 24h 有人值守的消防监控场所，并有声光警示功能。

13.7.3　变电站、换流站和开关站的下列建筑物应设置室内消火栓：地上变电站和换流站的主控通信楼、配电装置楼、继电器室、变压器室、电容器室、电抗器室、综合楼、材料库，地下变电站。下列建筑物可不设置室内消火栓：耐火等级为一、二级且可燃物较少的丁、戊类建筑物：耐火等级为三、四级且建筑体积不超过 3000m^3 的丁类厂房和建筑体积不超过 5000m^3 的戊类厂房：室内没有生产、生活给水管道，室外消防用水取自储水池且建筑体积不超过 5000m^3 的建筑物。

2.3　本条评价项目的查评依据如下

依据《变电站（换流站）消防设备设施完善化改造原则（试行）》（设备变电〔2018〕15 号）

4.3.3.3　移动式灭火器材的配置应符合以下要求：

a　变电站和换流站的灭火器配置规格和数量应按国家标准《建筑灭火器配置设计规范》GB 50140—2005 计算确定。灭火器设置场所的建（构）筑物、设备的火灾类别及危险等级，按照《火力发电厂与变电站设计防火规范》GB 50229—2006 第 11.5 节的要求执行。

b　消防砂箱、砂桶、消防铲及正压式消防空气呼吸器等消防器材应按照《建筑设计防火规范》GB 50016—2014 和《电力设备典型消防规程》DL 5027—2015 的要求配置。

4.3.3.8　油浸式变压器、油浸式电抗器等处应设置消防砂箱或砂桶，内装干燥细黄砂，消防砂箱容积为 1.0m^3，并配置消防铲，每处 3～5 把，消防砂桶应装满干燥黄砂。

附录　变电站（换流站）典型消防器材配置（见下表）。

典型 35kV 变电站现场灭火器和黄砂配置表

配置部位	灭火器材	磷酸铵盐干粉			黄砂		灭火级别	保护面积	危险等级	备注
		4kg	5kg	50kg	桶（25L）	箱（1m^3）				
控制室		—	2	—	—	—	E（A）	100	严重	—
配电装置室、二次设备室		3	—	—	—	—	E（A）	150	中	—
室内油浸式主变压器室		4	—	2	—	—	混合	100	中	—
室内油浸式主变压器散热室		2	—	—	—	—	混合	50	中	—
电容器室		2	—	—	—	—	混合	100	中	—
电抗器室		2	—	—	—	—	混合	100	中	—
蓄电池室		2	—	—	—	—	C	100	中	—
站用变压器室、接地变压器室		2	—	—	—	—	混合	100	中	—

续表

配置部位	灭火器材	磷酸铵盐干粉			黄砂		灭火级别	保护面积	危险等级	备注
		4kg	5kg	50kg	桶（25L）	箱（$1m^3$）				
消弧线圈室		2	—	—	—	—	E	100		
电缆	夹层	8	—	—	—	—	E	400	中	—
	竖井	2	—	—	—	—	E	100	中	—
室内其他区域		2	—	—	—	—	A	100	轻	办公室、资料室、会议室、安全工器具室、备品间等
室外油浸式主变压器		—	—	1	—	1	B、E	—	中	砂箱为每台主变压器数，每只砂箱配备3～5把消防铲
站内公用设施		3	—	—	5	—	—	—	—	消防黄砂桶应采用铅桶，每两桶配备一把消防铲、每四桶配备一把消防斧

2.4 本条评价项目的查评依据如下

依据 《电力设备典型消防规程》（DL 5027—2015）

10.4.1 油浸电抗器、电容器装置应就近设置能灭油火的消防设施，并应设有消防通道。

10.7.3 户内布置的单台电力电容器油量超过100kg时，应有贮油设施或挡油栏。户外布置的电力电容器与高压电气设备需保持5.0m及以上的距离，防止事故扩大。

10.7.7 干式变压器、电流互感器等电气设备宜配置移动式干粉灭火器。

3 室内变压器室、配电装置室、GIS 设备室、电容器室、电抗器室、站用变压器室、接地变压器室

3.1 本条评价项目的查评依据如下

依据 《变电站（换流站）消防设备设施完善化改造原则（试行）》（设备变电〔2018〕15号）

4.3.1.4 火灾自动报警系统的探测器应符合《电力设备典型消防规程》（DL 5027—2015）要求。地下变电站电缆层、电缆竖井和电缆隧道处应设置线型感温、感烟或吸气式感烟探测器。

3.2 本条评价项目的查评依据如下

依据1 《火力发电厂与变电站设计防火标准》（GB 50229—2019）

11.2.4 地上油浸变压器室的门应直通室外；地下油浸变压器室门应向公共走道方向开启，该门应采用甲级防火门；干式变压器室、电容器室门应向公共走道方向开启，该

门应采用乙级防火门；蓄电池室、电缆夹层、继电器室、通信机房、配电装置室的门应向疏散方向开启，当门外为公共走道或其他房间时，该门应采用乙级防火门。配电装置室的中间隔墙上的门可采用分别向不同方向开启且宜相邻的 2 个乙级防火门。

依据 2《变电站（换流站）消防设备设施完善化改造原则（试行）》（设备变电〔2018〕15 号）

4.2.2.2　配电装置室的门应向疏散方向开启。

3.3　本条评价项目的查评依据如下

依据　《火力发电厂与变电站设计防火标准》（GB 50229—2019）

11.4.2　电缆从室外进入室内的入口处、电缆竖井的出入口处，建（构）筑物中电缆引至电气柜、盘或控制屏、台的开孔部位，电缆贯穿隔墙、楼板的空洞应采用电缆防火封堵材料进行封堵，其防火封堵组件的耐火极限不应低于被贯穿物的耐火极限，且不低于 1.00h。

3.4　本条评价项目的查评依据如下

依据　《火力发电厂与变电站设计防火标准》（GB 50229—2019）

11.4.3　在电缆竖井中，宜每间隔不大于 7m 采用耐火极限不低于 3.00h 的不燃烧体或防火封堵材料封堵。

11.4.4　防火墙上的电缆孔洞应采用电缆防火封堵材料或防火封堵组件进行封堵，并应采取防止火焰延燃的措施，其防火封堵组件的耐火极限应为 3.00h。

11.4.5　在电缆隧道和电缆沟道中，严禁有可燃气、油管路穿越。

3.5　本条评价项目的查评依据如下

附录　变电站（换流站）典型消防器材配置（见下表）。

典型 35kV 变电站现场灭火器和黄砂配置表

配置部位	灭火器材	磷酸铵盐干粉			黄砂		灭火级别	保护面积	危险等级	备注
		4kg	5kg	50kg	桶（25L）	箱（$1m^3$）				
控制室		—	2	—	—	—	E（A）	100	严重	—
配电装置室、二次设备室		3	—	—	—	—	E（A）	150	中	—
室内油浸式主变压器室		4	—	2	—	—	混合	100	中	—
室内油浸式主变压器散热室		2	—	—	—	—	混合	50	中	—
电容器室		2	—	—	—	—	混合	100	中	—
电抗器室		2	—	—	—	—	混合	100	中	—
蓄电池室		2	—	—	—	—	C	100	中	—
站用变压器室、接地变压器室		2	—	—	—	—	混合	100	中	—

续表

配置部位	灭火器材	磷酸铵盐干粉			黄砂		灭火级别	保护面积	危险等级	备注
		4kg	5kg	50kg	桶（25L）	箱（$1m^3$）				
消弧线圈室		2	—	—	—	—	E	100		
电缆	夹层	8	—	—	—	—	E	400	中	—
	竖井	2	—	—	—	—	E	100	中	—
室内其他区域		2	—	—	—	—	A	100	轻	办公室、资料室、会议室、安全工器具室、备品间等
室外油浸式主变压器		—	—	1	—	1	B、E	—	中	砂箱为每台主变压器数，每只砂箱配备3～5把消防铲
站内公用设施		3	—	—	5	—	—	—	—	消防黄砂桶应采用铅桶，每两桶配备一把消防铲、每四桶配备一把消防斧

3.6 本条评价项目的查评依据如下

依据1《变电站（换流站）消防设备设施完善化改造原则（试行）》（设备变电〔2018〕15号）

4.3.3.7 每只室内消火栓箱内应配置65mm消火栓及隔离阀各1只、25m长DN65有衬里水龙带1根带快装接头、19mm直流或喷雾或多功能水枪1只、自救式消防水喉1套、消防按钮1只；带电设施附近的消火栓应配备喷雾功能水枪。当室内消火栓栓口处的出水压力超过0.5MPa时，应加设减压孔板或采用减压稳压型消火栓。

依据2《电力设备典型消防规程》（DL 5027—2015）

14.3.7 每只室内消火栓箱内应配置65mm消火栓及隔离阀各1只、25m长DN65有衬里水龙带1根带快装接头、19mm直流或喷雾或多功能水枪1只、自救式消防水喉1套、消防按钮1只。带电设施附近的消火栓应配备带喷雾功能水枪。当室内消火栓栓口处的出水压力超过0.5MPa时，应加设减压孔板或采用减压稳压型消火栓。

3.7 本条评价项目的查评依据如下

依据《电力设备典型消防规程》（DL 5027—2015）

10.4.2 高层建筑内的油浸式消弧线圈等设备，当油量大于600kg时，应布置在专用的房间内，外墙开门处上方应设置防火挑檐，挑檐的宽度不应小于1.0m，而长度为门的宽度两侧各加0.5m。

10.7.3 户内布置的单台电力电容器油量超过100kg时，应有贮油设施或挡油栏。户外布置的电力电容器与高压电气设备需保持5.0m及以上的距离，防止事故扩大。

10.7.4 集合式电容器室内布置时，基坑地面宜采用水泥砂浆抹面并压光，在其上面铺以100mm厚的细砂。如室外布置，则基坑宜采用水泥砂浆抹面，在挡油设施内铺以卵石（或碎石）。

4　主控室、通信室、档案室

4.1　本条评价项目的查评依据如下

依据《变电站（换流站）消防设备设施完善化改造原则（试行）》（设备变电〔2018〕15 号）

4.3.1.4　火灾自动报警系统的探测器应符合《电力设备典型消防规程》（DL 5027—2015）要求。地下变电站电缆层、电缆竖井和电缆隧道处应设置线型感温、感烟或吸气式感烟探测器。

4.2　本条评价项目的查评依据如下

依据 1　同 3.5 查评项目依据

依据 2　《电力设备典型消防规程》（DL 5027—2015）

10.7.4　集合式电容器室内布置时，基坑地面宜采用水泥砂浆抹面并压光，在其上面铺以 100mm 厚的细砂。如室外布置，则基坑宜采用水泥砂浆抹面，在挡油设施内铺以卵石（或碎石）。

4.3　本条评价项目的查评依据如下

依据《电力设备典型消防规程》（DL 5027—2015）

11.0.2　各室的隔墙、顶棚内装饰，应采用难燃或不燃材料。建筑内部装修材料应符合现行国家标准《建筑内部装修设计防火规范》GB 50222 的有关规定，地下变电站宜采用防霉耐潮材料。

11.0.3　控制室、调度室应有不少于两个疏散出口。

11.0.4　各室严禁吸烟，禁止明火取暖。计算机室维修必用的各种溶剂，包括汽油、酒精、丙酮、甲苯等易燃溶剂应采用限量办法，每次带入室内不超过 100mL。

4.4　本条评价项目的查评依据如下

依据《电力设备典型消防规程》（DL 5027—2015）

11.0.10　各室配电线路应采用阻燃措施或防延燃措施，严禁任意拉接临时电线。

11.0.11　发生火灾报警，应迅速查明原因，及时消除警情。若已发生火灾，则应切断交流电源，开启直流事故照明，关闭通风管防火阀，采用气体等灭火器进行灭火。

4.5　本条评价项目的查评依据如下

依据《电力设备典型消防规程》（DL 5027—2015）

11.0.8　档案室收发档案材料的门洞及窗口应安装防火门窗，其耐火极限不得低于 0.75h。

11.0.9　档案室与其他建筑物直接相通的门均应做防火门，其耐火极限应不小于 2.0h；内部分隔墙上开设的门也要采取防火措施，耐火极限要求为 1.2h。

5 蓄电池室

5.1 本条评价项目的查评依据如下

依据 1《变电站(换流站)消防设备设施完善化改造原则(试行)》(设备变电〔2018〕15 号)

4.2.3.1 酸性蓄电池室:

a 蓄电池室每组宜布置在单独的室内，如确有困难，应在每组蓄电池之间设耐火时间为大于 2.0h 的防火隔断，蓄电池室门应向外开。

b 蓄电池室应装有通风装置，通风道应单独设置，不应通向烟道或厂房内的总通风系统。

c 蓄电池室应使用防爆型照明和防爆型排风机，开关、熔断器、插座等应装在蓄电池室的外面。蓄电池室的照明线应采用耐酸导线，并用暗线敷设，检修用行灯应采用 12V 防爆灯，其电缆应用绝缘良好的胶质软线。

d 凡是进出蓄电池室的电缆、电线，在穿墙处应用耐酸瓷管或聚氯乙烯硬管穿线，并在其进出口端用耐酸材料将管口封堵。

依据 2 《电力设备典型消防规程》(DL 5027—2015)

10.6.1

1 严禁在蓄电池室内吸烟和将任何火种带入蓄电池室内。蓄电池室门上应有“蓄电池室”“严禁烟火”或“火灾危险，严禁火种入内”等标志牌。

2 蓄电池室采暖宜采用电采暖器，严禁采用明火取暖。若确有困难需采用水采暖时，散热器应选用钢质，管道应采用整体焊接。采暖管道不宜穿越蓄电池室楼板。

3 蓄电池室每组宜布置在单独的室内，如确有困难，应在每组蓄电池之间设耐火时间为大于 2.0h 的防火隔断，蓄电池室门应向外开。

4 蓄电池室内装修应有防酸措施。

5 容易产生爆炸性气体的蓄电池室内应安装防爆型探测器。

6 蓄电池室应装有通风装置，通风道应单独设置，不应通向烟道或厂房内的总通风系统。离通风管出口处 10m 内有引爆物质场所时，则通风管的出风口至少应高出该建筑物屋顶 2.0m。

7 蓄电池室应使用防爆型照明和防爆型排风机，开关、熔断器、插座等应装在蓄电池室外面。蓄电池室的照明线应采用耐酸导线，并用暗线敷设。检修用行灯应采用 12V 防爆灯，其电缆应用绝缘良好的胶质软线。

8 凡是进出蓄电池室的电缆、电线，在穿墙处应用耐酸瓷管或聚氯乙烯硬管穿线，并在其进出口端用耐酸材料将管口封堵。

9 当蓄电池室受到外界火势威胁时，应立即停止充电，如充电刚完毕，则应继续开启排风机，抽出室内氢气。

10 当蓄电池室火灾时，应立即停止充电并灭火。

11 蓄电池室通风装置的电气设备或蓄电池室的空气入口处附近火灾时，应立即切断该设备的电源。

10.6.2 其他蓄电池室（阀控式密封铅酸蓄电池室、无氢蓄电池室、锂电池室、钠硫电池、UPS室等）：

1 蓄电池室应装有通向室外的有效通风装置，阀控式密封铅酸蓄电池室内的照明、通风设备可不考虑防爆；

2 锂电池、钠硫电池设置在专用的房间内，建筑面积小于200m^{2}时，应设置干粉灭火器或消防砂箱；建筑面积不小于200m^{2}时，宜设置气体灭火系统和自动报警系统。

5.2 本条评价项目的查评依据如下

依据1《变电站（换流站）消防设备设施完善化改造原则（试行）》（设备变电〔2018〕15号）

4.2.3.1 酸性蓄电池室：

a 蓄电池室每组宜布置在单独的室内，如确有困难，应在每组蓄电池之间设耐火时间为大于2.0h的防火隔断，蓄电池室门应向外开。

b 蓄电池室应装有通风装置，通风道应单独设置，不应通向烟道或厂房内的总通风系统。

c 蓄电池室应使用防爆型照明和防爆型排风机，开关、熔断器、插座等应装在蓄电池室的外面。蓄电池室的照明线应采用耐酸导线，并用暗线敷设，检修用行灯应采用12V防爆灯，其电缆应用绝缘良好的胶质软线。

d 凡是进出蓄电池室的电缆、电线，在穿墙处应用耐酸瓷管或聚氯乙烯硬管穿线，并在其进出口端用耐酸材料将管口封堵。

依据2《电力设备典型消防规程》（DL 5027—2015）

10.6.1

1 严禁在蓄电池室内吸烟和将任何火种带入蓄电池室内。蓄电池室门上应有“蓄电池室”“严禁烟火”或“火灾危险，严禁火种入内”等标志牌。

2 蓄电池室采暖宜采用电采暖器，严禁采用明火取暖。若确有困难需采用水采暖时，散热器应选用钢质，管道应采用整体焊接。采暖管道不宜穿越蓄电池室楼板。

3 蓄电池室每组宜布置在单独的室内，如确有困难，应在每组蓄电池之间设耐火时间为大于2.0h的防火隔断，蓄电池室门应向外开。

4 蓄电池室内装修应有防酸措施。

5 容易产生爆炸性气体的蓄电池室内应安装防爆型探测器。

6 蓄电池室应装有通风装置，通风道应单独设置，不应通向烟道或厂房内的总通风系统。离通风管出口处10m内有引爆物质场所时，则通风管的出风口至少应高出该建筑物屋顶2.0m。

7 蓄电池室应使用防爆型照明和防爆型排风机，开关、熔断器、插座等应装在蓄电池室外面。蓄电池室的照明线应采用耐酸导线，并用暗线敷设。检修用行灯应采用 12V 防爆灯，其电缆应用绝缘良好的胶质软线。

8 凡是进出蓄电池室的电缆、电线，在穿墙处应用耐酸瓷管或聚氯乙烯硬管穿线，并在其进出口端用耐酸材料将管口封堵。

9 当蓄电池室受到外界火势威胁时，应立即停止充电，如充电刚完毕，则应继续开启排风机，抽出室内氢气。

10 当蓄电池室火灾时，应立即停止充电并灭火。

11 蓄电池室通风装置的电气设备或蓄电池室的空气入口处附近火灾时，应立即切断该设备的电源。

5.3 本条评价项目的查评依据如下

依据 与 5.2 的依据相同

5.4 本条评价项目的查评依据如下

依据 与 4.2 的依据 1 相同

6 电缆沟道

6.1 本条评价项目的查评依据如下

依据 1 《电力电缆及通道运维规程》（Q/GDW 1512—2014）

5.5.4 防火设施技术要求：

a）在电缆穿过竖井、变电站夹层、墙壁、楼板或进入电气盘、柜的孔洞处，应做防火封堵；

b）在隧道、电缆沟、变电站夹层和进出线等电缆密集区域应采用阻燃电缆或采取防火措施；

c）在重要电缆沟和隧道中有非阻燃电缆时，宜分段或用软质耐火材料设置阻火隔离，孔洞应封堵；

d）未采用阻燃电缆时，电缆接头两侧及相邻电缆 2～3m 长的区段应采取涂刷防火涂料、缠绕防火包带等措施；

e）在封堵电缆孔洞时，封堵应严实可靠，不应有明显的裂缝和可见的缝隙，孔洞较大者应加耐火衬板后再进行封堵。

依据 2 《电力设备典型消防规程》（DL 5027—2015）

10.5.3 凡穿越墙壁、楼板和电缆沟道而进入控制室、电缆夹层、控制柜及仪表盘、保护盘等处的电缆孔、洞、竖井和进入油区的电缆入口处必须用防火堵料严密封堵。发电厂的电缆沿一定长度可涂以耐火涂料或其他阻燃物质。靠近充油设备的电缆沟，应设有防火延燃措施，盖板应封堵。防火封堵应符合现行行业标准《建筑防火封堵应用技术规程》CECS 154 的有关规定。

依据 3 《变电站（换流站）消防设备设施完善化改造原则（试行）》（设备变电〔2018〕15 号）

4.2.4.7　靠近充油设备的电缆沟，应设有防火延燃措施，盖板应封堵。可采用防止变压器油流入电缆沟内的卡槽式电缆沟盖板或在普通电缆沟盖板上覆盖防火玻璃丝纤维布等措施。

6.2　本条评价项目的查评依据如下

依据 1 《电力电缆及通道运维规程》（Q/GDW 1512—2014）

8.3.4　运维部门应保持电缆通道、夹层整洁、畅通，消除各类火灾隐患，通道沿线及其内部不得积存易燃、易爆物。

依据 2 《电力设备典型消防规程》（DL 5027—2015）

10.5.6　电缆沟、管沟、水沟等沟坑内应保持整洁、不堆放杂物，不应有积油；严禁将油色谱在线监测系统的采油管路敷设在电缆沟内。

6.3　本条评价项目的查评依据如下

依据 1 《电力电缆及通道运维规程》（Q/GDW 1512—2014）

8.3.9　变电站夹层宜安装温度、烟气监视报警器，重要的电缆隧道应安装温度在线监测装置，并应定期传动、检测，确保动作可靠、信号准确。

依据 2 《变电站（换流站）消防设备设施完善化改造原则（试行）》（设备变电〔2018〕15 号）

4.2.4.9　220kV 及以上变电站的电缆夹层及电缆竖井内应安装线型感温、感烟或吸气式感烟探测器，缆式线型感温火灾探测器在电缆表面以“S 形”缠绕方式敷设。

4.3.1.4　火灾自动报警系统的探测器应符合《电力设备典型消防规程》（DL 5027—2015）要求。地下变电站电缆层、电缆竖井和电缆隧道处应设置线型感温、感烟或吸气式感烟探测器。

6.4　本条评价项目的查评依据如下

依据 1 《电力电缆及通道运维规程》（Q/GDW 1512—2014）

8.3.1　电缆的防火阻燃应采取下列措施：

a）按设计采用耐火或阻燃型电缆；

b）按设计设置报警和灭火装置；

c）防火重点部位的出入口，应按设计要求设置防火门或防火卷帘；

d）改、扩建工程施工中，对于贯穿已运行的电缆孔洞、阻火墙，应及时恢复封堵。

8.3.2　明敷充油电缆的供油系统应装设自动报警和闭锁装置，多回路充油电缆的终端设置处应装设专用消防设施，有定期检验记录。

依据 2 《变电站（换流站）消防设备设施完善化改造原则（试行）》（设备变电〔2018〕15 号）

4.2.4.10　变电站电缆夹层、电缆竖井内应设置固定式灭火设施；电缆沟内电缆密集处、转弯处等重点部位可设置固定式自动灭火设施；固定式自动灭火设施宜采用悬挂式干粉自动灭火器。

4.3.1.4 火灾自动报警系统的探测器应符合《电力设备典型消防规程》（DL 5027—2015）要求。地下变电站电缆层、电缆竖井和电缆隧道处应设置线型感温、感烟或吸气式感烟探测器。

4.3.3.2 固定灭火系统的配置应符合以下要求：

a 油浸式变压器、电缆层、电缆竖井和电缆隧道应按照《建筑设计防火规范》GB 50016—2014 和《电力设备典型消防规程》DL 5027—2015 的要求配置固定式灭火系统；

b 换流站内油浸式变压器、油浸式平波电抗器应按照电力行业标准《高压直流换流站设计技术规范》DL/T 5223—2005 的要求配置固定式灭火系统；

c 变压器固定自动灭火系统的配置应符合《变压器固定自动灭火系统完善化改造原则》的要求。

6.5 本条评价项目的查评依据如下

依据 《变电站（换流站）消防设备设施完善化改造原则（试行）》（设备变电〔2018〕15号）

4.2.4.8 在电缆从室外进入室内的入口处、敷设两个及以上间隔电缆的主电缆沟道和到单个间隔或设备分支电缆沟道的交界处应设置防火墙，在主电缆沟道内每间隔 60m 应设置一道防火墙。

6.6 本条评价项目的查评依据如下

依据 1 《水电工程设计防火规范》（GB 50872—2014）

9.0.7 电缆竖井发生火灾时，因具有“烟囱效应”，火势猛烈，延燃迅速，国内水力发电厂、火电站均曾发生过电缆竖井火灾，大面积烧毁电缆的事故。因此，电缆竖井是电缆防火的重要部位之一。为了避免电缆竖井的“烟囱效应”，防止火灾蔓延扩大，应对电缆竖井上下两端、进出电缆的孔口处及每一楼层处采用耐火极限不低于 1.00h 的非燃烧材料进行封堵。

依据 2 《国网设备部关于加快推进变电站消防隐患治理工作的通知》（设备变电〔2018〕16号）

（七）变电站动力电缆与其他电缆混沟

问题现状：部分变电站（包括新建、在建变电站）存在动力电缆与控制电缆、通信电缆等混沟敷设情况，且部分变电站未采取可靠的防火隔离措施。

治理措施：对电缆沟进行改造，使其满足动力电缆与控制电缆分沟敷设的要求；不具备独立敷设条件的，采取加装电缆防火槽盒、涂防火涂料等临时措施。

依据 3 《变电站（换流站）消防设备设施完善化改造原则（试行）》（设备变电〔2018〕15号）

4.2.4.4 动力电缆与控制电缆或通信电缆之间应进行可靠的防火隔离，可采取将动力电缆或通信电缆装入防火槽盒、包覆防火护套或插入防火隔板等隔离措施。

依据4 《电力设备典型消防规程》（DL 5027—2015）

10.5.9 在多个电缆头并排安装的场合中，应在电缆头之间加隔板或填充阻燃材料。

10.5.12 施工中动力电缆与控制电缆不应混放、分布不均及堆积乱放。在动力电缆与控制电缆之间，应设置层间耐火隔板。

6.7 本条评价项目的查评依据如下

依据1 《水电工程设计防火规范》（GB 50872—2019）

9.0.9 穿越各机组之间架空敷设的电缆，应在每个机组段集中设置手提式干粉灭火器。

电缆室、电缆通（廊）道、电缆竖井的出入口处应设置手提式干粉灭火器，并至少配备两套防毒面具。

依据2 与4.2的依据1相同

6.8 本条评价项目的查评依据如下

依据1 《电力电缆及通道运维规程》（Q/GDW 1512—2014）

8.3.1 电缆的防火阻燃应采取下列措施：

a）按设计采用耐火或阻燃型电缆；

b）按设计设置报警和灭火装置；

c）防火重点部位的出入口，应按设计要求设置防火门或防火卷帘；

d）改、扩建工程施工中，对于贯穿已运行的电缆孔洞、阻火墙，应及时恢复封堵。

8.3.2 明敷充油电缆的供油系统应装设自动报警和闭锁装置，多回路充油电缆的终端设置处应装设专用消防设施，有定期检验记录。

依据2 《电力设备典型消防规程》（DL 5027—2015）

10.5.11 电力电缆中间接头盒的两侧及其附近区域，应增加防火包带等阻燃措施。

依据3 《变电站（换流站）消防设备设施完善化改造原则（试行）》（设备变电〔2018〕15号）

4.2.4.5 合理安排电缆段长，尽量减少电缆接头的数量，严禁在变电站电缆夹层、桥架和竖井等缆线密集区域布置电力电缆接头。

4.2.4.6 电力电缆中间接头盒的两侧及其附近区域，应增加防火包带等阻燃措施。

6.9 本条评价项目的查评依据如下

依据 《电力设备典型消防规程》（DL 5027—2015）

10.5.14 电缆隧道的下列部位宜设置防火分隔，采用防火墙上设置防火门的形式：

1 电缆进出隧道的出入口及隧道分支处。

2 电缆隧道位于电厂、变电站内时，间隔不大于100m处。

3 电缆隧道位于电厂、变电站外时，间隔不大于200m处。

4 长距离电缆隧道通风区段处，且间隔不大于500m。

5　电缆交叉、密集部位，间隔不大于 60m。

防火墙耐火极限不宜低于 3.0h，防火门应采用甲级防火门（耐火极限不宜低于 1.2h）且防火门的设置应符合现行国家标准《建筑设计防火规范》GB 50016—2014 的有关规定。

10.5.15　发电厂电缆竖井中，宜每隔 7.0m 设置阻火隔层。

6.10　本条评价项目的查评依据如下

依据 《变电站（换流站）消防设备设施完善化改造原则（试行）》（设备变电〔2018〕15 号）

4.3.5.2　电缆隧道内应设置指向最近安全出口处的导向箭头，主隧道、各分支拐弯处醒目位置装设整个电缆隧道平面示意图，并在示意图上标注所处位置及各出入口位置。

6.11　本条评价项目的查评依据如下

依据 《电力电缆及通道运维规程》（Q/GDW 1512—2014）

8.3.7　在电缆通道、夹层内使用的临时电源应满足绝缘、防火、防潮要求。工作人员撤离时应立即断开电源。

8.3.8　在电缆通道、夹层内动火作业应办理动火工作票，并采取可靠的防火措施。

8.3.10　严格按照运行规程规定对电缆夹层、通道进行巡检，并检测电缆和接头运行温度。

6.12　本条评价项目的查评依据如下

依据 《城市电力电缆线路设计技术规定》（DL/T 5221—2016）

4.5.15　电缆隧道内附属设施应根据各地环境条件及运行需求来确定。

7　消防标识

7.1　本条评价项目的查评依据如下

依据 《变电站（换流站）消防设备设施完善化改造原则（试行）》（设备变电〔2018〕15 号）

4.3.5.1　变电站和换流站内的消防安全标志可根据其功能分为以下 6 类：a）火灾报警装置标志；b）紧急疏散逃生标志；c）灭火设备标志；d）禁止和警告标志；e）方向辅助标志；f）文字辅助标志。各类标志应符合国家标准《消防安全标志　第 1 部分：标志》GB 13495.1—2015，如不满足要求，应进行完善化改造。

7.2　本条评价项目的查评依据如下

依据 《变电站（换流站）消防设备设施完善化改造原则（试行）》（设备变电〔2018〕15 号）

4.3.4.5　户内变电站、户外变电站主控通信室、配电装置室、消防水泵房和建筑疏散通道应设置应急照明。地下变电站的主控室、配电装置室、变压器室、继电器室、消防水泵房、建筑疏散通道和楼梯间应设置应急照明。地下变电站的疏散通道和安全出口应设发光疏散指示标志。人员疏散用的应急照明的照度不应低于 1lx，继续工作应急照明不应低于正常照明照度值的 100%。应急照明灯宜设置在墙面或顶棚上。

4.3.5.3　疏散指示标识应根据国家法律法规、消防技术标准设置，并应采用符合法律规定的灯光疏散指示标志、安全出口标志，标明疏散方向。

7.3　本条评价项目的查评依据如下

依据 1《变电站（换流站）消防设备设施完善化改造原则（试行）》（设备变电〔2018〕15 号）

4.3.4.5　户内变电站、户外变电站主控通信室、配电装置室、消防水泵房和建筑疏散通道应设置应急照明。地下变电站的主控室、配电装置室、变压器室、继电器室、消防水泵房、建筑疏散通道和楼梯间应设置应急照明。地下变电站的疏散通道和安全出口应设发光疏散指示标志。人员疏散用的应急照明的照度不应低于 1lx，继续工作应急照明不应低于正常照明照度值的 100%。应急照明灯宜设置在墙面或顶棚上。

4.3.5.3　疏散指示标识应根据国家法律法规、消防技术标准设置，并应采用符合法律规定的灯光疏散指示标志、安全出口标志，标明疏散方向。

依据 2 《中华人民共和国消防法》（2019 年修订）

第十六条　机关、团体、企业、事业等单位应当履行下列消防安全职责：

（一）落实消防安全责任制，制定本单位的消防安全制度、消防安全操作规程，制定灭火和应急疏散预案；

（二）按照国家标准、行业标准配置消防设施、器材，设置消防安全标志，并定期组织检验、维修，确保完好有效；

（三）对建筑消防设施每年至少进行一次全面检测，确保完好有效，检测记录应当完整准确，存档备查；

（四）保障疏散通道、安全出口、消防车通道畅通，保证防火防烟分区、防火间距符合消防技术标准；

（五）组织防火检查，及时消除火灾隐患；

（六）组织进行有针对性的消防演练；

（七）法律、法规规定的其他消防安全职责。

单位的主要负责人是本单位的消防安全责任人。

依据 3 《机关、团体、企业、事业单位消防安全管理规定》（中华人民共和国公安部第 61 号令）

第二十一条　单位应当保障疏散通道、安全出口畅通，并设置符合国家规定的消防安全疏散指示标志和应急照明设施，保持防火门、防火卷帘、消防安全疏散指示标志、应急照明、机械排烟送风、火灾事故广播等设施处于正常状态。

严禁下列行为：

（一）占用疏散通道；

（二）在安全出口或者疏散通道上安装栅栏等影响疏散的障碍物；

（三）在营业、生产、教学、工作等期间将安全出口上锁、遮挡或者将消防安全疏散指示标志遮挡、覆盖；

（四）其他影响安全疏散的行为。

依据 4 《火力发电厂与变电站设计防火标准》（GB 50229—2019）

11.7.2　火灾应急照明和疏散标志应符合下列规定：

4　人员疏散通道应急照明的地面最低水平照度不应低于 1.0lx，楼梯间的地面最低水平照度不应低于 5.0lx，继续工作应急照明应保证正常照明的照度。

7.4　本条评价项目的查评依据如下

依据 《电力设备典型消防规程》（DL 5027—2015）

10.6.1

1　严禁在蓄电池室内吸烟和将任何火种带入蓄电池室内。蓄电池室门上应有“蓄电池室”“严禁烟火”或“火灾危险，严禁火种入内”等标志牌。

2　蓄电池室采暖宜采用电采暖器，严禁采用明火取暖。若确有困难需采用水采暖时，散热器应选用钢质，管道应采用整体焊接。采暖管道不宜穿越蓄电池室楼板。

3　蓄电池室每组宜布置在单独的室内，如确有困难，应在每组蓄电池之间设耐火时间为大于 2.0h 的防火隔断，蓄电池室门应向外开。

4　蓄电池室内装修应有防酸措施。

5　容易产生爆炸性气体的蓄电池室内应安装防爆型探测器。

6　蓄电池室应装有通风装置，通风道应单独设置，不应通向烟道或厂房内的总通风系统。离通风管出口处 10m 内有引爆物质场所时，则通风管的出风口至少应高出该建筑物屋顶 2.0m。

7　蓄电池室应使用防爆型照明和防爆型排风机，开关、熔断器、插座等应装在蓄电池室外面。蓄电池室的照明线应采用耐酸导线，并用暗线敷设。检修用行灯应采用 12V 防爆灯，其电缆应用绝缘良好的胶质软线。

8　凡是进出蓄电池室的电缆、电线，在穿墙处应用耐酸瓷管或聚氯乙烯硬管穿线，并在其进出口端用耐酸材料将管口封堵。

9　当蓄电池室受到外界火势威胁时，应立即停止充电，如充电刚完毕，则应继续开启排风机，抽出室内氢气。

10　当蓄电池室火灾时，应立即停止充电并灭火。

11　蓄电池室通风装置的电气设备或蓄电池室的空气入口处附近火灾时，应立即切断该设备的电源。

10.6.2　其他蓄电池室（阀控式密封铅酸蓄电池室、无氢蓄电池室、锂电池室、钠硫电池、UPS 室等）：

1　蓄电池室应装有通向室外的有效通风装置，阀控式密封铅酸蓄电池室内的照明、通风设备可不考虑防爆；

2　锂电池、钠硫电池设置在专用的房间内，建筑面积<200m^{2}时，应设置干粉灭火器或消防砂箱；建筑面积不小于200m^{2}时，宜设置气体灭火系统和自动报警系统。

8　消防控制室

8.1　消防控制室通用要求

8.1.1　本条评价项目的查评依据如下

依据1《消防控制室完善化改造原则（试行）》（设备变电〔2018〕15号）

4.1.4　消防控制室应具备远方控制功能。

4.1.5　消防控制室应设有用于火灾报警的外线电话。

依据2《火灾自动报警设计规范》（GB 50116—2013）

3.4.3　消防控制室应设有用于火灾报警的外线电话。

6.1.4　集中报警系统和控制中心报警系统中的区域火灾报警控制器在满足下列条件时，可设置在无人值班的场所：

1　本区域内无需要手动控制的消防联动设备。

2　本火灾报警控制器的所有信息在集中火灾报警控制器上均有显示，且能接收起集中控制功能的火灾报警控制器的联动控制信号，并自动启动相应的消防设备。

3　设置的场所只有值班人员可以进入。

8.1.2　本条评价项目的查评依据如下

依据1《消防控制室完善化改造原则（试行）》（设备变电〔2018〕15号）

4.1.9　消防控制室应实行每日24h值班制度，每班不应少于2人，值班人员应持有消防控制室操作职业资格证书。

依据2《消防控制室通用技术要求》（GB 25506—2010）

4.2.1　消防控制室管理应符合下列要求：

a）应实行每日24 h专人值班制度，每班不应少于2人，值班人员应持有消防控制室操作职业资格证书；

b）消防设施日常维护管理应符合GB 25201的要求；

c）应确保火灾自动报警系统、灭火系统和其他联动控制设备处于正常工作状态，不得将应处于自动状态的设在手动状态；

d）应确保高位消防水箱、消防水池、气压水罐等消防储水设施水量充足，确保消防泵出水管阀门、自动喷水灭火系统管道上的阀门常开；确保消防水泵、防排烟风机、防火卷帘等消防用电设备的配电柜启动开关处于自动位置（通电状态）。

8.1.3　本条评价项目的查评依据如下

依据1《消防控制室完善化改造原则（试行）》（设备变电〔2018〕15号）

4.1.10　应确保消防控制室的火灾自动报警系统、灭火系统和其他联动控制设备处于正常工作状态，不得将应处于自动状态的设在手动状态。

依据 2 《消防控制室通用技术要求》（GB 25506—2010）

4.2.1 消防控制室管理应符合下列要求：

a）应实行每日 24 h 专人值班制度，每班不应少于 2 人，值班人员应持有消防控制室操作职业资格证书；

b）消防设施日常维护管理应符合 GB 25201 的要求；

c）应确保火灾自动报警系统、灭火系统和其他联动控制设备处于正常工作状态，不得将应处于自动状态的设在手动状态；

d）应确保高位消防水箱、消防水池、气压水罐等消防储水设施水量充足，确保消防泵出水管阀门、自动喷水灭火系统管道上的阀门常开；确保消防水泵、防排烟风机、防火卷帘等消防用电设备的配电柜启动开关处于自动位置（通电状态）。

8.1.4 本条评价项目的查评依据如下

依据 《消防控制室完善化改造原则（试行）》（设备变电〔2018〕15 号）

4.1.12 消防控制室设备选型应满足以下要求：

a. 属于国家消防产品强制性认证目录中的产品，应具有 CCCF 认证证书并标注认证标志；

b. 目录以外的产品，应具有国家级消防产品质量检验中心出具的检验报告。

8.2 消防控制室资料要求

8.2.1 本条评价项目的查评依据如下

依据 1 《消防控制室完善化改造原则（试行）》（设备变电〔2018〕15 号）

4.1.8 消防控制室应有相应的竣工图纸、各分系统控制逻辑关系说明、设备使用说明书、系统操作规程、应急预案、值班制度、维护保养制度及值班记录等文件资料。

依据 2 《火灾自动报警设计规范》（GB 50116—2013）

3.4.4 消防控制室应有相应的竣工图纸、各分系统控制逻辑关系说明、设备使用说明书、系统操作规程、应急预案、值班制度、维护保养制度及值班记录等文件资料。

8.2.2 本条评价项目的查评依据如下

依据 1 《消防控制室完善化改造原则（试行）》（设备变电〔2018〕15 号）

4.1.11 消防控制室的设备应按照《火灾自动报警系统施工及验收标准》GB 50166 的要求进行维护和保养，并做好相关记录。

依据 2 《火灾自动报警系统施工及验收标准》（GB 50166—2019）

6 系统运行维护

6.0.1 系统投入使用前，消防控制室应具有下列文件资：

1 检测、验收合格资料；

2 建（构）筑物竣工后的总平面图、建筑消防系统平面布置图、建筑消防设施系统图及安全出口布量图、重点部位位置图、危化品位置图；

3 消防安全管理规章制度、灭火预案、应急疏散预案；

4　消防安全组织机构图，包括消防安全责任人、管理人，专职、义务消防人员；

5　消防安全培训记录、灭火和应急疏散预案的演练记录；

6　值班情况、消防安全检查情况及巡查情况的记录；

7　火灾自动系统设备现场设置情况记录；

8　消防系统联动控制逻辑关系说明、联动编程记录、消防联动控制器手动控制单元编码设置记录；

9　系统设备使用说明书、系统操作规程、系统和设备维护保养制度。

6.0.2　系统的使用单位应建立本标准第 6.0.1 条规定的文件档案，并应有电子备份档案。

6.0.3　系统应保持连续正常运行，不得随意中断。

6.0.4　系统应按本标准附录 F 规定的巡查项目和内容进行日常巡查，巡查的部位、频次应符合现行国家标准《建筑消防设施的维护管理》GB 25201 的规定，并按本标准附录 F 的规定填写记录。

巡查过程中发现设备外观破损、设备运行异常时应立即报修。

6.0.5　每年应按表 6.0.5 规定的检查项目、数量对系统设备的功能、各分系统的联动控制功能进行检查，并应符合下列规定：

1　系统的年度检查可根据检查计划，按月度、季度逐步进行；

2　月度、季度的检查数量应符合表 6.0.5 的规定；

3　系统设备的功能、各分系统的控制功能应符合本标准第 4 章的规定。

表 6.0.5　　系统月检、季检对象、项目及数量

序号	检查对象	检查项目	检查数量
1	Ⅰ 火灾报警控制器	火灾报警功能	实际安装数量
	Ⅱ 火灾探测器、手动火灾报警按钮		应保证每年对每一只探测器、报警按钮至少进行一次火灾报警功能检查
	Ⅲ 火灾显示盘	火灾报警显示功能	月、季检查数量应保证每年对每一台区域显示器至少进行一次火灾报警显示功能检查
2	Ⅰ 消防联动控制器	输出模块启动功能	应保证每年对每一只模块至少进行一次启动功能检查
	Ⅱ 输出模块		
3	Ⅰ 消防电话总机	呼叫功能	实际安装数量
	Ⅱ 电话分机、电话插孔		应保证每年对每一个分机、插孔至少进行一次呼叫功能检查
4	Ⅰ 可燃气体报警控制器	可燃气体报警功能	实际安装数量
	Ⅱ 可燃气体探测器		应保证每年对每一只探测器至少进行一次可燃气体报警功能检查
5	Ⅰ 电气火灾监控设备	监控报警功能	实际安装数量
	Ⅱ 电气火灾监控探测器、线型感温火灾探测器		应保证每年对每一只探测器至少进行一次监控报警功能检查

续表

序号	检查对象	检查项目	检查数量
6	Ⅰ 消防设备电源监控器	消防设备电源故障报警功能	实际安装数量
	Ⅱ 传感器		应保证每年对每一只传感器至少进行一次消防设备电源故障报警功能检查
7	消防设备应急电源	转换功能	实际安装数量
8	Ⅰ 消防控制室图形显示装置	接收和显示火灾报警、联动控制、反馈信号功能	实际安装数量
	Ⅱ 传输设备		
9	Ⅰ 火灾警报器	火灾报警功能	应保证每年对每一只火灾警报器至少进行一次火灾警报功能检查
	Ⅱ 消防应急广播控制设备	应急广播功能	实际安装数量
	Ⅲ 扬声器		应保证每年对每一只扬声器至少进行一次应急广播功能检查
	Ⅳ 火灾警报和消防应急广播系统	联动控制功能	应保证每年对每一个报警区域至少进行一次联动控制功能检查
10	Ⅰ 防火卷帘控制器	控制功能	应保证每年对每一个手动控制装置至少进行一次控制功能检查
	Ⅱ 手动控制装置		
	Ⅲ 疏散通道上设置的防火卷帘	联动控制功能	应保证每年对每一樘防火卷帘至少进行一次联动控制功能检查
	Ⅳ 非疏散通道上设置的防火卷帘		应保证每年对每一个报警区域至少进行一次联动控制功能检查
11	Ⅰ 防火门监控器	启动、反馈功能，常闭防火门故障报警功能	应保证每年对每一台防火门监控器及其配接的现场部件至少进行一次启动，反馈功能、常闭防火门故障报警功能检查
	Ⅱ 监控模块、防火门定位装置和释放装置等现场部件		
	Ⅲ 防火门监控系统	联动控制功能	应保证每年对每一个报警区域至少进行一次联动控制功能检查
12	Ⅰ 气体、干粉灭火器	现场紧急启动、停止功能	应保证每年对每一个现场启动和停止按钮至少进行一次启动、停止功能检查
	Ⅱ 现场启动和停止按钮		
	Ⅲ 气体、干粉灭火系统	联动控制功能	应保证每年对每一个防护区域至少进行一次联动控制功能检查
13	Ⅰ 消防泵控制箱、柜	手动控制功能	应保证每月、季对消防水泵进行一次手动控制功能检查
	Ⅱ 水流指示器、压力开关、信号阀、液位探测器	动作信号反馈功能	应保证每年对每一个部件至少进行一次动作信号反馈功能检查
	Ⅲ 湿式、干式喷水灭火系统	联动控制功能	应保证每年对每一个防护区域至少进行一次联动控制功能检查
		消防水泵直接手动控制功能	应保证每月、季对消防水泵进行一次直接手动控制功能检查
	Ⅳ 预作用式喷水灭火系统	联动控制功能	应保证每年对每一个防护区域至少进行一次联动控制功能检查
		消防泵、预作用阀组、排气阀前电动阀直接手动控制功能	应保证每月、季对消防水泵、预作用阀组、排气阀前电动阀进行一次直接手动控制功能检查

续表

序号	检查对象	检查项目	检查数量
13	Ⅴ 雨淋系统	联动控制功能	应保证每年对每一个防护区域至少进行一次联动控制功能检查
		消防泵、雨淋阀组直接手动控制功能	应保证每月、季对消防水泵、雨淋阀组进行一次直接手动控制功能检查
	Ⅵ 自动控制的水幕系统	用于保护防火卷帘的水幕系统的联动控制功能	应保证每年对每一樘防火卷帘至少进行一次联动控制功能检查
		用于防火隔离的水幕系统的联动控制功能	应保证每年对每一个报警区域至少进行一次联动控制功能检查
		消防泵、水幕阀组直接手动控制功能	应保证每月、季对消防水泵、水幕阀组进行一次直接手动控制功能检查
14	Ⅰ 消防泵控制箱、柜	手动控制功能	应保证每月、季对消防水泵进行一次手动控制功能检查
	Ⅱ 小火栓系统	报警功能	应保证每年对每一个消防栓按钮至少进行一次报警功能检查
	Ⅲ 水流指示器、压力开关、信号阀、液位探测器	动作信号反馈功能	应保证每年对每一个部件至少进行一次动作信号反馈功能检查
	Ⅳ 消火栓系统	联动控制功能	应保证每年对每一个消火栓至少进行一次联动控制功能检查
		消防泵直接手动控制功能	应保证每月、季对消防水泵进行一次直接手动控制功能检查
15	Ⅰ 风机控制箱、柜	手动控制功能	应保证每月、季对风机进行一次手动控制功能检查
	Ⅱ 电动送风口、电动挡烟垂壁、排烟口、排烟阀、排烟窗、电动防火阀、排烟风机入口处的总管上设置的 280℃排烟防火阀	启动、反馈功能、动作信号反馈功能	应保证每年对每一个部件至少进行一次启动、反馈功能、动作信号反馈功能检查
	Ⅲ 加压送风系统	联动控制功能	应保证每年对每一个报警区域至少进行一次控制功能检查
		风机直接手动控制功能	应保证每月、季对风机进行一次直接手动控制功能检查
	Ⅳ 电动挡烟垂壁、排烟系统	联动控制功能	应保证每年对每一个防烟区域至少进行一次联动控制功能检查
		风机直接手动控制功能	应保证每月、季对风机进行一次直接手动控制功能检查
16	消防应急照明和疏散指示系统	控制功能	应保证每年对每一个报警区域至少进行一次控制功能检查
17	电梯、非消防电源等相关系统	联动控制功能	应保证每年对每一个报警区域至少进行一次联动控制功能检查
18	自动消防系统	整体联动功能	应保证每年对每一个报警区域至少进行一次联动控制功能检查

6.0.6　不同类型的探测器、手报、模块等现场部件应有不少于设备总数 1%的备品。

6.0.7　系统设备的维修、保养及系统产品的寿命应符合现行国家标准《火灾探测报警产品的维修保养与报废》GB 29837 的规定，达到寿命极限的产品应及时更换。

8.2.3 本条评价项目的查评依据如下

依据 与 8.2.2 的依据相同

8.2.4 本条评价项目的查评依据如下

依据 与 8.2.2 的依据相同

8.3 无人值班变电站消防控制室

8.3.1 本条评价项目的查评依据如下

依据 1 《消防控制室完善化改造原则（试行）》（设备变电〔2018〕15 号）

4.2.3 无人值班变电站消防控制室架构如下图所示。

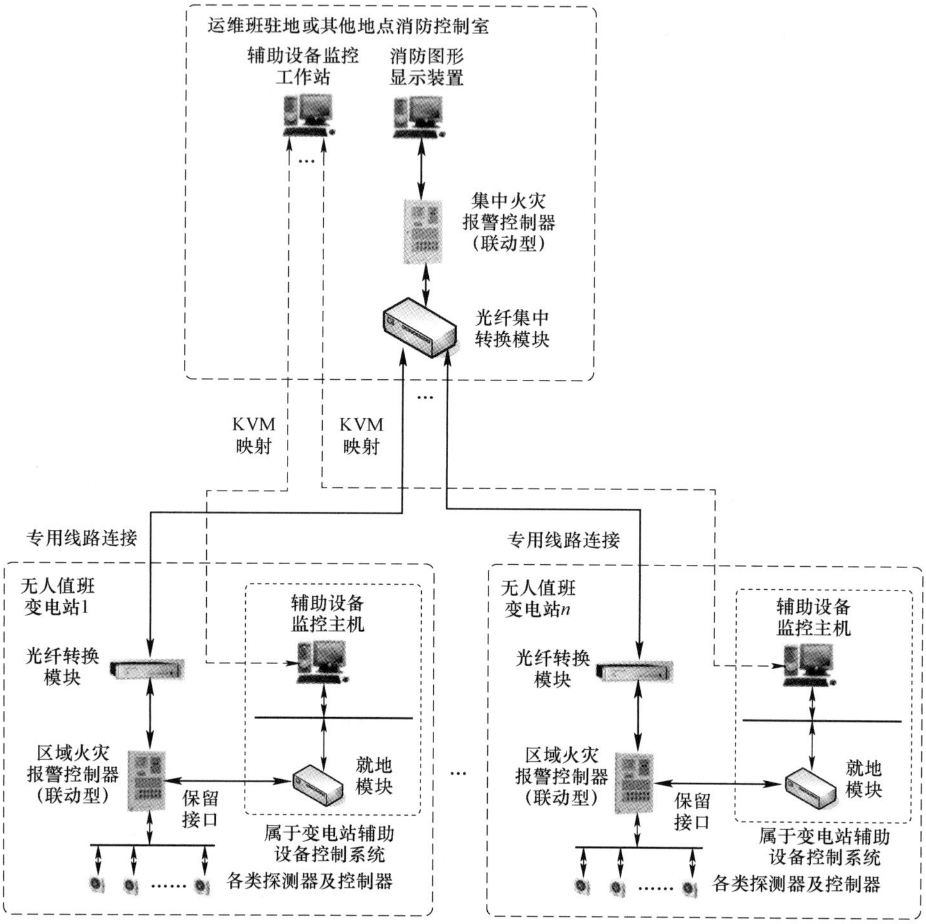

无人值班变电站消防控制室架构图

4.2.4 无人值班变电站应配置以下设备：

a. 区域火灾报警控制器（联动型），包括火灾报警控制器、联动控制器、消防电话总机、消防广播控制装置（需要时）等；

b. 光纤转换模块；

c. 辅助设备监控主机。

依据 2 《火灾自动报警设计规范》（GB 50116—2013）

3.4.2 消防控制室内设置的消防设备应包括火灾报警控制器、消防联动控制器、消防控制室图形显示装置、消防专用电话总机、消防应急广播控制装置、消防应急照明和疏散指示系统控制装置、消防电源监控器等设备或具有相应功能的组合设备。消防控制室内设置的消防控制室图形显示装置应能显示本规范附录 A 规定的建筑物内设置的全部消防系统及相关设备的动态信息和本规范附录 B 规定的消防安全管理信息，并应为远程监控系统预留接口，同时应具有向远程监控系统传输本规范附录 A 和附录 B 规定的有关信息的功能。

4.1.1 消防联动控制器应能按设定的控制逻辑向各相关的受控设备发出联动控制信号，并接受相关设备的联动反馈信号。

4.10.1 消防联动控制器应具有切断火灾区域及相关区域的非消防电源的功能，当需要切断正常照明时，宜在自动喷淋系统、消火栓系统动作前切断。

4.10.2 消防联动控制器应具有自动打开涉及疏散的电动栅杆等的功能，宜开启相关区域安全技术防范系统的摄像机监视火灾现场。

4.10.3 消防联动控制器应具有打开疏散通道上由门禁系统控制的门和庭院电动大门的功能，并应具有打开停车场出入口挡杆的功能。

8.3.2 本条评价项目的查评依据如下

依据 1 《消防控制室完善化改造原则（试行）》（设备变电〔2018〕15 号）

4.3.1 火灾报警控制器（联动型）

a. 火灾报警控制器（联动型）的火灾报警功能应符合《火灾报警控制器》GB 4717 的要求；

b. 集中火灾报警控制器（联动型）应能集中监控所辖无人值班变电站的区域火灾报警控制器（联动型），显示火灾探测器、手动火灾报警按钮等设备的正常、报警、屏蔽及故障状态等信息，并能按照规定逻辑程序启动相应的联动系统；

c. 火灾报警控制器（联动型）的联动控制功能应符合《消防联动控制器》GB 16806 的要求，消防设备的联动设计应符合《火灾自动报警系统设计规范》GB 50116 的要求；

d. 集中火灾报警控制器（联动型）联动控制按钮应按不同变电站及站内不同灭火分区布置，标识清楚、确保操作安全准确；发生火灾报警时，对应变电站的按钮区域应有光信号提示，防止误操作；

e. 火灾报警控制器（联动型）的消防电话总机功能应符合《消防联动控制器》GB 16806 的要求；

f. 火灾报警控制器（联动型）的消防广播控制功能应符合《消防联动控制器》GB 16806 相关要求。

依据 2 《火灾自动报警设计规范》(GB 50116—2013)

4.10.2 消防联动控制器应具有自动打开涉及疏散的电动栅杆等的功能，宜开启相关区域安全技术防范系统的摄像机监视火灾现场。

6.1.4 集中报警系统和控制中心报警系统中的区域火灾报警控制器在满足下列条件时，可设置在无人值班的场所：

1 本区域内无需要手动控制的消防联动设备。

2 本火灾报警控制器的所有信息在集中火灾报警控制器上均有显示，且能接收起集中控制功能的火灾报警控制器的联动控制信号，并自动启动相应的消防设备。

3 设置的场所只有值班人员可以进入。

依据 3 同 8.2.2 查评依据 2

8.3.3 本条评价项目的查评依据如下

依据 1 《消防控制室完善化改造原则(试行)》(设备变电〔2018〕15 号)

4.2.6 无人值班变电站与运维班驻地消防控制室之间应采用专用线路连接。

4.3.3 光纤转换模块

光纤转换模块应能将区域火灾报警控制器（联动型）的信号转换成光信号，并通过专用通信光纤以统一的协议（具体协议待定）传送至运维班驻地消防控制室光纤集中转换模块，并接收消防控制室的控制指令。

依据 2 《火灾自动报警设计规范》(GB 50116—2013)

6.10.2 火灾报警传输设备或用户信息传输装置与火灾报警控制器、消防联动控制器等设备之间应采用专用线路连接。

8.3.4 本条评价项目的查评依据如下

依据 《消防控制室完善化改造原则(试行)》(设备变电〔2018〕15 号)

4.3.5 辅助设备监控主机

辅助设备监控主机应实现视频、安防、消防、门禁、环境监测、照明等子系统数据的统一接入，实现火灾报警自动联动消防、视频监控、空调、风机、门禁等系统，并在站内实现数据综合分析、存储、统计和画面展示，无人值班变电站辅助设备监控主机还应能通过 KVM（键盘、显示器、鼠标延伸）等手段将信息远传到有人值班区域。

8.4 集中监控中心消防控制室配置要求

8.4.1 本条评价项目的查评依据如下

依据 1 《消防控制室完善化改造原则(试行)》(设备变电〔2018〕15 号)

4.2.5 运维班驻地消防控制室应配置以下设备：

a. 集中火灾报警控制器（联动型），包括火灾报警控制器、联动控制器等；

b. 消防图形显示装置；

c. 光纤集中转换模块；

d. 辅助设备监控工作站。

依据 2 《火灾自动报警设计规范》(GB 50116—2013)

3.4.2　消防控制室内设置的消防设备应包括火灾报警控制器、消防联动控制器、消防控制室图形显示装置、消防专用电话总机、消防应急广播控制装置、消防应急照明和疏散指示系统控制装置、消防电源监控器等设备或具有相应功能的组合设备。消防控制室内设置的消防控制室图形显示装置应能显示本规范附录 A 规定的建筑物内设置的全部消防系统及相关设备的动态信息和本规范附录 B 规定的消防安全管理信息,并应为远程监控系统预留接口，同时应具有向远程监控系统传输本规范附录 A 和附录 B 规定的有关信息的功能。

4.1.1　消防联动控制器应能按设定的控制逻辑向各相关的受控设备发出联动控制信号，并接受相关设备的联动反馈信号。

4.10.1　消防联动控制器应具有切断火灾区域及相关区域的非消防电源的功能，当需要切断正常照明时，宜在自动喷淋系统、消火栓系统动作前切断。

4.10.2　消防联动控制器应具有自动打开涉及疏散的电动栅杆等的功能，宜开启相关区域安全技术防范系统的摄像机监视火灾现场。

4.10.3　消防联动控制器应具有打开疏散通道上由门禁系统控制的门和庭院电动大门的功能，并应具有打开停车场出入口挡杆的功能。

8.4.2　本条评价项目的查评依据如下

依据 1 《消防控制室完善化改造原则(试行)》(设备变电〔2018〕15 号)

4.3.1　火灾报警控制器(联动型)

a. 火灾报警控制器(联动型)的火灾报警功能应符合《火灾报警控制器》GB 4717 的要求；

b. 集中火灾报警控制器(联动型)应能集中监控所辖无人值班变电站的区域火灾报警控制器(联动型)，显示火灾探测器、手动火灾报警按钮等设备的正常、报警、屏蔽及故障状态等信息，并能按照规定逻辑程序启动相应的联动系统；

c. 火灾报警控制器(联动型)的联动控制功能应符合《消防联动控制器》GB 16806 的要求，消防设备的联动设计应符合《火灾自动报警系统设计规范》GB 50116 的要求；

d. 集中火灾报警控制器(联动型)联动控制按钮应按不同变电站及站内不同灭火分区布置，标识清楚、确保操作安全准确；发生火灾报警时，对应变电站的按钮区域应有光信号提示，防止误操作；

e. 火灾报警控制器(联动型)的消防电话总机功能应符合《消防联动控制器》GB 16806 的要求；

f. 火灾报警控制器(联动型)的消防广播控制功能应符合《消防联动控制器》GB 16806 相关要求。

依据 2 《火灾自动报警设计规范》(GB 50116—2013)

4.10.2　消防联动控制器应具有自动打开涉及疏散的电动栅杆等的功能，宜开启相关区域安全技术防范系统的摄像机监视火灾现场。

6.1.4 集中报警系统和控制中心报警系统中的区域火灾报警控制器在满足下列条件时，可设置在无人值班的场所：

1 本区域内无需要手动控制的消防联动设备。

2 本火灾报警控制器的所有信息在集中火灾报警控制器上均有显示，且能接收起集中控制功能的火灾报警控制器的联动控制信号，并自动启动相应的消防设备。

3 设置的场所只有值班人员可以进入。

8.4.3 本条评价项目的查评依据如下

依据 1 《消防控制室完善化改造原则（试行）》（设备变电〔2018〕15 号）

4.3.2 消防图形显示装置

a. 消防图形显示装置应符合《消防联动控制器》GB 16806 的要求；

b. 消防图形显示装置的显示功能应符合《消防控制室通用技术要求》中 5.1 和附录 A、B 的要求；

c. 消防图形显示系统应具备火灾报警控制器（联动型）运维辅助管理功能；

d. 消防图形显示装置信息记录的各类信息能够进行记录备份；应满足备份后方可被覆盖的功能；应能对历史记录打印归档或刻录存盘归档；

e. 消防图形显示装置应具备网络通信功能，能够与火灾报警控制器（联动型）进行通信，获取相关消防设备状态信息，并应具有远传功能；

f. 消防图形显示装置应具备权限管理的功能，对系统程序的进入和退出时间、操作人员姓名或代码等内容的均有记录，记录备份后方可被覆盖。

依据 2 《消防控制室通用技术要求》（GB 25506—2010）

6.1 应记录附录 A 中规定的建筑消防设施运行状态信息，记录容量不应少于 10000 条，记录备份后方可被覆盖。

6.2 应具有产品维护保养的内容和时间、系统程序的进入和退出时间、操作人员姓名或代码等内容的记录，存储记录容量不应少于 10000 条，记录备份后方可被覆盖。

6.3 应记录附录 B 中规定的消防安全管理信息及系统内各个消防设备（设施）的制造商、产品有效期，记录容量不应少于 10000 条，记录备份后方可被覆盖。

6.4 应能对历史记录打印归档或刻录存盘归档。

依据 3 《火灾自动报警设计规范》（GB 50116—2013）

3.4.2 消防控制室内设置的消防设备应包括火灾报警控制器、消防联动控制器、消防控制室图形显示装置、消防专用电话总机、消防应急广播控制装置、消防应急照明和疏散指示系统控制装置、消防电源监控器等设备或具有相应功能的组合设备。消防控制室内设置的消防控制室图形显示装置应能显示本规范附录 A 规定的建筑物内设置的全部消防系统及相关设备的动态信息和本规范附录 B 规定的消防安全管理信息，并应为远程监控系统预留接口，同时应具有向远程监控系统传输本规范附录 A 和附录 B 规定的有关信息的功能。

8.4.4 本条评价项目的查评依据如下

依据 1 《消防控制室完善化改造原则（试行）》（设备变电〔2018〕15 号）

4.3.1　火灾报警控制器（联动型）

a. 火灾报警控制器（联动型）的火灾报警功能应符合《火灾报警控制器》GB 4717 的要求；

b. 集中火灾报警控制器（联动型）应能集中监控所辖无人值班变电站的区域火灾报警控制器（联动型），显示火灾探测器、手动火灾报警按钮等设备的正常、报警、屏蔽及故障状态等信息，并能按照规定逻辑程序启动相应的联动系统；

c. 火灾报警控制器（联动型）的联动控制功能应符合《消防联动控制器》GB 16806 的要求，消防设备的联动设计应符合《火灾自动报警系统设计规范》GB 50116 的要求；

d. 集中火灾报警控制器（联动型）联动控制按钮应按不同变电站及站内不同灭火分区布置，标识清楚、确保操作安全准确；发生火灾报警时，对应变电站的按钮区域应有光信号提示，防止误操作；

e. 火灾报警控制器（联动型）的消防电话总机功能应符合《消防联动控制器》GB 16806 的要求；

f. 火灾报警控制器（联动型）的消防广播控制功能应符合《消防联动控制器》GB 16806 相关要求。

依据 2 《火灾自动报警设计规范》（GB 50116—2013）

4.10.2　消防联动控制器应具有自动打开涉及疏散的电动栅杆等的功能，宜开启相关区域安全技术防范系统的摄像机监视火灾现场。

依据 3　同 8.2.2 查评依据 2

8.4.5 本条评价项目的查评依据如下

依据 《消防控制室完善化改造原则（试行）》（设备变电〔2018〕15 号）

4.3.4　光纤集中转换模块

光纤集中转换模块应能接收所辖无人值班变电站的光信号，转换成电信号以统一协议（具体协议待定）传送至集中火灾报警控制器（联动型），并向无人值班变电站发送控制指令。

8.4.6 本条评价项目的查评依据如下

依据 《消防控制室完善化改造原则（试行）》（设备变电〔2018〕15 号）

4.3.6　辅助设备监控工作站

辅助设备监控工作站应通过 KVM（键盘、显示器、鼠标延伸）远程连接所辖无人值班变电站端辅助设备监控主机，实时掌握站内消防系统、安防系统、视频监控等工作状态，根据告警信息关联变电站画面索引进行画面浏览，查看辅助设备运行状态，并进行远程操作消防、安防、视频监控、门禁等系统。

8.4.7 本条评价项目的查评依据如下

依据 《消防控制室完善化改造原则（试行）》（设备变电〔2018〕15号）

4.1.2 无人值班变电站消防控制室原则上应设置在运维班驻地的值班室，对所辖的变电站实行集中管理，设置在其他地点的应由国家电网公司批准确认。

8.4.8 本条评价项目的查评依据如下

依据1 《建筑设计防火规范》（GB 50016—2014）

8.1.7 设置火灾自动报警系统和需要联动控制消防设备的建筑（群）应设置消防控制室。消防控制室的设置应符合下列规定：

1 单独建造的消防控制室，其耐火等级不应低于二级；

2 附设在建筑内的消防控制室，宜设置在建筑内首层或地下一层，并宜布置在靠外墙部位；

3 不应设置在电磁场干扰较强及其他可能影响消防控制设备正常工作的房间附近；

4 疏散门应直通室外或安全出口。

依据2 《火灾自动报警设计规范》（GB 50116—2013）

3.4.6 消防控制室内严禁穿过与消防设施无关的电气线路及管路。

3.4.8 消防控制室内设备的布置应符合下列规定：

1 设备面盘前的操作距离，单列布置时不应小于1.5m；双列布置时不应小于2m。

2 在值班人员经常工作的一面，设备面盘至墙的距离不应小于3m。

3 设备面盘后的维修距离不宜小于1m。

4 设备面盘的排列长度大于4m时，其两端应设置宽度不小于1m的通道。

5 与建筑其他弱电系统合用的消防控制室内，消防设备应集中设置，并应与其他设备间有明显间隔。

依据3 《消防控制室完善化改造原则（试行）》（设备变电〔2018〕15号）

4.1.3 消防控制室疏散门应直通室外或安全出口，宜设置在建筑物地上一层。

4.1.6 消防控制设备与主控室其他设备应有明显间距。

9 日常运行维护及管理

9.1 公共消防设施

9.1.1 本条评价项目的查评依据如下

依据 《国家电网有限公司关于印发〈十八项电网重大反事故措施（修订版）〉的通知》（国家电网设备〔2018〕979号）

13.2.1.1 电缆线路的防火设施必须与主体工程同时设计、同时施工、同时验收，防火设施未验收合格的电缆线路不得投入运行。

9.1.2　本条评价项目的查评依据如下

依据《变电站（换流站）消防设备设施完善化改造原则（试行）》（设备变电〔2018〕15 号）

4.1.5　国家强制产品认证（3C）目录内的消防设备必须具有消防强制性产品认证证书（CCCF），非国家强制产品认证（3C）目录内的消防产品应具有国家级消防质量检验中心出具的检验报告。

9.1.3　本条评价项目的查评依据如下

依据 1《变电站（换流站）消防设备设施完善化改造原则（试行）》（设备变电〔2018〕15 号）

4.3.4.1　变电站消防用电应采用不低于二级负荷供电的电源。各级负荷的供电要求应符合《供配电系统设计规范》GB 50052 的要求。

4.3.4.3　站内消防设备的配电箱应独立设置。消防配电设备应设置明显标志。

4.3.4.4　消防控制室、消防水泵房、防烟和排烟风机房的消防用电设备及消防电梯等的供电，应在其配电线路的最末一级配电箱处设置自动切换装置。

依据 2《建筑设计防火规范》（GB 50016—2014）

10.1.6　消防用电设备应采用单独的供电回路，当建筑内的生产、生活用电被切断时，应仍能保证消防用电。备用消防电源的供电时间和容量，应满足该建筑火灾延续时间内各消防用电设备的要求。

9.1.4　本条评价项目的查评依据如下

依据 1《建筑灭火器配置设计规范》（GB 50140—2005）

5.1　一般规定

5.1.1　灭火器应设置在位置明显和便于取用的地点，且不得影响安全疏散。

5.1.2　对有视线障碍的灭火器设置点，应设置指示其位置的发光标志。

5.1.3　灭火器的摆放应稳固，其铭牌应朝外。手提式灭火器宜设置在灭火器箱内或挂钩、托架上，其顶部离地面高度不应大于 1.50m；底部离地面高度不宜小于 0.08m。灭火器箱不得上锁。

5.1.4　灭火器不宜设置在潮湿或强腐蚀性的地点。当必须设置时，应有相应的保护措施。

灭火器设置在室外时，应有相应的保护措施。

5.1.5　灭火器不得设置在超出其使用温度范围的地点。

5.2　灭火器的最大保护距离

5.2.1　设置在 A 类火灾场所的灭火器，其最大保护距离应符合表 5.2.1 的规定。

表 5.2.1　　　　A 类火灾场所的灭火器最大保护距离（m）

危险等级＼灭火器型式	手提式灭火器	推车式灭火器
严重危险级	15	30
中危险级	20	40
轻危险级	20	50

5.2.2　设置在 B、C 类火灾场所的灭火器，其最大保护距离应符合表 5.2.2 的规定。

表 5.2.2　　　　B、C 类火灾场所的灭火器最大保护距离（m）

危险等级＼灭火器型式	手提式灭火器	推车式灭火器
严重危险级	9	18
中危险级	12	24
轻危险级	20	30

5.2.3　D 类火灾场所的灭火器，其最大保护距离应根据具体情况研究确定。

5.2.4　E 类火灾场所的灭火器，其最大保护距离不应低于该场所内 A 类或 B 类火灾的规定。

6　灭火器的配置

6.1　一般规定

6.1.1　一个计算单元内配置的灭火器数量不得少于 2 具。

6.1.2　每个设置点的灭火器数量不宜多于 5 具。

6.1.3　当住宅楼每层的公共部位建筑面积超过 $100m^2$ 时，应配置 1 具 1A 的手提式灭火器；每增加 $100m^2$ 时，增配 1 具 1A 的手提式灭火器。

依据 2 《电力设备典型消防规程》(DL 5027—2015)

附录 G　典型工程现场灭火器和黄砂配置

G.1　灭火器配置原则

G.1.1　发电厂同一场所存在不同种类火灾的情况较多，危险性较大，宜采用通用、高效、无毒的磷酸铵盐干粉灭火器，所需配置的灭火器数量少、重量相对较轻，便于人员操作。由于干粉灭火器使用后存在残留污染，对电气、热控设备可配合使用洁净气体灭火器或二氧化碳灭火器，但需注意所选用灭火器的灭火级别应满足《火力发电厂与变电站设计防火规范》等标准规定的有关场所火灾类别和危险等级所对应的最小配置级别。

G.1.2　由于现行《建筑灭火器配置设计规范》GB 50140 中仅列出了卤代烷 1211 这一种洁净气体灭火器，而实际上国内已基本不再生产卤代烷灭火器，相关国家标准也未提出新的洁净气体灭火器种类，因此本附录不再列出洁净气体灭火器示例。

G.1.3　油箱、油罐容器附近宜配置磷酸铵盐干粉灭火器和水成膜泡沫灭火器，避免容器壁的高温造成灭火后再复燃的现象。

G.1.4 油浸式变压器油箱、油罐等有场地条件的场所，以及严重危险级场所宜设置推车式灭火器。

G.1.5 同一场所尽量采用相同类型和操作方法的灭火器。

依据 3 《国网设备部关于印发〈变电站消防设施运维管理规范（试行）〉的通知》（设备变电〔2019〕29 号）

3.25 灭火器箱、消防砂箱、消防桶和消防铲、斧把上应有红色标识，且标示清晰，无破损。

依据 4 《变电站（换流站）消防设备设施完善化改造原则（试行）》（设备变电〔2018〕15 号）

4.1.3 消防设施在管理上应等同于主设备，包括维护、保养、检修、更新，落实相关所需资金等。

4.3.3.5 变电站（换流站）里的灭火器摆放应该符合以下要求：

a 灭火器应设置在位置明显和便于取用的地点，且不得影响安全疏散；

b 灭火器的摆放应稳固，其铭牌应朝外；灭火器箱不得上锁；

c 手提式灭火器宜设置在灭火器箱内或挂钩、托架（建议采用托架）上，其顶部离地面不应大于 1.50m，底部离地面高度不宜小于 0.08m；

d 灭火器不得设置在超出其适用温度范围的地点，不宜设置在潮湿或强腐蚀性的地点，当必须设置时，应有相应的保护措施；灭火器设置在室外时，应有相应的保护措施。露天设置的灭火器应有遮阳挡水和保温隔热措施，北方寒冷地区应设置在消防小室内；

e 对有视线障碍的灭火器设置点，应设置指示其位置的发光标志。

9.1.5 本条评价项目的查评依据如下

依据 《国网设备部关于印发〈变电站消防设施运维管理规范（试行）〉的通知》（设备变电〔2019〕29 号）

3.25 灭火器箱、消防砂箱、消防桶和消防铲、斧把上应有红色标识，且标示清晰，无破损。

9.1.6 本条评价项目的查评依据如下

依据 《电力设备典型消防规程》（DL 5027—2015）

14.4 正压式消防空气呼吸器

14.4.1 设置固定式气体灭火系统的发电厂和变电站等场所应配置正压式消防空气呼吸器，数量宜按每座有气体灭火系统的建筑物各设 2 套，可放置在气体保护区出入口外部、灭火剂储瓶间或同一建筑的有人值班控制室内。

14.4.2 长距离电缆隧道、长距离地下燃料皮带通廊、地下变电站的主要出入口应至少配置 2 套正压式消防空气呼吸器和 4 只防毒面具。水电厂地下厂房、封闭厂房等场所，也应根据实际情况配置正压式消防空气呼吸器。

14.4.3 正压式消防空气呼吸器应放置在专用设备柜内，柜体应为红色并固定设置标志牌。

9.1.7 本条评价项目的查评依据如下

依据 《变压器固定自动灭火系统完善化改造原则（试行）》（设备变电〔2018〕15号）

4.1.11 寒冷地区容易冻结和可能出现沉降的地区，消防水系统等设施应有防冻和防沉降措施。

9.1.8 本条评价项目的查评依据如下

依据1 同8.2.2查评依据2

依据2 《国网设备部关于印发〈变电站消防设施运维管理规范（试行）〉的通知》（设备变电〔2019〕29号）

5.2.1 火灾自动报警系统的维护保养应确保系统保持连续正常运行，各路电源均能正常供电。

5.2.2 火灾报警控制器经检查应功能完好，并填写相应维保记录。

5.2.3 火灾自动报警系统主机除尘，电源等附件维护：

a）每季度对火灾自动报警系统主机除尘，对电源等附件维护一次。

b）清扫时动作要轻缓，防止损坏部件。

c）清扫后，应对各部件进行检查，防止接触不良，影响正常使用。

d）更换插头、插座、空气开关换前应切断回路电源。

e）更换配件应使用同规格、同容量的备品。

f）更换后应检查其完好性。

5.2.5 每季度应检查和试验火灾自动报警系统的下列功能，并填写相应的记录：

a）采用专用检测仪器试验探测器的动作及确认灯显示，至少完成探测器维保总量的1/4。

b）试验火灾警报装置的声光显示。

c）试验水流指示器、压力开关等报警功能、信号显示。

d）对主电源和备用电源进行1～3次自动切换试验。

e）使用专用检测仪器对所安装的探测器和手动报警装置试验。

f）自动和手动打开排烟阀，关闭电动防火阀和空调系统。

g）对电动防火门、防火卷帘的试验。

h）强制切断非消防电源功能试验。

i）对其他有关的消防控制装置进行功能试验。

依据3 《变电站（换流站）消防设备设施完善化改造原则（试行）》（设备变电〔2018〕15号）

4.1.8 火灾自动报警系统相关部件的安装部位应满足消防设计要求，不应影响设备运行，尽量满足不停运设备进行维修的要求。

9.1.9　本条评价项目的查评依据如下

依据 1 《建筑消防设施的维护管理》（GB 25201—2010）

附录 E （规范性附录）建筑消防设施维护保养表

建筑消防设施维护保养计划表见表 E.1，建筑消防设施维护保养记录表见表 E.2。

表 E.1　　建筑消防设施维护保养计划表

序号	检查保养项目		保养内容	周期
1	消防水泵	外观清洁	擦洗，除污	一个月
		泵中心轴	长期不定时，定期盘动	半个月
		主回路控制回路	测试，检查，紧固	半年
		水泵	检查或更换盘根填料	半年
		机械润滑	加 0 号黄油	三个月
2	管道		补漏，除锈，刷漆	半年
	阀门		加或更换盘根，补漏，除锈，刷漆，润滑	半年

消防泵、喷淋泵、送风机、排烟机应定期试验。

注 1：保养内容、周期，可根据设施、设备使用说明书、国家有关标准、安装场所环境等综合确定。

注 2：本表为样表，单位可根据建筑消防设施的类别，分别制表，如消火栓系统维护保养计划表、自动喷水灭火系统维护保养计划表、气体灭火系统维护保养计划表等。

消防安全责任人或消防安全管理人（签字）：　　制订人：　　审核人：

表 E.2　　建筑消防设施维护保养记录表

设备名称	消防泵	设备参数	
		额定功率	
保养项目	保养完成情况		
擦洗，除污			
长期不定时，定期盘动			
测试，检查，紧固			
检查或更换盘根填料			
加 0 号黄油			
备注：			

保养作业完成后，保养人员或单位应如实填写保养完成情况，并作相应功能试验，遇有故障应及时填写（建筑消防设施故障维修记录表）（见表 B.1）

注：本表为样表，单位可根据制订的建筑消防设施维护保养计划表确定的保养内容分别制表。

消防安全责任人或消防安全管理人（签字）：　　保养人：　　审核人：

依据 2 《国网设备部关于印发〈变电站消防设施运维管理规范（试行）〉的通知》（设备变电〔2019〕29 号）

5.4.3　消防砂池补充、灭火器检查清擦维护：

a）每月对消防器材进行一次检查维护；地下变电站的灭火器应每半月检查一次。

b）补充的砂子应干燥。

c）发现灭火器压力不在正常范围时，及时更换合格的灭火器或重新充装。

d）二氧化碳灭火器重量比额定重量减少十分之一时，应进行灌装。

e）灭火器的表面保持清洁、设施完好。

f）干粉灭火器压力正常。

9.1.10　本条评价项目的查评依据如下

依据 1 《中华人民共和国消防法》（2019 年修订）

第二十八条　任何单位、个人不得损坏、挪用或者擅自拆除、停用消防设施、器材，不得埋压、圈占、遮挡消火栓或者占用防火间距，不得占用、堵塞、封闭疏散通道、安全出口、消防车通道。人员密集场所的门窗不得设置影响逃生和灭火救援的障碍物。

依据 2 《电力设备典型消防规程》（DL 5027—2015）

6.1.6　疏散通道、安全出口应保持畅通，并设置符合规定的消防安全疏散指示标志和应急照明设施。保持防火门、防火卷帘、消防安全疏散指示标志、应急照明、机械排烟送风、火灾事故广播等设施处于正常状态。

6.1.19　临时建筑应符合国家有关法规。临时建筑不得占用防火间距。

6.3.2　消防设施应处于正常工作状态。不得损坏、挪用或者擅自拆除、停用消防设施、器材。消防设施出现故障，应及时通知单位有关部门，尽快组织修复。因工作需要临时停用消防设施或移动消防器材的，应采取临时措施和事先报告单位消防管理部门，并得到本单位消防安全责任人的批准，工作完毕后应及时恢复。

依据 3 《国网设备部关于印发〈变电站消防设施运维管理规范（试行）〉的通知》（设备变电〔2019〕29 号）

3.11　应保证消防设施处于正常运行状态。

依据 4 《变电站（换流站）消防设备设施完善化改造原则（试行）》（设备变电〔2018〕15 号）

4.1.7　疏散通道、安全出口应保持畅通，不得占用、堵塞和封闭。

9.1.11　本条评价项目的查评依据如下

依据 1 《防火门》（GB 12955—2008）

5.3.3　防火闭门装置

5.3.3.1　防火门应安装防火门闭门器，或设置让常开防火门在火灾发生时能自动关闭门扇的闭门装置（特殊部位使用除外，如管道井门等）。

5.3.3.2　防火门闭门器应经国家认可授权检测机构检验合格，其性能应符合 GA 93 的规定。

5.3.3.3　自动关闭门扇的闭门装置，应经国家认可授权检测机构检验合格。

5.3.4　防火顺序器　双扇、多扇防火门设置盖缝板或止口的应安装顺序器（特殊部位使用除外），其耐火性能应符合附录 C 的规定。

5.3.5 防火插销 采用钢质防火插销，应安装在双扇防火门或多扇防火门的相对固定一侧的门扇上（若有要求时），其耐火性能应符合附录 D 的规定。

5.3.6 盖缝板

5.3.6.1 平口或止口结构的双扇防火门宜设盖缝板。

5.3.6.2 盖缝板与门扇连接应牢固。

5.3.6.3 盖缝板不应妨碍门扇的正常启闭。

5.3.7 防火密封件

5.3.7.1 防火门门框与门扇、门扇与门扇的缝隙处应嵌装防火密封件。

5.3.7.2 防火密封件应经国家认可授权检测机构检验合格，其性能应符合 GB 16807 的规定。

5.9.2 门扇开启力 防火门门扇开启力不应大于 80 N。

注：在特殊场合使用的防火门除外。

5.10 可靠性

在进行 500 次启闭试验后，防火门不应有松动、脱落、严重变形和启闭卡阻现象。

8.1.1 每樘防火门都应在明显位置固有永久性标牌，标牌应包括以下内容：

a）产品名称、型号规格及商标（若有）；

b）制造厂名称或制造厂标记和厂址；

c）出厂日期及产品生产批号；

d）执行标准。

依据 2 《建筑设计防火规范》(GB 50016—2014)

6.1.6 除本规范第 6.1.5 条规定外的其他管道不宜穿过防火墙，确需穿过时，应采用防火封堵材料将墙与管道之间的空隙紧密填实，穿过防火墙处的管道保温材料，应采用不燃材料；当管道为难燃及可燃材料时，应在防火墙两侧的管道上采取防火措施。

6.2.7 附设在建筑内的消防控制室、灭火设备室、消防水泵房和通风空气调节机房、变配电室等，应采用耐火极限不低于 2.00h 的防火隔墙和 1.50h 的楼板与其他部位分隔。

设置在丁、戊类厂房内的通风机房，应采用耐火极限不低于 1.00h 的防火隔墙和 0.50h 的楼板与其他部位分隔。通风、空气调节机房和变配电室开向建筑内的门应采用甲级防火门，消防控制室和其他设备房开向建筑内的门应采用乙级防火门。

6.2.9 建筑内的电梯井等竖井应符合下列规定：

1 电梯井应独立设置，井内严禁敷设可燃气体和甲、乙、丙类液体管道，不应敷设与电梯无关的电缆、电线等。电梯井的井壁除设置电梯门、安全逃生门和通气孔洞外，不应设置其他开口；

2 电缆井、管道井、排烟道、排气道、垃圾道等竖向井道，应分别独立设置。井壁的耐火极限不应低于 1.00h，井壁上的检查门应采用丙级防火门；

3 建筑内的电缆井、管道井应在每层楼板处采用不低于楼板耐火极限的不燃材料或

防火封堵材料封堵。

建筑内的电缆井、管道井与房间、走道等相连通的孔隙应采用防火封堵材料封堵；

4 建筑内的垃圾道宜靠外墙设置，垃圾道的排气口应直接开向室外，垃圾斗应采用不燃材料制作，并应能自行关闭；

5 电梯层门的耐火极限不应低于 1.00h，并应符合现行国家标准《电梯层门耐火试验 完整性、隔热性和热通量测定法》GB/T 27903 规定的完整性和隔热性要求。

6.4.3 防烟楼梯间除应符合本规范第 6.4.1 条的规定外，尚应符合下列规定：

1 应设置防烟设施。

2 前室可与消防电梯间前室合用。

3 前室的使用面积：公共建筑、高层厂房（仓库），不应小于 6.0m^2；住宅建筑，不应小于 4.5m^2。

与消防电梯间前室合用时，合用前室的使用面积：公共建筑、高层厂房（仓库），不应小于 10.0m^2；住宅建筑，不应小于 6.0m^2。

4 疏散走道通向前室以及前室通向楼梯间的门应采用乙级防火门。

5 除住宅建筑的楼梯间前室外，防烟楼梯间和前室内的墙上不应开设除疏散门和送风口外的其他门、窗、洞口。

6 楼梯间的首层可将走道和门厅等包括在楼梯间前室内形成扩大的前室，但应采用乙级防火门等与其他走道和房间分隔。

6.4.5 室外疏散楼梯应符合下列规定：

1 栏杆扶手的高度不应小于 1.10m，楼梯的净宽度不应小于 0.90m。

2 倾斜角度不应大于 45°。

3 梯段和平台均应采用不燃材料制作。平台的耐火极限不应低于 1.00h，梯段的耐火极限不应低于 0.25h。

4 通向室外楼梯的门应采用乙级防火门，并应向外开启。

5 除疏散门外，楼梯周围 2m 内的墙面上不应设置门、窗、洞口。疏散门不应正对梯段。

6.4.11 建筑内的疏散门应符合下列规定：

1 民用建筑和厂房的疏散门，应采用向疏散方向开启的平开门，不应采用推拉门、卷帘门、吊门、转门和折叠门。除甲、乙类生产车间外，人数不超过 60 人且每樘门的平均疏散人数不超过 30 人的房间，其疏散门的开启方向不限。

2 仓库的疏散门应采用向疏散方向开启的平开门，但丙、丁、戊类仓库首层靠墙的外侧可采用推拉门或卷帘门。

3 开向疏散楼梯或疏散楼梯间的门，当其完全开启时，不应减少楼梯平台的有效宽度。

4 人员密集场所内平时需要控制人员随意出入的疏散门和设置门禁系统的住宅、宿

舍、公寓建筑的外门，应保证火灾时不需使用钥匙等任何工具即能从内部易于打开，并应在显著位置设置具有使用提示的标识。

6.5.1 防火门的设置应符合下列规定：

1 设置在建筑内经常有人通行处的防火门宜采用常开防火门。常开防火门应能在火灾时自行关闭，并应具有信号反馈的功能。

2 除允许设置常开防火门的位置外，其他位置的防火门均应采用常闭防火门。常闭防火门应在其明显位置设置“保持防火门关闭”等提示标识。

3 除管井检修门和住宅的户门外，防火门应具有自行关闭功能。双扇防火门应具有按顺序自行关闭的功能。

4 除本规范第 6.4.11 条第 4 款的规定外，防火门应能在其内外两侧手动开启。

5 设置在建筑变形缝附近时，防火门应设置在楼层较多的一侧，并应保证防火门开启时门扇不跨越变形缝。

6 防火门关闭后应具有防烟性能。

7 甲、乙、丙级防火门应符合现行国家标准《防火门》GB 12955 的规定。

6.5.3 防火分隔部位设置防火卷帘时，应符合下列规定：

1 除中庭外，当防火分隔部位的宽度不大于 30m 时，防火卷帘的宽度不应大于 10m；当防火分隔部位的宽度大于 30m 时，防火卷帘的宽度不应大于该部位宽度的 1/3，且不应大于 20m。

2 防火卷帘应具有火灾时靠自重自动关闭功能。

3 除本规范另有规定外，防火卷帘的耐火极限不应低于本规范对所设置部位墙体的耐火极限要求。

当防火卷帘的耐火极限符合现行国家标准《门和卷帘耐火试验方法》GB/T 7633 有关耐火完整性和耐火隔热性的判定条件时，可不设置自动喷水灭火系统保护。

当防火卷帘的耐火极限仅符合现行国家标准《门和卷帘耐火试验方法》GB/T 7633 有关耐火完整性的判定条件时，应设置自动喷水灭火系统保护。自动喷水灭火系统的设计应符合现行国家标准《自动喷水灭火系统设计规范》GB 50084 的规定，但火灾延续时间不应小于该防火卷帘的耐火极限。

4 防火卷帘应具有防烟性能，与楼板、梁、墙、柱之间的空隙应采用防火封堵材料封堵。

5 需在火灾时自动降落的防火卷帘，应具有信号反馈的功能。

6 其他要求，应符合现行国家标准《防火卷帘》GB 14102 的规定。

依据 3 《火力发电厂与变电站设计防火标准》（GB 50229—2019）

11.2.4 地上油浸变压器室的门应直通室外；地下油浸变压器室门应向公共走道方向开启，该门应采用甲级防火门；干式变压器室、电容器室门应向公共走道方向开启，该门应采用乙级防火门；蓄电池室、电缆夹层、继电器室、通信机房、配电装置室的门应向疏散方向开启，当门外为公共走道或其他房间时，该门应采用乙级防火门。配电装置室的中间隔墙上的门可采用分别向不同方向开启且宜相邻的2个乙级防火门。

9.2 消防管理及资料

9.2.1 本条评价项目的查评依据如下

依据1 《国家电网公司变电运维管理规定（试行）》[国网（运检/3）828—2017]

第十九章 专项工作 第一百零二条 消防管理

（四）变电运维人员应熟知消防设施的使用方法，熟知火警电话及报警方法，掌握自救逃生知识和消防技能。

依据2 《国网设备部关于印发〈变电站消防设施运维管理规范（试行）〉的通知》（设备变电〔2019〕29号）

3.12 变电运维人员应熟知消防设施和器材的使用方法，熟知火警电话及报警方法，熟知消防器材摆放地点及本单位消防负责人联系方式，掌握自救逃生知识和消防技能。

9.2.2 本条评价项目的查评依据如下

依据1 《国网设备部关于印发〈变电站消防设施运维管理规范（试行）〉的通知》（设备变电〔2019〕29号）

3.9 变电站应建立消防器材和设施台账，并制定日常巡视、维护保养、火灾使用等管理制度。

依据2 《国家电网公司变电运维管理规定（试行）》[国网（运检/3）828—2017]

第十九章 专项工作 第一百零二条 消防管理

（五）变电站消防管理应设专人负责，建立台账并及时检查（见附录L）。

9.2.3 本条评价项目的查评依据如下

依据1 《国家电网公司变电运维管理规定（试行）》[国网（运检/3）828—2017]

第十九章 专项工作 第一百零二条 消防管理

（二）运维单位应结合变电站实际情况制定消防预案，消防预案中应包括应急疏散部分，并定期进行演练。消防预案内应有变压器类设备灭火装置、烟感报警装置和消防器材的使用说明。

依据2 《国网设备部关于印发〈变电站消防设施运维管理规范（试行）〉的通知》（设备变电〔2019〕29号）

3.4 变电站应保存下列纸质和电子档案资料：

a）竣工后的总平面布局图、消防设施平面布置图、消防设施系统图及安全出口布置图、重点部位位置图等。

b）消防安全管理规章制度、应急灭火预案、应急疏散预案等。

c）消防安全组织结构图，包括消防安全责任人、管理人、专职、义务消防人员等内容。

d）消防安全培训记录、灭火和应急疏散预案的演练记录。

e）值班情况、消防安全检查情况及巡查情况的记录。

f）消防设施一览表，包括消防设施的类型、数量、状态等内容。

g）消防系统控制逻辑关系说明、设备使用说明书、系统操作规程、系统和设备维护保养制度等。

h）设备运行状况、接报警记录、火灾处理情况、设备检修检测报告等资料，这些资料应能定期保存和归档。

3.16 变电站应有结合本站实际的消防预案，消防预案内应包括应急疏散部分，并定期开展演练，演练资料存档。

9.2.4 本条评价项目的查评依据如下

依据1 《中华人民共和国消防法》(2019年修订)

第十六条 机关、团体、企业、事业等单位应当履行下列消防安全职责：

（一）落实消防安全责任制，制定本单位的消防安全制度、消防安全操作规程，制定灭火和应急疏散预案；

（二）按照国家标准、行业标准配置消防设施、器材，设置消防安全标志，并定期组织检验、维修，确保完好有效；

（三）对建筑消防设施每年至少进行一次全面检测，确保完好有效，检测记录应当完整准确，存档备查；

（四）保障疏散通道、安全出口、消防车通道畅通，保证防火防烟分区、防火间距符合消防技术标准；

（五）组织防火检查，及时消除火灾隐患；

（六）组织进行有针对性的消防演练；

（七）法律、法规规定的其他消防安全职责。

单位的主要负责人是本单位的消防安全责任人。

依据2 《机关、团体、企业、事业单位消防安全管理规定》(中华人民共和国公安部第61号令)

第十八条 单位应当按照国家有关规定，结合本单位的特点，建立健全各项消防安全制度和保障消防安全的操作规程，并公布执行。

第四十五条 单位应当将消防安全工作纳入内部检查、考核、评比内容。对在消防安全工作中成绩突出的部门（班组）和个人，单位应当给予表彰奖励。对未依法履行消防安全职责或者违反单位消防安全制度的行为，应当依照有关规定对责任人员给予行政纪律处分或者其他处理。

依据3 《电力设备典型消防规程》(DL 5027—2015)

3.1 安全生产委员会消防安全主要职责

3.1.1 组织贯彻落实国家有关消防安全的法律、法规、标准和规定（简称消防法规），建立健全消防安全责任制和规章制度，对落实情况进行监督、考核。

3.1.2 建立消防安全保证和监督体系，督促两个体系各司其职。明确消防工作归口管理职能部门（简称消防管理部门）和消防安全监督部门（简称安监部门），确保消防管理和安监部门的人员配置与其承担的职责相适应。

3.1.3 制定本单位的消防安全目标并组织落实，定期研究、部署本单位的消防安全工作。

3.1.4 深入现场，了解单位的消防安全情况，推广消防先进管理经验和先进技术，对存在的重大或共性问题进行分析，制定针对性的整改措施，并督促措施的落实。

3.1.5 组织或参与火灾事故调查。

3.1.6 对消防安全做出贡献者给予表扬或奖励；对负有事故责任者，给予批评或处罚。

3.2 消防安全责任人主要职责

3.2.1 贯彻执行消防法规，保障单位消防安全符合规定，掌握本单位的消防安全情况。

3.2.2 将消防工作与本单位的生产、科研、经营、管理等活动统筹安排，批准实施年度消防工作计划。

3.2.3 为本单位的消防安全提供必要的经费和组织保障。

3.2.4 确定逐级消防安全责任，批准实施消防安全管理制度和保障消防安全的操作规程。

3.2.5 组织防火检查，督促落实火灾隐患整改，及时处理涉及消防安全的重大问题。

3.2.6 根据消防法规的规定建立专职消防队、志愿消防队。

3.2.7 组织制定符合本单位实际的灭火和应急疏散预案，并实施演练。

3.2.8 确定本单位消防安全管理人。

3.2.9 发生火灾事故做到事故原因不清不放过，责任者和应受教育者没有受到教育不放过，没有采取防范措施不放过，责任人员未受到处理不放过。

3.4 消防管理部门主要职责

3.4.1 贯彻执行消防法规、本单位消防安全管理制度。

3.4.2 拟定逐级消防安全责任制，及其消防安全管理制度。

3.4.3 指导、督促各相关部门制定和执行各岗位消防安全职责、消防安全操作规程，消防设施运行和检修规程等制度，以及制定发电厂厂房、车间、变电站、换流站、调度楼、控制楼、油罐区等重要场所及重点部位的灭火和应急疏散预案。

3.4.4 定期向消防安全管理人报告消防安全情况，及时报告涉及消防安全的重大问题。

3.4.5 拟订年度消防管理工作计划。

3.4.6 拟订消防知识、技能的宣传教育和培训计划，经批准后组织实施。

3.4.7 负责消防安全标志设置，负责或指导、督促有关部门做好消防设施、器材配

置、检验、维修、保养等管理工作，确保完好有效。

3.4.8 管理专职消防队和志愿消防队。根据消防法规、公安消防部门的规定和实际情况配备专职消防员和消防装备器材，组织实施专业技能训练，维护保养装备器材。志愿消防员的人数不应少于职工总数的10%，重点部位不应少于该部位人数的50%，且人员分布要均匀；年龄男性一般不超 55 岁、女性一般不超45岁，能行使职责工作。根据志愿消防人员变动、身体和年龄等情况，及时进行调整或补充，并公布。

3.4.9 确定消防安全重点部位，建立消防档案。

3.4.10 将消防费用纳入年度预算管理，确保消防安全资金的落实，包括消防安全设施、器材、教育培训资金，以及兑现奖惩等。

3.4.11 督促有关部门凡新建、改建、扩建工程的消防设施必须与主体设备（项目）同时设计、同时施工、同时投入生产或使用。

3.4.12 指导、督促有关部门确保疏散通道、安全出口、消防车通道畅通，保证防火防烟分区、防火间距符合消防标准。

3.4.13 指导、督促有关部门按照要求组织发电厂厂房、车间、变电站、换流站、调度楼、控制楼、油罐区等重要场所及重点部位的灭火和应急疏散演练。

3.4.14 指导、督促有关部门实行每月防火检查、每日防火巡查，建立检查和巡查记录，及时消除消防安全隐患。

3.4.15 发生火灾时，立即组织实施灭火和应急疏散预案。

3.6 志愿消防员主要职责

3.6.1 掌握各类消防设施、消防器材和正压式消防空气呼吸器等的适用范围和使用方法。

3.6.2 熟知相关的灭火和应急疏散预案，发生火灾时能熟练扑救初起火灾、组织引导人员安全疏散及进行应急救援。

3.6.3 根据工作安排负责一、二级动火作业的现场消防监护工作。

4.1.1 消防安全管理制度应包括下列内容：

1 各级和各岗位消防安全职责、消防安全责任制考核、动火管理、消防安全操作规定、消防设施运行规程、消防设施检修规程。

2 电缆、电缆间、电缆通道防火管理，消防设施与主体设备或项目同时设计、同时施工、同时投产管理，消防安全重点部位管理。

3 消防安全教育培训，防火巡查、检查，消防控制室值班管理，消防设施、器材管理，火灾隐患整改，用火、用电安全管理。

4 易燃易爆危险物品和场所防火防爆管理，专职和志愿消防队管理，疏散、安全出口、消防车通道管理，燃气和电气设备的检查和管理（包括防雷、防静电）。

5 消防安全工作考评和奖惩，灭火和应急疏散预案以及演练。

6 根据有关规定和单位实际需要制定其他消防安全管理制度。

依据 4 《国家电网公司变电运维管理规定（试行）》[国网（运检/3）828—2017]

第十九章　专项工作　第一百零二条　消防管理

（一）运维单位应按照国家及地方有关消防法律法规制定变电站现场消防管理具体要求，落实专人负责管理，并严格执行。

依据 5《国网设备部关于印发〈变电站消防设施运维管理规范（试行）〉的通知》（设备变电〔2019〕29 号）

3.10　变电站现场运行专用规程应涵盖消防设施管理、操作与维护规程，并对重要的消防设施如火灾自动报警系统、变压器固定自动灭火系统等，制定专用规程。

3.17　变电站消防设施的操作和维护人员应持证上岗。变电站现场应有消防设施型号、配置及系统的操作规程，包括系统的操作规程及维护保养管理制度、系统操作员名册及相应的工作职责等；运维单位应保存值班记录和使用图表等资料；消防设施应建立消防档案，包括系统竣工图、设备说明书、消防机构出具的有关法律文书等，并应有电子备案档案。

9.2.5　本条评价项目的查评依据如下

依据 1《国网设备部关于印发〈变电站消防设施运维管理规范（试行）〉的通知》（设备变电〔2019〕29 号）

3.4　变电站应保存下列纸质和电子档案资料：

a）竣工后的总平面布局图、消防设施平面布置图、消防设施系统图及安全出口布置图、重点部位位置图等。

b）消防安全管理规章制度、应急灭火预案、应急疏散预案等。

c）消防安全组织结构图，包括消防安全责任人、管理人、专职、义务消防人员等内容。

d）消防安全培训记录、灭火和应急疏散预案的演练记录。

e）值班情况、消防安全检查情况及巡查情况的记录。

f）消防设施一览表，包括消防设施的类型、数量、状态等内容。

g）消防系统控制逻辑关系说明、设备使用说明书、系统操作规程、系统和设备维护保养制度等。

h）设备运行状况、接报警记录、火灾处理情况、设备检修检测报告等资料，这些资料应能定期保存和归档。

3.10　变电站现场运行专用规程应涵盖消防设施管理、操作与维护规程，并对重要的消防设施如火灾自动报警系统、变压器固定自动灭火系统等，制定专用规程。

3.13　变电站应制定消防器材布置图，图中标明存放地点、数量和消防器材类型，消防器材按消防布置图布置；变电运维人员应会正确使用、维护和保管。

3.17　变电站消防设施的操作和维护人员应持证上岗。变电站现场应有消防设施型号、配置及系统的操作规程，包括系统的操作规程及维护保养管理制度、系统操作员名

册及相应的工作职责等；运维单位应保存值班记录和使用图表等资料；消防设施应建立消防档案，包括系统竣工图、设备说明书、消防机构出具的有关法律文书等，并应有电子备案档案。

依据2 《国家电网公司变电运维管理规定（试行）》［国网（运检/3）828—2017］

第十九章 专项工作 第一百零二条 消防管理

（一）运维单位应按照国家及地方有关消防法律法规制定变电站现场消防管理具体要求，落实专人负责管理，并严格执行。

（六）应制定变电站消防器材布置图，标明存放地点、数量和消防器材类型，消防器材按消防布置图布置。变电运维人员应会正确使用、维护和保管。

9.2.6 本条评价项目的查评依据如下

依据 《变电站（换流站）消防设备设施完善化改造原则（试行）》（设备变电〔2018〕15号）

4.1.2 消防设施应处于正常工作状态。不得损坏、挪用或者擅自拆除、停用消防设施、器材。消防设施出现故障，应及时通知单位有关部门，尽快组织修复。因工作需要临时停用消防设施或移动消防器材的，应采取临时措施和事先报告单位消防管理部门，并得到本单位消防安全责任人的批准，工作完毕后应及时恢复。

9.2.7 本条评价项目的查评依据如下

依据 《国网设备部关于印发〈变电站消防设施运维管理规范（试行）〉的通知》（设备变电〔2019〕29号）

3.4 变电站应保存下列纸质和电子档案资料：

a）竣工后的总平面布局图、消防设施平面布置图、消防设施系统图及安全出口布置图、重点部位位置图等。

b）消防安全管理规章制度、应急灭火预案、应急疏散预案等。

c）消防安全组织结构图，包括消防安全责任人、管理人、专职、义务消防人员等内容。

d）消防安全培训记录、灭火和应急疏散预案的演练记录。

e）值班情况、消防安全检查情况及巡查情况的记录。

f）消防设施一览表，包括消防设施的类型、数量、状态等内容。

g）消防系统控制逻辑关系说明、设备使用说明书、系统操作规程、系统和设备维护保养制度等。

h）设备运行状况、接报警记录、火灾处理情况、设备检修检测报告等资料，这些资料应能定期保存和归档。

第7章

10kV开闭所消防安全性评价内容

本评价内容主要适用于国家电网公司10kV开闭所内区域消防管理工作。本部分评价内容分为评价标准、查评依据两部分。评价标准中包括室外设备区及非设备区、配电装置室、消防控制室、消防标识及应急设施、日常运行维护及管理共5类22项查评要点，共计200分；评价依据中引用了评价标准所依据的国家、行业、国家电网公司相关规章制度和文件。对查评标准中所列项目按照规定不涉及的，该项目得满分。

第1节　10kV开闭所消防安全性评价标准

序号	评价项目	标准分	评分标准	查评依据
1	**室外设备区、非设备区**	20		
1.1	站内室外及公共区域消防器材是否满足： （1）变电站内砂桶、消防铲等消防器材是否齐全完备。 （2）配置5个装满黄砂的消防砂桶，消防黄砂桶应采用铅桶，每两桶配备一把消防铲，每四桶配备一把消防斧	20	变电站内公共区域配置消防设施不足额，缺少一种扣30%	《变电站（换流站）消防设备设施完善化改造原则（试行）》（设备变电〔2018〕15号）第4.3.3.3、4.3.3.8条、附录
2	**配电装置室**	30		
2.1	各高压室防火门窗的要求： （1）配电装置室的门是否向疏散方向开启； （2）当门外为公共走道或其他房间时，该门是否采用乙级防火门； （3）配电室的中间隔墙上的门是否采用由不燃材料制作的双向弹簧门； （4）各室的隔墙、顶棚内装饰，应采用难燃或不燃材料。建筑内部装修材料应符合GB 5022《建筑内部装修设计防火规范》的有关规定，地下变电站宜采用防霉耐潮材料；各室严禁吸烟	10	配电装置室的门开启方向不正确，一处扣20%；室内的门及中间隔墙的门不符合要求的，一处扣20%；各室疏散出口、建筑装修材料不满足要求的，扣50%	《火力发电厂与变电站设计防火标准》（GB 50229—2019）第11.2.4条； 《变电站（换流站）消防设备设施完善化改造原则（试行）》（设备变电〔2018〕15号）第4.2.2.2条； 《电力设备典型消防规程》（DL 5027—2015）第11.0.2、11.0.3、11.0.4条
2.2	配电装置室是否有不少于2个疏散出口；配电装置室长度超过60m时，是否增设1个中间疏散口	5	各室疏散出口不满足要求的，不得分	《火力发电厂与变电站设计防火标准》（GB 50229—2019）第11.4.2条

续表

序号	评价项目	标准分	评分标准	查评依据
2.3	配电装置室配置不少于 3 具 4kg 磷酸铵盐干粉灭火器	10	灭火器未配置不得分，灭火器配置数量不足或超出检验周期，扣 50%	《变电站（换流站）消防设备设施完善化改造原则（试行）》（设备变电〔2018〕15 号）附录
2.4	（1）各室配电线路应采用阻燃措施或防延燃措施，严禁任意拉接临时电线。 （2）各室一旦发生火灾，则应切断交流电源，开启直流事故照明，关闭通风管防火阀，并进行灭火	5	室内配电线路存在火灾隐患、临时拉线或未采用阻燃措施或防延燃措施的，每处扣 20%；火灾处置流程不正确扣 40%	《电力设备典型消防规程》（DL 5027—2015）第 11.0.10、11.0.11 条
3	**消防控制室**	20		
3.1	消防控制室的火灾自动报警系统、灭火系统和其他联动控制设备是否处于正常工作状态，并不得将应处于自动状态的设在手动状态	10	各消防系统发现一处缺陷扣 20%，应处于自动的系统置于手动状态扣 50%	《消防控制室完善化改造原则（试行）》（设备变电〔2018〕15 号）第 4.1.10 条； 《消防控制室通用技术要求》（GB 25506—2010）第 4.2.1 条
3.2	消防控制室文件资料是否包含：竣工图纸、各分系统控制逻辑关系说明、设备使用说明书、系统操作规程、应急预案、值班制度、维护保养制度及值班记录等文件资料	5	缺少基本的图纸资料、管理制度和操作规程，每少一项扣 20%，本项扣完为止	《消防控制室完善化改造原则（试行）》（设备变电〔2018〕15 号）第 4.1.8 条； 《火灾自动报警设计规范》（GB 50116—2013）第 3.4.4 条
3.3	无人值班变电站消防控制室架构是否按照《消防控制室完善化改造原则（试行）》第 4.2.3 条进行设置	5	无人值班站消防设施配置是否满足要求，不满足不得分	《消防控制室完善化改造原则（试行）》（设备变电〔2018〕15 号）第 4.2.3、4.2.4 条
4	**消防标识及应急设施**	20		
4.1	室内是否具有以下消防安全标志：1）火灾报警装置标志；2）紧急疏散逃生标志；3）灭火设备标志；4）禁止和警告标志；5）方向辅助标志；6）文字辅助标志	10	灭火器和消火栓指示标识、使用方法、火灾报警标识以及消防设施旋转方向标识、防火门标识等各类标志应符合国家标准《消防安全标志　第 1 部分：标志》（GB 13495.1—2015）的规定，缺少一处扣 20%，本项目扣完为止	《变电站（换流站）消防设备设施完善化改造原则（试行）》（设备变电〔2018〕15 号）第 4.3.5.1 条
4.2	室内疏散通道和安全出口疏散指示标识应根据国家法律法规、消防技术标准设置，符合国家规定 3C 标准。 （1）是否设置了符合规定的消防安全疏散指示标志、安全出口标志和应急照明设施，标明疏散方向，消防应急照明灯、疏散指示标志其型号规格是否符合设计要求； （2）消防应急照明灯、疏散指示标志外观手否有缺陷，在其明显部位是否设有耐久性消防 3C 铭牌标识，内容清晰，设置位置符合设计要求，安装牢固。 （3）配电装置室是否设置应急照明。应急照明的照度不应低于 1lx，交流断电后可继续提供照明，继续工作应急照明不应低于正常照明照度值的 100%。消防应急照明可采用蓄电池作为备用电源，应急灯应牢固、无遮挡，状态指示灯正常	10	安全疏散标识和应急照明设施不全，每处扣 20%；已配置的安全疏散标识和应急照明设施损坏，每处扣 20%；消防应急照明无备用电源扣 20%；应急照明亮度不足扣 20%	《变电站（换流站）消防设备设施完善化改造原则（试行）》（设备变电〔2018〕15 号）第 4.3.4.5、4.3.5.3 条； 《中华人民共和国消防法》（2019 年修订）第十六条； 《机关、团体、企业、事业单位消防安全管理规定》（公安部第 61 号令）第二十一条； 《火力发电厂与变电站设计防火标准》（GB 50229—2019）第 11.7.2 条

续表

序号	评价项目	标准分	评分标准	查评依据
5	**日常运行维护及管理**	110		
5.1	公共消防设施	50		
5.1.1	变电站消防设施必须与主体工程同时设计、同时施工、同时验收，防火设施未验收合格的电缆线路不得投入运行	5	消防设施必须与主体工程同时设计、同时施工、同时验收，防火设施未验收合格投运的，不得分	《国家电网有限公司关于印发〈十八项电网重大反事故措施（修订版）〉的通知》（国家电网设备〔2018〕979号）13.2.1.1条
5.1.2	国家强制产品认证（3C）目录内的消防设备必须具有消防强制性产品认证证书（CCCF），非国家强制产品认证（3C）目录内的消防产品应具有国家级消防质量检验中心出具的检验报告	5	变电站内消防设施、设备存在非3C认证且提供不出国家级消防质量检验中心出具的检验报告，不得分	《变电站（换流站）消防设备设施完善化改造原则（试行）》（设备变电〔2018〕15号）第4.1.5条
5.1.3	灭火器配置是否合规： （1）灭火器配置数量是否充足； （2）灭火器是否完好、有效； （3）灭火器外观完好、清洁，罐体无损伤、变形，配件无破损、松动、变形，压力指示正常； （4）灭火器上应有发光标志，以便在黑暗中指示灭火器所处的位置； （5）灭火器生产日期、试验日期是否符合规范要求，合格证是否齐全，灭火器压力是否正常，外壳是否存在磕碰、破损，放置位置是否明显且易于取用； （6）灭火器是否摆放在位置明显和便于取用的地点，是否稳固，铭牌朝外，灭火器箱打开角度不小于100°，手提式灭火器顶部离地面不应大于1.50m，底部离地面高度不宜小于0.08m，对有视线障碍的灭火器设置点，应设置指示其位置的发光标志	10	未配置灭火器，不得分；灭火器与使用场所不相应，每处扣20%；未按规定规格配置足量灭火器，每处扣20%；灭火器出现欠压的，每处扣20%；灭火器摆放位置及灭火器箱设置不规范的，每处扣10%	《建筑灭火器配置设计规范》（GB 50140—2005）第5.1、6.1节； 《电力设备典型消防规程》（DL 5027—2015）附录G.1； 《国网设备部关于印发〈变电站消防设施运维管理规范（试行）〉的通知》（设备变电〔2019〕29号）第3.25条； 《变电站（换流站）消防设备设施完善化改造原则（试行）》（设备变电〔2018〕15号）第4.1.3、4.3.3.5条
5.1.4	消防箱、消防桶、消防铲、消防斧、消防钩完好有红色标识、清洁，无锈蚀、破损。消防砂箱或砂桶；消防砂池、消防砂桶完好，无开裂、漏砂，消防用砂保持充足和干燥	10	消防设施缺失或损坏，发现一处扣20%，发现3处及以上不得分	《国网设备部关于印发〈变电站消防设施运维管理规范（试行）〉的通知》（设备变电〔2019〕29号）第3.25条
5.1.5	消防器材日常维护： （1）消防设施是否处于正常运行状态； （2）每月对消防器材进行一次检查维护； （3）补充的砂子应干燥； （4）二氧化碳灭火器质量比额定质量减少十分之一时，应进行灌装； （5）灭火器具、设施完好，干粉灭火器压力正常，发现灭火器压力不在正常范围时，及时更换合格的灭火器或重新充装	10	消防器材日常维护项目现场发现一处扣20%，发现3处及以上不得分	《国网设备部关于印发〈变电站消防设施运维管理规范（试行）〉的通知》（设备变电〔2019〕29号）5.2.1～5.2.3、5.2.5； 设备变电〔2018〕15号）4.1.8

续表

序号	评价项目	标准分	评分标准	查评依据
5.1.6	消防设施及通道管理： （1）疏散通道和安全出口是否保持畅通，不得占用、堵塞和封闭，消防车道是否保持畅通； （2）是否埋压、圈占、遮挡消火栓或者占用防火间距	10	消防设施不能正常使用扣20%；消火栓被埋压、圈占、遮挡，每处扣20%； 消防车道不畅通，每处扣20%；严重堵占主要消防车道的，不得分	《中华人民共和国消防法》（2019年修订）第二十八条； 《电力设备典型消防规程》DL 5027—2015）第6.1.6、6.1.19、6.3.2条； 《国网设备部关于印发〈变电站消防设施运维管理规范（试行）〉的通知》（设备变电〔2019〕29号）第3.11条； 《变电站（换流站）消防设备设施完善化改造原则（试行）》（设备变电〔2018〕15号）第4.1.7条
5.2	消防管理及资料	60		
5.2.1	变电运维人员应熟知： （1）消防设施和器材的使用、维护和保管方法； （2）火警电话及报警方法； （3）消防器材摆放地点及本单位消防负责人联系方式； （4）掌握自救逃生知识和消防技能	5	现场询问运维人员，不了解消防事项，不得分	《国家电网公司变电运维管理规定（试行）》［国网（运检/3）828—2017］第十九章 专项工作 第一百零二条（四）； 《国网设备部关于印发〈变电站消防设施运维管理规范（试行）〉的通知》（设备变电〔2019〕29号）第3.12条
5.2.2	应建立消防器材和设施台账，台账应有具体数量并符合最低配置要求，设专人负责	5	未建立消防器材和设施台账、台账不规范或数量不足，扣50%，未设专人负责，扣50%	《国网设备部关于印发〈变电站消防设施运维管理规范（试行）〉的通知》（设备变电〔2019〕29号）第3.9条； 《国家电网公司变电运维管理规定（试行）》［国网（运检/3）828—2017］第十九章 专项工作 第一百零二条（五）
5.2.3	应有结合本站实际的消防预案，消防预案内应包括灭火和应急疏散部分，并定期开展演练，灭火和应急疏散预案的演练记录等资料存档	10	变电站没有消防预案不得分，消防预案没有应急疏散部分未定期开展演练，演练资料未存档，扣50%	《国家电网公司变电运维管理规定（试行）》［国网（运检/3）828—2017］第十九章 专项工作 第一百零二条（二）； 《国网设备部关于印发〈变电站消防设施运维管理规范（试行）〉的通知》（设备变电〔2019〕29号）第3.4、3.16条
5.2.4	消防安全管理制度是否健全，所有制度是否具有签字审批流程，是否及时进行修订。应包含以下制度： （1）消防安全管理制度包括消防安全责任制； （2）消防安全教育、培训制度； （3）防火检查、巡查制度； （4）消防安全疏散设施管理制度； （5）消防设施器材维护管理制度； （6）灭火和应急疏散预案演练制度； （7）专职（志愿）消防队的组织管理制度	10	缺少基本的管理制度和操作规程，每少一项扣20%；管理制度缺少超过3项及以上，不得分；管理制度缺少签字审批流程，扣50%；制度未及时进行制度修订，扣20%	《中华人民共和国消防法》（2019年修订）第十六条； 《机关、团体、企业、事业单位消防安全管理规定》（公安部第61号令）第十八、四十五条； 《电力设备典型消防规程》（DL 5027—2015）第3.1、3.2、3.4、3.6、4.1.1条； 《国家电网公司变电运维管理规定（试行）》［国网（运检/3）828—2017］第十九章 专项工作 第一百零二条（一）； 《国网设备部关于印发〈变电站消防设施运维管理规范（试行）〉的通知》（设备变电〔2019〕29号）第3.10、3.17条

续表

序号	评价项目	标准分	评分标准	查评依据
5.2.5	开闭所应保存下列消防资料及记录： （1）消防设施平面布置图； （2）消防器材布置图，图中标明存放地点、数量和消防器材类型，消防器材按消防布置图布置； （3）消防安全管理规章制度； （4）应急灭火及应急疏散预案； （5）消防安全组织结构图； （6）消防安全培训记录； （7）消防安全检查情况及巡查情况的记录	20	消防资料及记录每项缺少扣20%，本项扣完为止	《国网设备部关于印发〈变电站消防设施运维管理规范（试行）〉的通知》（设备变电〔2019〕29号）第3.4、3.10、3.13、3.17条； 《国家电网公司变电运维管理规定（试行）》［国网（运检/3）828—2017］第十九章专项工作　第一百零二条消防管理（一）（六）
5.2.6	消防设施出现故障应及时组织修复，临时停用消防设施或移动消防器材应采取临时措施和事先报告单位消防管理部门，并得到本单位消防安全责任人的批准，工作完毕后应及时恢复	10	消防设施被停用、缺陷超过消缺周期，且无正常手续的，不得分	《变电站（换流站）消防设备设施完善化改造原则（试行）》（设备变电〔2018〕15号）4.1.2

第2节　10kV开闭所消防查评依据

1　室外设备区、非设备区

1.1　本条评价项目的查评依据如下

依据《变电站（换流站）消防设备设施完善化改造原则（试行）》（设备变电〔2018〕15号）

4.3.3.3　移动式灭火器材的配置应符合以下要求：

a　变电站和换流站的灭火器配置规格和数量应按国家标准《建筑灭火器配置设计规范》GB 50140—2005计算确定。灭火器设置场所的建（构）筑物、设备的火灾类别及危险等级，按照《火力发电厂与变电站设计防火规范》GB 50229—2006第11.5节的要求执行。

b　消防砂箱、砂桶、消防铲及正压式消防空气呼吸器等消防器材应按照《建筑设计防火规范》GB 50016—2014和《电力设备典型消防规程》DL 5027—2015的要求配置。

4.3.3.8　油浸式变压器、油浸式电抗器等处应设置消防砂箱或砂桶，内装干燥细黄砂，消防砂箱容积为1.0m^3，并配置消防铲，每处3～5把，消防砂桶应装满干燥黄砂。参照35kV变电站配置要求。

附录　35kV变电站（换流站）典型消防器材配置（见下表）。

典型 35kV 变电站（换流站）现场灭火器和黄砂配置表

配置部位	灭火器材	磷酸铵盐干粉			黄砂		灭火级别	保护面积	危险等级	备注
		4kg	5kg	50kg	桶（25L）	箱（$1m^3$）				
控制室		—	2	—	—	—	E（A）	100	严重	—
配电装置室、二次设备室		3	—	—	—	—	E（A）	150	中	—
室内油浸式主变压器室		4	—	2	—	—	混合	100	中	—
室内油浸式主变压器散热室		2	—	—	—	—	混合	50	中	—
电容器室		2	—	—	—	—	混合	100	中	—
电抗器室		2	—	—	—	—	混合	100	中	—
蓄电池室		2	—	—	—	—	C	100	中	—
站用变压器室、接地变压器室		2	—	—	—	—	混合	100	中	—
消弧线圈室		2	—	—	—	—	E	100		
电缆	夹层	8	—	—	—	—	E	400	中	—
	竖井	2	—	—	—	—	E	100	中	—
室内其他区域		2	—	—	—	—	A	100	轻	办公室、资料室、会议室、安全工器具室、备品间等
室外油浸式主变压器		—	—	1	—	1	B、E	—	中	砂箱为每台主变压器数，每只砂箱配备 3 至 5 把消防铲
站内公用设施		3	—	—	5	—	—	—	—	消防黄砂桶应采用铅桶，每两桶配备一把消防铲、每四桶配备一把消防斧

2　配电装置室

2.1　本条评价项目的查评依据如下

依据 1 《变电站（换流站）消防设备设施完善化改造原则（试行）》（设备变电〔2018〕15 号）

4.2.2.2　配电装置室的门应向疏散方向开启。

依据 2 《火力发电厂与变电站设计防火标准》（GB 50229—2019）

11.2.4　地上油浸变压器室的门应直通室外；地下油浸变压器室门应向公共走道方向开启，该门应采用甲级防火门；干式变压器室、电容器室门应向公共走道方向开启，该门应采用乙级防火门；蓄电池室、电缆夹层、继电器室、通信机房、配电装置室的门应向疏散方向开启，当门外为公共走道或其他房间时，该门应采用乙级防火门。配电装置

室的中间隔墙上的门可采用分别向不同方向开启且宜相邻的 2 个乙级防火门。

依据 3 《电力设备典型消防规程》(DL 5027—2015)

11.0.2 各室的隔墙、顶棚内装饰，应采用难燃或不燃材料。建筑内部装修材料应符合现行国家标准《建筑内部装修设计防火规范》GB 50222 的有关规定，地下变电站宜采用防霉耐潮材料。

11.0.3 控制室、调度室应有不少于两个疏散出口。

11.0.4 各室严禁吸烟，禁止明火取暖。计算机室维修必用的各种溶剂，包括汽油、酒精、丙酮、甲苯等易燃溶剂应采用限量办法，每次带入室内不超过 100ml。

2.2 本条评价项目的查评依据如下

依据 《火力发电厂与变电站设计防火标准》(GB 50229—2019)

11.4.2 电缆从室外进入室内的入口处、电缆竖井的出入口处，建（构）筑物中电缆引至电气柜、盘或控制屏、台的开孔部位，电缆贯穿隔墙、楼板的空洞应采用电缆防火封堵材料进行封堵，其防火封堵组件的耐火极限不应低于被贯穿物的耐火极限，且不低于 1.00h。

2.3 本条评价项目的查评依据如下

依据 参考《变电站（换流站）消防设备设施完善化改造原则（试行）》(设备变电〔2018〕15 号）中 35kV 变电站配电装置室灭火器配置要求

附录 35kV 变电站（换流站）典型消防器材配置（见下表）。

35kV 变电站（换流站）现场灭火器和黄砂配置表

配置部位	灭火器材	磷酸铵盐干粉			黄砂		灭火级别	保护面积	危险等级	备注
		4kg	5kg	50kg	桶（25L）	箱（$1m^3$）				
控制室		—	2	—	—	—	E（A）	100	严重	—
配电装置室、二次设备室		3	—	—	—	—	E（A）	150	中	—
室内油浸式主变压器室		4	—	2	—	—	混合	100	中	—
室内油浸式主变压器散热室		2	—	—	—	—	混合	50	中	—
电容器室		2	—	—	—	—	混合	100	中	—
电抗器室		2	—	—	—	—	混合	100	中	—
蓄电池室		2	—	—	—	—	C	100	中	—
站用变压器室、接地变压器室		2	—	—	—	—	混合	100	中	—
消弧线圈室		2	—	—	—	—	E	100	中	—
电缆	夹层	8	—	—	—	—	E	400	中	—
	竖井	2	—	—	—	—	E	100	中	—

续表

配置部位	灭火器材	磷酸铵盐干粉			黄砂		灭火级别	保护面积	危险等级	备注
		4kg	5kg	50kg	桶（25L）	箱（$1m^3$）				
室内其他区域		2	—	—	—	—	A	100	轻	办公室、资料室、会议室、安全工器具室、备品间等
室外油浸式主变压器		—	—	1	—	1	B、E	—	中	砂箱为每台主变压器数，每只砂箱配备3至5把消防铲
站内公用设施		3	—	—	5	—	—	—	—	消防黄砂桶应采用铅桶，每两桶配备一把消防铲、每四桶配备一把消防斧

2.4 本条评价项目的查评依据如下

依据 《电力设备典型消防规程》（DL 5027—2015）

11.0.10 各室配电线路应采用阻燃措施或防延燃措施，严禁任意拉接临时电线。

11.0.11 发生火灾报警，应迅速查明原因，及时消除警情。若已发生火灾，则应切断交流电源，开启直流事故照明，关闭通风管防火阀，采用气体等灭火器进行灭火。

3 消防控制室

3.1 本条评价项目的查评依据如下

依据1 《消防控制室完善化改造原则（试行）》（设备变电〔2018〕15号）

4.1.10 应确保消防控制室的火灾自动报警系统、灭火系统和其他联动控制设备处于正常工作状态，不得将应处于自动状态的设在手动状态。

依据2 《消防控制室通用技术要求》（GB 25506—2010）

4.2.1 消防控制室管理应符合下列要求：

a）应实行每日24 h专人值班制度，每班不应少于2人，值班人员应持有消防控制室操作职业资格证书；

b）消防设施日常维护管理应符合GB 25201的要求；

c）应确保火灾自动报警系统、灭火系统和其他联动控制设备处于正常工作状态，不得将应处于自动状态的设在手动状态；

d）应确保高位消防水箱、消防水池、气压水罐等消防储水设施水量充足，确保消防泵出水管阀门、自动喷水灭火系统管道上的阀门常开；确保消防水泵、防排烟风机、防火卷帘等消防用电设备的配电柜启动开关处于自动位置（通电状态）。

3.2 本条评价项目的查评依据如下

依据1 《消防控制室完善化改造原则（试行）》（设备变电〔2018〕15号）

4.1.8 消防控制室应有相应的竣工图纸、各分系统控制逻辑关系说明、设备使用说明书、系统操作规程、应急预案、值班制度、维护保养制度及值班记录等文件资料。

依据 2 《火灾自动报警设计规范》(GB 50116—2013)

3.4.4 消防控制室应有相应的竣工图纸、各分系统控制逻辑关系说明、设备使用说明书、系统操作规程、应急预案、值班制度、维护保养制度及值班记录等文件资料。

3.3 本条评价项目的查评依据如下

依据 《消防控制室完善化改造原则(试行)》(设备变电〔2018〕15 号)

4.2.3 无人值班变电站消防控制室架构如下图所示。

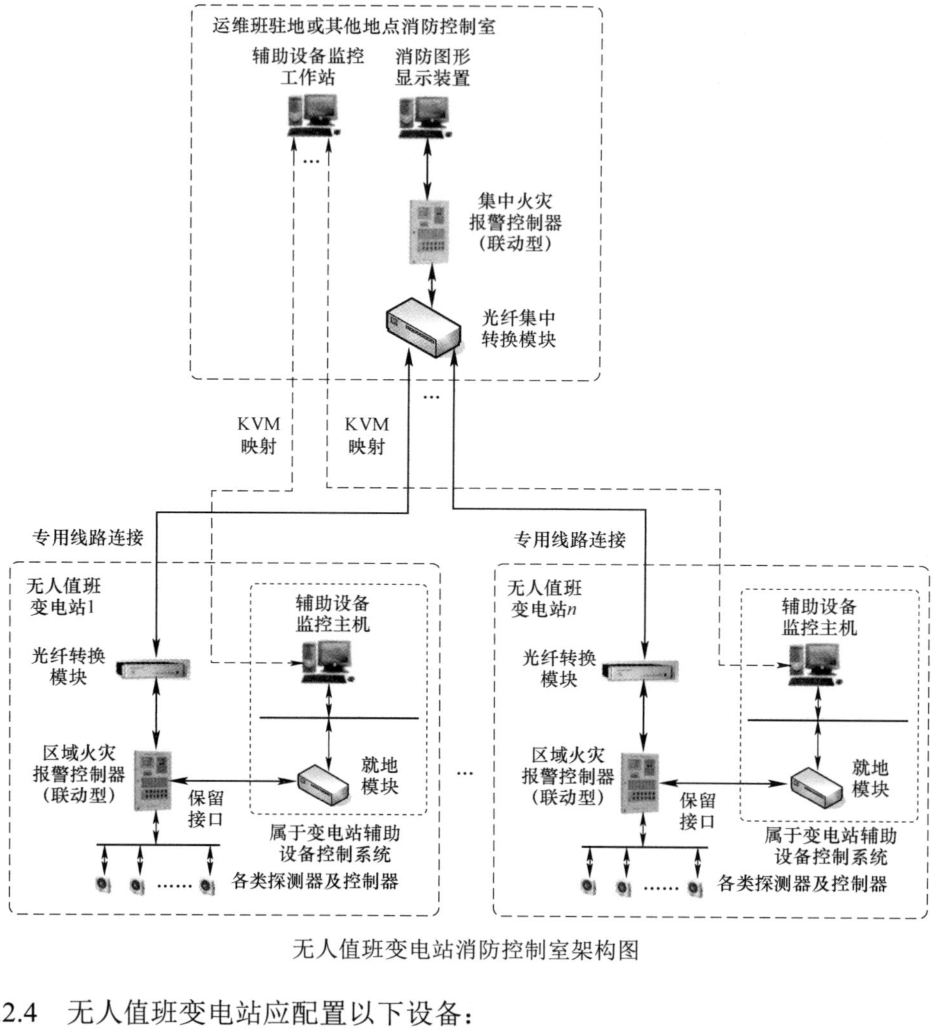

无人值班变电站消防控制室架构图

4.2.4 无人值班变电站应配置以下设备:

a. 区域火灾报警控制器(联动型),包括火灾报警控制器、联动控制器、消防电话总机、消防广播控制装置(需要时)等;

b. 光纤转换模块;

c. 辅助设备监控主机。

4　消防标识

4.1　本条评价项目的查评依据如下

依据《变电站（换流站）消防设备设施完善化改造原则（试行）》（设备变电〔2018〕15 号）

4.3.5.1　变电站和换流站内的消防安全标志可根据其功能分为以下 6 类：a）火灾报警装置标志；b）紧急疏散逃生标志；c）灭火设备标志；d）禁止和警告标志；e）方向辅助标志；f）文字辅助标志。各类标志应符合国家标准《消防安全标志　第 1 部分：标志》GB 13495.1—2015，如不满足要求，应进行完善化改造。

4.2　本条评价项目的查评依据如下

依据 1《变电站（换流站）消防设备设施完善化改造原则（试行）》（设备变电〔2018〕15 号）

4.3.4.5　户内变电站、户外变电站主控通信室、配电装置室、消防水泵房和建筑疏散通道应设置应急照明。地下变电站的主控室、配电装置室、变压器室、继电器室、消防水泵房、建筑疏散通道和楼梯间应设置应急照明。地下变电站的疏散通道和安全出口应设发光疏散指示标志。人员疏散用的应急照明的照度不应低于 1lx，继续工作应急照明不应低于正常照明照度值的 100%。应急照明灯宜设置在墙面或顶棚上。

4.3.5.3　疏散指示标识应根据国家法律法规、消防技术标准设置，并应采用符合法律规定的灯光疏散指示标志、安全出口标志，标明疏散方向。

依据 2《中华人民共和国消防法》（2019 年修订）

第十六条　机关、团体、企业、事业等单位应当履行下列消防安全职责：

（一）落实消防安全责任制，制定本单位的消防安全制度、消防安全操作规程，制定灭火和应急疏散预案；

（二）按照国家标准、行业标准配置消防设施、器材，设置消防安全标志，并定期组织检验、维修，确保完好有效；

（三）对建筑消防设施每年至少进行一次全面检测，确保完好有效，检测记录应当完整准确，存档备查；

（四）保障疏散通道、安全出口、消防车通道畅通，保证防火防烟分区、防火间距符合消防技术标准；

（五）组织防火检查，及时消除火灾隐患；

（六）组织进行有针对性的消防演练；

（七）法律、法规规定的其他消防安全职责。

单位的主要负责人是本单位的消防安全责任人。

依据 3 《机关、团体、企业、事业单位消防安全管理规定》（中华人民共和国公安部第 61 号令）

第二十一条　单位应当保障疏散通道、安全出口畅通，并设置符合国家规定的消防安全疏散指示标志和应急照明设施，保持防火门、防火卷帘、消防安全疏散指示标志、应急照明、机械排烟送风、火灾事故广播等设施处于正常状态。

严禁下列行为：

（一）占用疏散通道；

（二）在安全出口或者疏散通道上安装栅栏等影响疏散的障碍物；

（三）在营业、生产、教学、工作等期间将安全出口上锁、遮挡或者将消防安全疏散指示标志遮挡、覆盖；

（四）其他影响安全疏散的行为。

依据 4 《火力发电厂与变电站设计防火标准》（GB 50229—2019）

11.7.2　火灾应急照明和疏散标志应符合下列规定：

4　人员疏散通道应急照明的地面最低水平照度不应低于 1.0lx，楼梯间的地面最低水平照度不应低于 5.0lx，继续工作应急照明应保证正常照明的照度；

5　消防管理及资料

5.1　公共消防设施

5.1.1　本条评价项目的查评依据如下

依据 《国家电网有限公司关于印发〈十八项电网重大反事故措施（修订版）〉的通知》（国家电网设备〔2018〕979 号）

13.2.1.1　电缆线路的防火设施必须与主体工程同时设计、同时施工、同时验收，防火设施未验收合格的电缆线路不得投入运行。

5.1.2　本条评价项目的查评依据如下

依据 《变电站（换流站）消防设备设施完善化改造原则（试行）》（设备变电〔2018〕15 号）

4.1.5　国家强制产品认证（3C）目录内的消防设备必须具有消防强制性产品认证证书（CCCF），非国家强制产品认证（3C）目录内的消防产品应具有国家级消防质量检验中心出具的检验报告。

5.1.3　本条评价项目的查评依据如下

依据 1 《建筑灭火器配置设计规范》（GB 50140—2005）

5.1　一般规定

5.1.1　灭火器应设置在位置明显和便于取用的地点，且不得影响安全疏散。

5.1.2　对有视线障碍的灭火器设置点，应设置指示其位置的发光标志。

5.1.3　灭火器的摆放应稳固，其铭牌应朝外。手提式灭火器宜设置在灭火器箱内或挂钩、托架上，其顶部离地面高度不应大于 1.50m；底部离地面高度不宜小于 0.08m。灭火器箱不得上锁。

5.1.4　灭火器不宜设置在潮湿或强腐蚀性的地点。当必须设置时，应有相应的保护措施。

灭火器设置在室外时，应有相应的保护措施。

5.1.5　灭火器不得设置在超出其使用温度范围的地点。

5.2　灭火器的最大保护距离

5.2.1　设置在 A 类火灾场所的灭火器，其最大保护距离应符合表 5.2.1 的规定。

表 5.2.1　A 类火灾场所的灭火器最大保护距离（m）

灭火器型式 / 危险等级	手提式灭火器	推车式灭火器
严重危险级	15	30
中危险级	20	40
轻危险级	20	50

5.2.2　设置在 B、C 类火灾场所的灭火器，其最大保护距离应符合表 5.2.2 的规定。

表 5.2.2　B、C 类火灾场所的灭火器最大保护距离（m）

灭火器型式 / 危险等级	手提式灭火器	推车式灭火器
严重危险级	9	18
中危险级	12	24
轻危险级	20	30

5.2.3　D 类火灾场所的灭火器，其最大保护距离应根据具体情况研究确定。

5.2.4　E 类火灾场所的灭火器，其最大保护距离不应低于该场所内 A 类或 B 类火灾的规定。

6　灭火器的配置

6.1　一般规定

6.1.1　一个计算单元内配置的灭火器数量不得少于 2 具。

6.1.2　每个设置点的灭火器数量不宜多于 5 具。

6.1.3　当住宅楼每层的公共部位建筑面积超过 $100m^2$ 时，应配置 1 具 1A 的手提式灭火器；每增加 $100m^2$ 时，增配 1 具 1A 的手提式灭火器。

依据 2 《电力设备典型消防规程》（DL 5027—2015）

附录 G　典型工程现场灭火器和黄砂配置

G.1　灭火器配置原则

G.1.1　发电厂同一场所存在不同种类火灾的情况较多，危险性较大，宜采用通用、高效、无毒的磷酸铵盐干粉灭火器，所需配置的灭火器数量少、重量相对较轻，便于人员操作。由于干粉灭火器使用后存在残留污染，对电气、热控设备可配合使用洁净气体灭火器或二氧化碳灭火器，但需注意所选用灭火器的灭火级别应满足《火力发电厂与变电站设计防火规范》等标准规定的有关场所火灾类别和危险等级所对应的最小配置级别。

G.1.2 由于现行《建筑灭火器配置设计规范》GB 50140 中仅列出了卤代烷 1211 这一种洁净气体灭火器，而实际上国内已基本不再生产卤代烷灭火器，相关国家标准也未提出新的洁净气体灭火器种类，因此本附录不再列出洁净气体灭火器示例。

G.1.3 油箱、油罐容器附近宜配置磷酸铵盐干粉灭火器和水成膜泡沫灭火器，避免容器壁的高温造成灭火后再复燃的现象。

G.1.4 油浸式变压器油箱、油罐等有场地条件的场所，以及严重危险级场所宜设置推车式灭火器。

G.1.5 同一场所尽量采用相同类型和操作方法的灭火器。

依据 3《国网设备部关于印发〈变电站消防设施运维管理规范（试行）〉的通知》（设备变电〔2019〕29 号）

3.25 灭火器箱、消防砂箱、消防桶和消防铲、斧把上应有红色标识，且标示清晰，无破损。

依据 4《变电站（换流站）消防设备设施完善化改造原则（试行）》（设备变电〔2018〕15 号）

4.1.3 消防设施在管理上应等同于主设备，包括维护、保养、检修、更新，落实相关所需资金等。

4.3.3.5 变电站（换流站）里的灭火器摆放应该符合以下要求：

a 灭火器应设置在位置明显和便于取用的地点，且不得影响安全疏散；

b 灭火器的摆放应稳固，其铭牌应朝外；灭火器箱不得上锁；

c 手提式灭火器宜设置在灭火器箱内或挂钩、托架（建议采用托架）上，其顶部离地面不应大于 1.50m，底部离地面高度不宜小于 0.08m；

d 灭火器不得设置在超出其适用温度范围的地点，不宜设置在潮湿或强腐蚀性的地点，当必须设置时，应有相应的保护措施；灭火器设置在室外时，应有相应的保护措施。露天设置的灭火器应有遮阳挡水和保温隔热措施，北方寒冷地区应设置在消防小室内；

e 对有视线障碍的灭火器设置点，应设置指示其位置的发光标志。

5.1.4 本条评价项目的查评依据如下

依据 《国网设备部关于印发〈变电站消防设施运维管理规范（试行）〉的通知》（设备变电〔2019〕29 号）

3.25 灭火器箱、消防砂箱、消防桶和消防铲、斧把上应有红色标识，且标示清晰、无破损。

5.1.5 本条评价项目的查评依据如下

依据 1 《国网设备部关于印发〈变电站消防设施运维管理规范（试行）〉的通知》（设备变电〔2019〕29 号）

5.2.1 火灾自动报警系统的维护保养应确保系统保持连续正常运行，各路电源均能正常供电。

5.2.2 火灾报警控制器经检查应功能完好，并填写相应维保记录。

5.2.3 火灾自动报警系统主机除尘，电源等附件维护：

a）每季度对火灾自动报警系统主机除尘，对电源等附件维护一次。

b）清扫时动作要轻缓，防止损坏部件。

c）清扫后，应对各部件进行检查，防止接触不良，影响正常使用。

d）更换插头、插座、空气开关换前应切断回路电源。

e）更换配件应使用同规格、同容量的备品。

f）更换后应检查其完好性。

5.2.5 每季度应检查和试验火灾自动报警系统的下列功能，并填写相应的记录：

a）采用专用检测仪器试验探测器的动作及确认灯显示，至少完成探测器维保总量的 1/4。

b）试验火灾警报装置的声光显示。

c）试验水流指示器、压力开关等报警功能、信号显示。

d）对主电源和备用电源进行 1～3 次自动切换试验。

e）使用专用检测仪器对所安装的探测器和手动报警装置试验。

f）自动和手动打开排烟阀，关闭电动防火阀和空调系统。

g）对电动防火门、防火卷帘的试验。

h）强制切断非消防电源功能试验。

i）对其他有关的消防控制装置进行功能试验。

依据 2 《变电站（换流站）消防设备设施完善化改造原则（试行）》（设备变电〔2018〕15 号）

4.1.8 火灾自动报警系统相关部件的安装部位应满足消防设计要求，不应影响设备运行，尽量满足不停运设备进行维修的要求。

5.1.6 本条评价项目的查评依据如下

依据 1 《中华人民共和国消防法》（2019 年修订）

第二十八条 任何单位、个人不得损坏、挪用或者擅自拆除、停用消防设施、器材，不得埋压、圈占、遮挡消火栓或者占用防火间距，不得占用、堵塞、封闭疏散通道、安全出口、消防车通道。人员密集场所的门窗不得设置影响逃生和灭火救援的障碍物。

依据 2 《电力设备典型消防规程》（DL 5027—2015）

6.1.6 疏散通道、安全出口应保持畅通，并设置符合规定的消防安全疏散指示标志和应急照明设施。保持防火门、防火卷帘、消防安全疏散指示标志、应急照明、机械排烟送风、火灾事故广播等设施处于正常状态。

6.1.19 临时建筑应符合国家有关法规。临时建筑不得占用防火间距。

6.3.2 消防设施应处于正常工作状态。不得损坏、挪用或者擅自拆除、停用消防设施、器材。消防设施出现故障，应及时通知单位有关部门，尽快组织修复。因工作需要临时停用消防设施或移动消防器材的，应采取临时措施和事先报告单位消防管理部门，并得到本单位消防安全责任人的批准，工作完毕后应及时恢复。

依据 3《国网设备部关于印发〈变电站消防设施运维管理规范（试行）〉的通知》（设备变电〔2019〕29 号）

3.11 应保证消防设施处于正常运行状态。

依据 4《变电站（换流站）消防设备设施完善化改造原则（试行）》（设备变电〔2018〕15 号）

4.1.7 疏散通道、安全出口应保持畅通，不得占用、堵塞和封闭。

5.2 消防管理及资料

5.2.1 本条评价项目的查评依据如下

依据 1 《国家电网公司变电运维管理规定（试行）》[国网（运检/3）828—2017]

第十九章 专项工作 第一百零二条 消防管理

（四）变电运维人员应熟知消防设施的使用方法，熟知火警电话及报警方法，掌握自救逃生知识和消防技能。

依据 2《国网设备部关于印发〈变电站消防设施运维管理规范（试行）〉的通知》（设备变电〔2019〕29 号）

3.12 变电运维人员应熟知消防设施和器材的使用方法，熟知火警电话及报警方法，熟知消防器材摆放地点及本单位消防负责人联系方式，掌握自救逃生知识和消防技能。

5.2.2 本条评价项目的查评依据如下

依据 1《国网设备部关于印发〈变电站消防设施运维管理规范（试行）〉的通知》（设备变电〔2019〕29 号）

3.9 变电站应建立消防器材和设施台账，并制定日常巡视、维护保养、火灾使用等管理制度。

依据 2 《国家电网公司变电运维管理规定（试行）》[国网（运检/3）828—2017]

第十九章 专项工作 第一百零二条 消防管理

（五）变电站消防管理应设专人负责，建立台账并及时检查（见附录 L）。

5.2.3 本条评价项目的查评依据如下

依据 1 《国家电网公司变电运维管理规定（试行）》[国网（运检/3）828—2017]

第十九章 专项工作 第一百零二条 消防管理

（二）运维单位应结合变电站实际情况制定消防预案，消防预案中应包括应急疏散部分，并定期进行演练。消防预案内应有变压器类设备灭火装置、烟感报警装置和消防器材的使用说明。

依据 2 《国网设备部关于印发〈变电站消防设施运维管理规范（试行）〉的通知》（设备变电〔2019〕29 号）

3.4　变电站应保存下列纸质和电子档案资料：

a）竣工后的总平面布局图、消防设施平面布置图、消防设施系统图及安全出口布置图、重点部位位置图等。

b）消防安全管理规章制度、应急灭火预案、应急疏散预案等。

c）消防安全组织结构图，包括消防安全责任人、管理人、专职、义务消防人员等内容。

d）消防安全培训记录、灭火和应急疏散预案的演练记录。

e）值班情况、消防安全检查情况及巡查情况的记录。

f）消防设施一览表，包括消防设施的类型、数量、状态等内容。

g）消防系统控制逻辑关系说明、设备使用说明书、系统操作规程、系统和设备维护保养制度等。

h）设备运行状况、接报警记录、火灾处理情况、设备检修检测报告等资料，这些资料应能定期保存和归档。

3.16　变电站应有结合本站实际的消防预案，消防预案内应包括应急疏散部分，并定期开展演练，演练资料存档。

5.2.4　本条评价项目的查评依据如下

依据 1 《中华人民共和国消防法》（2019 年修订）

第十六条　机关、团体、企业、事业等单位应当履行下列消防安全职责：

（一）落实消防安全责任制，制定本单位的消防安全制度、消防安全操作规程，制定灭火和应急疏散预案；

（二）按照国家标准、行业标准配置消防设施、器材，设置消防安全标志，并定期组织检验、维修，确保完好有效；

（三）对建筑消防设施每年至少进行一次全面检测，确保完好有效，检测记录应当完整准确，存档备查；

（四）保障疏散通道、安全出口、消防车通道畅通，保证防火防烟分区、防火间距符合消防技术标准；

（五）组织防火检查，及时消除火灾隐患；

（六）组织进行有针对性的消防演练；

（七）法律、法规规定的其他消防安全职责。

单位的主要负责人是本单位的消防安全责任人。

依据 2 《机关、团体、企业、事业单位消防安全管理规定》（中华人民共和国公安部第 61 号令）

第十八条　单位应当按照国家有关规定，结合本单位的特点，建立健全各项消防安全制度和保障消防安全的操作规程，并公布执行。

第四十五条　单位应当将消防安全工作纳入内部检查、考核、评比内容。对在消防安全工作中成绩突出的部门（班组）和个人，单位应当给予表彰奖励。对未依法履行消防安全职责或者违反单位消防安全制度的行为，应当依照有关规定对责任人员给予行政纪律处分或者其他处理。

依据 3 《电力设备典型消防规程》（DL 5027—2015）

3.1　安全生产委员会消防安全主要职责

3.1.1　组织贯彻落实国家有关消防安全的法律、法规、标准和规定（简称消防法规），建立健全消防安全责任制和规章制度，对落实情况进行监督、考核。

3.1.2　建立消防安全保证和监督体系，督促两个体系各司其职。明确消防工作归口管理职能部门（简称消防管理部门）和消防安全监督部门（简称安监部门），确保消防管理和安监部门的人员配置与其承担的职责相适应。

3.1.3　制定本单位的消防安全目标并组织落实，定期研究、部署本单位的消防安全工作。

3.1.4　深入现场，了解单位的消防安全情况，推广消防先进管理经验和先进技术，对存在的重大或共性问题进行分析，制定针对性的整改措施，并督促措施的落实。

3.1.5　组织或参与火灾事故调查。

3.1.6　对消防安全做出贡献者给予表扬或奖励；对负有事故责任者，给予批评或处罚。

3.2　消防安全责任人主要职责

3.2.1　贯彻执行消防法规，保障单位消防安全符合规定，掌握本单位的消防安全情况。

3.2.2　将消防工作与本单位的生产、科研、经营、管理等活动统筹安排，批准实施年度消防工作计划。

3.2.3　为本单位的消防安全提供必要的经费和组织保障。

3.2.4　确定逐级消防安全责任，批准实施消防安全管理制度和保障消防安全的操作规程。

3.2.5　组织防火检查，督促落实火灾隐患整改，及时处理涉及消防安全的重大问题。

3.2.6　根据消防法规的规定建立专职消防队、志愿消防队。

3.2.7　组织制定符合本单位实际的灭火和应急疏散预案，并实施演练。

3.2.8　确定本单位消防安全管理人。

3.2.9　发生火灾事故做到事故原因不清不放过，责任者和应受教育者没有受到教育不放过，没有采取防范措施不放过，责任人员未受到处理不放过。

3.4 消防管理部门主要职责

3.4.1 贯彻执行消防法规、本单位消防安全管理制度。

3.4.2 拟定逐级消防安全责任制，及其消防安全管理制度。

3.4.3 指导、督促各相关部门制定和执行各岗位消防安全职责、消防安全操作规程，消防设施运行和检修规程等制度，以及制定发电厂厂房、车间、变电站、换流站、调度楼、控制楼、油罐区等重要场所及重点部位的灭火和应急疏散预案。

3.4.4 定期向消防安全管理人报告消防安全情况，及时报告涉及消防安全的重大问题。

3.4.5 拟订年度消防管理工作计划。

3.4.6 拟订消防知识、技能的宣传教育和培训计划，经批准后组织实施。

3.4.7 负责消防安全标志设置，负责或指导、督促有关部门做好消防设施、器材配置、检验、维修、保养等管理工作，确保完好有效。

3.4.8 管理专职消防队和志愿消防队。根据消防法规、公安消防部门的规定和实际情况配备专职消防员和消防装备器材，组织实施专业技能训练，维护保养装备器材。志愿消防员的人数不应少于职工总数的 10%，重点部位不应少于该部位人数的 50%，且人员分布要均匀；年龄男性一般不超 55 岁、女性一般不超 45 岁，能行使职责工作。根据志愿消防人员变动、身体和年龄等情况，及时进行调整或补充，并公布。

3.4.9 确定消防安全重点部位，建立消防档案。

3.4.10 将消防费用纳入年度预算管理，确保消防安全资金的落实，包括消防安全设施、器材、教育培训资金，以及兑现奖惩等。

3.4.11 督促有关部门凡新建、改建、扩建工程的消防设施必须与主体设备（项目）同时设计、同时施工、同时投入生产或使用。

3.4.12 指导、督促有关部门确保疏散通道、安全出口、消防车通道畅通，保证防火防烟分区、防火间距符合消防标准。

3.4.13 指导、督促有关部门按照要求组织发电厂厂房、车间、变电站、换流站、调度楼、控制楼、油罐区等重要场所及重点部位的灭火和应急疏散演练。

3.4.14 指导、督促有关部门实行每月防火检查、每日防火巡查，建立检查和巡查记录，及时消除消防安全隐患。

3.4.15 发生火灾时，立即组织实施灭火和应急疏散预案。

3.6 志愿消防员主要职责

3.6.1 掌握各类消防设施、消防器材和正压式消防空气呼吸器等的适用范围和使用方法。

3.6.2 熟知相关的灭火和应急疏散预案，发生火灾时能熟练扑救初起火灾、组织引导人员安全疏散及进行应急救援。

3.6.3　根据工作安排负责一、二级动火作业的现场消防监护工作。

4.1.1　消防安全管理制度应包括下列内容：

1　各级和各岗位消防安全职责、消防安全责任制考核、动火管理、消防安全操作规定、消防设施运行规程、消防设施检修规程。

2　电缆、电缆间、电缆通道防火管理，消防设施与主体设备或项目同时设计、同时施工、同时投产管理，消防安全重点部位管理。

3　消防安全教育培训，防火巡查、检查，消防控制室值班管理，消防设施、器材管理，火灾隐患整改，用火、用电安全管理。

4　易燃易爆危险物品和场所防火防爆管理，专职和志愿消防队管理，疏散、安全出口、消防车通道管理，燃气和电气设备的检查和管理（包括防雷、防静电）。

5　消防安全工作考评和奖惩，灭火和应急疏散预案以及演练。

6　根据有关规定和单位实际需要制定其他消防安全管理制度。

依据 4 《国家电网公司变电运维管理规定（试行）》[国网（运检/3）828—2017]

第十九章　专项工作　第一百零二条　消防管理

（一）运维单位应按照国家及地方有关消防法律法规制定变电站现场消防管理具体要求，落实专人负责管理，并严格执行。

依据 5 《国网设备部关于印发〈变电站消防设施运维管理规范（试行）〉的通知》（设备变电〔2019〕29 号）

3.10　变电站现场运行专用规程应涵盖消防设施管理、操作与维护规程，并对重要的消防设施如火灾自动报警系统、变压器固定自动灭火系统等，制定专用规程。

3.17　变电站消防设施的操作和维护人员应持证上岗。变电站现场应有消防设施型号、配置及系统的操作规程，包括系统的操作规程及维护保养管理制度、系统操作员名册及相应的工作职责等；运维单位应保存值班记录和使用图表等资料；消防设施应建立消防档案，包括系统竣工图、设备说明书、消防机构出具的有关法律文书等，并应有电子备案档案。

5.2.5　本条评价项目的查评依据如下

依据 1 《国网设备部关于印发〈变电站消防设施运维管理规范（试行）〉的通知》（设备变电〔2019〕29 号）

3.4　变电站应保存下列纸质和电子档案资料：

a）竣工后的总平面布局图、消防设施平面布置图、消防设施系统图及安全出口布置图、重点部位位置图等。

b）消防安全管理规章制度、应急灭火预案、应急疏散预案等。

c）消防安全组织结构图，包括消防安全责任人、管理人、专职、义务消防人员等内容。

d）消防安全培训记录、灭火和应急疏散预案的演练记录。

e）值班情况、消防安全检查情况及巡查情况的记录。

f）消防设施一览表，包括消防设施的类型、数量、状态等内容。

g）消防系统控制逻辑关系说明、设备使用说明书、系统操作规程、系统和设备维护保养制度等。

h）设备运行状况、接报警记录、火灾处理情况、设备检修检测报告等资料，这些资料应能定期保存和归档。

3.10 变电站现场运行专用规程应涵盖消防设施管理、操作与维护规程，并对重要的消防设施如火灾自动报警系统、变压器固定自动灭火系统等，制定专用规程。

3.13 变电站应制定消防器材布置图，图中标明存放地点、数量和消防器材类型，消防器材按消防布置图布置；变电运维人员应会正确使用、维护和保管。

3.17 变电站消防设施的操作和维护人员应持证上岗。变电站现场应有消防设施型号、配置及系统的操作规程，包括系统的操作规程及维护保养管理制度、系统操作员名册及相应的工作职责等；运维单位应保存值班记录和使用图表等资料；消防设施应建立消防档案，包括系统竣工图、设备说明书、消防机构出具的有关法律文书等，并应有电子备案档案。

依据 2 《国家电网公司变电运维管理规定（试行）》［国网（运检/3）828—2017］

第十九章 专项工作 第一百零二条 消防管理

（一）运维单位应按照国家及地方有关消防法律法规制定变电站现场消防管理具体要求，落实专人负责管理，并严格执行。

（六）应制定变电站消防器材布置图，标明存放地点、数量和消防器材类型，消防器材按消防布置图布置。变电运维人员应会正确使用、维护和保管。

5.2.6 本条评价项目的查评依据如下

依据 《变电站（换流站）消防设备设施完善化改造原则（试行）》（设备变电〔2018〕15 号）

4.1.2 消防设施应处于正常工作状态。不得损坏、挪用或者擅自拆除、停用消防设施、器材。消防设施出现故障，应及时通知单位有关部门，尽快组织修复。因工作需要临时停用消防设施或移动消防器材的，应采取临时措施和事先报告单位消防管理部门，并得到本单位消防安全责任人的批准，工作完毕后应及时恢复。

第 8 章
输电通道、电缆沟道部分消防安全性评价内容

本评价内容主要适用于国家电网公司输电通道、电缆沟道消防管理工作。本部分评价内容分为评价标准、查评依据两部分。评价标准中包括输电通道、运维管理、电缆本体及接头、电缆通道、隧道和综合管廊电力舱、电缆沟、排管工井、电缆终端杆塔共 8 类 50 项查评要点，共计 300 分；评价依据中引用了评价标准所依据的国家、行业、国家电网公司相关规章制度和文件。对查评标准中所列项目按照规定不涉及的，该项目得满分。

第 1 节　电缆沟道部分消防安全性评价标准

序号	评价项目	标准分	评价标准	查评依据
1	**输电通道**	50		
1.1	输电通道技术要求	20		
1.1.1	在Ⅰ、Ⅱ级防山火区段的，是否采用高跨设计，提高安全裕度；如未采取高跨设计，是否按照“主要树种自然生长高度的两倍加线路宽度”标准开展通道清理工作	5	输电线路在Ⅰ级防火区段，未采用高跨设计，且未按照“主要树种自然生长高度的两倍加线路宽度”的标准开展通道清理的，2 分；输电线路在Ⅱ级防火区段且未采用高跨设计，且未按照“主要树种自然生长高度的两倍加线路宽度”标准开展通道清理的，扣 1 分；重要输电通道未提高清理标准的，扣 1 分	《国家电网公司关于印发〈电网防雨雪冰冻灾害和防山火工作指导意见（试行）〉的通知》（国家电网运检〔2016〕435 号）第三十三条、第三十四条
1.1.2	在运线路通道中是否存在未清理的树竹、灌木、茅草等易燃植被；特殊晴热时段是否增加清障次数	5	在运线路通道中存在未清理的树竹、灌木、茅草等易燃植被的，扣 1 分；特殊晴热时段未增加清障次数的，扣 1 分	《国家电网公司关于印发〈电网防雨雪冰冻灾害和防山火工作指导意见（试行）〉的通知》（国家电网运检〔2016〕435 号）第三十五条
1.1.3	重要输电通道内多条平行线路经过Ⅰ、Ⅱ级防山火区段的，线路间是否砍伐防山火隔离带或修筑隔离墙，或者在通道外侧种植防火树种，形成生物防火隔离带	5	重要输电通道内多条平行线路经过Ⅰ、Ⅱ级防山火区段，线路间未采取砍伐防山火隔离带、修筑隔离墙或在通道外侧种植防火树种等措施的，扣 3 分	《国家电网公司关于印发〈电网防雨雪冰冻灾害和防山火工作指导意见（试行）〉的通知》（国家电网运检〔2016〕435 号）第三十七条

续表

序号	评价项目	标准分	评价标准	查评依据
1.1.4	在Ⅰ、Ⅱ级防山火区段，是否选择地势较高的杆塔安装山火在线监测装置，是否满足每 5km 安装 1 套，重要输电通道每 21m 安装 1 套的要求	5	在Ⅰ、Ⅱ级防山火区段，未安装山火在线监测装置的，扣 4 分；山火在线监测装置未选择在地势较高的杆塔安装的，扣 1 分；安装数量未达到每 5km 安装 1 套，重要输电通道每 2km 安装 1 套的，扣 1 分	《国家电网公司关于印发〈电网防雨雪冰冻灾害和防山火工作指导意见（试行）〉的通知》（国家电网运检〔2016〕435 号）第三十八条
1.2	输电通道运维管理	30		
1.2.1	运维单位是否与政府有关部门建立畅通的信息沟通渠道，实现信息共享、资源互补；运维单位、属地供电公司是否熟悉森林公安、消防武警协同作业流程	5	查阅资料，未跟政府有关部门建立畅通的信息沟通渠道的，扣 2 分；运维单位、属地供电公司人员不熟悉森林公安、消防武警协同作业流程的，扣 1 分	《国家电网公司关于印发〈电网防雨雪冰冻灾害和防山火工作指导意见（试行）〉的通知》（国家电网运检〔2016〕435 号）第二十六条、第三十一条
1.2.2	是否根据输电通道山火风险评估结果，逐线、逐基、逐档落实责任人；运维单位和属地单位是否建立健全防山火内部联控机制，完善防山火工作网络	5	未逐线、逐基、逐档落实责任人的，扣 2 分；运维单位和属地单位未建立健全防山火内部联控机制，完善防山火工作网络的，扣 1 分	《国网运检部关于加强输电线路防山火工作的通知》（运检二〔2015〕34 号）第 1 条； 《国家电网公司关于印发〈电网防雨雪冰冻灾害和防山火工作指导意见（试行）〉的通知》（国家电网运检〔2016〕435 号）第二十五条
1.2.3	运维单位、属地供电公司是否每年组织开展山火隐患点排查，收集通道可燃物、火源及地形地貌情况，并结合当地习俗及气候特点，确定防山火重点时段、区段，建立防山火工作档案	5	查阅防山火工作档案，未每年组织开展山火隐患点排查的，扣 2 分；资料内容不全面的，扣 1 分	《国家电网公司关于印发〈电网防雨雪冰冻灾害和防山火工作指导意见（试行）〉的通知》（国家电网运检〔2016〕435 号）第二十八条
1.2.4	防山火重点时段，是否按要求设置防山火蹲守点、值守站和瞭望哨站，是否开展防山火巡视与蹲守；巡视要求是否满足： （1）Ⅰ级防山火区段，通道巡视每日应不少于 2 次，护线员、信息员每日应开展不间断巡视。对重要输电通道、重要跨区电网，还应安排人员蹲守。 （2）Ⅱ级防山火区段，通道巡视每日应不少于 1 次，护线员、信息员每日巡视应不少于 2 次。对重要输电通道、重要跨区电网，通道巡视每日应不少于 2 次	5	防山火重点时段，未按要求设置防山火蹲守点、值守站和瞭望哨站的，扣 1 分；未开展防山火巡视与蹲守的，扣 2 分；巡视与蹲守不满足要求的，扣 1 分	《国家电网公司关于印发〈电网防雨雪冰冻灾害和防山火工作指导意见（试行）〉的通知》（国家电网运检〔2016〕435 号）第三十条
1.2.5	运维单位是否配备了防山火装备	5	未配备防山火装备的，扣 2 分	《国家电网公司关于印发〈电网防雨雪冰冻灾害和防山火工作指导意见（试行）〉的通知》（国家电网运检〔2016〕435 号）第二十三条
1.2.6	是否建立和完善山火扑救和山火故障处置的应急预案，是否开展山火处置工作应急演练	5	未建立山火扑救和山火故障处置的应急预案的，扣 2 分；山火扑救和山火故障处置应急预案不完善的，扣 1 分；未开展山火处置工作应急演练的，扣 1 分	《国家电网公司关于印发〈电网防雨雪冰冻灾害和防山火工作指导意见（试行）〉的通知》（国家电网运检〔2016〕435 号）第二十四条

续表

序号	评价项目	标准分	评价标准	查评依据
2	**电缆沟道**	250		
2.1	电缆本体及接头	130		
2.1.1	电缆本体	60		
2.1.1.1	电缆本体阻燃： （1）隧道、电缆沟、变电站内、桥梁内应选用阻燃电缆，其成束阻燃性能应不低于C级； （2）隧道、沟道、工井、竖井、桥架、桥梁、夹层内的存量的非阻燃110（66）kV及以上高压电缆应采取绕包防火带、涂防火涂料等防火措施	10	未选用阻燃电缆且非阻燃电缆未采取防火措施，每回路电缆扣标准分20%，扣完为止	国网设备部《高压电缆及通道防火治理实施细则》（运检二〔2018〕104号）第三条
2.1.1.2	隧道、沟道和综合管廊电力舱内高压电缆与其他中性点非有效接地方式的电力电缆线路间应全线加装防火隔板、防火槽盒等防火隔离措施	20	高压电缆与其他中性点非有效接地方式的电力电缆线路间未采取防火隔离措施，每回路电缆扣标准分20%，扣完为止	国网设备部《高压电缆及通道防火治理实施细则》（运检二〔2018〕104号）第八条
2.1.1.3	变电站内同一电源的110（66）kV及以上电压等级电缆线路同通道敷设时应两侧布置	10	同一电源的110（66）kV及以上电压等级电缆线路未分两侧布置，每回路电缆扣标准分20%，扣完为止	《国家电网有限公司关于〈印发十八项电网重大反事故措施（修订版）〉的通知》（国家电网设备〔2018〕979号）13.2.1.2
2.1.1.4	同一通道内不同电压等级的电缆，应按照电压等级的高低从下向上排列，分层敷设在电缆支架上	10	同一通道内不同电压等级的电缆，排列顺序混乱，每回路电缆扣标准分20%，扣完为止	《国家电网有限公司关于印发〈十八项电网重大反事故措施（修订版）〉的通知》（国家电网设备〔2018〕979号）13.2.1.2
2.1.1.5	电力电缆不应和输送甲、乙、丙类液体管道、可燃气体管道、热力管道敷设在同一管沟内。 甲类：闪点小于28℃的液体；常温下能自行分解或在空气中氧化能导致迅速自燃或爆炸的物质；常温下受到水或空气中水蒸气的作用，能产生可燃气体并引起燃烧或爆炸的物质；遇酸、受热、撞击、摩擦、催化以及遇有机物或硫黄等易燃的无机物，极易引起燃烧或爆炸的强氧化剂；受撞击、摩擦或与氧化剂、有机物接触时能引起燃烧或爆炸的物质。 乙类：闪点大于等于28℃，但小于60℃的液体；不属于甲类的氧化剂。 丙类：闪点大于等于60℃的液体	10	电力电缆与输送甲、乙、丙类液体管道、可燃气体管道、热力管道敷设在同一管沟内，每处扣标准分25%，扣完为止	《建筑设计防火规范》（GB 50016—2014）第10.2.2条
2.1.2	电缆接头	70		
2.1.2.1	非直埋电缆接头的外护层及接地线应包覆阻燃材料，密集区域（4回及以上）电缆接头应选用防火槽盒、防火隔板、防火毯等防火隔离措施	30	电缆接头未采取防火隔离措施，每个接头扣标准分20%，扣完为止	国网设备部《高压电缆及通道防火治理实施细则》（运检二〔2018〕104号）第四条 《国家电网有限公司关于印发〈十八项电网重大反事故措施（修订版）〉的通知》（国家电网设备〔2018〕979号）13.2.1.5

续表

序号	评价项目	标准分	评价标准	查评依据
2.1.2.2	电缆接头两侧各约 3m 区段及其邻近并行敷设的其他电缆，宜采用阻燃包带或电缆防火涂料实施阻燃	20	电缆接头两侧或邻近电缆未采取阻燃措施，每个接头扣标准分 20%，扣完为止	国网设备部《高压电缆及通道防火治理实施细则》（运检二〔2018〕104 号）第五条
2.1.2.3	电缆接头不应布置于变电站夹层内，变电站夹层内在役接头应移出，电力电缆切改或故障抢修时，应将接头布置在站外的电缆通道内	20	电缆接头布置在变电站夹层内，每个接头扣标准分 20%，扣完为止	国网设备部《高压电缆及通道防火治理实施细则》（运检二〔2018〕104 号）第六条；《国家电网有限公司关于印发〈十八项电网重大反事故措施（修订版）〉的通知》（国家电网设备〔2018〕979 号）13.2.2.1
2.2	电缆通道	120		
2.2.1	一般规定	60		
2.2.1.1	电缆线路路径、附属设备及设施（地上接地箱、出入口、通风亭等）的设置应通过规划部门审批	10	电缆线路路径未经规划部门审批，每条电缆路径扣标准分 20%，扣完为止	《国家电网有限公司关于印发〈十八项电网重大反事故措施（修订版）〉的通知》（国家电网设备〔2018〕979 号）13.3.1.1
2.2.1.2	应避免电缆通道邻近热力管线、易燃易爆管线（输油、燃气）和腐蚀性介质的管道	5	电缆通道热力管线、易燃易爆管线（输油、燃气）和腐蚀性介质的管道，每处扣标准分 20%，扣完为止	《国家电网有限公司关于印发〈十八项电网重大反事故措施（修订版）〉的通知》（国家电网设备〔2018〕979 号）13.3.1.1
2.2.1.3	电缆线路的防火设施必须与主体工程同时设计、同时施工、同时验收，防火设施未验收合格的电缆线路不得投入运行	5	电缆线路防火设施未验收合格即投运，每项工程扣标准分 20%，扣完为止	《国家电网有限公司关于印发〈十八项电网重大反事故措施（修订版）〉的通知》（国家电网设备〔2018〕979 号）13.2.1.1
2.2.1.4	与电力电缆同通道敷设的低压电缆、通信光缆等应穿入阻燃管，或采取其他防火隔离措施	10	与电力电缆同通道敷设的低压电缆、通信光缆等未采取防火隔离措施，每条通道扣标准分 20%，扣完为止	国网设备部《高压电缆及通道防火治理实施细则》（运检二〔2018〕104 号）第十二条；《国家电网有限公司关于印发〈十八项电网重大反事故措施（修订版）〉的通知》（国家电网设备〔2018〕979 号）13.2.1.3
2.2.1.5	电缆贯穿隔墙、竖井的孔洞处、电缆引至控制设施处等均应实施具有足够机械强度的防火封堵	5	电缆贯穿隔墙、竖井的孔洞处、电缆引至控制设施处等未实施防火封堵，每处扣标准分 20%，扣完为止	国网设备部《高压电缆及通道防火治理实施细则》（运检二〔2018〕104 号）第十一条
2.2.1.6	运维部门应保持电缆通道、夹层整洁、畅通，消除各类火灾隐患，通道沿线及其内部、隧道通风口（亭）外部不得积存易燃、易爆物	5	电缆通道、夹层未保持整洁、畅通，存在火灾隐患，或通道沿线及其内部、隧道通风口（亭）外部积存易燃、易爆物。每处扣标准分 20%，扣完为止	国网设备部《高压电缆及通道防火治理实施细则》（运检二〔2018〕104 号）第十一条；《国家电网有限公司关于印发〈十八项电网重大反事故措施（修订版）〉的通知》（国家电网设备〔2018〕979 号）13.2.2.2

续表

序号	评价项目	标准分	评价标准	查评依据
2.2.1.7	在电缆通道、夹层内使用的临时电源应满足绝缘、防火、防潮要求，并配置漏电保护器。工作人员撤离时应立即断开电源	5	在电缆通道、夹层内使用的临时电源不满足绝缘、防火、防潮要求，未配置漏电保护器。每处扣标准分 20%，扣完为止	《国家电网有限公司关于印发〈十八项电网重大反事故措施（修订版）〉的通知》（国家电网设备〔2018〕979 号）13.2.2.4
2.2.1.8	在隧道、电缆沟、工井、夹层等封闭式电缆通道中，不得布置热力管道，严禁有易燃气体或易燃液体的管道穿越	5	在隧道、电缆沟、工井、夹层等封闭式电缆通道中，有热力管道，有易燃气体或易燃液体的管道穿越。每处扣标准分 25%，扣完为止	《城市电力电缆线路设计技术规定》（DL/T 5221—2016）第 4.1.7
2.2.1.9	建筑内的电缆井在每层楼板处采用不低于楼板耐火极限的不燃材料或防火封堵材料封堵	5	建筑内的电缆井在每层楼板处防火封堵材料耐火性能低于楼板耐火极限，每处扣 20%，扣完为止	《国家电网有限公司关于印发〈十八项电网重大反事故措施（修订版）〉的通知》（国家电网设备〔2018〕979 号）13.2.1.7
2.2.1.10	在电缆通道、夹层内动火作业是否办理动火工作票，并采取可靠的防火措施。在电缆通道、夹层内使用的临时电源是否满足绝缘、防火、防潮要求，工作人员撤离时应立即断开电源。是否严格按照运行规程规定对电缆夹层、通道进行巡检，并检测电缆和接头运行温度	5	电缆通道、夹层、竖井等处动火作业不满足要求的，不得分，安全措施不到位的扣 50%；巡视记录是否齐全，缺少一处扣 20%	《电力电缆及通道运维规程》（Q/GDW 1512—2014）第 8.3.7、8.3.8、8.3.10 条
2.2.2	隧道和综合管廊电力舱	18		
2.2.2.1	隧道和综合管廊电力舱应合理设置隧道防火分区，防火分隔采用防火墙上设置防火门的形式： （1）电缆进出隧道的出入口及隧道分支处； （2）电缆隧道位于变电站内时，间隔不大于 100m 处； （3）电缆隧道位于变电站外时，间隔不大于 200m 处； （4）电缆交叉、集部位，间隔不大于 60m； （5）防火墙耐火极限不宜低于 3.0h，防火门应采用甲级防火门（耐火极限不宜低于 1.2h）且防火门的设置应符合现行国家标准《建筑设计防火规范》GB 50016—2014 的有关规定； （6）电缆竖井中，宜每隔 7.0m 设置阻火隔层； （7）在电缆隧道的进出入口，接头区和每个防火区段内，应设置灭火器、黄砂桶、灭火弹等消防器材	2	隧道和综合管廊电力舱防火分区不符合要求，在电缆隧道的进出入口，接头区和每个防火区段内，未配置消防器材，每个防火分区扣标准分 20%，扣完为止	《城市电力电缆线路设计技术规定》（DL/T 5221—2016）第 9.4.2 条； 《电力设备典型消防规程》（DL 5027—2015）第 10.5.14 条
2.2.2.2	一、二级电缆隧道应设置火灾监控报警系统	2	一、二级电缆隧道未设置火灾监控报警系统，每条隧道扣标准分 10%，扣完为止	国网设备部《高压电缆及通道防火治理实施细则》（运检二〔2018〕104 号）第十三条
2.2.2.3	在电缆进出线集中的隧道、电缆夹层和竖井中，如未全部采用阻燃电缆，为了把火灾事故限制在最小范围，尽量减小事故损失，可加设监控报警和固定自动灭火装置	2	隧道、电缆夹层和竖井等电缆密集区，未设置监控报警和固定自动灭火装置，每条隧道扣标准分 10%，扣完为止	国网设备部《高压电缆及通道防火治理实施细则》（运检二〔2018〕104 号）第十三条

续表

序号	评价项目	标准分	评价标准	查评依据
2.2.2.4	隧道内照明灯具及控制开关应为防潮防爆型；照明灯线应穿入阻燃管或放入防火槽盒	2	隧道内照明灯具及控制开关未选用防潮防爆型；照明灯线未穿阻燃管或放入防火槽盒，每处扣标准分 10%，扣完为止	《城市电力电缆线路设计技术规定》（DL/T 5221—2016）第 4.5.15 条
2.2.2.5	在电缆通道内敷设电缆需经运行部门许可	2	未经运行部门许可敷设电缆，每次扣标准分 25%，扣完为止	《国家电网有限公司关于印发〈十八项电网重大反事故措施（修订版）〉的通知》（国家电网设备〔2018〕979 号）13.2.1.6
2.2.2.6	施工过程中产生的电缆孔洞应加装防火封堵，受损的防火设施应及时恢复，并由运维部门验收	2	施工过程中损坏防火设施未恢复或电缆孔洞未封堵，每处扣标准分 10%，扣完为止	《国家电网有限公司关于印发〈十八项电网重大反事故措施（修订版）〉的通知》（国家电网设备〔2018〕979 号）13.2.1.6
2.2.2.7	对电缆着火易导致严重事故的回路、易受外部影响波及火灾的电缆密集场所，应有适当的阻火分隔。阻火分隔包括设置防火门、防火墙、耐火隔板与封闭式耐火槽盒。防火门、防火墙用于电缆隧道、电缆沟、电缆桥架以及上述通道分支处及出入口	2	重要电缆线路及电缆密集区域未设置阻火分隔，每处扣标准分 10%，扣完为止	国网设备部《高压电缆及通道防火治理实施细则》（运检二〔2018〕104 号）第七条
2.2.2.8	防火墙、阻火隔板和阻火封堵应满足耐火极限不低于 1h 的耐火完整性、隔热性要求	2	防火墙、阻火隔板和阻火封堵等防火材料不满足耐火要求，没项扣标准分 25%，扣完为止	《国家电网有限公司关于印发〈十八项电网重大反事故措施（修订版）〉的通知》（国家电网设备〔2018〕979 号）13.2.1.7
2.2.2.9	电缆隧道内应设置指向最近安全出口处的导向箭头，主隧道、各分支拐弯处醒目位置装设整个电缆隧道平面示意图，并在示意图上标注所处位置及各出入口位置	2	无示意图不得分，示意图标识不齐全或与实际不符扣 20%～50%	《变电站（换流站）消防设备设施完善化改造原则（试行）》（设备变电〔2018〕15 号）第 4.3.5.2 条
2.2.3	电缆沟	10		
2.2.3.1	合理设置电缆沟防火分区，阻火分隔间距不超过 200m，电缆沟与变电站、开闭所、排管井、重要用户等接合处应设置防火隔断	2	电缆沟防火阻火分隔设置不符合要求，每处扣标准分 10%，扣完为止	《城市电力电缆线路设计技术规定》（DL/T 5221—2016）第 9.4.2 条
2.2.3.2	应封闭电缆沟盖板缝隙，避免易燃物进入电缆沟	2	电缆沟盖板密封不严，每处扣标准分 10%，扣完为止	国网设备部《高压电缆及通道防火治理实施细则》（运检二〔2018〕104 号）第十一条
2.2.3.3	在不增加电缆导体截面且满足输送容量要求的前提下，电缆沟内可回填细砂进行物理隔离。砂层上方加铺低标号混凝土保护层，每间隔 100m 宜加设挡砂墙，防止砂层流失	2	电缆沟回填细砂不符合要求，每处扣标准分 10%，扣完为止	《城市电力电缆线路设计技术规定》（DL/T 5221—2016）第 4.6.3 条

续表

序号	评价项目	标准分	评价标准	查评依据
2.2.3.4	应按电缆贯穿孔洞状况和条件，采用相适合的防火封堵材料或防火封堵组件，保证防火封堵的严密性和厚度适中性	2	电缆孔洞防火封堵不符合要求，每处扣标准分 10%，扣完为止	国网设备部《高压电缆及通道防火治理实施细则》（运检二〔2018〕104 号）第十一条
2.2.3.5	电缆沟内保持整洁，不得堆放杂物，电缆沟坑内积油及时清理	2	电缆沟内堆放杂物，电缆沟坑内积油未及时清理，没发现一处，每处扣标准分 20%，扣完为止	《电力设备典型消防规程》（DL 5027—2015）第 6.1.14、10.5.6 条
2.2.4	排管工井	12		
2.2.4.1	排管通道路径应避开火灾爆炸危险区	2	排管通道邻近火灾爆炸危险区，每处扣标准分 20%，扣完为止	《国家电网有限公司关于印发〈十八项电网重大反事故措施（修订版）〉的通知》（国家电网设备〔2018〕979 号）13.3.1.1
2.2.4.2	电缆通道邻近易燃管线时，应采取合理措施，加强监视，防止电缆损害或导致火灾	2	电缆通道邻近易燃管线时，未采取合理措施，防止电缆损害或导致火灾，每处扣标准分 20%，扣完为止	《国家电网有限公司关于印发〈十八项电网重大反事故措施（修订版）〉的通知》（国家电网设备〔2018〕979 号）13.3.1.1
2.2.4.3	工井内高压电缆安装防爆接头盒，同其他电缆布置空间防火隔离，必要时采用空间灭火措施	2	工井内电缆头未加防火防爆盒或其他防火隔离措施，每处扣标准分 20%，扣完为止	国网设备部《高压电缆及通道防火治理实施细则》（运检二〔2018〕104 号）第四条
2.2.4.4	在工井内的接头和单芯电缆必须使用非导磁处理的夹具固定	2	工井内的接头和单芯电缆未固定或固定夹具不符合要求，每处扣标准分 20%，扣完为止	《城市电力电缆线路设计技术规定》（DL/T 5221—2016）第 4.4.3 条
2.2.4.5	工井两端的保护管孔口应封堵	2	工井两端的保护管孔口未封堵，每处扣标准分 10%，扣完为止	《城市电力电缆线路设计技术规定》（DL/T 5221—2016）第 4.4.4 条
2.2.4.6	工井正下方的电缆，应采取防止坠落物体打击的保护措施	2	工井正下方的电缆，未采取防止坠落物体打击的保护措施，每处扣标准分 10%，扣完为止	《国家电网有限公司关于印发〈十八项电网重大反事故措施（修订版）〉的通知》（国家电网设备〔2018〕979 号）13.3.2.2
2.2.5	电缆终端杆塔	20		
2.2.5.1	在电缆登杆（塔）处，凡露出地面部分的电缆应套入具有一定机械强度的保护管加以保护。露出地面的保护管总长不应小于 2.5m，单芯电缆应采用非导磁材料制成的保护管	10	电缆登杆（塔）处未加电缆保护管，或保护管不满足要求，每处扣标准分 10%，扣完为止	《城市电力电缆线路设计技术规定》（DL/T 5221—2016）第 4.10.3 条
2.2.5.2	及时清理电缆登杆（塔）处垃圾杂物和植物藤蔓等易燃物	10	电缆登杆（塔）处有垃圾杂物或植物藤蔓，每处扣标准分 10%，扣完为止	《国家电网有限公司关于印发〈十八项电网重大反事故措施（修订版）〉的通知》（国家电网设备〔2018〕979 号）13.3.2.3

第 2 节　输电通道、电缆沟道消防查评依据

1　输电通道

1.1　输电通道技术要求

1.1.1　本条评价项目的查评依据如下

依据《国家电网公司关于印发〈电网防雨雪冰冻灾害和防山火工作指导意见（试行）〉的通知》（国家电网运检〔2016〕435 号）

第三十三条　新建线路应尽量避开Ⅰ、Ⅱ级防山火区段，确实无法避让时，宜采用高跨设计，适当提高安全裕度，重要输电通道不宜采用多回共塔设计。

第三十四条　新建线路在Ⅰ、Ⅱ级防山火区段无法采用高跨设计时，按照“主要树种自然生长高度的两倍加线路宽度”标准开展通道清理，重要输电通道应提高清理标准，见附件 5。

附件 5　防山火区段清理标准

a. 各电压等级Ⅰ级防山火区段清理标准

序号	电压等级	边线外清理范围（m）
1	1000kV（±800kV）	30
2	750kV（±660kV）	25
3	500kV（±500kV）	20
4	±400kV	15
5	330kV	15

注：当主要树种自然生长高度大于表中数值时，应按照“主要树种自然生长高度的两倍加线路宽度”标准执行。

b. 各电压等级Ⅱ级防山火区段清理标准

序号	电压等级	边线外清理范围（m）
1	1000kV（±800kV）	25
2	750kV（±660kV）	20
3	500kV（±500kV）	15
4	±400kV	10
5	330kV	10

注：当主要树种自然生长高度大于表中数值时，应按照“主要树种自然生长高度的两倍加线路宽度”标准执行。

1.1.2　本条评价项目的查评依据如下

依据《国家电网公司关于印发〈电网防雨雪冰冻灾害和防山火工作指导意见（试行）〉的通知》（国家电网运检〔2016〕435 号）

第三十五条　定期开展在运线路通道砍伐清理工作，重点清除树竹、灌木、茅草等易燃植被，特殊晴热时段适当增加清障次数，砍伐清理标准见附件 5。

附件 5　防山火区段清理标准

a. 各电压等级Ⅰ级防山火区段清理标准（见下表）。

各电压等级Ⅰ级防山火区段清理标准

序号	电压等级	边线外清理范围（m）
1	1000kV（±800kV）	30
2	750kV（±660kV）	25
3	500kV（±500kV）	20
4	±400kV	15
5	330kV	15

注：当主要树种自然生长高度大于表中数值时，应按照“主要树种自然生长高度的两倍加线路宽度”标准执行。

b. 各电压等级Ⅱ级防山火区段清理标准（见下表）。

各电压等级Ⅱ级防山火区段清理标准

序号	电压等级	边线外清理范围（m）
1	1000kV（±800kV）	25
2	750kV（±660kV）	20
3	500kV（±500kV）	15
4	±400kV	10
5	330kV	10

注：当主要树种自然生长高度大于表中数值时，应按照“主要树种自然生长高度的两倍加线路宽度”标准执行。

1.1.3　本条评价项目的查评依据如下

依据《国家电网公司关于印发〈电网防雨雪冰冻灾害和防山火工作指导意见（试行）〉的通知》（国家电网运检〔2016〕435 号）

第三十七条　重要输电通道内多条平行线路经过Ⅰ、Ⅱ级防山火区段时，线路间宜砍伐防山火隔离带或修筑隔离墙，必要时在通道外侧种植防火树种，形成生物防火隔离带。

1.1.4　本条评价项目的查评依据如下。

依据《国家电网公司关于印发〈电网防雨雪冰冻灾害和防山火工作指导意见（试行）〉的通知》（国家电网运检〔2016〕435 号）

第三十八条　在Ⅰ、Ⅱ级防山火区段，应选择地势较高的杆塔安装山火在线监测装置，宜每 5 公里安装 1 套，重要输电通道每 2 公里安装 1 套。

1.2　输电通道技术要求

1.2.1　本条评价项目的查评依据如下

依据《国家电网公司关于印发〈电网防雨雪冰冻灾害和防山火工作指导意见（试行）〉的通知》（国家电网运检〔2016〕435 号）

第二十六条　建立健全电网防山火外部联防机制。

（一）与当地公安机关（派出所）等政府部门建立防山火联动机制，将电力设施纳入政府重点防火区域，加大对危害电力设施用火行为的打击力度。

（二）建立与气象、林业、消防、环保等政府部门之间的信息共享、资源互补机制。

（三）组织开展群众护线，建立以护线员、信息员、社会热心市民为网架的山火监控网络。

第三十一条　运维单位、属地供电公司应熟悉森林公安、消防武警协同作业流程，有效开展现场监控、协调处置等工作。

1.2.2　本条评价项目的查评依据如下。

依据《国网运检部关于加强输电线路防山火工作的通知》（运检二〔2015〕34 号）

1. 根据输电通道山火风险评估结果，逐线、逐基、逐档落实责任人，及时开展防山火特巡和蹲守，突出重点线路、重点时段、重点区域。及时清理山火高、中风险区段线下的树竹和灌木茅草，必要时提前砍伐防山火隔离带。

依据 2《国家电网公司关于印发〈电网防雨雪冰冻灾害和防山火工作指导意见（试行）〉的通知》（国家电网运检〔2016〕435 号）

第二十五条　运维单位和属地单位应落实输电通道属地化管理要求，建立健全防山火内部联控机制，完善防山火工作网络。

1.2.3　本条评价项目的查评依据如下。

依据《国家电网公司关于印发〈电网防雨雪冰冻灾害和防山火工作指导意见（试行）〉的通知》（国家电网运检〔2016〕435 号）

第二十八条　运维单位、属地供电公司每年组织开展山火隐患点排查，收集通道可燃物、火源及地形地貌情况，结合当地习俗及气候特点，确定防山火重点时段、区段，建立防山火工作档案（见附件 4）。

附件 4　　防山火工作档案表

序号	线路名称	运行塔号	大号侧档所在村	大号侧档内地貌种类（山树林/山竹林/荒山/其他）	危险源（坟地/其他火源）	设计户主或单位	预计防控季节或时期	口头告知	发动宣传	标志牌埋设	区段等级	防火哨	隔离带	隔离墙	植被置换	视频监测
1																
2																
…																

1.2.4　本条评价项目的查评依据如下

依据《国家电网公司关于印发〈电网防雨雪冰冻灾害和防山火工作指导意见（试行）〉的通知》（国家电网运检〔2016〕435 号）

第三十条　防山火重点时段，合理设置防山火蹲守点、值守站和瞭望哨站，开展防山火巡视与蹲守，发现火情及时汇报，使用照片、影像等方式记录现场情况。

（一）Ⅰ级防山火区段，通道巡视每日应不少于 2 次，护线员、信息员每日应开展不间断巡视。对重要输电通道、重要跨区电网，还应安排人员蹲守。

（二）Ⅱ级防山火区段，通道巡视每日应不少于1次，护线员、信息员每日巡视应不少于2次。对重要输电通道、重要跨区电网，通道巡视每日应不少于2次。

1.2.5　本条评价项目的查评依据如下

依据《国家电网公司关于印发〈电网防雨雪冰冻灾害和防山火工作指导意见（试行）〉的通知》（国家电网运检〔2016〕435号）

第二十三条　工程投运前，建设管理部门牵头组织运维单位开展防山火措施落实情况验收，做好通道砍伐补偿协议等资料移交。运维单位提前介入，合理使用生产准备费用，配备防山火装备，编制配置明细表（见附件2）。

附件2　　国网××电力××××年防山火装备配置表

序号	配置单位	配置地点	数量/套	保管部门	保管人员	备注
一	××市公司					
1						
2						

1.2.6　本条评价项目的查评依据如下

依据《国家电网公司关于印发〈电网防雨雪冰冻灾害和防山火工作指导意见（试行）〉的通知》（国家电网运检〔2016〕435号）

第二十四条　各省（自治区、直辖市）电力公司组织编制防山火应急预案，运维单位、属地供电公司编制现场应急处置方案。

2　电缆沟道

2.1　电缆本体及接头

2.1.1　电缆本体

2.1.1.1　本条评价项目的查评依据如下

依据《高压电缆及通道防火治理实施细则》（运检二〔2018〕104号）

第三条　高压电缆在隧道、电缆沟、变电站内、桥梁内应选用阻燃电缆，其成束阻燃性能应不低于C级。隧道、沟道、竖井、桥架、桥梁、夹层内的非阻燃高压电缆应采取绕包防火带、涂防火涂料等防火措施。

2.1.1.2　本条评价项目的查评依据如下

依据《高压电缆及通道防火治理实施细则》（运检二〔2018〕104号）

第八条　隧道、沟道和综合管廊电力舱内高压电缆与其他中性点非有效接地方式的电力电缆线路间应全线加装防火隔板、防火槽盒等防火隔离措施。

2.1.1.3　本条评价项目的查评依据如下

依据《国家电网有限公司关于印发〈十八项电网重大反事故措施（修订版）〉的通知》（国家电网设备〔2018〕979号）

13.2.1.2　变电站内同一电源的110（66）kV及以上电压等级电缆线路同通道敷设时

应两侧布置。

2.1.1.4　本条评价项目的查评依据如下

依据《国家电网有限公司关于印发〈十八项电网重大反事故措施（修订版）〉的通知》（国家电网设备〔2018〕979 号）

13.2.1.2　同一通道内不同电压等级的电缆，应按照电压等级的高低从下向上排列，分层敷设在电缆支架上。

2.1.1.5　本条评价项目的查评依据如下

依据《建筑设计防火规范（2018 年版）》（GB 50016—2014）

10.2.2　电力电缆不应和输送甲、乙、丙类液体管道、可燃气体管道、热力管道敷设在同一管沟内。

2.1.2　电缆接头

2.1.2.1　本条评价项目的查评依据如下

依据 1《高压电缆及通道防火治理实施细则》（运检二〔2018〕104 号）

第四条　非直埋电缆接头的外护层及接地线应包覆阻燃材料，密集区域（4 回及以上）电缆接头应选用防火槽盒、防火隔板、防火毯等防火隔离措施。

依据 2《国家电网有限公司关于印发〈十八项电网重大反事故措施（修订版）〉的通知》（国家电网设备〔2018〕979 号）

13.2.1.5　非直埋电缆接头的外护层及接地线应包覆阻燃材料，充油电缆接头及敷设密集的 10～35kV 电缆的接头应用耐火防爆槽盒封闭。密集区域（4 回及以上）的 110（66）kV 及以上电压等级电缆接头应选用防火槽盒、防火隔板、防火毯、防爆壳等防火防爆隔离措施。

2.1.2.2　本条评价项目的查评依据如下

依据《高压电缆及通道防火治理实施细则》（运检二〔2018〕104 号）

第五条　电缆接头两侧各约 3m 区段及其邻近并行敷设的其他电缆，宜采用阻燃包带或电缆防火涂料实施阻燃。

2.1.2.3　本条评价项目的查评依据如下

依据 1《高压电缆及通道防火治理实施细则》（运检二〔2018〕104 号）

第六条　电缆接头不应布置于变电站夹层内，变电站夹层内在役接头应移出。

依据 2《国家电网有限公司关于印发〈十八项电网重大反事故措施（修订版）〉的通知》（国家电网设备〔2018〕979 号）

13.2.2.1　变电站夹层内在役接头应移出，电力电缆切改或故障抢修时，应将接头布置在站外的电缆通道内。

2.2　电缆通道

2.2.1　一般规定

2.2.1.1　本条评价项目的查评依据如下

依据《国家电网有限公司关于印发〈十八项电网重大反事故措施（修订版）〉的通

知》(国家电网设备〔2018〕979号)

13.3.1.1 电缆线路路径、附属设备及设施(地上接地箱、出入口、通风亭等)的设置应通过规划部门审批。

2.2.1.2 本条评价项目的查评依据如下

依据 《国家电网有限公司关于印发〈十八项电网重大反事故措施(修订版)〉的通知》(国家电网设备〔2018〕979号)

13.3.1.1 应避免电缆通道邻近热力管线、易燃易爆管线(输油、燃气)和腐蚀性介质的管道。

2.2.1.3 本条评价项目的查评依据如下

依据 《国家电网有限公司关于印发〈十八项电网重大反事故措施(修订版)〉的通知》(国家电网设备〔2018〕979号)

13.2.1.1 电缆线路的防火设施必须与主体工程同时设计、同时施工、同时验收，防火设施未验收合格的电缆线路不得投入运行。

2.2.1.4 本条评价项目的查评依据如下

依据1 《高压电缆及通道防火治理实施细则》(运检二〔2018〕104号)

第十二条 隧道内敷设的通讯光缆和低压电源线，应采取放入阻燃管或防火槽盒等防火隔离措施。

依据2 《国家电网有限公司关于印发〈十八项电网重大反事故措施(修订版)〉的通知》(国家电网设备〔2018〕979号)

13.2.1.3 与电力电缆同通道敷设的低压电缆、通信光缆等应穿入阻燃管，或采取其他防火隔离措施。

2.2.1.5 本条评价项目的查评依据如下

依据 《高压电缆及通道防火治理实施细则》(运检二〔2018〕104号)

第十一条 电缆贯穿隔墙、竖井的孔洞处、电缆引至控制设施处等均应实施具有足够机械强度的防火封堵。

2.2.1.6 本条评价项目的查评依据如下

依据1 《高压电缆及通道防火治理实施细则》(运检二〔2018〕104号)

第十一条 运维部门应保持电缆通道、夹层整洁、畅通，消除各类火灾隐患，通道沿线及其内部、隧道通风口(亭)外部不得积存易燃、易爆物。

依据2 《国家电网有限公司关于印发〈十八项电网重大反事故措施(修订版)〉的通知》(国家电网设备〔2018〕979号)

13.2.2.2 运维部门应保持电缆通道、夹层整洁、畅通，消除各类火灾隐患，通道沿线及其内部、隧道通风口(亭)外部不得积存易燃、易爆物。

2.2.1.7 本条评价项目的查评依据如下

依据 《国家电网有限公司关于印发〈十八项电网重大反事故措施(修订版)〉的通

知》（国家电网设备〔2018〕979 号）

13.2.2.4　在电缆通道、夹层内使用的临时电源应满足绝缘、防火、防潮要求，并配置漏电保护器。工作人员撤离时应立即断开电源。

2.2.1.8　本条评价项目的查评依据如下

依据　《城市电力电缆线路设计技术规定》（DL/T 5221—2016）

4.1.7　在隧道、电缆沟、工井、夹层等封闭式电缆通道中，不得布置热力管道，严禁有易燃气体或易燃液体的管道穿越。

2.2.1.9　本条评价项目的查评依据如下

依据　《国家电网有限公司关于印发〈十八项电网重大反事故措施（修订版）〉的通知》（国家电网设备〔2018〕979 号）

13.2.1.7　建筑内的电缆井在每层楼板处采用不低于楼板耐火极限的不燃材料或防火封堵材料封堵。

2.2.1.10　本条评价项目的查评依据如下

依据　《电力电缆及通道运维规程》（Q/GDW 1512—2014）

8.3.7　在电缆通道、夹层内使用的临时电源是否满足绝缘、防火、防潮要求，工作人员撤离时应立即断开电源。

8.3.8　在电缆通道、夹层内动火作业是否办理动火工作票，并采取可靠的防火措施。

8.3.10　严格按照运行规程规定对电缆夹层、通道进行巡检，并检测电缆和接头运行温度。

2.2.2　隧道和综合管廊电力舱

2.2.2.1　本条评价项目的查评依据如下

依据 1　《城市电力电缆线路设计技术规定》（DL/T 5221—2016）

9.4.2　隧道和综合管廊电力舱应合理设置隧道防火分区，防火分隔采用防火墙上设置防火门的形式：

（1）电缆进出隧道的出入口及隧道分支处；

（2）电缆隧道位于变电站内时，间隔不大于 100m 处；

（3）电缆隧道位于变电站外时，间隔不大于 200m 处；

（4）电缆交叉、集部位，间隔不大于 60m；

（5）防火墙耐火极限不宜低于 3.0h，防火门应采用甲级防火门（耐火极限不宜低于 1.2h）且防火门的设置应符合现行国家标准《建筑设计防火规范》GB 50016—2014 的有关规定；

（6）电缆竖井中，宜每隔 7.0m 设置阻火隔层；

（7）在电缆隧道的进出入口，接头区和每个防火区段内，应设置灭火器、黄砂桶、灭火弹等消防器材。

依据 2 《电力设备典型消防规程》(DL 5027—2015)

10.5.14 电缆隧道的下列部位设置防火分隔，采用防火墙上设置防火门的形式：

1 电缆进出隧道的出入口及隧道分支处。

2 电缆隧道位于变电站内时，间隔不大于 100m 处。

3 电缆隧道位于变电站外时，间隔不大于 200m 处。

4 长距离电缆隧道通风区段处，且间隔不大于 500m。

5 电缆交叉、密集部位，间隔不大于 600m。

2.2.2.2 本条评价项目的查评依据如下

依据 《高压电缆及通道防火治理实施细则》(运检二〔2018〕104 号)

第十三条 电缆贯穿隔墙、竖井的孔洞处、电缆引至控制设施处等均应实施具有足够机械强度的防火封堵一、二级电缆隧道应设置火灾监控报警系统。

2.2.2.3 本条评价项目的查评依据如下

依据 《高压电缆及通道防火治理实施细则》(运检二〔2018〕104 号)

第十三条 在电缆进出线集中的隧道、电缆夹层和竖井中，如未全部采用阻燃电缆，为了把火灾事故限制在最小范围，尽量减小事故损失，可加设监控报警和固定自动灭火装置。

2.2.2.4 本条评价项目的查评依据如下

依据 《城市电力电缆线路设计技术规定》(DL/T 5221—2016)

4.5.15 隧道内照明灯具及控制开关应为防潮防爆型；照明灯线应穿入阻燃管或放入防火槽盒。

2.2.2.5 本条评价项目的查评依据如下

依据 《国家电网有限公司关于印发〈十八项电网重大反事故措施（修订版）〉的通知》(国家电网设备〔2018〕979 号)

13.2.1.6 在电缆通道内敷设电缆需经运行部门许可。

2.2.2.6 本条评价项目的查评依据如下

依据 《国家电网有限公司关于印发〈十八项电网重大反事故措施（修订版）〉的通知》(国家电网设备〔2018〕979 号)

13.2.1.6 施工过程中产生的电缆孔洞应加装防火封堵，受损的防火设施应及时恢复，并由运维部门验收。

2.2.2.7 本条评价项目的查评依据如下

依据 《高压电缆及通道防火治理实施细则》(运检二〔2018〕104 号)

第七条 对电缆着火易导致严重事故的回路、易受外部影响波及火灾的电缆密集场所，应有适当的阻火分隔。阻火分隔包括设置防火门、防火墙、耐火隔板与封闭式耐火槽盒。防火门、防火墙用于电缆隧道、电缆沟、电缆桥架以及上述通道分支处及出入口。

2.2.2.8　本条评价项目的查评依据如下

依据　《国家电网有限公司关于印发〈十八项电网重大反事故措施（修订版）〉的通知》（国家电网设备〔2018〕979 号）

13.2.1.7　防火墙、阻火隔板和阻火封堵应满足耐火极限不低于 1h 的耐火完整性、隔热性要求。

2.2.2.9　本条评价项目的查评依据如下

依据　《变电站（换流站）消防设备设施完善化改造原则（试行）》（设备变电〔2018〕15 号）

4.3.5.2　电缆隧道内应设置指向最近安全出口处的导向箭头，主隧道、各分支拐弯处醒目位置装设整个电缆隧道平面示意图，并在示意图上标注所处位置及各出入口位置。

2.2.3　电缆沟

2.2.3.1　本条评价项目的查评依据如下

依据　《城市电力电缆线路设计技术规定》（DL/T 5221—2016）

9.4.2　合理设置电缆沟防火分区，阻火分隔间距不超过 200 米，电缆沟与变电站、开闭所、排管井、重要用户等接合处应设置防火隔断。

2.2.3.2　本条评价项目的查评依据如下

依据　《高压电缆及通道防火治理实施细则》（运检二〔2018〕104 号）

第十一条　应封闭电缆沟盖板缝隙，避免易燃物进入电缆沟。

2.2.3.3　本条评价项目的查评依据如下

依据　《城市电力电缆线路设计技术规定》（DL/T 5221—2016）

4.6.3　在不增加电缆导体截面且满足输送容量要求的前提下，电缆沟内可回填细砂或土。

2.2.3.4　本条评价项目的查评依据如下

依据　《高压电缆及通道防火治理实施细则》（运检二〔2018〕104 号）

第十一条　应按电缆贯穿孔洞状况和条件，采用相适合的防火封堵材料或防火封堵组件，保证防火封堵的严密性和厚度适中性。

2.2.3.5　本条评价项目的查评依据如下

依据　《电力设备典型消防规程》（DL 5027—2015）

6.1.14　排水沟、电缆沟、管沟等沟坑内不应有积油。

10.5.6　电缆夹层、隧（廊）道、竖井、电缆沟内应保持整洁，不得堆放杂物，电缆沟洞内严禁积油。

2.2.4　排管工井

2.2.4.1　本条评价项目的查评依据如下

依据　《国家电网有限公司关于印发〈十八项电网重大反事故措施（修订版）〉的通知》（国家电网设备〔2018〕979 号）

13.3.1.1　排管通道路径应避开火灾爆炸危险区。

2.2.4.2 本条评价项目的查评依据如下

依据 《国家电网有限公司关于印发〈十八项电网重大反事故措施（修订版）〉的通知》（国家电网设备〔2018〕979 号）

13.3.1.1 电缆通道邻近易燃管线时，应采取合理措施，加强监视，防止电缆损害或导致火灾。

2.2.4.3 本条评价项目的查评依据如下

依据 《高压电缆及通道防火治理实施细则》（运检二〔2018〕104 号）

第四条 工井内高压电缆安装防爆接头盒，同其他电缆布置空间防火隔离，必要时采用空间灭火措施。

2.2.4.4 本条评价项目的查评依据如下

依据《城市电力电缆线路设计技术规定》（DL/T 5221—2016）

4.4.3 在工井内的接头和单芯电缆必须使用非导磁处理的夹具固定。

2.2.4.5 本条评价项目的查评依据如下

依据《城市电力电缆线路设计技术规定》（DL/T 5221—2016）

4.4.4 工井两端的保护管孔口应封堵。

2.2.4.6 本条评价项目的查评依据如下

依据《国家电网有限公司关于印发〈十八项电网重大反事故措施（修订版）〉的通知》（国家电网设备〔2018〕979 号）

13.3.2.2 工井正下方的电缆，应采取防止坠落物体打击的保护措施。

2.2.5 电缆终端塔

2.2.5.1 本条评价项目的查评依据如下

依据 《城市电力电缆线路设计技术规定》（DL/T 5221—2016）

4.10.3 在电缆登杆（塔）处，凡露出地面部分的电缆应套入具有一定机械强度的保护管加以保护。露出地面的保护管总长不应小于 2.5m，单芯电缆应采用非导磁材料制成的保护管。

2.2.5.2 本条评价项目的查评依据如下

依据《国家电网有限公司关于印发〈十八项电网重大反事故措施（修订版）〉的通知》（国家电网设备〔2018〕979 号）

13.3.2.3 及时清理电缆登杆（塔）处垃圾杂物和植物藤蔓等易燃物。

第9章
办公大楼消防安全性评价内容

本评价内容主要适用于国家电网公司高层办公楼消防管理及隐患排查工作。本部分评价内容分为评价标准、查评依据两部分。评价标准中分为建筑防火、安全疏散、安全出口、应急照明、消防控制室、消防水系统、气体灭火系统、电缆和防火封堵、防排烟系统、消防供电、公用设施、微型消防站建设共12类34项查评要点，共计400分；评价依据中引用了评价标准所依据的国家、行业、国家电网公司相关规章制度和文件。对查评标准中所列项目按照规定不涉及的，该项目得满分。

第1节　办公大楼消防安全性评价标准

序号	评价项目	标准分	评价标准	查评依据
1	**建筑防火**	20		
1.1	单位是否擅自改变原有建筑物的防火分区、建筑用途	20	发现擅自改变原有建筑物的防火分区或建筑用途的，不得分	《中华人民共和国消防法》（2019年修订）第十六条（四）； 《建筑设计防火规范》（GB 50016—2014）第5.3.1—5.3.3条
2	**安全疏散、安全出口、应急照明**	40		
2.1	疏散通道和安全出口是否保持畅通；是否设置了符合规定的消防安全疏散指示标志和应急照明设施，设施是否完好、有效；在疏散特殊部位（如窗口、阳台等）是否设置了妨碍应急逃生和救援的障碍物	15	疏散通道和安全出口不畅通，每处扣20%；无安全疏散指示标志和应急照明设施，每处扣10%；已配置的安全疏散指示标志和应急照明设施损坏，每处扣5%；在特殊部位设置障碍物，每处扣20%；发现5处以上，不得分	《中华人民共和国消防法》（2019年修订）第十六条（四）； 《机关、团体、企业、事业单位消防安全管理规定》（公安部第61号令）第二十一条； 《建筑设计防火规范》（GB 50016—2014）第6.4.4、10.3.1、10.3.3、10.3.5条

续表

序号	评价项目	标准分	评价标准	查评依据
2.2	消防车道是否保持畅通	5	严重堵占主要消防车道的，不得分；消防车道不畅通，每处扣20%；发现3处以上，不得分	《中华人民共和国消防法》（2019年修订）第十六条（四）；《建筑设计防火规范》（GB 50016—2014）第7.1.5、7.1.8、7.1.9条
2.3	是否损坏、挪用或者擅自拆除、停用消防设施、器材；是否埋压、圈占、遮挡消火栓或占用防火间距	10	消防设施、器材被损坏、挪用或者擅自拆除、停用，每处扣20%；消火栓被埋压、圈占、遮挡，每处扣20%；防火间距被占用，每处扣20%。发现3处以上，不得分	《中华人民共和国消防法》（2019年修订）第二十八条；《电力设备典型消防规程》（DL 5027—2015）第6.1.19、6.3.2条
2.4	是否按规范要求设置防火门、防火卷帘；防火门是否贴有永久性标识；防火门是否按要求安装闭门器、顺序器；防火门框内是否按要求灌注水泥砂浆；防火卷帘是否起降正常；防火卷帘的耐火完整性和耐火隔热性是否符合要求	10	未按要求配置防火门、防火卷帘，每处扣20%；防火门、防火卷帘不符合规范要求，每处扣10%；发现3处以上，不得分	《防火门》（GB 12955—2008）第5.3.3—5.3.7、5.9.2、5.10、8.1.1条；《建筑设计防火规范》（GB 50016—2014）第6.1.6、6.2.7、6.2.9、6.4.3、6.4.5、6.4.11、6.5.1、6.5.3条；《防火卷帘》（GB 14102—2005）第6.4.7条；《电力调度通信中心工程设计规范》（GB/T 50980—2014）第4.6.2条
3	**消防控制室**	50		
3.1	是否建立消防控制室管理制度；火灾自动报警或联动控制系统装置旁是否贴有操作流程；主机面盘是否贴有相应标识；盘柜内接线是否整齐、有序，并有对应标号；相应竣工图纸、说明书、值班记录等资料是否齐全	20	控制室内无管理制度，扣20%；主机旁无操作流程，扣20%；主机面盘无标识，接线无标号，扣20%；消防控制室档案资料不齐全，每少一项扣10%	《火灾自动报警系统设计规范》（GB 50116—2013）第3.4.4条；《建筑设计防火规范》（GB 50016—2014）第8.1.7条
3.2	是否配置了外线电话、应急照明、灭火器、通信联络工具；主机是否设置保护接地、工作接地	15	控制室内未配置外线电话，扣40%；未配置应急照明、灭火器、通信联络工具，每少一项扣10%；主机未设置保护接地、工作接地，扣30%	《火灾自动报警系统设计规范》（GB 50116—2013）第3.4.3、10.2.2—10.2.4条
3.3	消防控制室是否配置了取得建（构）筑物初级技能以上等级职业资格证书的值班人员；是否24h有人值班，每班人员不少于2人；值班人员是否熟练掌握消防设备操作和使用方法及应急预案的内容；是否填写了交接班记录；检查记录是否齐全	15	控制室未配置值班人员，不得分；值班人员未取得建（构）筑物初级技能以上等级职业资格证书，不得分；配置人数不满足要求，扣60%；值班人员对消防设施操作流程不熟悉、对火灾报警流程不熟悉、对应急预案不熟悉，扣30%；未填写交接班记录或交接班记录不全，扣30%	《消防控制室通用技术要求》（GB 25506—2010）第4.2.1条；消防“四懂四会”要求
4	**灭火器材**	30		

续表

序号	评价项目	标准分	评价标准	查评依据
4.1	单位是否配置了符合国家标准的灭火器；灭火器配置数量是否充足；灭火器是否完好、有效	10	未配置灭火器，不得分；灭火器与使用场所不相应，每处扣20%；未按规定规格配置足量灭火器，每处扣20%；灭火器不符合要求，出现欠压的，每处扣20%	《建筑灭火器配置设计规范》（GB 50140—2005）第5.1、6.1条
4.2	对不符合要求的灭火器是否及时进行维修和更换	10	未及时对有缺陷或过期的灭火器进行维修与更换，每处扣20%	《灭火器维修》（GA 95—2015）第7.1、7.2条
4.3	灭火器是否建立台账；灭火器台账信息是否齐全；灭火器是否定期进行巡检；灭火器的设置位置是否符合要求；灭火器旁是否贴有操作流程	10	灭火器未建立台账，扣40%；台账信息不齐全，酌情扣10%～30%；灭火器未定期进行巡检，扣30%；灭火器摆放不符合要求，扣20%；灭火器旁未张贴操作流程，扣10%	《机关、团体、企业、事业单位消防安全管理规定》（公安部第61号令）第二十九条
5	**火灾自动报警系统**	60		
5.1	消防控制室内的火灾报警控制系统、消防联动控制器、消防图形显示装置、消防电话总机、消防应急广播、消防电梯等设备是否完好、有效	20	设备未投入使用或处于瘫痪状态，不得分；设备的部分功能无法正常使用，每一功能无法使用扣20%	《消防控制室通用技术要求》（GB 25506—2010）第3.1条； 《火灾自动报警系统设计规范》（GB 50116— 2013）第3.2.1—3.2.3、3.4.8条； 《建筑设计防火规范》（GB 50016—2014）第7.3.7、7.3.8条
5.2	是否按照规范要求安装火灾自动报警系统主机、火灾报警探测器、手动报警按钮、消火栓报警按钮、火灾显示盘等；组件配置是否齐全，功能是否完备	20	火灾自动报警系统未投入使用，不得分；对于部分安装不符合要求和未配置必要的设备的，扣50%；对于部分功能未正常投入使用的，每一功能无法使用扣20%	《火灾自动报警系统施工及验收标准》（GB 50166—2019）第4.11.2条； 《电力设备典型消防规程》（DL 5027—2015）第6.3.9、6.3.11条； 《火灾自动报警系统设计规范》（GB 50116— 2013）6.2.2、6.2.3、6.2.18条
5.3	火灾自动报警系统是否接入本单位或上级24h有人值守的消防监控场所，并有声光警示功能	10	火灾自动报警系统未接入相应消防监控场所，不得分	《消防控制室通用技术要求》（GB 25506—2010）第3.2节； 《电力设备典型消防规程》（DL 5027—2015）第6.3.8条； 《火灾自动报警系统设计规范》（GB 50116— 2013）第3.2.2条
5.4	火灾自动报警系统是否定期进行功能检查和试验；检查和试验记录是否齐全	10	未定期对系统进行检查并填写相应记录，每缺少一项扣20%；每项检查记录不全，扣20%	《火灾自动报警系统施工及验收标准》（GB 50166—2019）第6章
6	**消防水系统**	60		
6.1	消防水池或高位水箱水量是否充足；是否有就地水位显示装置；是否在消防控制中心或值班室等地点设置显示消防水地或高位水箱水位的装置，同时有最高和最低报警水位；是否在冬季对消防水池、高位水箱、消火栓管道采取了防冻措施	10	消防水池或高位水箱无水位监视，每处扣20%；用水量不足，每处扣20%；冬季未采取防冻措施的，每处扣20%	《消防控制室通用技术要求》（GB 2506—2010）第4.2.1条； 《消防给水及消火栓系统技术规范》（GB 50974—2014）第4.3.8、4.3.9、5.2.6条

续表

序号	评价项目	标准分	评价标准	查评依据
6.2	消防水泵房、高位水箱间的疏散门是否直通室外或安全出口；疏散门是否为防火门，是否向疏散方向开启；是否贴有相应的操作流程；是否有消防分机电话；是否配置了应急照明；设备标识是否清晰、齐全	10	消防水泵房、高位水箱间疏散门不符合要求，每处扣 30%；设备间缺少分机电话、应急照明，每处扣 10%；操作流程及标识不全，每处扣 10%	《建筑设计防火规范》（GB 50016—2014）第 8.1.6 条
6.3	消防水泵、稳压设施是否完好、有效；阀门是否处于正常工作状态	20	设施设备均应处于有效状态，每发现一处未正常工作或未处于正常工作状态，扣 20%	《消防控制室通用技术要求》（GB 25506—2010）第 4.2.1 条
6.4	消火栓系统内水压是否满足要求；消火栓是否定期进行检查并填写记录；消火栓安装是否符合要求；消火栓阀门是否启闭灵活；消火栓箱是否贴有操作流程；水泵接合器是否完好、有效	10	消火栓系统内无水，不得分。消火栓系统内水压不足，扣 50%。未定期对消火栓进行检查和维护保养，扣 30%；记录不全的，每项扣 10%。消火栓安装不符合要求，每处扣 10%；消火栓箱未张贴操作流程，扣 10%；水泵接合器未处于有效状态，每处扣 10%	《中华人民共和国消防法》（2019 年修订）第十六条（二）、（三）； 《自动喷水灭火系统施工及验收规范》（GB 50261—2017）第 4.5.2、4.5.3 条； 《消防给水及消火栓系统技术规范》（GB 50974—2014）第 7.2.11、7.4.2、7.4.5、7.4.6、7.4.8、7.4.9、7.4.12、8.3.7、12.3.9、12.3.10 条； 《建筑设计防火规范》（GB 50016— 2014）第 8.2.1 条
6.5	自动喷水灭火系统（喷淋系统、水喷雾系统）是否完好、有效；操作流程、标识是否齐全；是否定期对自动喷水灭火系统进行检查和维护保养，并留存记录	10	自动喷水灭火系统未处于有效状态，每处扣 20%。操作流程和标识不齐全，每处扣 10%。未定期对自动喷水灭火系统进行检查和维护保养，扣 50%；记录不全的，酌情扣分	《水喷雾灭火系统技术规范》（GB 50219—2014）第 3.2.3、6.0.8、8.2.5、10.0.1、10.0.3 条； 《自动喷水灭火系统施工及验收规范》（GB 50261—2017）第 9.0.1、9.0.2 条
7	**气体灭火系统**	20		
7.1	气体灭火系统是否完好，有效；操作流程、标识是否齐全；是否定期对气体灭火系统进行检查和维护保养，并留存记录	20	气体灭火系统未处于有效状态，不得分；操作流程和标识、记录不全，酌情扣 20%～40%；未定期对气体灭火系统进行检查和维护保养，扣 50%	《电力调度通信中心工程设计规范》（GB/T 50980—2014）第 2.0.2、4.6.1 条； 《气体灭火系统设计规范》（GB 50370—2005）第 3.1.15、3.1.16、3.2.7、3.2.9、3.3.7、4.1.4、6.0.1、6.0.3、6.0.4 条
8	**电缆和防火封堵**	20		
8.1	穿越墙壁，楼板和电缆沟道而进入控制室、电缆夹层、控制柜及仪表盘、保护盘等处的电缆孔、洞、竖井是否用防火堵料严密封堵；是否按要求进行了防火涂料的涂刷	10	未有效进行防火封堵和涂刷防火涂料，每发现一处，扣 20%	《电力设备典型消防规程》（DL 5027—2015）第 10.5.3、10.5.4 、 10.5.9 — 10.5.12 、10.5.14 条； 《建筑设计防火规范》（GB 50016—2014）第 6.2.9、6.3.5 条
8.2	电缆夹层、隧（廊）道、竖井、电缆沟内是否整洁；排水沟、电缆沟、管沟等沟坑内是否存在积油现象	10	电缆夹层、隧（廊）道、竖井、电缆沟内堆放杂物，电缆沟洞等沟坑内积油未及时清理，每发现一处，扣 20%	《电力设备典型消防规程》（DL 5027—2015）第 6.1.14、10.5.6 条

续表

序号	评价项目	标准分	评价标准	查评依据
9	**防排烟系统**	10		
9.1	是否按照规定配置防排烟系统；防排烟系统是否实时、有效；防排烟系统是否能够实现联动控制	10	未按规定配置防排烟系统或防排烟系统未处于有效工作状态，不得分；系统存在缺陷的，每处缺陷扣 20%	《建筑设计防火规范》（GB 50016—2014）第 8.5.1、8.5.3、8.5.4 条
10	**消防供电**	10		
10.1	消防用电设备是否采用专用的供电回路；消防控制室、消防水泵房、防烟和排烟风机房的消防用电设备及消防电梯等的供电，是否在其配电线路的最末一级配电箱处设置自动切换装置	10	未采用专用供电回路，不得分；未在配电线路的最末级配电箱处设置自动切换装置，每处扣 50%	《建筑设计防火规范》（GB 50016—2014）第 10.1.6、10.1.8、10.1.10 条
11	**公用设施**	25		
11.1	是否按照规范要求配置正压式消防空气呼吸器、防毒面具等；正压式消防空气呼吸器的使用人员是否经过培训；正压式消防空气呼吸器、防毒面具等是否存放于专用的设备柜内	10	未配置正压式消防空气呼吸器、防毒面具，不得分；配置的数量不满足要求，扣 30%；使用人员未经过专业培训，扣 20%；正压式消防空气呼吸器、防毒面具等未存放于专用设备柜内，扣 10%	《电力设备典型消防规程》（DL 5027—2015）第 14.4.1—14.4.3 条
11.2	蓄电池室是否贴有必需的警示标识和禁令标识；室内设备是否符合防爆要求	5	蓄电池室缺少警示标识和禁令标识，扣 20%；室内设备不符合防爆要求，每处扣 20%	《电力设备典型消防规程》（DL 5027—2015）第 10.6.1、10.6.2 条
11.3	电气线路、设备的设计和安装是否符合相关规范要求	10	未按照规范进行设计和安装，不得分；部分设计或安装有误，每处扣 20%	《建筑电气工程施工质量验收规范》（GB 50303—2015）第 3.2.7、3.2.11 条
12	**微型消防站建设**	55		
12.1	建立微型消防站，并按要求配备了相应的消防装备、器材	10	未建立微型消防站，无站房器材等，不得分	《机关、团体、企业、事业单位消防安全管理规定》（公安部第 61 号令）第二十三条
12.2	微型消防站是否在建筑物内部和避难层设置消防器材存放点	5	微型消防站未在建筑物内部和避难层设置消防器材存放点，不得分	《消防安全重点单位微型消防站建设标准（试行）》（公消〔2015〕301 号）三、站房器材（三）
12.3	微型消防防站人员配置是否符合要求。站长是否由单位消防安全管理人兼职。是否成立义务消防队	10	微型消防防站人员配置不符合扣 20%，要求。站长不是单位消防安全管理人兼职扣 20%。未成立义务消防队扣 20%，人员配备不符合要求，不得分	《消防安全重点单位微型消防站建设标准（试行）》（公消〔2015〕301 号）2
12.4	建立规章制度、组织机构，明确人员职责；是否涵盖：灭火行动组、通信联络组、疏散引导组、安全防护救护组	10	未建立相应的规章制度、组织机构，未明确人员职责不得分，分工不清扣 40%	《机关、团体、企业、事业单位消防安全管理规定》（公安部第 61 号令）第三十八、三十九条

续表

序号	评价项目	标准分	评价标准	查评依据
12.5	是否组织消防队队员进行了业务学习和灭火技能培训	10	为组织消防业务学习和灭火技能培训，不得分	《机关、团体、企业、事业单位消防安全管理规定》（公安部第61号令）第三十八条；《消防安全重点单位微型消防站建设标准（试行）》（公消〔2015〕301号）四、岗位职责
12.6	微型消防站站长及人员职责是否清晰明确	10	组织实施对本报单位消防实施维护保养无保养记录不得分缺，少保养记录扣10%，重大节日前缺少一次保养扣40%	《机关、团体、企业、事业单位消防安全管理规定》（公安部第61号令）第七条

第2节　办公大楼消防查评依据

1　建筑防火

1.1　本条评价项目的查评依据如下

依据1 《中华人民共和国消防法》（2019年修订）

第十六条　机关、团体、企业、事业等单位应当履行下列消防安全职责：

（四）保障疏散通道、安全出口、消防车通道通畅，保证防火防烟分区、防火间距符合消防技术标准。

依据2 《建筑设计防火规范》（GB 50016—2014）

5.3.1　除本规范另有规定外，不同耐火等级建筑的允许建筑高度或层数、防火分区最大允许建筑面积应符合表5.3.1的规定。

表5.3.1　不同耐火等级建筑的允许建筑高度或层数、防火分区最大允许建筑面积

名称	耐火等级	允许建筑高度或层数	防火分区的最大允许建筑面积（m^2）	备注
高层民用建筑	一、二级	按《建筑设计防火规范》（GB 50016—2014）第5.1.1条确定	1500	对于体育馆、剧场的观众厅，防火分区的最大允许建筑面积可适当增加
单、多层民用建筑	一、二级	按《建筑设计防火规范》（GB 50016—2014）第5.1.1条确定	2500	
	三级	5层	1200	
	四级	2层	600	
地下或半地下建筑（室）	一级	—	500	设备用房的防火分区最大允许建筑面积不应大于1000m^2

注：1　表中规定的防火分区最大允许建筑面积，当建筑内设置自动灭火系统时，可按本表的规定增加1.0倍；局部设置时，防火分区的增加面积可按该局部面积的1.0倍计算。

2　裙房与高层建筑主体之间设五防火墙时，裙房的防火分区可按单、多层建筑的要求确定。

5.3.2　建筑内设置自动扶梯、敞开楼梯等上、下层相连通的开口时，其防火分区的建筑面积应按上、下层相连通的建筑面积叠加计算；当叠加计算后的建筑面积大于本规范第5.3.1条的规定时，应划分防火分区。

5.3.3　防火分区之间应采用防火墙分隔，确有困难时，可采用防火卷帘等防火分隔设施分隔。采用防火卷帘分隔时，应符合本规范第6.5.3条的规定。

2　安全疏散、安全出口、应急照明

2.1　本条评价项目的查评依据如下

依据1 《中华人民共和国消防法》（2019年修订）

第十六条　机关、团体、企业、事业等单位应当履行下列消防安全职责：

（四）保障疏散通道、安全出口、消防车通道通畅，保证防火防烟分区、防火间距符合消防技术标准。

依据2 《机关、团体、企业、事业单位消防安全管理规定》（公安部第61号令）

第二十一条　单位应当保障疏散通道、安全出口畅通，并设置符合国家规定的消防安全疏散指示标志和应急照明设施，保持防火门、防火卷帘、消防安全疏散指示标志、应急照明、机械排烟送风、火灾事故广播等设施处于正常状态。

严禁下列行为：

（一）占用疏散通道；

（二）在安全出口或者疏散通道上安装栅栏等影响疏散的障碍物；

（三）在营业、生产、教学、工作等期间将安全出口上锁、遮挡或者将消防安全疏散指示标志遮挡、覆盖；

（四）其他影响安全疏散的行为。

依据3 《建筑设计防火规范》（GB 50016—2014）

6.4.4　除通向避难层错位的疏散楼梯外，建筑内的疏散楼梯间在各层的平面位置不应改变。

除住宅建筑套内的自用楼梯外，地下或半地下建筑（室）的疏散楼梯间，应符合下列规定：

1　室内地面与室外出入口地坪高差大于10m或3层及以上的地下、半地下建筑（室），其疏散楼梯应采用防烟楼梯间；其他地下或半地下建筑（室），其疏散楼梯应采用封闭楼梯间。

2　应在首层采用耐火极限不低于2.00h的防火隔墙与其他部位分隔并应直通室外，确需在隔墙上开门时，应采用乙级防火门。

3　建筑的地下或半地下部分与地上部分不应共用楼梯间，确需共用楼梯间时，应在首层采用耐火极限不低于2.00h的防火隔墙和乙级防火门将地下或半地下部分与地上部分的连通部位完全分隔，并应设置明显的标志。

10.3.1 除建筑高度小于 27m 的住宅建筑外，民用建筑、厂房和丙类仓库的下列部位应设置疏散照明：

1 封闭楼梯间、防烟楼梯间及其前室、消防电梯间的前室或合用前室、避难走道、避难层（间）。

2 观众厅、展览厅、多功能厅和建筑面积大于 $200m^2$ 的营业厅、餐厅、演播室等人员密集的场所；

3 建筑面积大于 $100m^2$ 的地下或半地下公共活动场所；

4 公共建筑内的疏散走道。

5 人员密集的厂房内的生产场所及疏散走道。

10.3.3 消防控制室、消防水泵房、自备发电机房、配电室、防排烟机房以及发生火灾时仍需正常工作的消防设备房应设置备用照明，其作业面的最低照度不应低于正常照明的照度。

10.3.5 公共建筑、建筑高度大于 54m 的住宅建筑、高层厂房（库房）和甲、乙两类单、多层厂房，应设置灯光疏散指示标志，并应符合下列规定：

1 应设置在安全出口和人员密集的场所的疏散门的正上方；

2 应设置在疏散走道及其转角处距地面高度 1.0m 以下的墙面或地面上。灯光疏散指示标志的间距不应大于 20m；对于袋形走道，不应大于 10m；在走道转角区，不应大于 10m。

2.2 本条评价项目的查评依据如下

依据 1 《中华人民共和国消防法》（2019 年修订）

第十六条 机关、团体、企业、事业等单位应当履行下列消防安全职责：

（四）保障疏散通道、安全出口、消防车通道通畅，保证防火防烟分区、防火间距符合消防技术标准。

依据 2 《建筑设计防火规范）（GB 50016—2014）

7.1.5 在穿过建筑物或进入建筑物内院的消防车道两侧，不应设置影响消防车通行或人员安全疏散的设施。

7.1.8 消防车道应符合下列要求：

1 车道的净宽度和净高度均不应小于 4.0m；

2 转弯半径应满足消防车转弯的要求；

3 消防车道与建筑之间不应设置妨碍消防车操作的树木、架空管线等障碍物；

4 消防车道靠建筑外墙一例的边缘距离建筑外墙不宜小于 5m；

5 消防车道的坡度不宜大于 8%。

7.1.9 环形消防车道至少应有两处与其他车道连通，尽头式消防车道应设置回车道或回车场，回车场的面积不应小于 12m × 12m；对于高层建筑，不宜小于 15m × 15m；供重型消防车使用时，不宜小于 18m × 18m。

2.3　本条评价项目的查评依据如下

依据1　《中华人民共和国消防法》（2019年修订）

第二十八条　任何单位、个人不得损坏、挪用或者擅自拆除、停用消防设施、器材，不得埋压、圈占、遮挡消火栓或者占用防火间距，不得占用、堵塞、封闭疏散通道、安全出口、消防车通道。人员密集场所的门窗不得设置影响逃生和灭火救援的障碍物。

依据2　《电力设备典型消防规程》（DL 5027—2015）

6.1.19　临时建筑应符合国家有关法规。临时建筑不得占用防火间距。

6.3.2　消防设施应处于正常工作状态。不得损坏、挪用或者擅自拆除、停用消防设施、器材。消防设施出现故障，应及时通知单位有关部门，尽快组织修复。因工作需要临时停用消防设施或移动消防器材的，应采取临时措施和事先报告单位消防管理部门，并得到本单位消防安全责任人的批准，工作完毕后应及时恢复。

2.4　本条评价项目的查评依据如下

依据1　《防火门》（GB 12955—2008）

5.3.3　防火闭门装置

5.3.3.1　防火门应安装防火门闭门器。

5.3.3.2　防火门闭门器应经国家认可授权检测机构检验合格，其性能应符合《防火门闭门器》GA93的规定。

5.3.3.3　自动关闭门扇的闭门装置，应经国家认可授权检测机构检验合格。

5.3.4　防火顺序器

双扇、多扇防火门设置盖缝板或止口的应安装顺序器（特殊部位使用除外）。

5.3.5　防火插销

采用钢质防火插销，应安装在双扇防火门或多扇防火门的相对固定一侧的门扇上（若有要求时），其耐火性能应符合附录D的规定。

5.3.6　盖缝板

5.3.6.1　平口或止口结构的双扇防火门宜设盖缝板。

5.3.6.2　盖缝板与门扇连接应牢固。

5.3.6.3　盖缝板不应妨碍门扇的正常启闭。

5.3.7　防火密封件。

5.3.7.1　防火门门框与门扇、门扇与门扇的缝隙处应嵌装防火密封件。

5.3.7.2　防火密封件应经国家认可授权检测机构检验合格，其性能应符合《防火膨胀密封件》GB 16807的规定。

5.9.2　门扇开启力

防火门门扇开启力不应大于80N。

注：在特殊场合使用的防火门除外。

5.10　可靠性

在进行500次启闭试验后，防火门不应有松动、脱落、严重变形和启闭卡阻现象。

8.1.1 每樘防火门都应在明显位置固有永久性标牌，标牌应包括以下内容：

a）产品名称、型号规格及商标（若有）；

b）制造厂名称或制造厂标记和厂址；

c）出厂日期及产品生产批号；

d）执行标准。

依据2 《建筑设计防火规范》（GB 50016—2014）

6.1.6 除本规范第6.1.5规定外的其他管道不宜穿过防火墙，确需穿过时，应采用防火封堵材料将墙与管道之间的空隙紧密填实，穿过防火墙处的管道保温材料，应采用不燃材料；当管道为难燃及可燃材料时，应在防火墙两侧的管道上采取防火措施。

6.2.7 附设在建筑内的消防控制室、灭火设备室、消防水泵房和通风空气调节机房、变配电室等，应采用耐火极限不低于2.00h的防火隔墙和1.50h的楼板与其他部位分隔。

设置在丁、戊类厂房内的通风机房，应采用耐火极限不低于1.00h的防火隔墙和0.50h的楼板与其他部位分隔。

通风、空气调节机房和变配电室开向建筑内的门应采用甲级防火门，消防控制室和其他设备房开向建筑内的门应来用乙级防火门。

6.2.9 建筑内的电梯井等竖井应符合下列规定：

2 电缆井、管道井、排烟道、排气道、垃圾道等竖向井道，应分别独立设置。井壁的耐火极限不应低于1.00h，井壁上的检查门应采用两级防火门。

6.4.3 防烟楼梯间除应符合本规范第6.4.1条的规定外，尚应符合下列规定：

4 疏散走道通向前室以及前室通向楼梯间的门应采用乙级防火门。

6 楼梯间的首层可将走道和门厅等包括在楼梯间前室内形成扩大的前室，但应采用乙级防火门等与其他走道和房间分隔。

6.4.5 室外疏散楼梯应符合下列规定：

4 通向室外楼梯的门应采用乙级防火门，并应向外开启。

6.4.11 建筑内的疏散门应符合下列规定：

1 民用建筑和厂房的疏散门，应采用向疏散方向开启的平开门，不应采用推拉门卷帘门、吊门、转门和折叠门。除甲、乙类生产车间外，人数不超过60人且每樘门的平均疏散人数不超过30人的房间，其疏散门的开启方向不限。

2 仓库的疏散门应采用向疏散方向开启的平开门，但丙、丁、戊类仓库首层靠墙的外侧可采用推拉门或卷帘门。

3 开向疏散楼梯或疏散楼梯间的门，当其完全开启时，不应减少楼梯平台的有效宽度。

4 人员密集场所内平时需要控制人员随意出入的疏散门和设置门禁系统的住宅、宿舍、公寓建筑的外门，应保证火灾时不需使用钥匙等任何工具即能从内部易于打开，并应在显著位置设置具有使用提示的标识。

6.5.1 防火门的设置应符合下列规定：

1 设置在建筑内经常有人通行处的防火门宜采用常开防火门，常开防火门应能在火灾时自行关闭，并应具有信号反馈功能。

2 除允许设置常开防火门的位置外，其他位置的防火门均应采用常闭防火门。常闭防火门应在门扇的明显位置设置“保持防火门关闭”等提示标识。

3 除管井检修门和住宅的户门外，防火门应具有自动关闭功能；双扇防火门，应具有按顺序自动关闭的功能。

4 除本规范第6.4.11条第4款的规定外，防火门应能在其内外两侧手动开启.

5 设在建筑变形缝附近时，防火门应设在楼层较多的一侧，并应保证防火门开启时门扇不跨越变形缝。

6 防火门关闭后应具有防烟性能。

7 甲、乙、丙级防火门应符合现行国家标准《防火门》GB 12955—2008的规定。

6.5.3 防火分隔部位设置防火卷帘时，应符合下列规定：

1 除中庭外，当防火分隔部位的宽度不大于30m时，防火卷帘的宽度不应大于10m当防火分隔部位的宽度大于30m时，防火卷帘的宽度不应大于该部位宽度的1/3，且不应大于20m。

2 防火卷帘应具有火灾时靠自重自动关闭的功能。

3 除本规范另有规定外，防火卷帘的耐火极限不应低于本规范对所设置部位墙体的耐火极限要求。当防火卷帘的耐火极限符合现行国家标准《门和卷帘的耐火试验方法》GB/T 7633有关耐火完整性和耐火隔热性的判定条件时，可不设置自动喷水灭火系统保护。当防火卷帘的耐火极限仅符合现行国家标准《门和卷帘的耐火试验方法》GB/T 7633有关耐火完整性的判定条件时，应设置自动喷水灭火系统保护。自动喷水灭火系统设计应符合现行国家标准《自动喷水灭火系统设计规范》GB 50084的规定，但火灾延续时间不应小于该防火卷帘的耐火极限。

4 防火卷帘应具有防烟性能，与楼板、梁、墙、柱之间的空隙应采用防火封堵材料封堵。

5 需在火灾时自动降落的防火卷帘，应具有信号反馈功能。

6 其他要求，应符合现行国家标准《防火卷帘》GB 14102的规定。

依据3 《防火卷帘》（GB 14102—2005）

6.4.7 温控释放性能

防火卷帘应装配温控释放装置，当释放装置的感温元件周围温度达到73℃±0.5℃时，释放装置动作，卷帘应依自重下降关闭。

依据4 《电力调度通信中心工程设计规范》（GB/T 50980—2014）

4.6.2 安防措施应符合下列规定：

6 工艺机房门应向疏散方向开启且能自动关闭，火灾发生时门禁系统应自动解锁。

3 消防控制室

3.1 本条评价项目的查评依据如下

依据1 《火灾自动报警系统设计规范》(GB 50116—2013)

3.4.4 消防控制室应有相应的竣工图纸、各分系统控制逻辑关系说明、设备使用说明书、系统操作规程、应急预案、值班制度、维护保养制度及值班记录等文件资料。

依据2 《建筑设计防火规范》(GB 50016—2014)

8.1.7 设置火灾自动报警系统和需要联动控制的消防设备的建筑（群）应设置消防控制室。消防控制室的设置应符合下列规定：

1 单独建造的消防控制室，其耐火等级不应低于二级；

4 疏散门应直通室外或安全出口。

3.2 本条评价项目的查评依据如下

依据 《火灾自动报警系统设计规范》(GB 50116—2013)

3.4.3 消防控制室应设有用于火灾报警的外线电话。

10.2.2 消防控制室内的电气和电子设备的金属外壳、机柜、机架和金属管、槽等，应采用等电位连接。

10.2.3 由消防控制室接地板引至各消防电子设备的专用接地线应选用铜芯绝缘导线，其线芯截面面积不应小于 $4mm^2$。

10.2.4 消防控制室接地板与建筑接地体之间，应采用线芯截面面积不小于 $25mm^2$ 的铜芯绝缘导线连接。

3.3 本条评价项目的查评依据如下

依据1 《消防控制室通用技术要求》(GB 25506—2010)

4.2.1 消防控制室管理应符合下列要求：

a）应实行每日24h专人值班制度，每班不应少于2人，值班人员应持有消防控制室操作职业资格证书；

b）消防设施日常维护管理应符合GB 25201的要求；

c）应确保火灾自动报警系统、灭火系统和其他联动控制设备处于正常工作状态，不得将应处于自动状态的设在手动状态；

d）应确保高位消防水箱、消防水池、气压水罐等消防储水设施水量充足，确保消防泵出水管阀门、自动喷水灭火系统管道上的阀门常开；确保消防水泵、防排烟风机、防火卷帘等消防用电设备的配电柜启动开关处于自动位置（通电状态）。

依据2 消防“四懂四会”

1. 懂得岗位火灾的危险性；会使用消防器材；
2. 懂得预防火灾的措施；会报火警；
3. 懂得扑救火灾的方法；会扑救初起火灾；

4. 懂得逃生疏散的方法；会组织疏散逃生。

4　灭火器材

4.1　本条评价项目的查评依据如下

依据 《建筑灭火器配置设计规范》（GB 50140—2005）

5.1　灭火器设置一般规定

5.1.1　灭火器应设置在位置明显和便于取用的地点，且不得影响安全疏散。

5.1.2　对有视线障碍的灭火器设置点，应设置指示其位置的发光标志。

5.1.3　灭火器的摆放应稳固，其铭牌应朝外。手提式灭火器宜设置在灭火器箱内或挂钩、托架上，其顶部离地面高度不应大于 1.50m；底部离地面高度不宜小于 0.08m，灭火器箱不得上锁。

5.1.4　灭火器不宜设置在潮湿或强腐蚀性的地点，当必须设置时，应有相应的保护措范。灭火器设置在室外时，应有相应的保护措施。

5.1.5　灭火器不得设置在超出其使用温度范围的地点。

6.1　灭火器配置一般规定

6.1.1　一个计算单元内配置的灭火器数量不得少于 2 具。

6.1.2　每个设置点的灭火器数量不宜多于 5 具。

6.1.3　当住宅楼每层的公共部位建筑面积超过 $100m^2$ 时，应配置 1 具 1A 的手提式灭火器；每增加 $100m^2$ 时，增配 1 具 1A 的手提式灭火器。

4.2　本条评价项目的查评依据如下

依据 《灭火器维修》（GA 95—2015）

7.1　灭火器自出厂日期算起，达到以下年限的，应报废：

a）水基型灭火器——6 年；

b）干粉灭火器——10 年；

c）洁净气体灭火器——10 年；

d）二氧化碳灭火器和贮气瓶——12 年。

7.2　灭火器有下列情况之一者，应报废：

a）永久性标志模糊，无法识别；

b）气瓶（筒体）被火烧过；

c）气瓶（筒体）有严重变形；

d）气瓶（筒体）外部涂层脱落面积大于气瓶（筒体）总面积的三分之一；

e）气瓶（筒体）外表面、连接部位、底座有腐蚀的凹坑；

f）气瓶（筒体）有锡焊、铜焊或补级等修补痕迹；

g）气瓶（筒体）内部有锈屑或内表面有腐蚀的凹坑；

h）水基型灭火器筒体内部的防腐层失效；

i）气瓶（筒体）的连接螺纹有损伤；

j）气瓶（筒体）水压试验不符合 6.5.2 的要求；

k）不符合消防产品市场准入制度的；

l）由不合法的维修机构维修过的；

m）法律或法规明令禁止使用的。

4.3 本条评价项目的查评依据如下

依据 《机关、团体、企业、事业单位消防安全管理规定》（公安部第 61 号令）

第二十九条 单位应当按照有关规定定期对灭火器进行维护保养和维修检查。对灭火器应当建立档案资料，记明配置类型、数量、设置位置、检查维修单位（人员）、更换药剂的时间等有关情况。

5 火灾自动报警系统

5.1 本条评价项目的查评依据如下

依据 1 《消防控制室通用技术要求》（GB 2506—2010）

3.1 消防控制室内设置的消防设备应包括火灾报警控制器、消防联动控制器、消防控制室图形显示装置、消防电话总机、消防应急广播控制装置、消防应急照明和疏散指示系统控制装置、消防电源监控器等设备，或具有相应功能的组合设备。

依据 2 《火灾自动报警系统设计规范》（GB 50116—2013）

3.2.1 火灾自动报警系统形式的选择，应符合下列规定：

1 仅需要报警，不需要联动自动消防设备的保护对象宜采用区域报警系统。

2 不仅需要报警，同时需要联动自动消防设备，且只设置一台具有集中控制功能的火灾报警控制器和消防联动控制器的保护对象，应采用集中报警系统，并应设置一个消防控制室。

3.2.2 区域报警系统的设计，应符合下列规定：

1 系统应由火灾探测器、手动火灾报按钮、火灾声光报警器及火灾报警控制器等组成，系统中可包括消防控制室图形显示装置和指示楼层的区域显示器。

2 火灾报警控制器应设置在有人值班的场所。

3 系统设置消防控制室图形显示装置时，该装置应具有传输本规范附录 A 和附录 B 规定的有关信息的功能；系统未设消防控制室图形显示装置时，应设置火警传输设备。

3.2.3 集中报警系统的设计，应符合下列规定：

1 系统应由火灾探测器、手动火灾报警按钮、火灾声光报警器、消防应急广播、消防专用电话、消防控制室图形显示装置、火灾报警控制器、消防联动控制器等组成。

2 系统中的火灾报警控制器、消防联动控制器和消防控制室图形显示装置、消防应急广播的控制装置、消防专用电话总机等起集中控制作用的消防设备，应设置在消防控制室内。

3 系统设置消防控制室图形显示装置应具有传输本规范附录 A 和附录 B 规定的有

关信息的功能。

附录A　火灾报警、建筑消防设施运行状态信息表

表A　火灾报警、建筑消防设施运行状态信息

<table>
<tr><th colspan="2">设施名称</th><th>内　容</th></tr>
<tr><td colspan="2">火灾探测报警系统</td><td>火灾报警信息、可燃气体探测报警信息、电气火灾监控报信息、屏蔽信息、故障信息</td></tr>
<tr><td rowspan="12">消防联动控制系统</td><td>消防联动控制器</td><td>动作状态、屏蔽信息，故障信息</td></tr>
<tr><td>消火栓系统</td><td>消防水泵电源的工作状态，消防水泵的启、停状态和故障状态、消防水箱（池）水位、管网压力报警信息及消火栓按钮的报警信息</td></tr>
<tr><td>自动喷水灭火系统、水喷雾（细水雾）灭火系统（泵供水方式）</td><td>喷淋泵电源的工作状态，喷淋泵的启、停状态和故障状态，水流指示器、信号阀、报警阀、压力开关的正常工作状态和动作状态</td></tr>
<tr><td>气体灭火系统、细水雾灭火系统（压力容器供水方式）</td><td>系统的手动、自动工作状态及故障状态，阀驱动装置的正常工作状态和动作状态，防护区域中的防火门（窗）、防火、通风空调等设备的正常工作状态和动作状态，系统的启、停信息，紧急停止信号和管网压力信号</td></tr>
<tr><td>泡沫灭火系统</td><td>消防水泵、泡沫液泵电源的工作状态，系统的手动、自动工作状态及故障状态，消防水泵、泡沫液泵的正常工作状态和动作状态</td></tr>
<tr><td>干粉灭火系统</td><td>系统的手动、自动工作状态及故障状态，阀驱动装置的正常工作状态和工作状态，系统的启、停信息，紧急停止信号和管网压力信息</td></tr>
<tr><td>防烟排烟系统</td><td>系统的手动、自动工作状态、防烟排烟风机电源的工作状态，风机、电动防火阀、电动排烟防火阀、常闭送风口、排烟阀（口）、电动排烟窗、电动挡烟垂壁的正常工作状态和动作状态</td></tr>
<tr><td>防火门及卷帘系统</td><td>防火卷帘控制器、防火门监控器的工作状态和故障状态；卷帘门的工作状态，具有反馈信号的各类防火门、疏散门的工作状态和故障状态等</td></tr>
<tr><td>消防电梯</td><td>消防电梯的停用和故障状态</td></tr>
<tr><td>消防应急广播</td><td>消防应急广播的启动、停止和故障状态</td></tr>
<tr><td>消防应急照明和疏散指示</td><td>消防应急照明和指示系统的故障状态和应急工作状态信息</td></tr>
<tr><td>消防电源</td><td>系统内各消防用电设备的供电电源和备用电源工作状态和欠压报警信息</td></tr>
</table>

附录B　消防安全管理信息表

表B　消防安全管理信息

<table>
<tr><th>序号</th><th colspan="2">名称</th><th>内　容</th></tr>
<tr><td>1</td><td colspan="2">基本情况</td><td>单位名称、编号、类别、地址、联系电话、邮政编码、消防控制室电话；单位职工人数、成立时间、上级主管（或管辖）单位名称、占地面积、总建筑面积、单位总平面图（含消防车道、毗邻建筑等），单位法人代表、消防安全责任人、消防安全管理人及专兼职消防管理人的姓名、身份证号码、电话</td></tr>
<tr><td rowspan="4">2</td><td rowspan="4">主要建构筑物等信息</td><td>建构筑物</td><td>建筑物名称、编号、使用性质、耐火等级、结构类型、建筑高度、地上层数及建筑面积、地下层数及建筑面积、隧道高度及长度等、建造日期、主要储存物名称及数量、建筑物内最大容纳人数、建筑立面图及消防设施平面布置图；消防控制室位置、安全出口数量、位置及形式（指疏散楼梯毗邻建筑的使用性质、结构类型、建筑高度、与本建筑的间距）</td></tr>
<tr><td>堆场</td><td>名称、主要堆放物品名称、总储量、最大堆高、堆场平面图（含消防车道、防火间距）</td></tr>
<tr><td>储罐</td><td>储罐区名称、储罐类型（指地上、地下、立式、卧式、浮顶、固定顶等）总容积、最大单罐容积及高度、储存物名称、性质和形态、储罐区平面图（含消防车道、防火间距）</td></tr>
<tr><td>装置</td><td>装置区名称、占地面积、最大高度、设计日产量、主要原料、主要产品、装置区平面图（含消防车道、防火间距）</td></tr>
</table>

续表

序号	名称		内　　容
3	单位（场所）内消防安全重点部位信息		重点部位名称、所在位置、使用性质、建筑面积、耐火等级、有无消防设施、责任人姓名、身份证号码及电话
4	室内外消防设施信息	火灾自动报警系统	设置部位、系统形式、维保单位名称、联系电话；控制器（含火灾报火灾自动警、消防联动、可燃气体报警、电气火灾监控等）、探测器（含火灾探测、可燃气体探测、电气火灾探测等）、手动火灾报警按钮、消防电气控制装置等的类型、型号、数量、制造商；火灾自动报警系统图
		消防水源	市政给水管网形式（指环状、支状）及管径、市政管网向建（构）筑物供水的进水管数量及管径、消防水池位置及容量、屋顶水箱位置及容量、其他水源形式及供水量、消防泵房设置位置及水泵数量、消防给水系统平面布置图
		室外消火栓	室外消火栓管同形式（指环状、支状）及管径、消火栓数量、室外消火栓平面布置图
		室内消火栓系统	室内消火栓管网形式（指环状、支状）及管径、消火栓数量、水泵接合器位置及数量、有无与本系统相连的屋顶消防水箱
		自动喷水灭火系统（含雨淋、水雾）	设置部位、系统形式（指湿式、干式、预作用，开式、闭式等）、报警阀位置及数量、水泵接合器位置及数量、有无与本系统相连的屋顶消防水箱、自动喷水灭火系统图
		水喷雾（细水雾）灭火系统	设置部位、报警位置及数量、水喷雾（细水雾）灭火系统图
		气体灭火系统	系统形式（指有管网、无管网，组合分配、独立式，高压、低压等）、系统保护的防护区数量及位置、手动控制装置的位置、钢瓶间位置、灭火器类型、气体灭火系统图
		泡沫灭火系统	设置部位、泡沫种类（指低倍、中倍、高倍，抗溶、氟蛋白等）、系统形式（指液上、液下，固定、半固定等），泡沫灭火系统图
		干粉灭火系统	设置部位、干粉储罐位置、干粉灭火系统图
		防烟排烟系统	设置部位、风机安装位置、风机数量、风机类型、防烟排烟系统图
		防火门及卷帘	设置部位、数量
		消防应急广播	设置部位、数量、消防应急广播系统图应急照明及疏散指示系统
		消防应急照明和疏散指示系统	设置部位、数量、应急照明及疏散指示系统图
		消防电源	设置部位、消防电源在配电室是否有独立配电柜供电、备用电源形式（市电、发电机、EPS 等）
		灭火器	设置部位、配置类型（指手提式、推车式等）、数量、生产日期、更换药剂日期
5	消防设施定期检查和维护保养信息		检查人姓名、检查日期、检查类别（指日检、月检、季检、年检等）和维护保养信息 检查内容（指各类消防设施相关技术规范规定的内容）及处理结果，维护保养日期、内容 基本信息值班人员姓名、每日巡查次数、巡查时间、巡查部位
6	日常防火巡查记录	基本信息	值班人员姓名、每日巡查次数、巡查时间、巡查部位
		用火用电	用火、用电、用气有无违章情况
		疏散通道	安全出口、疏散通道、疏散楼梯是否畅通、是否堆放可燃物；疏散走道、疏散楼梯、顶棚装修材料是否合格

续表

序号	名称		内　　容
6	日常防火巡查记录	防火门、防火卷帘	常闭防火门是否处于正常工作状态，是否被锁闭；防火帘是否处于正常工作状态，防火卷帘下方是否堆放物品影响使用
		消防设施	疏散指示标志、应急照明是否处于正常完好状态；火灾自动报警系统消防设探测器是否处于正常完好状态：自动喷水灭火系统喷头、末端试水装置、报警阀是否处于正常完好状态；室内、室外消火栓系统是否处于正常完好状态；灭火器是否处于正常完好状态
7	火灾信息		起火时间、起火部位、起火原因、报警方式（指自动、人工等）、灭火方式（指气体、喷水、水喷雾、泡沫、干粉灭火系统、灭火器、消防队等）

3.4.8　消防控制室内设备的布置应符合下列规定：

1　设备面盘前的操作距离，单列布置时不应小于 1.5m；双列布置时不应小于 2m。

2　在值班人员经常工作的一面，设备面盘至墙的距离不应小于 3m。

3　设备面盘后的维修距离不宜小于 1m。

4　设备面盘的排列长度大于 4m 时，其两端应设置宽带不小于 1m 的通道。

5　与建筑其他弱电系统合用的消防控制室内，消防设备应集中设置，并应与其他设备间有明显间隔。

依据 3 《建筑设计防火规范》（GB 50016—2014）

7.3.7　消防电梯的井底应设置排水设施，排水井的容量不应小于 $2m^3$，排水泵的排水量不应小于 10L/s。消防电梯间前室的门口宜设置挡水设施。

7.3.8　消防电梯应符合下列规定：

4　电梯的动力与控制电缆、电线、控制面板应采用防水措施；

5　在首层的消防电梯入口处应设置供消防队员专用的操作按钮；

6　电梯轿厢的内部装修应采用不燃材料；

7　电梯轿厢内部应设置专用消防对讲电话。

5.2　本条评价项目的查评依据如下

依据 1 《火灾自动报警系统施工及验收标准》（GB 50166—2019）

4.11.2　应将传输设备与火灾报警控制器相连接，接通电源，使传输设备处于正常监视状态。应对传输设备下列主要功能进行检查并记录，传输设备的功能应符合现行国家标准《消防联动控制系统》GB 16806 的规定：

1　自检功能；

2　主、备电源的自动转换功能；

3　故障报警功能；

4　消音功能；

5　信号接收和显示功能；

6　手动报警功能；

7　复位功能。

依据 2 《电力设备典型消防规程》（DL 5027—2015）

6.3.9　火灾自动报警系统还应符合下列要求：

1　应具备防强磁场干扰措施，在户外安装的设备应有防雷、防水、防腐蚀措施。

2　火灾自动报警系统的专用导线或电缆应采用阻燃型屏蔽电缆。

3　火灾自动报警系统的传输线路应采用穿金属管、经阻燃处理的硬质塑料管或封闭式线槽保护方式布线。

4　消防联动控制、通信和报警线路采用暗敷设时，宜采用金属管或经阻燃处理的硬质塑料管保护，并应敷设在不燃烧体的结构层内，且保护层厚度不宜小于 30mm；当采用明敷设时，应采用金属管或金属线槽保护，并应在金属管或金属线槽上采取防火保护措施。采用经阻燃处理的电缆可不穿金属管保护，但应敷设在有防火保护措施的封闭线槽内。

6.3.11　配电装置室内装有自动灭火系统时，配电装置室应装设 2 个以上独立的探测器。火灾报警探测器宜多类型组合使用。同一配电装置室内 2 个以上探测器同时报警时，可以联动该配电装置室内自动灭火设备。

依据 3 《火灾自动报警系统设计规范》（GB 50116—2013）

6.2.2　点型火灾探测器的设置应符合下列规定：

1　探测区域的每个房间应至少设置一只火灾探测器。

2　感烟火灾探测器和 A1、A2、B 型感温火灾探测器的保护面积和保护半径，应按表 6.2.2 确定；C、D、E、F、G 型感温火灾探测器的保护面积和保护半径，应根据生产企业设计说明书确定，但不应超过表 6.2.2 的规定。

表 6.2.2　感烟火灾探测器和 A1、A2、B 型感温火灾探测器的保护面积和保护半径

火灾探测器的种类	地面面积 S（m²）	房间高度 h（m）	一只探测器的保护面积 A 和保护半径 R					
			屋顶坡度 θ					
			$\theta\leq15°$		$15<\theta\leq30°$		$\theta>30°$	
			A（m²）	R（m）	A（m²）	R（m）	A（m²）	R（m）
感烟火灾探测器	$S\leq80$	$h\leq12$	80	6.7	80	7.2	80	8.0
	$S>80$	$6<h\leq12$	80	6.7	100	8.0	120	9.9
		$h\leq6$	60	5.8	80	7.2	100	9.0
感温火灾探测器	$S\leq30$	$h\leq8$	30	4.4	30	4.9	30	5.5
	$S>30$	$h\leq8$	20	3.6	30	4.9	40	6.3

注：建筑高度不超过 14m 的封闭探测空间，且火灾初期会产生大量的烟时，可设置点型感烟火灾探测器。

4　一个探测区域内所需设置的探测器数量，不应小于公式（6.2.2）的计算值：

$$N=S/(K \cdot A) \tag{6.2.2}$$

式中 N——探测器数量（只），N 应取整数。

S——该探测区域面积（m^2）。

K——修正系数，容纳人数超过 10 000 人的公共场所宜取 0.7～0.8；容纳人数为 2000 人～1000 人的公共场所宜取 0.8～0.9：容纳人数为 500 人～2000 人的公共场所宜取 0.9～1.0；其他场所可取 1.0。

A——探测器的保护面积（m^2）。

6.2.3 在有梁的顶棚上设置点型感烟火灾探测器、感温火灾探测器时，应符合下列规定：

1 当梁突出顶棚的高度小于 200mm 时，可不计梁对探测器保护面积的影响。

2 当梁突出顶棚的高度为 200mm～600mm 时，应按本规范附录 F、附录 G 确定梁对探测器保护面积的影响和一只探测器能够保护的梁间区域的数量。

3 当梁突出顶棚的高度超过 600mm 时，被梁隔断的每个梁间区域应至少设置一只探测器。

4 当被梁隔断的区域面积超过一只探测器的保护面积时，被隔断的区域应按本规范第 6.2.2 条第 4 款的规定计算探测器的设置数量。

5 当梁间净距小于 1m 时，可不计梁对探测器保护面积的影响。

6.2.18 烟感火灾探测器在格栅吊顶场所的设置，应符合下列规定：

1 镂空面积与总面积的比例不大于 15%时，探测器应设置在吊顶下方。

2 镂空面积与总面积的比例大于 30%时，探测器应设置在吊顶上方。

3 镂空面积与总面积的比例为 15%～30%时，探测器的设置部位应根据实际试验结果确定。

4 探测器设置在吊顶上方且火警确认灯无法观察时，应在吊顶下方设置火警确认灯。

5.3 本条评价项目的查评依据如下

依据 1 《消防控制室通用技术要求》（GB 25506—2010）

3.2 消防控制室内设置的消防设备应能监控并显示建筑消防设施运行状态信息，并应具有向城市消防远程监控中心传输这些信息的功能。

依据 2 《电力设备典型消防规程》（DL 5027—2015）

6.3.8 火灾自动报警系统应接入本单位或上级 24h 有人值守的消防监控场所，并有声光警示功能。

依据 3 《火灾自动报警系统设计规范》（GB 50116—2013）

3.2.2 区域报警系统的设计，应符合下列规定：

2 火灾报警控制器应设置在有人值班的场所。

5.4 本条评价项目的查评依据如下

依据 《火灾自动报系统施工及验收标准》（GB 50166—2019）

6.0.1 系统投入使用前，消防控制室应具有下列文件资料：

1　检测、验收合格资料；

2　建（构）筑物竣工后的总平面图、建筑消防系统平面布置图、建筑消防设施系统图及安全出口布量图、重点部位位置图、危化品位置图；

3　消防安全管理规章制度、灭火预案、应急疏散预案；

4　消防安全组织机构图，包括消防安全责任人、管理人，专职、义务消防人员；

5　消防安全培训记录、灭火和应急疏散预案的演练记录；

6　值班情况、消防安全检查情况及巡查情况的记录；

7　火灾自动系统设备现场设置情况记录；

8　消防系统联动控制逻辑关系说明、联动编程记录、消防联动控制器手动控制单元编码设置记录；

9　系统设备使用说明书、系统操作规程、系统和设备维护保养制度。

6.0.2　系统的使用单位应建立本标准第 6.0.1 条规定的文件档案，并应有电子备份档案。

6.0.3　系统应保持连续正常运行，不得随意中断。

6.0.4　系统应按本标准附录 F 规定的巡查项目和内容进行日常巡查，巡查的部位、频次应符合现行国家标准《建筑消防设施的维护管理》GB 25201 的规定，并按本标准附录 F 的规定填写记录。巡查过程中发现设备外观破损、设备运行异常时应立即报修。

6.0.5　每年应按表 6.0.5 规定的检查项目、数量对系统设备的功能、各分系统的联动控制功能进行检查，并应符合下列规定：

1　系统的年度检查可根据检查计划，按月度、季度逐步进行；

2　月度、季度的检查数量应符合表 6.0.5 的规定；

3　系统设备的功能、各分系统的控制功能应符合本标准第 4 章的规定。

表 6.0.5　　系统月检、季检对象、项目及数量

序号	检查对象	检查项目	检查数量
1	Ⅰ 火灾报警控制器	火灾报警功能	实际安装数量
	Ⅱ 火灾探测器、手动火灾报警按钮		应保证每年对每一只探测器、报警按钮至少进行一次火灾报警功能检查
	Ⅲ 火灾显示盘	火灾报警显示功能	月、季检查数量应保证每年对每一台区域显示器至少进行一次火灾报警显示功能检查
2	Ⅰ 消防联动控制器	输出模块启动功能	应保证每年对每一只模块至少进行一次启动功能检查
	Ⅱ 输出模块		
3	Ⅰ 消防电话总机	呼叫功能	实际安装数量
	Ⅱ 电话分机、电话插孔		应保证每年对每一个分机、插孔至少进行一次呼叫功能检查
4	Ⅰ 可燃气体报警控制器	可燃气体报警功能	实际安装数量
	Ⅱ 可燃气体探测器		应保证每年对每一只探测器至少进行一次可燃气体报警功能检查

续表

序号	检查对象	检查项目	检查数量
5	Ⅰ 电气火灾监控设备	监控报警功能	实际安装数量
5	Ⅱ 电气火灾监控探测器、线型感温火灾探测器	监控报警功能	应保证每年对每一只探测器至少进行一次监控报警功能检查
6	Ⅰ 消防设备电源监控器	消防设备电源故障报警功能	实际安装数量
6	Ⅱ 传感器	消防设备电源故障报警功能	应保证每年对每一只传感器至少进行一次消防设备电源故障报警功能检查
7	消防设备应急电源	转换功能	实际安装数量
8	Ⅰ 消防控制室图形显示装置	接收和显示火灾报警、联动控制、反馈信号功能	实际安装数量
8	Ⅱ 传输设备	接收和显示火灾报警、联动控制、反馈信号功能	实际安装数量
9	Ⅰ 火灾警报器	火灾报警功能	应保证每年对每一只火灾警报器至少进行一次火灾警报功能检查
9	Ⅱ 消防应急广播控制设备	应急广播功能	实际安装数量
9	Ⅲ 扬声器	应急广播功能	应保证每年对每一只扬声器至少进行一次应急广播功能检查
9	Ⅳ 火灾警报和消防应急广播系统	联动控制功能	应保证每年对每一个报警区域至少进行一次联动控制功能检查
10	Ⅰ 防火卷帘控制器	控制功能	应保证每年对每一个手动控制装置至少进行一次控制功能检查
10	Ⅱ 手动控制装置	控制功能	应保证每年对每一个手动控制装置至少进行一次控制功能检查
10	Ⅲ 疏散通道上设置的防火卷帘	联动控制功能	应保证每年对每一樘防火卷帘至少进行一次联动控制功能检查
10	Ⅳ 非疏散通道上设置的防火卷帘	联动控制功能	应保证每年对每一个报警区域至少进行一次联动控制功能检查
11	Ⅰ 防火门监控器	启动、反馈功能，常闭防火门故障报警功能	应保证每年对每一台防火门监控器及其配接的现场部件至少进行一次启动，反馈功能、常闭防火门故障报警功能检查
11	Ⅱ 监控模块、防火门定位装置和释放装置等现场部件	启动、反馈功能，常闭防火门故障报警功能	应保证每年对每一台防火门监控器及其配接的现场部件至少进行一次启动，反馈功能、常闭防火门故障报警功能检查
11	Ⅲ 防火门监控系统	联动控制功能	应保证每年对每一个报警区域至少进行一次联动控制功能检查
12	Ⅰ 气体、干粉灭火器	现场紧急启动、停止功能	应保证每年对每一个现场启动和停止按钮至少进行一次启动、停止功能检查
12	Ⅱ 现场启动和停止按钮	现场紧急启动、停止功能	应保证每年对每一个现场启动和停止按钮至少进行一次启动、停止功能检查
12	Ⅲ 气体、干粉灭火系统	联动控制功能	应保证每年对每一个防护区域至少进行一次联动控制功能检查
13	Ⅰ 消防泵控制箱、柜	手动控制功能	应保证每月、季对消防水泵进行一次手动控制功能检查
13	Ⅱ 水流指示器、压力开关、信号阀、液位探测器	动作信号反馈功能	应保证每年对每一个部件至少进行一次动作信号反馈功能检查
13	Ⅲ 湿式、干式喷水灭火系统	联动控制功能	应保证每年对每一个防护区域至少进行一次联动控制功能检查
13	Ⅲ 湿式、干式喷水灭火系统	消防水泵直接手动控制功能	应保证每月、季对消防水泵进行一次直接手动控制功能检查

续表

序号	检查对象	检查项目	检查数量
13	Ⅳ 预作用式喷水灭火系统	联动控制功能	应保证每年对每一个防护区域至少进行一次联动控制功能检查
		消防泵、预作用阀组、排气阀前电动阀直接手动控制功能	应保证每月、季对消防水泵、预作用阀组、排气阀前电动阀进行一次直接手动控制功能检查
	Ⅴ 雨淋系统	联动控制功能	应保证每年对每一个防护区域至少进行一次联动控制功能检查
		消防泵、雨淋阀组直接手动控制功能	应保证每月、季对消防水泵、雨淋阀组进行一次直接手动控制功能检查
	Ⅵ 自动控制的水幕系统	用于保护防火卷帘的水幕系统的联动控制功能	应保证每年对每一樘防火卷帘至少进行一次联动控制功能检查
		用于防火隔离的水幕系统的联动控制功能	应保证每年对每一个报警区域至少进行一次联动控制功能检查
		消防泵、水幕阀组直接手动控制功能	应保证每月、季对消防水泵、水幕阀组进行一次直接手动控制功能检查
14	Ⅰ 消防泵控制箱、柜	手动控制功能	应保证每月、季对消防水泵进行一次手动控制功能检查
	Ⅱ 小火栓系统	报警功能	应保证每年对每一个消防栓按钮至少进行一次报警功能检查
	Ⅲ 水流指示器、压力开关、信号阀、液位探测器	动作信号反馈功能	应保证每年对每一个部件至少进行一次动作信号反馈功能检查
	Ⅳ 消火栓系统	联动控制功能	应保证每年对每一个消火栓至少进行一次联动控制功能检查
		消防泵直接手动控制功能	应保证每月、季对消防水泵进行一次直接手动控制功能检查
15	Ⅰ 风机控制箱、柜	手动控制功能	应保证每月、季对风机进行一次手动控制功能检查
	Ⅱ 电动送风口、电动挡烟垂壁、排烟口、排烟阀、排烟窗、电动防火阀、排烟风机入口处的总管上设置的280℃排烟防火阀	启动、反馈功能、动作信号反馈功能	应保证每年对每一个部件至少进行一次启动、反馈功能、动作信号反馈功能检查
	Ⅲ 加压送风系统	联动控制功能	应保证每年对每一个报警区域至少进行一次控制功能检查
		风机直接手动控制功能	应保证每月、季对风机进行一次直接手动控制功能检查
	Ⅳ 电动挡烟垂壁、排烟系统	联动控制功能	应保证每年对每一个防烟区域至少进行一次联动控制功能检查
		风机直接手动控制功能	应保证每月、季对风机进行一次直接手动控制功能检查

续表

序号	检查对象	检查项目	检查数量
16	消防应急照明和疏散指示系统	控制功能	应保证每年对每一个报警区域至少进行一次控制功能检查
17	电梯、非消防电源等相关系统	联动控制功能	应保证每年对每一个报警区域至少进行一次联动控制功能检查
18	自动消防系统	整体联动功能	应保证每年对每一个报警区域至少进行一次联动控制功能检查

6.0.6　不同类型的探测器、手报、模块等现场部件应有不少于设备总数 1%的备品。

6.0.7　系统设备的维修、保养及系统产品的寿命应符合现行国家标准《火灾探测报警产品的维修保养与报废》GB 29837 的规定，达到寿命极限的产品应及时更换。

6　消防水系统

6.1　本条评价项目的查评依据如下

依据 1 《消防控制室通用技术要求》（GB 25506—2010）

参照 3.3　依据 3　d）的相关规定。

依据 2 《消防给水及消火栓系统技术规范》（GB 50974—2014）

4.3.8　消防用水与其他用水共用的水池，应采取确保消防用水量不作他用的技术措施。

4.3.9　消防水池的出水、排水和水位应符合下列规定：

1　消防水池的出水管应保证消防水池的有效容积能被全部利用。

2　消防水池应设置就地水位显示装置，并应在消防控制中心或值班室等地点设置显示消防水池水位的装置，同时应有最高和最低报警水位；

3　消防水池应设置溢流水管和排水设施，并应采用间接排水。

5.2.6　高位消防水箱应符合下列规定：

1　高位消防水箱的有效容积、出水、排水和水位等，应符合本规范第 4.3.8 条和第 4.3.9 条的规定。

5　进水管的管径应满足消防水箱 8h 充满水的要求，但管径不应小于 DN32，进水管宜设置液位阀或浮球阀。

6　进水管应在溢流水位以上接入，进水管口的最低点高出溢流边缘的高度应等于进水管管径，但最小不应小于 100mm，最大不应大于 150mm。

8　溢流管的直径不应小于进水管直径的 2 倍，且不应小于 DN100，溢流管的喇叭直径不应小于溢流管直径的 1.5 倍～2.5 倍。

9　高位消防水箱出水管管径应满足消防给水设计流量的出水要求，且不应小于 DN100。

6.2 本条评价项目的查评依据如下

依据 《建筑设计防火规范》(GB 50016—2014)

8.1.6 消防水泵房的设置应符合下列规定：

2 附设在建筑内的消防水泵房，不应设置在地下三层及以下或室内地面与室外出入口地坪高差大于10m的地下楼层；

3 疏散门应直通室外或安全出口。

6.3 本条评价项目的查评依据如下

依据 见3.3 依据3的相关规定。

6.4 本条评价项目的查评依据如下

依据1 见2.1 依据1 第十六条（二）、（三）的相关规定。

依据2 《自动喷水灭火系统施工及验收规范》(GB 50261—2017)

4.5.2 消防水泵接合器的安装应符合下列规定：

自动喷水灭火系统的消防水泵接合器应设置与消火栓系统的消防水泵接合器区别的永久性固定标志，并有分区标志。

3 地下消防水泵接合器应采用铸有“消防水系接合器”标志的铸铁井盖，并在附近设置指示其位置的永久性固定标志。

4.5.3 地下消防水泵接合器的安装，应使进水口与井盖地面的距离不大于0.4m，且不应小于井盖的半径。

依据3 《消防给水及消火栓系统技术规范》(GB 50974—2014)

7.2.11 地下式市政消火栓应有明显的永久性标志。

7.4.2 室内消火栓的配置应符合下列要求：

1 应采用DN65室内消火栓，并可与消防软管表盘或轻便水龙设置在同一箱体内。

7.4.5 消防电梯前室应设置室内消火栓，并应计入消火栓使用数量。

7.4.6 室内消火栓的布置应满足同一平面有2支消防水枪的2股充实水柱同时达到任何部位的要求，但建筑高度小于或等于24.0m且体积小于或等于5000m^{3}的多层仓库建筑高度小于或等于54m且每单元设置一部疏散楼梯的住宅，以及本规范表3.5.2中规定可采用1支消防水枪的场所，可采用1支消防水枪和1股充实水柱到达室内任何部位。

7.4.8 建筑室内消火栓栓口的高度应便于消防水龙头带的连接和使用，其距地面高度宜为1.1m；其出水方向应便于消防水带的数设，并宜与设置消火栓的墙面成90°角或向下。

7.4.9 设有空内消火栓的建筑应设置带有压力表的试验消火栓，其设置位置应符合下列规定：

1 多层和高层建筑应在其屋顶设置，严寒、寒冷等冬季结冰地区可设置在顶层出口处或水箱间内等便于操作和防冻的位置。

2 单层建筑宜设置在水力最不利处，且应靠近出入口。

7.4.12　室内消火栓栓口压力和消防水枪充实水柱，应符合下列规定：

1　消火栓栓口动压力不应大于 0.50MPa；当大于 0.70MPa 时，必须设置减压装置。

2　高层建筑、厂房、库房和室内净空高度超过 8m 的民用建筑等场所，消火栓栓口动压不应小于 0.35MPa，且消防水枪充实水柱应按 13m 计算；其他场所的消火栓栓口动压不应小于 0.25MPa，且消防水枪充实水柱应按 10m 计算。

8.3.7　消防给水系统的室内外消火栓、阀门等设置位置，应设置永久性固定标识。

12.3.9　室内消火栓及消防软管卷盘或轻便水龙的安装应符合下列规定：

6　消火栓栓口出水方向宜向下或与设置消火栓的墙面成 90°角，栓口不应安装在门轴侧。

12.3.10　消火栓箱的安装应符合下列规定：

4　消火栓箱门的开启不应小于 120°；

5　安装消火栓水龙带，水龙带与消防水枪和快速接头绑扎好后，应根据箱内构造将水龙带放置。

依据 4 《建筑设计防火规范》(GB 50016—2014)

8.2.1　下列建筑或场所应设置室内消火栓系统：

1　建筑占地面积大于 300m^2 的厂房和仓库；

5　建筑高度大于 15m 或体积大于 10000m^3 的办公建筑、教学建筑和其他单、多层民用建筑。

6.5　本条评价项目的查评依据如下

依据 1 《水喷雾灭火系统技术规范》(GB 50219—2014)

3.2.3　水雾喷头与保护对象之间的距离不得大于水雾喷头的有效射程。

6.0.8　水喷雾灭火系统的控制设备应具有下列功能：

1　监控消防水泵的启、停状态；

2　监控雨淋报警的开启状态，监视雨淋报警阀的关闭状态；

3　监控电动或气动控制网的开、闭状态；

4　监控主、备用电源的自动切换。

8.2.5　消防系组、雨淋报警阀、气动控制网、电动控制间、沟槽式管接件、门水力警铃、压力开关、压力表、管道过滤器、水雾喷头、水泵接合器等系统组件的外观质量应符合下列要求：

1　应无变形及其他机械性损伤；

2　外露非机械加工表面保护涂层应完好；

3　无保护涂层的机械加工面应无锈蚀；

4　所有外露接口应无损伤，堵、盖等保护物包封应良好；

5　铭牌标记应清晰、牢固。

10.0.1　水喷雾灭火系统应具有管理、检测、操作与维护规程，并应保证系统处于准工作状态，维护管理工作应按本规范附录 G 的规定进行记录。

10.0.3　系统应按本规范要求进行日检、周检、月检、季检和年检，检查中发现的问题应及时按规定要求处理。

依据 2 《自动喷水灭火系统施工及验收规范》(GB 50261—2017)

9.0.1　自动喷水灭火系统应具有管理、检测、维护规程，并应保证系统处于准工作状态。维护管理工作，应按本规范附录 G 的要求进行。

9.02　维护管理人员应经过消防专业培训，应熟悉自动喷水灭火系统的原理、性能和操作维护规程。

7　气体灭火系统

7.1　本条评价项目的查评依据如下

依据 1 《电力调度通信中心工程设计规范》(GB/T 50980—2014)

2.0.2　工艺机房

对环境有特殊要求，安装自动化、通信、保护等相关专业的电子信息处理、交换、传输和存储等设备的场所。

4.6.1　消防措施应符合下列规定：

1　工艺机房应设置火灾自动报警系统，并应按照现行国家标准《建筑设计防火规范》GB 50016 的有关规定执行；

2　工艺机房应设置气体消防系统。

依据 2 《气体灭火系统设计规范》(GB 50370—2005)

3.1.15　同一防护区内的预制灭火系统装置多于 1 台时，必须能同时启动，其动作响应时差不得大于 2s。

3.1.16　单台热气溶胶预制灭火系统装置的保护容积不应大于 160m^3；设置多台装置时，其相互间的距高不得大于 10m。

3.2.7　防护区应设置泄压口，七氟丙烷灭火系统的泄压口应位于防护区净高的 2/3 以上。

3.2.9　喷放灭火剂前，防护区内除泄压口外的开口应能自行关闭。

3.3.7　在通信机房和电子计算机房等防护区，设计喷放时间不应大于 8s；在其他防护区，设计喷放时间不应大于 10s。

4.1.4　在储存容器或容器上，应设安全泄压装置和压力表。组合分配系统的集流管，应设安全泄压装置。安全泄压装置的动作压力，应符合相应气体灭火系统的设计规定。

6.0.1　防护区应有保证人员在 30s 内疏散完毕的通道和出口。

6.0.3　防护区的门应向疏散方向开启，并能自行关闭；用于疏散的门必须能从防护区内打开。

6.0.4　灭火后的防护区应通风换气，地下防护区和无窗或设固定窗扇的地上防护区，应设置机械排风装置，排风口宜设在防护区的下部并应直通室外。通信机房、电子计算机房等场所的通风换气次数应不少于每小时 5 次。

8　电缆和防火封堵

8.1　本条评价项目的查评依据如下

依据 1　《电力设备典型消防规程》(DL 5027—2015)

10.5.3　凡穿越墙壁、楼板和电缆沟道而进入控制室、电缆夹层、控制柜及仪表盘保护盘等处的电缆孔、洞、竖井和进入油区的电缆入口处必须用防火堵料严密封堵。靠近充油设备的电缆沟，应设有防火延燃措施，盖板应封堵。

10.5.4　在已完成电缆防火措施的电缆孔洞等处新敷设或拆除电缆，必须及时重新做好相应的防火封堵措施。

10.5.9　在多个电缆头并排安装的场合中，应在电缆头之间加隔板或填充阻燃材料。

10.5.10　进行扑灭隧（廊）道、通风不良场所的电缆头着火时，应使用正压式消防空气呼吸器及绝缘手套，并穿上绝缘鞋。

10.5.11　电力电缆中间接头盒的两侧及其邻近区域，应增加防火包带等阻燃措施。

10.5.12　施工中动力电缆与控制电缆不应混放、分布不均及堆积乱放。在动力电缆与控制电缆之间，应设置层间耐火隔板。

10.5.14　电缆隧道的下列部位宜设置防火分隔，采用防火墙上设置防火门的形式：

1　电缆进出隧道的出入口及隧道分支处。

2　电缆隧道位于变电站内时，间隔不大于 100m 处。

3　电缆隧道位于变电站外时，间隔不大于 200m 处。

4　长距离电缆隧道通风区段处，且间隔不大于 500m。

5　电缆交叉、密集部位，间隔不大于 60m。

依据 2　《建筑设计防火规范》(GB 50016—2014)

6.2.9　建筑内的电梯井等竖井应符合下列规定：

3　建筑内的电缆井、管道井应在每层楼板处采用不低于楼板耐火极限的不燃材料或防火封堵材料封堵。

建筑内的电缆井、管道井与房间、走道等相连通的孔隙应采用防火封堵材料封堵。

6.3.5　防烟、排烟、供暖、通风和空气调节系统中的管道及建筑内的其他管道，在穿越防火隔墙、楼板和防火墙处的孔隙应采用防火封堵材料封堵。

8.2　本条评价项目的查评依据如下

依据　《电力设备典型消防规程》(DL 5027—2015)

6.1.14　排水沟、电缆沟、管沟等沟坑内不应有积油。

10.5.6　电缆夹层、隧（廊）道、竖井、电缆沟内应保持整洁，不得堆放杂物，电缆沟洞严禁积油。

9 防排烟系统

9.1 本条评价项目的查评依据如下

依据 《建筑设计防火规范》(GB 50016—2014)

8.5.1 建筑的下列场所或部位应设置防烟设施：

1 防烟楼间及其前室；

2 消防电梯间前室或合用前室；

3 避难走道的前室，避难层（间）。

建筑高度不大于 50m 的公共建筑、厂房、仓库和建筑高度不大于 100m 的住宅建筑，当其防烟楼梯间的前室或合用前室合下列条件之一时，楼梯间可不设置防烟系统：

1 前室或合用前室采用开的阳台、凹廊；

2 前室或合用前室具有不同朝向的可开启外窗，且可开启的面积满足自然排烟口面积要求。

8.5.3 民用建筑的下列场所或部位应设置排烟设施：

2 中庭；

3 公共建筑内建筑面积大于 $100m^2$ 且经常有人停留的地上房间；

4 公共建筑内建筑面积大于 $300m^2$ 且可燃物较多的地上房间；

5 建筑内长度大于 20m 的疏散走道。

8.5.4 地下或半地下建筑（室）、地上建筑内的无窗房间，当总建筑面积大于 $200m^2$ 或一个房间建筑面积大于 $50m^2$，且经常有人停留或可燃物较多时，应设置排烟设施。

10 消防供电

10.1 本条评价项目的查评依据如下

依据 《建筑设计防火规范》(GB 50016—2014)

10.1.6 消防用电设备应采用专用的供电回路，当建筑内的生产、生活用电被切断时，应仍能保证消防用电。备用消防电源的供电时间和容量，应满足该建筑火灾延续时间内各消防用电设备的要求。

10.1.8 消防控制室、消防水泵房、防烟和排烟风机房的消防用电设备及消防电梯等的供电，应在其配电线路的最末一级配电箱处设置自动切换装置。

10.1.10 消防配电线路应满足火灾时连续供电的需要，其敷设应符合下列规定：

1 明敷时（包括敷设在吊顶内），应穿金属导管或采用封闭式金属槽盒保护，金属导管或封闭式金属槽盒应采取防火保护措施；当采用阻燃或耐火电缆并敷设在电缆井、沟内时，可不穿金属管或采用封闭式金属槽盒保护；当采用矿物绝缘类不燃电缆时，可直接明敷。

2 暗敷时，应穿管并应敷设在不燃性结构内，且保护层厚度应不小于 30mm。

11　公共设施

11.1　本条评价项目的查评依据如下

依据 《电力设备典型消防规程》（DL 5027—2015）

14.4.1　设置固定式气体灭火系统的变电站等场所应配置正压式消防空气呼吸器，数量宜按每座有气体灭火系统的建筑物各设 2 套，可放置在气体保护区出入口外部、灭火剂储瓶间或同一建筑的有人值班控制室内。

14.4.2　长距离电缆隧道、长距离地下燃料皮带通廊、地下变电站的主要出入口应至少配置 2 套正压式消防空气呼吸器和 4 只防毒面具。

14.4.3　正压式消防空气呼吸器应放置在专用设备柜内，柜体应为红色并固定设置标志牌。

11.2　本条评价项目的查评依据如下

依据 《电力设备典型消防规程》（DL 5027—2015）

10.6.1　酸性蓄电池室应符合下列要求：

1　严禁在蓄电池室内吸烟和将任何火种带入蓄电池室内。蓄电池室门上应有“蓄电池室”“严禁烟火”等标志牌。

2　蓄电池室采暖宜采用电采暖器，严禁采用明火取暖。若确有困难需采用水采暖时，散热器应选用钢质，管道应采用整体焊接。采暖管道不宜穿越蓄电池室楼板。

3　蓄电池室每组宜布置在单独的室内，如确有困难，应在每组蓄电池之间设耐火时间为大于 2.0h 的防火隔断。蓄电池室门应向外开。

4　酸性蓄电池室内装修应有防酸措施。

5　容易产生爆炸性气体的蓄电池室内应安装防爆型探测器。

6　蓄电池室应装有通风装置，通风道应单独设置，不应通向烟道或厂房内的总通风系统。离通风管出口处 10m 内有引爆物质场所时，通风管的出风口至少应高出该建筑物屋顶 2.0m。

7　蓄电池室应使用防爆型照明和防爆型排风机，开关、熔断器、插座等应装在蓄电池室的外面。蓄电池室的照明线应采用耐酸导线，并用暗线敷设。

8　凡是进出蓄电池室的电缆、电线，在穿墙处应用耐酸瓷管或氯乙烯硬管穿线，并在其进出口端用耐酸材料将管口封堵。

9　当蓄电池室受到外界火势威胁时，应立即停止充电，如充电刚完毕，则应继续开启排风机，抽出室内氢气。

10　蓄电池室火灾时，应立即停止充电并灭火。

10.6.2　其他蓄电池室（阀式密封铅酸蓄电池室、无氢蓄电池室、锂电池室、UPS 室等）应符合下列要求：

1　蓄电池室应装有通向室外的有效通风装置，阀控式密封铅酸蓄电池室内的照明、通风设备可不考虑防爆。

2 锂电池应设置在专用房间内，建筑面积小于 200m^2 时，应设置干粉灭火器和消防砂箱；建筑面积不小于 200m^2 时，宜设置气体灭火系统和自动报警系统。

11.3 本条评价项目的查评依据如下

依据 《建筑电气工程施工质量验收规范》(GB 50303—2015)

3.2.7 高低压成套配电柜、蓄电池柜、UPS 柜、EPS 柜、低压成套配电柜（箱）控制柜（台、箱）的进场验收应符合下列规定：

1 查验合格证和随带技术文件：高压和低压成套配电柜、蓄电池柜、UPS 柜、EPS 柜等成套柜应有出厂试验报告；

2 核对产品型号、产品技术参数，应符合设计要求；

3 外观检查：设备应有铭牌，表面涂层应完整、无明显碰撞凹陷，设备内元器件应完好无损、接线无脱落脱焊，绝缘导线的材质、规格应符合设计要求，蓄电池柜内电池壳体应无碎裂、漏液、充油、充气设备应无泄漏。

3.2.11 开关、插座、接线盒和风扇及附件的进场验收应包括下列内容：

1 查验合格证：合格证内容填写应齐全、完整。

2 外观检查：开关、插座的面板及接线盒盒体应完整、无碎裂、零件齐全，风扇应无损坏、涂层完整，调速器等附件应适配。

3 电气和机械性能检测：对开关、插座的电气和机械性能应进行现场抽样检测，并应符合下列规定：

1）不同极性带电部件间的电气间隙不应小于 3mm，爬电距离不应小于 3mm；

2）绝缘电阻值不应小于 5MΩ；

3)用自攻锁紧螺钉或自切螺钉安装的，螺钉与软塑固定件旋合长度不应小于 8mm，绝缘材料固定件在经受 10 次拧紧退出试验后，应无松动或掉渣，螺钉及螺纹应无损坏现象；

4）对于金属间相旋合的螺钉螺母，拧紧后完全退出，反复 5 次后，应仍然能正常使用。

4 对开关、插座、接线盒及面板等绝缘材料的耐非正常热、耐燃和耐漏电起痕性能有异议时，应按批抽送有资质的试验室检测。

12 微型消防站建设

12.1 本条评价项目的查评依据如下

依据 《机关、团体、企业、事业单位消防安全管理规定》(公安部第 61 号令)

第二十三条 单位应当根据消防法规的有关规定，建立专职消防队、义务消防队，配置相应的消防装备、器材，并组织开展消防业务学习和灭火技能训练，提高预防和扑救火灾的能力。

12.2　本条评价项目的查评依据如下

依据 《消防安全重点单位微型消防站建设标准（试行）》（公消〔2015〕301 号）

三、站房器材

（三）微型消防站应在建筑物内部和避难层设置消防器材存放点，可根据需要在建筑之间分区域设置消防器材存放点。

12.3　本条评价项目的查评依据如下

依据 《消防安全重点单位微型消防站建设标准（试行）》（公消〔2015〕301 号）

2　人员配备

（一）微型消防站人员配备不少于 6 人；

（二）微型消防站应设站长、副站长、消防员、控制室值班员等岗位，配有消防车辆的微型消防站应设驾驶员岗位；

（三）站长应由单位消防安全管理人兼任，消防员负责防火巡查和初起火灾扑救工作；

（四）微型消防站人员应当接受岗前培训；培训内容包括扑救初起火灾业务技能、防火巡查基本知识等。

12.4　本条评价项目的查评依据如下

依据 1 《机关、团体、企业、事业单位消防安全管理规定》（公安部第 61 号令）

第三十八条　单位下列人员应接受消防安全专门培训：

（一）单位的消防安全责任人、消防安全管理人；

（二）专、兼职消防管理人员。

依据 2 《机关、团体、企业、事业单位消防安全管理规定》（公安部第 61 号令）

第三十九条　消防安全重点单位制定的灭火和应急疏散预案应包括下列内容：

（一）组织机构，包括：灭火行动组、通讯联络组、疏散引导组、安全防护救护组。

12.5　本条评价项目的查评依据如下

依据 1 《机关、团体、企业、事业单位消防安全管理规定》（公安部第 61 号令）

第三十八条　下列人员应当接受消防安全专门培训：

（一）单位的消防安全责任人、消防安全管理人；

（二）专、兼职消防管理人员；

（三）消防控制室的值班、操作人员；

（四）其他依照规定应当接受消防安全专门培训的人员。

前款规定中的第（三）项人员应当持证上岗。

依据 2 《消防安全重点单位微型消防站建设标准（试行）》（公消〔2015〕301 号）

四、岗位职责

（一）站长负责微型消防站日常管理，组织制定各项管理制度和灭火应急预案，开展防火巡查、消防宣传教育和灭火训练；指挥初起火灾扑救和人员疏散。

（二）消防员负责扑救初起火灾；熟悉建筑消防设施情况和灭火应急预案，熟练掌握器材性能和操作使用方法，并落实器材维护保养；参加日常防火巡查和消防宣传教育。

（三）控制室值班员应熟悉灭火应急处置程序，熟练掌握自动消防设施操作方法，接到火情信息后启动预案。

12.6 本条评价项目的查评依据如下

依据 《机关、团体、企业、事业单位消防安全管理规定》（公安部第61号令）

第七条 单位可以根据需要确定本单位的消防安全管理人。消防安全管理人对单位的消防安全责任人负责，实施和组织落实下列消防安全管理工作：

（五）组织实施对本单位消防设施、灭火器材和消防安全标志的维护保养，确保其完好有效，确保疏散通道和安全出口畅通。

第 10 章
营业厅（供电所）消防安全性评价内容

本评价内容主要适用于国家电网公司营业厅（供电所）消防管理及隐患排查工作。本部分评价内容分为评价标准、查评依据两部分。评价标准中包括消防管理、火灾隐患排查整治、消防设施、标志标识等共 8 项查评要点，共计 100 分；评价依据中引用了评价标准所依据的国家、行业、国家电网公司相关规章制度和文件。对查评标准中所列项目按照规定不涉及的，该项目得满分。

第 1 节　营业厅（供电所）消防安全性评价标准

序号	评价项目	标准分	评价标准	查评依据
1	营业厅（供电所）	100		
1.1	（1）是否明确经营场所消防工作的归口管理职能部门； （2）是否明确专（兼）职的消防安全管理人员及其职责	20	未明确消防工作归口管理部门的，扣 50%；未明确专（兼）职消防管理人员及其职责的，扣 50%	《中华人民共和国消防法》（2019 年修订）第十七条
1.2	（1）是否建立经营场所消防安全管理制度； （2）是否开展班组消防安全教育、培训； （3）是否制定了用火、用电安全管理制度	10	记录每少一项制度或记录 20%	《中华人民共和国消防法》（2019 年修订）第十六条； 《机关、团体、企业、事业单位消防安全管理规定》（公安部第 61 号令）第十八、四十五条
1.3	（1）是否制定灭火和应急疏散应急预案、现场处置方案和应急处置卡； （2）是否开展灭火和应急疏散应急演练活动，图片、记录、总结等资料是否齐全	10	未及时进行制度或方案修订，扣 20%；缺少文字、图片、影像资料，每少一项扣 20%	《机关、团体、企业、事业单位消防安全管理规定》（公安部第 61 号令）第十八、四十五条
1.4	是否开展了每日防火检查；是否留存完整的纸质资料	10	未开展每日防火检查，不得分；开展日防火检查，但记录内容不全、记录日期有间断，酌情扣 20%～50%	《机关、团体、企业、事业单位消防安全管理规定》（公安部第 61 号令）第二十五条
1.5	（1）是否有禁烟标志； （2）客户资料室是否设置了明显的防火标志；是否明确设立责任人	10	未在设置防火标志，每处扣 5 分；没有确立责任人，不得分	《中华人民共和国消防法》（2019 年修订）第十七条（二）； 《机关、团体，企业、事业单位消防安全管理规定》（公安部第 61 号令）第十九条

续表

序号	评价项目	标准分	评价标准	查评依据
1.6	所有电气设备、办公用电器设备及其走线电缆是否杂乱、老化容易引起火灾，是否涂刷电缆防火涂料或穿阻燃绝缘管材	10	未达到要求，每处扣20%	《建筑电气工程施工质量验收规范》（GB 50303—2015）第3.2.11条
1.7	灭火器配置是否符合规定，是否定期维保，各种标识是否完好	20	未按照规范配置不得分，每处扣20%	《机关、团体、企业、事业单位消防安全管理规定》（公安部61号令）第二十六、二十九条
1.8	应急疏散指示灯、应急照明等消防装置配置是否符合规定，是否完好有效	10	未按照规范进行设计和安装，不得分；部分设计或安装有误，每处扣20%	《机关、团体、企业、事业单位消防安全管理规定》（公安部62号令）第十九、二十六条

第2节　营业厅（供电所）消防查评依据

1　营业厅（供电所）

1.1　本条评价项目的查评依据如下

依据　《中华人民共和国消防法》（2019年修订）

第十七条　县级以上地方人民政府消防救援机构应当将发生火灾可能性较大以及发生火灾可能造成重大的人身伤亡或者财产损失的单位，确定为本行政区域内的消防安全重点单位，并由应急管理部门报本级人民政府备案。

消防安全重点单位除应当履行本法第十六条规定的职责外，还应当履行下列消防安全职责：

（一）确定消防安全管理人，组织实施本单位的消防安全管理工作；

（二）建立消防档案，确定消防安全重点部位，设置防火标志，实行严格管理；

（三）实行每日防火巡查，并建立巡查记录；

（四）对职工进行岗前消防安全培训，定期组织消防安全培训和消防演练。

1.2　本条评价项目的查评依据如下

依据1　《中华人民共和国消防法》（2019年修订）

第十六条　机关、团体、企业、事业等单位应当履行下列消防安全职责：

（一）落实消防安全责任制，制定本单位的消防安全制度、消防安全操作规程，制定灭火和应急疏散预案；

（二）按照国家标准、行业标准配置消防设施、器材，设置消防安全标志，并定期组织检验、维修，确保完好有效；

（三）对建筑消防设施每年至少进行一次全面检测，确保完好有效，检测记录应当完整准确，存档备查；

（四）保障疏散通道、安全出口、消防车通道畅通，保证防火防烟分区、防火间距符合消防技术标准；

（五）组织防火检查，及时消除火灾隐患；

（六）组织进行有针对性的消防演练；

（七）法律、法规规定的其他消防安全职责。单位的主要负责人是本单位的消防安全责任人。

依据2 《机关、团体、企业、事业单位消防安全管理规定》（公安部第61号令）

第十八条　单位应当按照国家有关规定，结合本单位的特点，建立健全各项消防安全制度和保障消防安全的操作规程，并公布执行。

第四十五条　单位应当将消防安全工作纳入内部检查、考核、评比内容。对在消防安全工作中成绩突出的部门（班组）和个人，单位应当给予表彰奖励。对未依法履行消防安全职责或者违反单位消防安全制度的行为，应当依照有关规定对责任人员给予行政纪律处分或者其他处理。

1.3　本条评价项目的查评依据如下

依据 《机关、团体、企业、事业单位消防安全管理规定》（公安部第61号令）

第十八条　单位应当按照国家有关规定，结合本单位的特点，建立健全各项消防安全制度和保障消防安全的操作规程，并公布执行。

第四十五条　单位应当将消防安全工作纳入内部检查、考核、评比内容。对在消防安全工作中成绩突出的部门（班组）和个人，单位应当给予表彰奖励。对未依法履行消防安全职责或者违反单位消防安全制度的行为，应当依照有关规定对责任人员给予行政纪律处分或者其他处理。

1.4　本条评价项目的查评依据如下

依据 《机关、团体、企业、事业单位消防安全管理规定》（公安部第61号令）

第二十五条　消防安全重点单位应当进行每日防火巡查，并确定巡查的人员、内容、部位和频次。其他单位可以根据需要组织防火巡查。巡查的内容应当包括：

（一）用火、用电有无违章情况；

（二）安全出口、疏散通道是否畅通，安全疏散指示标志、应急照明是否完好；

（三）消防设施、器材和消防安全标志是否在位、完整；

（四）常闭式防火门是否处于关闭状态，防火卷帘下是否堆放物品影响使用；

（五）消防安全重点部位的人员在岗情况；

（六）其他消防安全情况。

公众聚集场所在营业期间的防火巡查应当至少每二小时一次；营业结束时应当对营业现场进行检查，消除遗留火种。医院、养老院、寄宿制的学校、托儿所、幼儿园应当加强夜间防火巡查，其他消防安全重点单位可以结合实际组织夜间防火巡查。

防火巡查人员应当及时纠正违章行为，妥善处置火灾危险，无法当场处置的，应当立即报告。发现初起火灾应当立即报警并及时扑救。

防火巡查应当填写巡查记录，巡查人员及其主管人员应当在巡查记录上签名。

1.5 本条评价项目的查评依据如下

依据 1 《中华人民共和国消防法》（2019 年修订）

第十七条 ……

消防安全重点单位除应当履行本法第十六条规定的职责外，还应当履行下列消防安全职责：（二）建立消防档案，确定消防安全重点部位，设置防火标志，实行严格管理。

依据 2 《机关、团体，企业、事业单位消防安全管理规定》（公安部第 61 号令）

第十九条 单位应当将容易发生火灾、一旦发生火灾可能严重危及人身和财产安全以及对消防安全有重大影响的部位确定为消防安全重点部位，设置明显的防火标志，实行严格管理。

1.6 本条评价项目的查评依据如下

依据 《建筑电气工程施工质量验收规范》（GB 50303—2015）

3.2.11 开关、插座、接线盒和风扇及附件的进场验收应包括下列内容：

1 查验合格证：合格证内容填写应齐全、完整。

2 外观检查：开关、插座的面板及接线盒盒体应完整、无碎裂、零件齐全，风扇应无损坏、涂层完整，调速器等附件应适配。

3 电气和机械性能检测：对开关、插座的电气和机械性能应进行现场抽样检测，并应符合下列规定：

1）不同极性带电部件间的电气间隙不应小于 3mm，爬电距离不应小于 3mm；

2）绝缘电阻值不应小于 5MΩ；

3）用自攻锁紧螺钉或自切螺钉安装的，螺钉与软塑固定件旋合长度不应小于 8mm，绝缘材料固定件在经受 10 次拧紧退出试验后，应无松动或掉渣，螺钉及螺纹应无损坏现象；

4）对于金属间相旋合的螺钉螺母，拧紧后完全退出，反复 5 次后，应仍然能正常使用。

4 对开关、插座、接线盒及面板等绝缘材料的耐非正常热、耐燃和耐漏电起痕性能有异议时，应按批抽送有资质的试验室检测。

1.7 本条评价项目的查评依据如下

依据 《机关、团体、企业、事业单位消防安全管理规定》（公安部 61 号令）

第二十六条 机关、团体、企业、事业单位应当至少每季度进行一次防火检查，其他单位应当至少每月进行一次防火检查。检查的内容应当包括：

（一）火灾隐患的整改情况以及防范措施的落实情况；

（二）安全疏散通道、疏散指示标志、应急照明和安全出口情况；

（三）消防车通道、消防水源情况；

（四）灭火器材配置及有效情况；'

（五）用火、用电有无违章情况；

（六）重点工种人员，以及其他员工消防知识的掌握情况；

（七）消防安全重点部位的管理情况；

（八）易燃易爆危险物品和场所防火防爆措施的落实情况以及其他重要物资的防火安全情况；

（九）消防（控制室）值班情况和设施运行、记录情况；

（十）防火巡查情况；

（十一）消防安全标志的设置情况和完好、有效情况；

（十二）其他需要检查的内容。

防火检查应当填写检查记录。检查人员和被检查部门负责人应当在检查记录上签名。

第二十九条　单位应当按照有关规定定期对灭火器进行维护保养和维修检查。对灭火器应当建立档案资料，记明配置类型、数量、设置位置、检查维修单位（人员）、更换药剂的时间等有关情况。

1.8　本条评价项目的查评依据如下

依据《机关、团体、企业、事业单位消防安全管理规定》（公安部 61 号令）

第十九条　单位应当将容易发生火灾、一旦发生火灾可能严重危及人身和财产安全以及对消防安全有重大影响的部位确定为消防安全重点部位，设置明显的防火标志，实行严格管理。

第二十六条　机关、团体、事业单位应当至少每季度进行一次防火检查，其他单位应当至少每月进行一次防火检查。检查的内容应当包括：

（一）火灾隐患的整改情况以及防范措施的落实情况；

（二）安全疏散通道、疏散指示标志、应急照明和安全出口情况；

（三）消防车通道、消防水源情况；

（四）灭火器材配置及有效情况；

（五）用火、用电有无违章情况；

（六）重点工种人员，以及其他员工消防知识的掌握情况；

（七）消防安全重点部位的管理情况；

（八）易燃易爆危险物品和场所防火防爆措施的落实情况以及其他重要物资的防火安全情况；

（九）消防（控制室）值班情况和设施运行、记录情况；

（十）防火巡查情况；

（十一）消防安全标志的设置情况和完好、有效情况；

（十二）其他需要检查的内容。

防火检查应当填写检查记录。检查人员和被检查部门负责人应当在检查记录上签名。

第 11 章
信息通信机房、调度大厅消防安全性评价内容

本评价内容主要适用于国家电网公司信息通信机房、调度大厅区域消防管理及隐患排查工作。本部分评价内容分为评价标准、查评依据两部分。评价标准中包括信息通信机房、调度大厅两处场所，对火灾自动报警系统，气体灭火系统配置、安全疏散、安全出口、应急照明，灭火器材，电缆和防火封堵，防排烟系统日常运行维护及管理共 7 类 37 项查评要点，共计 300 分；评价依据中引用了评价标准所依据的国家、行业、国家电网公司相关规章制度和文件。对查评标准中所列项目按照规定不涉及的，该项目得满分。

第 1 节　信息通信机房、调度大厅消防安全评价标准

序号	评价项目	标准分	评价标准	查评依据
1	**信息及通信机房**	250		
1.1	火灾自动报警系统	40		
1.1.1	A 类、B 类信息机房	10		
1.1.1.1	（1）机房应采用吸气式烟雾探测火灾自动报警系统，能够自动检测火情、自动报警； （2）应符合 GB 50116 的有关规定，且通过消防部门的验收，并与本市消防中心相连	10	机房未安装吸气式烟雾探测火灾自动报警系统不得分；不符合有关规定一项扣 10%；未通过验收扣一项扣 10%；未与消防中心连接一项扣 10%	《国家电网公司信息机房评价规范》（国家电网企管〔2015〕468 号）7.1（5.1.3）、7.2（5.1.3）
1.1.2	C 类、D 类信息机房	10		
1.1.2.1	机房应设置火灾自动报警系统，并应符合现行国家标准 GB 50116 的有关规定	10	机房未安装火灾自动报警系统不得分；不符合有关规定一项扣 10%	《国家电网公司信息机房评价规范》（国家电网企管〔2015〕468 号）7.3（5.1.3）、7.4（5.4）
1.1.3	独立通信机房	10		
1.1.3.1	机房应设置火灾自动报警系统，并应符合 GB 50116 的有关规定	10	机房未安装火灾自动报警系统不得分；不符合有关规定一项扣 10%	《独立通信机房设计与验收规范》（Q/GDW 11638—2016）14.1.2
1.1.4	蓄电池室	10		

续表

序号	评价项目	标准分	评价标准	查评依据
1.1.4.1	设置火灾自动报警系统	10	未安装火灾自动报警系统扣不得分	《国网设备部关于印发〈变电站（换流站）消防设备设施等完善化改造原则（试行）〉的通知》（设备变电〔2018〕15 号）4.2.3.2 b
1.2	气体灭火系统配置	90		
1.2.1	A 类、B 类信息机房	10		
1.2.1.1	（1）主机房、不间断电源室和电池室应设置洁净气体灭火系统。 （2）气体灭火装置的灭火性能可靠，不损坏电子设备。 （3）气体灭火系统的灭火剂及设施应采用经消防检测部门检测合格的产品。消防工程要通过有关部门验收	10	未设置洁净气体灭火系统扣不得分；灭火性能不满足要求一项扣 10%；未采用合格的产品，未经有关部门验收不得分	《国家电网公司信息机房评价规范》（国家电网企管〔2015〕468 号）7.1（5.1.1）、7.2（5.1.1）
1.2.2	C 类信息机房	10		
1.2.2.1	机房设有二氧化碳、七氟丙烷等机房专用的无腐蚀作用的气体灭火装置	10	未设置相应气体灭火装置，不得分	《国家电网公司信息机房评价规范》（国家电网企管〔2015〕468 号）7.3（5.1.2）
1.2.3	D 类信息机房	10		
1.2.3.1	机房以可设置高压细水雾灭火系统或自动喷水灭火系统。自动喷水灭火系统宜采用预作用系统	10	未设置灭火系统，不得分，自动喷水灭火系统不符合要求一项扣 10%	《国家电网公司信息机房评价规范》（国家电网企管〔2015〕468 号） 7.4 国家电网公司 D 类信息机房评分细则 5.2
1.2.4	独立通信机房	50		
1.2.4.1	A 类、B 类机房的主设备区、辅助区应设置洁净气体灭火系统，支持区可设置高压细水雾灭火系统。气体灭火系统的灭火剂及设施应采用经消防检测部门检测合格的产品	10	未设置气体灭火系统不得分，未采用合格的产品，未经有关部门验收不得分	《独立通信机房设计与验收规范》（Q/GDW 11638—2016）14.1.1、14.2.4
1.2.4.2	采用洁净气体灭火系统或高压细水雾灭火系统的机房，应同时设置两种火灾探测器，且火灾报警系统应与灭火系统联动。同时应配置专用空气呼吸器或氧气呼吸器	10	未设置两种探测器，未与灭火系统联动的不得分;；未配置呼吸器一项扣 10%	《独立通信机房设计与验收规范》（Q/GDW 11638—2016）14.2.1、14.3.1
1.2.4.3	灭火系统控制器应在灭火设备动作之前，联动控制关闭机房的风门、风阀，并应停止空调机和排风机、切断非消防电源等	10	联动装置不符合要求一项扣 10%	《独立通信机房设计与验收规范》（Q/GDW 11638—2016）14.2.2
1.2.4.4	机房内应设置警笛，机房门口上方应设置灭火显示灯。灭火系统的控制箱（柜）应设置在机房外便于操作的地方，且应有防止误操作的保护装置	10	未设置警笛、指示灯不得分；控制装置不符合要求一项扣 10%	《独立通信机房设计与验收规范》（Q/GDW 11638—2016）14.2.3
1.2.4.5	机房内的自动喷水灭火系统，应设置单独的报警阀组	10	未按要求设置报警阀组不得分	《独立通信机房设计与验收规范》（Q/GDW 11638—2016）14.2.5
1.2.5	蓄电池室	10		

续表

序号	评价项目	标准分	评价标准	查评依据
1.2.5.1	设置气体灭火系统或设置灭火设施	10	未设置相应灭火装置，不得分	《国网设备部关于印发〈变电站（换流站）消防设备设施等完善化改造原则（试行）〉的通知》（设备变电〔2018〕15号）4.2.3.2 b
1.3	安全疏散、安全出口、应急照明	65		
1.3.1	A类、B类信息机房	20		
1.3.1.1	（1）机房内应有紧急安全出口标示，主机房出口应设置向疏散方向开启且能自动关闭的门，门应是防火材料，并应保证在任何情况下都能从机房内打开； （2）走道净宽不应小于1.5m，安全通道要保证畅通。如机房长度超过15m（或面积大于90m²），应设2个安全出口，并宜设于机房的两端； （3）机房内应设置警笛，机房门口上方应设置灭火显示灯，灭火系统的控制箱（柜）应设置在机房外便于操作的地方，且应有防止误操作的保护装置	10	机房安全出口标识及门的安装不符合要求不得分；安全通道不畅通一项扣20%；机房内未设置警笛一项扣20%；门口上方未设置显示灯一项扣20%；灭火箱设置不满足要求一项扣20%	《国家电网公司信息机房评价规范》（国家电网企管〔2015〕468号）7.1（5.1.4）、7.2（5.1.5）
1.3.1.2	备用照明： 主机房和辅助区内应设置备用照明，备用照明的照度值不应低于一般照明照度值10%；有人值守的房间，备用照明的照度值不应低于一般照明照度值的50%；备用照明可为一般照明的一部分。技术夹层内应设置照明，采用单独支路或专用配电箱（柜）供电	5	未设置备用照明一项扣10%；照度不符合要求，发现一项扣10%	《国家电网公司信息机房评价规范》（国家电网企管〔2015〕468号）7.1（1.5.2）、7.2（1.5.4）
1.3.1.3	事故照明： 主机房要设置事故应急照明，其照度不应低于5lx。主要通道及有关房间依据需要可设应急照明，其照度不应低于1lx。机房内安全出入口应设置停电照明装置	5	主机房及安全出口未设置事故应急照明不符合要求，一项扣10%	《国家电网公司信息机房评价规范》（国家电网企管〔2015〕468号）7.1（1.5.3）、7.2（1.5.2）
1.3.2	C类信息机房	10		
1.3.2.1	机房内应有紧急安全出口标示，门应向疏散方向开启	5	无安全出口标识一项扣10%；出口门设置不符合要求一项扣10%	《国家电网公司信息机房评价规范》（国家电网企管〔2015〕468号）7.3（5.1.5）
1.3.2.2	事故照明时，机房电源系统区、网络设备区、服务器设备区应设事故照明	5	未设置事故照明不得分	《国家电网公司信息机房评价规范》（国家电网企管〔2015〕468号）7.3（1.6.2）
1.3.3	D类信息机房	5		
1.3.3.1	机房内应设置日常照明和事故照明系统，照明灯具应正常工作	5	无事故照明系统不得分；照明灯具故障一项扣10%	《国家电网公司信息机房评价规范》（国家电网企管〔2015〕468号）7.4（4.3）
1.3.4	调度大厅独立通信机房	20		
1.3.4.1	A类、B类机房应设置两个及以上安全出口，并宜设于机房的两端。安全出口应安装甲级防火门，并应向疏散方向开启，走廊、楼梯间应畅通并有明显的出口指示标志	5	机房无安全出口标识一项扣10%；安全通道不畅通一项扣10%；安全出口不符合要求一项扣10%	《独立通信机房设计与验收规范》（Q/GDW 11638—2016）6.2.10

续表

序号	评价项目	标准分	评价标准	查评依据
1.3.4.2	机房应设置通道疏散照明及疏散指示标志灯，主设备区通道疏散照明的照度值不应低于 5lx。其他区域通道疏散照明的照度值不应低于 0.5lx	5	照明及疏散指示标志灯一项扣 10%；照度不符合要求一项扣 10%	《独立通信机房设计与验收规范》（Q/GDW 11638—2016）9.2.1.6
1.3.4.3	备用照明： 主设备区和辅助区内应设置备用照明，备用照明的照度值不应低于一般照明照度值 10%；有人值守的房间，备用照明的照度值不应低于一般照明照度值的 50%；备用照明可为一般照明的一部分	5	未设置备用照明不得分；照度不符合要求一项扣 10%	《独立通信机房设计与验收规范》（Q/GDW 11638—2016）9.2.1.5
1.3.4.4	事故照明： 机房应配备事故应急照明，照度不应低于 60lx。事故应急照明应符合以下要求： （1）主设备区应设置事故应急照明，其照度不应低于 5lx； （2）主要通道及有关房间依据需要可设应急照明，其照度不应低于 1lx； （3）机房内安全出入口应设置停电照明设备	5	主机房及安全出口未设置事故应急照明不得分；照度不符合要求一项扣 10%	《独立通信机房设计与验收规范》（Q/GDW 11638—2016）9.2.4
1.3.5	调度大厅蓄电池室	10		
1.3.5.1	门应向疏散方向开启，并配置符合要求的照明装置和通风装置	10	安全出口不符合要求一项扣 20%，照明和通风装置不符合要求一项扣 20%	《火力发电厂与变电站设计防火标准》（GB 50229—2019）11.2.4； 《国网设备部关于印发〈变电站（换流站）消防设备设施等完善化改造原则（试行）〉的通知》（设备变电〔2018〕15 号）4.2.3.1、4.2.3.2； 《国家电网有限公司关于印发〈十八项电网重大反事故措施（修订版）〉的通知》（国家电网设备〔2018〕979 号）5.3.1.5
1.4	灭火器材	30		
1.4.1	A 类、B 类信息机房	10		
1.4.1.1	（1）机房内各区域应配有手提灭火装置； （2）手提灭火器的设置应符合 GB 50140—2005 的有关规定。灭火剂不应对电子信息设备造成污渍损害	5	各区域未配手提式灭火器，不得分。灭火器不符合要求一项扣 10%	《国家电网公司信息机房评价规范》（国家电网企管〔2015〕468 号）7.1（5.1.2）、7.2（5.1.2）
1.4.1.2	（1）灭火器材和安全防护面具应有专人定期检查。 （2）维护人员应熟悉常用的消防知识和安全操作方法	5	无专人定期检查不得分；维护人员达不到要求一项扣 10%	《国家电网公司信息机房评价规范》（国家电网企管〔2015〕468 号）7.1（5.1.5）、7.2（5.1.4）
1.4.2	C 类信息机房	10		
1.4.2.1	消防器材和设备应是经国家指定的检测中心确认合格的产品。消防工程要通过有关部门验收	5	消防器材不符合要求一项扣 10%	《国家电网公司信息机房评价规范》（国家电网企管〔2015〕468 号）7.3（5.1.4）

续表

序号	评价项目	标准分	评价标准	查评依据
1.4.2.2	按国家消防部门有关要求，定期对机房消防设施进行检查，并做好检查记录	5	未检查或记录扣不得分。检查未达要求扣一项扣 10%	《国家电网公司信息机房评价规范》（国家电网企管〔2015〕468 号）7.2 （5.1.1）
1.4.3	D 类信息机房	5		
1.4.3.1	机房内应配置手提灭火器，应有专人管理，每年进行检查，并应符合 GB 50140 的有关规定	5	未配置手提灭火器本项不得分；无专人不符合国标规定一项扣 10%	国家电网公司信息机房评价规范》（国家电网企管〔2015〕468 号）7.4（5.3）
1.4.4	独立通信机房	5		
1.4.4.1	机房应配置灭火器材、防毒面具，灭火剂不应对通信设备造成污渍损害	5	未配置灭火器材、防毒面具，不得分	《独立通信机房设计与验收规范》（Q/GDW 11638—2016）14.1.3、14.2.6
1.5	电缆和防火封堵	15		
1.5.1	机房所有的缝隙、线管漏洞必须用防火材料封堵	5	每发现一处未采用防火材料封堵一项扣 10%	《国家电网公司信息机房评价规范》（国家电网企管〔2015〕468 号）7.1 （5.1.6、5.1.7）、7.2（5.1.6）、7.3（5.1.6）、7.4（5.1）； 《独立通信机房设计与验收规范》（Q/GDW 11638—2016）8.3.1； 《国网设备部关于印发〈变电站（换流站）消防设备设施等完善化改造原则（试行）〉的通知》（设备变电〔2018〕15 号）4.2.3.1 c、d
1.5.2	机房的风管及管道的保温、消声材料和黏结剂，应选用不燃烧材料或阻燃 B1 级材料	5	每发现一处材料不符合要求一项扣 10%	《独立通信机房设计与验收规范》（Q/GDW 11638—2016）10.1.4
1.5.3	蓄电池室内不同组电池应有效隔离	5	未设置有效隔离措施不得分	《国网设备部关于印发〈变电站（换流站）消防设备设施等完善化改造原则（试行）〉的通知》（设备变电〔2018〕15 号）4.2.3.1 a； 《国家电网有限公司关于印发〈十八项电网重大反事故措施（修订版）〉的通知》（国家电网设备〔2018〕979 号）5.3.1.3，5.3.1.4
1.6	防排烟系统	10		
1.6.1	蓄电池室应设有排出蓄电池放出有害气体的设施	10	未按要求设置排出蓄电池放出有害气体的设施不得分	《独立通信机房设计与验收规范》（Q/GDW 11638—2016）10.2.2
2	**调度大厅**	50		
2.1	调度设备采用气体消防时，消防设施用房是否靠近专业设备用房，是否采用防爆隔离措施	20	消防设施用房未靠近专业设备用房，扣 50%，未采用防爆隔离措施，扣 50%	《调度通信中心工程设计规范》（GB/T 50980—2014）3.4.8
2.2	凡设置了气体灭火系统的场所，均应配置专用空气呼吸器或氧气呼吸器	15	未配置专用空气呼吸器或氧气呼吸器，不得分	《调度通信中心工程设计规范》（GB/T 50980—2014）4.6.2

续表

序号	评价项目	标准分	评价标准	查评依据
2.3	工艺机房门应向疏散方向开启且能自动关闭，火灾发生时门禁系统应自动解锁	15	工艺机房门未向疏散方向开启扣50%，不能自动关闭扣50%，火灾发生时门禁系统未自动解锁，扣50%	《调度通信中心工程设计规范》(GB/T 50980—2014）4.6.2

第2节　信息通信机房、调度大厅消防查评依据

1　信息及通信机房

1.1　火灾自动报警系统

1.1.1　A类、B类信息机房

1.1.1.1　本条评价项目的查评依据如下

依据《国家电网公司信息机房评价规范》（国家电网企管〔2015〕468号）

7.1　国家电网公司A类信息机房评分细则之5.1.3

1）机房应采用吸气式烟雾探测火灾自动报警系统，能够自动检测火情、自动报警。

2）应符合GB 50116的有关规定，且通过消防部门的验收，并与本市消防中心相连。

7.2　国家电网公司B类信息机房评分细则之5.1.3

1）机房应采用吸气式烟雾探测火灾自动报警系统，能够自动检测火情、自动报警。

2）应符合现行国家标准GB 50116的有关规定，且通过消防部门的验收，并与本市消防中心相连。

1.1.2　C类信息机房

1.1.2.1　本条评价项目的查评依据如下

依据《国家电网公司信息机房评价规范》（国家电网企管〔2015〕468号）

7.3　国家电网公司C类信息机房评分细则

5.1.3　机房应设置火灾自动报警系统，并应符合现行国家标准GB 50116的有关规定。

7.4　国家电网公司D类信息机房评分细则

5.4　机房内应设置火灾自动报警系统，并应符合GB 50116的有关规定。

1.1.3　D类信息机房

1.1.3.1　本条评价项目的查评依据如下

依据《独立通信机房设计与验收规范》（Q/GDW 11638—2016）

14.1.2　机房应设置火灾自动报警系统，并应符合GB 50116的有关规定。

1.1.4　蓄电池室

1.1.4.1　本条评价项目的查评依据如下

依据《国网设备部关于印发〈变电站（换流站）消防设备设施等完善化改造原则（试

行)〉的通知》(设备变电〔2018〕15号)

4.2.3.2 其他蓄电池室(阀控式密封铅酸蓄电池室、无氢蓄电池室、锂电池室、钠硫电池、UPS室等):

a 蓄电池室应装有通向室外的有效通风装置,阀控式密封铅酸蓄电池室内的照明、通风设备可不考虑防爆;

b 锂电池、钠硫电池设置在专用的房间内,建筑面积<$200m^2$时,应设置干粉灭火器或消防砂箱;建筑面积≥$200m^2$时,宜设置气体灭火系统和自动报警系统。

1.2 气体灭火系统配置。

1.2.1 A类、B类信息机房

1.2.1.1 本条评价项目的查评依据如下

依据 《国家电网公司信息机房评价规范》(国家电网企管〔2015〕468号)

7.1 国家电网公司A类信息机房评分细则之5.1.1

1)主机房、不间断电源室和电池室应设置洁净气体灭火系统。

2)气体灭火装置的灭火性能可靠,不损坏电子设备。

3)气体灭火系统的灭火剂及设施应采用经消防检测部门检测合格的产品。

7.2 国家电网公司B类信息机房评分细则之5.1.1

1)主机房、不间断电源室和电池室应设置洁净气体灭火系统。

2)气体灭火装置的灭火性能可靠,不损坏电子设备。

3)气体灭火系统的灭火剂及设施应采用经消防检测部门检测合格的产品。消防工程要通过有关部门验收。

1.2.2 C类信息机房

1.2.2.1 本条评价项目的查评依据如下

依据 《国家电网公司信息机房评价规范》(国家电网企管〔2015〕468号)

7.3 国家电网公司C类信息机房评分细则

5.1.2 机房设有二氧化碳、七氟丙烷等机房专用的无腐蚀作用的气体灭火装置。

1.2.3 D类信息机房

1.2.3.1 本条评价项目的查评依据如下

依据 《国家电网公司信息机房评价规范》(国家电网企管〔2015〕468号)

7.4 国家电网公司D类信息机房评分细则

5.2 机房以可设置高压细水雾灭火系统或自动喷水灭火系统。自动喷水灭火系统宜采用预作用系统。

1.2.4 独立通信机房

1.2.4.1 本条评价项目的查评依据如下

依据 《独立通信机房设计与验收规范》(Q/GDW 11638—2016)

14.1.1 A类、B类机房的主设备区、辅助区应设置洁净气体灭火系统,支持区可设置高压细水雾灭火系统。

14.2.4　气体灭火系统的灭火剂及设施应采用经消防检测部门检测合格的产品。

1.2.4.2　本条评价项目的查评依据如下

依据 《独立通信机房设计与验收规范》（Q/GDW 11638—2016）

14.2.1　采用洁净气体灭火系统或高压细水雾灭火系统的机房，应同时设置两种火灾探测器，且火灾报警系统应与灭火系统联动。

14.3.1　凡设置洁净气体灭火系统的主设备区，应配置专用空气呼吸器或氧气呼吸器。

1.2.4.3　本条评价项目的查评依据如下

依据 《独立通信机房设计与验收规范》（Q/GDW 11638—2016）

14.2.2　灭火系统控制器应在灭火设备动作之前，联动控制关闭机房的风门、风阀，并应停止空调机和排风机、切断非消防电源等。

1.2.4.4　本条评价项目的查评依据如下

依据 《独立通信机房设计与验收规范》（Q/GDW 11638—2016）

14.2.3　机房内应设置警笛，机房门口上方应设置灭火显示灯。灭火系统的控制箱（柜）应设置在机房外便于操作的地方，且应有防止误操作的保护装置。

1.2.4.5　本条评价项目的查评依据如下

依据 《独立通信机房设计与验收规范》（Q/GDW 11638—2016）

14.2.5　机房内的自动喷水灭火系统，应设置单独的报警阀组。

1.2.5　蓄电池室

1.2.5.1　本条评价项目的查评依据如下

依据《国网设备部关于印发〈变电站（换流站）消防设备设施等完善化改造原则（试行）〉的通知》（设备变电〔2018〕15 号）

4.2.3.2　其他蓄电池室（阀控式密封铅酸蓄电池室、无氢蓄电池室、锂电池室、钠硫电池、UPS 室等）：

a　蓄电池室应装有通向室外的有效通风装置，阀控式密封铅酸蓄电池室内的照明、通风设备可不考虑防爆；

b　锂电池、钠硫电池设置在专用的房间内，建筑面积＜$200m^2$ 时，应设置干粉灭火器或消防砂箱；建筑面积≥$200m^2$ 时，宜设置气体灭火系统和自动报警系统。

1.3　安全疏散、安全出口、应急照明

1.3.1　A 类、B 类信息机房

1.3.1.1　本条评价项目的查评依据如下

依据 《国家电网公司信息机房评价规范》（国家电网企管〔2015〕468 号）

7.1　国家电网公司 A 类信息机房评分细则之 5.1.4

1）机房内应有紧急安全出口标示，主机房出口应设置向疏散方向开启且能自动关闭的门，门应是防火材料，并应保证在任何情况下都能从机房内打开。

2）安全通道要保证畅通。如机房长度超过 15m（或面积大于 90m^2），应设 2 个安全出口，并宜设于机房的两端。

3）机房内应设置警笛，机房门口上方应设置灭火显示灯，灭火系统的控制箱（柜）应设置在机房外便于操作的地方，且应有防止误操作的保护装置。

7.2 国家电网公司 B 类信息机房评分细则之 5.1.5

1）机房内应有紧急安全出口标示，主机房出口应设置向疏散方向开启且能自动关闭的门，门应是防火材料，并应保证在任何情况下都能从机房内打开。

2）走道净宽不应小于 1.5m，安全通道要保证畅通。如机房长度超过 15m（或面积大于 90m^2），应设 2 个安全出口，并宜设于机房的两端。

3）机房内应设置警笛，机房门口上方应设置灭火显示灯，灭火系统的控制箱（柜）应设置在机房外便于操作的地方，且应有防止误操作的保护装置。

信息机房划分为 A、B、C、D 四级（见下表）。

机房级别和对应建设单位

信息机房级别	建设单位
A 级	国家电网公司数据（灾备）中心
B 级	各分部、各省公司
C 级	国家电网公司直属单位、地市供电公司
D 级	县供电公司及其他单位

1.3.1.2 本条评价项目的查评依据如下

依据 《国家电网公司信息机房评价规范》(国家电网企管〔2015〕468 号)

7.1 国家电网公司 A 类信息机房评分细则

1.5.2 备用照明：机房和辅助区内应设置备用照明，备用照明的照度值不应低于一般照明照度值 10%。有人值守的房间，备用照明的照度值不应低于一般照明照度值的 50%，备用照明可为一般照明的一部分。技术夹层内应设置照明，采用单独支路或专用配电箱（柜）供电。

7.2 国家电网公司 B 类信息机房评分细则

1.5.4 主机房和辅助区内应设置备用照明，备用照明的照度值不应低于一般照明照度值 10%；有人值守的房间，备用照明的照度值不应低于一般照明照度值的 50%；备用照明可为一般照明的一部分。技术夹层内应设置照明，采用单独支路或专用配电箱（柜）供电。

1.3.1.3 本条评价项目的查评依据如下

依据 《国家电网公司信息机房评价规范》(国家电网企管〔2015〕468 号)

7.1 国家电网公司 A 类信息机房评分细则

1.5.3　事故照明：主机房及安全出口应设置事故应急照明，其照度不应低于 5lx；主要通道及有关房间依据需要可设应急照明，照度不应低于 1lx。

7.2　国家电网公司 B 类信息机房评分细则

1.5.2　主机房要设置事故应急照明，其照度不应低于 5lx。主要通道及有关房间依据需要可设应急照明，其照度不应低于 1lx。机房内安全出入口应设置停电照明装置。

1.3.2　C 类信息机房

1.3.2.1　本条评价项目的查评依据如下

依据　《国家电网公司信息机房评价规范》（国家电网企管〔2015〕468 号）

7.3　国家电网公司 C 类信息机房评分细则

5.1.5　机房内应有紧急安全出口标示，门应向疏散方向开启。

1.3.2.2　本条评价项目的查评依据如下

依据　《国家电网公司信息机房评价规范》（国家电网企管〔2015〕468 号）

7.3　国家电网公司 C 类信息机房评分细则

1.6.2　事故照明时，机房电源系统区、网络设备区、服务器设备区应设事故照明。

1.3.3　D 类信息机房

1.3.3.1　本条评价项目的查评依据如下

依据　《国家电网公司信息机房评价规范》（国家电网企管〔2015〕468 号）

7.4　国家电网公司 D 类信息机房评分细则

4.3　机房内应设置日常照明和事故照明系统，照明灯具应正常工作。

1.3.4　调度大厅独立通信机房

1.3.4.1　本条评价项目的查评依据如下

依据　《独立通信机房设计与验收规范》（Q/GDW 11638—2016）

6.2.10　A 类、B 类机房应设置两个及以上安全出口，并宜设于机房的两端。安全出口应安装甲级防火门，并应向疏散方向开启，走廊、楼梯间应畅通并有明显的出口指示标志。

1.3.4.2　本条评价项目的查评依据如下

依据　《独立通信机房设计与验收规范》（Q/GDW 11638—2016）

9.2.1.6　机房应设置通道疏散照明及疏散指示标志灯，主设备区通道疏散照明的照度值不应低于 5lx。其他区域通道疏散照明的照度值不应低于 0.5lx。

1.3.4.3　本条评价项目的查评依据如下

依据　《独立通信机房设计与验收规范》（Q/GDW 11638—2016）

9.2.1.5　主设备区和辅助区内应设置备用照明，备用照明的照度值不应低于一般照明照度值 10%；有人值守的房间，备用照明的照度值不应低于一般照明照度值的 50%；备用照明可为一般照明的一部分。

1.3.4.4　本条评价项目的查评依据如下

依据　《独立通信机房设计与验收规范》（Q/GDW 11638—2016）

9.2.4　事故应急照明要求

机房应配备事故应急照明，照度不应低于 60lx。事故应急照明应符合以下要求：

a）主设备区应设置事故应急照明，其照度不应低于 5lx；

b）主要通道及有关房间依据需要可设应急照明，其照度不应低于 1lx；

c）机房内安全出入口应设置停电照明设备。

1.3.5　调度大厅蓄电池室

1.3.5.1　本条评价项目的查评依据如下

依据 1 《火力发电厂与变电站设计防火标准》（GB 50229—2019）

11.2.4　地上油浸变压器室的门应直通室外；地下油浸变压器室门应向公共走道方向开启，该门应采用甲级防火门；干式变压器室、电容器室门应向公共走道方向开启，该门应采用乙级防火门；蓄电池室、电缆夹层、继电器室、通信机房、配电装置室的门应向疏散方向开启，当门外为公共走道或其他房间时，该门应采用乙级防火门。配电装置室的中间隔墙上的门可采用分别向不同方向开启且宜相邻的 2 个乙级防火门。

依据 2 《国网设备部关于印发〈变电站（换流站）消防设备设施等完善化改造原则（试行）〉的通知》（设备变电〔2018〕15 号）

4.2.3.1　酸性蓄电池室：

a　蓄电池室每组宜布置在单独的室内，如确有困难，应在每组蓄电池之间设耐火时间为大于 2.0h 的防火隔断，蓄电池室门应向外开；

b　蓄电池室应装有通风装置，通风道应单独设置，不应通向烟道或厂房内的总通风系统；

c　蓄电池室应使用防爆型照明和防爆型排风机，开关、熔断器、插座等应装在蓄电池室的外面。蓄电池室的照明线应采用耐酸导线，并用暗线敷设，检修用行灯应采用 12V 防爆灯，其电缆应用绝缘良好的胶质软线；

4.2.3.2　其他蓄电池室（阀控式密封铅酸蓄电池室、无氢蓄电池室、锂电池室、钠硫电池、UPS 室等）：

a　蓄电池室应装有通向室外的有效通风装置，阀控式密封铅酸蓄电池室内的照明、通风设备可不考虑防爆；

依据 3 《国家电网有限公司关于印发〈十八项电网重大反事故措施（修订版）〉的通知》（国家电网设备〔2018〕979 号）

5.3.1.5　酸性蓄电池室（不含阀控式密封铅酸蓄电池室）照明、采暖通风和空气调节设施均应为防爆型，开关和插座等应装在蓄电池室的门外。

1.4　灭火器材

1.4.1　A 类、B 类信息机房

1.4.1.1　本条评价项目的查评依据如下

依据 《国家电网公司信息机房评价规范》（国家电网企管〔2015〕468 号）

7.1　国家电网公司 A 类信息机房评分细则之 5.1.2

1）机房内各区域应配有手提灭火装置。

2）手提灭火器的设置应符合 GB 50140 的有关规定。灭火剂不应对电子信息设备造成污渍损害。

7.2　国家电网公司 B 类信息机房评分细则之 5.1.2

1）应配备必要的手动灭火装置。

2）手提灭火器的设置应符合现行国家标准 GB 50140 的有关规定。灭火剂不应对电子信息设备造成污渍损害。

1.4.1.2　本条评价项目的查评依据如下

依据　《国家电网公司信息机房评价规范》（国家电网企管〔2015〕468 号）

7.1　国家电网公司 A 类信息机房评分细则之 5.1.5

1）灭火器材和安全防护面具应有专人定期检查。

2）维护人员应熟悉常用的消防知识和安全操作方法。

7.2　国家电网公司 B 类信息机房评分细则之 5.1.4

1）灭火器材和安全防护面具有专人负责定期检查。

2）维护人员应熟悉常用的消防知识和安全操作方法。

1.4.2　C 类信息机房

1.4.2.1　本条评价项目的查评依据如下

依据　《国家电网公司信息机房评价规范》（国家电网企管〔2015〕468 号）

7.3　国家电网公司 C 类信息机房评分细则

5.1.4　消防器材和设备应是经国家指定的检测中心确认合格的产品。消防工程要通过有关部门验收。

1.4.2.2　本条评价项目的查评依据如下

依据　《国家电网公司信息机房评价规范》（国家电网企管〔2015〕468 号）

7.2　国家电网公司 B 类信息机房评分细则之 5.1.1；

1）应配备必要的手动灭火装置。

2）手提灭火器的设置应符合现行国家标准 GB 50140 的有关规定。灭火剂不应对电子信息设备造成污渍损害。

1.4.3　D 类信息机房

1.4.3.1　本条评价项目的查评依据如下

依据　《国家电网公司信息机房评价规范》（国家电网企管〔2015〕468 号）

7.4　国家电网公司 D 类信息机房评分细则

5.3　机房内应配置手提灭火器，应有专人管理，每年进行检查，并应符合 GB 50140 的有关规定。

1.4.4 独立通信机房

1.4.4.1 本条评价项目的查评依据如下

依据 《独立通信机房设计与验收规范》（Q/GDW 11638—2016）

14.1.3 机房应配置灭火器材、防毒面具。

14.2.6 机房内手提灭火器的设置应符合 GB 50140 的有关规定。灭火剂不应对通信设备造成污渍损害。

1.5 电缆和防火封堵

1.5.1 本条评价项目的查评依据如下

依据 1 《国家电网公司信息机房评价规范》（国家电网企管〔2015〕468 号）

7.1 国家电网公司 A 类信息机房评分细则

5.1.6 屋面防水等级应达到Ⅰ级，与主机房无关的排水管道不应穿越主机房，当主机房内设有用水设备时，应采取防止水漫溢和渗漏措施，并装设漏水检测系统。

5.1.7 机房所有的缝隙、线管漏洞必须用防火材料封堵。

7.2 国家电网公司 B 类信息机房评分细则

5.1.6 机房所有的缝隙、线管漏洞必须用防火材料封堵。

7.3 国家电网公司 C 类信息机房评分细则

5.1.6 机房所有的缝隙、线管漏洞必须用防火材料填堵。

7.4 国家电网公司 D 类信息机房评分细则

5.1 机房应设有防小动物措施，机房内所有的缝隙、孔洞应用防火材料封堵。

依据 2 《独立通信机房设计与验收规范》（Q/GDW 11638—2016）

8.3.1 机房各孔洞应做防火封堵处理。

依据 3 《国网设备部关于印发〈变电站（换流站）消防设备设施等完善化改造原则（试行）〉的通知》（设备变电〔2018〕15 号）

4.2.3.1 酸性蓄电池室：

c 蓄电池室应使用防爆型照明和防爆型排风机，开关、熔断器、插座等应装在蓄电池室的外面。蓄电池室的照明线应采用耐酸导线，并用暗线敷设，检修用行灯应采用 12V 防爆灯，其电缆应用绝缘良好的胶质软线；

d 凡是进出蓄电池室的电缆、电线，在穿墙处应用耐酸瓷管或聚氯乙烯硬管穿线，并在其进出口端用耐酸材料将管口封堵。

1.5.2 本条评价项目的查评依据如下

依据 《独立通信机房设计与验收规范》（Q/GDW 11638—2016）

10.1.4 机房的风管及管道的保温、消声材料和黏结剂，应选用不燃烧材料或阻燃 B1 级材料。冷表面应作隔气、保温处理。

1.5.3 本条评价项目的查评依据如下

依据 1 《国网设备部关于印发〈变电站（换流站）消防设备设施等完善化改造原则（试行）〉的通知》（设备变电〔2018〕15 号）

4.2.3.1 酸性蓄电池室：

a 蓄电池室每组宜布置在单独的室内，如确有困难，应在每组蓄电池之间设耐火时间为大于 2.0h 的防火隔断，蓄电池室门应向外开；

依据 2 《国家电网有限公司关于印发〈十八项电网重大反事故措施（修订版）〉的通知》（国家电网设备〔2018〕979 号）

5.3.1.3 新建变电站 300Ah 及以上的阀控式蓄电池组应安装在各自独立的专用蓄电池室内或在蓄电池组间设置防爆隔火墙。

5.3.1.4 蓄电池组正极和负极引出电缆不应共用一根电缆，并采用单根多股铜芯阻燃电缆。

1.6 防排烟系统

1.6.1 本条评价项目的查评依据如下

依据 《独立通信机房设计与验收规范》（Q/GDW 11638—2016）

10.2.2 蓄电池室应设有排出蓄电池放出有害气体的设施。

2 调度大厅

2.1 本条评价项目的查评依据如下

依据 《调度通信中心工程设计规范》（GB/T 50980—2014）

3.4.8 当采用气体消防时，消防设施用房宜靠近专业用房，并应有防爆隔离措施。

2.2 本条评价项目的查评依据如下

依据 《调度通信中心工程设计规范》（GB/T 50980—2014）

4.6.2 安防措施应符合下列规定：

5 当采用气体消防时，消防设施用房宜靠近专业用房，并应有防爆隔离措施。

2.3 本条评价项目的查评依据如下

依据 《调度通信中心工程设计规范》（GB/T 50980—2014）

4.6.2 安防措施应符合下列规定：

6 工艺机房门应向疏散方向开启且能自动关闭，火灾发生时门禁系统应自动解锁。

第12章

基建业主及监理项目部消防安全性评价内容

本评价内容主要适用于国家电网公司基建业主及监理项目部消防管理及隐患排查工作。本部分评价内容分为评价标准、查评依据两部分。评价标准中包括项目部人员职责及管理，项目部租赁流程及建筑防火，消防水系统，灭火器材，项目部安全出口、消防应急设备及标识共5类19项查评要点，共计200分；评价依据中引用了评价标准所依据的国家、行业、国家电网公司相关规章制度和文件。对查评标准中所列项目按照规定不涉及的，该项目得满分。

第1节　基建业主及监理项目部消防安全性评价

序号	评价项目及内容	标准分	评分标准	查评依据
1	**项目部人员职责及管理**	50		
1.1	是否明确项目部专（兼）职消防管理人员及其职责	10	未明确专（兼）职消防管理人员及其职责的，扣10分	《中华人民共和国消防法》（2019年修订）第十七条；《机关、团体、企业、事业单位消防安全管理规定》（公安部第61号令）第六、七、十五条
1.2	是否制定工程消防处置方案，是否按规定次数组织工程灭火及应急疏散演练，演练方案、记录等资料是否齐全	10	未制定工程消防处置方案的扣2分，未按规定次数组织工程灭火及应急疏散演练的，酌情扣5分，演练方案、记录等资料不齐全的，酌情扣3分	《中华人民共和国消防法》（2019年修订）第十六条；《机关、团体、企业、事业单位消防安全管理规定》（公安部第61号令）第三十九、四十条
1.3	是否组织各项目部开展火灾隐患排查，建立隐患档案，整改记录是否齐全	15	未开展火灾隐患排查，未建立隐患档案，整改记录不齐全的，酌情扣15分	《机关、团体、企业、事业单位消防安全管理规定》（公安部第61号令）第十八条、第四十三条
1.4	是否组织开展每月防火检查，记录是否完整	15	未组织开展每月防火检查，不得分；检查内容不全面，记录不完整，酌情扣15分	《中华人民共和国消防法》（2019年修订）第十六条；《机关、团体、企业、事业单位消防安全管理规定》（公安部第61号令）第二十六条

续表

序号	评价项目及内容	标准分	评分标准	查评依据
2	**项目部租赁流程及建筑防火**	25		
2.1	房屋租赁是否通过正规中介等正规流程，租赁房屋是否是正规商品住宅，租用前是否对房屋消防验收相关手续或房屋实际消防情况进行查验	15	房屋租赁未通过正规中介等正规流程，扣5分，租赁房屋不是正规商品住宅扣5分，租用前未对房屋消防验收相关手续或房屋实际消防情况进行查验，扣5分	《中华人民共和国消防法》（2019年修订）第十六条（四）； 《建筑设计防火规范》（GB 50016—2014）第5.3.1～5.3.3条
2.2	是否擅自改变原有建筑物的防火分区、建筑用途	10	发现擅自改变原有建筑物的防火分区、建筑用途的不得分	《中华人民共和国消防法》（2019年修订）第十六条（四）； 《建筑设计防火规范》（GB 50016—2014）第5.3.1～5.3.3条
3	**消防水系统**	25		
3.1	租用楼是否有消防水系统；消防水系统功能是否完好、有效	5	消防水池或高位水箱无水位监视，扣2分；用水量不足，每处扣2分；冬季未采取防冻措施，扣2分	《消防控制室通用技术要求》（GB 25506—2010）第4.2.1条； 《消防给水及消水栓系统技术规范》（GB 50974—2014）第4.3.8、4.3.9、5.2.6条
3.2	消防水泵房、高位水箱间的疏散门、通信设备、应急照明、设备标识是否符合规定、完好齐备、有效	5	消防水泵房、高位水箱间疏散门不符合要求，每处扣2分；缺少通信设备、应急照明，每处扣1分；标识不全，每处扣1分	《建筑设计防火规范》（GB 50016—2014）第8.1.6条
3.3	消防水泵、稳压设施是否完好、有效；阀门是否处于正常工作状态	5	设施设备应处于有效状态，每发现一处未正常工作或未处于正常工作状态，扣5分	《消防控制室通用技术要求》（GB 25506—2010）第4.2.1条
3.4	消火栓系统功能是否完好、有效	5	消火栓系统内无水，不得分。消火栓系统内水压不足，扣2分；未定期对消火栓进行检查和维护保养，扣2分；消火栓安装不符合要求，每处扣2分；消火栓未张贴操作流程，扣2分；水泵接合器未处于有效状态，每处扣2分	《中华人民共和国消防法》（2019年修订）第十六条（二）、（三）； 《自动喷水灭火系统施工及验收规范》（GB 50261—2017）第4.5.2、4.5.3条； 《消防给水及消火栓系统技术规范》（GB 50974—2014）第7.2.11、7.4.2、7.4.5、7.4.6、7.4.8、7.4.9、7.4.12、8.3.7、12.3.9、12.3.10条； 《建筑设计防火规范》（GB 50016—2014）第8.2.1条
3.5	自动喷水灭火系统（喷淋系统、水喷雾系统）是否完好、有效；操作流程、标识是否齐全；是否定期对自动喷水灭火系统进行检查和维护保养，并留存记录	5	自动喷水灭火系统未处于有效状态，每处扣2分；操作流程和标识不齐全，每处扣2分；未定期对自动喷水灭火系统进行检查和维护保养，扣5分	《水喷雾灭火系统技术规范》（GB 50219—2014）第3.2.3、6.0.8、8.2.5、10.0.1、10.0.3条； 《自动喷水灭火系统施工及验收规范》（GB 50261—2017）第9.0.1、9.0.2条
4	**灭火器材**	50		

续表

序号	评价项目及内容	标准分	评分标准	查评依据
4.1	项目部办公区是否配置了符合国家标准的灭火器；灭火器配置是否符合规定；灭火器是否完好、有效	15	未配置灭火器，不得分；未按规定规格配置足量灭火器，每处扣2分；灭火器不符合要求，每处扣5分	《建筑灭火器配置设计规范》（GB 50140—2005）第5.1、5.2、6.1条
4.2	对不符合要求的灭火器是否及时进行维修和更换	15	未及时对有缺陷或过期的灭火器进行维修与更换，每处3分	《灭火器维修》（GA 95—2015）第7.1、7.2条
4.3	灭火器是否建立台账、定期进行巡检、工作人员是否熟知操作流程	20	未建立台账，扣10分；未定期进行巡检，扣5分；工作人员不熟悉操作流程，扣5分	《机关、团体、企业、事业单位消防安全管理规定》（公安部第61号令）第二十九条；消防“四懂四会”
5	**项目部安全出口、消防应急设备、消防标识**	50		
5.1	逃生通道和安全出口是否保持畅通；消防标识和消防应急设施是否完好、有效；特殊的安全通道是否有障碍物	10	逃生通道和安全出口不畅通，每处扣5分；无逃生指示标志和应急设施，每处扣5分；已配置的逃生指示标志和应急设施损坏，每处扣2分；特殊安全通道有障碍物，每处扣5分	《中华人民共和国消防法》（2019年修订）第十六条（四）、第十九条； 《机关、团体、企业、事业单位消防安全管理规定》（公安部第61号令）第二十一条； 《建筑设计防火规范》（GB 50016—2014）第6.4.4、10.3.1、10.3.3、10.3.5条
5.2	项目部驻地消防车道是否保持畅通	10	严重堵占主要消防车道的，不得分；消防车道不畅通，每处扣5分	《中华人民共和国消防法》（2019年修订）第十六条（四）； 《建筑设计防火规范》（GB 50016—2014）第7.1.5、7.1.8、7.1.9条
5.3	停用的消防设施、器材是否被破坏；消火栓或防火间距是否完好、有效	10	消防设施、器材被破坏，每处扣2分；消火栓或防火间距不能有效使用，每处扣2分	《中华人民共和国消防法》（2019年修订）第十八条； 《电力设备典型消防规范》（DL 5027—2015）第6.1.19、6.3.2条
5.4	是否按规范要求设置防火门、防火卷帘；防火门、防火卷帘功能是否完好、有效，是否符合规范要求	10	未按要求配置防火门、防火卷帘，每处扣2分；防火门、防火卷帘不符合规范要求，每处扣2分	《防火门》（GB 12955—2008）第5.3.3～5.3.7、5.9.2、5.10、8.1.1条； 《建筑设计防火规范》（GB 50016—2014）第6.1.6、6.2.7、6.2.9、6.4.3、6.4.5、6.4.11、6.5.1、6.5.3条； 《防火卷帘》（GB 14102—2005）第6.4.7条； 《电力调度通信中心工程设计规范》（GB/T 50980—2014）第4.6.2条
5.5	项目部是否按照规范要求配置正压式消防空气呼吸器、防毒面具等；正压式消防空气呼吸器的使用人员是否经过培训；正压式消防空气呼吸器、防毒面具等是否存放于专用的设备柜内	10	配置的数量不满足要求，扣3分；使用人员未经过专业培训，扣5分；正压式消防空气呼吸器、防毒面具等未存放于专用设备柜内，扣3分	《电力设备典型消防规程》（DL 5027—2015）第14.1.1～14.1.3条

第 2 节　基建业主及监理项目部查评依据

1　项目部人员职责及管理

1.1　本条评价项目的查评依据如下。

依据 1 《中华人民共和国消防法》（2019 年修订）

第十七条　县级以上地方人民政府公安机关消防机构应当将发生火灾可能性较大及发生火灾可能造成重大的人身伤亡或者财产损失的单位，确定为本行政区域内的消防安全重点单位，并由公安机关报本级人民政府备案，消防安全重点单位除应当履行本法第十六条规定的职责外，还应当履行下列消防安全职责：

（一）确定消防安全管理人，组织实施本单位的消防安全管理工作；

（二）建立消防档案，确定消防安全重点部位，设置防火标志，实行严格管理；

（三）实行每日防火巡查，并建立巡查记录；

（四）对职工进行岗前消防安全培训，定期组织消防安全培训和消防演练。

依据 2 《机关、团体、企业、事业单位消防安全管理规定》（公安部第 61 号令）

第六条　单位的消防安全责任人应当履行下列消防安全职责：

（一）贯彻执行消防法规，保障单位消防安全符合规定，掌握本单位的消防安全情况；

（二）将消防工作与本单位的生产、科研、经营、管理等活动统筹安排，批准实施年度消防工作计划；

（三）为本单位的消防安全提供必要的经费和组织保障；

（四）确定逐级消防安全责任，批准实施消防安全制度和保障消防安全的操作规程；

（五）组织防火检查，督促落实火灾隐患整改，及时处理涉及消防安全的重大问题；

（六）根据消防法规的规定建立专职消防队、义务消防队；

（七）组织制定符合本单位实际的灭火和应急疏散预案，并实施演练。

第七条　单位可以根据需要确定本单位的消防安全管理人。消防安全管理人对单位的消防安全责任人负责，实施和组织落实下列消防安全管理工作：

（一）拟定年度消防工作计划，组织实施日常消防安全管理工作；

（二）组织制定消防安全管理制度和保障消防安全的操作规程并检查督促其落实；

（三）拟定消防安全工作的资金投入和组织保障方案；

（四）组织实施防火检查和火灾隐患整改工作；

（五）组织实施对本单位消防设施、灭火器材和消防安全标志的维护保养，确保其完好有效，确保疏散通道和安全出口畅通；

（六）组织管理专职消防队和义务消防队；

（七）在员工中组织开展消防知识、技能的宣传教育和培训，组织灭火和应急预案的实施和演练；

（八）单位消防安全责任人委托的其他消防安全管理工作。

消防安全管理人应当定期向消防安全责任人报告消防安全情况，及时报告涉及消防安全的重点问题，未确定消防安全管理人的单位，前款规定的消防安全管理工作由单位消防安全责任人负责实施。

第十五条　消防安全重点单位应当设置或者确定消防工作的归口管理职能部门，并确定专职或者兼职的消防管理人员；其他单位应当确定专职或者兼职消防管理人员，可以确定消防工作的归口管理职能部门。归口管理职能部门和专兼职消防管理人员在消防安全责任人或者消防安全管理人的领导下开展消防安全管理工作。

1.2　本条评价项目的查评依据如下

依据 1 《中华人民共和国消防法》（2019 年修订）

第十六条　机关、团体、企业、事业等单位应当履行下列消防安全职责：

（一）落实消防安全责任制、制定本单位的消防安全制度、消防安全操作规程，制定灭火和应急疏散预案；

（二）按照国家标准、行业标准配置消防设施、器材，设置消防安全标志，并定期组织检验、维修，确保完好有效；

（三）对建筑消防设施每年至少进行一次全面检测，确保完好有效，检测记录应当完整准确，存档备查；

（四）保障疏散通道、安全出口、消防车通道畅通，保证防火防烟分区、防火间距符合消防技术标准；

（五）组织防火检查，及时消除火灾隐患；

（六）组织进行有针对性的消防演练；

（七）法律、法规规定的其他消防安全职责。

单位的主要负责人是本单位的消防安全责任人。

依据 2 《机关、团体、企业、事业单位消防安全管理规定》（公安部第 61 号令）

第三十九条　消防安全重点单位制定的灭火和应急疏散预案应当包括下列内容：

（一）组织机构，包括：灭火行动组、通讯联络组、疏散引导组、安全防护救护组；

（二）报警和接警处置程序；

（三）应急疏散的组织程序和措施；

（四）扑救初起火灾的程序和措施；

（五）通讯联络、安全防护救护的程序和措施。

第四十条　消防安全重点单位应当按照灭火和应急疏散预案、至少每半年进行一次演练，并结合实际，不断完善预案。其他单位应当结合本单位实际，参照制定相应的应急方案，至少每年组织一次演练。消防演练时，应当设置明显标识并事先告知演练范围内的人员。

1.3 本条评价项目的查评依据如下

依据 《机关、团体、企业、事业单位消防安全管理规定》(公安部第61号令)

第十八条 单位应当按照国家有关规定，结合本单位的特点，建立健全各项消防安全制度和保障消防安全的操作规程，并公布执行。

第四十三条 消防安全管理情况应当包括以下内容：

（一）公安消防机构填发的各种法律文书；

（二）消防设施定期检查记录、自动消防设施全面检查测试的报告以及维修保养的记录；

（三）火灾隐患及其整改情况记录；

（四）防火检查、巡查记录；

（五）有关燃气、电气设备检测（包括防雷、防静电）等记录资料；

（六）消防安全培训记录；

（七）灭火和应急疏散预案的演练记录；

（八）火灾情况记录；

（九）消防奖惩情况记录。

前款规定中的第（二）、（三）、（四）、（五）项记录，应当记明检查的人员、时间、部位、内容、发现的火灾隐患以及处理措施等；第（六）项记录，应当记明培训的时间、参加人员、内容等；第（七）项记录，应当记明演练的时间、地点、内容、参加部门以及人员等。

1.4 本条评价项目的查评依据如下

依据1 《中华人民共和国消防法》(2019年修订)

第十六条 机关、团体、企业、事业等单位应当履行下列消防安全职责：

（一）落实消防安全责任制、制定本单位的消防安全制度、消防安全操作规程，制定灭火和应急疏散预案；

（二）按照国家标准、行业标准配置消防设施、器材，设置消防安全标志，并定期组织检验、维修，确保完好有效；

（三）对建筑消防设施每年至少进行一次全面检测，确保完好有效，检测记录应当完整准确，存档备查；

（四）保障疏散通道、安全出口、消防车通道畅通，保证防火防烟分区、防火间距符合消防技术标准；

（五）组织防火检查，及时消除火灾隐患；

（六）组织进行有针对性的消防演练；

（七）法律、法规规定的其他消防安全职责。

单位的主要负责人是本单位的消防安全责任人。

依据2 《机关、团体、企业、事业单位消防安全管理规定》(公安部第61号令)

第二十六条 机关、团体、事业单位应当至少每季度进行一次防火检查，其他单位应当至少每月进行一次防火检查。检查的内容应当包括：

（一）火灾隐患的整改情况以及防范措施的落实情况；

（二）安全疏散通道、疏散指示标志、应急照明和安全出口情况；

（三）消防车通道、消防水源情况；

（四）灭火器材配置及有效情况；

（五）用火、用电有无违章情况；

（六）重点工种人员，以及其他员工消防知识的掌握情况；

（七）消防安全重点部位的管理情况；

（八）易燃易爆危险物品和场所防火防爆措施的落实情况以及其他重要物资的防火安全情况；

（九）消防（控制室）值班情况和设施运行、记录情况；

（十）防火巡查情况；

（十一）消防安全标志的设置情况和完好、有效情况；

（十二）其他需要检查的内容。

防火检查应当填写检查记录。检查人员和被检查部门负责人应当在检查记录上签名。

2　项目部租赁流程及建筑防火

2.1　本条评价项目的查评依据如下

依据 1 《中华人民共和国消防法》（2019 年修订）

第十六条　机关、团体、企业、事业等单位应当履行下列消防安全职责：

（一）落实消防安全责任制、制定本单位的消防安全制度、消防安全操作规程，制定灭火和应急疏散预案；

（二）按照国家标准、行业标准配置消防设施、器材，设置消防安全标志，并定期组织检验、维修，确保完好有效；

（三）对建筑消防设施每年至少进行一次全面检测，确保完好有效，检测记录应当完整准确，存档备查；

（四）保障疏散通道、安全出口、消防车通道畅通，保证防火防烟分区、防火间距符合消防技术标准；

（五）组织防火检查，及时消除火灾隐患；

（六）组织进行有针对性的消防演练；

（七）法律、法规规定的其他消防安全职责。

单位的主要负责人是本单位的消防安全责任人。

依据 2 《建筑设计防火规范》（GB 50016—2014）

5.3.1　除本规范另有规定外，不同耐火等级建筑的允许建筑高度或层数、防火分区最大允许建筑面积应符合表 5.3.1 的规定。

表 5.3.1　不同耐火等级建筑的允许建筑高度或层数、防火分区最大允许建筑面积

名称	耐火等级	允许建筑高度或层数	防火分区的最大允许建筑面积（m^2）	备注
高层民用建筑	一、二级	按《建筑设计防火规范》（GB 50016—2014）第 5.1.1 条确定	1500	对于体育馆、剧场的观众厅，防火分区的最大允许建筑面积可适当增加
单、多层民用建筑	一、二级	按《建筑设计防火规范》（GB 50016—2014）第 5.1.1 条确定	2500	
	三级	5 层	1200	
	四级	2 层	600	
地下或半地下建筑（室）	一级	—	500	设备用房的防火分区最大允许建筑面积不应大于 $1000m^2$

注　1. 表中规定的防火分区最大允许建筑面积，当建筑内设置自动灭火系统时，可接本表的规定增加 1.0 倍；局部设置时，防火分区的增加面积可按该局部面积的 1.0 倍计算。

2. 裙房与高层建筑主体之间设五防火墙时，裙房的防火分区可按单、多层建筑的要求确定。

5.3.2　建筑内设置自动扶梯、敞开楼梯等上、下层相连通的开口时，其防火分区的建筑面积应接上、下层相连通的建筑面积叠加计算；当叠加计算后的建筑面积大于本规范第 5.3.1 条的规定时，应划分防火分区。

5.3.3　防火分区之间应采用防火墙分隔，确有困难时，可采用防火卷帘等防火分隔设施分隔。采用防火卷帘分隔时，应符合本规范第 6.5.3 条的规定。

2.2　本条评价项目的查评依据如下

依据　与 2.1 依据相同。

3　项目部租赁流程及建筑防火

3.1　本条评价项目的查评依据如下

依据 1　《消防控制室通用技术要求》（GB 25506—2010）

4.2.1　消防控制室管理应符合下列要求：

a）实行每日 24h 专人值班制度，每班不应少于 2 人，值班人员应持有消防控制室操作职业资格证书；

b）消防设施日常维护管理应符合《建筑消防设施的维护管理》GB 25201 的要求；

c）应确保火灾自动报警系统、灭火系统和其他联动控制设备处于正常工作状态，不得将应处于自动状态的设在手动状态；

d）确保高位消防水箱、消防水池、气压水罐等消防储水设施水量充足，确保消防泵出水管网门、自动喷水灭火系统管道上的网门常开；确保消防水泵、防排烟风机、防火卷帘等消防用电设备的配电柜启动开关处于自动位置（通电状态）。

依据 2　《消防给水及消水栓系统技术规范》（GB 50974—2014）

4.3.8　消防用水与其他用水共用的水池，应采取确保消防用水量不作他用的技术措施。

4.3.9 消防水池的出水、排水和水位应符合下列规定：

1 消防水池的出水管应保证消防水池的有效容积能被全部利用。

2 消防水池应设置就地水位显示装置，并应在消防控制中心或值班室等地点设置显示消防水池水位的装置，同时应有最高和最低报警水位；

3 消防水池应设置溢流水管和排水设施，并应采用间接排水。

5.2.6 高位消防水箱应符合下列规定：

1 高位消防水箱的有效容积、出水、排水和水位等，应符合本规范第 4.3.8 条和第 4.3.9 条的规定。

5 进水管的管径应满足消防水箱 8h 充满水的要求，但管径不应小于 DN32，进水管宜设置液位阀或浮球网。

6 进水管应在溢流水位以上接入，进水管口的最低点高出溢流边缘的高度应等于进水管管径，但最小不应小于 100mm，最大不应大于 150mm。

8 溢流管的直径不应小于进水管直径的 2 倍，且不应小于 DN100，溢流管的喇叭直径不应小于溢流管直径的 1.5 倍～2.5 倍。

9 高位消防水箱出水管管径应满足消防给水设计流量的出水要求，且不应小于DN100。

3.2 本条评价项目的查评依据如下

依据 《建筑设计防火规范》（GB 50016—2014）

8.1.6 消防水泵房的设置应符合下列规定：

2 附设在建筑内的消防水泵房，不应设置在地下三层及以下或室内地面与室外出入口地坪高差大于 10m 的地下楼层；

3 疏散门应直通室外或安全出口。

3.3 本条评价项目的查评依据如下

依据 《消防控制室通用技术要求》（GB 25506—2010）

4.2.1 消防控制室管理应符合下列要求：

a）实行每日 24h 专人值班制度，每班不应少于 2 人，值班人员应持有消防控制室操作职业资格证书；

b）消防设施日常维护管理应符合《建筑消防设施的维护管理》GB 25201 的要求；

c）应确保火灾自动报警系统、灭火系统和其他联动控制设备处于正常工作状态，不得将应处于自动状态的设在手动状态；

d）确保高位消防水箱、消防水池、气压水罐等消防储水设施水量充足，确保消防泵出水管网门、自动喷水灭火系统管道上的网门常开；确保消防水泵、防排烟风机、防火卷帘等消防用电设备的配电柜启动开关处于自动位置（通电状态）。

3.4 本条评价项目的查评依据如下

依据 1 《中华人民共和国消防法》（2019 年修订）

第十六条 机关、团体、企业、事业等单位应当履行下列消防安全职责：

（一）落实消防安全责任制、制定本单位的消防安全制度、消防安全操作规程，制定灭火和应急疏散预案；

（二）按照国家标准、行业标准配置消防设施、器材，设置消防安全标志，并定期组织检验、维修，确保完好有效；

（三）对建筑消防设施每年至少进行一次全面检测，确保完好有效，检测记录应当完整准确，存档备查；

（四）保障疏散通道、安全出口、消防车通道畅通，保证防火防烟分区、防火间距符合消防技术标准；

（五）组织防火检查，及时消除火灾隐患；

（六）组织进行有针对性的消防演练；

（七）法律、法规规定的其他消防安全职责。

单位的主要负责人是本单位的消防安全责任人。

依据 2 《自动喷水灭火系统施工及验收规范》（GB 50261—2017）

4.5.2　消防水泵接合器的安装应符合下列规定：

自动喷水灭火系统的消防水泵接合器应设置与消火栓系统的消防水泵接合器区别的永久性固定标志，并有分区标志。

3　地下消防水泵接合器应采用铸有“消防水系接合器”标志的铸铁井盖，并在附近设置指示其位置的永久性固定标志。

4.5.3　地下消防水泵接合器的安装，应使进水口与井盖地面的距离不大于 0.4m，且不应小于井盖的半径。

依据 3 《消防给水及消火栓系统技术规范》（GB 50974—2014）

7.2.11　地下式市政消火栓应有明显的永久性标志。

7.4.2　室内消火栓的配置应符合下列要求。

应采用 DN65 室内消火栓，并可与消防软管表盘或轻便水龙设置在同一箱体内。

7.4.5　消防电梯前室应设置室内消火栓，并应计入消火栓使用数量。

7.4.6　室内消火栓的布置应满足同一平面有 2 支消防水枪的 2 股充实水柱同时达到任何部位的要求，但建筑高度小于或等于 24.0m 且体积小于或等于 5000m^3 的多层仓库建筑高度小于或等于 54m 且每单元设置一部疏散楼梯的住宅，以及本规范表 3.5.2 中规定可采用 1 支消防水枪的场所，可采用 1 支消防水枪和 1 股充实水柱到达室内任何部位。

7.4.8　建筑室内消火栓栓口的高度应便于消防水龙头带的连接和使用，其距地面高度宜为 1.1m；其出水方向应便于消防水带的数设，并宜与设置消火栓的墙面成 90° 角或向下。

7.4.9　设有空内消大检的建筑应设置带有压力表的试验消火栓，其设置位置应符合下列规定：

1）多层和高层建筑应在其屋顶设置，严寒、寒冷等冬季结冰地区可设置在顶层出口处或水箱间内等便于操作和防冻的位置。

2）单层建筑宜设置在水力最不利处，且应靠近出入口。

7.4.12 室内消火栓栓口压力和消防水枪充实水柱，应符合下列规定：

1 消火栓栓口动压力不应大于 0.50MPa；当大于 0.70MPa 时，必须设置减压装置。

2 高层建筑、厂房、库房和室内净空高度超过 8m 的民用建筑等场所，消火栓栓口动压不应小于 0.35MPa，且消防水枪充实水柱应按 13m 计算；其他场所的消火栓栓口动压不应小于 0.25MPa，且消防水枪充实水柱应按 10m 计算。

8.3.7 消防给水系统的室内外消火栓、阀门等设置位置，应设置永久性固定标识。

12.3.9 室内消火栓及消防软管卷盘或轻便龙头的安装应符合下列规定：

6 消火栓栓口出水方向宜向下或与设置消火栓的墙面成 90° 角，栓口不应安装在门轴侧。

12.3.10 消火栓箱的安装应符合下列规定：

4 消火栓箱门的开启不应小于 120；

5 安装消火栓水龙带，水龙带与消防水枪和快速接头绑扎好后，应根据箱内构造将水龙带放置。

依据 4 《建筑设计防火规范》（GB 50016—2014）

8.2.1 下列建筑或场所应设置室内消火栓系统：

1 建筑占地面积大于 300m^2 的厂房和仓库；

5 建筑高度大于 15m 或体积大于 10000m^3 的办公建筑、教学建筑和其他单、多层民用建筑。

3.5 本条评价项目的查评依据如下

依据 1 《水喷雾灭火系统技术规范》（GB 50219—2014）

3.2.3 水雾喷头与保护对象之间的距离不得大于水雾喷头的有效射程。

6.0.8 水喷雾灭火系统的控制设备应具有下列功能：

1 监控消防水泵的启、停状态；

2 监控雨淋报警的开启状态，监视雨淋报警阀的关闭状态；

3 监控电动或气动控制网的开、闭状态；

4 监控主、备用电源的自动切换。

8.2.5 消防系组、雨淋报警阀、气动控制网、电动控制间、沟槽式管接件、门水力警铃、压力开关、压力表、管道过滤器、水雾喷头、水泵接合器等系统组件的外观质量应符合下列要求：

1 应无变形及其他机械性损伤；

2 外露非机械加工表面保护涂层应完好；

3 无保护涂层的机械加工面应无锈蚀；

4 所有外露接口应无损伤，堵、盖等保护物包封应良好；

5　铭牌标记应清晰、牢固。

10.0.1　水喷雾灭火系统应具有管理、检测、操作与维护规程，并应保证系统处于准工作状态，维护管理工作应按本规范附录 G 的规定进行记录。

10.0.3　系统应按本规范要求进行日检、周检、月检、季检和年检，检查中发现的问题应及时按规定要求处理。

依据 2　《自动喷水灭火系统施工及验收规范》（GB 50261—2017）

9.0.1　自动喷水灭火系统应具有管理、检测、维护规程，并应保证系统处于准工作状态。维护管理工作，应按本规范附录 G 的要求进行。

9.0.2　维护管理人员应经过消防专业培训，应熟悉自动喷水灭火系统的原理、性能和操作维护规程。

4　灭火器材

4.1　本条评价项目的查评依据如下

依据　《建筑灭火器配置设计规范》（GB 50140—2005）

5.1　一般规定

5.1.1　灭火器应设置在位置明显和便于取用的地点，且不得影响安全疏散。

5.1.2　对有视线障碍的灭火器设置点，应设置指示其位置的发光标志。

5.1.3　灭火器的摆放应稳固，其铭牌应朝外。手提式灭火器宜设置在灭火器箱内或挂钩、托架上，其顶部离地面高度不应大于 1.50m；底部离地面高度不宜小于 0.08m。灭火器箱不得上锁。

5.1.4　灭火器不宜设置在潮湿或强腐蚀性的地点。当必须设置时，应有相应的保护措施。

灭火器设置在室外时，应有相应的保护措施。

5.1.5　灭火器不得设置在超出其使用温度范围的地点。

5.2　灭火器的最大保护距离

5.2.1　设置在 A 类火灾场所的灭火器，其最大保护距离应符合表 5.2.1 的规定。

表 5.2.1　A 类火灾场所的灭火器最大保护距离　（m）

灭火器型式 / 危险等级	手提式灭火器	推车式灭火器
严重危险级	15	30
中危险级	20	40
轻危险级	20	50

5.2.2　设置在 B、C 类火灾场所的灭火器，其最大保护距离应符合表 5.2.2 的规定。

表 5.2.2　　B、C 类火灾场所的灭火器最大保护距离　　（m）

危险等级 \ 灭火器型式	手提式灭火器	推车式灭火器
严重危险级	9	18
中危险级	12	24
轻危险级	20	30

5.2.3　D 类火灾场所的灭火器，其最大保护距离应根据具体情况研究确定。

5.2.4　E 类火灾场所的灭火器，其最大保护距离不应低于该场所内 A 类或 B 类火灾的规定。

6　灭火器的配置

6.1　一般规定

6.1.1　一个计算单元内配置的灭火器数量不得少于 2 具。

6.1.2　每个设置点的灭火器数量不宜多于 5 具。

6.1.3　当住宅楼每层的公共部位建筑面积超过 $100m^2$ 时，应配置 1 具 1A 的手提式灭火器；每增加 $100m^2$ 时，增配 1 具 1A 的手提式灭火器。

4.2　本条评价项目的查评依据如下

依据　《灭火器维修》（GA 95—2015）

7.1　灭火器自出厂日期算起，达到以下年限的，应报废：

a）水基型灭火器——6 年；

b）干粉灭火器——10 年；

c）洁净气体灭火器——10 年；

d）二氧化碳灭火器和贮气瓶——12 年。

7.2　灭火器有下列情况之一者，应报废：

a）永久性标志模糊，无法识别；

b）气瓶（筒体）被火烧过；

c）气瓶（筒体）有严重变形；

d）气瓶（筒体）外部涂层脱落面积大于气瓶（筒体）总面积的三分之一；

e）气瓶（筒体）外表面、连接部位、底座有腐蚀的凹坑；

f）气瓶（筒体）有锡焊、铜焊或补级等修补痕迹；

g）气瓶（筒体）内部有锈屑或内表面有腐蚀的凹坑；

h）水基型灭火器筒体内部的防腐层失效；

i）气瓶（筒体）的连接螺纹有损伤；

j）气瓶（筒体）水压试验不符合 6.5.2 的要求；

k）不符合消防产品市场准入制度的；

l）由不合法的维修机构维修过的；

m）法律或法规明令禁止使用的。

4.3　本条评价项目的查评依据如下

依据1 《机关、团体、企业、事业单位消防安全管理规定》（公安部第61号令）

第二十九条　单位应当按照有关规定定期对灭火器进行维护保养和维修检查。对灭火器应当建立档案资料，记明配置类型、数量、设置位置、检查维修单位（人员）、更换药剂的时间等有关情况。

依据2　消防“四懂四会”

1. 懂得岗位火灾的危险性；会使用消防器材；
2. 懂得预防火灾的措施；会报火警；
3. 懂得扑救火灾的方法；会扑救初起火灾；
4. 懂得逃生疏散的方法；会组织疏散逃生。

5　项目部安全出口、消防应急设备、消防标识

5.1　本条评价项目的查评依据如下

依据1 《中华人民共和国消防法》（2019年修订）

第十六条　机关、团体、企业、事业等单位应当履行下列消防安全职责：

（一）落实消防安全责任制、制定本单位的消防安全制度、消防安全操作规程，制定灭火和应急疏散预案；

（二）按照国家标准、行业标准配置消防设施、器材，设置消防安全标志，并定期组织检验、维修，确保完好有效；

（三）对建筑消防设施每年至少进行一次全面检测，确保完好有效，检测记录应当完整准确，存档备查；

（四）保障疏散通道、安全出口、消防车通道畅通，保证防火防烟分区、防火间距符合消防技术标准；

（五）组织防火检查，及时消除火灾隐患；

（六）组织进行有针对性的消防演练；

（七）法律、法规规定的其他消防安全职责。

单位的主要负责人是本单位的消防安全责任人。

第十八条　同一建筑物由两个以上单位管理或者使用的，应当明确各方的消防安全责任，并确定责任人对共用的疏散通道、安全出口、建筑消防设施和消防车通道进行统一管理。

依据2 《机关、团体、企业、事业单位消防安全管理规定》（公安部第61号令）

第二十一条　单位应当保障疏散通道、安全出口畅通，并设置符合国家规定的消防安全疏散指示标志和应急照明设施，保持防火门、防火卷帘、消防安全疏散指示标志、

应急照明、机械排烟送风、火灾事故广播等设施处于正常状态。

严禁下列行为：

（一）占用疏散通道；

（二）在安全出口或者疏散通道上安装栅栏等影响疏散的障碍物；

（三）在营业、生产、教学、工作等期间将安全出口上锁、遮挡或者将消防安全疏散指示标志遮挡、覆盖；

（四）其他影响安全疏散的行为。

依据 3 《建筑设计防火规范》（GB 50016—2014）

6.4.4 除通向避难层错位的疏散楼梯外，建筑内的疏散楼梯间在各层的平面位置不应改变。

除住宅建筑套内的自用楼梯外，地下或半地下建筑（室）的疏散楼梯间，应符合下列规定：

1 室内地面与室外出入口地坪高差大于 10m 或 3 层及以上的地下、半地下建筑（室），其疏散楼梯应采用防烟楼梯间；其他地下或半地下建筑（室），其疏散楼梯应采用封闭楼梯间。

2 应在首层采用耐火极限不低于 2.00h 的防火隔墙与其他部位分隔并应直通室外，确需在隔墙上开门时，应采用乙级防火门。

3 建筑的地下或半地下部分与地上部分不应共用楼梯间，确需共用楼梯间时，应在首层采用耐火极限不低于 2.00h 的防火隔墙和乙级防火门将地下或半地下部分与地上部分的连通部位完全分隔，并应设置明显的标志。

10.3.1 除建筑高度小于 27m 的住宅建筑外，民用建筑、厂房和丙类仓库的下列部位应设置疏散照明：

1 封闭楼梯间、防烟楼梯间及其前室、消防电梯间的前室或合用前室、避难走道、避难层（间）。

2 观众厅、展览厅、多功能厅和建筑面积大于 $200m^2$ 的营业厅、餐厅、演播室等人员密集的场所；

3 建筑面积大于 $100m^2$ 的地下或半地下公共活动场所；

4 公共建筑内的疏散走道。

5 人员密集的厂房内的生产场所及疏散走道。

10.3.3 消防控制室、消防水泵房、自备发电机房、配电室、防排烟机房以及发生火灾时仍需正常工作的消防设备房应设置备用照明，其作业面的最低照度不应低于正常照明的照度。

10.3.5 公共建筑、建筑高度大于 54m 的住宅建筑、高层厂房（库房）和甲、乙两类单、多层厂房，应设置灯光疏散指示标志，并应符合下列规定：

1）应设置在安全出口和人员密集的场所的疏散门的正上方；

2）应设置在疏散走道及其转角处距地面高度 1.0m 以下的墙面或地面上。灯光疏散指示标志的间距不应大于 20m；对于袋形走道，不应大于 10m；在走道转角区，不应大于 10m。

5.2　本条评价项目的查评依据如下

依据 1 《中华人民共和国消防法》（2019 年修订）

第十六条　机关、团体、企业、事业等单位应当履行下列消防安全职责：

（一）落实消防安全责任制、制定本单位的消防安全制度、消防安全操作规程，制定灭火和应急疏散预案；

（二）按照国家标准、行业标准配置消防设施、器材，设置消防安全标志，并定期组织检验、维修，确保完好有效；

（三）对建筑消防设施每年至少进行一次全面检测，确保完好有效，检测记录应当完整准确，存档备查；

（四）保障疏散通道、安全出口、消防车通道畅通，保证防火防烟分区、防火间距符合消防技术标准；

（五）组织防火检查，及时消除火灾隐患；

（六）组织进行有针对性的消防演练；

（七）法律、法规规定的其他消防安全职责。

单位的主要负责人是本单位的消防安全责任人。

依据 2 《建筑设计防火规范》（GB 50016—2014）

7.1.5　在穿过建筑物或进入建筑物内院的消防车道两侧，不应设置影响消防车通行或人员安全疏散的设施。

7.1.8　消防车道应符合下列要求：

1　车道的净宽度和净高度均不应小于 4.0m；

2　转弯半径应满足消防车转弯的要求；

3　消防车道与建筑之间不应设置妨碍消防车操作的树木、架空管线等障碍物；

4　消防车道靠建筑外墙一例的边缘距离建筑外墙不宜小于 5m；

5　消防车道的坡度不宜大于 8%。

7.1.9　环形消防车道至少应有两处与其他车道连通，尽头式消防车道应设置回车道或回车场，回车场的面积不应小于 12m × 12m；对于高层建筑，不宜小于 15m × 15m。

5.3　本条评价项目的查评依据如下

依据 1 《中华人民共和国消防法》（2019 年修订）

第十八条　同一建筑物由两个以上单位管理或者使用的，应当明确各方的消防安全责任，并确定责任人对共用的疏散通道、安全出口、建筑消防设施和消防车通道进行统一管理。

住宅区的物业服务企业应当对管理区域内的共用消防设施进行维护管理，提供消防安全防范服务。

依据 2 《电力设备典型消防规范》(DL 5027—2015)

6.1.19 临时建筑应符合国家有关法规。临时建筑不得占用防火间距。

6.3.2 消防设施应处于正常工作状态。不得损坏、挪用或者擅自拆除、停用消防设施、器材。消防设施出现故障，应及时通知单位有关部门，尽快组织修复。因工作需要临时停用消防设施或移动消防器材的，应采取临时措施和事先报告单位消防管理部门，并得到本单位消防安全责任人的批准，工作完毕后应及时恢复。

5.4 本条评价项目的查评依据如下

依据 1 《防火门》(GB 12955—2008)

5.3.3 防火闭门装置。

5.3.3.1 防火门应安装防火门闭门器。

5.3.3.2 防火门闭门器应经国家认可授权检测机构检验合格，其性能应符合《防火门闭门器》GA93 的规定。

5.3.3.3 自动关闭门扇的闭门装置，应经国家认可授权检测机构检验合格。

5.3.4 防火顺序器

双扇、多扇防火门设置盖缝板或止口的应安装顺序器（特殊部位使用除外）。

5.3.5 防火插销

采用钢质防火插销，应安装在双扇防火门或多扇防火门的相对固定一侧的门扇上（若有要求时），其耐火性能应符合附录 D 的规定。

5.3.6 盖缝板

5.3.6.1 平口或止口结构的双扇防火门宜设盖缝板。

5.3.6.2 盖缝板与门扇连接应牢固。

5.3.6.3 盖缝板不应妨碍门扇的正常启闭。

5.3.7 防火密封件。

5.3.7.1 防火门门框与门扇、门扇与门扇的缝隙处应嵌装防火密封件。

5.3.7.2 防火密封件应经国家认可授权检测机构检验合格，其性能应符合《防火膨胀密封件》GB 16807 的规定。

5.9.2 门扇开启力

防火门门扇开启力不应大于 80N。

注：在特殊场合使用的防火门除外。

5.10 可靠性

在进行 500 次启闭试验后，防火门不应有松动、脱落、严重变形和启闭卡阻现象。

8.1.1 每樘防火门都应在明显位置固有永久性标牌，标牌应包括以下内容：

a）产品名称、型号规格及商标（若有）；

b）制造厂名称或制造厂标记和厂址；

c）出厂日期及产品生产批号；

d）执行标准。

依据 2 《建筑设计防火规范》（GB 50016—2014）

6.1.6　除本规范第 6.1.5 条规定外的其他管道不宜穿过防火墙，确需穿过时，应采用防火封堵材料将墙与管道之间的空隙紧密填实，穿过防火墙处的管道保温材料，应采用不燃材料；当管道为难燃及可燃材料时，应在防火墙两侧的管道上采取防火措施。

6.2.7　附设在建筑内的消防控制室、灭火设备室、消防水泵房和通风空气调节机房、变配电室等，应采用耐火极限不低于 2.00h 的防火隔墙和 1.50h 的楼板与其他部位分隔。

设置在丁、戊类厂房内的通风机房，应采用耐火极限不低于 1.00h 的防火隔墙和 0.50h 的楼板与其他部位分隔。通风、空气调节机房和变配电室开向建筑内的门应采用甲级防火门，消防控制室和其他设备房开向建筑内的门应采用乙级防火门。

6.2.9　建筑内的电梯井等竖井应符合下列规定：

1　电梯井应独立设置，井内严禁敷设可燃气体和甲、乙、丙类液体管道，不应敷设与电梯无关的电缆、电线等。电梯井的井壁除设置电梯门、安全逃生门和通气孔洞外，不应设置其他开口。

2　电缆井、管道井、排烟道、排气道、垃圾道等竖向井道，应分别独立设置。井壁的耐火极限不应低于 1.00h，井壁上的检查门应采用丙级防火门。

3　建筑内的电缆井、管道井应在每层楼板处采用不低于楼板耐火极限的不燃材料或防火封堵材料封堵。

建筑内的电缆井、管道井与房间、走道等相连通的孔隙应采用防火封堵材料封堵。

4　建筑内的垃圾道宜靠外墙设置，垃圾道的排气口应直接开向室外，垃圾斗应采用不燃材料制作，并应能自行关闭。

5　电梯层门的耐火极限不应低于 1.00h，并应符合现行国家标准《电梯层门耐火试验 完整性、隔热性和热通量测定法》GB/T 27903 规定的完整性和隔热性要求。

6.4.3　防烟楼梯间除应符合本规范第 6.4.1 条的规定外，尚应符合下列规定：

1　应设置防烟设施。

2　前室可与消防电梯间前室合用。

3　前室的使用面积：公共建筑、高层厂房（仓库），不应小于 $6.0m^2$；住宅建筑，不应小于 $4.5m^2$。

与消防电梯间前室合用时，合用前室的使用面积：公共建筑、高层厂房（仓库），不应小于 $10.0m^2$；住宅建筑，不应小于 $6.0m^2$。

4　疏散走道通向前室以及前室通向楼梯间的门应采用乙级防火门。

5　除住宅建筑的楼梯间前室外，防烟楼梯间和前室内的墙上不应开设除疏散门和送风口外的其他门、窗、洞口。

6　楼梯间的首层可将走道和门厅等包括在楼梯间前室内形成扩大的前室，但应采用乙级防火门等与其他走道和房间分隔。

6.4.5 室外疏散楼梯应符合下列规定：

1 栏杆扶手的高度不应小于 1.10m，楼梯的净宽度不应小于 0.90m；

2 倾斜角度不应大于 45°；

3 梯段和平台均应采用不燃材料制作。平台的耐火极限不应低于 1.00h，梯段的耐火极限不应低于 0.25h；

4 通向室外楼梯的门应采用乙级防火门，并应向外开启；

5 除疏散门外，楼梯周围 2m 内的墙面上不应设置门、窗、洞口。疏散门不应正对梯段。

6.4.11 建筑内的疏散门应符合下列规定：

1 民用建筑和厂房的疏散门，应采用向疏散方向开启的平开门，不应采用推拉门、卷帘门、吊门、转门和折叠门。除甲、乙类生产车间外，人数不超过 60 人且每樘门的平均疏散人数不超过 30 人的房间，其疏散门的开启方向不限；

2 仓库的疏散门应采用向疏散方向开启的平开门，但丙、丁、戊类仓库首层靠墙的外侧可采用推拉门或卷帘门；

3 开向疏散楼梯或疏散楼梯间的门，当其完全开启时，不应减少楼梯平台的有效宽度；

4 人员密集场所内平时需要控制人员随意出入的疏散门和设置门禁系统的住宅、宿舍、公寓建筑的外门，应保证火灾时不需使用钥匙等任何工具即能从内部易于打开，并应在显著位置设置具有使用提示的标识。

6.5.1 防火门的设置应符合下列规定：

1 设置在建筑内经常有人通行处的防火门宜采用常开防火门。常开防火门应能在火灾时自行关闭，并应具有信号反馈的功能；

2 除允许设置常开防火门的位置外，其他位置的防火门均应采用常闭防火门。常闭防火门应在其明显位置设置“保持防火门关闭”等提示标识；

3 除管井检修门和住宅的户门外，防火门应具有自行关闭功能。双扇防火门应具有按顺序自行关闭的功能；

4 除本规范第 6.4.11 条第 4 款的规定外，防火门应能在其内外两侧手动开启；

5 设置在建筑变形缝附近时，防火门应设置在楼层较多的一侧，并应保证防火门开启时门扇不跨越变形缝；

6 防火门关闭后应具有防烟性能；

7 甲、乙、丙级防火门应符合现行国家标准《防火门》GB 12955 的规定。

6.5.3 防火分隔部位设置防火卷帘时，应符合下列规定：

1 除中庭外，当防火分隔部位的宽度不大于 30m 时，防火卷帘的宽度不应大于 10m；当防火分隔部位的宽度大于 30m 时，防火卷帘的宽度不应大于该部位宽度的 1/3，且不应大于20m；

2　防火卷帘应具有火灾时靠自重自动关闭功能；

3　除本规范另有规定外，防火卷帘的耐火极限不应低于本规范对所设置部位墙体的耐火极限要求。

当防火卷帘的耐火极限符合现行国家标准《门和卷帘耐火试验方法》GB/T 7633 有关耐火完整性和耐火隔热性的判定条件时，可不设置自动喷水灭火系统保护。

当防火卷帘的耐火极限仅符合现行国家标准《门和卷帘耐火试验方法》GB/T 7633 有关耐火完整性的判定条件时，应设置自动喷水灭火系统保护。自动喷水灭火系统的设计应符合现行国家标准《自动喷水灭火系统设计规范》GB 50084 的规定，但火灾延续时间不应小于该防火卷帘的耐火极限；

4　防火卷帘应具有防烟性能，与楼板、梁、墙、柱之间的空隙应采用防火封堵材料封堵；

5　需在火灾时自动降落的防火卷帘，应具有信号反馈的功能；

6　其他要求，应符合现行国家标准《防火卷帘》GB 14102 的规定。

依据3　《防火卷帘》（GB 14102—2005）

6.4.7　温控释放性能

防火卷帘应装配温控释放装置，当释放装置的感温元件周围温度达到 73℃±0.5℃时，释放装置动作，卷帘应依自重下降关闭。

依据4　《电力调度通信中心工程设计规范》（GB/T 50980—2014）

4.6.2　安防措施应符合下列规定

6）工艺机房门应向疏散方向开启且能自动关闭，火灾发生时门禁系统应自动解锁。

5.5　本条评价项目的查评依据如下

依据　《电力设备典型消防规程》（DL 5027—2015）

14.1　火灾类别及危险等级

14.1.1　灭火器配置场所的火灾种类应根据该场所内的物质及其燃烧特性进行分类，划分为下列类型。

1　A类火灾：固体物质火灾。

2　B类火灾：液体火灾或可熔化固体物质火灾。

3　C类火灾：气体火灾。

4　D类火灾：金属火灾。

5　E类火灾：物体带电燃烧的火灾。

14.1.2　工业场所的灭火器配置危险等级，应根据其生产、使用、储存物品的火灾危险性，可燃物数量，火灾蔓延速度，扑救难易程度等因素，划分为三级：严重危险级、中危险级和轻危险级。

14.1.3　建（构）筑物、设备火灾类别及危险等级可按本规程附录E的规定采用。

14.2 灭火器

14.2.1 灭火器的选择应考虑配置场所的火灾种类和危险等级、灭火器的灭火效能和通用性、灭火剂对保护物品的污损程度、设置点的环境条件等因素。有场地条件的严重危险级场所，宜设推车式灭火器。

14.2.2 手提式和推车式灭火器的定义、分类、技术要求、性能要求、试验方法、检验规则及标志等要求应符合现行国家标准《手提式灭火器》GB 4351 和《推车式灭火器》GB 8109 的有关规定。

14.2.3 在同一灭火器配置场所，宜选用相同类型和操作方法的灭火器，当选用两种或两种以上类型灭火器时，应采用灭火剂相容的灭火器。当同一场所存在不同种类火灾时，应选用通用型灭火器。

14.2.4 灭火器需定位，设置点的位置应根据灭火器的最大保护距离确定，并应保证最不利点至少在 1 具灭火器的保护范围内。灭火器的最大保护距离应符合现行国家标准《建筑灭火器配置设计规范》GB 50140 的规定。

14.2.5 实配灭火器的灭火级别不得小于最低配置基准，灭火器的最低配置基准按火灾危险等级确定，应符合现行国家标准《建筑灭火器配置设计规范》GB 50140 的规定。当同一场所存在不同火灾危险等级时，应按较危险等级确定灭火器的最低配置基准。

14.2.6 灭火器的设置应符合下列要求：

1 灭火器应设置在位置明显和便于取用的地点，且不得影响安全疏散。

2 灭火器不得设置在超出其使用温度范围的地点，不宜设置在潮湿或强腐蚀性的地点，当必须设置时应有相应的保护措施。露天设置的灭火器应有遮阳挡水和保温隔热措施，北方寒冷地区应设置在消防小室内。

3 对有视线障碍的灭火器设置点，应设置指示其位置的发光标志。

4 手提式灭火器宜设置在灭火器箱内或挂钩、托架上，其顶部离地面高度不应大于 1.50m，底部离地面高度不宜小于 0.08m。

5 灭火器的摆放应稳固，其铭牌应朝外。

14.2.7 灭火器的标志应符合下列要求：

1 灭火器筒体外表应采用红色。

2 灭火器上应有发光标志，以便在黑暗中指示灭火器所处的位置。

3 灭火器应有铭牌贴在筒体上或印刷在筒体上，并应包括下列内容：灭火器的名称、型号和灭火剂种类，灭火种类和灭火级别，使用温度范围，驱动气体名称和数量或压力，水压试验压力，制造厂名称或代号，灭火器认证，生产连续序号，生产年份，灭火器的使用方法（包括一个或多个图形说明和灭火种类代码），再充装说明和日常维护说明。

4 灭火器类型、规格和灭火级别应符合现行国家标准《建筑灭火器配置设计规范》GB 50140 的要求。

5 灭火器的分类、使用及原理可按本规程附录 F 的规定采用。

6　泡沫灭火器的标志牌应标明“不适用于电气火灾”字样。

14.2.8　灭火器箱不得上锁，灭火器箱前部应标注“灭火器箱、火警电话、厂内火警电话、编号”等信息，箱体正面和灭火器设置点附近的墙面上应设置指示灭火器位置的固定标志牌，并宜选用发光标志。

14.3　消防器材配置

14.3.1　各类发电厂和变电站的建（构）筑物、设备应按照其火灾类别及危险等级配置移动式灭火器。

14.3.2　各类发电厂和变电站的灭火器配置规格和数量应按《建筑灭火器配置设计规范》GB 50140 计算确定，实配灭火器的规格和数量不得小于计算值。

14.3.3　一个计算单元内配置的灭火器不得少于 2 具，每个设置点的灭火器不宜多于 5 具。

14.3.4　手提式灭火器充装量大于 3.0kg 时应配有喷射软管，其长度不小于 0.4m，推车式灭火器应配有喷射软管，其长度不小于 4.0m，除二氧化碳灭火器外，贮压式灭火器应设有能指示其内部压力的指示器。

14.3.5　油浸式变压器、油浸式电抗器、油罐区、油泵房、油处理室、特种材料库、柴油发电机、磨煤机、给煤机、送风机、引风机和电除尘等处应设置消防砂箱或砂桶，内装干燥细黄砂。消防砂箱容积为 1.0m^3，并配置消防铲，每处 3 把～5 把，消防砂桶应装满干燥黄砂。消防砂箱、消防桶和消防铲均应为大红色，砂箱的上部应有白色的“消防砂箱”字样，箱门正中应有白色的“火警 119”字样，箱体侧面应标注使用说明。消防砂箱的放置位置应与带电设备保持足够的安全距离。

14.3.6　设置室外消火栓的发电厂和变电站应集中配置足够数量的消防水带、水枪和消火栓扳手，宜放置在厂内消防车库内。当厂内不设消防车库时，也可放置在重点防火区域周围的露天专用消防箱或消防小室内。根据被保护设备的性质合理配置 19mm 直流或喷雾或多功能水枪，水带宜配置有衬里消防水带。

14.3.7　每只室内消火栓箱内应配置 65mm 消火栓及隔离阀各 1 只、25m 长 DN65 有衬里水龙带 1 根带快装接头、19mm 直流或喷雾或多功能水枪 1 只、自救式消防水喉 1 套、消防按钮 1 只。带电设施附近的消火栓应配备带喷雾功能水枪。当室内消火栓栓口处的出水压力超过 0.5MPa 时，应加设减压孔板或采用减压稳压型消火栓。

14.3.8　典型工程现场灭火器和黄砂配置可按本规程附录 G 的规定采用。

第 13 章
施工现场消防安全性评价内容

本评价内容主要适用于国家电网公司施工现场消防管理及隐患排查工作。本部分评价内容分为评价标准、查评依据两部分。评价标准中包括消防职责及管理和电气焊管理共 2 类 17 项查评要点，共计 100 分；评价依据中引用了评价标准所依据的国家、行业、国家电网公司相关规章制度和文件。对查评标准中所列项目按照规定不涉及的，该项目得满分。

第 1 节　施工现场消防安全性评价

序号	评价项目及内容	标准分	评分标准	查评依据
1	**消防职责和管理**	60		
1.1	是否明确消防安全责任人、消防安全管理人及其职责	10	施工现场未明确消防安全责任人的，扣 5 分；未设立专（兼）职消防管理人员的，扣 4 分；施工队和班组未设立兼职消防管理人员的，扣 3 分	《机关、团体、企业、事业单位消防安全管理规定》（中华人民共和国公安部令第 61 号）第五条
1.2	在岗员工、新上岗员工、转岗员工是否进行了消防安全知识培训；是否开展了消防安全宣传教育	5	未进行全员消防安全教育培训的，扣 5 分；未组织新上岗和进入新岗位的员工进行上岗前的消防安全培训的，扣 5 分；未针对本施工现场火灾危险性进行培训的，扣 4 分	《机关、团体、企业、事业单位消防安全管理规定》（中华人民共和国公安部令第 61 号）第三十六条
1.3	是否开展了每日防火检查；作业中，是否进行了防火巡查	5	未进行每日防火巡查，未确定巡查的人员、内容、部位和频次的扣 5 分；本岗位未采取防火措施的，扣 3 分	《机关、团体、企业、事业单位消防安全管理规定》（中华人民共和国公安部令第 61 号）第二十五条
1.4	在岗员工是否会使用灭火器材；是否会扑救初期火灾；是否掌握应急扑救火灾的方法及自救逃生的知识和技能	10	现场提问不少于 2 名员工，不掌握灭火器材的使用方法的，扣 5 分；不会扑救初起火灾以及自救逃生方法的，扣 5 分	《机关、团体、企业、事业单位消防安全管理规定》（中华人民共和国公安部令第 61 号）第三十六条
1.5	施工现场是否配置了符合国家标准的灭火器材；灭火器材配置数量是否充足；灭火器材是否完好有效	5	施工现场的仓库及重要机械设备、配电箱旁，未配置相应的消防器材的，扣 5 分	《国家电网公司电力安全工作规程》（电网建设部分）第 3.6.1.1 条
1.6	在具有火灾、爆炸危险的场所是否有吸烟、使用明火现象。作业现场禁止吸烟	5	在具有火灾、爆炸危险的场所有吸烟、使用明火现象的，每处扣 5 分	《中华人民共和国消防法》（2019 年修订）第二十一条

续表

序号	评价项目及内容	标准分	评分标准	查评依据
1.7	在防火重点部位或易燃、易爆区周围动用明火或进行可能产生火花作业时，是否办理了动火工作票。动火施工人员是否遵守消防安全规定，并落实相应的消防安全措施	10	在防火重点部位或易燃、易爆区周围动用明火或进行可能产生火花作业时（包括熔化 焊接、切割、喷枪、喷灯、钻孔、打磨、锤击、破碎、切削等）。未办理动火工作票的，扣 10 分。在作业现场吸烟的，每处扣 5 分	《国家电网公司电力安全工作规程（电网建设部分）（试行）》（国家电网安质〔2016〕212 号）第 3.6.1.2、3.6.1.4、4.7.1 条；《机关、团体、企业、事业单位消防安全管理规定》（中华人民共和国公安部令第 61 号）第二十条
1.8	冬季采用火炉暖棚法施工，是否制订了相应的防火和防止一氧化碳中毒措施，并设有不少于两人的值班人员	3	冬季采用火炉暖棚法施工，未制订相应的防火和防止一氧化碳中毒措施的扣 2 分；未设值班人员的，扣 1 分	《国家电网公司电力安全工作规程（电网建设部分）（试行）》（国家电网安质〔2016〕212 号）第 3.6.1.14 条
1.9	电气设备附近是否配备了适用于扑灭电气火灾的消防器材	2	电气设备附近未配备适用于扑灭电气火灾的消防器材的，扣 2 分	《国家电网公司电力安全工作规程(电网建设部分)(试行)》（国家电网安质〔2016〕212 号）第 3.6.1.10 条
1.10	采用易燃材料包装或设备本身应防火的设备箱，是否有用火焊切割的方法开箱现象	2	采用火焊切割的方法开易燃材料包装或设备本身应防火的设备箱的，扣 2 分	《国家电网公司电力安全工作规程（电网建设部分）（试行）》（国家电网安质〔2016〕212 号）第 3.6.1.9 条
1.11	在林区、草原施工，是否遵守当地的防火规定	3	在林区作业和通过林区的各种机动车辆，未安设防火装置或未采取其他有效的防火措施的，扣 3 分	《国家电网公司电力安全工作规程（电网建设部分）（试行）》（国家电网安质〔2016〕212 号）第 3.6.1.1 条；《森林防火条例》（2008 年修订）第六条
2	**电焊、气焊管理**	40		
2.1	进行电焊、气焊等具有火灾危险作业的人员，是否持证上岗	10	进行电焊、气焊等具有火灾危险作业的人员未持证进行作业的，扣 10 分	《中华人民共和国消防法》第二十一条
2.2	在储存或加工易燃、易爆物品的场所周围 10m 范围内是否有进行焊接或切割作业现象	5	禁止在储存或加工易燃、易爆物品的场所周围 10m 范围内进行焊接或切割作业。如有此现象，扣 2 分	《国家电网公司电力安全工作规程（电网建设部分）（试行）》（国家电网安质〔2016〕212 号）第 4.6.1.9 条
2.3	在进行焊接或切割作业时，是否配置了适宜、足够的灭火器材	5	在进行焊接和切割操作的地方未配置适宜、足够的灭火器材的，扣 2 分	《国家电网公司电力安全工作规程（电网建设部分）（试行）》（国家电网安质〔2016〕212 号）第 4.6.1.19、4.6.1.20 条
2.4	运输氧气瓶、乙炔瓶时，是否按照规范要求进行运输	5	气瓶运输时，如违反以下要求，扣 3 分：气瓶运输前应旋紧瓶帽。汽车装运时，氧气瓶应横向卧放，头部朝向一侧，并应垫牢，装载高度不得超过车厢高度；乙炔瓶应直立排放，车厢高度不得低于瓶高的 2/3。气瓶押运人员应坐在司机驾驶室内，不得坐在车厢内。车上禁止烟火，运输乙炔气瓶的车上应备有相应的灭火器具。易燃品、油脂和带油污的物品不得与氧气瓶同车运输。禁止氧气瓶与乙炔瓶同车运输	《国家电网公司电力安全工作规程（电网建设部分）（试行）》（国家电网安质〔2016〕212 号）第 4.6.4 条

续表

序号	评价项目及内容	标准分	评分标准	查评依据
2.5	氧气瓶、乙炔瓶的存放是否合乎要求	5	气瓶存放时，如违反以下要求，每处扣3分：气瓶存放应在通风良好的场所，禁止靠近热源或在烈日下曝晒；气瓶存放处10m内禁止明火，禁止与易燃物、易爆物同间存放。禁止与所装气体混合后能引起燃烧、爆炸的气瓶一起 存放；乙炔气瓶存放时应保持直立，并应有防止倾倒的措施；乙炔气瓶禁止放置在有放射性射线的场所，亦不得放在橡胶等绝缘体上；气瓶不得与带电物体接触。氧气瓶不得沾染油脂；气瓶的检验应按国家的相关规定进行检验。过期未经检验或检验不合格的气瓶禁止使用	《国家电网公司电力安全工作规程（电网建设部分）（试行）》（国家电网安质〔2016〕212号）第4.6.4.1条
2.6	氧气瓶、乙炔瓶使用时，是否合乎要求	10	使用时，如果违反下列任意一条，扣5分：各类气瓶禁止不装减压器直接使用，禁止使用不合格的减压器；气瓶瓶阀及管接头处不得漏气。应经常检查丝堵和角阀丝扣的磨损及锈蚀情况，发现损坏应立即更换；乙炔气瓶的使用压力不得超过0.147MPa，输气流速每瓶不得超过1.5m^3/h～2m^3/h；气瓶的阀门应缓慢开启。开启乙炔气瓶时应站在阀门的侧后方；施工现场的乙炔气瓶应安装防回火装置；气瓶应佩戴2个防振圈。使用中的氧气瓶与乙炔气瓶应垂直放置并固定起来，氧气瓶与乙炔气瓶的距离不得小于5m	国家电网公司电力安全工作规程》(电网建设部分）第4.6.4.1条

第2节 施工现场消防查评依据

1 消防管理

1.1 本条评价项目的查评依据如下

依据《机关、团体、企业、事业单位消防安全管理规定》（中华人民共和国公安部令第61号）

第五条 单位应当落实逐级消防安全责任制和岗位消防安全责任制，明确逐级和岗位消防安全职责，确定各级、各岗位的消防安全责任人。

1.2 本条评价项目的查评依据如下

依据《机关、团体、企业、事业单位消防安全管理规定》（中华人民共和国公安部令第61号）

第三十六条 单位应当通过多种形式开展经常性的消防安全宣传教育。消防安全重点单位对每名员工应当至少每年进行一次消防安全培训。宣传教育和培训内容应当包括：

（一）有关消防法规、消防安全制度和保障消防安全的操作规程；

（二）本单位、本岗位的火灾危险性和防火措施；

（三）有关消防设施的性能、灭火器材的使用方法；

（四）报火警、扑救初起火灾以及自救逃生的知识和技能。

公众聚集场所对员工的消防安全培训应当至少每半年进行一次，培训的内容还应当包括组织、引导在场群众疏散的知识和技能。

单位应当组织新上岗和进入新岗位的员工进行上岗前的消防安全培训。

1.3 本条评价项目的查评依据如下

依据《机关、团体、企业、事业单位消防安全管理规定》（中华人民共和国公安部令第61号）

第二十五条　消防安全重点单位应当进行每日防火巡查，并确定巡查的人员、内容、部位和频次。其他单位可以根据需要组织防火巡查。巡查的内容应当包括：

（一）用火、用电有无违章情况；

（二）安全出口、疏散通道是否畅通，安全疏散指示标志、应急照明是否完好；

（三）消防设施、器材和消防安全标志是否在位、完整；

（四）常闭式防火门是否处于关闭状态，防火卷帘下是否堆放物品影响使用；

（五）消防安全重点部位的人员在岗情况；

（六）其他消防安全情况。

公众聚集场所在营业期间的防火巡查应当至少每二小时一次；营业结束时应当对营业现场进行检查，消除遗留火种。医院、养老院、寄宿制的学校、托儿所、幼儿园应当加强夜间防火巡查，其他消防安全重点单位可以结合实际组织夜间防火巡查。

防火巡查人员应当及时纠正违章行为，妥善处置火灾危险，无法当场处置的，应当立即报告。发现初起火灾应当立即报警并及时扑救。

防火巡查应当填写巡查记录，巡查人员及其主管人员应当在巡查记录上签名。

1.4 本条评价项目的查评依据如下

依据《机关、团体、企业、事业单位消防安全管理规定》（中华人民共和国公安部令第61号）

第三十六条　单位应当通过多种形式开展经常性的消防安全宣传教育。消防安全重点单位对每名员工应当至少每年进行一次消防安全培训。宣传教育和培训内容应当包括：

（一）有关消防法规、消防安全制度和保障消防安全的操作规程；

（二）本单位、本岗位的火灾危险性和防火措施；

（三）有关消防设施的性能、灭火器材的使用方法；

（四）报火警、扑救初起火灾以及自救逃生的知识和技能。

公众聚集场所对员工的消防安全培训应当至少每半年进行一次，培训的内容还应当包括组织、引导在场群众疏散的知识和技能。

单位应当组织新上岗和进入新岗位的员工进行上岗前的消防安全培训。

1.5 本条评价项目的查评依据如下

依据 《国家电网公司电力安全工作规程（电网建设部分）（试行）》（国家电网安质〔2016〕212号）

3.6.1.1 施工现场、仓库及重要机械设备、配电箱旁，生活和办公区等应配置相应的消防器材。需要动火的施工作业前，应增设相应类型及数量的消防器材。在林区、牧区施工，应遵守当地的防火规定。

1.6 本条评价项目的查评依据如下

依据 《中华人民共和国消防法》（2019年修订）

第二十一条 禁止在具有火灾、爆炸危险的场所吸烟、使用明火。因施工等特殊情况需要使用明火作业的，应当按照规定事先办理审批手续，采取相应的消防安全措施；作业人员应当遵守消防安全规定。

进行电焊、气焊等具有火灾危险作业的人员和自动消防系统的操作人员，必须持证上岗，并遵守消防安全操作规程。

1.7 本条评价项目的查评依据如下

依据1 《国家电网公司电力安全工作规程（电网建设部分）（试行）》（国家电网安质〔2016〕212号）

3.6.1.2 在防火重点部位或易燃、易爆区周围动用明火或进行可能产生火花的作业时，应办理动火工作票，经有关部门批准后，采取相应措施并增设相应类型及数量的消防器材后方可进行。

3.6.1.4 作业现场禁止吸烟。

4.7.1 动火作业是指能直接或间接产生明火的作业，包括熔化、焊接、切割、喷枪、喷灯、钻孔、打磨、锤击、破碎、切削等。在防火重点部位或场所以及禁止明火区动火作业，应严格执行DL 5027《电力典型设备消防规程》的有关规定，填用动火工作票。

依据2 《机关、团体、企业、事业单位消防安全管理规定》（中华人民共和国公安部令第61号）

第二十条 单位应当对动用明火实行严格的消防安全管理。禁止在具有火灾、爆炸危险的场所使用明火；因特殊情况需要进行电、气焊等明火作业的，动火部门和人员应当按照单位的用火管理制度办理审批手续，落实现场监护人，在确认无火灾、爆炸危险后方可动火施工。动火施工人员应当遵守消防安全规定，并落实相应的消防安全措施。

公众聚集场所或者两个以上单位共同使用的建筑物局部施工需要使用明火时，施工单位和使用单位应当共同采取措施，将施工区和使用区进行防火分隔，清除动火区域的易燃、可燃物，配置消防器材，专人监护，保证施工及使用范围的消防安全。

公共娱乐场所在营业期间禁止动火施工。

1.8　本条评价项目的查评依据如下

依据　《国家电网公司电力安全工作规程（电网建设部分）（试行）》（国家电网安质〔2016〕212 号）

3.6.1.14　冬季采用火炉暖棚法施工，应制订相应的防火和防一氧化碳中毒措施，并设有不少于两人的值班人员。

1.9　本条评价项目的查评依据如下

依据　《国家电网公司电力安全工作规程（电网建设部分）》（国家电网安质〔2016〕212 号）

3.6.1.10　电气设备附近应配备适用于扑灭电气火灾的消防器材。发生电气火灾时应首先切断电源。

1.10　本条评价项目的查评依据如下

依据　《国家电网公司电力安全工作规程（电网建设部分）（试行）》（国家电网安质〔2016〕212 号）

3.6.1.9　采用易燃材料包装或设备本身应防火的设备箱，禁止用火焊切割的方法开箱。

1.11　本条评价项目的查评依据如下

依据 1　《国家电网公司电力安全工作规程（电网建设部分）（试行）》（国家电网安质〔2016〕212 号）

3.6.1.1　施工现场、仓库及重要机械设备、配电箱旁，生活和办公区等应配置相应的消防器材。需要动火的施工作业前，应增设相应类型及数量的消防器材。在林区、牧区施工，应遵守当地的防火规定。

依据 2　《森林防火条例》（2008 年修订）

第六条　森林、林木、林地的经营单位和个人，在其经营范围内承担森林防火责任。

2　消防管理

2.1　本条评价项目的查评依据如下

依据　《中华人民共和国消防法》（2019 年修订）

第二十一条　禁止在具有火灾、爆炸危险的场所吸烟、使用明火。因施工等特殊情况需要使用明火作业的，应当按照规定事先办理审批手续，采取相应的消防安全措施；作业人员应当遵守消防安全规定。

进行电焊、气焊等具有火灾危险作业的人员和自动消防系统的操作人员，必须持证上岗，并遵守消防安全操作规程。

2.2　本条评价项目的查评依据如下

依据　《国家电网公司电力安全工作规程（电网建设部分）（试行）》（国家电网安质〔2016〕212 号）

4.6.1.9　禁止在储存或加工易燃易爆物品的场所周围 10 米范围内进行焊接或切割

作业。

2.3 本条评价项目的查评依据如下

依据《国家电网公司电力安全工作规程（电网建设部分）（试行）》（国家电网安质〔2016〕212号）

4.6.1.19 进行焊接或切割作业时，应有防止触电、爆炸和防止金属飞溅引起火灾的措施。在人员密集的场所作业时，宜设挡光屏。

4.6.1.20 在进行焊接或切割操作的地方应配置适宜、足够的灭火设备。

2.4 本条评价项目的查评依据如下

依据《国家电网公司电力安全工作规程（电网建设部分）（试行）》（国家电网安质〔2016〕212号）

4.6.4.1 气瓶运输、存放与使用

4.6.4.1.1 气瓶运输前应旋紧瓶帽。应轻装轻卸，禁止抛、滑或碰击。

4.6.4.1.2 气瓶的搬运应使用专门的台架或手推车。

4.6.4.1.3 汽车装运时，氧气瓶应横向卧放，头部朝向一侧，并应垫牢，装载高度不得超过车厢高度；乙炔瓶应直立排放，车厢高度不得低于瓶高的2/3。气瓶押运人员应坐在司机驾驶室内，不得坐在车厢内。

4.6.4.1.4 车上禁止烟火，运输乙炔气瓶的车上应备有相应的灭火器具。

4.6.4.1.5 易燃品、油脂和带油污的物品不得与氧气瓶同车运输。禁止氧气瓶与乙炔瓶同车运输。

4.6.4.1.6 气瓶存放应在通风良好的场所，禁止靠近热源或在烈日下曝晒。

4.6.4.1.7 气瓶存放处10m内禁止明火，禁止与易燃物、易爆物同间存放。

4.6.4.1.8 禁止与所装气体混合后能引起燃烧、爆炸的气瓶一起存放。

4.6.4.1.9 乙炔气瓶存放时应保持直立，并应有防止倾倒的措施。

4.6.4.1.10 乙炔气瓶禁止放置在有放射性射线的场所，亦不得放在橡胶等绝缘体上。

4.6.4.1.11 气瓶不得与带电物体接触。氧气瓶不得沾染油脂。

4.6.4.1.12 氧气瓶卧放时不宜超过5层，两侧应设立桩，立放时应有支架固定。

4.6.4.1.13 气瓶的检验应按国家的相关规定进行检验。过期未经检验或检验不合格的气瓶禁止使用。

4.6.4.1.14 使用中的氧气瓶与乙炔气瓶应垂直放置并固定起来，氧气瓶与乙炔气瓶放置的距离不得小于5m。

4.6.4.1.15 各类气瓶禁止不装减压器直接使用，禁止使用不合格的减压器。

4.6.4.1.16 气瓶瓶阀及管接头处不得漏气。应经常检查丝堵和角阀丝扣的磨损及锈蚀情况，发现损坏应立即更换。

4.6.4.1.17 乙炔气瓶的使用压力不得超过0.147MPa（$1.5kgf/cm^2$），输气流速每瓶不得超过$1.5m^3/h$～$2m^3/h$。

4.6.4.1.18 气瓶的阀门应缓慢开启。开启乙炔气瓶时应站在阀门的侧后方。

4.6.4.1.19 施工现场的乙炔气瓶应安装防回火装置。

4.6.4.1.20 气瓶应佩戴 2 个防振圈。

4.6.4.1.21 瓶阀冻结时禁止用火烘烤，可用浸 40℃热水的棉布盖上使其缓慢解冻。

4.6.4.1.22 气瓶内的气体不得全部用尽，氧气瓶应留有 0.2MPa（2kgf/cm^2）的剩余压力；乙炔气瓶应留有不低于表 5 规定的剩余压力。用后的气瓶应关紧其阀门并标注“空瓶”字样。

2.5 本条评价项目的查评依据如下

依据 《国家电网公司电力安全工作规程（电网建设部分）（试行）》（国家电网安质〔2016〕212 号）

4.6.4.1 气瓶运输、存放与使用

4.6.4.1.1 气瓶运输前应旋紧瓶帽。应轻装轻卸，禁止抛、滑或碰击。

4.6.4.1.2 气瓶的搬运应使用专门的台架或手推车。

4.6.4.1.3 汽车装运时，氧气瓶应横向卧放，头部朝向一侧，并应垫牢，装载高度不得超过车厢高度；乙炔瓶应直立排放，车厢高度不得低于瓶高的 2/3。气瓶押运人员应坐在司机驾驶室内，不得坐在车厢内。

4.6.4.1.4 车上禁止烟火，运输乙炔气瓶的车上应备有相应的灭火器具。

4.6.4.1.5 易燃品、油脂和带油污的物品不得与氧气瓶同车运输。禁止氧气瓶与乙炔瓶同车运输。

4.6.4.1.6 气瓶存放应在通风良好的场所，禁止靠近热源或在烈日下曝晒。

4.6.4.1.7 气瓶存放处 10m 内禁止明火，禁止与易燃物、易爆物同间存放。

4.6.4.1.8 禁止与所装气体混合后能引起燃烧、爆炸的气瓶一起存放。

4.6.4.1.9 乙炔气瓶存放时应保持直立，并应有防止倾倒的措施。

4.6.4.1.10 乙炔气瓶禁止放置在有放射性射线的场所，亦不得放在橡胶等绝缘体上。

4.6.4.1.11 气瓶不得与带电物体接触。氧气瓶不得沾染油脂。

4.6.4.1.12 氧气瓶卧放时不宜超过 5 层，两侧应设立桩，立放时应有支架固定。

4.6.4.1.13 气瓶的检验应按国家的相关规定进行检验。过期未经检验或检验不合格的气瓶禁止使用。

4.6.4.1.14 使用中的氧气瓶与乙炔气瓶应垂直放置并固定起来，氧气瓶与乙炔气瓶放置的距离不得小于 5m。

4.6.4.1.15 各类气瓶禁止不装减压器直接使用，禁止使用不合格的减压器。

4.6.4.1.16 气瓶瓶阀及管接头处不得漏气。应经常检查丝堵和角阀丝扣的磨损及锈蚀情况，发现损坏应立即更换。

4.6.4.1.17 乙炔气瓶的使用压力不得超过 0.147MPa（1.5kgf/cm^2），输气流速每瓶不得超过 1.5m^3/h～2m^3/h。

4.6.4.1.18　气瓶的阀门应缓慢开启。开启乙炔气瓶时应站在阀门的侧后方。

4.6.4.1.19　施工现场的乙炔气瓶应安装防回火装置。

4.6.4.1.20　气瓶应佩戴 2 个防振圈。

4.6.4.1.21　瓶阀冻结时禁止用火烘烤，可用浸 40℃热水的棉布盖上使其缓慢解冻。

4.6.4.1.22　气瓶内的气体不得全部用尽，氧气瓶应留有 0.2MPa（2kgf/cm^2）的剩余压力；乙炔气瓶应留有不低于表 5 规定的剩余压力。用后的气瓶应关紧其阀门并标注“空瓶”字样。

2.6　本条评价项目的查评依据如下

依据《国家电网公司电力安全工作规程（电网建设部分）（试行）》（国家电网安质〔2016〕212 号）

4.6.4.1　气瓶运输、存放与使用

4.6.4.1.1　气瓶运输前应旋紧瓶帽。应轻装轻卸，禁止抛、滑或碰击。

4.6.4.1.2　气瓶的搬运应使用专门的台架或手推车。

4.6.4.1.3　汽车装运时，氧气瓶应横向卧放，头部朝向一侧，并应垫牢，装载高度不得超过车厢高度；乙炔瓶应直立排放，车厢高度不得低于瓶高的 2/3。气瓶押运人员应坐在司机驾驶室内，不得坐在车厢内。

4.6.4.1.4　车上禁止烟火，运输乙炔气瓶的车上应备有相应的灭火器具。

4.6.4.1.5　易燃品、油脂和带油污的物品不得与氧气瓶同车运输。禁止氧气瓶与乙炔瓶同车运输。

4.6.4.1.6　气瓶存放应在通风良好的场所，禁止靠近热源或在烈日下曝晒。

4.6.4.1.7　气瓶存放处 10m 内禁止明火，禁止与易燃物、易爆物同间存放。

4.6.4.1.8　禁止与所装气体混合后能引起燃烧、爆炸的气瓶一起存放。

4.6.4.1.9　乙炔气瓶存放时应保持直立，并应有防止倾倒的措施。

4.6.4.1.10　乙炔气瓶禁止放置在有放射性射线的场所，亦不得放在橡胶等绝缘体上。

4.6.4.1.11　气瓶不得与带电物体接触。氧气瓶不得沾染油脂。

4.6.4.1.12　氧气瓶卧放时不宜超过 5 层，两侧应设立桩，立放时应有支架固定。

4.6.4.1.13　气瓶的检验应按国家的相关规定进行检验。过期未经检验或检验不合格的气瓶禁止使用。

4.6.4.1.14　使用中的氧气瓶与乙炔气瓶应垂直放置并固定起来，氧气瓶与乙炔气瓶放置的距离不得小于 5m。

4.6.4.1.15　各类气瓶禁止不装减压器直接使用，禁止使用不合格的减压器。

4.6.4.1.16　气瓶瓶阀及管接头处不得漏气。应经常检查丝堵和角阀丝扣的磨损及锈蚀情况，发现损坏应立即更换。

4.6.4.1.17　乙炔气瓶的使用压力不得超过 0.147MPa（1.5kgf/cm^2），输气流速每瓶不得超过 1.5m^3/h～2m^3/h。

4.6.4.1.18　气瓶的阀门应缓慢开启。开启乙炔气瓶时应站在阀门的侧后方。

4.6.4.1.19　施工现场的乙炔气瓶应安装防回火装置。

4.6.4.1.20　气瓶应佩戴 2 个防振圈。

4.6.4.1.21　瓶阀冻结时禁止用火烘烤，可用浸 40℃热水的棉布盖上使其缓慢解冻。

4.6.4.1.22　气瓶内的气体不得全部用尽，氧气瓶应留有 0.2MPa（2kgf/cm^2）的剩余压力；乙炔气瓶应留有不低于表 5 规定的剩余压力。用后的气瓶应关紧其阀门并标注“空瓶”字样。

附录　消防安全性评价查评依据名录

1. 中华人民共和国消防法（2019年修订）（中华人民共和国主席令第二十九号）
2. 森林防火条例（2008年修订）（中华人民共和国国务院令第541号）
3. 机关、团体、企业、事业单位消防安全管理规定（公安部第61号令）
4. 消防安全重点单位微型消防站建设标准（试行）（公消〔2015〕301号）
5. 关于部分消防产品实施强制性产品认证的公告（质监总局、公安部、国家认监委公告（2014年）
6. 防火门（GB 12955—2008）
7. 消防安全标志　第1部分：标志（GB 13495.1—2015）
8. 防火卷帘（GB 14102—2005）
9. 消防控制室通用技术要求（GB 25506—2010）
10. 建筑设计防火规范（2018年版）（GB 50016—2014）
11. 火灾自动报警系统设计规范（GB 50116—2013）
12. 建筑灭火器配置设计规范（GB 50140—2005）
13. 泡沫灭火系统设计规范（GB 50151—2010）
14. 火灾自动报警系统施工及验收标准（GB 50166—2019）
15. 电力工程电缆设计标准（GB 50217—2018）
16. 水喷雾灭火系统技术规范（GB 50219—2014）
17. 火力发电厂与变电站设计防火标准（GB 50229—2019）
18. 建筑消防设施的维护管理（GB 25201—2010）
19. 自动喷水灭火系统施工及验收规范（GB 50261—2017）
20. 建筑电气工程施工质量验收规范（GB 50303—2015）
21. 气体灭火系统设计规范（GB 50370—2005）
22. 水电工程设计防火规范（GB 50872—2014）
23. 细水雾灭火系统技术规范（GB 50898—2013）
24. 消防给水及消火栓系统技术规范（GB 50974—2014）
25. 电力调度通信中心工程设计规范（GB/T 50980—2014）
26. 油浸变压器排油注氮灭火装置（GA 835—2009）
27. 灭火器维修（GA 95—2015）
28. 电力设备典型消防规程（DL 5027—2015）
29. 城市电力电缆线路设计技术规定（DL/T 5221—2016）
30. 油浸变压器排油注氮消防系统设计、施工及验收规范（DB43/T 420—2008）
31. 油浸变压器排油注氮装置技术规程（CECS 187—2005）

32. 独立通信机房设计与验收规范（Q/GDW 11638—2016）

33. 电力电缆及通道运维规程（Q/GDW 1512—2014）

34. 防止电力生产事故的二十五项重点要求（国能安全〔2014〕161 号）

35. 国家电网公司信息机房评价规范（国家电网企管〔2015〕468 号）

36. 国家电网有限公司关于印发《十八项电网重大反事故措施（修订版）》的通知（国家电网设备〔2018〕979 号）

37. 变压器固定自动灭火系统完善化改造原则（试行）（设备变电〔2018〕15 号）

38. 变电站（换流站）消防设备设施完善化改造原则（试行）（设备变电〔2018〕15 号）

39. 消防控制室完善化改造原则（试行）（设备变电〔2018〕15 号）

40. 国网设备部关于印发《变电站消防设施运维管理规范（试行）》的通知（设备变电〔2019〕29 号）

41. 国网设备部关于加快推进变电站消防隐患治理工作的通知（设备变电〔2018〕16 号）

42. 国家电网公司变电运维管理规定（试行）[国网（运检/3）828—2017]

43. 高压电缆及通道防火治理实施细则（国网运检二〔2018〕104 号）

44. 国家电网公司电力安全工作规程（电网建设部分）（国家电网安质〔2016〕212 号）